信息安全专业系列教材

应用密码学

（第2版）

杨义先　李子臣　编著

北京邮电大学出版社
www.buptpress.com

内 容 简 介

信息安全的核心是密码，而应用密码学则是信息安全应用领域所有人员必须掌握的基础知识。作为信息安全类专业的本科生和研究生教材，本书对密码学基础、数据加密标准(DES)、高级数据加密标准(AES)、商用密码算法(SMS4)、分组密码算法的测评与评估、RSA 密码的软硬件实现、高速加密卡、椭圆曲线密码、NTRU 公钥密码、多变量公钥密码、基于编码理论的公钥密码、序列密码基础、序列密码乱源、序列密码设计、序列密码强度评估等加密知识和数字签名基础、代理签名、多重签名、盲签名、PKI、WPKI、PMI、AAA 系统、口令认证、身份认证、访问控制、密钥管理等认证知识以及 VPN、IPSec 协议等应用知识进行了深入而系统地讲解，并通过多个实用系统全面剖析了相关的密码应用。

本教材内容全面，既有密码学的基本理论，又有应用密码的关键技术，还有当前热门的实用案例介绍。全书图文并茂、文字流畅、表述严谨，包含了应用密码方面的许多国际最新进展和发展趋势。本书的初衷虽然是信息安全、密码学、通信、计算机等相关专业本科生和研究生的教材，但是，本书也可以广泛适用于从事信息处理、通信保密、计算机等领域的科研人员和工程技术人员等。

图书在版编目(CIP)数据

应用密码学 / 杨义先，李子臣编著．-- 2 版．-- 北京 ：北京邮电大学出版社，2013.6

ISBN 978-7-5635-3416-6

Ⅰ.①应…　Ⅱ.①杨…②李…　Ⅲ.①密码术—高等学校—教材　Ⅳ.①TN918.1

中国版本图书馆 CIP 数据核字(2013)第 026324 号

书　　名：应用密码学

著作责任者：杨义先　李子臣　编著

责 任 编 辑：付兆华

出 版 发 行：北京邮电大学出版社

社　　址：北京市海淀区西土城路 10 号(100876)

电 话 传 真：010-62282185(发行部)　010-62283578(FAX)

E-mail：publish@bupt.edu.cn

经　　销：各地新华书店

印　　刷：北京联兴华印刷厂

开　　本：787 mm×1 092 mm　1/16

印　　张：23.75

字　　数：590 千字

印　　数：1—3 000 册

版　　次：2005 年 6 月第 1 版　2013 年 6 月第 2 版　2013 年 6 月第 1 次印刷

ISBN 978-7-5635-3416-6　　定　价：49.80 元

前　　言

截至2012年，国内已经有近百所高等院校经教育部批准正式设置“信息安全”本科专业，也有许多院校拥有“信息安全”或“密码学”硕士点或博士点。“应用密码学”课程已经成为信息安全专业或密码学专业的必修课，同时还是许多高校相关专业（如计算机科学与技术、信息与计算科学、通信工程、电子信息工程、电子科学与技术、电子信息科学与技术、信息工程、数学与应用数学、电子商务等专业）的主要选修课。此外，社会上从事信息处理、通信保密、计算机等领域的科研人员和工程技术人员等也需要从应用角度全面了解密码学。

与应用密码学的巨大社会需求形成鲜明对比的是：到目前为止，国内出版的应用密码学教材不多，理想教材就更少了。介于此种情况，北京邮电大学信息安全中心200多位研学人员决定在过去20多年密码学研究积累的基础上，借助于相关老师近十年的应用密码学和现代密码学讲义精华，协力编著此本教材，希望能够缓解国内信息安全与密码学相关人才培养的教材需求这一瓶颈问题。

本书共分为三篇，分别为加密篇、认证篇和应用篇。加密篇分为3章，分别为分组密码、公钥密码和序列密码，涉及密码学基础（包含分组密码的数学模型、设计原则、安全性分析和密钥管理）、数据加密标准（包含设计思想、算法描述、工作模式和安全性分析）、高级数据加密标准（包含背景、数学基础、算法描述和安全性分析）、我国商用密码算法（包含SMS4密码加密算法）、分组密码算法的测评与评估、Hash算法（包含MD5和SHA）、RSA密码的软硬件实现（包含算法描述、参数选择、软件实现、加速算法和硬件实现等）、高速加密卡（包含整体架构、智能卡技术、PCI设备驱动和板上操作系统）、椭圆曲线密码（包含椭圆曲线基础、加密、密钥协商和签密）、后量子密码算法（包含NTRU公钥密码体制、多变量公钥密码体制和基于编码理论的公钥密码体制）、序列密码基础（包含原则、实现、移位寄存器和应用）、序列密码乱源（包含移位寄存器的串联和并联、它控采样序列、背包序列和基于LFSP的序列）、序列密码设计（包含总体编制、密钥设计、算法设计和设计模式）、序列密码强度评估（包含序列密码的分析要点、编制的强度评估和密钥流的强度评估）等加密基础知识。认证篇分为3章，分别为数字签名、公钥基础设施和接入控制，涉及数字签名基础（包含基本概念、基于因子分解的数字签名、基于离散对数的数字签名和同时基于多个数学难题的数字签名）、代理签名（包含基于离散对数的代理签名、基于因子分解的代理签名和多级代理签名）、多重签名与多重代理签名、盲签名与盲代表签名（包含基于DSA变形的盲签名、基于Nyberg-Rueppel签名方案的盲签名、基于DSA变形的盲代理签名和基于Nyberg-Rueppel签名方案的盲代理签名)、环签名、PKI(包含概论、模块、结构和互通)、WPKI(包含组成、证书、优化和管理)、PMI(包含权限管理技术、PMI技术、权限管理系统设计和基于PMI的安全应用)、AAA系统(包含AAA平台功能概述、单点登录模型、基于PKI的单点登录方案和AAA服务器的关键协议)、口令认证(包含简单口令、一次口令机制、强口令的组合攻击和Peyravian-Zunic口令系统)、身份认证(包含挑战握手认证协议和双因子身份认证协议、S/ KEY认证协议、Kerberos认证协议)、访问控制(包含访问控制模型、简单访问控制、基于角色的访问控制和实例介绍)、密钥管理(包含密钥协商、密钥认证、密钥共享和密钥托管)等认证方面的理论和技术。应用篇(虚拟专用网)涉及VPN关键技术(包含VPN的原理与构成、特点与实现、隧道技术和类型)、IPSec协议(包含协议架构、AH协议、ESP协议和IKE协议)、IPSec VPN的体系结构(包含基于主机BITS方案的IPSec VPN、IPv4/ IPv6混合网络下的IPSec VPN、基于群集技术的高速VPN和嵌入式VPN模型)、基于IPSec协议的完整VPN系统(包含安全网关的实现、客户端IPSec协议的实现、精简内核系统和设备管理)等典型的应用技术与系统。

本教材的特点可以归纳为如下几点。

① 突出应用性。全书不但对密码学的基本理论和关键技术有系统而深入的介绍,而且还介绍了许多非常实用的热门案例,因此,更适合于当前的国内现状。

② 内容新颖成熟。追求成熟稳定是教材的立足点,但是,本书不但对成熟的密码应用有深入的介绍,而且还对许多国际前沿的应用进行了详细剖析,读者从中可以学到不少实用且价值很大的知识。

③ 图文并茂的描述方式使得读者可以很容易对相关内容产生深刻的印象。

④ 全书的逻辑体系结构也十分有助于读者在把握全局的同时,深入了解局部知识。

⑤ 读者对象广泛。作为国内应用密码学方面为数不多的教材之一,本书的主要读者是通信、计算机、信息安全和密码学等相关专业的高年级本科生和研究生,但是,本书也可以广泛适用于从事信息处理、通信保密及计算机等领域的科研人员和工程技术人员等。

⑥ 本书尽量避免出现大量的数学公式和推理证明,各个章节尽量保持独立性和完整性,因此,本教材的讲授可有多种形式:对理论要求较高的专业可重点讲授第1~5章;对技术要求较高的专业可重点讲授第1、2、5、6章;对应用要求较高的专业可重点讲授第1、6、7、8章;对系统集成要求较高的专业可重点讲授第2、6、7、8章;对产品感兴趣的读者可重点阅读第2、6、8章。建议读者根据自己的需要,先浏览本书目录,然后选定自己的阅读顺序。本书编著之时就充分考虑了不同专业讲授此课程时的课时安排存在差异性,本书可同时适应于54学时和36学时的课程安排,进度控制主要依靠理论推导和具体应用系统细节的简与繁。对54学时的课程讲授进度建议为:第1、2、3、5、6章各8学时;第4章4学时;第7、8章各5学时。对36学时的课程建议讲授进度为:第1、2、3、5、6章各6学时;第4、7、8章各2学时。

本书是北京邮电大学信息安全中心全体师生集体智慧的结晶,中心的许多博士研究生和硕士研究生都在不同程度上参与了本书的素材提供和选择工作。在此特别感谢胡正名教授、钮心忻教授、李中献副教授、徐国爱教授、卓新建副教授、罗群教授、张茹博士、崔宝江博士、周亚建副教授、罗守山教授、牛少彰教授、温巧燕教授、李新博士、张振涛博士、夏光升博士等。另外,也感谢北京邮电大学数字内容研究中心的大力协助。

本书也是国家自然科学基金(编号:60372094、90204017、60473016)、国家"973"项目(编号:G1999035804)、北京市自然科学基金(编号:4042022)、教育部优秀青年教师资助计划项目、国家863项目(编号:61070219,2005AA143040)的成果总结,特此致谢。

由于作者水平有限,书中难免出现各种失误和不当之处,恳请大家批评、指正。

作　者

目　　录

第一篇　加　　密

第1章　分组密码

第 3 章　序列密码

第 4 章　Hash 函数

第二篇 认 证

第5章 数字签名

第6章 公钥基础设施

第三篇　应　用

第8章　虚拟专用网

第一篇

加　　密

第1章 分组密码

1.1 密码学基础

1.1.1 基本概念

1. 常用名词术语

密码学的主要任务是解决信息的保密性和可认证性问题，即保证信息在生成、传递、处理、保存等过程中不能被未授权者非法地提取、窜改、删除、重放和伪造等。密码学本身也是一门正在迅速发展的综合性新学科。密码学所需要的知识横跨数学、物理、计算机、信息论、编码学、通信技术等多种学科。密码学是信息安全的核心，它为解决信息安全问题提供了许多有效的核心技术，在保护信息的机密性、认证性等方面发挥着关键性的作用。

简单地说，密码学是研究信息系统安全的一门科学。它主要包括两个分支，即密码编码学(Cryptography)和密码分析学(Cryptanalysis)。密码编码学是对信息进行编码实现隐蔽信息的一门学问，其主要目的是寻求保护信息保密性(Privacy)和认证性(Authentication)的方法。密码分析学是研究分析破译密码的学问，其主要目的是研究加密消息的破译或消息的伪造。密码编码学和密码分析学相互对立，而又互相促进地向前发展。

密码学的基本思想是将一种形式的消息变换成另外一种形式的消息。因此，从某种意义上讲，密码学也是研究消息"变换"方法的一门科学。我们称密码学中用到的各种变换为密码算法。例如，如果一个变换能够将一个有意义的消息(称为明文)变换成无意义的消息(称为密文)，从而使非授权者难以读取明文的内容，那么称这个变换为加密算法。把可读的"明文"信息转换成不可读的"密文"信息的过程叫做加密。如果合法用户用一个变换能够将一个读不懂的信息变换成有意义的信息，那么称这个变换为解密算法(或脱密算法)。由合法用户把已加密的信息(密文)恢复成明文的过程叫做解密。如果一个变换能将一个消息变换成一种"证据"，用来证明某个实体对消息内容的认可，那么称这个变换为一个签名算法。

多数密码算法一般都有一个"逆"算法，它们一般是成对出现和存在的。例如，一个加密算法的"逆"算法称为解密算法，一个签名算法的"逆"算法称为验证算法等。这些算法的运算通常都是在一组密钥(Key)的控制下进行的。密钥是一种特定的值，它能够使密码算法按照指定的方式运行并产生相应的密文。一般说来，密钥长度越大，相应的密文就越安全，例如，加密算法中用到的密钥称为加密密钥，解密算法用到的密钥称为解密密钥，签名算法用到的密钥称为签名密钥，验证算法用到的密钥称为验证密钥等。

2. 算法分类

根据所用加密算法的特点,密码体制(Cryptosystem)可以分为单钥密码体制(又称为对称密码体制或私钥密码体制)和双钥体制(又称为公钥密码体制或非对称密码体制)两种。在单钥密码体制中,一对加密和解密(或签名和验证)算法使用的密钥相同,或实质上等同,即从一个密钥可以很容易地得出另一个密钥;在双钥体制中,加密和解密(或签名和验证)算法使用的密钥不同,而且对于非授权者来说,他很难从一个密钥得到另一个密钥。

单钥密码体制的优点是具有很高的保密强度,可以达到经受国家级破译力量的分析和攻击。一些常用的单钥加密方法明显地快于任何当前可以使用的双钥加密方法。单钥加密体制的缺点在于它的密钥必须通过安全、可靠的途径传输,密钥管理成为影响系统安全性的关键因素,使它难以满足系统的开放性要求。

双钥加密的主要优点是增加了私钥的安全性,密钥管理问题相对简单,可适用开放性的环境。它的主要缺点是保密强度的人为控制力度不如对称密码体制的水平,且加密速度也不如单钥加密算法快,尤其是在加密数据量较大时。

实际工程中常采取的解决办法是将双钥和单钥密码体制结合起来,充分利用双钥系统密钥分配方面的优点和单钥系统速度方面的优点。这种系统的工作原理如下。

假设用户A与用户B要实现保密通信。首先用户A通过用户接口模块从双钥数据库中找到用户B的公钥,然后用户A选择一个随机数作为此次会话的加密密钥,即会话密钥,会话密钥只在此次会话期间有效。用户A以会话密钥作为秘密密钥,采用对称密钥算法作为加密算法,对会话信息加密得到会话密文。紧接着,用户A以用户B的公钥对会话密钥进行加密,利用公钥密码算法为加密算法,得到会话密钥的密文。最后,用户A将会话密钥的密文及会话密文发送给用户B。

用户B在收到用户A发来的包含会话密钥及会话内容的密文后,首先输入自己的私钥,利用解密算法恢复出会话密钥,再用会话密钥恢复出会话内容,至此,会话密钥的分配及一次会话过程就完成了。

由此可见,通过将非对称密钥算法与对称密钥加密算法相结合的方法,可以安全地实现经由公开信道的密钥分配以及快速有效的保密通道的目的。

根据功能不同,密码系统可分为保密系统(Privacy System)和认证系统(Authentication System)两种。前者用来保护消息的保密性,后者用来保护消息的认证性。虽然认证系统是最近20年来随着计算机通信的普遍应用而迅速发展起来的,但是它已成为密码学的一个非常重要的组成部分。认证系统主要有消息认证(Message Authentication)、身份认证(Identification)和数字签名(Digital Signature)几个方面的内容。前两者的目的是解决在通信双方利害一致的条件下,如何防止第三方伪装和破坏的问题。而数字签名则解决了当通信双方并不互相信任(比如,他们是竞争对手)时,如何远距离迅速地用电子签名代替传统的手写签名和印签的问题。传统的加密只使用单钥密码体制,而且其主要作用是保护消息的保密性,一般不提供消息的认证性。1976年,Diffie和Hellman发表了他们的著名论文《密码学的新方向》,提出了公钥密码体制的概念,给密码学的发展和应用带来了革命性的变革。公钥密码体制的显著特点是可以提供信息的认证性。公钥密码体制的诞生,使得密码学不仅能够保护信息的保密性,而且还能够提供信息的认证性。

3. 保密通信系统模型

一个密码通信系统可以用如图1.1所示表示。它由以下几部分组成:明文消息空间

M;密文消息空间 C;密钥空间 K_1 和 K_2,单钥体制下 $K_1=K_2=K$,此时密钥 k 需经过安全的密钥信道由发送方传给接收方;加密变换 E_{k1},$M\rightarrow C$,其中 $k_1\in K_1$,由加密器完成;解密变换 D_{k2},$C\rightarrow M$, 其中 $k_2\in K_2$,由解密器实现。称总体$(M,C,K_1,K_2,E_{k1},D_{k2})$为一保密系统。对于给定明文消息 $m\in M$,密钥 $k_1\in K$,加密变换将明文 m 变换为密文 c,即

$$c=f(m,k_1)=E_{k1}(m),m\in M,k_1\in K_1$$

接收端利用通过安全信道送来的密钥 k(单钥体制下)或利用本地密钥发生器产生的解密密钥 $k_2\in K_2$(双钥体制下)控制解密操作 D,对收到的密文进行变换得到恢复的明文消息,即

$$m=D_{k2}(c),\quad m\in M,k_2\in K_2$$

而密码分析者则利用其选定的变换函数 h,对截获的密文 c 进行变换,得到的明文是明文空间的某个元素:

$$m'=h(c),\quad m\in M,k_2\in K_2$$

一般 $m'\neq m$。如果 $m'=m$,那么密码分析者便成功地完成了破译任务。

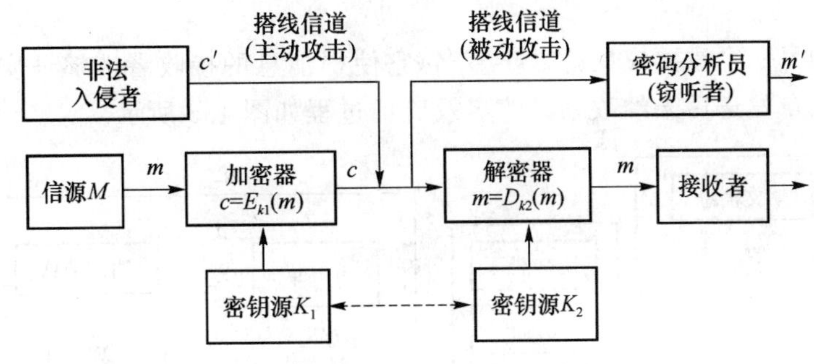

图 1.1　密码系统模型

4. 哈希函数

如何保证数据的完整性,防止数据被非法篡改是一个非常重要的现实问题。实现数据完整性的手段很多,包括加密、数字签名等。如果只需保证数据的完整性而不需提供机密性和消息认证,则可通过对受保护的数据使用基于哈希(Hash)函数的消息认证码(MAC)来实现。

哈希函数能将任意长度的输入映射为固定长度的输出,该输出称为消息摘要或哈希值。哈希函数对每个消息给出一个不同的值,也就是说,为每个消息产生独一无二的哈希值,并且这个过程是不可逆的。计算消息哈希值(或称为消息摘要)的过程如图 1.2 所示。

图 1.2　计算消息摘要的过程

SHA-1 是一个很有代表性的哈希函数,它可将最大长度为 2^{64} bit 的输入映射成 160 bit 的输出。因为所有输入组成的集合远大于所有输出组成的集合,所以必然有多个输入映射到同一个输出。

具体地说,理想的哈希函数 $y=h(x)$应满足以下条件:

① 对于任意给定的 y,求出 x 使得 $h(x)=y$;

② 对于任意给定的 x,求出 z 使得 $h(x)=h(z)$;

③ 求出(x,z)使得$h(x)=h(z)$。

要找到映射到同一个输出的多个输入在计算上是很困难的。

目前流行的哈希函数是以 MD4 和 MD5 为代表的 MD 系列,它们是由 R. Rivest 研制的。更好的哈希函数选择是 SHA-3。

哈希函数还可以通过 MAC 码来实现数据认证。数据认证是认证和数据完整性的结合。所谓的 MAC 计算如下:

$$\mathrm{MAC}(\mathrm{message})=f(\mathrm{Secret\ Key},\mathrm{message})$$

其中,函数$f(\ )$基于特定哈希函数的组合。如果发信方和收信方都已经知道密钥,则收信方就可以通过 MAC 码来检查发信方身份的真实性以及消息的完整性,具体方法是:将已知的哈希函数与密钥及消息相结合。关于 MAC 的第一个方案是仅仅将哈希函数用于密钥及消息的连接,即计算$h(\mathrm{Secret\ Key},\mathrm{message})$。不幸的是已经证明这种方法是不安全的。目前最好的方法是使用嵌套的哈希函数(如$h[\mathrm{Secret\ Key},h(\mathrm{Secret\ Key},\mathrm{message})]$),并使用填充手段。

哈希函数的另一个重要应用是数字签名,它使得消息的接收者能够证实消息的发送者并且能验证消息自发送后未经改动。签名及验证过程如图 1.3 所示。

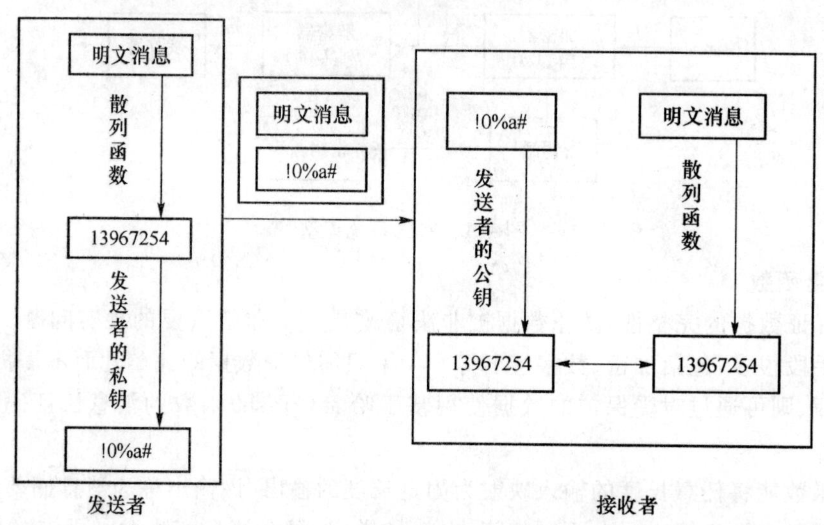

图 1.3 签名及验证过程

如图 1.3 所示,接收者将由签名解密得到的消息摘要与由明文经过哈希函数得到的摘要进行对比,若两个摘要相同,则可以验证签名。

1.1.2 分组密码的数学模型

1. 加密过程

分组密码是对称密码的典型代表。通俗地说就是数据在密钥的作用下,一组一组、等长地被处理,且通常情况是明、密文等长。这样做的好处是处理速度快,节约了存储,避免了浪费带宽。分组密码也是许多密码组件的基础,比如,很容易转化为流密码、哈希函数。分组密码的另一特点是容易标准化,分组密码由于其固有的特点(高强度、高速率、便于软硬实现)而成为标准化进程的首选体制。DES 就是首先成为数据加密标准的分组密码典型代表。作为数据加密标准，DES 算法完全公开，任何个人和团体都可以使用，其信息的安全性取决于各自密钥的安全性，这正是现代分组密码的特征。

分组密码又分为 3 类，即代替密码(Substitution)、移位密码(Transposition)和乘积密码。早期的代替和移位密码已无安全可言。显然，增加密码强度的方法是合并代替和移位密码。这样的密码称为乘积密码。如果密文是由明文运用轮函数作用多次而得，这样的乘积密码又称为迭代分组密码。

分组密码就是将明文消息序列 $m_1,m_2,\cdots,m_k,\cdots$ 分成等长的消息组 $(m_1,m_2,\cdots,m_n)$，$(m_{n+1},m_{n+2},\cdots,m_{2n})$，…。在密钥控制下，按固定的算法一组一组地进行加密。加密后输出等长密文组 $(y_1,\cdots,y_m)$，$(y_{m+1},\cdots,y_{2m})$，…。分组密码的加密过程如图 1.4 所示。一个分组长为 n bit，密钥长为 t bit 的分组密码，数学上可以看作是在 2^t 个密钥控制下的 $GF(2)^n \rightarrow GF(2)^n$ 的置换。由于 $GF(2)^n \rightarrow GF(2)^n$ 的置换有 $2^n!$ 个不同的方式，故一个极好的 n bit 分组密码可以接受的密钥长度可达 $\log_2(2^n)!$ bit。用来加密的置换只是全体置换所构成集合的一个子集。设计分组密码的问题，关键在于找到一种算法，它能在密钥的控制下从一个足够大且"好"的置换子集中简单而迅速地选出一个置换。

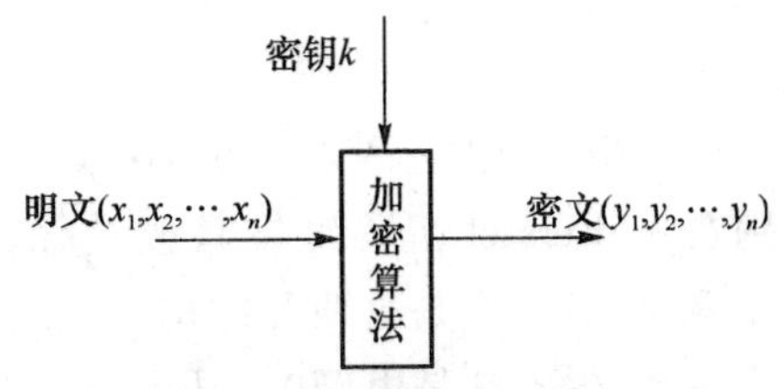

图 1.4　分组密码的加密过程

一般地，分组密码可以定义为如下一种映射：

$$F_2^n \times F_2^t \rightarrow F_2^m$$

记为 $E(X,K)$ 或 $E_K(X)$，$X \in F_2^n$，$K \in F_2^t$，F_2^n 称为明文空间，F_2^m 称为密文空间，F_2^t 为密钥空间。n 为明文分组长度，当 $n>m$ 时，称为有数据压缩的分组密码；当 $n<m$ 时，称为有数据扩展的分组密码，当 $n=m$ 且为一一映射时，$E_K(x)$ 就是 $GF(2)^n$ 到 $GF(2)^n$ 的置换。通常的情况是 $n=m$。

2. 分组密码的结构

一个安全的分组密码既要难于分析(复杂)，又要易于实现(简单)。迭代密码就是为了克服这一对矛盾而产生的一种分组密码。其加密变换(置换)一般采取如下结构：由一个简单的函数 F(易于实现)迭代若干次而形成，如图 1.5 所示。

在图 1.5 中，$Y(i-1)$ 是第 i 轮置换的输入，$Y(i)$ 是第 i 轮的输出，$z^{(i)}$ 是第 i 轮的子密钥，k 是种子密钥。每次迭代称为一轮，每轮的输出是输入和该轮子密钥的函数，每轮子密钥由 k 导出，这种密码就是迭代密码，如 DES 就是 16 轮迭代密码。函数 F 称为圈函数或轮函数。一个适当选择的轮函数通过多次迭代可实现必要的混淆和扩散。

如果把一个 $GF(2)^n$ 到 $GF(2)^m$ 的变换看作一个网络，那么常用的轮函数 F 都是基于代换-置换的网络，即以多次变换的乘积构成，称为置换的变换提供扩散，而称为代换的变换提供混淆，其中代换网络是精心设计且起关键作用的，人们常称其为黑盒子。为了增强安全性，n 一般都比较大。在代换的实现中，其难度将随 n 指数增长，难于处理，不易实现。因此，实际中常将 n 划分成一些较短的段，如 n 将分成长为 n_0 的 r 个段。将设计 n 长变换的"黑盒子"简化为设计 r 个较小的子代换网络，大大降低了实现的难度。这些称为子代换盒，简称 S-盒，如 DES 中有 8 个 S-盒。S-盒的设计是分组密码设计的核心，其遵循的准则是保证整个密码系统安全性的关键。以上描述了在一个分组密码设计中为了实现既复杂(为了安全),又简单(为了实现方便)而采取的典型结构形式。DES和AES体制是这种结构的典型代表。

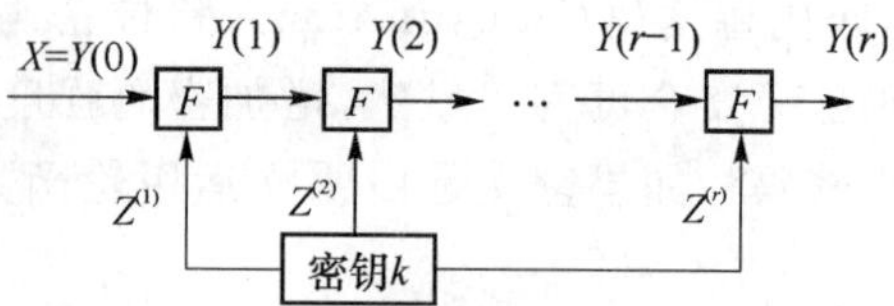

图1.5　迭代型分组密码的结构

进一步,分组密码又采用两种类型的总体结构——Feistel网络与SP网络,它们的主要区别在于:Feistel密码每轮只改变输入分组的一半而SP结构每轮改变整个数据分组。DES和AES分别是这两种结构的代表。Feistel网络(又称Feistel结构)可把任何轮函数转化为一个置换,它是由Horst Feistel在设计Lucifer分组密码时发明的,并因DES的使用而流行。"加解密相似"是Feistel型密码的实现优点。SP网络(又称SP结构)是Feistel网络的一种推广,其结构清晰,S一般称为混淆层,主要起混淆作用,P一般称为扩散层,主要起扩散作用。SP网络与Feistel网络相比,可以得到更快速的扩散,不过SP网络的加解密通常不相似。

1.1.3　分组密码的设计原则

分组加密算法其实可以看作一个置换,用来加密的置换只是全体置换所构成集合的一个子集。设计分组密码的问题,关键在于找到一种算法,它能在密钥的控制下从一个足够大且"好"的置换子集中简单而迅速地选出一个置换。

影响分组密码安全性的因素很多,诸如分组长度n和密钥长度t等。但有关实用密码的两个一般设计原则是香农提出的混乱原则和扩散原则。

混乱原则:所设计的密码应使得密钥和明文以及密文之间的依赖关系相当复杂以至于这种依赖性对密码分析者来说是无法利用的。

扩散原则:所设计的密码应使得密钥的每一位数字影响密文的许多位数字以防止对密钥进行逐段破译,而且明文的每一位数字也应影响密文的许多位数字以便隐蔽明文数字统计特性。

针对实现的设计原则,分组密码可以用软件和硬件来实现。硬件实现的优点是可获得高速率,而软件实现的优点是灵活性强、代价低。基于软件和硬件的不同性质,分组密码的设计原则可根据预定的实现方法来考虑。

软件实现的设计原则:使用子块和简单的运算。密码运算在子块上进行,要求子块的长度能自然地适应软件编程,比如8 bit、16 bit、32 bit等。在软件实现中,按比特置换是难以实现的,因此应尽量避免使用它。子块上所进行的一些密码运算应该是一些易于软件实现的运算,最好是用一些标准处理器所具有的一些基本指令,比如加法、乘法和移位等。

硬件实现的设计原则:加密和解密可用同样的器件来实现。尽量使用规则结构,因为密码应有一个标准的组件结构以便其能适应于用超大规模集成电路实现。

前面提到的乘积密码是实现香农提出的混乱原则和扩散原则的一种有效方法。DES就是一种这样的乘积密码。

当然以上的原则是非常概括的，离构造安全的分组密码还差得很远。下面一些原则也是常常需要考虑的。

简单性原则：包括规范的简单性和分析的简单性。规范的简单性，即它仅采用了有限个运算，并且这些运算本身很容易解释。简单规范的明显优点是便于正确实现；另一个优点是人们在研究密码时，似乎对具有简单规范的密码算法更有兴趣。分析的简单性，好处是便于阐述和理解密码算法以何种方式来抗击已知类型的密码分析。这样，在设计阶段就开始考虑抵抗已知攻击，从而在设计之初就提供了一定程度的密码可信度。规范的简单性并非意味着分析的简单性，提出一个描述简单而已知攻击手段又难以分析的密码算法是相对容易的。

必要条件：设计一个分组密码的最低要求是它必须能抗击所有已知的攻击，特别是差分攻击和线性攻击。所以密码设计者不仅要熟悉现存的各种攻击方法，而且要预想到一些未知的攻击。

可扩展性：在密码设计时还应该充分考虑各种可能的扩展情况，比如，可变分组或密钥长，这样才能灵活适应多级安全需要。

安全性：是分组密码最重要的设计准则，它要求即使攻击者知道分组密码的内部结构，仍不能破译该密码。这也意味着，不存在针对该密码的某种攻击方法，其工作量小于穷密钥搜索。

1.1.4　分组密码的安全性分析

1. 密码攻击

在信息的传送和处理过程中，除了合法的接收者外，还有非授权接收者或恶意的攻击者，他们通过各种办法（如搭线窃听、电磁窃听、声音窃听等）来对密码系统进行攻击。密码攻击（或称为密码分析）可以直接攻击协议中所用的密码算法或用来实现算法和协议的密码技术，或攻击协议本身。对一个保密系统采取截获密文进行分析的这类攻击称为被动攻击(Passive Attack)。密码系统还可能遭受的另一类攻击是主动攻击(Active Attack)。非法入侵者主动对系统进行干扰，采用删除、更改、增添、重放、伪造等方法向系统加入假消息，这是通信系统中棘手的问题。

密码攻击通过分析密文以发现原始消息。密码攻击努力尝试在密文中找出可辨认的模式，或使用不同密钥不断运行同一个算法直到发现匹配的文本。攻击者使用的攻击手段多种多样，包括数学工具、各种技巧的使用、平常的老式分析推理以及耐心和判断力等。

从原理上讲，密码攻击的方法可以分为两类：穷举法（又称为蛮力法或强力法）和分析法两类。穷举法对截获的密文依次用各种可解的密钥试译，直到得到有意义的明文；或在不变密钥下，对所有可能的明文加密直到得到与截获密文一致为止。只要有足够多的计算时间和存储容量，从理论上讲，穷举法适用于所有的分组密码且总是可以成功的。攻击者尝试所有的密钥，检查是否能把给定的明文加密成给定的密文，试验成功即可得到密钥。但实际中，当使用长密钥时，任何一种能保障安全要求的实用密码都会设计得使穷举法在实际上是不可行的。最著名的用穷举法攻击密码的例子是对美国数据加密标准(DES)的破译研究。

为了减少搜索计算量，可以采用较有效地改进穷举法。比如，将密钥空间划分成几个（例如 q 个）等可能的子集，对密钥可能落入哪个子集进行判断，至多需进行 q 次试验。在确定了正确密钥所在的子集后,就对该子集再进行类似的划分并检验正确密钥所在的集。依此类推,就可最终判断出所用的正确密钥。实施这一攻击的关键在于如何实现密钥空间等概子集的划分。

通过对截获的密文进行分析,更高明的攻击者可以推断出原来的明文,从而大大减少攻击密码系统的难度,这一过程称为分析法。

分析破译法又可以细分为确定性分析法和统计分析法两类。

确定性分析法是利用一个或几个已知量(比如,已知密文或明文-密文对)用数学关系式表示出所求未知量(如密钥等)。已知量和未知量的关系视加密和解密算法而定,寻求这种关系是确定性分析法的关键步骤。

统计分析法是利用明文的已知统计规律进行破译的方法。密码破译者对截获的密文进行统计分析,总结出其统计规律,并与明文的统计规律进行对照比较,从中提取出明文和密文之间的对应或变换信息。

密码分析之所以能够破译密码,最根本的是依赖于明文中的冗余度,这是香农在1949年用他所开创的信息论理论第一次透彻阐明的密码分析的基本问题。

目前常见的密码攻击类型如下。

① 已知密文攻击:密码分析者仅仅拥有密文和加密算法,在这种情况下,解密成功的可能性不大。

② 已知明文攻击:密码分析者拥有密文和加密算法,还有一些明文消息和这些消息所对应的密文。在这种情况下,密码分析者估计原始明文、算法和结果密文。在另一种情况下,密码分析者已经知道密文中的一些文本模式,可分析存在这些模式的密文。

③ 选择明文攻击:密码分析者能够以某种方式把一个消息插入明文中再加密成密文,然后,密码分析者寻找密钥,以解密密文。在一些情况下,插入到明文中的消息能够帮助更方便地找到密钥。

④ 自适应选择明文攻击:该攻击法的核心是微分密码分析。这是一种交互式的循环过程,可以进行许多圈,每圈使用前一圈的结果,直到找到密钥。这种方法对以DES为代表的圈状加密算法较有威慑力。

目前常见的密码攻击技术包括如下几点。

① 分密钥分析:此技术使用一种循环过程评估密码,密文是使用循环分组密码算法(如DES)产生的。使用同一个密钥加密相关的明文,通过多次循环分析出差异,标识出可能的密钥。这个技术曾成功地用于DES、FEAL-4和其他一些哈希函数的破译。

② 线性密码分析:此技术分析一对明文和相应密文,使用线性近似技术确定分组密码的行为。这种技术也曾成功地用于DES和FEAL-4的破译。

③ 代数攻击:这种技术利用分组密码中的数学结构。如果这个结构存在,则用一个密钥进行一次加密的结果有可能等同于用两个不同密钥进行两次加密的结果。密码分析者将利用这一弱点。

密码算法也可以看成是一种协议,因此,分析协议的方法也可用于密码攻击。如果协议设计者对协议的需求定义得不够完备,或者是对其安全性分析得不够充分,就会导致协议设计上的漏洞。通过对密码协议进行攻击,也能构成对密码系统的攻击和破坏。

协议是由一系列步骤构成的,它包括两方或多方,设计协议的目的是为了完成某项任务。协议具有以下特点。

① 协议中的每个人必须都了解协议,并且预先知道所要完成的所有步骤;

② 协议中的每个人都必须同意遵循此协议;

③ 协议必须是清楚的,每一步都必须明确定义,并且不会引起误解;

④ 协议必须是完整的,对每种情况必须规定具体的动作。

对协议的攻击也可以分为主动攻击和被动攻击。与协议无关的人能够窃听协议的某些部分或全部,这攻击叫做被动攻击。因为攻击者不可能影响协议,所有他能做的事是观察协议并试图获取消息。由于被动攻击难于发现,因此协议应阻止被动攻击而不是发现这种攻击。

另一种攻击可能改变协议以对自己有利。他可能假装是其他一些人,在协议中引入新的消息,删除原有的消息,用另外的消息来代替原来的消息,重放消息,破坏通信信道,或者改变存储在计算机中的消息等。这种攻击叫做主动攻击,因为他们具有主动的干预。这种形式的攻击依赖于网络。

被动攻击试图获取协议中各方的消息。他们收集协议各方所传送的消息,并试图对它们进行密码分析。而主动攻击可能有更多的目的。攻击者可能对获取消息感兴趣,也可能降低系统性能,破坏已有的消息或者获取非授权的资源信息。

与被动攻击相比,主动攻击严重得多,特别是在那些各方都不必彼此信任的协议中。攻击者不一定都是入侵者,他可能是合法的系统用户,也可能是系统管理员,甚至有很多主动攻击者在一起工作,每人都是合法的系统用户。

攻击者也可能是与协议有关的各方中的一方。他可能在协议期间撒谎,或者根本不遵守协议,这类攻击者叫骗子。被动骗子虽然遵守协议,但试图获取协议外的其他消息。主动骗子在协议的执行中试图通过欺骗来破坏协议。

如果与协议有关的各方中的大多数都是主动骗子,则很难保证协议的安全性,但合法用户发觉是否有主动欺骗却是可能的。当然,协议对被动欺骗来说应该是安全的。

具体地讲,目前比较典型的分组密码攻击方法有:穷举密钥搜索法、差分分析、截断差分分析、不可能性差分分析、高阶差分分析、线性分析、差分线性分析、Boomerang 攻击、相关密钥攻击、插值攻击、非双射攻击、Slide 攻击、χ^2 攻击等。

2. 安全模型

对于一个密码算法,很难对其安全性给出一个精确的定量描述,常见的定性安全模型主要有如下几个。

(1) 无条件安全性

假定攻击者具有无限的计算资源,在这种模式下,只有当密钥大小与明文大小一样(即一次一密制)时,安全的加密才存在。每个固定的密钥只能用来加密 k/N 个明文消息,所以,无条件的安全性对实用的分组密码来说不是一个有用的模式。

(2) 多项式安全性

与无条件安全性形成鲜明对照,假定攻击者的计算资源是受限的,具体地讲,假定攻击者有一个运行多项式时间的概率算法,根据攻击密码系统的可行性来考虑密码系统的安全性。这个模式起源于复杂性理论,基于攻击者仅有多项式的计算资源的假定。该模式常常考虑最坏的情况,渐进地分析确定一个密码的多项式攻击是否存在,然而,即使这种攻击存在,仍不能保证这种攻击是实际可操作的。

(3)"可证明"的安全性

一般这意味着两件事情:第一,如果能证实破译一个密码与解决某个众所周知的困难问题(如,离散对数或大数分解问题)一样困难,则该密码可认为是安全的;第二,一个分组密码被证明可抗击某种已知的攻击。典型的例子是某分组密码可证实抗击差分和线性分析。然而,应该强调这并不意味着密码可以抗击所有的攻击,所以把"可证明"加上引号,以免被误解。

(4)实际的安全性

在这种模式下,如果一个最好的攻击方法需要的计算资源超出安全边界太多,则可认为该密码是实际安全的。对不同的已知攻击,可以分别测试其所需的时间和空间资源,然后估计其强度。在分析具体的密码时,这种模式提供更多的信息,虽然它不能回答抗未知攻击的能力。

(5)历史的安全性

根据密码吸引的注意力的多少来估计密码安全水平是相当有用的。例如密码A和密码B可能都被认为设计很好,但密码A有十年的历史,曾被详细审查过且没有发现严重的漏洞,因此安全性比B密码更具优势。然而,也应该注意到,密码强度并不总是依据其存在的时间来测量。

由于大多数情况下是在"实际安全性"的模式下考虑问题,因此,常常根据密码攻击所需的时间、存储、数据复杂性来测量一个攻击成功的水平。对一个 N 比特的分组密码,应该重点考虑下列复杂度。

① 数据复杂度:实施一个攻击所需输入的数据量。

② 处理复杂度:执行一个攻击所花的时间。

③ 存储复杂度:需要存储容量。

一般说来,攻击复杂度取三者之中最大的。这个规则也有例外,而且还要考虑相关攻击者的环境。例如,有些预处理尽管所花的时间很多,但攻击者可以负担;有时候加密在专用硬件上很快地完成,这时处理复杂度可以不考虑。一般地,目前存储的需要对大多数攻击者来说都不太现实,所以认为存储比时间更昂贵。

3. 轮结构分组密码的安全分析

对于一个 n 轮分组密码,如果存在一个对 $n-k$ 轮简化版本的密码分析攻击,那么称该密码具有 k 轮绝对安全冗余。因此,安全冗余也意味着即使对现有的密码分析手段进行改进,该密码仍然能够抗击此类攻击。密码分析技术的发展,使得对于具有更多轮的分组密码的破译成为可能。

分组密码提供一种把 N 比特长明文消息转换为 N 比特长密文消息的方法,其中,加密操作是由长为 K 比特的秘密密钥串决定的,密钥常常是随机选择的;解密是加密的逆操作,用同样的密钥把 N 比特的密文还原成明文。在考虑安全性时,仍然沿用 Kerchhoff 假设:除了密钥之外,攻击者知道所有有关加解密的详细过程。所以,直观的要求是:如果不知道密钥的知识,攻击者从密文恢复出明文是实际不可能的。

对一个固定的 k 比特密钥,如果一个分组长为 N 比特的分组密码只用来加密 k/N 个明文,则对每个明文比特来说,每个密钥比特只使用一次,这种情况即为"一次一密制",明文和密文是统计独立的，分组密码是绝对安全的。然而，在大多数的情况下，一次一密是不实际的，因此，用同样固定的 k 比特的密钥加密 T 个明文，其中 $T \gg k/N$，最大化 T 后仍能达到一个可接受的安全性是现代分组密码追求的目标。

既然一个分组长为 N、密钥长为 k 的分组密码可以看作对每一个可能的密钥定义了一个 2^N 个元素上的置换，那么一个简单的带密钥的随机查表(实现一个 N 比特的置换)不用附加任何算法，将实现一个非常强的 N 比特分组密码。不幸的是这样一个实现将花费太多的存储，意味着一个巨大的实现复杂性，不能用作任何实际的用途。几乎所有分组密码都用更小的查表(S-盒)合并其他变换(线性变换)模仿这样一个大的随机查表。这种做法实际上是安全性和复杂性的一个折衷。

分组密码可看作一个置换的集合，如果可证明某个分组密码渐进等价于伪随机置换的集合，则可认为该密码是安全的。换句话说，我们无法区分输出密文比特和某个随机输出。理论上可以说：依赖于可证明安全的伪随机函数发生器，若不知密钥，在多项式时间内无法与真正的随机置换相区分。伪随机意味着在多项式时间内，加密询问使得没有攻击者可以区分分组密码和一真实的随机置换，它相应于选择明文攻击。超伪随机意味着在多项式时间内，加、解密询问使得没有攻击者可以区分分组密码和一真实的随机置换；相应于选择明、密文攻击。由超伪随机性可推出伪随机性，如 3 轮 DES 是一个伪随机置换，4 轮 DES 是一个超伪随机置换。

分组密码也可以与单向函数联系起来。给定一个 N 比特明文消息 m，一个 K 比特的密钥 k，加密函数 E，产生一个 N 比特的密文输出消息 C，其中 $C=E(k,m)$，如果固定 m_0，可定义 $f(k)=E(k,m_0)$。Luby 和 Rackoff 证实：如果 E 是伪随机置换的集合，则 f 近似于一个单向函数。然而单向函数概念比安全的分组密码要弱，例如，泄漏一个单向函数输入的一半，其仍然是一个单向函数。

1.2　数据加密算法标准(DES)

DES 是数据加密算法标准的简称，它是由 IBM 公司在 1970 年发展出的一个加密算法。DES 在 1977 年经过美国国家标准局(NBS)采用为联邦标准(FIPS PUB 46-2)之后，已成为金融界及其他各种产业最广泛应用的对称密钥密码系统。DES 是分组密码的典型代表，也是第一个被公布出来的标准算法。

DES 正式颁布后，世界各国的许多公司都推出了自己实现 DES 的软硬件产品。虽然 DES 的描述相当长，但它能以硬件或软件方式非常有效地实现。需完成的算术运算仍为比特串的异或。扩展函数 E、S-盒、置换 IP 和 P 以及 16 个子密钥的计算都能在一个固定时间内通过查表(以软件)或电路中的硬件布线来完成。现在的硬件实现能达到非常快的加密速度。数字设备公司在 Crypto'92 上宣布他们已经制造了带有 50 个晶体管的芯片，时钟速率 250 MHz 时，加密速度达 1 Gbit/s。这个芯片的价格大约是 300 美元。

虽然目前 DES 已经被 AES 所取代，但是，由于 DES 的基本理论和设计思想仍有重要参考价值，所以，下面简要地描述 DES 算法。

1.2.1 DES 的设计思想

DES 综合应用了置换、代替、移位多种密码技术，是一种乘积密码。在算法结构上采用迭代结构，从而使其结构紧凑，条理清楚，而且算法为对合运算，便于实现。DES 使用了初始置换 IP 和逆初始置换 IP^{-1}各一次，置换 P16 次，安排使用这 3 个置换的目的是把数据彻底打乱重排。它们在密码意义上作用不大，因为它们与密钥无关，置换关系固定，一旦公开后便无多大密码意义。选择置换 E 一方面把数据打乱重排，另一方面把 32 位输入扩展为 48 位。算法中除了 S-盒是非线性变换外，其余变换均为线性变换，所以保密性的关键是选择 S-盒。S-盒经过了精心设计和严格挑选。美国国家安全局曾经确认过下列 3 条“设计准则”。

① 对任意一个 S-盒而言，没有任何线性方程式等价于此 S-盒的输出/输入关系。即，S-盒是非线性函数。

② 改变 S-盒的任何一位的输入，则至少有两个以上的输出位会因此而有所改变。换句话说，任一输入位可以影响的输出位越多越好。

③ 当固定某一个位的输入时，我们希望 S-盒的 4 个输出位之间，其“0”和“1”个数之差越小越好。

这个非线性变换的本质是数据压缩，它把 6 位输入压缩为 4 位输出。选择 S-盒函数的输入中任意改变数位，其输出至少变化 2 位。因为算法中使用了 16 次迭代，从而使得即使是改变明文或密钥中的 1 位，密文都会发生约 32 位的变化，大大提高了保密性。DES 的子密钥产生与使用也很有特色，它确保了原密钥中各位的使用次数基本上相等。试验表明，56 位密钥的每位的使用次数在 12～15 次之间。这也使保密性得到进一步提高。

总体上看，DES 是相当成功的，虽然它有以下一些弱点和不足。

(1) 存在一些弱密钥和半弱密钥

在 16 次加密迭代中分别使用不同的子密钥是确保 DES 强度的一种重要措施。但由于子密钥产生过程的设计不当，实际上却存在着一些密钥，由它们产生的 16 个子密钥不是互不相同，而是有重合的。称这些密钥为弱密钥或半弱密钥。其中，称使 16 个子密钥全相同的密钥为弱密钥，称使 16 个子密钥中有部分相同的密钥为半弱密钥。弱密钥的使用会降低 DES 的安全性。若 k 为弱密钥则下列关系式成立。

$$E_k(E_k(m))=m, D_k(D_k(m))=m$$

但由于弱密钥和半弱密钥的数量与密钥的总数相比仍是微不足道的，所以这对 DES 并不构成太大威胁，只要在实际应用中避免使用这些密钥即可。

(2) 存在互补对称性

在 DES 的明文 m、密文 C 与密钥 k 之间存在着互补的特性。此互补性，简单地说，可以用下列两个式子表示：

$$\text{若 } E_k(m)=C\text{，则 } E_{\bar{k}}(\bar{m})=\bar{C}$$

这个关系是说，如果以密钥 k 对明文 m 加密，得到密文 C；则相对地，以密钥 $\bar{k}$ 对明文 $\bar{m}$ 加密，亦可得到 $\bar{C}$。其中 $\bar{X}$ 表示 X 逐位取补。这个性质使得非法者有机可乘，假设破译者 A 要破解使用者 B 的密钥 k，而且 A 又拥有 B 使用密钥 k 对明文 m 及 $\bar{m}$ 加密的密文 $E_k(m)$及 $E_k(\bar{m})$，则 A 可利用 DES 的互补性来找出密钥 k；该方法比穷举密钥搜索法少花了一半的时间(时间复杂度位 2^{55})。尽管如此，但在实际上却不太可行。因为两个明文互为补码的概率相当小，所以破译者获得 $E_k(m)$及 $E_k(\bar{m})$也相当困难。因此，这种互补性不能算是 DES 的漏洞。

1.2.2 DES 的算法描述

DES 是对二元数字分组加密的分组密码算法，分组长度为 64 bit。每 64 位明文加密成 64 位密文，没有数据压缩和扩展。密钥长度为 56 bit，有时会输入 64 bit，则第 8 位、16 位、24 位、32 位、40 位、48 位、56 位、64 位为奇偶检验位。所以，实际密钥只有 56 位。DES 算法完全公开，其保密性完全依赖密钥。

如图 1.6 所示是 DES 全部 16 轮的加/解密结构，其最上方的 64 bit 输入分组数据可能是明文，也可能是密文，视使用者要做加密或解密而定。而加密与解密的不同之处，仅在于最右边的 16 个子密钥的使用顺序不同，加密的子密钥顺序为 $K_1, K_2, \cdots, K_{16}$，而解密的子密钥顺序正好相反，为 $K_{16}, K_{15}, \cdots, K_1$。

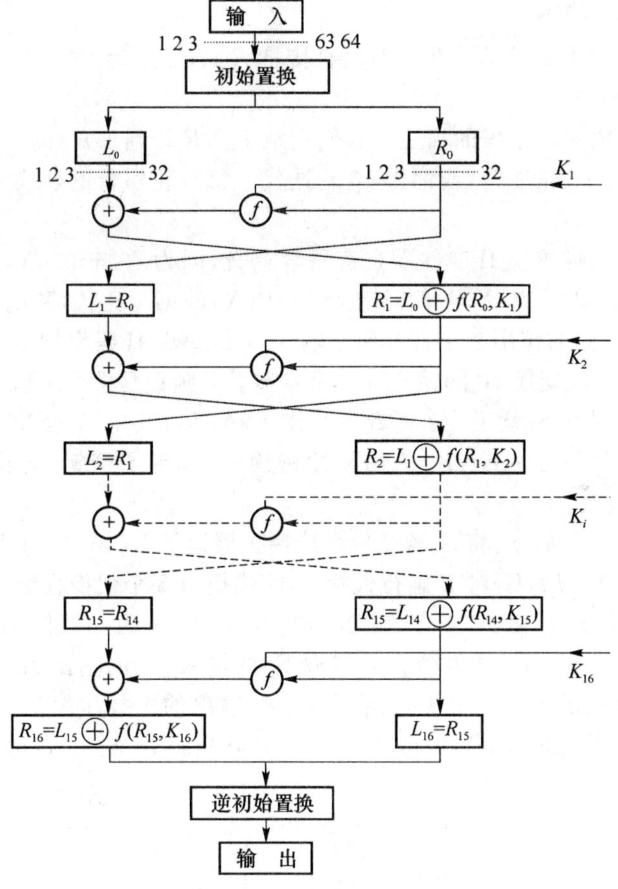

图 1.6　DES 加/解密流程

DES 算法首先对输入的 64 位明文 X 进行一次初始置换 IP（如图 1.7 所示），以打乱原来的次序。对置换后的数据 X_0 分成左右两半，左边记为 L_0，右边记为 R_0。对 R_0 实行密钥控制下的变换 f，其结果记为 $f(R_0, K_1)$，得到的 32 bit 输出再与 L_0 做逐位异或（XOR）运算，其结果成为下一轮的 R_1，R_0 则成为下一轮的 L_1。对 L_1、R_1 实行和 L_0、R_0 同样的过程得 L_2、R_2。如此循环 16 次，最后得 L_{16}、R_{16}。再对 64 位数字 R_{16}、L_{16}施行初始置换的逆置换 IP^{-1}（如图 1.8 所示），即得密文 y。运算过程可简洁地表示如下：

$$R_i = L_{i-1} \oplus f(R_{i-1}, k_i)$$
$$L_i = R_{i-1}, i = 1, 2, \cdots, 16$$

IP^{-1}

40	8	48	16	56	24	64	32
39	7	47	15	55	23	63	31
38	6	46	14	54	22	62	30
37	5	45	13	53	21	61	29
36	4	44	12	52	20	60	28
35	3	43	11	51	19	59	27
34	2	42	10	50	18	58	26
33	1	41	9	49	17	57	25

图 1.7　初始置换 IP

IP

58	50	42	34	26	18	10	2
60	52	44	36	28	20	12	4
62	54	46	38	30	22	14	6
64	56	48	40	32	24	16	8
57	49	41	33	25	17	9	1
59	51	43	35	27	19	11	3
61	53	45	37	29	21	13	5
63	55	47	39	31	23	15	7

图 1.8　初始置换的逆 IP^{-1}

在 16 次加密后并未交换 L_{16}、R_{16}，而是直接将 R_{16}、L_{16} 作为 IP^{-1} 的输入，这样使得 DES 的解密和加密完全相同。

以上是对 DES 加解密过程的描述。我们把从 $L_{i-1}R_{i-1}$ 到 L_iR_i 的变换过程称为一轮加密，所以 DES 要经过 16 轮加密，或称为 16 轮迭代。每一轮实行的变换完全相同，只是每轮输入数据不同。

初始置换 IP 及其逆置换 IP^{-1} 并没有密码学意义，因为 X 与 IP(X)（或 Y 与 $IP^{-1}(Y)$）的一一对应关系是已知的，如 X 的第 58 比特是 IP(X)的第 1 比特，X 的第 50 比特是IP(X)的第 2 比特等等。它们的作用在于打乱原来输入 X 的 ASCII 码字划分的关系，并将原来明文的第 $x_8, x_{16}, \cdots, x_{64}$ 位变成 IP 的输出的一个字节。f 函数是整个 DES 加密法中最重要的部分，而其中的重点又在 S-盒上。f 函数可记作 $f(A,J)$，其中 A 为 32 位输入，J 为 48 位输入，在第 i 轮 $A = R_{i-1}$，$J = K_i$，K_i 为由初始密钥（亦称种子密钥）导出的第 i 轮子密钥。$f(A,J)$输出为 32 比特。

$f(A,J)$的计算过程如下：将 A 经过一个选择扩展运算 E（如图 1.9 所示）变为 48 位，记为$E(A)$。计算 $E(A) \oplus J = B$，对 B 施行代换 S，此代换由 8 个代换盒组成，就是前面说过的 S-盒。每个 S-盒有 6 个输入 4 个输出，将 B 依次分为 8 组，每组 6 位，记 $B = B_1B_2B_3B_4B_5B_6B_7B_8$，其中 B_j 作为第 j 个 S-盒 S_j 的输入，S_j 的输出为 C_j，$C = C_1 \cdots C_8$ 就是代换 S 的输出，所以代换 S 是一个 48 位输入、32 位输出的选择压缩运算，将结果 C 再施行一个压缩置换 P（如图 1.9 所示），即得 $f(A,J)$。其中在第 i 轮为 $f(R_{i-1}, k_i)$。$f(A,J)$可用如图 1.10 所示表示。

E

32	1	2	3	4	5
4	2	6	7	8	9
8	9	10	11	12	13
12	13	14	15	16	17
16	17	18	19	20	21
20	21	22	23	24	25
24	25	26	27	28	29
28	29	30	31	32	1

P

16	7	20	21
29	12	28	17
1	15	23	26
5	18	31	10
2	8	24	14
32	27	3	9
19	13	30	6
22	11	4	25

图 1.9　扩展置换 E 与压缩转换 P

其中，E 与 P 主要用于增加算法的扩散效果，具体运算见图 1.10。

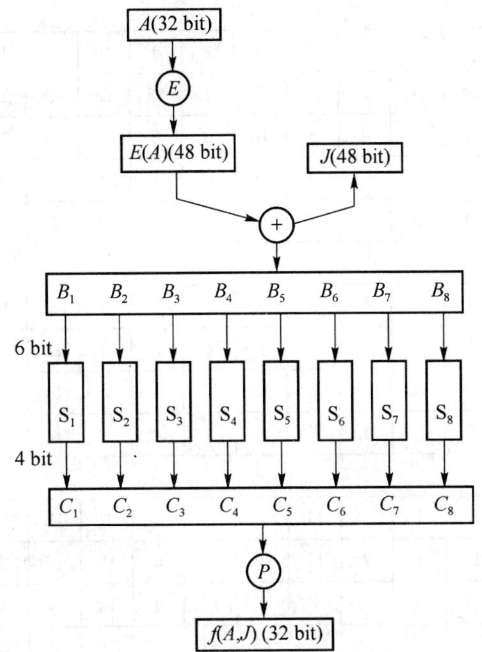

图 1.10　f 函数运算

S-盒是 DES 算法中唯一的非线性部件，也就是整个算法的安全性所在，但是它的设计原则与过程一直未被公布。每个 S-盒都是有 6 个输入 4 个输出的变换，其变换规则为：取 $\{0,1,\cdots,15\}$ 上的 4 个置换，即它的 4 个排列排成 4 行，得到 4×16 矩阵。若给定该 S-盒的输入 $b_0b_1b_2b_3b_4b_5$，其输出对应该矩阵第 L 行第 n 列所对应的数的 2 进制表示。这里 L 的二进制表示为 b_0b_5，n 的二进制表示为 $b_1b_2b_3b_4$。这样每个 S-盒可用一个 4×16 矩阵或数表来表示。8 个 S-盒的表示可用如表 1.1 所示给出。

表 1.1　DES 的 S-盒

列	行																
	0	1	2	3	4	5	6	7	8	9	10	11	12	13	14	15	
0	14	4	13	1	2	15	11	8	3	10	6	12	5	9	0	7	S_1
1	0	15	7	4	14	2	13	1	10	6	12	11	9	5	3	8	
2	4	1	14	8	13	6	2	11	15	12	9	7	3	10	5	0	
3	15	12	8	2	4	9	1	7	5	11	3	14	10	0	6	13	
0	15	1	8	14	6	11	3	4	9	7	2	13	12	0	5	10	S_2
1	3	13	4	7	15	2	8	14	12	0	1	10	6	9	11	5	
2	0	14	7	11	10	4	13	1	5	8	12	6	9	3	2	15	
3	13	8	10	1	3	15	4	2	11	6	7	12	0	5	14	9	

续表

列	行																
	0	1	2	3	4	5	6	7	8	9	10	11	12	13	14	15	
0	10	0	9	14	6	3	15	5	1	13	12	7	11	4	2	8	S_3
1	13	7	0	9	3	4	6	10	2	8	5	14	12	11	15	1	
2	13	6	4	9	8	15	3	0	11	1	2	12	5	10	14	7	
3	1	10	13	0	6	9	8	7	4	15	14	3	11	5	2	12	
0	7	13	14	3	0	6	9	10	1	2	8	5	11	12	4	15	S_4
1	13	8	11	5	6	15	0	3	4	7	2	12	1	10	14	9	
2	10	6	9	0	12	11	7	13	15	1	3	14	5	2	8	4	
3	3	15	0	6	10	1	13	8	9	4	5	11	12	7	2	14	
0	2	12	4	1	7	10	11	6	8	5	3	15	13	0	14	9	S_5
1	14	11	2	12	4	7	13	1	5	0	15	10	3	9	8	6	
2	4	2	1	11	10	13	7	8	15	9	12	5	6	3	0	14	
3	11	8	12	7	1	14	2	13	6	15	0	9	10	4	5	3	
0	12	1	10	15	9	2	6	8	0	13	3	4	14	7	5	11	S_6
1	10	15	4	2	7	12	9	5	6	1	13	14	0	11	3	8	
2	9	14	15	5	2	8	12	3	7	0	4	10	1	13	11	6	
3	4	3	2	12	9	5	15	10	11	14	1	7	6	0	8	13	
0	4	11	2	14	15	0	8	13	3	12	9	7	5	10	6	1	S_7
1	13	0	11	7	4	9	1	10	14	3	5	12	2	15	8	6	
2	1	4	11	13	12	3	7	14	10	15	6	8	0	5	9	2	
3	6	11	13	8	1	4	10	7	9	5	0	15	14	2	3	12	
0	13	2	8	4	6	15	11	1	10	9	3	14	5	0	12	7	S_8
1	1	15	13	8	10	3	7	4	12	5	6	11	0	14	9	2	
2	1	11	4	1	9	12	14	2	0	6	10	13	15	3	5	8	
3	2	1	14	7	4	10	8	13	15	12	9	0	3	5	6	11	

DES 密钥产生的方案:子密钥产生过程(如图 1.11 所示)中的输入为使用者所持有的 64 比特初始密钥。在加密或解密时,使用者先将初始密钥输入至子密钥产生流程中即可。首先经过密钥置换 PC-1(如表 1.2 所示),将初始密钥的 8 个奇偶校验位剔除掉,而留下真正的 56 比特初始密钥,接着兵分两路为两个 28 比特的分组 C_0 及 D_0,再分别经过一个循环左移函数 LS_i,得到 C_1 与 D_1,连成 56 比特数据,再依密钥置换 PC-2(如表 1.3 所示)做重排动作,便可输出子密钥 K_1,而 K_2 至 K_{16} 的产生方法依此类推。其中需要注意的是,置换 PC-1 的输入

为 64 比特，而输出为 56 比特；而密钥置换 PC-2 的输入和输出分别为 56 比特和 48 比特。

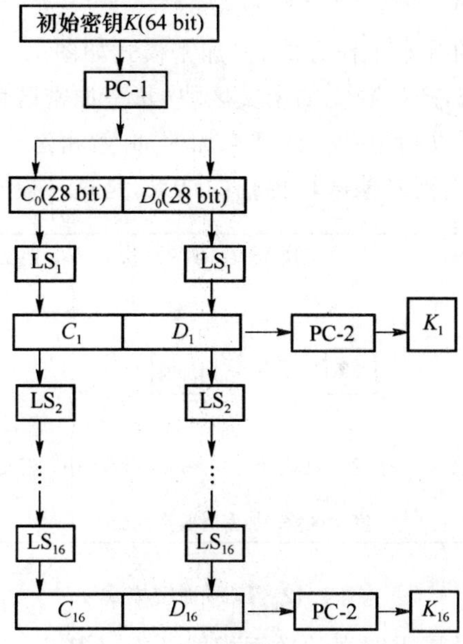

图 1.11　子密钥的产生过程

表 1.2　密钥置换 PC-1

PC-1						
57	49	41	33	25	17	9
1	58	50	42	34	26	18
10	2	59	51	43	35	27
19	11	3	60	52	44	36
63	55	47	39	31	23	15
7	62	54	46	38	30	22
14	6	61	53	45	37	29
21	13	5	28	20	12	4

表 1.3　密钥置换 PC-2

PC-2					
14	17	11	24	1	5
3	28	15	6	21	10
23	19	12	4	26	8
16	7	27	20	13	2
41	52	31	37	47	55
30	40	51	45	33	48
44	49	39	56	34	53
46	42	50	36	29	32

对每个 i，$1 \leqslant i \leqslant 16$ 计算 $C_i = \mathrm{LS}_i(C_{i-1})$，$D_i = \mathrm{LS}_i(D_{i-1})$，$K_i = \text{PC-2}(C_iD_i)$。其中 LS_i 表示一个或两个位置的左循环移位，当 $i=1,2,9,16$ 时，移一个位置，当 $i=3,4,5,6,7,8,10,11,12,13,14,15$ 时，移两个位置。

1.2.3　DES 的工作模式

实际应用中，DES 是根据其加密算法所定义的明文分组的大小（64 bit）将数据分割成若干 64 bit 的加密区块，再以加密区块为单位分别进行加密处理。如果最后剩下不足一个区块的大小，称之为短块，关于短块的处理方法一般有填充法、序列密码加密法、密文挪用技术。根据数据加密时每个加密区块间的关联方式来区分，可以分为 4 种加密模式，包括 ECB(Electronic Code Book)、CBC(Cipher Block Chaining)、CFB(Ciphertext Feedback)及

OFB(Output Feedback)。

1. ECB(电子密文方式)

ECB模式是分组密码的基本工作方式,其加密模式如图1.12所示。在ECB模式下,每一个加密区块依次独立加密,产生独立的密文区块,每一加密区块的加密结果均不受其他区块的影响,使用此种方式,可以利用平行处理来加速加/解密运算,且在网络传输时任一区块有任何错误发生,也不会影响到其他区块传输的结果,是这一模式的优点。

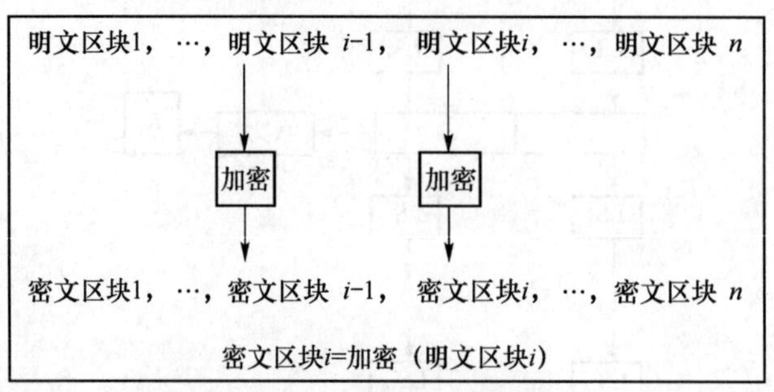

图1.12　ECB加密模式

ECB模式的缺点是容易暴露明文的数据模式。在计算机系统中,许多数据都具有固有的模式,这主要是由数据结构和数据冗余引起的。如果不采取措施,对于在要加密的文件中出现多次的明文,此部分明文若恰好是加密区块的大小,可能会产生相同的密文,且密文内容若遭剪贴、替换,也不易被发现。

2. CBC(密文分组链接方式)

CBC加密模式如图1.13所示。第一个加密区块先与初始向量(Initialization Vector,IV)做异或运算,再进行加密。其他每个加密区块加密之前,必须与前一个加密区块的密文做一次异或运算,再进行加密。每一个区块的加密结果均会受到前面所有区块内容的影响,所以即使在明文中出现多次相同的明文,也会产生不同的密文。

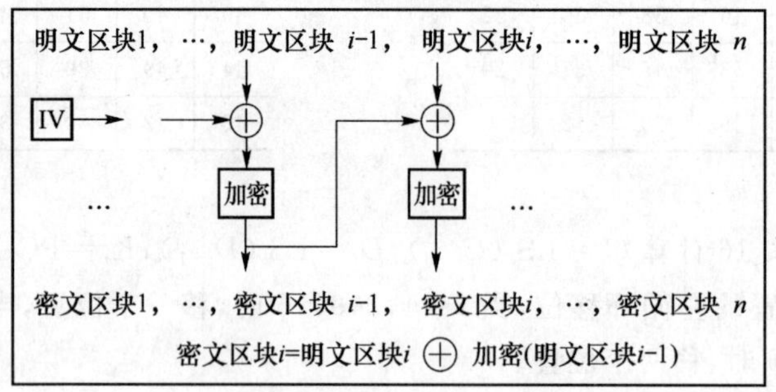

图1.13　CBC加密模式

密文内容若遭剪贴、替换,或在网络传输过程中发生错误,则其后续的密文将被破坏,无法顺利解密还原,这是这一模式的优点也是缺点。

其次,必须选择一个初始向量,用以加密第一个区块。且在加密作业时无法利用平行处理来加速加密运算,但其解密运算,因做异或的加密区块结果已存在,则仍可以利用平行处理来加速。

3. CFB(密文反馈方式)

CFB 加密模式如图 1.14 所示。可以将区块加密算法当作流密码加密器(Stream Cipher)使用,流密码加密器可以按照实际上的需要,每次加密区块大小可以自定,每一个区块的明文与之前区块加密后的密文做异或后成为密文。因此,每一个区块的加密结果受之前所有区块内容的影响,会使得在明文中出现多次相同的明文均产生不相同的密文。在此模式下,与 CBC 模式一样,为了加密第一个区块,必须选择一个初始向量,且此初始向量必须唯一,每次加密时必须不一样,也难以利用平行处理来加快加密作业。

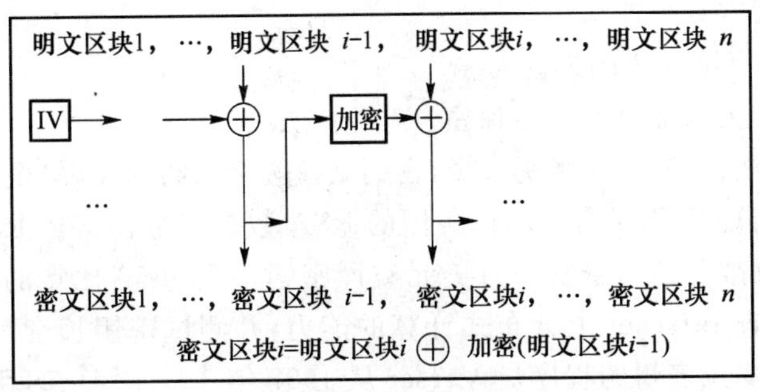

图 1.14　CFB 加密模式

4. OFB(输出反馈模式)

OFB 加密模式如图 1.15 所示。与 CFB 大致相同,唯一的差异是每一个区块的明文与之前区块加密后的密文做异或后产生密文,不同的是之前区块加密后的密文为独立产生,每一个区块的加密结果不受之前所有区块内容的影响,如果有区块在传输过程中遗失或发生错误,将不至于完全无法解密,但也会使得在明文中出现多次的明文均产生相同的密文,也容易遭受剪贴攻击。在此模式下,为了加密第一个区块,必须设置一个初始向量,否则难以利用平行处理来加快加密作业。

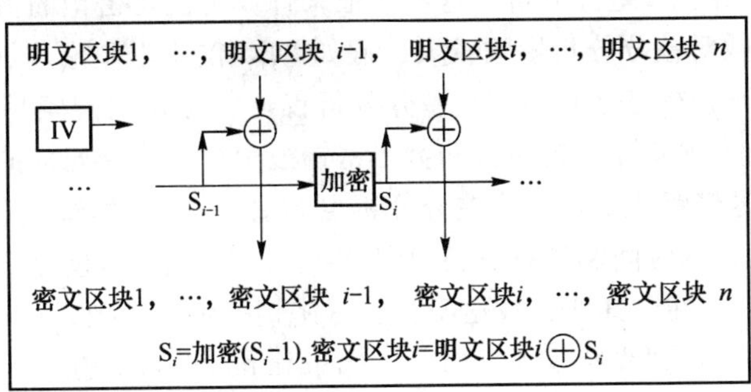

图 1.15　OFB 加密模式

容易看出,以上 4 种操作模式有不同的优点和缺点。在 ECB 和 OFB 模式中改变一个明文块将引起相应的密文块的改变,而其他密文块不变。有些情况下这可能是一个好的特性,例如,OFB 模式通常用来加密卫星传输。但在 CBC 和 CFB 模式中改变一个明文块,那么相应的密文块及其后的所有密文块将会改变,这个特性意味着 CBC 和 CFB 模式适用于鉴别的目的。更明确地说,这些模式能用来产生消息鉴别码,将其附在明文块序列的后面可保护消息的完整性。

1.2.4 DES的安全性分析

1. 宏观评价

虽然目前尚不存在一个评价密码系统的统一标准和严格的理论,只能从一个密码系统抵抗现有的密码分析手段的能力来评价它的好坏,但是,自1975年以来,许多机构、公司和学者都对DES进行了大量的研究与分析。目前,对DES的批评主要集中在以下几点。

① DES的密钥长度(56位)可能太小。

② DES的迭代次数可能太少。

③ S-盒中可能有不安全因素。

④ DES的一些关键部分不应当保密。

比较一致的看法是DES的密钥太短,密钥量仅为2^{56}(约为10^{17})个,不能抵抗穷尽密钥搜索攻击。实际上,1997年1月28日,美国的RSA数据安全公司在RSA安全年会上公布了一项"秘密密钥挑战"竞赛,悬赏一万美元破译密钥长度为56比特的DES。RSA发起这场挑战赛是为了调查Internet上分布式计算的能力,并测试密钥长度为56比特的DES的相对强度。美国克罗拉多州的程序员Verser从1997年3月13日起,用了96天的时间,在Internet上数万名志愿者的协同工作下,于6月17日成功地找到了DES的密钥,获得了RSA公司颁发的一万美元的奖励。这一事件表明依靠Internet的分布式计算能力,用穷尽密钥搜索攻击方法破译已成为可能。1998年7月,电子边境基金会(EFF)使用一台25万美元的计算机在56小时内破解了56比特的DES。1999年1月RSA数据安全会议期间,电子边境基金会用22小时15分钟就宣告完成RSA公司发起的DES的第三次挑战。

对DES而言,到目前为止,最具杀伤力的攻击是所谓的"差分攻击"和"线性攻击"。"差分攻击"是由Biham和Shamir于1993年提出的一种选择明文攻击。差分分析涉及带有某种特性的密文对和明文对比较,其中分析者寻找明文有某种差分的密文对。这些差分中的一部分有较高的重现概率,差分分析用这些特征来计算可能是密钥的概率,最后定位最可能的密钥。DES的轮数对差分分析影响较大。假如DES仅使用8轮,则在个人计算机上只需几分钟就可破译密码。在完全的16轮,差分分析仅比穷尽密钥搜索稍微有效。然而,如果增加到17轮或18轮,则差分分析攻击和穷尽密钥搜索攻击花费同样的时间。如果DES被增加到19轮,则穷尽密钥搜索攻击比差分分析更容易。这样,尽管差分分析是理论上可破的,但因为需花费大量的时间和数据支持,所以并不实用。然而,差分分析攻击显示的是,对任何少于16轮的DES在已知明文攻击下比穷尽密钥搜索更有效。1994年,Matsui又发现了比"差分攻击"更有效的"线性攻击"(Linear Cryptanalysis),这也是一种已知明文攻击,它用线性近似来描述分组密码的行为。"线性攻击"能用2^{21}个已知明文破8轮DES,2^{43}个已知明文破译16轮DES。

正是由于"差分攻击"和"线性攻击"等密码攻击手段的不断涌现,1997年4月15日美国国家标准技术研究所(NIST)发起了征集AES(Advanced Encryption Standards)算法的活动,目的是确定一个公开披露的、全球免费使用的分组密码算法来代替DES算法。

总体上,从安全角度看,DES应该是一个成功的分组密码算法,因为,到目前为止,人们并未从根本上破译DES,而仅仅只是对其安全性有"质疑"。更具体地说,若是能用类似Triple-DES或是DESX的方式加长DES密钥长度,仍不失为一个安全的密码系统。

2. 差分攻击

密码攻击(又称为密码分析)与密码设计既相互对立,又相互依存。对任何一种密码算法,分析者都会千方百计从该密码中寻找"漏洞"和缺陷,从而进行攻击。DES自诞生以来,对它的分析工作一刻也没有停止过。归纳起来,对分组密码的分析方法主要有这样几种类型:①穷尽密钥搜索(强力攻击);②线性分析方法;③差分分析方法;④相关密钥密码分析;⑤中间相遇攻击等。下面我们以DES为背景介绍"差分分析"和"线性分析"。

(1) 差分分析的理论基础

因为DES中的初始置换IP及其逆置换IP^{-1}是公开的,所以为了方便起见,可以忽略掉初始置换IP及其逆置换IP^{-1},这样并不影响分析。人们一般说的DES是16轮DES,实际上它可以扩展为任意轮DES。这里只考虑n轮DES,$n\leqslant16$。在n轮DES中,我们将L_0R_0视作明文、L_nR_n是密文(注意,这里也没有交换L_n和R_n的位置)。差分分析的基本观点是比较两个明文的异或与相应的两个密文的异或。一般地,将考虑两个具有确定的异或值$L_0'R_0'=L_0R_0\oplus L_0^*R_0^*$的明文$L_0R_0$和$L_0^*R_0^*$。

定义1　设S_j是一个给定的S-盒($1\leqslant j\leqslant8$),(B_j,B_j^*)是一对长度为6比特的串,称S_j的输入异或是$B_j\oplus B_j^*$,S_j的输出异或是$S_j(B_j)\oplus S_j(B_j^*)$。

对任何$B_j'\in Z_2^6$,记$\Delta(B_j')=\{(B_j,B_j^*)\mid B_j\oplus B_j^*=B_j'\}$。易知$|\Delta(B_j')|=2^6=64$,且$\Delta(B_j')=\{(B_j,B_j\oplus B_j')\mid B_j\in Z_2^6\}$。对$\Delta(B_j')$中的每一对,都能计算出$S_j$的一个输出异或,共可计算出64个输出异或,它们分布在$2^4=16$个可能的值上。将这些分布列成表,其分布的不均匀性将是差分攻击的基础。

例1　设第一个S-盒S_1的输入异或为110100,那么$\Delta(110100)=\{(000000,110100),(000001,110101),\cdots,(111111,001011)\}$。现在对集合$\Delta(110100)$中的每一个有序对,计算$S_1$的输出异或。例如,$S_1(000000)=E_{16}=1110$,$S_1(110100)=9_{16}=1001$,所以有序对(000000,110100)的输出异或为0111。对$\Delta(110100)$中的每一对,都做这样的处理后,可获得如图1.16所示的输出异或分布。

0000	0001	0010	0011	0100	0101	0110	0111
0	8	16	6	2	0	0	12

1000	1001	1010	1011	1100	1101	1110	1111
6	0	0	0	0	8	0	6

图1.16　输出异或分布

在例1中,16个可能的输出异或中实际上只有8个出现。一般地,如果固定一个S-盒S_j和一个输入异或B_j',那么平均来讲,所有可能的输出异或中实际上出现75%～80%。

对于$1\leqslant j\leqslant8$,长度为6比特的串B_j'和长度为4比特的串C_j',定义

$$\mathrm{IN}_j(B_j',C_j')=\{B_j\in Z_2^6\mid S_j(B_j)\oplus S_j(B_j\oplus B_j')=C_j'\}$$
$$N_j(B_j'C_j')=|\mathrm{IN}_j(B_j',C_j')|$$

$N_j(B_j',C_j')$表示对S-盒S_j具有输入异或为B_j'、输出异或为C_j'的对的数量。由此可知,$\mathrm{IN}_j(B_j',C_j')$可分成$\frac{N_j(B_j',C_j')}{2}$对,使得每一对的异或为B_j'。

在例 1 中的分布表由值 $N_1(110100, C_1')$，$C_1' \in Z_2^4$ 构成。集合 $\mathrm{IN}_1(110100, C_1')$ 中的元素如表 1.4 所示。

表 1.4 具有输入异或 110100 的所有可能输入

输出异或	可能的输入
0000	
0001	000011、001111、011110、011111、101010、101011、110111、111011
0010	000100、000101、001110、010001、010010、010100、011010、011011、100000、100101、010110、101110、101111、110000、110001、111010
0011	000001、000010、010101、100001、110101、110110
0100	010011、100111
0101	
0110	
0111	000000、001000、001101、010111、011000、011101、100011、101001、101100、110100、111001、111100
1000	001001、001100、011001. 101101. 111000. 111101
1001	
1010	
1011	
1100	
1101	000110、010000、010110、011100、100010、100100、101000、110010
1110	
1111	000111、001010、001011、110011、111110、111111

对 8 个 S-盒中的每一个，都有 64 个可能的输入异或，所以共需计算 512 个分布。这些通过计算机很容易算出。

在第 i 轮，S-盒的输入可写作 $B=E\oplus J$，其中 $E=E(R_{i-1})$ 是 R_{i-1} 的扩展，$J=K_i$ 由第 i 轮的密钥比特构成。此时，输入异或(对所有 8 个 S-盒)可通过下式计算，即

$$B\oplus B^*=(E\oplus J)\oplus(E^*\oplus J)=E\oplus E^*$$

显然，输入异或不依赖于密钥比特 J，然而输出异或必定依赖于这些密钥比特。

将 B、E 和 J 均写成长为 6 比特的比特串的级联，即

$$B=B_1B_2B_3B_4B_5B_6B_7B_8$$

$$E=E_1E_2E_3E_4E_5E_6E_7E_8$$

$$J=J_1J_2J_3J_4J_5J_6J_7J_8$$

将 B^*、E^* 和 J^* 也写作类似形式。此时，假定对某一个 j，$1\leqslant j\leqslant 8$，我们知道 E_j 和 E_j^* 的值以及 S_j 的输出异或的值 $C_j'=S_j(B_j)\oplus S_j(B_j^*)$，则必然有 $E_j\oplus J_j\in \mathrm{IN}_j(E_j', C_j')$，其中 $E_j'=E_j\oplus E_j^*$。

设 E_j 和 E_j^* 是两个长度为 6 比特的串，C_j' 是一个长度为 4 比特的串，定义

$$\mathrm{test}_j(E_j, E_j^*, C_j')=\{B_j\oplus E_j \mid B_j\in IN_j(E_j', C_j')\}$$

这里的 $E_j'=E_j\oplus E_j^*$，$\mathrm{test}_j\{E_j, E_j^*, C_j'\}$ 也就是 E_j 和集合 $\mathrm{IN}_j(E_j', C_j')$ 中的每一个元素取

异或所得的异或值构成的集合。

综上所述,可以得出如下定理。

【定理】 设 E_j 和 E_j^* 是 S-盒 S_j 的两个输入,S_j 的输出异或是 C_j',记为 $E_j'=E_j \oplus E_j^*$,则密钥比特 J_j 出现在集合 $\text{test}_j(E_j,E_j^*,C_j')$之中,即 $J_j \in \text{test}_j(E_j,E_j^*,C_j')$。

在集合 $\text{test}_j(E_j,E_j^*,C_j')$中恰有 $N_j(E_j',C_j')$个长度为 6 比特的串,J_j 的正确值必定是这些可能值中的一个。

例 2 设 $E_1=000001$,$E_1^*=110101$,$C_1'=1101$。因为 $N_1(110100,1101)=8$,所以在集合 $\text{test}_1(000001,110101,1101)$中恰有 8 个比特串。

$$\text{IN}_1(110100,1101)=\{000110,010000,010110,011100,100010,100100,101000,110010\}$$

因此

$$\text{test}_1(000001,110101,1101)=\{000111,010001,010111,011101,100011,100101,101001,110011\}$$

如果有第 2 个这样的三重组(E_1,E_1^*,C_1'),那么我们就能获得包含密钥比特 J_1 的第 2 个集合 test_1,则 J_1 必定是在这两个集合的交集之中。如果有一些这样的三重组,那么就能很快地确定密钥比特 J_1。一个直接的方法如下:建立一个有 64 个计数器的计数矩阵,用来记录密钥比特 J_1 的 64 种可能的取值情况。每计算一个 test_1,如果某一 6 比特长的串在 test_1 之中,那么该 6 比特的串对应的计数器增加 1,否则不增加。给定 t 个三重组(E_j,E_j^*,C_j'),希望在计数矩阵中找到一个唯一的计数器,该计数器的计数值为 t,则这个计数器对应的 6 比特长的串即为密钥比特 J_1。

(2) 差分分析的应用实例

作为差分分析的一个应用实例,现在来攻击 3 轮 DES。设 L_0R_0 和 $L_0^*R_0^*$ 是两对明文,对应的密文分别为 L_3R_3 和 $L_3^*R_3^*$。可将 R_3 表示为

$$R_3=L_2 \oplus f(R_2,K_3)=R_1 \oplus f(R_2,K_3)=L_0 \oplus f(R_0,K_1)\oplus f(R_2,K_3)$$

同样的

$$R_3^*=L_0^* \oplus f(R_0^*,K_1)\oplus f(R_2^*,K_3)$$

因此

$$R_3'=R_3 \oplus R_3^*=L_0'\oplus f(R_0,K_1)\oplus f(R_0^*,K_1)\oplus f(R_2,K_3)\oplus f(R_2^*,K_3)$$

其中 $L_0'=L_0 \oplus L_0^*$。

现在,假定选择明文使得 $R_0=R_0^*$,即 $R_0'=R_0 \oplus R_0^*=00\cdots0$(因为是选择明文攻击,所以这种假定是合理的),则

$$R_3' = L_0'\oplus f(R_2,K_3)\oplus f(R_2^*,K_3)$$

因为 L_0、L_0^*、R_3、R_3^* 为已知,所以 R_3'和 L_0'可计算出。这样 $f(R_2,K_3)\oplus f(R_2^*,k_3)$可由下式算出

$$f(R_2,K_3)\oplus f(R_2^*,K_3)=R_3'\oplus L_0'$$

又因为 $f(R_2,K_3)=P(C)$,$f(R_2^*,K_3)=P(C^*)$,其中,C、C^* 分别表示 8 个 S-盒的两个输出,所以 $P(C)\oplus P(C^*)=R_3'\oplus L_0'$。而 P 是固定的、公开的、线性的,故 $C \oplus C^*=P^{-1}(R_3'\oplus L_0')$,这正是 3 轮 DES 的 8 个 S-盒的输出异或。

另外,由于 $R_2=L_3$ 和 $R_2^*=L_3^*$ 也是已知的(因为它们是密文的一部分),所以可使用公开知道的扩展函数 E 来计算 $E=E(L_3)$和 $E^*=E(L_3^*)$。

对 3 轮 DES 的第 3 轮,已经知道 E、E^* 和 C',现在的问题是构造 test_j,$1\leqslant j\leqslant 8$,$J_i\in \text{test}_j$,其构造如下。

输入：L_0R_0、$L_0^*R_0^*$、L_3R_3 和 $L_3^*R_3^*$，其中，$R_0=R_0^*$。

① 计算 $C'=P^{-1}(R_3'\oplus L_0')$。

② 计算 $E=E(L_3)$ 和 $E^*=E(L_3^*)$。

③ 对 $j=1,2,\cdots,8$，计算 $\text{test}_j(E_j,E_j^*,C_j')$。

通过建立 8 个具有 64 个计数器的计数矩阵，最终只能确定 K_3 中的 $6\times8=48$ bit 密钥，而其余的 $56-48=8$ bit 可通过搜索 $2^8=256$ 种可能的情况来确定。

下面用一个实例来明示 3 轮 DES 的攻击过程。

例 3 假定有下列的 3 对明文和密文，这里明文具有确定的异或，并且使用同一个密钥加密。为简单起见，使用十六进制表示。

先从第 1 对计算第 3 轮 S-盒的输入，它们分别是

$$E=E(L_3)=000000001111110000011101000000001101000000001100$$

$$E^*=E(L_3^*)=101111110000001010101100000000101010000000001010010$$

S-盒的输出异或如表 1.5 所示。

表 1.5 S-盒的输出异或

明文	密文
748502CD38451097 3874756438451097	03C70306D8A09F10 78560A0960E6D4CB
486911026ACDFF31 375BD31F6ACDFF31	45FA285BE5ADC730 134F7915AC253457
357418DA013FEC86 12549847013FEC86	D8A31B2F28BBC5CF 0F317AC2B23CB944

$$C'=C\oplus C^*=P^{-1}(R_3'\oplus L_0')=10010110010111010101110110110011 1$$

从第 2 对计算第 3 轮 S-盒的输入，它们分别是

$$E=101000001011111111110100000101010000000101111011 0$$

$$E^*=100010100110101001011110101111110010100010101010$$

S-盒的输出异或是

$$C'=10011100100111000001111101010110$$

从第 3 对计算第 3 轮 S-盒的输入，它们分别是

$$E=111011110001010100000110100011110110100101011111$$

$$E^*=000001011110100110100010101111110101011000000100$$

S-盒的输出异或是

$$C'=11010101011101011101101100101011$$

现在，建立 8 个具有 64 个计数器的计数矩阵。将这 3 对中的每一对都进行计数。

下面具体说明第一对关于 J_1 的计数矩阵的计数过程。在第 1 对中，我们有

$$E_1'=101111$$

$$C_1'=1001$$

$$\text{IN}_1(101111,1001)=\{000000,000111,101000,101111\}$$

因为 $E_1=000000$，所以

$$J_1\in\text{test}_1(000000,101111,1001)=\{00000,000111,101000,101111\}$$

因此，我们在 J_1 的计数矩阵中的位置 0、7、40 和 47 处增加 1。

这里是将一个长度为 6 的比特串视作一个 0～63 之间的整数的二元表示，用 64 个值对应位置 0,1,2,…,63。最终的计数矩阵如图 1.17 所示。

J_1															
1	0	0	0	0	1	0	1	0	0	0	0	0	0	0	0
0	0	0	0	0	1	1	0	0	0	0	1	1	0	0	0
0	1	0	0	0	1	0	0	1	0	0	0	0	0	0	3
0	0	0	0	0	0	0	0	0	0	0	0	0	0	0	1

J_2															
0	0	0	1	0	3	0	0	1	0	0	1	0	0	0	0
0	1	0	0	0	2	0	0	0	0	0	0	1	0	0	0
0	0	0	0	0	1	0	0	1	0	1	0	0	0	1	0
0	0	1	1	0	0	0	0	1	0	1	0	2	0	0	0

J_3															
0	0	0	0	1	1	0	0	0	0	0	0	0	0	1	0
0	0	0	3	0	0	0	0	0	0	0	0	0	0	1	1
0	2	0	0	0	0	0	0	0	0	0	0	1	1	0	0
0	0	0	0	0	0	1	0	0	0	0	0	1	0	0	0

J_4															
3	1	0	0	0	0	0	0	0	0	2	2	0	0	0	0
0	0	0	0	1	1	0	0	0	0	0	0	1	0	1	1
1	1	1	0	1	0	0	0	0	1	1	1	0	0	1	0
0	0	0	0	1	1	0	0	0	0	0	0	0	0	2	1

J_5															
0	0	0	0	0	0	1	0	0	0	1	0	0	0	0	0
0	0	0	0	2	0	0	0	3	0	0	0	0	0	0	0
0	0	0	0	0	0	0	0	0	0	0	0	0	0	0	0
0	0	2	0	0	0	0	0	0	1	0	0	0	0	2	0

J_6															
1	0	0	1	1	0	0	3	0	0	0	0	1	0	0	1
0	0	0	0	1	1	0	0	0	0	0	0	0	0	0	0
0	0	0	0	1	1	0	1	0	0	0	0	0	0	0	0
1	0	0	1	1	0	1	1	0	0	0	0	0	0	0	0

J_7															
0	0	2	1	0	1	0	3	0	0	0	1	1	0	0	0
0	1	0	0	0	0	0	0	0	0	0	1	0	0	0	1
0	0	2	0	0	0	2	0	0	0	0	1	2	1	1	0
0	0	0	0	0	0	0	0	0	0	1	0	0	0	1	1

J_8															
0	0	0	0	0	0	0	0	0	0	0	0	0	0	0	0
0	0	0	0	0	0	0	0	0	0	0	0	0	0	0	0
0	0	0	0	0	0	0	0	1	0	1	0	0	1	0	1
0	3	0	0	0	0	1	0	0	0	0	0	0	0	0	0

图 1.17　最终的计数矩阵

在 8 个计数矩阵中，每一个都有唯一的一个计数器具有值 3。这些计数器的位置确定

$J_1, J_2, \cdots, J_8$ 中的密钥比特。这些位置分别是 47,5,19,0,24,7,7,49。将这些整数转化为二进制数,我们可获得 $J_1, J_2, \cdots, J_8$ 为

$$J_1=101111 \quad J_2=000101 \quad J_3=010011 \quad J_4=000000$$
$$J_5=011000 \quad J_6=000111 \quad J_7=000111 \quad J_8=110001$$

现在可通过查找第 3 轮的密钥方案构造出密钥的 48 bit。密钥 K 具有下列形式:

0001101 0110001 01?01?0 1?00100

0101001 0000??0 111?11? ?100011

这里已经略去了校验比特,"?"表示一个未知的密钥比特。完全的密钥是(用十六进制表示,并包括校验比特)1A624C89520DEC46。

3. 线性分析

线性分析是一种已知明文攻击,最早是由 Matsui 在 1993 年提出。该攻击方法利用了明文、密文和密钥的若干位之间的线性关系。在对 DES 的攻击下,这种线性关系可以通过组合各轮的线性关系而得到(假定各轮子密钥相互独立)。此时,攻击者的目的是希望找到一个等式,即

$$(P \cdot \alpha) \oplus (C \cdot \beta) = (K \cdot r) \tag{1.1}$$

使其成功的概率 $p \neq \frac{1}{2}$,且 $\left|p-\frac{1}{2}\right|$ 最大,这时称式(1.1)为有效的线性表达式。此处 P 是明文,C 是密文,K 是密钥,α、β、r 是和 P、C、K 位数相同的 GF(2)上的常向量。若 α、β、r 的非零位分别为 $i_1, \cdots, i_a; j_1, j_2, \cdots, j_b; k_1, \cdots, k_c$,则式(1.1)变成

$$P_{[i_1, \cdots, i_a]} \oplus C_{[j_1, \cdots, j_b]} = K_{[k_1, \cdots, k_c]} \tag{1.2}$$

$P_{[i_1, \cdots, i_a]}$ 表示 P 的 $i_1, \cdots, i_a$ 位相加,$C[j_1, \cdots, j_b]$ 和 $K_{[k_1, \cdots, k_c]}$ 意义亦是。

若能找到式(1.2),在已知 N 个明密文对时,线性攻击可如下实施。

① 对所有明文 P 和密文 C,用 T 表示式 (1.2)左边为 0 的次数。

② 若 $T > \frac{N}{2}$,那么当 $p > \frac{1}{2}$ 时,猜测 $K_{[k_1, \cdots, k_c]}=0$;当 $p < \frac{1}{2}$ 时,猜测 $K_{[k_1, \cdots, k_c]}=1$。否则,当 $p > \frac{1}{2}$ 时,猜测 $K_{[k_1, \cdots, k_c]}=1$;当 $p < \frac{1}{2}$,猜测 $K_{[k_1, \cdots, k_c]}=0$。

当 $\left|p-\frac{1}{2}\right|$ 充分小时,成功的概率为

$$\frac{1}{\sqrt{2\Pi}} \int_{-2\sqrt{N}\left|p-\frac{1}{2}\right|}^{\infty} \mathrm{e}^{-x^2/2} \mathrm{d}x$$

显然,成功的概率依赖于 $\sqrt{N}|p-1/2|$,当 N 或 $\left|p-\frac{1}{2}\right|$ 增大时,成功的概率增大;N 固定时,成功的概率依赖于 $\left|p-\frac{1}{2}\right|$。把 $\left|p-\frac{1}{2}\right|$ 达到最大时的表达式,即式(1.2)称为最佳逼近式,相应地,概率 p 称为最佳概率。

下面以 DES 为例来说明线性分析方法。DES 的核心是 S-盒。对于一个给定的 S-盒,$S_i(1 \leqslant i \leqslant 8)$,$1 \leqslant \alpha \leqslant 63$ 和 $1 \leqslant \beta \leqslant 15$,定义

$$\mathrm{NS}_i(\alpha, \beta) = \left|\left\{x \,\middle|\, 0 \leqslant x \leqslant 63, \sum_{S=0}^{5} X_{[S]} \cdot a_{[S]} = \sum_{t=0}^{3} S_i(x)[t] \cdot \beta_{[t]}\right\}\right|$$

这里 $X_{[S]}$ 表示 X 的二进制表示的第 S 个比特,$S_i(x)[t]$ 表示 $S_i(x)$ 的二进制表示的第 t 个

比特，$\sum$ 表示逐比特异或和，· 表示逐比特与运算，NS_i 度量了 S-盒 S_i 的非线性程度。

对线性逼近式

$$\sum_{S=0}^{5}(X_{[S]}\cdot a_{[S]})=\sum_{t=0}^{3}(S_i(x)[t]\cdot \beta_{[t]}) \tag{1.3}$$

而言，$P=\dfrac{NS_i(a,\beta)}{64}$，当 $NS_i(a,\beta)\neq 32$ 时，式(1.3)就是一个有效的线性表达式。这时，我们也称 S_i 的输入和输出比特是相关的。例如，$NS_5(16,15)=12$，这表明 S_5 的第 4 个输入比特和所有输出比特的异或值符合的概率为 12/64＝0.19。因此，通过考虑 f 函数中的 E 扩展和 P 置换，可以推出对一个固定的密钥 K 和一个随机给定的中间输入 X，等式

$$X_{[15]}\oplus F(X,K)[7,18,24,29]=K_{[22]} \tag{1.4}$$

成立的概率为 0.19。

如表 1.6 所示描述了 S-盒 S_5 的分布表的一部分，这里垂直轴和水平轴分别表示 a 和 β，每个元素表示 $NS_5(a,\beta)-32$，通过计算所有的表，可以看出等式(1.3)是所有 S-盒中最有效的线性逼近(也就是 $|NS_i(a,\beta)-32|$ 是最大的)，因此，等式(1.4)是 f 函数的最佳逼近。

表 1.6　S_5 的分布表(部分)

	1	2	3	4	5	6	7	8	9	10	11	12	13	14	15
1	0	0	0	0	0	0	0	0	0	0	0	0	0	0	0
2	4	−2	2	−2	2	−4	0	4	0	2	−2	2	−2	0	−4
3	0	−2	6	−2	−2	4	−4	0	0	−2	6	−2	−2	4	−4
4	2	−2	0	0	2	−2	0	0	2	2	4	−4	−2	−2	0
5	2	2	−4	0	10	−6	−4	0	2	−10	0	4	−2	2	4
6	−2	−4	−6	−2	−4	2	0	0	−2	0	−2	−6	−8	2	0
7	2	0	2	−2	8	6	0	−4	6	0	−6	−2	0	−6	−4
8	0	2	6	0	0	−2	−6	−2	2	4	−12	2	6	−4	4
9	−4	6	−2	0	−4	−6	−6	6	−2	0	−4	2	−6	−8	−4
10	4	0	0	−2	−6	2	2	2	2	−2	2	4	−4	−4	0
11	4	4	4	6	2	−2	−2	−2	−2	−2	2	0	−8	−4	0
12	2	0	−2	0	2	4	10	−2	4	−2	−8	−2	4	−6	−4
13	6	0	2	0	−2	4	−10	−2	0	−2	4	−2	8	−6	0
14	−2	−2	0	−2	4	0	2	−2	0	4	2	−4	6	−2	−4
15	−2	−2	8	6	4	0	2	2	4	8	−2	8	−6	2	0
16	2	−2	0	0	−2	−6	−8	0	−2	−2	−4	0	2	10	−20
17	2	−2	0	4	2	−2	−4	4	2	2	0	−8	−6	2	4
18	−2	0	−2	2	−4	−2	−8	4	6	4	6	−2	4	−6	0
19	−6	0	2	−2	4	2	0	4	−6	4	2	−6	4	−2	0
20	4	−4	0	0	0	0	0	−4	−4	4	4	0	4	−4	0
21	4	0	−4	−4	4	−8	−8	0	0	−4	4	8	4	0	4
22	0	6	6	2	−2	4	0	4	0	6	2	2	2	0	0

续 表

	1	2	3	4	5	6	7	8	9	10	11	12	13	14	15
23	4	−6	−2	6	−2	−4	4	4	−4	−6	2	−2	2	0	4
24	6	0	2	4	−10	−4	2	2	0	−2	0	2	4	−2	−4
25	2	4	−6	0	−2	4	−2	6	8	6	4	10	0	2	−4
26	2	2	−8	−2	4	0	2	−2	0	4	2	0	−2	−2	0
27	2	6	−4	−6	0	0	2	6	8	0	−2	−4	−6	−2	0
28	0	−2	2	4	0	−6	2	−2	6	−4	0	2	−2	0	0
29	4	−2	6	−8	0	−2	2	10	−2	−8	−8	2	2	0	4
30	−4	−8	0	−2	−2	−2	2	−2	2	−2	6	4	4	4	0
31	−4	8	−8	2	−6	−6	−2	−2	2	−2	−2	−8	0	0	−4
32	0	0	0	0	0	0	0	0	0	0	0	0	0	0	0

由此易知,$NS_i(a,\beta)$是偶数。另外,通过计算可知,如果 $a=1$、32 或 33,那么对所有的 S_i 和β,都有 $NS_i(a,\beta)=32$。

现在,将 f 函数的线性逼近扩展到整个 DES 算法上。先以 3 轮 DES 为例,将等式(1.4)应用于第 1 轮,可得到等式(1.5):

$$X_2[7,18,24,29]\oplus P_H[7,18,24,29]\oplus P_L[15]=K_1[22] \tag{1.5}$$

等式(1.5)成立的概率为 12/64。同样地,将等式(1.4)应用于最后一轮,即第 3 轮,可得等式(1.6):

$$X_2[7,18,24,29]\oplus C_H[7,18,24,29]\oplus C_L[15]=K_3[22] \tag{1.6}$$

该等式成立的概率为 12/64。

将等式(1.5)和等式(1.6)异或,可获得 3 轮 DES 的线性逼近表达式为

$$P_H[7,18,24,29]\oplus C_H[7,18,24,29]\oplus P_L[15]\oplus C_L[15]=K_1[22]\oplus K_3[22] \tag{1.7}$$

对随机给定的明文 P 和相应的密文 C,等式(1.7)成立的概率为$(12/64)^2+(1-12/64)^2=0.70$。因为等式(1.4)是 f 函数的最佳线性逼近,所以等式(1.7)是 3 轮 DES 的最佳逼近表达式。现在可用前述方法求解等式(1.7),来获得 $K_1[22]\oplus K_3[22]$。

通过对一系列明、密文对的分析,可获得关于 $K_1[22]$和 $K_3[22]$的一系列方程,从而可确定出 $K_1[22]$和 $K_3[22]$。

对 5 轮 DES,类似于前面的讨论,首先使用 $NS_1(27,4)=22$ 获得一个 f 函数的线性逼近表达式,然后将这一表达式应用于 5 轮 DES 的第 1 轮和最后一轮可得如下线性等式:

$$X[27,28,30,31]\oplus f(X,K)[15]=K[42,43,45,46] \tag{1.8}$$

再将等式(1.4)应用于 5 轮 DES 的第 2 轮和第 4 轮,并结合等式(1.8)可得 5 轮 DES 的一个线性逼近表达式为

$$P_H[15]\oplus P_L[7,18,24,27,28,29,30,31]\oplus C_H[15]\oplus C_L[7,18,24,27,28,29,30,31]=K_1[42,43,45,46]\oplus K_2[22]\oplus K_4[22]\oplus K_5[42,43,45,46] \tag{1.9}$$

等式(1.9)成立的概率可计算为

$$\frac{1}{2}+2^3\left(-\frac{10}{64}\right)^2\left(-\frac{20}{64}\right)^2=0.519$$

1.3　高级数据加密标准(AES)

1.3.1　AES 的产生背景

随着 DES 密码破译进程的不断加速，DES 的安全性和应用前景受到了挑战。因此，需要设计一个非保密的、公开披露的、全球免费使用的分组密码算法，用于保护 21 世纪政府敏感信息，并希望以此新算法取代渐近没落的 DES 算法，成为新一代数据加密标准，取名为高级数据加密标准(Advanced Encryption Standards，AES)。

1997 年 4 月 15 日美国国家标准技术研究所(NIST)发起征集 AES 算法的活动，并专门成立了 AES 工作组。1997 年 9 月 12 日在联邦登记处公布了征集 AES 候选算法的通告。截至 1998 年 6 月 15 日，NIST 共收到 21 个提交的算法。1998 年 8 月 10 日，NIST 召开第一次 AES 候选会议，公布了 15 个候选算法。1999 年 3 月 22 日，NIST 召开第二次 AES 候选会议，公布了 15 个 AES 候选算法的讨论结果，并从中选择了 5 个算法作为进一步讨论的对象。2000 年 10 月 2 日，在对这 5 个算法做进一步的分析和讨论后，正式公布由比利时 Joan Daemen 和 Vicent Rijmen 设计的算法 Rijndael 成为 AES 算法。NIST 发表了一篇长达 116 页的报告，总结了选择 Rijndael 作为 AES 的理由：无论使用反馈模式还是无反馈模式，Rijndael 在广泛的计算环境的硬件和软件实现性能都始终有优秀的表现。它的密钥建立时间极短，且灵敏性良好。Rijndael 极低的内存需求使它非常适合于在存储器受限的环境中使用，Rijndael 的运算易于抵抗强力和时间选择攻击。Rijndael 的内部循环结构将会从指令级并行处理中获得潜在的益处。

NIST 还确认 Rijndael 满足当初选择 AES 时公布的若干要求和评估准则，具体如下。

① AES 的基本要求：比三重 DES 快而且至少和三重 DES 一样安全，分组长度为 128 比特，密钥长度为 128/192/256 比特。

② 安全性评估准则：包括算法抗密码分析的能力强，算法有可靠的数学基础，算法输出的随机性很好，AES 算法比其他候选算法相对更安全。

③ 成本评估准则：包括许可成本低(最终的 AES 算法需要在世界范围内免费使用，因此，在选择 AES 算法时必须考虑知识产权方面的问题)，并且在各种平台上的计算效率(速度)和内存空间的需求不大，算法在各种平台上的实现速度(特别是 128 比特密钥时的速度)很快。

④ 算法和实现特性准则：主要包括灵活性、硬件和软件适应性、算法的简单性等。算法的灵活性应包括下述要点：处理的密钥和分组长度必须超出最小的支持范围；在许多不同类型的环境中能够安全和有效地实现；可以作为序列密码、哈希算法实现，并且可提供附加的密码服务。算法必须能够用软件和硬件两种方法实现，并且有利于有效的固件实现；算法设计相对简单。

比利时的 Joan Daemaen 和 Vincent Rijmen 设计的 AES 算法的原型是 Square 算法，其设计策略是宽轨迹策略(Wide Trail Strategy)。该策略是针对差分分析和线性分析而提出的，其最大优点是可以给出算法的最佳差分特征的概率及最佳线性逼近的偏差的界，由此，可以分析算法抵抗差分密码分析及线性密码分析的能力。

AES 采用的是代替/置换网络,即 SP 结构。每一轮由三层组成:线性混合层(确保多轮之上的高度扩散)、非线性层(由 16 个 S-盒并置而成,起到混淆的作用)、密钥加层(子密钥简单地异或到中间状态上)。S-盒选取的是有限域 $GF(2^8)$ 中的乘法逆运算,它的差分均匀性和线性偏差都达到了最佳。

1.3.2 AES 的数学基础

在 AES 算法中,是以 8 比特的字节和 32 比特的字为单位进行操作的。有限域 $GF(2^8)$ 是由不可约多项式 $m(x)=x^8+x^4+x^3+x+1$(或记作十六进制'11B')定义的,其中的元素可以表示 GF(2)上的多项式形式 $x^6+x^4+x^2+x+1$,也可以表示成字节的形式,还可以表示成十六进制的形式。例如,一个由 01010111 组成的字节可表示成多项式,也可以是十六进制'57'。在实际的操作过程中,到底采用哪种表示方法,要看具体的情况。这里所选的 $m(x)$ 是所有次数为 8 的不可约多项式列表中的第一个。

如'57'+'83'='D4',即是简单的二进制位异或结果。或者也可用如下多项式概念:

$$(x^6+x^4+x^2+x+1)+(x^7+x+1)=x^7+x^6+x^4+x^2+1$$

再如'57'∗'83'='C1',由

$$(x^6+x^4+x^2+x+1)*(x^7+x+1)=x^{13}+x^{11}+x^9+x^8+x^6+x^5+x^4+x^3+1$$

得

$$x^{13}+x^{11}+x^9+x^8+x^6+x^5+x^4+x^3+1 \bmod m(x)=x^7+x^6+1$$

如果 $a(x)*b(x) \bmod m(x)=1$,则称 $b(x)$ 为 $a(x)$ 的逆元。

在 AES 算法中还要用到有限环 $GF(2^8)[x]/(x^4+2)$ 中的运算。该环中的加法定义为简单的比特位异或,乘法运算相对复杂。假定有两个系数为 $GF(2^8)$ 上的多项式为

$$a(x)=a_3x^3+a_2x^2+a_1x+a_0,\ b(x)=b_3x^3+b_2x^2+b_1x+b_0$$

则显然 $c(x)=a(x)b(x)$ 定义如下。

$$c(x)=c_6x^6+c_5x^5+c_4x^4+c_3x^3+c_2x^2+c_1x^1+c_0$$

其中

$c_0=a_0*b_0$

$c_1=a_1*b_0\oplus a_0*b_1$

$c_2=a_2*b_0\oplus a_1*b_1\oplus a_0*b_2$

$c_3=a_3*b_0\oplus a_2*b_1\oplus a_1*b_2\oplus a_0*b_3$

$c_4=a_3*b_1\oplus a_2*b_2\oplus a_1*b_3$

$c_5=a_3*b_2\oplus a_2*b_3$

$c_6=a_3*b_3$

因为 $x^i \bmod x^4+1=x^{i \bmod 4}$,所以该环中 $d(x)=a(x)\otimes b(x)$ 可计算为

$$d(x)=d_3x^3+d_2x^2+d_1x+d_0$$

其中

$$d_3=a_3*b_0\oplus a_2*b_1\oplus a_1*b_2\oplus a_0*b_3$$

$$d_2=a_2*b_0\oplus a_1*b_1\oplus a_0*b_2\oplus a_3*b_3$$

$$d_1=a_1*b_0\oplus a_0*b_1\oplus a_3*b_2\oplus a_2*b_3$$

$$d_0=a_0*b_0\oplus a_3*b_1\oplus a_2*b_2\oplus a_1*b_3$$

简记为

$$\begin{pmatrix} d_0 \\ d_1 \\ d_2 \\ d_3 \end{pmatrix} = \begin{pmatrix} a_0 & a_3 & a_2 & a_1 \\ a_1 & a_0 & a_3 & a_2 \\ a_2 & a_1 & a_0 & a_3 \\ a_3 & a_2 & a_1 & a_0 \end{pmatrix} \begin{pmatrix} b_0 \\ b_1 \\ b_2 \\ b_3 \end{pmatrix}$$

注意：之所以选取 x^4+1 是为了算法的对称性，表述简单，且运算线性。由于 x^4+1 不是 $GF(2^8)$ 上的不可约多项式，因此多项式 $a(x)=a_3x^3+a_2x^2+a_1x+a_0$，$a_i \in GF(2^8)$ 不一定有可逆元素，但是如果 $\gcd(a(x), x^4+1)=1$，则 $a(x)$ 在 $GF(2^8)[x]/x(^4+1)$ 中有可逆元。

1.3.3　AES 的算法描述

AES 算法是一个数据块长度和密钥长度都可变的迭代分组加密算法，数据块长和密钥长可分别为 128 位、192 位、256 位。在加密之前，对数据块做预处理。首先，把数据块写成字的形式，每个字包含 4 个字节，每个字节包含 8 比特信息；其次，把字记为列的形式。这样数据块就可以记为如表 1.7 所示的形式。

表 1.7　形式(一)

$a_{0,0}$	$a_{0,1}$	$a_{0,2}$	$a_{0,3}$	$a_{0,4}$	$a_{0,5}$	…
$a_{1,0}$	$a_{1,1}$	$a_{1,2}$	$a_{1,3}$	$a_{1,4}$	$a_{1,5}$	…
$a_{2,0}$	$a_{2,1}$	$a_{2,2}$	$a_{2,3}$	$a_{2,4}$	$a_{2,5}$	…
$a_{3,0}$	$a_{3,1}$	$a_{3,2}$	$a_{3,3}$	$a_{3,4}$	$a_{3,5}$	…

表 1.7 中，每列表示一个字 $\boldsymbol{a}_j=(a_{0,j}, a_{1,j}, a_{2,j}, a_{3,j})$，每个 $a_{i,j}$ 表示一个 8 比特的字节，即 $\boldsymbol{a}_j \in GF(2^8)[x]/(x^4+1)$，$a_{i,j} \in GF(2^8)$。

我们用 Nb 表示一个数据块中字的个数，那么 Nb＝4，6 或 8。类似地，用 Nk 表示密钥中字的个数，那么 Nk＝4，6 或 8。例如，Nk＝6 的密钥可以记为如表 1.8 所示的形式。

表 1.8　形式(二)

$k_{0,0}$	$k_{0,1}$	$k_{0,2}$	$k_{0,3}$	$k_{0,4}$	$k_{0,5}$
$k_{1,0}$	$k_{1,1}$	$k_{1,2}$	$k_{1,3}$	$k_{1,4}$	$k_{1,5}$
$k_{2,0}$	$k_{2,1}$	$k_{2,2}$	$k_{2,3}$	$k_{2,4}$	$k_{2,5}$
$k_{3,0}$	$k_{3,1}$	$k_{3,2}$	$k_{3,3}$	$k_{3,4}$	$k_{3,5}$

算法轮数 Nr 由 Nb 和 Nk 共同决定，具体值如表 1.9 所示。

表 1.9　形式(三)

Nk \ Nr \ Nb	4	6	8
4	10	12	14
6	12	12	14
8	14	14	14

在加密和解密过程中,数据都是以这种字或字节形式表示的。

AES算法的加密过程可由如图1.19所示表示。明文块首先经过白化技术处理后,进入轮函数,而轮函数又由字节代换、行移变换、列变换与密钥异4个变换组成,这样经过Nr轮之后,把明文块变换成密文块。为了在同一算法中实现加密和解密,需要对最后一轮做必要的调整,最后一轮没有列变换。

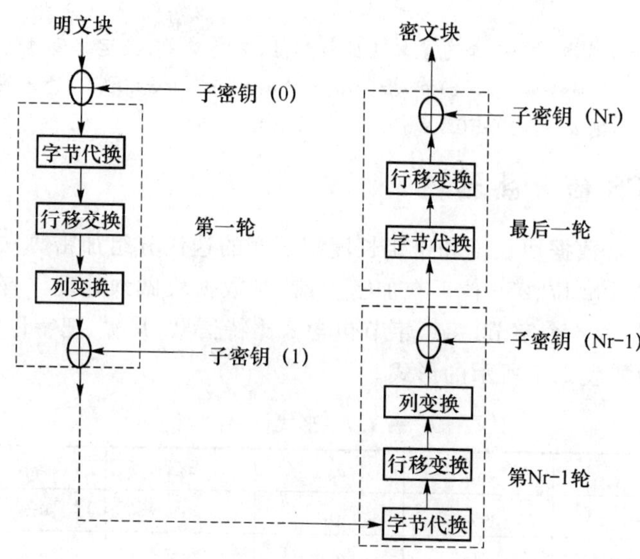

图1.19 AES加密流程

字节代换(ByteSub)是作用在字节上的一种非线性字节变换,这个变换(或称S-盒)是可逆的,它定义为

$$\text{ByteSub}(a_{i,j})=\begin{pmatrix}1&0&0&0&1&1&1&1\\1&1&0&0&0&1&1&1\\1&1&1&0&0&0&1&1\\1&1&1&1&0&0&0&1\\1&1&1&1&1&0&0&0\\0&1&1&1&1&1&0&0\\0&0&1&1&1&1&1&0\\0&0&0&1&1&1&1&1\end{pmatrix}a_{i,j}{}^{-1}+\begin{pmatrix}1\\1\\0\\0\\0\\1\\1\\0\end{pmatrix}$$

其中 $a_{i,j}{}^{-1}$ 是 $a_{i,j}$ 在 $GF(2^8)$ 中的乘法逆。我们记为

$$\text{ByteSub}(\boldsymbol{a}_j)=(\text{ByteSub}(a_{0,j}),\text{ByteSub}(a_{1,j}),\text{ByteSub}(a_{2,j}),\text{ByteSub}(a_{3,j}))$$

这种利用有限域上的逆映射来构造S-盒的好处是表述简单,使人相信没有陷门,最重要的是其具有良好的抗差分和线性分析的能力。附加的仿射变换,目的是用来复杂化S-盒的代数表达,以防止代数插值攻击。当然具体实现时,S-盒也可用查表法来实现。

行移变换(ShiftRow):在此变换的作用下,数据块的第0行保持不变,第1行循环左移位 C_1,第2行循环左移位 C_2,第3行循环左移位 C_3,其中移位值 C_1,C_2 和 C_3 与加密块长Nb有关,具体值如表1.10所示。

表 1.10　不同块长的移位值

Nb	C_1	C_2	C_3
4	1	2	3
6	1	2	3
8	1	3	4

列混合变换(MixColumn)：MixColumn($\boldsymbol{a}_j$)＝$\boldsymbol{a}_j \otimes \boldsymbol{c}$，这里的 $\boldsymbol{a}_j$ 看成环 $GF(2^8)[x]/(x^4+1)$ 中的元素，$\boldsymbol{c}$＝('03','01','01','02')＝'03'x^3＋'01'x^2＋'01'x＋'02'，乘法是在环 $GF(2^8)[x]/(x^4+1)$ 中进行的。注意，因为 $\boldsymbol{c}$ 与 x^4+1 互素，所以 $\boldsymbol{c}$ 有可逆元 $\boldsymbol{d}$＝('0B','0D','09','0E')＝'0B'x^3＋'0D'x^2＋'09'x＋'0E'。例如，如果 $a(x)=x^3+1$，则 $a(x)\otimes c(x)=5x^3+4x^2+2x+3$。

行移变换和列混合变换相当于 SP 结构密码中的 P 层或称线性层，起扩散作用。这里的常量之所以选 $\boldsymbol{c}$＝'03'x^3＋'01'x^2＋'01'x＋'02'是为了运算简单，且最大化线性层的扩散能力。

子密钥的生成：AES 算法的密钥扩展根据密钥的长度不同而不同，有两种不同的扩展方案。密钥长为 128 位、192 位为同一扩展方案，密钥长度为 256 位的为另一个扩展方案。密钥长度为 128 位、192 位密钥扩展方案描述如下。

```
For Nk ≤6,we have:
KeyExpansion(byte Key[4 * Nk] word W[Nb * (Nr + 1)])
{
  for(i = 0;i<Nk;i ++ )
   W[i] = (Key[4 * i],Key[4 * i + 1],Key[4 * i + 2],Key[4 * i + 3]);
  for(i = Nk;i<Nb * (Nr + 1);i ++ )
  {
    temp = W[i - 1];
    if(i % Nk == 0)
        temp = SubByte(RotByte(temp))^ Rcon[i / Nk];
        W[i] = W[i - Nk] ^ temp;
    }
}
```

而对密钥长度为 256 位的密钥扩展方案，描述如下。

```
For Nk>6,we have:
KeyExpansion(byte Key[4 * Nk] word W[Nb * (Nr + 1)])
{
for(i = 0;i<Nk;i ++ )
    W[i] = (key[4 * i],key[4 * i + 1],key[4 * i + 2],key[4 * i + 3]);
  for(i = Nk;i<Nb * (Nr + 1);i ++ )
  {
     temp = W[i - 1];
```

```
        if(i % Nk == 0)
        temp = SubByte(RotByte(temp))^ Rcon[i / Nk];
        else if(i % Nk == 4)
        temp = SubByte(temp);
        W[i] = W[i-Nk] ^ temp;
    }
}
```

上述两个扩展方案中,符号"^"表示差分运算(即异或运算),Nk 是密钥长度与 32 的商,Nb 是分组长与 32 的商,Nr 是表该分组长度的 AES 算法所需的轮数。

AES 子密钥生成过程还可以用另一种方式,描述如下:AES 算法的加密和解密过程分别需要 Nr+1 个子密钥。子密钥的生成包括主密钥 $k_0k_1\cdots k_{\mathrm{Nk}-1}$ 的扩展和子密钥的选取两个步骤,其中根据 Nk≤6 和 Nk>6 两种不同的情况,采取不同的主密钥扩展方式。

主密钥的扩展有如下两种情况。

(1) 对于 Nk≤6

当 $i=0,1,\cdots,\mathrm{Nk}-1$ 时,定义 $\boldsymbol{w}_i=\boldsymbol{k}_i$。当 $\mathrm{Nk}\leqslant i\leqslant \mathrm{Nb}(\mathrm{Nr}+1)-1$ 时,若 $i \bmod \mathrm{Nk}\neq 0$,定义 $\boldsymbol{w}_i=\boldsymbol{w}_{i-\mathrm{Nk}}\oplus\boldsymbol{w}_{i-1}$;若 $i \bmod \mathrm{Nk}=0$,令 $\mathrm{RC}[i]=x^{i-1}\in \mathrm{GF}(2^8)$,$\mathrm{Rcon}[i]=(\mathrm{RC}[i],'00','00','00')\in \mathrm{GF}(2^8)[x]/(x^4+1)$。

定义 $\boldsymbol{w}_i=\boldsymbol{w}_{i-\mathrm{Nk}}\oplus\mathrm{ByteSub}(\mathrm{Rotate}(\boldsymbol{w}_{i-1}))\oplus\mathrm{Rcon}[i/\mathrm{Nk}]$,其中 $\mathrm{Rotate}(a,b,c,d)$ 是左移位,即 $\mathrm{Rotate}(a,b,c,d)=(b,c,d,a)$。

(2) 对于 Nk>6

当 $i=0,1,\cdots,\mathrm{Nk}-1$ 时,定义 $\boldsymbol{w}_i=\boldsymbol{k}_i$。当 $\mathrm{Nk}\leqslant i\leqslant \mathrm{Nb}(\mathrm{Nr}+1)-1$ 时,若 $i \bmod \mathrm{Nk}\neq 0$ 且 $i \bmod \mathrm{Nk}\neq 4$,定义 $\boldsymbol{w}_i=\boldsymbol{w}_{i-\mathrm{Nk}}\oplus\boldsymbol{w}_{i-1}$;若 $i \bmod \mathrm{Nk}=0$,令 $\mathrm{RC}[i]=x^{i-1}\in \mathrm{GF}(2^8)$,$\mathrm{Rcon}[i]=(\mathrm{RC}[i],'00','00','00')\in \mathrm{GF}(2^8)[x]/(x^4+1)$,定义 $\boldsymbol{w}_i=\boldsymbol{w}_{i-\mathrm{Nk}}\oplus\mathrm{ByteSub}(\mathrm{Rotate}(\boldsymbol{w}_{i-1}))\oplus\mathrm{Rcon}[i/\mathrm{Nk}]$;若 $i \bmod \mathrm{Nk}=4$,定义 $\boldsymbol{w}_i=\boldsymbol{w}_{i-\mathrm{Nk}}\oplus\mathrm{ByteSub}(\boldsymbol{w}_{i-1})$。这样,我们就得到了 $\mathrm{Nb}(\mathrm{Nr}+1)$ 个字 $\boldsymbol{w}_i$。第 i 个子密钥就是 $\boldsymbol{w}_{\mathrm{Nb}\times i}\boldsymbol{w}_{\mathrm{Nb}\times i+1}\cdots\boldsymbol{w}_{\mathrm{Nb}(i+1)-1}$。

AES 解密算法的结构与 AES 加密算法的结构相同,其中的变换为加密算法变换的逆变换,且使用了一个稍有改变的密钥编制。行移变换的逆是状态的后三行分别移动 $\mathrm{Nb}-C_1$,$\mathrm{Nb}-C_2$,$\mathrm{Nb}-C_3$ 个字节,这样在 i 行 j 处的字节移到 $(j-\mathrm{Nb}-C_i) \bmod \mathrm{Nb}$ 处。字节代换的逆是 AES 的 S-盒的逆作用到状态的每个字节,这可由如下得到:先进行仿射的逆变换,然后把字节的值用它的乘法逆代替。列混合变换的逆类似于列混合变换,状态的每一列都乘以一个固定的多项式 $d(x)$,即

$$d(x)='0B'x^3+'0D'x^2+'09'x+'0E'$$

有关 AES 算法的更详细描述参阅 AES 主页 www.nist.gov/aes/。

1.3.4　AES 的安全性分析

AES 加解密算法中,每轮常数的不同消除了密钥的对称性;密钥扩展的非线性消除了相同密钥的可能性;加解密使用不同的变换,消除了在 DES 里出现的弱密钥和半弱密钥存在的可能性。总之,在 AES 的加解密算法中,对密钥的选择没有任何限制。

经过验证,AES 加解密算法能有效地抵抗目前已知的攻击方法的攻击。例如,部分差

分攻击、相关密钥攻击、插值攻击等。对于 AES，最有效的攻击还是穷尽密钥搜索攻击。

有限域/有限环的有关性质给 AES 加解密提供了良好的理论基础，使算法设计者可以既高强度地隐藏信息，同时又保证了算法可逆，又因为 AES 算法在一些关键常数(例如 $m(x)$)的选择上非常巧妙，使得该算法可以在整数指令和逻辑指令的支持下高速完成加解密，在专用的硬件上，速率可高于 1 GB/s，从而得到了良好的效率。除了加解密功能外，AES 算法还可以实现诸如 MAC、Hash、同步流密码、生成随机数、自身同步流密码等功能。

AES 算法已经经受了全世界密码学家、美国政府相关部门和安全人士的研究和分析，能够抵抗当今各种密码分析和攻击，如四轮以上的 AES 算法对差分攻击和线性攻击基本上是免疫的。但从现在人们对密码算法分析和攻击的情况来看，人们对迭代型密码算法的攻击往往是先得到算法的第一轮或最后一轮的轮密钥，并根据轮密钥与种子密钥的关系，得出种子密钥的绝大多数比特位，然后进行较少量计算的穷举攻击，就得到种子密钥(如针对 DES 算法差分攻击、线性攻击)。

下面再研究 AES 算法轮密钥与种子密钥之间的关系，并给出 AES 算法的密钥扩展方案的数学模型。

从 AES 算法的密钥扩展方案可知，整个扩展思路如下：先是由种子密钥用密钥扩展方案生成 Nb＊(Nr+1)个字子密钥空间，其元素分别记为 $\boldsymbol{W}[0]$，$\boldsymbol{W}[1]$，$\boldsymbol{W}[2]$，…，$\boldsymbol{W}[\mathrm{Nb}*(\mathrm{Nr}+1)-1]$。而在 AES 算法中，第 i 轮所用到的轮密钥是 $\boldsymbol{W}[4i]$、$\boldsymbol{W}[4i+1]$、$\boldsymbol{W}[4i+2]$、…、$\boldsymbol{W}[4i+\mathrm{Nb}-1]$，而前期白化技术中所用到的密钥(即第 0 轮)是 $\boldsymbol{W}[0]$、$\boldsymbol{W}[1]$、…、$\boldsymbol{W}[\mathrm{Nb}-1]$。这样使得每次需用到轮密钥的地方，就可以按一定顺序依次取 Nb 个字子密钥。

假设分组长为 n 位($n=128$、192、256)，于是把种子密钥 K 分成 4＊Nk 个字节，记为 $\mathrm{Key}[i]$，$i=0$、1、…、4＊Nk−1。则对于 Nk≤6 的，密钥扩展方案有如下的数学模型，即

$$\boldsymbol{W}[i]=\begin{cases}\mathrm{Key}[4i]\,||\,\mathrm{Key}[4i+1]\,||\,\mathrm{Key}[4i+2]\,||\,\mathrm{Key}[4i+3]; & 0\leqslant i\leqslant \mathrm{Nk}-1\\ \boldsymbol{W}[i-\mathrm{Nk}]\oplus \mathrm{SubByte}(\mathrm{RotByte}(\boldsymbol{W}[i-1]))\oplus \mathrm{Rcon}[i/\mathrm{Nk}]; & \mathrm{Nk}\,|\,i\\ \boldsymbol{W}[i-\mathrm{Nk}]\oplus \boldsymbol{W}[i-1]; & \text{其他}\end{cases}$$

其中，$i=0,1,2,\cdots,\mathrm{Nb}*(\mathrm{Nr}+1)-1$，符号“|”表示数的整除，符号“‖”表示级联。

对于 Nk>6(即 Nk=8)的密钥扩展方案，也有类似的数学模型，即

$$\boldsymbol{W}[i]=\begin{cases}\mathrm{Key}[4i]\,||\,\mathrm{Key}[4i+1]\,||\,\mathrm{Key}[4i+2]\,||\,\mathrm{Key}[4i+3] & 0\leqslant i\leqslant 7\\ \boldsymbol{W}[i-8]\oplus \mathrm{SubByte}(\mathrm{RotByte}(\boldsymbol{W}[i-1]))\oplus \mathrm{Rcon}[i/\mathrm{Nk}] & 8\,|\,i\\ \boldsymbol{W}[i-8]\oplus \mathrm{SubByte}(\boldsymbol{W}[i-1]) & 8\,|\,i-4\\ \boldsymbol{W}[i-8]\oplus \boldsymbol{W}[i-1] & \text{其他}\end{cases}$$

其中，“⊕”就是我们平常所见的异或运算(或差分运算)，RotByte()是一种向左旋转一个字节的运算：如 $\boldsymbol{W}[i-1]=a$、b、c、d(a,b,c,d 都为 8 位字节)，则 $\mathrm{RotByte}(\boldsymbol{W}[i-1])=b$、$c$、$d$、$a$。SubByte()是 AES 算法中的非线性层(即我们平常所说的 S-盒)。$\mathrm{Rcon}[i/\mathrm{Nk}]$是独立于 Nk 的轮常数。由以上可见，整个密钥扩展方案是一个数列递推关系式。

由密钥扩展方案及其数学模型可知，轮密钥和种子密钥之间的关系如下：显然轮密钥是由种子密钥扩展而成，因此，知道了种子密钥就知道了轮密钥。下面重点研究在不知道种子密钥而只知道轮密钥的情况下，怎样由知道的轮密钥信息推出种子密钥的信息。

① 知道某轮(假设第 i 轮)的轮密钥 $\boldsymbol{W}[4i]$、$\boldsymbol{W}[4i+1]$、…、$\boldsymbol{W}[4i+\mathrm{Nb}-1]$，则由密钥扩展方案的数学模型，我们不仅可以推导种子密钥，而且所有轮密钥都可以推出，下面以 Nb=

4,Nk=4为例说明。

由 Nk≤6 的数学模型,可以求 Nk=4 递推关系式的逆为,即

$$\begin{cases} \boldsymbol{W}[4j-1]=\boldsymbol{W}[4j+3]\oplus \boldsymbol{W}[4j+2] \\ \boldsymbol{W}[4j-2]=\boldsymbol{W}[4j+2]\oplus \boldsymbol{W}[4j+1] \\ \boldsymbol{W}[4j-3]=\boldsymbol{W}[4j+1]\oplus \boldsymbol{W}[4j] \\ \boldsymbol{W}[4j-4]=\boldsymbol{W}[4j]\oplus \mathrm{SubByte}(\mathrm{RotByte}(\boldsymbol{W}[4j-1]))\oplus \mathrm{Rcon}[4j/\mathrm{Nk}] \end{cases} \quad j=i,i-1,\cdots,2,1$$

因此可以求出 $\boldsymbol{W}[4i-1],\boldsymbol{W}[4i-2],\cdots,\boldsymbol{W}[1],\boldsymbol{W}[0]$。而 $\boldsymbol{W}[0],\boldsymbol{W}[1],\boldsymbol{W}[2],\boldsymbol{W}[3]$ 即为我们的种子密钥,且 $\boldsymbol{W}[4i+\mathrm{Nb}-1]$ 后的字子密钥可以根据密钥扩展的数学模型推出。

更进一步,根据其数学模型的特点,我们可以得到如下结论:只要知道连续 Nb 个字子密钥 $\boldsymbol{W}[i],w[i+1],\cdots,\boldsymbol{W}[i+\mathrm{Nb}-1]$,就可以把整个轮密钥求出来,从而可以得出相应的种子密钥。

② 知道某轮密钥(假设第 i 轮)中某个字子密钥 $\boldsymbol{W}[4i+j]$,$0\leqslant j\leqslant \mathrm{Nb}-1$,则由密钥扩展方案可知(以 Nk≤6 为例):

$$\boldsymbol{W}[4i+j]=\begin{cases} \boldsymbol{W}[4i+j-1]\oplus \boldsymbol{W}[4i+j-\mathrm{Nk}] & \text{其他} \\ \boldsymbol{W}[4i-\mathrm{Nk}]\oplus \mathrm{SubByte}(\mathrm{RotByte}(\boldsymbol{W}[4i-1]))\oplus \mathrm{Rcon}[(4i+j)/\mathrm{Nk}] & Nk\mid 4i+j \end{cases}$$

而 $\mathrm{Rcon}[(4i+j)/\mathrm{Nk}]$ 是已知的,从而对于差分为 $\boldsymbol{W}[4i+j]$ 的所有情形,由差分运算的特性,我们可以求出 $\boldsymbol{W}[4i+j-1]$,总共有 2^{32} 中情形。对每种情形的 $\boldsymbol{W}[4i+j-1]$,可以类似地推出 $\boldsymbol{W}[4i+j-2],\cdots,\boldsymbol{W}[4i+j+1-\mathrm{Nb}]$,我们就得到 Nb 个连续的字子密钥 $\boldsymbol{W}[4i+j+1-\mathrm{Nb}],\cdots,\boldsymbol{W}[4i+j-2],\boldsymbol{W}[4i+j-1],\boldsymbol{W}[4i+j]$,这样 4 个连续字子密钥总共有 $2^{32(\mathrm{Nb}-1)}$ 种可能。从而在每种可能中,由①我们可得出种子密钥,这对于已知明文攻击来说,在满足前提条件下,是很容易找出加密所用的种子密钥的。同样,对 $Nk=8$ 时,也可以这样推出。

③ 只知道轮密钥中某些位的比特值。假设在第 i 轮中某个字子密钥 $\boldsymbol{W}[4i+j]$($0\leqslant j\leqslant \mathrm{Nb}-1$)中 k_1 位,从而在 $\boldsymbol{W}[4i+j]$ 有 $32-k_1$ 位比特值我们是不知道的,显然 $\boldsymbol{W}[4i+j]$ 可能的取值就有 2^{32-k_1} 种。对于 $\boldsymbol{W}[4i+j]$ 的每种取值,利用②可求出相应的种子密钥。这样总共有 $2^{32*\mathrm{Nb}-k_1}$ 种可能。这样,我们利用轮密钥的某些信息,可以减少对算法攻击的复杂度。

可以看出,AES 算法在设计时避免了轮密钥和种子密钥之间的简单关系,但由于其密钥扩展方案本身的可逆性,使得该算法的轮密钥和种子密钥在密码分析中具有同等重要地位。因此,只要知道轮密钥某些信息,就可以利用它来减少求出种子密钥的工作量和复杂度。虽然目前还没有有效方法来攻击 AES 算法,因此必须寻找一种全新的、更有效的方法,一般来说这种方法肯定离不开轮密钥和种子密钥之间关系的研究。如何找出一种全新的攻击方法,这必将成为密码学界今后研究和分析的热点之一。

1.4 SMS4 商用密码算法

1.4.1 SMS4 密码算法产生背景

中国政府于 2003 年颁布了以 WAPI(WLAN Authentication and Privacy Infrastructure)为安全协议的 GB15629.11 无线局域网系列标准,这是我国在信息技领域首次采用自

主知识产权安全方案和政府配给的密码的国家标准，弥补了国家标准中的严重安全缺陷。WAPI是针对IEEE802.11中WEP协议安全问题，经多次反复论证，充分考虑各种应用模式，在无线局域网国家标准GB15629.11中提出的WLAN安全解决方案。同时，本方案已由.ISO/IEC授权的机构IEEE Registration Authority(IEEE注册权威机构)审查并获得认可，分配了用于WAPI协议的以太类型字段，这也是我国目前在该领域唯一获得批准的协议。

信息安全标准是我国信息安全保障体系的重要组成部分，是政府进行宏观管理的重要手段。信息安全保障体系的建设、应用是一个极其庞大的复杂系统，没有配套的安全标准就不能构造出一个可用的信息安全保障体系。国家的机密是最高的机密，如果被泄露出去会直接损害整个国家和民族的利益，后果将不堪设想。但对于无线局域网来说，在安全性方面是非常脆弱的，因为现行的无线网络产品大多数都采用802.11B作为无线传输协议，这种协议的优点是传输速率能达到11 Mbit/s，与有线局域网的传输速度相近，而且覆盖范围达100米。正是其传输速度快，覆盖范围广，才使它在安全方面非常脆弱。因为数据在传输的过程中都曝露都空中，很容易被别有用心的人截取数据包，虽然国外厂商都针对802.11B制定了一系列的安全解决方案，但总得来说不尽如人意，而且其核心技术掌握在别国人手中，他们既然能制定得出来就一定有办法破解，所以安全成了政府和商业用户使用WLAN的一大隐患。

WAPI由于是由我国有关部门掌握着加密的核心技术，所以就不怕外国人利用WLAN来盗取国家或商业机密信息，而且它的加密技术比802.11B更为先进，它采用国家密码管理委员会办公室批准的公开密钥体制的椭圆曲线密码算法和对称密钥体制的分组密码算法SMS4[2]，实现了设备的身份鉴别、链路验证、访问控制和用户信息在无线传输状态下的加密保护。此外，WAPI从应用模式上分为单点式和集中式两种，可以彻底扭转目前WLAN采用多种安全机制并存且互不兼容的现状，从根本上解决了安全问题和兼容性问题，所以我国强制性地要求相关商业机构执行WAPI标准以便能更有效地保护数据的安全。

SMS4是用于WAPI的分组密码算法，也是国内官方公布的第一个商用密码算法。SMS4加密算法的公布有利于大家对其安全性进行系统而全面的了解，同时通过密码分析将更好地理解该算法的密码特性。但因其公布时间不是很长，目前对其安全性分析主要集中在边信道攻击方面，暂时还没有利用传统的分析技术对其进行详细的安全性分析。

SMS4算法的分组长度为128比特，密钥长度为128比特。加密算法与密钥扩展算法都采用32轮非线性迭代结果，解密算法与加密算法的结构相同，只是轮密钥的使用顺序相反，解密轮密钥是加密轮密钥的逆序。SMS4采用CBC-MAC方式的MIC计算以及OFB模式的加解密。

1.4.2 SMS4密码算法

1. 密钥参量及轮函数

加密密钥长度为128比特，表示为$MK=(MK_0,MK_1,MK_2,MK_3)$，其中$MK_i(i=0,1,2,3)$为字。轮密钥表示为$(rk_0,rk_1,\cdots,rk_{31})$，其中$rk_i(i=0,1,\cdots,31)$为字。轮密钥由加密密钥生成。

$FK=(FK_0,FK_1,FK_2,FK_3)$为系统参数，$CK=(CK_0,CK_1,\cdots,CK_{31})$为固定参数，用于

密钥扩展算法,其中 $FK_i(i=0,1,2,3)$,$CK_i=(i=0,1,\cdots,31)$为字。

本算法采用非线性迭代结构,以字为单位进行加密运算,称一次迭代运算为一轮变换,一共有 32 轮迭代变换。

设输入为$(X_0,X_1,X_2,X_3)\in(Z_2^{32})^4$,轮密钥为 $rk\in Z_2^{32}$,则轮函数 F 为 $F(X_0,X_1,X_2,X_3,rk)=X_0\oplus T(X_1\oplus X_2\oplus X_3\oplus rk)$。其中 T 为 $Z_2^{32}\rightarrow Z_2^{32}$ 的一个可逆变换,由非线性变换 τ 和线性变换 L 复合而成,即 $T(\cdot)=L(\tau(\cdot))$。其中,非线性变换 τ 是由 4 个并行的 S-盒构成。设输入为 $A=(a_1,a_2,a_3,a_4)\in(Z_2^8)^4$,输出为 $B=(b_1,b_2,b_3,b_4)\in(Z_2^8)^4$,则有

$$(b_1,b_2,b_3,b_4)=\tau(A)=(\mathrm{Sbox}(a_1),\mathrm{Sbox}(a_2),\mathrm{Sbox}(a_3),\mathrm{Sbox}(a_4))$$

非线性变换 τ 的输出也即为线性变换 L 的输入。设输入为 $B\in\mathbf{Z}_2^{32}$,则有

$$C=L(B)=B\oplus(B<<<2)\oplus(B<<<10)\oplus(B<<<18)\oplus(B<<<24)$$

其中$\lll i$ 为 32 比特循环左移 i 位。

2. S-盒

S-盒为固定的 8 比特输入 8 比特输出的置换,记为 Sbox。如表 1.11 所示为 S-盒的数据(十六进制)。

表 1.11 SMS4 算法的 S-盒数据

行\列	0	1	2	3	4	5	6	7	8	9	A	B	C	D	E	F
0	D6	90	E9	FC	CC	E1	3D	B7	16	B6	14	C2	28	FB	2C	05
1	2B	67	9A	76	2A	BE	04	C3	AA	44	13	26	49	86	06	99
2	9C	42	50	F4	91	EF	98	7A	33	54	0B	43	ED	CF	AC	62
3	E4	B3	1C	A9	C9	08	E8	95	80	DF	94	FA	75	8F	3F	A6
4	47	07	A7	FC	F3	73	17	BA	83	59	3C	19	E6	85	4F	A8
5	68	6B	81	B2	71	64	DA	B8	F8	EB	0F	4B	70	56	9D	35
6	1E	24	0E	5E	63	58	D1	A2	25	22	7C	3B	01	21	78	87
7	D4	00	46	57	9F	D3	27	52	4C	36	02	E7	A0	C4	C8	9E
8	EA	BF	8A	D2	40	C7	38	B5	A3	F7	F2	CE	F9	61	15	A1
9	E0	AE	5D	A4	9B	34	1A	55	AD	93	32	30	F5	8C	B1	E3
A	1D	F6	E2	2E	82	66	CA	60	C0	29	23	AB	0D	53	4E	6F
B	D5	DB	37	45	DE	FD	8E	2F	03	FF	6A	72	6D	6C	5B	51
C	8D	1B	AF	92	BB	DD	BC	7F	11	D9	5C	41	1F	10	5A	D8
D	0A	C1	31	88	A5	CD	7B	BD	2D	74	D0	12	B8	E5	B4	B0
E	89	69	97	4A	0C	96	77	7E	65	B9	F1	09	C5	6E	C6	84
F	18	F0	7D	EC	3A	DC	4D	20	79	EE	5F	3E	D7	CB	39	48

3. 加/解密算法

定义反序变换 R 为

$$R(A_0,A_1,A_2,A_3)=(A_3,A_2,A_1,A_0),A_i\in\mathbf{Z}_2^{32},i=0,1,2,3$$

设明文输入为$(X_0,X_1,X_2,X_3)\in(Z_2^{32})^4$,密文输出为$(Y_0,Y_1,Y_2,Y_3)\in(Z_2^{32})^4$,轮密钥

为 $\mathrm{rk}_i \in \mathbf{Z}_2^{32}, i=0,1,\cdots 31$。则本算法的加密变换为

$$X_{i+4}=F(X_i,X_{i+1},X_{i+2},X_{i+3},\mathrm{rk}_i)=X_i \oplus T(X_{i+1}\oplus X_{i+2}\oplus X_{i+3}\oplus \mathrm{rk}_i) \quad i=0,1,\cdots 31$$

$$(Y_0,Y_1,Y_2,Y_3)=R(X_{32},X_{33},R_{34},X_{35})=(X_{35},X_{34},X_{33},X_{32})$$

具体的加密算法结构如图 1.20 和图 1.21 所示。

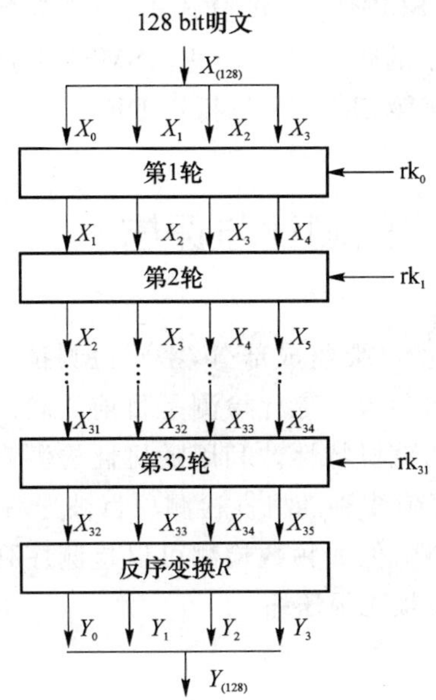

图 1.20　SMS4 加密算法整体

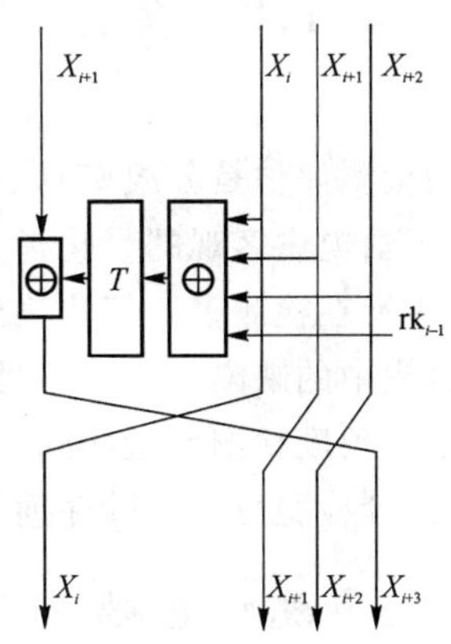

图 1.21　第 i 轮 SMS4 加密算法

本算法的解密变换与加密交换结构相同,不同的仅是轮密钥的使用顺序,即加密时轮密钥的使用顺序:$(\mathrm{rk}_0,\mathrm{rk}_1,\cdots,\mathrm{rk}_{31})$;解密时轮密钥的使用顺序:$(\mathrm{rk}_{31},\mathrm{rk}_{30},\cdots,\mathrm{rk}_0)$。

1.4.3　SMS4 密钥扩展算法

本算法中加密算法的轮密钥由加密密钥通过密钥扩展算法生成。

加密密钥为 $\mathrm{MK}=(\mathrm{MK}_0,\mathrm{MK}_1,\mathrm{MK}_2,\mathrm{MK}_3)$,$\mathrm{MK}_i \in Z_2^{32}, i=0,1,2,3$。令 $K_i \in Z_2^{32}, i=0,1,\cdots,35$;轮密钥为 $\mathrm{rk}_i \in \mathbf{Z}_2^{32}, i=0,1,\cdots,31$。那么,密钥生成的方法如下:对 $i=0,1,\cdots,31$,$(K_0,K_1,K_2,K_3)=(\mathrm{MK}_0 \oplus \mathrm{FK}_0, \mathrm{MK}_1 \oplus \mathrm{MK}_1, \mathrm{MK}_2 \oplus \mathrm{FK}_2, \mathrm{MK}_3 \oplus \mathrm{FK}_3)$,而 $\mathrm{rk}_i = K_{i+4}=K_i \oplus T'(K_{i+1}\oplus K_{i+2}\oplus K_{i+3}\oplus \mathrm{CK}_1)$,其中 T' 变换与轮函数中的 T 变换基本相同,只将其中的线性变换 L 修改为 L',即 $L'(B)=B \oplus (B \ll 13) \oplus (B \ll 23)$,系统参数 FK 的取值,采用十六进制表示,即

$$\mathrm{FK}=(\mathrm{FK}_0,\mathrm{FK}_1,\mathrm{FK}_2,\mathrm{FK}_3)$$

其中 $\mathrm{FK}_0=(A3B1BAC6)$,$\mathrm{FK}_1=(56AA3350)$,$\mathrm{FK}_2=(677D9197)$,$\mathrm{FK}_3=(B27022DC)$;固定参数 $\mathrm{CK}=(\mathrm{CK}_0,\mathrm{CK}_1,\cdots,\mathrm{CK}_{31})$ 为 32 个固定参数,其具体值如下:

00070e15, 1c232a31, 383f464d, 545b6269, 70777e85, 8c939aa1, a8afb6bd, c4cbd2d9, e0e7eef5, fc030a11, 181f262d, 343b4249, 50575e65, 6c737a81, 888f969d, a4abb2b9, c0c7ced5, dce3eaf1, f8ff060d, 141b2229, 30373e45, 4c535a61, 686f767d, 848b9299, a0a7aeb5, bcc3cad1, d8dfe6ed, f4fb0209, 10171e25, 2c333a41, 484f565d, 646b7279。

1.4.4 安全性分析

自 2006 年 SMS4 公开以来,人们对它的分析不断涌现,但是目前尚未存在对完整 SMS4 算法的成功攻击,只是提出了几种对约减轮的 SMS4 的攻击方法。

传统的攻击方法中,最好的结果是对 23 轮 SMS4 进行差分攻击;对全轮的 SMS4 的代数攻击的效果仍是比穷举搜索要差;边信道攻击的效果是最好的。SMS4 抵抗差分故障攻击(DFA)能力很脆弱,因此需要研究一些策略使得 SMS4 可以抵抗 DFA。

1.5 分组密码算法的测评与评估

分组密码的检测评估是分组密码走向应用的必要组成部分,密码检测技术为分组密码的设计、分析和评估提供客观的量化指标和技术参数。统计检测是目前比较成熟的密码检测与评估手段,它旨在检测密码算法输出序列的随机特性。利用随机性检测有可能发现密码设计与实现过程中的缺陷。截至到目前,已经有多种随机性检测项目被先后提出,每个检测项目都从特定的角度检测待检序列的统计特性,例如频数检测可以检测序列中 0 和 1 的均匀性,而通用统计检验可以检验序列是否可以被无损压缩。

1.5.1 概率统计基础

1. 几种概率分布

(1) 二项分布

如果随机变量 ξ 所有可能取的值为 $0,1,\cdots,n$,并且

$$p_k=P\{\xi=k\}=C_n^k p^k q^{n-k} \tag{1.10}$$

其中,$k=0,1,\cdots,n,0<p<1,q=1-p$,则称 ξ 服从参数为 n 和 p 的二项分布,记为 $\xi\sim B(n,p)$。

(2) 正态分布

【定义】 设 ξ 是一个随机变量,x 是任意实数,令

$$F(x)=P\{\xi\leqslant x\}$$

则称 $F(x)$ 为随机变量 ξ 的分布函数。

【定义】 设 $F(x)$ 为随机变量 ξ 的分布函数,如果存在某个非负函数 $f(x)$,对任意实数 x,有

$$F(x)=\int_{-\infty}^{x} f(t)\mathrm{d}t$$

则称随机变量 ξ 为连续型随机变量,函数 $f(t)$ 为随机变量 ξ 的密度函数。

如果随机变量 ξ 的密度函数为

$$f(x)=\frac{1}{\sqrt{2\pi\sigma}}\mathrm{e}^{-\frac{1}{2}\left(\frac{x-\mu}{\sigma}\right)^2},\quad -\infty<x<+\infty \tag{1.11}$$

其中,μ 和 σ 为常数且 $\sigma>0$,则称随机变量 ξ 服从参数为 μ 和 σ 的正态分布,记为 $\xi\sim N(\mu,\sigma^2)$。

对于标准正态随机变量 $X\sim N(0,1)$,如果 x_α 满足下述关系式:

$$P\{X>x_\alpha\}=\alpha,\quad 0<\alpha<1 \tag{1.12}$$

则称点 x_α 为标准正态分布的上 α 分位点。

(3) χ^2 分布

【定义】 假设随机变量 $\xi_1,\xi_2,\cdots,\xi_n$ 相互独立，且都服从标准正态分布 $N(0,1)$，令

$$\chi^2=\xi_1^2+\cdots+\xi_n^2=\sum_{i=1}^{n}\xi_i^2$$

则称 χ^2 服从自由度为 n 的 χ^2 分布，记成 $\chi^2\sim\chi^2(n)$。

χ^2 的密度函数为

$$f_{\chi^2}(x)=\begin{cases}0 & x\leqslant 0\\ \dfrac{x^{\frac{n}{2}-1}\mathrm{e}^{-\frac{x}{2}}}{2^{\frac{n}{2}}\Gamma\left(\dfrac{n}{2}\right)} & x>0\end{cases}$$

对于 χ^2 分布的 α 分位点记为 $\chi_\alpha^2(n)$ 且满足

$$P\{\chi^2(n)>\chi_\alpha^2(n)\}=\int_{\chi_\alpha^2}^{\infty}f_{\chi^2}(x)\mathrm{d}x=\alpha$$

其中，$\chi_\alpha^2(n)$ 的值可通过查表得到。

2. 假设检验

假设检验是统计学中依据一定假设条件，由样本推断总体的一种方法。

假设检验问题：给定假设 H_0，如何利用样本来判断是接受假设 H_0，还是拒绝假设 H_0。

【原理】 “小概率事件在一次试验中几乎不可能发生”的实际推断原理。

依据这一原理，对一个假设检验问题，构造一个事件 A，使得在 H_0 为真的条件下，它发生的概率很小，而 H_0 不为真时，A 发生的概率显著变大；然后根据样本观察值来判断这个小概率事件是否发生了，如果已经发生了，就拒绝 H_0；如果没有发生，就接受 H_0。

所谓小概率事件是指其概率不超过事先给定的一个小正数 α 的事件，通常取 0.1、0.05 和 0.01 等较小的数，称 α 为显著性水平。

如何判断一个总体 ξ 的分布函数是某个给定的函数 $F_0(x)$ 呢？在有些情况下，可以根据客观事物的性质，利用概率论的知识进行理论分析来得到所研究的总体分布。但很多情况下，只能从大量的样本数据中推断总体的分布形式。这种问题的实质是利用样本提供的信息检验假设，即

$$H_0：总体\ \xi\ 的分布函数\ F(x)=F_0(x)$$

是否成立的假设检验问题。其中 $F_0(x)$ 可以是分布形式及参数完全已知的一个分布函数，也可以是分布形式已知而参数未知的分布函数，设 $F_0(x)$ 中含有未知参数的个数为 $r(r\geqslant 0)$。对假设 H_0 的检验称为拟合检验。拟合检验的方法很多，这里仅介绍皮尔逊 χ^2 检验。

设总体 ξ 是一个离散型随机变量，它的可能取值为 $x_1,x_2,\cdots,x_l$，为了检验假设，即

$$H_0:P\{\xi=x_i\}=p_i,\quad i=1,2,\cdots,l$$

抽取容量为 n 的样本得到 n 个样本数据，将样本数据按不同的取值进行分组整理，列成如图 1.22 所示的频数分布表。其中 $n_i\geqslant 0(i=1,2,\cdots,l)$，$\sum\limits_{i=1}^{l}n_i=n$。若 H_0 为真，即 ξ 的概率分布如图 1.23 所示。

$\xi=x_i$	x_1	x_2	x_3	…	x_l
频数 n_i	n_1	n_2	n_3	…	n_l

图 1.22　样本频数分布表

$\xi=x_i$	x_1	x_2	x_3	…	x_l
p_i	p_1	p_2	p_3	…	p_l

图 1.23　概率分布表

由大数定律知道，当 n 充分大时，事件 $\xi=x_i$ 发生的频率$\frac{n_i}{n}$与理论概率 p_i 的差应该很小。于是可以构造反映这一差异的统计量，即

$$\chi^2=\sum_{i=1}^{k}\frac{n\left(\frac{n_i}{n}-p_i\right)^2}{p_i}=\sum_{i=1}^{k}\frac{(n_i-np_i)^2}{np_i} \tag{1.13}$$

其中 $k\leqslant l$，称为实际分组数。这个统计量是实测频数 n_i 与理论组频数 np_i 差平方的加权和。它反映了样本实测组频数 $n_i(i=1,2,\cdots,k)$与理论组频数 $np_i(i=1,2,\cdots,k)$之间差异的大小，我们称这个统计量为皮尔逊 χ^2 统计量。若 H_0 为真，χ^2 统计量的值应该很小。所以皮尔逊统计量的值大到超过某个界限 λ 时，就可以怀疑 H_0 的正确性而拒绝 H_0。因此拒绝假设 H_0 的拒绝域为 $\chi^2>\lambda$，λ 的确定依赖于皮尔逊 χ^2 统计量的分布，χ^2 的精确分布难以求得，皮尔逊给出了它的近似分布。

【定理】(皮尔逊定理)不论 $F_0(x)$是什么分布，当假设 H_0 为真时，则由等式(1.13)建立的统计量 χ^2 的极限分布是自由度为 $k-r-1$ 的 χ^2 分布。其中 k 为实际分组数，r 为 $F_0(x)$ 中未知参数的个数。

利用皮尔逊定理，可以确定 $\lambda=\chi_\alpha^2(k-r-1)$，从而拒绝 H_0 的拒绝域为

$$W=\{\chi^2\,|\,\chi^2\geqslant\chi_\alpha^2(k-r-1)\} \tag{1.14}$$

因此若在假设 H_0 下，由等式(1.13)计算有 $\chi^2\geqslant\chi_\alpha^2(k-r-1)$，则在显著性水平 α 下拒绝 H_0，否则就接受 H_0。χ^2 检验在使用时必须注意 n 要足够大，以及 np_i 不要太小。依据实践经验，要求样本容量 n 不小于 50，以及每个 np_i 都不小于 5，而且 np_i 最好是在 5 以上。

1.5.2　分组密码的检测原理

一个好的分组密码算法应该能够很好地隐蔽输入明文的数据特征，使输出密文表现出良好的随机性能，即分组密码算法本身应是一个好的伪随机数发生器。另外，混淆原则要求密文应具有不依赖于明文的统计特性，扩散原则要求算法应该对明文和密钥的变化是敏感的。综合考虑各方面的因素，目前分组密码的统计检测通常关注密文随机性、明密文独立性、密文对明文的敏感性和密文对密钥的敏感性。

1. 密文随机性检测

密文随机性检测是对待检分组密码的密文样本进行检测，密文样本通常包含 3 类：随机样本、低密样本和高密样本。检测项目包括频数检测、重叠子序列检测、块内最大捷程检测、游程分布检测、块内频数检测、扑克检测、自相关检测、矩阵秩检测、近似熵检测、累加和检测、通用统计检测、线性复杂度检测等。

(1) 频数检测

频数检测用来检测一个比特序列中 0 和 1 的个数是否相等，也就是说，假若已知一个 n 比特序列，频数检测用来检测该序列是否具有较好的 0、1 平衡性。令 n_0 和 n_1 分别表示 0

和 1 的数目，对一个好的比特序列，当其长度充分大时（一般大于 100），统计值 $V=2\sqrt{n}\times\left(\frac{n_1}{n}-\frac{1}{2}\right)$ 应符合标准正态分布。

（2）重叠子序列检测

重叠子序列检测可用来判断待检序列中 00、01、10、11 出现的数量是否近似相等。符号 n_{00}、n_{01}、n_{10}、n_{11}、n_0 和 n_1 分别表示序列中 00、01、10、11、0 和 1 的数目。如果序列的长度充分大，那么统计值 $V=\frac{4}{(n-1)}(n_{00}^2+n_{01}^2+n_{00}^2+n_{10}^2+n_{11}^2)-\frac{2}{n}(n_0^2+n_1^2)+1$ 近似地符合自由度为 2 的 χ^2 分布。可推广到一般情况，重叠子序列检测可用来检测待检序列中 $m-$ 位可重叠子序列的每一种模式的个数是否近似相等。

（3）块内最大游程检测

将序列划分成 N 个等长的子块，根据各个子块中最大 1 游程的分布来评价待检序列的随机性。显然如果最大 1 游程的分布是不规则的，那么最大 0 游程的分布肯定也是不规则的，所以只需做最大 1 游程的检测即可。

（4）游程分布检测

游程是序列的一个子串，由连续的 0 或者 1 组成，并且其前导和后继元素都与其本身的元素不同。游程分布检测主要检测待检序列中游程总数是否符合随机性要求。如果待检序列是随机的，则相间长度游程的数目应接近一致。一个随机的 $n-$ 比特序列中长度为 i 的游程数目的期望值为 $e_i=(n-i+3)/2^{i+2}$。令 k 是满足 $e_i\geqslant 5$ 的最大的整数 i，b_i 和 g_i 分别表示序列中长度为 i 的“1”游程和“0”游程数目，对于每一个 i，$1\leqslant i\leqslant k$。统计值

$$V=\sum_{i=1}^{k}\frac{(b_i-e_i)^2}{e_i}+\sum_{i=1}^{k}\frac{(g_i-e_i)^2}{e_i}$$

近似地符合自由度为 $2k-2$ 的 χ^2 分布。

（5）块内频数检测

块内频数检测用来检测待检序列的 m_- 位子序列中 1 的个数是否接近 $m/2$。对随机序列来说，其任意长度的 m_- 位子序列中 1 的个数都应该接近 $m/2$。

将待检序列划分成 N 个子块，每个子块的长度为 m，那么应该有 $n=N\times m$，当然如果 n 不能被 m 整除，必然会有多余位，此时将多余的位丢弃。计算每一个子块中 1 所占的比例，设

$$\pi_i=\frac{\sum_{j=1}^{m}\varepsilon_{(i-1)m+j}}{m},\quad i\in[1,N]$$

将所有 N 个子块中 1 所占比例的累加和作为统计量，于是统计量

$$V=4m\sum_{i=1}^{N}\left(\pi_i-\frac{1}{2}\right)^2$$

应该服从自由度为 N 的 χ^2 分布。

（6）扑克检测

对任意的正整数 m，长度为 m 的二元序列有 2^m 种。将待检序列划分成 $k=\left|\frac{n}{m}\right|$ 个长度为 m 的非叠加子序列，用 $n_i(1\leqslant i\leqslant 2^m)$ 表示第 i 种子序列类型的个数。扑克检测用来检

测这 2^m 种子序列类型的个数是否接近。统计量

$$V=\sum_{i=1}^{2^m}\frac{\left(n_i-\frac{k}{2^m}\right)}{\frac{k}{2^m}}=\frac{2^m}{k}\sum_{i=1}^{2^m}n_i^2-k$$

应该服从自由度为 2^m-1 的 χ^2 分布。

(7) 自相关检测

自相关检测用来检测待检序列与将其左移 d 位的序列的关联程度。一个随机序列应该和将其左移任意位的序列都是独立的,故其关联程度也应该很低。令

$$A(d)=\sum_{i=0}^{n-d-1}\varepsilon_i\oplus\varepsilon_{i+d}$$

表示待检序列与将其左移 d 位的序列之间不同的元素个数,将 d 称为时延。统计量

$$V=\frac{2\left(A(d)-\frac{n-d}{2}\right)}{\sqrt{n-d}}$$

应该服从标准正态分布 $N(0,1)$。

(8) 矩阵秩检测

矩阵秩检测用来检测待检序列中给定长度的子序列之间的线性独立性。从待检序列构造矩阵,然后检测矩阵的行或列之间的线性独立性,矩阵秩的偏移程度可以给出关于线性独立性的度量,从而影响对序列随机性程度的评价。

(9) 近似熵检测

近似熵检测和重叠子序列检测一样,是对 $m-$位可重叠子序列模式的检测。不过重叠子序列检测是检测 $m-$位可重叠子序列模式的频数,而近似熵检测是通过比较 m-位可重叠子序列模式的频数和$(m+1)$位可重叠子序列模式的频数来评价其随机性。

(10) 累加和检测

累加和检测将待检序列的各个子序列中最大的偏移(与 0 之间),也就是最大累加和与一个随机序列应具有的最大偏移相比较,以判断待检序列的最大偏移是太大了还是太小了。实际上,这里随机序列的最大偏移应该接近 0,所以累加和不能太大,也不能太小(注意:累加和可以是负数)。因此可以根据最大偏移值来判断待检序列的随机程度。

(11) 线性复杂度检测

线性复杂度检测是用来判定为了重新构造待检序列所需的最小信息量。用来构造一个二元序列的线性反馈移位寄存器的最小长度,称为线性复杂度。已知一个线性复杂度为 L 的二元序列,可以用 $2L$ 个连续比特组成的二元序列来重新构造此整个序列。因此 L 必须足够大到想轻易地重新构造整个序列是不可能的。如果线性复杂度很小,已知 $2L$ 个连续比特组成的序列流利用递归关系重新构造整个二元序列是可能的,那么相应二元序列是不随机的。

(12) 通用统计检测

通用统计检测主要检测待检序列能否被压缩(无损压缩而非有损压缩),如果待检列能被显著地压缩,就认为序列是不随机的。通用统计检测可以用来检测待检序列多方面的特性,但并不意味着通用统计检测是前面几个检测的组合,而仅仅是采取的和其他检测所不同

的方法。通用统计检测需要的数据量很大。

(13) 离散傅里叶检测

离散傅里叶变换使用频谱的方法来检测序列的随机性。对待检序列进行傅里叶变换后可以得到尖峰高度，根据随机性的假设，这个尖峰不能超过某个门限值(与序列长度 n 有关)，否则将其归入不正常的范围；如果不正常的尖峰个数超过了允许值，即可认为待检序列是不随机的。

2. 明密文独立性检测

明密文独立性检测主要是检测密文是否有不依赖于明文统计特性的性质。主要考虑两方面的测试：一方面，如果明文具有某种明显的统计特性，算法具有较好的明密文独立性，则明文与其对应的密文的距离应是随机的；另一方面，如果明文是随机的，则明文与其对应密文的距离也应是随机的。

设待检测分组密码算法的分组长度为 n 比特，随机生成 m 个 n 比特明文 $P=\{P_0,P_1,\cdots,P_{m-1}\}$ 和 1 个密钥。在模式 ECB 下使用该密钥对明文加密得到 m 个密文分组 $C=\{C_0,C_1,\cdots,C_{m-1}\}$。记录相应的明密文距离 $D_i=W_H(P_i \oplus C_i)$，$0\leqslant i\leqslant m-1$。统计 $D_i(0\leqslant i\leqslant m-1)$ 中汉明重量为 $\tilde{\omega}(0\leqslant\tilde{\omega}\leqslant n)$ 的分组数，记为 $H_{\tilde{\omega}}$，与其期望数 $E_{\tilde{\omega}}=C_n^{\tilde{\omega}}\times\frac{m}{2^n}$ 进行拟合 χ^2 检验，将计算结果与自由度为 n、显著性水平为 5% 的 χ^2 阈值相比较，来判断 $H_{\tilde{\omega}}$ 是否符合二项分布 $B\left(n,\frac{1}{2}\right)$。

3. 明文扩散性检测

从数据变换的有效性考虑，一个分组密码算法对明文的变化应是敏感的，即明文的雪崩现象。根据分组密码测度中的严格雪崩准则，改变明文分组的任一比特，应导致密文分组中大约一半比特的变化。

设待测分组密码算法的分组长度为 n 比特，随机生成 m 个 n 比特明文 $P=\{P_0,P_1,\cdots,P_{m-1}\}$ 和 1 个密钥，在模式 ECB 下使用该密钥对明文加密得到 m 个密文分组 $C=\{C_0,C_1,\cdots,C_{m-1}\}$。设第 $i(0\leqslant i<m)$ 个明文分组记为 $P_i=\{p_{i_0},p_{i_1},\cdots,p_{i_{n-1}}\}$，其中 $p_{i_j}\in\{0,1\}$，$0\leqslant j<n$。设第 $i(0\leqslant i<m)$ 个密文分组记为 $C_i=\{c_{i_0},c_{i_1},\cdots,c_{i_{n-1}}\}$，其中 $c_{i_j}\in\{0,1\}$，$0\leqslant j<n$。改变 P_i 的第 j 比特得到 $P_i^j=\{p_{i_0},p_{i_1},\cdots,p_{i_j}\oplus 1,\cdots,p_{i_{n-1}}\}$，用同一个密钥加密 P_i^j 得到密文 $C_i^j=\{c_{i_0}^j,c_{i_1}^j,\cdots,c_{i_{n-1}}^j\}$。计算 C_i 和 C_i^j 的汉明距离 $D_j=W_H(C_i\oplus C_i^j)$，对所有的密文分组统计这样的汉明重量。依据随机性要求，密文之间的距离分布应符合二项分布 $B\left(n,\frac{1}{2}\right)$。

4. 密钥有效性检测

从密钥更换的有效性考虑，一个分组密码算法对密钥的变化应是敏感的，即密钥的雪崩现象。根据分组密码测度中的严格雪崩准则，改变密钥中任一比特，应导致密文分组中大约一半比特的变化。

设待测分组密码算法的分组长度为 n 比特，密钥长度为 t 比特。随机生成 m 个密钥和 1 个明文分组，在模式 ECB 下使用 m 个密钥加密该明文分组得到 m 个密文分组。设第

$i(0\leqslant i<m)$个密钥记为$K_i=\{k_{i_0},k_{i_1},\cdots,k_{i_{t-1}}\}$,其中$k_{i_j}\in\{0,1\}$,$0\leqslant j<t$。设第$i(0\leqslant i<m)$个密文分组记为$C_i=\{c_{i_0},c_{i_1},\cdots,c_{i_{n-1}}\}$,其中$c_{i_j}\in\{0,1\}$,$0\leqslant j<n$。改变$K_i$的第$j$比特,得到$K_i^j=\{k_{i_0},k_{i_1},\cdots,k_{i_j}\oplus 1,\cdots,k_{i_{t-1}}\}$,用密钥$K_i^j$加密相同的明文得到密文$C_i^j=\{c_{i_0}^j,c_{i_1}^j,\cdots,c_{i_{n-1}}^j\}$。计算$C_i$和$C_i^j$的汉明距离$D_j=W_H(C_i\oplus C_i^j)$,对所有的密文分组统计这样的汉明重量。依据随机性要求,密文之间的距离分布应符合二项分布$B\left(n,\frac{1}{2}\right)$。

1.5.3 分组密码的评估要素

分组密码的综合评估涉及诸多因素,包括密码自身的数学基础是否稳健、实现性和正确性、应用环境因素、作用模式、攻击者能力与所拥有的资源等。如何建立完整的分组密码评估模型与框架是一个尚待研讨的问题。本节借鉴AES和NESSIE等密码评估过程的做法,从安全性、统计检测、性能及易用性和相关分组密码的比较几个方面阐述分组密码的评估要素。

1. 安全性

安全性是评估分组密码应该考虑的首要问题。分组密码的安全性评估包含可证明安全性、抵抗现有攻击的能力和实际安全性。可证明安全性有两种,一种是对某些特定分析方法的安全性证明,比如对差分密码分析的可证明安全结果,通过给出算法的差分概率的上界,显示分组密码对差分密码分析的安全性;另一种是在假定某些关键模块式“理想”的情况下,评估分组密码结构的安全性。比如对Feistel结构的伪随机性证明等。

分组密码安全性评估的第2个层次是研究算法抵抗现有攻击的能力,这是目前评估分组密码安全性的主要手段。算法应该能很好地抵抗现有的所有分析方法,如穷尽密钥搜索攻击、差分密码分析、截断差分密码分析、不可能差分密码分析、高阶差分密码分析、线性密码分析、差分-线性密码分析、相关密钥攻击、插值攻击、滑动攻击、积分密码分析、代数攻击、计时攻击、能量攻击、故障攻击等。

通常,分组密码对分析方法的安全性细分为理论上破译、设计主张的破译和实际应用的破译。如果存在比强力攻击更有效的攻击方法,则称分组密码是理论上被破译;如果存在比设计者主张的更有效的攻击,则称分组密码是设计主张的被破译;如果存在攻击,其复杂度比实际应用更低,则称分组密码是实际应用的可破译。分组密码的实际安全性涉及它的实现方式、应用环境等因素,应该结合具体的环境做评估。

另外,应对分组密码的变形进行评估。比如说,改变或删除分组密码的一个模块,减少迭代的轮数等。对变形分组密码的分析可以间接地得到原算法的一些结论,通常都采用迭代结构。一般地,对整个r轮分组密码实施攻击是非常困难的。减少分组密码的迭代轮数,用某种分析方法对分组密码的低轮变形进行攻击,攻击结果可以部分反映出该分组密码抵抗这种分析方法的能力。对一个r轮的迭代分组密码E,如果目前最多可以破译$(r-t)$轮的低轮变形,就称该密码有t轮的绝对安全边界,或者说它有$\frac{r}{r-t}$的安全冗余度。对于现有的大多数攻击方法,攻击复杂度是随着轮数的增大呈指数增长的。随着对一个分组密码更深入地分析,通常可以攻击到更多轮数的低轮变形,而相应的安全冗余度也随着降低,反映了该分组密码抵抗现有攻击的能力，体现了分组密码的安全性依据时间、分析的深度和力度变化的特性。

2. 统计检测

分析统计检测的结果，其目的是查看算法的密码学特性有无突出的异常现象。除了第1.5.2节对分组密码的密文随机性、明密文独立性、明文扩散性和密钥有效性的统计检测，对分组密码关键模块的密码性能也需要做一系列的检测。

① S-盒的检测包括差分均匀性、非线性度、代数次数及项数、平衡性、完全性、严格雪崩准则、固定点、圈数等。

② 扩散层的检测包括分支数、扩散特性、不动点等。

③ 轮函数的检测包括雪崩特性、完全性、循环差分特征、循环线性逼近等。

④ 密钥扩展算法的测试包括雪崩特性、轮密钥流的周期、子密钥独立性等。

3. 性能

评估分组密码在各种平台上的实现速度和适应性。算法实现速度包括加(解)密速度和密钥扩展算法运算速度。在ECB模式下，使用固定密钥分别测试加密和解密的运算速度(单位：Mbit/s)，包括数据输入、密码运算和结果输出过程。在ECB模式下，使用不同密钥测试密钥扩展算法运算速度(单位：次/秒)。测试结果应明确标明CPU类型及主频、内存数量大小、操作系统类型、实现语言类型、编译器、编译选项等参数。

适应性评估是考察算法在不同平台的综合性能，比如使用8051汇编语言编程实现，分别测试算法程序占用程序空间、内部存储空间和外部存储空间的大小；在12 MHz工作主频下，分别测试算法在ECB工作模式下加密和解密的运算速度(单位：Mbit/s)，包括数据输入、密钥扩展、密码运算和结果输出全过程。

4. 设计特点

分组密码的简洁性对安全实现以及公众的评估比较重要，设计应该简单、便于理解和使用。是否拥有合理的数学背景、对子模块的安全及性能的评价，以及在整个算法中的作用等。灵活性是分组密码评估的另一个方面，算法应该支持多种密钥规模和分组长度，并不影响在常用平台和应用环境的性能及安全性。

5. 和公开分组密码的比较

对新设计的分组密码的评估应该包括和相关流行分组密码的比较，比较应该基于同样的平台和应用环境。比如128比特分组的应该与AES和Camellia进行比较、64比特分组的应该与MISTY1进行比较、3GPP中用于信息保密的核心算法应该和现在的建议标准KASUMI进行比较等。

1.5.4　分组密码的检测示例

本节以AES和Camellia为例，给出部分检测项目的统计结果。检测对象限于分组长度和密钥长度均为128比特的AES和Camellia，显著性水平为0.05，测试次数为128次。数据源选取高密及低密两种不同的文件，检测结果如表1.12～表1.15所示。

AES **表 1.12** 明文文件:高密明文

检测项目	统计结果(通过百分比%)	检测项目	统计结果(通过百分比%)
明密文独立性	92.19	块内频数	96.09
明文扩散性	94.10	扑克检验(4)	95.31
密钥有效性	94.86	自相关检验(1)	91.41
密文随机性		矩阵秩	95.31
频数	92.19	近似熵检验(2)	94.53
重叠子序列(2)	91.41	累加和检验	92.97
块内最大游程	94.53	通用统计检验	100
游程分布	93.75		

AES **表 1.13** 明文文件:低密明文

检测项目	统计结果(通过百分比%)	检测项目	统计结果(通过百分比%)
明密文独立性	96.09	块内频数	96.88
明文扩散性	94.16	扑克检验(4)	95.31
密钥有效性	94.73	自相关检验(1)	95.31
密文随机性		矩阵秩	96.06
频数	91.41	近似熵检验(2)	92.19
重叠子序列(2)	93.75	累加和检验	93.75
块内最大游程	98.44	通用统计检验	100
游程分布	95.31		

Camellia **表 1.14** 明文文件:高密明文

检测项目	统计结果(通过百分比%)	检测项目	统计结果(通过百分比%)
明密文独立性	96.88	块内频数	94.53
明文扩散性	93.63	扑克检验(4)	96.88
密钥有效性	95.01	自相关检验(1)	94.53
密文随机性		矩阵秩	96.09
频数	96.88	近似熵检验(2)	99.22
重叠子序列(2)	95.31	累加和检验	96.88
块内最大游程	90.63	通用统计检验	100
游程分布	94.53		

Camellia　　**表 1.15**　　明文文件：低密明文

检测项目	统计结果 （通过百分比%）	检测项目	统计结果 （通过百分比%）
明密文独立性	96.09	块内频数	93.75
明文扩散性	93.65	扑克检验(4)	96.09
密钥有效性	94.89	自相关检验(1)	96.88
密文随机性		矩阵秩	98.44
频数	95.31	近似熵检验(2)	95.31
重叠子序列(2)	91.41	累加和检验	96.09
块内最大游程	97.66	通用统计检验	100
游程分布	94.53		

1.5.5　分组密码的评估示例

进入 AES 第二轮评估的算法有 5 个，它们分别是 MARS、RC6、Rijndael、Serpent 和 Twofish。本节给出 NIST 对 5 个候选算法的评估总结，从中体会最终选择 Rijndael 的评估要素。对于算法的特性、安全性分析等详细结果将不在这里描述。

(1) 安全性

第二轮评估结束后，对 5 个候选算法都没有已知的安全攻击，也就是说，5 个候选算法中的任何一个都有足够的安全性充当 AES。从安全冗余来比较，MARS、Serpent 和 Twofish 似乎有高的安全冗余，RC6 和 Rijndael 似乎有足够的安全冗余。对于 Rijndael 的数学结构和 Twofish 的密钥扩展有一些批评意见，但是这些特性没有导致对算法的安全性攻击。

(2) 软件性能

对于 128 比特长度的密钥，RC6 和 Rijndael 的加(解)密速度高于平均水平，RC6 在 32 位平台的性能最好，Rijndael 适应各种平台；MARS 和 Twofish 的加(解)密速度处于平均水平，而且 MARS 依赖于平台处理 32 位乘法的能力；Serpent 的加(解)密速度是 5 个候选算法中最慢的一个。关于密钥扩展算法的性能，Rijndael 最快，MARS、RC6 和 Serpent 次之，Twofish 最慢。对 3 种密钥长度，MARS、RC6 和 Serpent 的加(解)密速度几乎一致，而 Rijndael 因为密钥的长度不同，轮数有变化，所以对于长密钥而言，加(解)密速度有所降低；Twofish 也有类似的问题。

(3) 资源受限环境

Rijndael 对 RAM 和 ROM 需求很低，非常适合资源受限的环境，尤其是只需要加密或者解密的环境；对于需要同时实现加密和解密的环境，Rijndael 对 ROM 的需求有所增加。Serpent 对 RAM 和 ROM 需求很低，也非常适合资源受限的环境；同 Rijndael 一样，对于需要同时实现加密和解密的环境，Serpent 对 ROM 的需求有所增加。Twofish 对 RAM 和 ROM 的需求似乎使得它也适合资源受限的环境。RC6 对 ROM 的需求比较低，但是由于子密钥计算缺乏 on-the-fly 的特性，导致解密操作需要比其他算法更高的 RAM；因此，RC6 不适合 RAM 受限的而且需要解密的环境实现。MARS 对 ROM 的需求是 5 个候选算法中最高的,而且密钥扩展算法需要额外的资源,因此,MARS 不适合资源受限的环境。

(4) 硬件性能

在反馈和非反馈两种模式下,Serpent 和 Rijndael 的硬件吞吐量是最好的。Serpent 在非反馈模式下显示了最高的吞吐量,它的有效性(吞吐量/面积)非常好。Rijndael 在馈模式下显示了最高的吞吐量;对于大规模的密钥,Rijndael 的吞吐量有所降低,不过可以通过技术实现弥补,Rijndael 的有效性(吞吐量/面积)也非常好。RC6 和 Twofish 的硬件吞吐量处于平均水平;MARS 的有效性低于平均水平,它对面积的需求高于平均水平,而吞吐量低于平均水平。

(5) 针对实现的攻击

Rijndael 和 Serpent 所使用的运算使得它们很容易抵抗能量攻击和计时攻击。Twofish 使用了整数加,存在遭受能量攻击和计时攻击的危险。RC6 和 MARS 使用了乘法、可变的循环移位、整数加,因此更难抵抗能量攻击和计时攻击。当算法实现采用一些防御侧信道攻击的保护措施时,Rijndael 似乎比其他算法有优势。

(6) 加密和解密

相对于只实现加密,硬件实现同时加密和解密,Twofish、MARS 和 RC6 需要非常少的附加资源,原因是它们的加密算法和解密算法几乎一样。Rijndael 的加密算法和解密算法是不一样的,但可以共享一些硬件资源。Serpent 的加密算法和解密算法也是不一样的,但似乎可以共享的硬件资源非常有限。5 个候选算法的加密速度和解密速度的变化不大。Rijndael 的密钥扩展算法在解密算法中的速度略慢于加密的情况。

(7) 密钥扩展算法

对加密和解密,Twofish 的子密钥计算都是 on-the-fly。Serpent 的加密和解密也支持 on-the-fly,但是解密操作需要额外的计算;Rijndael 的加密也支持 on-the-fly,但是解密操作也需要更多附加计算;MARS 具有和 Rijndael 类似的特性;RC6 只有加密支持 on-the-fly,解密的子密钥需要预计算。

(8) 其他功能和适应性

MARS 支持的密钥长度是可变的,是 128～448 比特的任意值;RC6 的分组长度、密钥长度、轮数都依据参数变化;Rijndael 的分组长度和密钥长度可以增加,相应的轮数也随之变化;Serpent 支持长度不超过 256 比特的密钥,而且 bitslice 技术可以提高其在一些处理器上的性能;Twofish 支持的长度不超过 256 比特的密钥,而且算法提供 4 个选项,允许多种性能折中。

(9) 并行性

Rijndael 具有最好的并行性,其他 4 个候选算法的并行性稍差。

对于进入 AES 第 2 轮评估的 5 个算法 MARS、RC6、Rijndael、Serpent 和 Twofish 而言,每个算法都有足够的安全性,每个算法都有相当多的优点,任何一个都可以作为 AES;然而每个算法都有一个或多个不尽完美的地方,没有一个算法具有绝对的优势。在评估过程中,NIST 研究分析了所有的公开评论、论文、口头报告等,Rijndael 在各种平台都具有很好的软硬件性能、很好的密钥扩展性能、适合资源受限的环境、所使用的运算使得它很容易抵抗能量攻击和计时攻击、具有灵活的分组长度和密钥长度等优点。因此,经过长时间复杂的评估过程,NIST 最终选定 Rijndael 作为 AES。

1.5.6 小　结

密码检测技术是分组密码研究的重要组成部分，它为分组密码的设计、分析和评估提供客观的量化指标和技术参数，对分组密码的应用具有重要的指导意义。统计检测是目前比较成熟的密码检测与评估量化手段，目前国际上比较著名的密码检测分析工具与平台主要包括美国 NIST 评选 AES 时使用的随机性检测包 RNGT（包含 16 项检测项目）、美国佛罗里达州立大学研制的 Diehard 工具包（包含 17 项检测项目）和澳大利亚昆士兰理工大学研制的 CRYPT-X 工具包（包含 7 项检测项目）。我国也有一些科研单位与测评机构研制了若干检测工具，比如信息安全国家重点实验室、信息工程大学、信息安全测评中心等单位研制的一些检测工具。相对于统计检测，分组密码的评估因为涉及因素较多，因此没有系统性的研究结果。希望有兴趣的读者借鉴国际上的一些评估准则（例如，CC 准则、FIPS 140-3 等），从国家密码管理政策出发，结合密码攻击理论模型和实际的攻击模拟研究，从整体结构、基础模块、实现技术等多方面出发，探讨分组密码的评估模型。

第2章 公钥密码

1976年斯坦福大学的赫尔曼(M. E. Hellman)、迪菲(W. Diffie)和默克尔(R. Merkle)联合发表了《密码学的新方向》一文,首次提出了公开密钥体制(简称为"公钥密码")的思想。公钥密码在加密与解密时使用不同的密钥,把加密过程和解密过程设计成不同的途径。当算法公开时,在计算上不可能由加密密钥求解解密密钥,因而加密密钥可以公开,只需秘密保存解密密钥。

如图2.1所示,在使用公钥密码体制进行通信时,明文 m 用加密密钥Ke进行加密,而收方则用与加密密钥不同的解密密钥Kd进行解密。因为加密密钥Ke和解密密钥Kd是一一对应的,所以使用加密密钥Ke加密的密文只能用解密密钥Kd进行解密。并且,想从加密密钥Ke推出解密密钥Kd在实际上是不可能的。

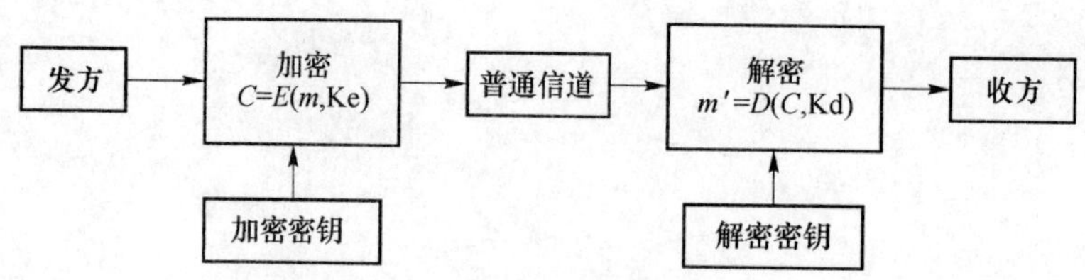

图2.1 公钥密码体制通信系统

若对于密文 C,用公开的加密密钥Ke进行加密的算法表示为 $E(m,\mathrm{Ke})$,用秘密的解密密钥Kd进行解密的算法表示为 $D(C,\mathrm{Kd})$,则公钥密码体制应满足以下条件。

① 给出Ke时,$E(m,\mathrm{Ke})$ 的计算很容易;给出Kd时,$D(C,\mathrm{Kd})$ 的计算也不难。

② 如果不知道Kd,那么即使知道Ke、算法 E 和 D 以及密文 C,确定明文 m 的计算也是不可行的。

③ 对明文 m,$E(m,\mathrm{Ke})$ 有定义,且 $D(E(m,\mathrm{Ke}),\mathrm{Kd})=m$。

满足条件①、②的函数叫单向函数。要实现公钥密码体制,必须使密钥Ke和Kd进行的变换互为逆变换,而且要从公开的加密密钥推出解密密钥,在计算上是不可能的。这就需要单向陷门函数。所谓单向陷门函数是这样一种函数,它的反函数有一个特殊的诀窍,如果知道了这个诀窍,就会较容易地计算出反函数,否则,将因其计算量过大而不可能计算出反函数来。

若用数学公式来描述,一个公钥密码体制就是这样的一个5元组 $\{M,C,K,E_K,D_K\}$,它满足如下的条件。

① M 是可能消息的集合。

② C 是可能密文的集合。

③ 密钥空间 K 是一个可能密钥的有限集。

④ 对每一个 $k=\{k_1,k_2\}\in K$，都对应一个加密算法 $E_{K_1}\in E$，$E_{K_1}: M\rightarrow C$ 和解密算法 $D_{K_2}\in D$，$D_{K_2}: C\rightarrow M$，满足对于任意的 $m\in M$，都有 $c=E_{K_1}(m)$，$m=D_{K_2}(c)=D_{K_2}(E_{K_1}(m))=m$。

⑤ 对于所有的 $k\in K$，在已知 E_K 的情况下推出 D_K 是计算上不可能的。

对每一个 $k\in K$，函数 E_{K_1} 和 D_{K_2} 都是多项式时间可计算的函数。E_{K_1} 是一个公开函数，k_1 称作公钥；而 D_{K_2} 是一个秘密函数，k_2 称作私钥，由用户秘密地保存。公钥密码体制的核心问题是 E_{K_1}，D_{K_2} 的设计。

与对称密码相比，公钥密码的优点如下。

① 密钥分发简单。由于加密密钥与解密密钥不同，并且不能由加密密钥推断出解密密钥，从而使加密密钥表可以像电话号码本一样由主管部门发给各个用户。

② 需秘密保存的密钥量减少。网络中每个用户只需秘密保存自己的解密密钥，N 个成员只需产生 N 对密钥。

③ 可以满足互不认识的人之间私人谈话的保密性要求。

④ 可以完成数字签名和认证。发信者用只有他才知道的私钥进行签名，收信者利用公钥进行检查，并且第三者不能对签名进行篡改和伪造，既方便又安全。

当然，公钥密码也有很多缺点，主要表现在如下几点。

① 设计公钥密码算法与设计对称密码算法相比要受到更大的限制，自由度大大降低，这是因为公开密钥可以提供更多的信息对算法进行攻击。

② 至今所发明的公钥密码算法都是容易用数学术语来描述，它们的强度总是建立在对一个特定的数学难题求解的困难上，但这种困难性只是一种设想，随着数学的发展，许多现在还很困难的问题将来有可能变得比较容易。

③ 公钥密码体制的安全性完全建立在计算复杂性理论的基础上，而这个基础是否能够保证密码系统的安全呢？在安全的加密算法中，合法用户应该能应用其秘密信息很容易从密文恢复明文，而攻击者（不知道秘密信息）却不能有效地对密文解密（在多项式时间内）。而另一方面，一个非确定性图灵机却能很快地将密文解密（通过猜测私人信息）。因此，安全加密算法的存在，就意味着有这样一种工作（如，“破译”加密算法），这种工作只能由非确定性多项式时间图灵机，而不能由确定性多项式时间图灵机（即使是随机的）来完成。换句话说，安全加密算法存在的一个必要条件是 $P\neq$NP，而 $P\neq$NP 是否成立仍然是计算理论界的一个悬而未解的难题。

尽管 $P\neq$NP 是现代密码编码学的一个必要条件，但不是一个充分条件。假设破译一个加密算法是 NP 完全的，那么 $P\neq$NP 意味着这种加密算法在最坏的情况下是难攻破的，但它仍然不能排除一个加密算法在多数情况下很易被攻破的可能性。实际上，可以构造一个破译问题为 NP 完全的，但同时存在一个能以 99% 概率成功的破译算法，因此最坏情况下难破译不是安全性的一个好的评估。安全，要求在绝大多数情况下难破译，或至少“在通常情况下是难破译的”。

④ 只考虑通常情况下难计算的 NP 问题的存在性也没有取得满意的结果。为了能应用在通常情况下难计算的问题，必须有能很快解决这些难题的辅助信息（陷门）。否则，他们对合法用户也是难处理的。因此，公钥密码是建立在单向函数的基础上，但单向函数的存在性至今没有证明。虽然如此，密码学界普遍相信单向函数是存在的。

公钥密码体制不仅解决了密钥分配的问题，而且还为签名和认证提供了手段。我们在这里举一个简单的例子说明一下它是怎样提供认证的。假设用户A给用户B发了一个消息,B是不能证明该消息是由A发出的。如果公钥密码体制满足附加的特性:对于所有的$m\in M, D_{K_2}(E_{K_1}(m))=E_{K_1}(D_{K_2}(m))$(也就是加解密是可交换的),此时认证的功能可被包含在加密的过程中:A先用他的私钥$D_{K_{2A}}$,然后用接收者B的公钥$E_{K_{1B}}$加密消息m,产生密文$c=E_{K_{1B}}(D_{K_{2A}}(m))$,而B先用他的私钥$D_{K_{2B}}$然后利用A的公钥$E_{K_{1A}}$解密。由于仅有A知道他的私钥,因此B就能确定消息确实是由A发出的。

现有的公钥密码算法很多,其中最为常用的是RSA算法,所以本章将以RSA为重点介绍对象。

2.1 RSA密码的软件实现

2.1.1 算法描述

RSA密码是1977年马萨诸塞理工学院里夫斯特(R. L. Rivest)、沙米尔(A. Shamir)、艾德勒曼(L. Adleman)研究出的一种利用素因数分解的困难性而设计的一种公钥密码算法。他们的研究成果在1977年4月以"数字签名和公开密钥密码体制"为题公开发表,并受到高度评价。现在国际标准组织,如ISO、ITU以及SWIFT等均已接受RSA公钥体制为标准,因此,RSA可以被认为是现在民间和商业上使用最为广泛的公开密钥密码体制和数字签名体制。

1. 算法公式与参数选择

RSA密码的具体描述如图2.2所示。

系统参数:取两个大素数p和q,$n=pq$,$\varphi(n)=(p-1)(q-1)$,随机选择整数e,满足$\gcd(e,\varphi(n))=1$,$ed\equiv 1(\bmod\ \varphi(n))$。

公开密钥:n,e。

私有密钥:p,q,d。

加密算法:对于待签消息m,其对应的密文为$c=E(m)\equiv m^e(\bmod\ n)$。

解密算法:$D(c)\equiv c^d(\bmod\ n)$。

图2.2 RSA密码

为了说明RSA密码的加密和解密算法的正确性,先介绍如下的欧拉定理。

【定理】 欧拉定理:若整数a和m互素,则$a^{\varphi(m)}\equiv 1(\bmod\ m)$,其中$\varphi(m)$是比$m$小但与$m$互素的正整数个数。

基于欧拉定理,RSA的证明过程可描述为:当$(m,n)=1$时,由欧拉定理可知$m^{\varphi(n)}\equiv 1(\bmod\ n)$。

当 $(m,n)>1$ 时,由于 $n=pq$,故 (m,n) 必含 p,q 之一。不妨设 $(m,n)=p$,则 $m=cp$,$(1\leqslant c<q)$,由欧拉定理知 $m^{\varphi(q)}\equiv 1(\bmod\ q)$。因此,对于任何 k,总有 $m^{k(q-1)}\equiv 1(\bmod\ q)$,$m^{k(p-1)(q-1)}\equiv(1)^{k(p-1)}\equiv 1(\bmod\ q)$,即 $m^{k\varphi(n)}\equiv 1(\bmod\ q)$。于是存在 h(h 是某个整数)满足 $m^{k\varphi(n)}+hq=1$。由假定 $m=cp$,故 $m=m^{k\varphi(n)+1}+hcpq=m^{k\varphi(n)+1}+hcn$,这就证明了 $m=m^{k\varphi(n)+1}(\bmod\ n)$。因此对于 n 及任何 $m(m<n)$,恒有 $m^{k\varphi(n)+1}\equiv m(\bmod\ n)$,所以,$D(c)\equiv c^{d}=m^{ed}=m^{k\varphi(n)+1}=m(\bmod\ n)$。

RSA 密码中产生密钥的方法:首先任选两个足够大的素数 p,q,令 $n=p\times q$,这里 p,q 都必须保密。接着求出 $\varphi(n)=(p-1)\times(q-1)$,任选一个与其互素的较大整数 e,使得 e 与 $\varphi(n)$ 互素,即 $\gcd(e,\varphi(n))=1$。求出 e 在 $\varphi(n)$ 中的乘法逆函数 d,即 $e\times d\equiv 1 \bmod \varphi(n)$。这样求得的 (e,n) 为加密密钥(公开密钥),(d,n) 为解密密钥(秘密密钥)。在实用中,p 和 q 可以毁去不用,以增加安全性;若保留 p 和 q,可以根据中国余数定理来加快解密运算的速度。

使用 RSA 密码时应注意如下事项。

① 不能使用共同的模 n。如果使用相同的模 n,可能会出现以下主要问题:如果相同的明文 M 分别送给两个不同的使用者,则此系统可能变得不安全;拥有一对加/解密密钥就能分解因数 N;拥有一对加/解密密钥,就能在不必分解 N 的情况下,求出另一对加/解密密钥。

② 明文的熵应尽可能地大。如果所需加密的明文的熵非常小,利用确定式的公开密钥加密系统,它的安全性将无法抵抗低熵攻击法。因此 PKCS＃1 建议在使用公钥加密时,至少应插入 8 个字节的随机数,以抵抗低熵攻击。

以上注意事项,均直接或间接关系到 RSA 公钥体制的安全性。若参数选择不当,则以这些参数构成的 RSA 密码在理论上将不安全;若使用不当,即使安全的 RSA 系统也会使得密码协议不安全。

下面来分析 RSA 密码的安全性。

RSA 公钥体制是第一个将安全性基于分解因数的系统。很明显,在公开密钥 (e,n) 中,若 n 能被分解因数,则 p 和 q 被泄露,解密密钥 d 也就不再是秘密,进而整个 RSA 系统不安全。因此,在使用 RSA 系统时,对于 n 的选择是很重要的,必须使得公开 n 后,任何人无法从 n 得到 p 和 q。提高 n 的位数无疑将大大提高 RSA 的安全性,另外还有一些参数选择上的注意事项。在不知道陷门信息 d 的情况下,想要从公开秘钥 n,e 算出 d,只有分解大整数 n 的因子,但是大数分解是一个十分困难的问题。Rivest、Shamir 和 Adleman 用已知的最好算法估计了分解 n 的时间与 n 的位数的关系,用运算速度为 100 万次/秒的计算机分解 500 bit的 n,计算机分解操作数是 1.3×10^{39},分解时间是 4.2×10^{25} 年。因此,一般认为 RSA 公钥体制保密性能良好。

人们无法从数学上证明一定需要分解 n 才能从 c 和 e 中计算出 m,可能会发现一种完全不同的方法来对 RSA 进行密码分析。因而,如果这种新方法能让密码分析者推算出 d,它也可作为分解大数的一种新方法。也可猜测 $(p-1)(q-1)$ 的值来攻击 RSA,但是,这种攻击没有分解 n 容易。

有一些 RSA 的变形已被证明和大数分解同样困难,从 RSA 加密的密文中恢复某一比特与恢复出整个文本同样困难。

有些攻击是针对 RSA 的实现。它们并不是攻击基本的算法,而是攻击协议。仅会使用 RSA 而不重视它的实现是不够的。下面介绍几种协议攻击的情况。

情况 1:攻击者在发方 A 的通信过程中进行窃听,设法选取一个用他的公开密钥加密的密文 c。攻击者想计算出相应的明文,从数学上讲,他想得到 m,这里 $m=c^d$。为此,他首先选取一个随机数 r,满足 r 小于 n。他得到 A 的公钥 e,然后计算:

$$x=r^e \bmod n$$

$$y=x^c \bmod n$$

$$t=r^{-1} \bmod n$$

如果 $x=r^e \bmod n$,那么 $r=x^d \bmod n$。

现在,攻击者让 A 用他的私钥对 y 签名,以便解密 y。由于 A 以前从未见过 y,所以 A 发送给攻击者:

$$u=y^d \bmod n$$

现在攻击者计算

$$tu=r^{-1}y^d=r^{-1}x^dc^d=c^d=m \bmod n$$

因此攻击者获得了明文 m。

情况 2:T 是一个公开的公证人。如果 A 打算让一份文件被公证,他将文件发送给 T,T 将文件用 RSA 进行数字签名,然后发送回来。

M 想让 T 对一个 T 本来不愿签名的消息进行签名,或许它有一个假的时间标记,或是另外的人所为。将这个消息称作 m'。首先,M 选取任意一个值 x,计算 $y=x^e \bmod n$。他能很容易地获得 e,这是 T 的公开密钥。然后,他计算 $m=ym' \bmod n$,将 m 发送给 T,并让 T 对它签名。T 回送 $m^d \bmod n$,现在 M 计算 $(m^d \bmod n)x^{-1} \bmod n$,它等于 $(m')^d \bmod n$,是 m' 的签名。

实际上,M 有几种方法可用来完成相同的事。他们利用的缺陷都是指数运算保持了输入的乘积结构,即 $(xm)^d=x^dm^d \bmod n$。

情况 3:E 想让 A 对 m_3 签名。他产生两份消息 m_1,m_2,满足

$$m_3 \equiv m_1m_2 \pmod n$$

如果他能让 A 对 m_1 和 m_2 签名,则他能计算 m_3,即

$$m_3^d=(m_1^d \bmod n)(m_2^d \bmod n) \pmod n$$

因此绝对不要对一个陌生人提交给你的随机消息进行签名。

从 RSA 发明至今,针对 RSA 算法的众多攻击大致可分为以下几类。

① 强行攻击。这包含对所有的私有密钥都进行尝试。这种攻击不具有威胁性,因为一般不可能在有效时间内成功。

② 数学攻击。有几种方法,实际上都等效于对两个素数乘积的因子进行分解。大数分解近年来取得不少进展,431 位以内的 RSA 密钥目前已经不再安全。一直以来因子,分解攻击都采用所谓二次筛的方式,最新的攻击算法是广义素数筛(Generalized Number Filed Sieve,GNFS)。目前选择一个 1 024~2 048 bit 的密钥比较合适。

③ 基础攻击。它包括公共模数攻击和盲签名攻击。

④ 低指数攻击。它包括低私钥指数攻击和低公钥指数攻击。

⑤ 执行攻击。这包含时间攻击(Timing Attack)和随机数缺陷攻击以及针对 PKCS#1

的攻击。

⑥ 能量攻击。能量攻击(Differential Power Attack)是针对 RSA 加密硬件的攻击。

⑦ 硬体错误攻击。利用硬件在低温、高温、震动等非正常环境下指令错误或运算错误的攻击方法。

2. RSA 的时间攻击

对于 RSA 的常规攻击,比如利用密钥缺陷和协议缺陷的攻击,可以通过对密钥产生过程的控制和协议的改进得以避免,目前 1 024 位的密钥长度在数学攻击上仍旧是安全的。由于密码系统在硬件上的广泛实现,硬件密码安全工程的研究越来越多,比较成功的有时间攻击法和能量攻击法。下面分别描述这两种攻击方式和简单有效的防范措施。首先介绍时间攻击。

攻击者通过监视系统解密报文所花费的时间来确定私有密钥。时间攻击方式比较独特,它是一种只用到密文的攻击方式。

在 RSA 解密采用的几种模幂运算方法中都有一个取模的乘法函数,这个函数在通常情况下是很快的,但是在一些特殊情况下花费的时间比平均要多得多。定时攻击可逐位进行,例如对于二元法,私钥指数 $d=\sum_{i=0}^{k-1}d_i2^i$,假定 d 的前 j 比特已知,攻击者给定密文,当完成 for 循环的前 j 次迭代时,下一步的操作依赖于未知的私钥指数比特,如果这个比特是 1,就会执行 $c\leftarrow(c\cdot m)\bmod n$。这个模乘运算对于某些特定的 c 和 m 运算非常缓慢,攻击者可以知道这些值。因此,攻击者根据观察到的执行解密算法的时间可以判断该比特,如果对许多观察到的执行时间总是很慢,那么这个比特就被认为是 1,如果对整个算法许多观察到的执行时间都很快,那么这个比特就被认为是 0。从 $j=0$ 开始并重复这个攻击过程,就可以得到整个私钥指数。

如果 RSA 解密采用中国剩余定理,那么时间攻击同样可以奏效。解密的模幂运算计算的是 $M_1=C_1^{dp}\bmod p$,$M_2=C_2^{dp}\bmod q$,在模幂运算之前,首先要计算 $C_1=C\bmod p$,$C_2=C\bmod p$。通常采用中国剩余定理解密会首先判断报文 C 是否大于素数 p 和 q,只有 $C>q$ 或 $C>p$ 才会执行耗时的取模运算。攻击者可以选择最接近 p 的数据 C,然后测量计算时间确定所选择的 C 是大于还是小于 p,如果 C 小于 p,那么将不会执行模运算,如果 C 大于 p,那么至少要执行一次减法运算。此外,如果 C 只是比 p 大一点儿,那么 $C\bmod p$ 的结果会非常接近于 0,这样在下一步的模幂运算中,将只执行很短的时间。攻击者通过不断地选择 C 调整 C 的大小,就可以得到最接近 p 和 q 的值。

虽然时间攻击确有严重威胁,但可采取以下简单有效的办法来防范。

① 常数取幂时间。保证所有取幂操作花费相同的时间。也就是说,取模操作和输入的数据以及密钥无关,无论根据输入或者密钥的比特位如何,子处理过程都花费相同的时钟周期。很明显,这会使得算法性能明显下降。

② 随机延迟。通过对取幂算法增加一个随机延时来迷惑定时攻击者,可以得到更好的性能。但是攻击者仍然可以通过收集更多的测量数据而攻击成功,如果防范方不增加足够的噪声。

③ 盲化。在进行取幂运算之前先用一个随机数与密文相乘,这就防止了攻击者了解正在处理的密文,因此防止了定时攻击的逐位分析。

盲化对防范时间攻击很有效并且实现起来比较简单，与硬件无关，是一种软件实现方式。

针对时间攻击的密文相乘随机数的盲化简单易行。RSA 私钥解密 $M=C^d \bmod n$，具体实现如下。

① 产生随机数 r，满足 $0<r<n-1$。

② $C'=C(r^e) \bmod n$，e 为公钥指数。

③ $M'=(C')^d \bmod n$。

④ 计算 r^{-1}，$r^{-1}r=1 \bmod n$。

⑤ $M=M'r^{-1} \bmod n$。

显然，$M=(C(r^e))^d r^{-1} \bmod n=C^d r^{ed} r^{-1} \bmod n=C^d r \cdot r^{-1} \bmod n=C^d \bmod n$，盲化操作的开销是 2%～10%。盲化操作对系统公钥加密解密运算性能影响还是比较大的。

对指数相乘随机数的盲化也能够防范时间攻击。RSA 解密实现如下。

① 产生随机数 r，满足 $0<r<n-1$。

② 计算 r^{-1}，$r^{-1}r=1 \bmod (p-1)(q-1)$。

③ $d'=r^{-1}d$。

④ $M'=C^{d'} \bmod n$。

⑤ $M=(M')^r \bmod n$。

这些步骤可以这样解释，最终计算到 $M=C^{r^{-1}d \cdot r} \bmod n$。设 $\phi(n)=(p-1)(q-1)$，于是设 $r \cdot r^{-1}=k\phi(n)+1$，则 $r \cdot d'=r \cdot r^{-1}d=(k\phi(n)+1)d$。设 $ed=m\phi(n)+1$，则 $C^d=(M^e)^{(n\phi(n)+1)d}=M^{ed(n\phi(n)+1)}=M^{(m\phi(n)+1)(n\phi(n)+1)}=M^{(mn\phi(n)+m+n)\phi(n)+1}=M^{(mn\phi(n)+m+n)\phi(n)} \cdot M$。欧拉定理可由此式得出：$M=C^d \bmod n$。

3. RSA 的能量攻击

能量攻击方法是 1998 年公开的新方法。目前主要有两种能量攻击方法：第一种方法叫做 SPA(Simple Power Analysis)；第二种方法叫做 DPA(Differential Power Analysis)。不同于物理攻击，SPA 和 DPA 攻击不破坏加密硬件设备，不需要知道加密硬件结构，这两种方法都是通过电源连线测量加密硬件每个时钟周期的能量消耗。SPA 和 DPA 对智能卡的攻击最为有效，同时也能够对其他密码设备进行有效的攻击，Kocher 称已经利用能量分析技术在实验室成功提取了 50 多种不同物理结构的加密设备的密钥。

以智能卡为例，每个指令，比如跳转、加法、移位等执行时需要不同的指令周期并且消耗不同的能量，因此 SPA 分析测量指令执行时的能量值，就可以在能量值图表上区分出这些指令，如图 2.3 所示。

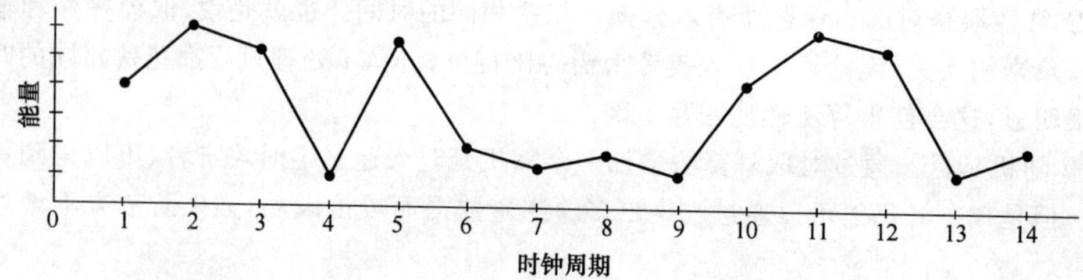

图 2.3　智能卡时钟周期能量消耗图

图 2.3 中,时钟周期 1～4 和 10～13 的能量值很相似,可以判断这是相同的指令操作。如果加解密运算的执行是以密钥的比特为顺序的,那么 SPA 分析就可以通过仔细查看能量图来得到密钥的每个比特值。已经证实,RSA 签名运算可以通过 SPA 分析获得。

DPA 是比 SPA 更为有效的攻击方式。如果噪声能量较大或者 SPA 测量的数据不足以分析出密钥,那么 SPA 就成为 DPA 的辅助。不同于 SPA 对指令能量值的分析,DPA 分析的是不同数据在指令执行时的能量消耗。

DPA 通过获取很多测量值的方法来解决指令执行能量消耗比噪声小的问题。例如,假设输入加密命令和明文到智能卡内得到密文,加密将对明文的每一个比特进行操作,可以选择明文的一个比特,将其从 0 改成 1,重新输入明文并加密,由于比特位的改变,使用到该比特的指令执行的能量消耗将会有微小的改变。但是这个能量值改变是如此的小,以至于由于噪声的影响使得在 SPA 的能量图上无法观察到该变化值。这时可以进行大量测量取平均值,比如将某比特位设为 0 测量 500 次,比特位设为 1 测量 500 次,然后比较两种情况的平均能量值图,就可以发现在哪里该比特位被使用到。当对两种平均能量值图取差做出新的能量值图后,用到该比特的执行指令将更加明显。如图 2.4 所示就是这样的能量值,图中选择的比特位在时钟周期 5、6 和 19 被用到。

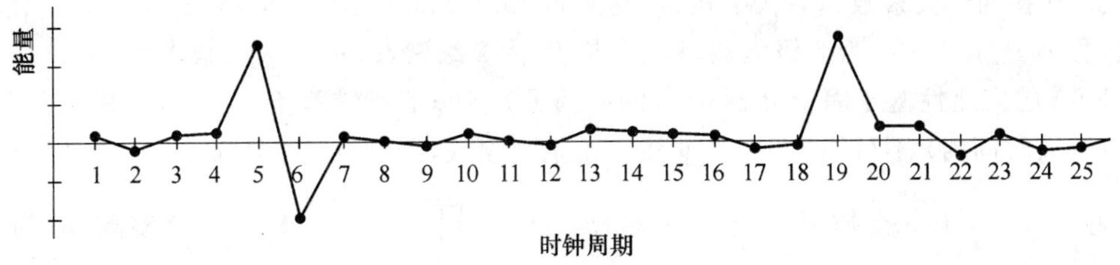

图 2.4　能量差值

能量攻击,尤其是 DPA 难以防范。目前已经提出防范方法如下。

① 盲化。盲化使得密钥随机化,攻击者即使观察解密操作的能量值,也不能通过统计分析得到密钥。

② 避免条件分支和秘密媒介。这种方法能掩盖很多 SPA 的特征。关键代码的软件实现不能够包含分支声明,同时也不能包含状态执行声明,例如 IF 语句。计算应该使用利用基本操作(如 AND、OR 和 XOR 操作)的函数,而不能使用分支和条件执行,即使只是代码的一部分也不行。这样,攻击者就非常难从时间和能量消耗猜出密钥。如果代码没有依赖于输入数据和密钥的分支和转移,那么对于不同的数据和密钥代码执行的顺序都一样,攻击者就无法判断密钥值。

③ 有专利的改进算法。这是对付 DPA 攻击最为有效的方法,它是在假设有信息泄露的前提下设计和实现的密码系统解决方案。已经有某些公司开发了即使电路有信息泄露仍旧安全的一些密码算法,这些算法包括 RSA、DES、DSA、Diffie-Hellman、ECC 等。

④ 能量消耗平衡。能耗平衡技术是基于硬件的设计,在伪寄存器和门电路上运行一些无用的操作,使得能耗处于常量。当硬件中一个正常的操作执行时,相应的能耗补偿操作同时在伪元件上执行,使得总的能耗保持在恒定值,这个恒值选择是能耗比较高的一个值。由于 SPA 和 DPA 不针对加密硬件内部测量,而是整体测量,因此利用能耗平衡技术,系统整

体的能耗不依赖于密钥比特和输入数据，于是能够防范所有的能量攻击方法。

⑤ 增加噪声。减小信号幅度，增加噪声将会增加DPA分析所需要的采样数量，如果采样数量增长到相当大，那么DPA就不可行。也可以通过调整执行时序来得到相同的效果。增加噪声可以通过增加随机计算来提高噪声水平，只要使得DPA攻击不可行就可以了，因此增加的随机计算有一个最小值的评估。

⑥ 物理保护。物理防护使得攻击变得不可行，但是明显地增加了加密设备的成本和尺寸。

上面针对SPA、DPA的防范方法中，①、②、③也是对于时间攻击的有效防范方法。

2.1.2 参数选择

RSA的算法描述公式虽然看起来很简单，但是，其中的参数选择非常重要，否则，所得的算法将不安全。各相关参数的选择可归纳如下。

1. 素数 p 和 q 应选择为强素数

素数 p 是强素数，意指它满足下面两个条件：

① 存在两个大素数 p_1 及 p_2，使得 $p_1 \mid p-1, p_2 \mid p+1$；

② 存在四个大素数 r_1, r_2, s_1 和 s_2，使得 $r_1 \mid p_1-1, s_1 \mid p_1+1, r_2 \mid p_2-1, s_2 \mid p_2+1$。

这里，称 r_1, r_2, s_1 和 s_2 为3级素数，称 p_1 及 p_2 为2级素数，称 p 为1级素数。

RSA的安全性基于因子分解，故 n 的质因子 p 和 q 必须选择恰当，以确保因子分解在计算上(有效时间内)不可能实现。若 p 和 q 不是强素数，则可通过下面的方法求出因子分解。

假设 $p-1$ 有 k 个质因子，且可写成 $p-1=\prod_{i=1}^{k} p_i^{a_i}$，其中 a_i 为非负整数，p_i 为素数，$i=1,2,\cdots,k$。因为 $p-1$ 的质因子 $p_1, p_2, \cdots, p_k$ 均很小，不妨设 $p_i < B$(B 为已知小整数)。令正整数 a, R 满足：$a \geqslant a_i, R=\prod_{i=1}^{k} p_i^{a}, p-1 \mid R$。因为 p 为素数，任取小于 p 的正整数 t，不妨设 $t=2$，由费尔马定理知，$2^R \equiv 1 \pmod p$。计算出 2^R 在模数 n 中的约化数 X($X \equiv 2^R \bmod n$)，若 $X=1$，则令 $t=3$，计算 X，直到 $X \neq 1$，则 $\gcd(X-1, n)=p$，即分解 n 成功。对于 q 同理。因此，若 p 和 q 不为强素数则可在有限时间内分解。

2. 素数 p 和 q 的位数差不能太小

若 p 和 q 的位数相差的不大，则可通过下面的方法分解 n。

设 $t=\frac{p+q}{2}, h=\frac{p-q}{2}$，由于 $(p-q)^2=(p+q)^2-4pq$，则 $t^2-h^2=n$。又由于 h 比较小，故可从大于 $\sqrt{n}$ 的整数依次尝试 t，并通过 $t=\frac{p+q}{2}, h=\sqrt{t^2-n}$ 计算 p 和 q。

3. 素数 p 和 q 的位数差不能太大

p 和 q 的位数又不能相差很大。若很大，则可通过尝试法从小的素数用依次实验的办法分解 n。因此 p 和 q 的位数相差不能大也不能小，一般是几比特。

4. 数 $p-1$ 和 $q-1$ 的最大公因数应很小

如果 $p-1$ 和 $q-1$ 的最大公因数很小，则Simmons和Norris证明了RSA可能在不需要分解因数 n 的情况下被破解，可以考虑下面的破解法(密文攻击法)。

设破密者获得密文 $C=M^e \bmod n$。破密者令 $C_1=C$，然后计算下列各式：

$$C_2=C_1^e \bmod N=(M^e)^e=M^{e^2} \bmod N$$
$$\vdots$$
$$C_i=C_{i-1}^e=M^{e^i} \bmod N$$

若 $e^i=1 \bmod \Phi(n)$，则 $C_i=M \bmod N$ 且 $e^{i+1}=e \bmod \Phi(n)$，$C_{i+1}=C_1=C \bmod N$。如果 i 很小，利用此攻击法可以获得明文 M。由欧拉定理可知 $i=\Phi((p-1)(q-1))$，若 $p-1$ 和 $q-1$ 的最大公因数很小，则可以避免此攻击法。

5. 素数 p 和 q 应大到使得分解因数 n 在计算上不可能

很明显，如果能分解因数 n，则 RSA 即能被破解，因此 p 和 q 的长度必须大到使分解因数 N 为计算上不可能。数学家估计分解 $x+10$ 位数的困难程度大约是分解 x 位数的 10 倍。以现在一般商业上应用而言，选择 N 为 512 位或 1 024 位。

6. 解密密钥 d 的选择

为了提高解密效率应尽可能选择小的 d，但是若 d 太小也有安全隐患。比如已知明文 m，加密后得密文 $c=m^e \bmod n$，我们可通过穷举 d 依次检验 $c^d=m \bmod n$ 是否成立。因此 d 不应选得太小，一般为 $d\geqslant n^{\frac{1}{4}}$。

7. 加密密钥 e 的选择

e 应满足它的阶尽可能大，并且本身不能太小。对于明文 m，密文 $c= m^e \bmod n$，若 e 选得较小，且 $m^e<n$，可直接将 c 开 e 次方得到明文 m。一般情况下，选择 e 为 16 位的素数，既可以加快加密运算，又能避免低指数攻击。

另外，e 应选择使其在 $\Phi(n)$ 中的序为最大，即 $e^i=1 \bmod \Phi(n)$ 中最小的 i 为 $(p-1)(q-1)/2$。

8. 模数 n 的使用限制

对于给定的模数 n，满足 $e_id_i\equiv 1(\bmod n)$ 的加、解密密钥对 (e_i,d_i) 很多，因此有人建议在通信中用同一个参数 n 以节约存储空间。但可证明这对于系统来说是有安全隐患的。实际上，假设密钥对 (e_i,d_i)，(e_j,d_j) 是同一参数 n 的两个不同参数队，当 $(e_i,e_j)=1$ 时，对于同一明文 m 分别加密得密文 $c_i=m^{e_i} \bmod n$，$c_j=m^{e_j} \bmod n$。由欧几里德算法知，必然存在整数 t 和 s，满足 $te_i+se_j=1$，因此有 $c_i^tc_j^s=m^{te_i}m^{se_j}=m^{te_i+se_j}\equiv m \bmod n$。

在建立 RSA 密码体制时，产生大的随机素数是必要而且很重要的。在讨论素数的生成理论之前，我们先解决如下的一些问题。

① 如果每个人都需要一个不同的素数，那么素数是否足够用？在数论中有一个著名的素数定理表明，对于正整数 N，不超过 N 的素数数目大约为 $N/\ln N$。也就是大小为 N 的数，小于它且是素数的概率约为 $1/\ln N$。事实上，在长度为 512 位或略短一些的数中，有超过 10 个素数，因此，素数的个数足够使用。

② 是否会有两个人偶然地选择了同样的素数？这种情况是几乎不会发生的。实际上，从超过 10 个素数中选择相同素数的可能性完全可以忽略不计。

③ 如果有人建立庞大的素数数据库，难道他不能用这个数据库来破译公开密钥算法？不会的。因为，实际使用的任何庞大数据库在 10^{151} 面前都显得微不足道。

如何生成大素数呢？如果随机产生一个数 n，然后试着分解它，以确定是否为素数，这是一种错误的方法。正确的方法是对产生的随机数进行素性检查，用可信度来测试一个数是否是素数。现在描述一种简单的素数测试算法。

【定义】 一个 YES-biased Monte Carlo 算法对一个判定问题来说是一个概率算法,其中“YES”回答是正确的,而“NO”回答则有可能不正确。一个 NO-biased Monte Carlo 算法有一个错误概率 ε,如果在一个实例中应回答是“YES”,算法给出一个“NO”(不正确)的概率至多为 ε(当算法以给定的输入运行时,关于该算法所作的所有可能的随机选择来计算此概率)。

下框中描述了一个合数的判定问题:

条件:一个正整数和 $n\geqslant 2$。 问题:n 是合数吗?

注意,一个判定问题的算法仅需回答“YES”或“NO”,因此,对于合数问题,在 n 是合数的情况下我们不需找到它的分解。

下面将要描述的 Solovay-strassen 算法就是一个错误概率为 1/2 的合数的 YES-biased Monte Carlo 算法。因此如果算法回答“YES”,那么 n 是合数;如果 n 是合数,那么回答“YES”的概率至少为 1/2。在进一步论述算法之前需要阐述一些数论背景。

【定义】 二次剩余:如果 p 是素数,且 a 小于 p,如果至少存在一个 $x\in[1,p-1]$满足 $x^2\equiv a(\bmod p)$,则称 a 是模 p 的二次剩余。

【定义】 勒让德符号:设 p 是一奇素数,对任何 $a\geqslant 0$,定义勒让德符号 $L(a,p)$为

$$L(a,p)=\begin{cases}0 & \text{如果 } a\equiv 0(\bmod p)\\ 1 & \text{如果 } a \text{ 是模 } p \text{ 的二次剩余}\\ -1 & \text{如果 } a \text{ 是 } p \text{ 的非二次剩余}\end{cases}$$

为了得到一种计算勒让德符号的有效算法,下面将介绍欧拉准则。

【欧拉准则】 设 p 是素数,那么 x 是模 p 的二次剩余当且仅当

$$x^{(p-1)/2}\equiv 1(\bmod p)。$$

我们已经看到 $a^{(p-1)/2}\equiv 1(\bmod p)$当且仅当 a 是模 p 的二次剩余。如果 a 是 p 的倍数,那么显然有 $a^{(p-1)/2}\equiv 0(\bmod p)$;如果 a 是 p 的非二次剩余,因为 $a^{p-1}\equiv 1(\bmod p)$,所以 $a^{(p-1)/2}\equiv -1(\bmod p)$。因此提供了一种计算勒让德符号的有效算法。

【推论】 假设 p 是素数,那么 $L(a,p)\equiv a^{(p-1)/2}(\bmod p)$。

我们在下面进一步地定义勒让德符号的一般形式。

【定义】 雅可比符号:记作 $J(a,n)$,是勒让德符号的一般化表示,它定义在任意正整数 a 和奇整数 n 上。设 n 的素数因子分解式为 $p_1^{e_1}\cdots p_k^{e_k}$,则

$$J(a,n)=L(a,p_1)^{e_1}\times\cdots\times L(a,p_k)^{e_k}$$

由定义可得雅可比符号在计算中的几种特殊情况如下所述。

① 雅可比符号 $J(0,n)=0$。

② 如果 n 是素数,且 n 能整除 a,那么雅可比符号 $J(a,n)=0$。

③ 如果 n 是素数,且 a 是模 n 的一个二次剩余,那么雅可比符号 $J(a,n)=1$。

④ 如果 n 是素数,且 a 是模 n 的一个非二次剩余,那么雅可比符号 $J(a,n)=-1$。

如下规则给出的雅可比符号递归算法可以帮助我们方便地计算雅可比符号。

① $J(1,n)=1$。

② $J(a\times b,n)=J(a,n)\times J(b,n)$，特别是，当 $m=2^k t$ 时，这里的 t 是奇数，有 $J(m,n)=J(2,n)^k J(t,n)$。

③ 如果 $(n^2-1)/8$ 是偶数，那么 $J(2,n)=1$，否则为 -1。

④ $J(a,n)=J((a \bmod n),n)$。

⑤ $J(a,b_1\times b_2)=J(a,b_1)(J(a,b_2)$。

⑤ 如果 a 和 b 都是奇数，且它们的最大公因子是 1，那么：

- $J(a,b)=J(b,a)$，如果 $(a-1)(b-1)/4$ 是偶数；
- $J(a,b)=-J(b,a)$，如果 $(a-1)(b-1)/4$ 是奇数。

Solovay-strassen 素性测试算法如图 2.5 所示。

1. 选择一随机整数 a，满足 $a\in[1,\ n-1]$；

2. 如果 $J(a,\ n)=a^{(n-1)/2} \bmod n$，则回答“$n$是素数”；否则，回答“$n$是合数”。

图 2.5　奇整数 n 的 Solovay-strassen 素性测试

如果运行 Solovay-strassen 素性测试算法 m 次仍判定数 n 是素数，那么相信 n 真是素数的概率究竟有多大呢？我们将用概率论中的贝叶斯定理来说明这个问题。

首先定义随机变量：a 表示事件“一个规定尺寸的随机奇数 n 是合数”；b 表示事件“算法连续 m 次后仍回答 n 是素数”；则我们要求的问题是估算出 $\text{Prob}(a|b)$ 的大小。

设 $n\in[N,2N]$，根据素数定理可得介于 N 与 $2N$ 之间的素数的数目大约为

$$\frac{2N}{\ln 2N}-\frac{N}{\ln N}\approx\frac{N}{\ln N}\approx\frac{n}{\ln n}$$

又因为 $[N,2N]$ 内的奇整数的数目为 $N/2\approx n/2$，所以可估计事件 a 发生的概率为

$$\text{Prob}(a)\approx 1-\frac{n}{\ln n}\Big/\frac{n}{2}=1-\frac{2}{\ln n}$$

由贝叶斯定理得

$$\begin{aligned}\text{Prob}(a|b)&=\frac{\text{Prob}(a)\text{Prob}(b|a)}{\text{Prob}(b)}\\&=\frac{\text{Prob}(a)\text{Prob}(b|a)}{\text{Prob}(a)\text{Prob}(b|a)+\text{Prob}(a')\text{Prob}(b|a')}\\&\approx\frac{\text{Prob}(b|a)\left(1-\dfrac{2}{\ln n}\right)}{\text{Prob}(b|a)\left(1-\dfrac{2}{\ln n}\right)+\dfrac{2}{\ln n}}\\&=\frac{\text{Prob}(b|a)(\ln n-2)}{\text{Prob}(b|a)(\ln n-2)+2}\\&\leqslant\frac{2^{-m}(\ln n-2)}{2^{-m}(\ln n-2)+2}\\&=\frac{\ln n-2}{\ln n-2+2^{m+1}}\end{aligned}$$

其中，a' 代表 a 的补事件。

换句话说，在“Solovay-strassen 素性测试算法连续 m 次后仍回答 n 是素数”的条件下，

"n 是合数"的概率几乎为零。

除了上述 Solovay-strassen 素性测试算法之外,还有别的素性测试算法,比如,Miller-Rabin 的概率式素数测试法。该算法的输入是一个奇数,输出为两种状态 Yes 或 No 之一。若输入奇数 n,而输出为 No,则表示 n 一定是合数;若输出为 Yes,则表示 n 是素数的概率为 $1-e$,其中 e 为此素数测试法中可控制的任意小数,但不为 0。

Miller-Rabin 概率式测试法的具体描述如下。

令输入 n 为正奇数,并且 $n=2^s t+1$,其中 $s\geqslant 1$,且 t 为奇数。

① 任选一个正整数 a,并测试 a 是否满足:

- $a^t \neq 1 \bmod n$;
- $a^{2^j t} \neq -1 \bmod n, 0\leqslant j\leqslant s-1$。

若 a 满足上述两个条件,则 n 必为合数(根据费马定理),否则,称 n 通过一次测试,即 n 可能为素数。

② 重复步骤①,任意选择不同的 a 共 k 次,进行测试。

理论上证明,若 n 不是素数,但能通过上述测试(共 k 次步骤①)的概率小于 $(1/4)^k$。选择 k 就能控制此概率测试法中的 e。当 $k=50$,且 n 能通过上述测试时,则 n 为上述的概率为 $1-2^{-100}$。但由于其中要利用大的指数运算,因此运算量较大。

2.1.3 软件实现

由于 RSA 算法主要是进行大数的模指数计算,而为了确保安全强度,e、d 等参数均为 500 位以上的大素数,因此必须解决几百位二进制数的加、减、乘、除、求余和幂运算等基本运算。

在实际实现中,常常使用 C++ 语言进行编程,为此首先需要构造一个 LongWord 类,将大数的各种基本运算都封装在 LongWord 类中,并将类的加、减、乘、除等运算操作符进行重载,这使得大数的基本运算在表示上与一般的数学表达式一样,从而提高程序的可读性。LongWord 类是 RSA 算法中的核心运算类,它的效率直接影响 RSA 算法的运算速度。RSA 类则可封装 RSA 公钥密码体制所需的各个函数,如产生指定位数的两组密钥的函数,进行公钥加密的函数、公钥解密函数、私钥加密函数、私钥解密函数等。

此处约定 RSA 算法的各个接口函数均与 PKCS#1(RSA 加密标准)一致,公钥、私钥的数据结构都与 PKCS#1 标准保持相同。实现程序应该保持较好的可移植性,可直接在 PC 机上的 BC3.1 和 VC5.0 中编译使用,也可在工作站上用 gcc 编译后运行。

1. 大数的基本运算

(1) 字符串数组与整数数组的转换

根据 PKCS#1 标准,加密明文和密钥、公钥都以字符串数组的形式输入和输出,而在运算内部,为充分利用计算机的运算能力,这些字符串数组都应转换成以计算机字长为单元的整数数组。为处理方便,整数数组的高单元保存大数的高位,低单元保存大数的低位,单元内部存放顺序与计算机种类有关。由于整数数组的单元字长与计算机字长一样,所以可以一次处理尽可能多的数据。一般以 32 位为一个单元。

(2) 加法

加法是重载了大数的加法操作符,将两个整数数组从低到高逐次相加,若其中产生加法溢出,则用 carry 保存进位,并加入下一单元。由于标准 C 语言中没有提供加法进位标志,因此连续加的效率比用汇编语言低得多。512 位的大数相加需要进行 32 次 32 位的加法。

(3) 减法

减法与加法类似,将两个整数数组从低到高逐次相减,用 carry 表示出现借位。减法中假设减数小于被减数,即不处理最后的借位。

(4) 乘法

两个大数的乘法是决定 RSA 运算速度的重要因素之一,因为 RSA 算法的模指数运算最终都分解成乘法运算和求模运算,每次 RSA 加密有 600 次左右的大数相乘。

虽然现在有不少乘法的快速算法,如快速傅立叶变换等,但这些算法在实现上都比较复杂,算法所用的乘法次数虽少,复杂的结构却使得实际运算速度并没有太大优势。

本书的乘法采用简单的直接相乘法,即将数组的各个单元对应相乘,乘法次数与数组的长度 n 的平方成正比。因为标准 C 语言中没有提供 64 位的整数数据类型,因此无法直接进行 32 位的乘法,必须将一个 32 位的乘法分解成 4 次 16 位的乘法,再将结果组合起来,放入两个 32 位的整型结构中。其实在计算机中已经提供 32 位的乘法,因此如果用汇编语言或 32 位的编辑器(如 VC5.0 等)可以使运算速度加倍。

若求 $a=b\times c$,则算法的具体过程如下。

① 判断两个乘数是否为 0,若有一个为 0,则返回 0;

② 令 $i=0$;

③ 若 i 大于等于 b 的长度,则转第⑨步;

④ 令 $j=0$,若 j 不小于 c 的长度,则转第⑧步;

⑤ 调用 32 位乘法子函数求 b.data[i] * c.data[j];

⑥ 把结果加到 b.data[i+j]和 c.data[i+j+1];

⑦ j++,转第④步;

⑧ i++,转第③步;

⑨ 统计乘积的长度;

⑩ 返回计算结果。

在实现 RSA 算法过程中,加密和解密计算中大部分大数相乘都是与自己相乘,即求平方,而在求平方的乘法中,有将近一半的计算是重复的,因此当检查到所作的乘法是求平方时,采用以下的算法。

① $i=0$;

② 若 i 大于等于 b 的长度,则转第⑥步;

③ 求 b.data[i] * c.data[i];

④ 结果保存到 a.data[i]和 a.data[i+1];

⑤ i++,转第②步,即求

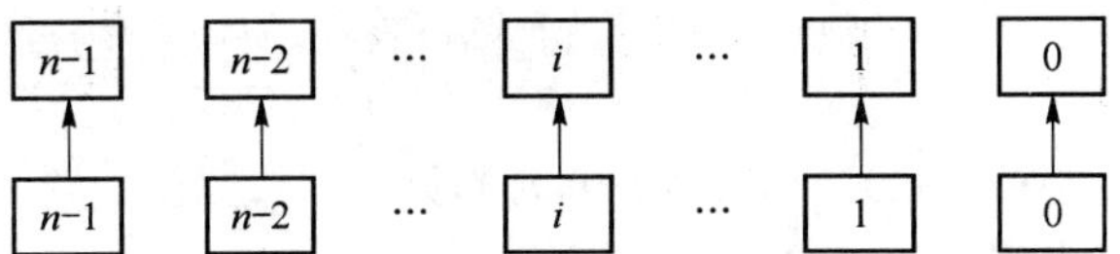

⑥ $i=1$;

⑦ 若 i 大于等于 b 的长度,则转第⑥步;

⑧ 令 $j=i$,若 j 不小于 c 的长度,则转第⑮步;

⑨ 调用32位乘法子函数求 b.data[i] * c.data[j];

⑩ 把结果加到 temp.data[j-i]和 temp.data[j-i+1];

⑪ j++,转第4步,即求

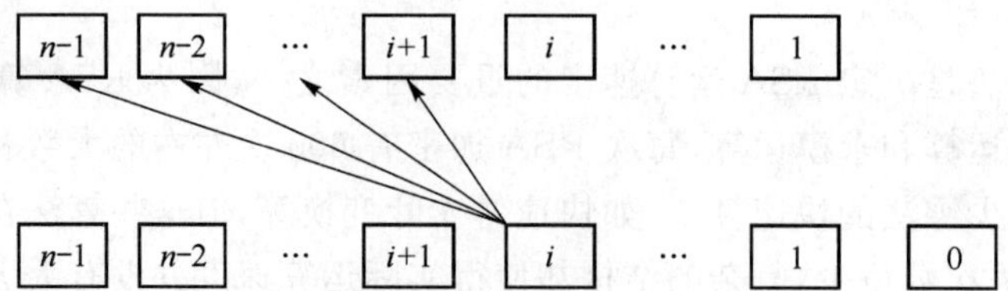

⑫ j++,转第⑧步;

⑬ temp=temp≪1,即所得的乘积再乘以2;

⑭ $a=a+\text{temp}$;

⑮ i++,转第⑦步;

⑯ 计算 a 的实际长度;

⑰ 返回计算结果 a。

采用上述方法,可以使乘法次数减少约50%。

(5) 除法

大数的除法也是RSA算法运算速度的决定性因素之一,而且它比乘法复杂,一次除法运算的时间大约是乘法的两倍。对于除法还没有找到更快的算法。

设整数数组 $u=(u_1,u_2,\cdots,u_{m+n})$ 和 $v=(v_1,v_2,\cdots,v_n)$,其中 $u_1\neq 0$ 并且 $n>1$,u_1、v_1 的权值最高。求:$q=u/v$,$r=u\%v$。

具体步骤如下。

① 规格化。

- 查找 v 的最高非0比特位,将 v 左移 d 位,直到 v 的最高非0比特位为1,即 v_1 的最高位为1;
- 令 $(u_0,u_1,u_2,\cdots,u_{m+n})$ 等于 $(u_1,u_2,\cdots,u_{m+n})$ 左移 d 位。

② 初始化。置 $i=0$。

③ 计算 q。

- 如果 $u_i=v_1$,则令 $q=0\text{xFFFFFFFF}$;
- 如果 $v_1=0\text{xFFFFFFFF}$,则 $q=u_i$;
- 如果都不是,则 $q=\lfloor(u_ib+u_{i+1})/(v_1+1)\rfloor$,其中 $b=0\text{x}00000000$,"$\lfloor\ \rfloor$"表示向下求整。

④ 乘和减。

令 $(u_i,u_{i+1},\cdots,u_{i+n})=(u_i,u_{i+1},\cdots,u_{i+n})-(v_1,v_2,\cdots,v_n)\times q$。

⑤ 测试余数。

如果 $u\neq 0$ 或 $(u_{i+1},\cdots,u_{i+n})>(v_1,v_2,\cdots,v_n)$,则

$$(u_i,u_{i+1},\cdots,u_{i+n})=(u_i,u_{i+1},\cdots,u_{i+n})-(v_1,v_2,\cdots,v_n)$$

$$q=q+1$$

继续测试；否则，转下一步。

⑥ 保存所得的部分商 q，即 $q_i = q$。

⑦ 对 i 进行循环。

$i = i + 1$，如果 $i \leqslant m$，则返回第③步。

⑧ 还原。

现在所得的 $(q_0, q_1, q_2, \cdots, q_m)$ 就是所求的商，余数 r 等于 $(u_{m+1}, u_{m+2}, \cdots, u_{m+n})$ 右移 d 位。

⑨ 统计商和余数的实际长度。

由于 v_1 的最高位为 1，因此在求 q 时，由式子 $\lfloor (u_i b + u_{i+1})/(v_1 + 1) \rfloor$ 所得的值与实际值相差不大，在测试余数时，一般只需再进行 1 至 3 次减法即可得到正确的商。

(6) 模指数的运算

RSA 算法中最主要的运算就是模指数运算，即求 $a = b^e \bmod d$，其中 a、b、e、d 都是数百位的大数。

在求幂时，采用分组的二进制方法，即将指数 e 用二进制表示，以 4 比特为一组，从左到右(从高位到低位)进行分组，并且每一组的最高位为 1，这样每组之间可能有多个 0，如下所示。

$$\text{MSB: } E = \underbrace{1\ 0\ 0\ 1}_{e_1=9}\ 0\ \underbrace{1\ 1\ 0\ 0}_{e_2=10}\ 0\ 0\ \underbrace{1\ 1\ 0\ 1}_{e_3=11}$$

算法的具体过程如下。

① 求出从 b^2 到 b^{15} 的值。

② 指数 e 进行初始化。

③ 从左到右取 e 的一个比特，如果为 0，则转第④步，如果为 1，则转第⑤步。

④ 计算 $a = a \times a \bmod d$，转第③步。

⑤ 重复计算 $a = a \times a \bmod d$，计算 4 次，再连续取 3 个比特，令 e 等于这 4 个比特所组成的值，计算 $a = a \times b^e \bmod d$，其中 b^e 已经预先算出，转第③步。

⑥ 所有比特取完，返回结果 a。

(7) 64 位整数的除法

在 RSA 的除法过程中，必须用到 64 位整数对 32 位整数的除法，但在 ANSI C 中，没有提供 64 位的数据类型，因此需将它们分解成 32 位对 16 位的除法，这是比较棘手的问题。在以下的算法中，假设被除数的高 32 位不为 0，并且为了减少算法中的循环次数，除数的高 16 位应不为 0，最好最高位为 1。

若被除数为数组 $t[2]$，高位在 $t[1]$，低位在 $t[0]$，除数为 c，则算法的大概步骤如下。

① 将除数 c 分解为 16 位的 cHigh 和 cLow。

② 计算 aHigh。

若 cHigh 的所有位为 1，则 aHigh 等于 $t[1]$ 的高 16 位，否则 aHigh 等于 $t[1]$ 除以 (cHigh+1)。

③ 计算 32 位的 u，v。

$u = \text{aHigh} \times \text{cLow}$，

$v = \text{aHigh} \times \text{cHigh}$。

④ 修正 $t[1]$和 $t[0]$。

• 从 $t[0]$的高 16 位中减去 u 的低 16 位;

• 从 $t[1]$的低 16 位中减去 u 的高 16 位,再减去 v。

⑤ 修正 aHigh。

若 $t[1]$大于 cHigh,或者 $t[1]$等于 cHigh 且 $t[0]$的高 16 位大于 cLow,则从 $t[0]$的高 16 位中减去 cLow,从 $t[1]$中减去 cLow,aLow 加 1,继续修正。

⑥ 计算 aLow。

若 cHigh 的所有位为 1,则 aLow 等于 $t[1]$的低 16 位,否则 aLow 等于 64 位的中间 32 位除以(cHigh+1)。

⑦ 计算 32 位的 u,v。

u=aLow×cLow,

v=aLow×cHigh。

⑧ 修正 $t[1]$和 $t[0]$。

• 从 $t[0]$的低 6 位减去 u,再从高 16 位中减去 v 的低 16 位;

• 从 $t[1]$的低 16 位中减去 v 的高 16 位。

⑨ 修正 aHigh。

若 $t[1]$大于 0,或者 $t[1]$等于 0 且 $t[0]$大于除数 c,则从 $t[0]$中减去除数 c,从 $t[1]$中减去 1,aLow 加 1,继续修正。

⑩ 组合。

此时 aHigh 为商的高 16 位,aLow 为低 16 位,$t[0]$为余数。

为了软件实现 RSA 算法,除了上述各种基本运算之外,还有许多其他运算需要考虑,比如:大数的赋值、比较大小、左右移位等函数,但这些函数实现起来相对比较简单,在这里就不一一说明了。

2. RSA 密钥的产生

我们产生的密钥形式与 RSA 加密标准中的密钥形式一致,在私钥中保留 p 和 q 来加快解密运算,公钥中的 e 取 3 或 65 537(根据 X.509)。

密钥产生的步骤如下。

① 找出两个任意的大素数 p 和 q,其中 p 和 q 的长度和为密钥长度,且 $p>q$,p、q 的长度不等。

② 令公钥和私钥中的模 $n=pq$。

③ 根据要求,公钥的幂指数 e 取 3 或 65 537,这样 e 必与 n 互素,因为 e 也是素数。

④ 计算 $\phi(n)=(p-1)(q-1)$。

⑤ 求私钥中的幂指数 d。d 是 e 关于 n 的逆元素,即 $ed=1 \bmod n$。

⑥ 计算私钥中的几个辅助指数 dP 、dQ、qInv。其中,dP=$d \bmod p-1$;dQ=$d \bmod q-1$;qInv=q^{-1} mod p,即使得 q * qInv=1 mod p。

⑦ 将所得的公钥和私钥中的整数数组转换成字符串。

3. RSA 的加密变换

RSA 的加密过程包括公钥加密和私钥加密,根据 PKCS#1 标准,加密过程包括以下 4 步。

① 明文块的格式化；

② 从字符串到整型数组转换(Decode)；

③ RSA 加密运算；

④ 从整型数组到字符串转换(Encode)。

明文块的格式为

$$00 \parallel BT \parallel PS \parallel 00 \parallel D$$

其中，BT 是块类型，长度为 1 个字节，在这里为 01 或 02(不使用 00 型)；PS 是填充字段，长度不定；D 是要加密的数据段，长度小于密钥长度 $n-3$；第一个字节为 0，作用是使加密块转换后相应的数小于密钥的模；D 前面的字节为 0，是 PS 与 D 的分隔字节，可以用来确定数据段的实际长度。

在进行公钥加密时，BT 类型为 02，如果 D 的长度小于密钥长度减 3，则 PS 字段按标准应该用随机数进行填充，但由于在标准中涉及 MD5 算法，因此在函数中暂时用固定值填充。用随机数进行填充是为了防止别人用明文穷举法来攻击。在进行公钥加密时，每次填充的随机数应当都是独立的，特别是当同一明文进行多次加密时。

在进行私钥加密时(主要是数字签名)，BT 类型为 01，如果 D 的长度小于密钥长度减 3，则 PS 字段用值 0xFF 进行填充。

在 PKCS#1 标准中，PS 字段的长度至少为 8 个字节，而在这里至少可以是 0 个字节，这样有可能会使保密性减弱。

具体的加密过程如下。

① 求密钥的长度 modulus，modulus 应小于规定的最大值。

② 密文长度 len 应小于 modulus－3。

③ 格式化明文块。

④ 将加密块和密钥(n，e 或 d)从字符串向整数数组转换。

⑤ 进行 RSA 运算：$a=b^e \bmod n$ (公钥加密)，或 $a=b^d \bmod n$ (私钥加密)。

⑥ 计算加密后的长度，将加密块转换成字符串。

(7) 清除遗留下来的敏感信息。

4. RSA 的解密变换

RSA 系统的解密过程包括公钥解密和私钥解密，分别对应于私钥加密和公钥加密，解密过程也包括以下 4 个步骤。

① 字符串到整数数组的转换；

② RSA 解密运算；

③ 整数数组到字符串转换；

④ 解释解密块。

在 RSA 的私钥解密运算中，由于使用了辅助数 q、p、dP、dQ 和 qInv，使得解密速度比只用解密指数 d 有了很大提高。

当只用 d 时，解密运算为

$$\text{dest}=\text{source}^d \bmod n$$

当用 p 和 q 时，解密运算为

① 令 cP＝source mod p，cQ＝source mod q；

② 求 $mP=cP^{dP} \bmod p$，$mQ=cQ^{dQ} \bmod q$；

③ 根据中国剩余定理，有

$$dest=((((mP - mQ) \bmod p) * qInv) \bmod p) * q+mQ。$$

因为 p 和 q 的长度是 d 的一半，所以虽然进行了两次模指数运算，但其中所需的计算量仍然比只用 d 少得多。

进行公钥解密时，解密运算为

$$dest=source^e \bmod n$$

RSA 系统的具体解密过程如下。

① 求密钥的长度 modulus；

② 输入加密块的长度 len 应小于 modulus；

③ 将加密块和密钥从字符串转换到整数数组；

④ 进行 RSA 解密运算；

⑤ 检查解密块的类型标志是否合理(01 或 02)，根据块头找出数据块的起始位置，将数据提取出来；

⑥ 返回解密后的数据。

5. RSA 与对称密码混合使用

RSA 公钥密码体制作为迄今为止理论上最为成熟完善的一种公钥密码体制得到了广泛的应用。在安全电子邮件的完善保密方案(PGP)、Netscape Navigator 的 SSL 中都用到了 RSA 系统。由于 RSA 系统可用来进行数组签名，并具有较高的安全性，因此它在商业密码通信系统中也得到了广泛应用。

但由于 RSA 算法的运算量很大，加解密速度比 DES、AES 等对称加密算法的速度慢很多，因此不适用于纯数据加密，一般都将 RSA 算法和 AES、DES、IDEA 等算法混合使用，即用 AES、DES、IDEA 等算法进行数据加密，用 RSA 算法传送密钥，这样就可以将两者的优点结合起来。具体说来，主要步骤如下。

① 首先由发方 A 作成用于对明文 m 进行加、解密的 AES 密钥 K。为保证密码体制的安全性和实现密钥管理的简单化，加密数据用的密钥 K 最好只使用一次；

② 用收方 B 的 RSA 密码体制的公开密钥 Ke 对密钥 K 进行加密，然后将加密后的密钥 C_K 传送给收方 B；

③ 收方 B 用他的私有密钥 Kd 对 C_K 进行解密，得到 AES 算法的密钥 K；

④ 发方 A 在证实收方 B 正确无误地收到密钥 K 后，通过 AES 算法使用密钥 K 对明文 m 进行加密，并传送密文 C；

⑤ 收方 B 利用在第(3)步取得的密钥 K 对密文 C 进行解密得到明文 m；

⑥ 最后，收方和发方都消去密钥 K。

这样，由于把对称密码体制和 RSA 公钥体制组合起来使用，所以具有如下优点。

① 由于用 RSA 公钥体制加密和传送用于数据通信的 AES 算法的密钥，所以不需要在通信前进行密钥的秘密发送。

② 密钥的保密管理和 RSA 公钥体制情形相同，只用对一个私有密钥进行保密管理。

③ 加、解密的处理速度大体与 AES 算法相同。由于速度慢的 RSA 算法所处理的仅仅是 AES 算法的密钥，所以如果通信数据很长，利用 RSA 算法的处理时间可以忽略不计。

④ 由于利用 RSA 公钥体制发送密钥，所以也可以利用它来进行数字签名。

⑤ 可以做到数据加密的"一次一密"。

2.1.4　加速算法

RSA 的加密和解密算法都是大数的模指数运算，在实际应用中，为了安全，模数 n 的长度一般大于等于 1 024 比特，而且，要求生成 n 的大素数 p 和 q 是等长的。由于大数模幂运算要用到大量的乘法和除法，而乘法和除法是十分耗时的运算，因此，RSA 运算的强度很大，速度很慢。比如，与 AES 相比，用硬件实现的 RSA 比 AES 慢 1 000 倍；用软件实现的 RSA 比 AES 慢 100 倍。为了加速 RSA 算法，通常需要采用各种快速计算算法。目前的主要软件加速算法包括求最大公约数、求模逆元、模幂运算（有二元法、m-ary 法、自适应 m-ary 法，加法链和向量加法链、建表法等等）、模乘运算（大数乘法算法、平方算法、FFT-based 乘法算法、求余数算法、Blakley 方法以及著名的 Montgomery 方法等）和中国剩余定理等。特别地，计算大数的模指数运算的快速算法中以 Montgomery 算法最突出；在做 RSA 的解密运算时，中国剩余定理的效率最高。下面对有代表性的软件加速算法进行简要介绍。

1. 求最大公约数的加速算法

欧几里德算法（又称辗转相除法）是求最大公约数的经典算法，它的数学基础是如下定理。

【定理】 对任何非负整数 a 和非负整数 b 都成立 $\gcd(a,b)=\gcd(b,a \bmod b)$。

欧几里德算法如下。

Input：整数 $a>b\geqslant 0$。

Output：a 和 b 的最大公约数。

① if $b=0$, $\gcd=a$, goto 3

② $r=a \bmod b$, $a=b$, $b=r$, goto 1

③ return a

2. 求模逆元

如果正整数 d 和 f 互素，那么 d 有一个模 f 的乘法逆元，即对于小于 f 的正整数 d，存在一个小于 f 的整数 d^{-1}，使得 $dd^{-1}=1 \bmod f$。d^{-1} 也称为 d 的模逆元。利用扩展欧几里德算法能够计算出 d 的模逆元。

扩展欧几里德算法如下。

Input：整数 $m>u\geqslant 0$，$\gcd(m,u)=1$。

Output：u 的模逆元。

① $n_1=m, n_2=u, b_1=0, b_2=1$

② 求 q, r 使得 $n_1=qn_2+r$

③ if $r\neq 0$ 则 $n_1=n_2, n_2=r, t=b_2, b_2=b_1-qb_2, b_1=t$，转 2

④ if $n_2\neq 1$ 则 u^{-1} 不存在，return；

⑤ if $b_2<0$ 则 $b_2=b_2+m$

⑥ $u^{-1}=b_2$, return u^{-1}

3. 模幂运算

模幂运算，即计算

$$C = M^E \bmod n。$$

其主要算法有二元法、m-ary 法、自适应 m-ary 法、加法链和向量加法链、建表法等。将指数 E 表示为二进制,即

$$E = (e_{k-1}e_{k-2}\cdots e_1 e_0) = \sum_{i=0}^{k-1} e_i 2^i$$

二元法:

Input:M,E,n。

Output:$C=M^E \pmod n$。

① if $e_k-1=1$ then $C=M$ else $C=1$

② for $i=k-2$ downto 0

  2a. $C=C\cdot C \pmod n$

  2b. if $e_i=1$ then $C=C\cdot M \pmod n$

③ return C

设指数 $E=(e_{n-1}e_{n-2}\cdots e_1 e_0)$是二进制表示,并且被分成长度为 d 的 k 个字。如果 d 不能整除 n,那么最多给指数 E 的高位添加 $d-1$ 个 0。由此,我们定义

$$F_i = (e_{\text{id}+d-1}e_{\text{id}+d-2}\cdots e_{\text{id}}) = \sum_{j=0}^{d-1} e_{\text{id}+j} 2^j$$

m-ary 法:

Input:M,e,n。

Output:$C=M^e \pmod n$。

① 计算并存储 $M^w \pmod n$对于所有 $w=2,3,4,\cdots,2^d-1$

② 分解 E 为 d-bit 字 F_i 对于 $i=0,1,2,\cdots,k-1$

③ $C=M^{F_{k-1}} \bmod n$

④ for $i=k-2$ downto 0

  4a. $C=C^{2^d} \bmod n$

  4b. if $F_i\neq 0$ then $C=C\cdot M^{F_i} \bmod n$

⑤ return C

将指数 E 从最低比特开始划分为零窗口和非零窗口,每个非零窗口从比特 1 开始,最长为 d 比特,零窗口长度不限,到下一个非零窗口为止。如果每个非零窗口都是固定长度 d,则称为固定长度非零窗口(CLNW);非零窗口长度可以从 1 到 d,则称为可变长度非零窗口(VLNW)。

滑动窗口法如下。

Input:M,E,n。

Output:$C=M^E \bmod n$。

① 计算并存储 $M^w \pmod n$对于所有 $w=3,5,7,\cdots,2^d-1$

② 分解 E 为零窗口和非零窗口 F_i 长度为 $L(F_i)$,对于 $i=0,1,2,\cdots,k-1$

③ $C=M^{F_{k-1}} \bmod n$

④ for $i=k-2$ downto 0

  4a. $C=C^{2^{L(F_i)}} \bmod n$

4b. if $F_i \neq 0$ then $C = C \cdot M^{F_i} \bmod n$

⑤ return C

4. 模乘运算

模乘运算即计算 $R = a \cdot b \pmod n$，可以通过下面 3 种方法来计算 R。

(1) 相乘然后求余

① 首先相乘 $t = a \cdot b$ 于是 t 为 $2k$-bit

② 然后计算 $R = t \bmod n$ 结果是 k-bit

③ 模计算用除法，由于不关心商只要余数，除法可以简化。

(2) Blakley 算法

在相乘过程中插入求余步骤。

(3) Montgomery 算法

这个算法使用模 2^j 算法。

Montgomery 算法如下。

给定整数 $a < n$，定义对 r 的模 n 的余(n-residue)为

$$\bar{a} = a \cdot r \bmod n$$

function Monpro($\bar{a}, \bar{b}$)

Input：$\bar{a}, \bar{b}, n$。

Output：$u = \bar{a} \cdot \bar{b} \cdot r^{-1} \bmod n$。

① $t = \bar{a} \cdot \bar{b}$

② $m = t \cdot n' \bmod r$

③ $u = (t + m \cdot n)/r$

④ if $u \geqslant n$ then return $u - n$

else return u

function MonMul(a, b, n){n 是奇数}

Input：a, b, n。

Output：$x = a \cdot b \bmod n$。

① 计算 n'，用扩展欧几里德算法(n'满足 $r \cdot r^{-1} - n \cdot n' = 1$)

② $\bar{a} = a \cdot r \bmod n$

③ $\bar{b} = b \cdot r \bmod n$

④ $\bar{x} = \text{MonPro}(\bar{a}, \bar{b})$

⑤ $x = \text{MonPro}(\bar{x}, 1)$

⑥ return x

因为

$$\text{MonPro}(\bar{a}, b) = (a \cdot r) \cdot b \cdot r^{-1} = a \cdot b \bmod n$$

上面的 MonMul(a, b, n)函数可以改进为下面算法。

function MonMul(a, b, n){n 是奇数}

Input：a, b, n。

Output：$x = a \cdot b \bmod n$。

① 计算 n'，用扩展欧几里德算法

② $\bar{a}=a\cdot r \bmod n$

③ $x=\text{MonPro}(\bar{a},b)$

④ return x

应用 Montgomery 算法进行模指数运算的具体过程是：假设指数 e 的长度为 k 比特，$0<M<n$，下面的函数是计算 $M^e \bmod n$，其中 n 为奇数。

ModExp(M,e,n)

① 计算 n'；

② 计算 $\overline{M}=M\cdot r \bmod n$；

③ 计算 $\bar{x}=1\cdot r \bmod n$；

④ for $i=k-1$ downto 0 do

4a. $\bar{x}=\text{MonPro}(\bar{x},\bar{x})$；

4b. if $e_i=1$ then $\bar{x}=\text{MonPro}(\overline{M},\bar{x})$；

⑤ $x=\text{MonPro}(\bar{x},1)$；

⑥ return x。

容易看出，在上面的函数执行完第④步的时候，得到 M^e 的 Montgomery 值，即 $\bar{x}=M^e\cdot r \bmod n$，第⑤步：$x=\text{MonPro}(\bar{x},1)=M^e \bmod n$。

在这个函数中，第①步中的 n' 可由扩展欧几里德算法求出，第②步、第③步则需要作除法运算，不过，在整个求模幂的过程中，这些预处理只需作一次，在指数 $e>3$ 时，采用 Montgomery 算法的模幂运算要比直接求模幂效率高，而且显然，指数越大，采用 Montgomery 算法的模幂运算的效率优势越明显。

5. 利用中国剩余定理来加速 RSA

RSA 算法的解密和签名可以用中国剩余定理(CRT)来加速运算。如果采用比较小的 e，比如 $e=2^{16}+1$，那么 d 就很长，解密会很慢。CRT 解密不使用 d，而是采用长度仅为 d 的约 1/2 的 p,q 来解密，因此解密会节省 1/2 到 3/4 的时间。

【中国剩余定理】 假设 $p_1,p_2,\cdots,p_k(k>1)$ 是两两互素的素数，对于给定的 $u_i\in[0,p_i-1]$ $(0\leqslant i\leqslant k)$，同余式组 $u=u_i(\bmod p_i)(1\leqslant i\leqslant k)$ 必然存在唯一的解：$u=\sum_{i=1}^{k}u_ic_iP_i(\bmod P)$，其中，$P=\prod_{i=1}^{k}p_i$，$P_i=\dfrac{P}{p_i}$，$c_i=P_i^{-1} \bmod p_i$。

这个解还有另外一种表示形式，首先计算下面的一个三角形数值表：

$$
\begin{matrix}
u_{11} & & & \\
u_{21} & u_{22} & & \\
u_{31} & u_{32} & u_{33} & \\
\vdots & \vdots & \ddots & \\
u_{k1} & u_{k2} & u_{k3} & \cdots u_{kk}
\end{matrix}
$$

其中，$u_{i1}=u_i$，$u_{i,j+1}=(u_{ij}-u_{jj})c_{ji} \bmod p_i$，$c_{ji}=p_j^{-1} \bmod p_i$。这样，同余式的解 u 就表示为 $u=u_{11}+u_{22}p_1+u_{33}p_1p_2+\cdots+u_{kk}p_1p_2\cdots p_{k-1}$，此时不再需要对结果进行模 P 计算。

在 RSA 解密运算中应用中国剩余定理的具体做法是：已知 RSA 的公钥为(e,n)，私钥为 d，p、q 是生成 RSA 密钥对的一对大素数，C 是密文，M 是对应的明文。由于 RSA 的解密运算：$M=C^d \bmod n=C^d \bmod(pq)$，现在利用中国剩余定理，解密运算可以分解为：

$M_1=C^d \bmod q$和$M_2=C^d \bmod p$。利用费而马小定理：$a^{m-1}=1 \bmod m$（其中m为素数，且a不是m的倍数），该两式可以进一步化简为：$M_1=C^{d1} \bmod q$和$M_2=C^{d2} \bmod p$，其中，$d_1=d \bmod (q-1)$，$d_2=d \bmod (p-1)$。根据中国剩余定理，有

$$M=\left(M_1 c_1 \frac{pq}{q}+M_2 c_2 \frac{pq}{p}\right) \bmod n=(M_1 c_1 p+M_2 c_2 q) \bmod n$$

将其中的$c_1=p^{-1} \bmod q$，$c_2=q^{-1} \bmod p$，代入上式可得

$$M=(M_1(p^{-1} \bmod q)p+M_2(q^{-1} \bmod p)q) \bmod n$$

若取$M_{11}=M_1$，$M_{21}=M_2$，$M_{22}=((M_{21}-M_{11})(p^{-1} \bmod q)) \bmod q$，那么

$$M=M_1+[(M_2-M_1)(q^{-1} \bmod p) \bmod p] \cdot q$$

由此可以看出，利用中国剩余定理，RSA 解密运算中的幂指数长度和模长度都减为直接进行 RSA 运算用到的幂指数长度和模长度的一半，采用中国剩余定理的解密运算比直接进行的解密运算速度提高大约 4 倍。由于目前 129 位十进制数字是能够分解的临界数，所以 RSA 的模应该大于 129 位的十进制数，实际应用中，RSA 的模长度多采用 512 比特或 1 024 比特，也有些地方采用 2 048 比特的模长度。另外，私钥d的长度也就是解密时的幂指数长度）是与模长度相等的。因此，RSA 的解密运算非常耗时，采用中国剩余定理能够明显地改善 RSA 的速度。

综合而言，利用中国剩余定理对 RSA 解密时需要 5 个解密参数，即p、q、dp$=d \bmod (p-1)$、dq$=d \bmod (q-1)$和 co。其中 co 满足$p \cdot \mathrm{co} (\bmod q) \equiv 1$。具体的解密算法如下。

Input：n，p，q，dp，dq，co，C。

Output：$M=C^d \bmod n$。

① $M_1=C^{\mathrm{dp}} \bmod p$

② $M_2=C^{\mathrm{dq}} \bmod q$

③ $M=q \cdot (\mathrm{co}(M_1-M_2) \bmod p)+M_2$

6. 其他技巧

提高 RSA 的加密解密速度的技巧还很多，比如，通常可选加密密钥e为 3 或 65 537，则加密速度比较快。在解密过程中，还可以采用如下方法来改进软件的速度。

(1) 改进乘法

如果要计算两个$2n$位数字$u=(u_{2n-1},\cdots,u_1,u_0)$和$v=(v_{2n-1},\cdots,v_1,v_0)$的乘积，则可以将此两数写成$u=2^n U_1+U_0$，$v=2^n V_1+V_0$，于是有

$$u \times v=(2^{2n}+2^n)U_1 V_1+2^n(U_1-U_0)(V_1-V_0)+(2^n+1)U_0 V_0。$$

这个公式把$2n$位乘法的问题归结为n位数的三次乘法，比一般的算法少用一次乘法。这个方法可以用于 32 位乘法函数中，或对大数的乘法进行一定程度的递归运算。

还可以考虑使用快速傅立叶变换，虽然要用到的浮点数计算比整数计算要慢，但它少用很多次的乘法运算。

(2) 改进幂指数算法

可采用一种“因子方法”，用构造“幂树”的方法来分解指数，但其过程非常复杂。

(3) 用汇编语言编写或用 VC5.0 等 32 位编译器进行编译

用汇编语言可以使 32 位加、减、乘、除法速度提到最高，而在 VC5.0 中可以使用 64 位的数据类型，从而加快乘除法的速度。当然这种速度的提高是以牺牲可移植性为代价的。

2.2 RSA密码的硬件实现

2.2.1 基本算法

1. 算法组成

RSA算法的硬件实现可以分成密钥生成、加密(验证)和解密(签名)3部分。RSA的加解密运算是大数运算,最基本的运算包含大数加法、大数减法、大数乘法和大数除法。

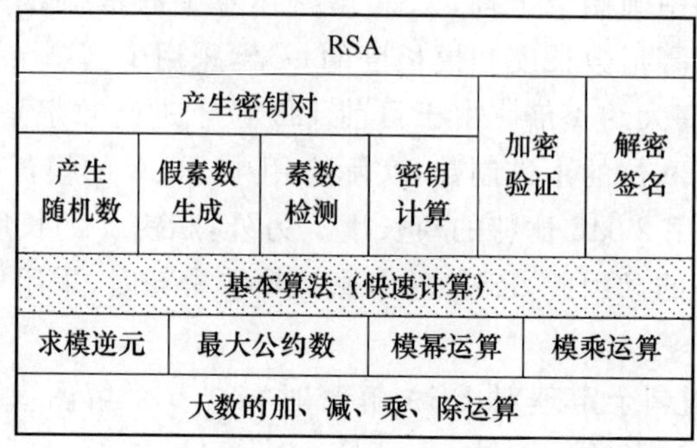

图2.6 RSA算法组成

2. 数据结构

TMS320C32数字信号处理器是32位的处理器。假设有大数M,N,可以将大数表示为

$$M=M_{n-1}R^{n-1}+M_{n-2}R^{n-2}+\cdots+M_0$$

$$N=N_{n-1}R^{n-1}+N_{n-2}R^{n-2}+\cdots+N_0$$

如果R等于10,那么大数M和N的基本四则运算就是十进制运算,如果R等于2,那么运算就是二进制运算。通常计算机处理器采用二进制运算,但是二进制计算是比特运算,处理器提供有8位、16位和32位的基本计算单元,效率要高得多。我们采用的DSP是32位处理器,可以仿效二进制计算,令$R=32$来更高效地完成大数基本四则运算。因此将大数表示为以32比特为最小运算单元的二进制格式:

$$M=M_{n-1}32^{n-1}+M_{n-2}32^{n-2}+\cdots+M_0$$

大数结构:每一个大数用长整型数组表示,用C语言定义,即

```
unsigned long M[];
```

数组$M[1]=M_0,\cdots,M[n-2]=M_{n-2},M[n-1]=M_{n-1}$。数组$M[0]$最高比特为符号位,0表示$M$为正数,1表示$M$为负数,低31比特等于$n$,即$M$的32位字数。

公钥结构:C语言定义如下。

```
typedef struct rsapubk{
    unsigned long n[RSAINTSIZE - 1];
    unsigned long e[2];
} rsapubkey;
```

私钥结构:C语言定义如下。

```
typedef struct rsaprik{
    unsigned long n[RSAINTSIZE - 1];
    unsigned long e[2];
    unsigned long d[RSAINTSIZE - 1];
    unsigned long p[RSAINTSIZE/2];
    unsigned long q[RSAINTSIZE/2];
    unsigned long dp[RSAINTSIZE/2];
    unsigned long dq[RSAINTSIZE/2];
    unsigned long co[RSAINTSIZE/2];
} rsaprikey;
```

其中 RSAINTSIZE 等于密钥的 32 位字长度加 2。例如，1 024 位的密钥 RSAINTSIZE 等于 34。密钥结构的数组都是大数的数组表示方式。私钥因为考虑到解密和签名的 CRT 运算，所以多了 5 个参数。

3. 模幂乘运算芯片特点

模幂乘运算芯片实现最大 1 024 位的模乘、模幂运算。运算速度与模长度成反比，模的长度可以选用从 32 位到 1 024 位的任意位数。模幂乘运算芯片采用可编程选择 16/8 位双向 I/O 接口总线，方便与各种 8 位、16 位 CPU 接口。

模幂乘运算芯片支持的最高外部时钟频率为 25 MHz，模长和幂长都为 1 024 位时的模幂运算速度为 66 次/秒。

芯片可以完成的功能可以用下面两个公式表示：

$$R1 = A * B \bmod M$$

$$R2 = A^E \bmod M$$

数据的有效范围如表 2.1 所示。

表 2.1　模幂乘运算协处理器有效数据范围

参　数	数值范围
模长(ML)	31≤ML≤1 023
模(M)	$2^{31}<M<2^{1\,023}$（M 必须为奇数）
幂长(EL)	1≤EL≤1 023
幂(E)	$2 \leq M < 2^{1\,024}$
操作数 A 长(AL)	0≤AL≤ML
操作数 A(A)	$0 \leq A < M$
操作数 B 长(BL)	0≤BL≤ML
操作数 B(B)	$0 \leq B < M$
$A * B \bmod M(R1)$	$0 \leq R1 < M$
$A^E \bmod M(R2)$	$0 \leq R2 < M$

各种数据长度定义如下。

① 所有输入数据的长度为数据的实际位数减 1。

② 输出结果长度以模的长度为度量。

输入数据时要根据已经输入的数据长度从数据的高位到低位将数据依次输入到输入寄存器。

模幂乘运算芯片能够快速地完成32位到1 024位的模幂、模乘运算，因此不仅能够在RSA加密、解密时应用，也能够在产生密钥对的时候应用。

大数的数组定义格式是32位字，模幂乘运算芯片采用16位的模式，因此需要进行数据格式的转换处理。

2.2.2 用单片模幂乘运算协处理器实现RSA

在该方案(以下称该方案为“第一方案”)中，RSA强素数的生成过程主要利用Robert D. Silverman提出的强素数生成方法以及Miller-Rabin的素性测试方法生成伪素数采用筛法，产生密钥为1 024比特长度 $e=2^{16}+1$，利用单片模幂乘运算协处理器独立实现的1 024位密钥加解密。

1. 素数产生

此处生成素数的主要步骤包括：随机产生奇数、伪素数筛选、素数检测。

(1) 随机产生奇数

随机数由随机数发生芯片产生。产生一个 n 位的随机数 p，设定高位和低位为1。高位设定为1是为了确保该素数达到要求的长度；低位设定为1是为了确保素数是奇数。

(2) 素数的预筛选方法

大素数分布稀疏，在素数检测之前尽可能多地剔除合数能够提高检测的通过率。通常采用预除法、轮法和筛法。

① 预除法(Trail Division)。用较小的素数2、3、5、7等试除待测随机数，若能除尽则是合数，剔除之。通过预除的随机数没有小因子，对其进行伪素数检测。假设预除的小素数上界为 B(待测随机数发现小因子就剔除，不一定预除到上界)，B 的选择是一个极值问题，它依赖待测数长度 L、预除法的速度和伪素数检测速度。B 的选择由经验而定。

② 轮法(Wheel)。设 P 是小素数的积，预除法里能够被 P 的因子整除的数可以通过选择 L 比特的随机数 $aP+b$ 避免，其中 a 是随机数，b 和 P 互素。随机选择 b，$0<b<P$ 直到 $\gcd(b,p)=1$。对较小的 P 计算 $\gcd(b,p)$ 非常快，所以这比预除 P 的因子要快得多。如果 P 足够小，b 可以从预先计算的表 C_p 里选择，$C_p=\{c:0<c<P,\gcd(c,p)=1\}$。选择一个数 $aP+b$ 和 P 互素，即可以直接作为伪素数进行测试，也可以从比 P 大的小素数开始更快地进行预除法筛选。如果 b 按一定次序从 C_p 里选择，那么称为Wheel。

③ 筛法(Sieve)。筛法是更快的方法。设 $(s(i))_{i=0}^{[cL]-1}$ 是一个 $[cL]$ 比特的数组，c 是小常数。初始对所有的 i，$s_i=0$。设 n 是 L 比特整数，B' 是筛法边界。对于所有素数 $p\leqslant B'$，如果 $n+j$ 能够被 p 整除，则比特 $s(j)$ 为1。这一步通过替换 $s(kp-(n \bmod p))$ 为1来做到，其中 k 满足 $0<kp-(n \bmod p)<[cL]$。对每一个 p 都需要计算 $n \bmod p$ 一次和 cL/p 次加法和移位。数组 s 被称为Sieve。在所有的 $p\leqslant B'$ 筛选之后，那些 $s(j)=0$ 的位置 j 就对应着不能被小于等于边界 B' 的所有素数整除的整数 $n+j$。对这些整数 $n+j$ 进行概率素数测试，直到找到一个素数。筛法的边界 B' 要比预除法的边界 B 大，确定最佳的 B' 也是极值问题，依经验而定。

在第一种方案中，我们选择了筛法，选择的理由如下。

① 速度最快。

② RAM 空间足够。筛法要求的空间显然是最大的。

③ 安全性足够。虽然筛法在 3 种方法中产生素数的一致性（均匀性）最差，但并不能对 RSA 的安全构成威胁。

(3) 素数测试

素数测试分为两大类：确定性素数检验法和概率测试法。目前对于大数的素性测试，通常使用概率测试法，广泛采用的方法有 Miller-Rabin 测试和 Lehmann 测试。在第一方案中选择了前面已经介绍过的 Miller-Rabin 素数测试方法。Lehmann 比较简单，算法如下。

① 选择一个小于 p 的随机数 a。

② 计算 $a^{(p-1)/2} \bmod p$。

③ 如果 $a^{(p-1)/2} \neq 1$ 或 $-1 \pmod p$，那么 p 肯定不是素数。

④ 如果 $a^{(p-1)/2} \equiv 1$ 或 $-1 \pmod p$，那么 p 不是素数的可能性至多是 50%。

重复上述测试 t 次，若都通过，则 p 是合数的概率小于 $(1/2)^t$。

2. 强素数生成

RSA 强素数的生成过程主要利用 Robert D. Silverman 提出的强素数生成方法以及 Miller-Rabin 的素性测试方法。

(1) 产生 RSA 密钥对时的基本准则（以模为 1 024 比特为例）

① 公钥模指数 e 应该和 $p-1$、$q-1$ 互素。

② p 和 q 必须均通过概率素性测试：p、q 均需要通过 Miller-Rabin 的素性测试。

③ $p+1, p-1, q+1, q-1$ 均含有至少一个大素数因子（2 100 左右），具体实现方案见后面叙述。

④ $|p-q|>2^{400}$：这一条件能够保证 p、q 之差应该足够大，这一条件需要的目的是能够抵抗基于 Fermat 和 Lahmer 的因子分解攻击算法。

⑤ 初始随机数 X 选择应在区间 $[\sqrt{2}\cdot 2^{511}, 2^{512}-1]$。

(2) 迭代次数

Milller-Rabin 素数测试时使用的迭代次数如下。

① 对于产生 512 bit 的素数，迭代次数 $t=10$。

② 对于产生 1 024 bit 的素数，迭代次数 $t=5$。

(3) 素数 p 的结构

$p-1$、$p+1$ 含有一个大素数因子，具体得到素数 p 的算法简要描述如下。

① 初始随机数 X 选择应在区间：$[\sqrt{2}\cdot 2^{511}, 2^{512}-1]$。

② 随机产生 100 bit 左右的两个数 y_1, y_2。

③ 基于 y_1, y_2 使用筛法产生两个素数 p_1, p_2（作为 $p-1$ 和 $p+1$ 的因子，在区间 (y_1, y_1+4*10^5) 内作筛选）。

④ 计算：$R=((p_2^{-1}) \bmod p_1)*p_2-((p_1^{-1}) \bmod p_2)*p_1$，$y_0=X+(R-X \bmod p_1p_2)$。很明显，$y_0=1 \bmod (p_1)$，$y_0=-1 \bmod (p_2)$。

⑤ 构造如下序列：$y_0, y_0+p_1p_2, y_0+2p_1p_2, y_0+2\cdot 3\cdot p_1p_2, \cdots$，其中 p_1p_2 前面的乘

法因子全部为小于1 000的小素数，该序列中的每一个数和 y_0 的 $\bmod(p_1)$ 和 $\bmod(p_2)$ 特性相同。

⑥ 使用筛法去掉序列中的大部分合数。

⑦ 对剩余的数采用 Miller-Rabin 素性测试算法。

3. 密钥生成

RSA 公钥和私钥的产生流程如图 2.7 所示。

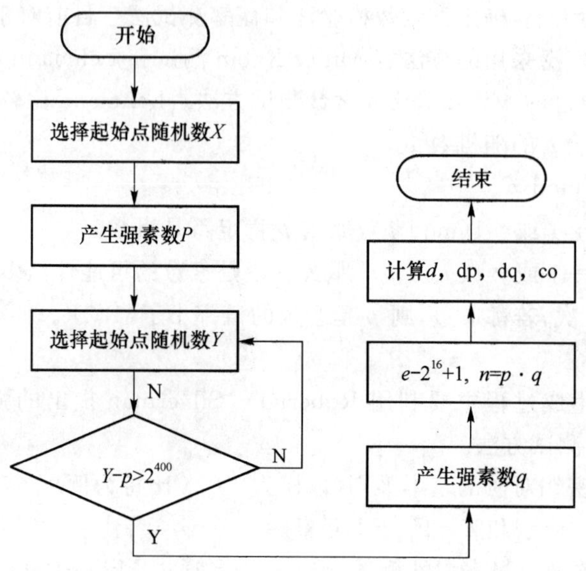

图 2.7　密钥产生流程

4. 加密和解密

在第一方案中，RSA 加密和解密运算都是由单片模幂乘运算协处理器完成。加密 $C=M^e$ 和解密 $M=C^d$ 运算形式相同，因此处理的流程也是相同的。双片模幂乘运算协处理器可以同时对两组数据进行运算。

(1) 单片模幂乘运算协处理器的处理步骤

① 输入待处理数据 m 和密钥 k。

② 如果 $m>n$，返回错误。

③ 对协处理器输入模幂对，加密输入 (e,n)，解密输入 (d,n)。

④ 对模幂乘运算协处理器输入待处理数据 m。

⑤ 输出模幂乘运算协处理器处理结果数据 c。

(2) 双片模幂乘运算协处理器的处理步骤

① 输入待处理数据 m_1,m_2 和密钥 k_1,k_2。

② 如果 $m_1>n_1$ 或 $m_2>n_2$ 则返回错误。

③ 对模幂乘运算协处理器输入模幂对，加密输入 (e_1,n_1) 和 (e_2,n_2)，解密输入 (d_1,n_1) 和 (d_2,n_2)。

④ 对模幂乘运算协处理器输入待处理数据 m_1 和 m_2。

⑤ 输出模幂乘运算协处理器处理结果数据 c_1 和 c_2。

双片模幂乘运算协处理器处理数据属于并行计算。与模幂乘运算协处理器的相关函数如表 2.2 所示。

表 2.2　模幂乘运算协处理器基本函数

MME_INIT()	协处理器初始化
MME_IMEPAIR()	输入模幂对
MME_ME()	模幂运算
MME_MM()	模乘运算
MME_DIMEPAIR()	双片输入模幂对
MME_DME()	双片模幂运算
MME_DMM()	双片模乘运算
MME_POWMOD()	直接输入模幂对的模幂运算
MME_DPOWMOD()	双片直接输入模幂对的模幂运算

2.2.3　用双片模幂乘运算协处理器实现 RSA

我们称此方案为第二方案，它与第一方案总体相同，不同之处主要有两点：一是解密和签名采用中国剩余定理；二是密钥产生为了利用双片协处理器，调整了素数产生流程。

1. 解密和签名

中国剩余定理可加速 RSA 解密运算的算法。解密时的模幂运算为 512 位模长，模乘运算为 1 024 位模长，模乘运算速度远快于模幂运算。由于中国剩余定理算法计算 $M_1=C^{\mathrm{dp}} \bmod p$ 和 $M_2=C^{\mathrm{dq}} \bmod q$ 时 C 为 1 024 比特，模长 p 和 q 为 512 比特，由于模幂乘运算协处理器要求输入数据小于输入模数(如表 2.1 所示)，因此不能够直接使用模幂乘运算协处理器计算。我们把运算分解，首先对输入 1 024 位数据进行 512 位求模，于是处理流程改为如下所示。

Input：$n,p,q,\mathrm{dp},\mathrm{dq},\mathrm{co},C$。

Output：$M=C^d \bmod n$。

① $C_1=C \bmod p$

② $C_2=C \bmod q$

③ $M_1=C_1^{\mathrm{dp}} \bmod p$

④ $M_2=C_2^{\mathrm{dq}} \bmod q$

⑤ $M_1=(M_1-M_2) \bmod p$

⑥ $M_1=\mathrm{co}\cdot M_1 \bmod p$

⑦ $M_1=q\cdot M_1$

⑧ $M=M_1+M_2$

该流程里第①、②、⑥步用到模幂乘运算协处理器模乘运算，第③、④步用到模幂乘运算协处理器模幂运算。其中第③、④步用 MME_DMM()并行计算模幂。

第①、②步是求模运算。由于求模运算实质是除法求余，除法又是减法，1 024 位除以 512 位要做大量减法和移位，即使是快速除法，速度也比较慢。考虑到模幂乘运算协处理器大数模幂模乘协处理器具有大数模乘功能,并且支持最高 1 024 位的模乘运算,模乘运算速度比 DSP 用减法和移位实现要快得多。但是在利用模幂乘运算协处理器完成①、②步的求模运算中有个障碍,协处理器要求输入的数据要比输入的模数小,对于 1 024 位大数输入,模数 512 位输入是不能够直接用协处理器计算的。考虑到仅仅是输入数据比模数大,需要对输入数据或者模数进行处理,使得满足模幂乘运算协处理器的数据要求。有两种方式可以采用:第一种方法是放大模数,让模长去适应输入数据;第二种方式是缩小输入数据,使得输入数据去适应模长。

首先讨论模放大的方法,因为此方法效率高,步骤简单。具体思想是:设 m 为 1 024 位大数,计算 $m \bmod q$,q 为 512 位大素数。我们令 $y=2^{512}$,求模计算转化为 $m=(xy \bmod (qy))/y$。其中 x 为 1 024 位,y 为 512 位,qy 为 1 024 位,qy 的计算不需要乘法,只需要直接将 q 作为 512 位高位。只要在求模之前判断是否 $x>qy$,如果大于,则减 qy 就可以满足模幂乘运算协处理器模乘操作数小于模数。最后除以 y 的计算直接取模幂乘运算协处理器模乘运算的高 512 位即得到 m。可以看到该算法只需要一次 1 024 位的模幂乘运算协处理器模乘和最多的一次 1 024 位减法运算,也可能会是 0 次减法运算。

算法正确性说明如下:设 $r+an=x$,其中 a 为正整数,则

$$\begin{aligned} xy \bmod ny &= ((r+an)y) \bmod ny \\ &= (ry+any) \bmod ny \\ &= ry \bmod ny \end{aligned}$$

由于 $r<n$,所以 $ry<ny$,则 $xy \bmod ny=ry$,于是有

$$(xy \bmod ny)/y=ry/y=r$$

对于 1 024 位大数取 512 位模数,这个算法取 $y=2^{512}$,可是这样 y 为偶数,那么 ny 为偶数。注意到模幂乘运算协处理器还有一点要求就是模数必须为奇数,也就是说 ny 必须为奇数,n 为奇数,那么 y 就必须也是奇数,因此不能取 $y=2^{512}$。如果取 y 为奇数,那么在最后的除法运算 ry/y 时,仍旧是一个 1 024 位除以 512 位的除法运算,因此,这个算法不适用模幂乘运算协处理器。不过这个算法仍有意义,对于输入模数不要求是奇数的大数模幂模乘协处理器来说,值得采纳。

再讨论缩小输入数据以适应模长的方法。

算法的具体思想是:设 m 为 1 024 位大数,计算 $m \bmod q$,q 为 512 位大素数。分解 $m=m_1 \cdot 2^{512}+m_2$,则 m_1 和 m_2 为 512 位数。令 $A=2^{512}$,于是

$$\begin{aligned} m \bmod q &\equiv (m_1 \cdot A \bmod q + m_2 \bmod q) \bmod q \\ &\equiv ((m_1 \bmod q) \cdot (A \bmod q) \bmod q) + m_2 \bmod q) \bmod q \end{aligned}$$

根据上式,1 024 位大数的 512 位取模计算分解为 512 位大数的模乘计算,并且模数不变。其中 $m_1 \bmod q$,$m_2 \bmod q$,$A \bmod q$ 还有求和取模 q 这 4 步计算都可以用减法完成,并且由于 q 的最高位为 1,最多只执行 4 次减法。再考虑 $A=2^{512}$,则 $A \bmod q$ 的计算可以不用减法,只要对 q 按位取反再加 1 即可,计算更加快速。$m_1 \bmod q$ 和 $A \bmod q$ 都小于模长 q,这就满足了模幂乘运算协处理器的输入数据要求,并且 q 为奇数,也满足要求,因此计算 $m_1 \cdot A \bmod q$ 由模幂乘运算协处理器来完成。

根据这一算法思想，可设计 MME_DMOD()函数来完成这一处理，流程如图 2.8 所示。

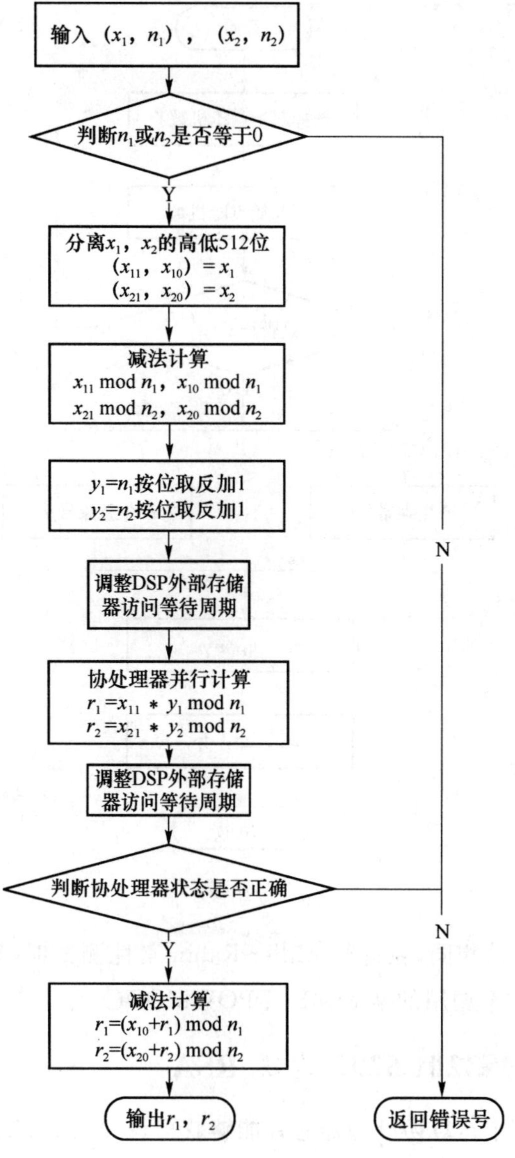

图 2.8　MME_DMOD 函数流程

2. 密钥生成

分析第一方案中密钥产生的流程，不难看到，两个强素数 p、q 是分别产生的，p 和 q 之间相关的限制条件只有一个：$|p-q|>2^{400}$。根据强素数的产生流程，p 产生于起点 X，q 产生于起点 Y，X、Y 是区间$\lfloor\sqrt{2}\cdot 2^{511}, 2^{512}-1\rfloor$的随机数。设 p 产生的区间是$[X, X']$，q 产生的区间是$[Y, Y']$，那么只要 $Y-X'>2^{400}$ 或者 $X-Y'>2^{400}$ 就可以满足$|p-q|>2^{400}$。

生成素数流程中 Miller-Rabin 素性测试是由模幂乘运算协处理器模幂运算完成的，模幂运算是最为耗时的大数运算。为了充分发挥系统的性能，可以首先确定素数 p，q 的区间，再利用两片模幂乘运算协处理器的模幂运算并行进行 Miller-Rabin 素数检测。简单流程如图 2.9 所示。

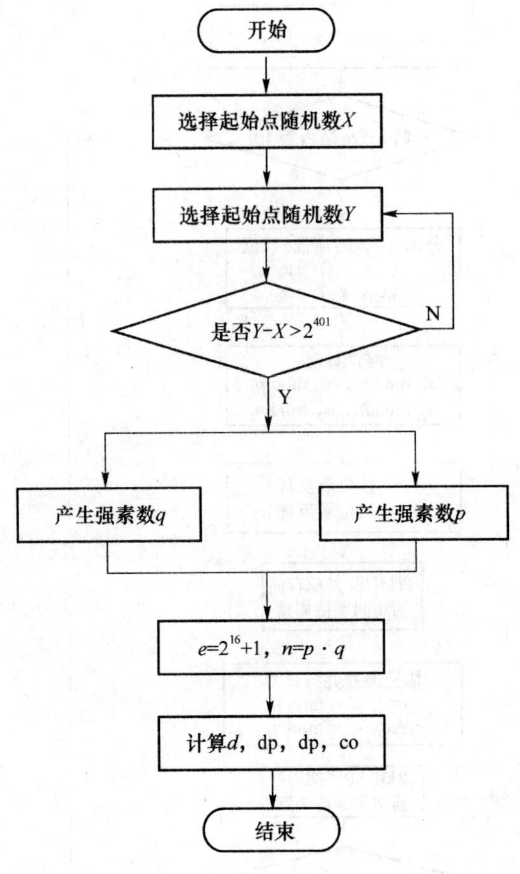

图 2.9 密钥产生流程

强素数生成算法与前相同,在进行 Miller-Rabin 素性测试时,第一方案用的是 MME_POWMOD(),而第二方案调用的是 MME_DPOWMOD()。

2.2.4 用 TMS320C6202 实现 RSA

虽然采用大数模幂乘运算协处理器芯片能够获得较快的 RSA 运算速度,但是如果从产品角度考虑问题,必须重视两个要素:成本和市场。若采用模幂乘运算协处理器,每片功耗 1.2 W,功耗比较大,双片为了稳定性,对于制版的供电要特殊考虑;模幂乘运算协处理器每片售价近 400 元,这两点使得成本比较高。对于很多不需要高速的 RSA 运算的场合,是否可以有能够胜任的低成本 PCI 加密卡呢? 不采用模幂乘运算协处理器,直接在 DSP 上进行 RSA 运算,完全可以做到这一点,因为 DSP 具有如下特点。

① 具有硬件乘法器和多功能单元。由于 DSP 的功能特点,乘法操作是 DSP 的一个主要任务。通常,在通用微处理器内部通过微程序实现的乘法操作往往需要 100 多个时钟周期,非常费时,而高性能的 DSP 一个时钟周期便可完成,从而提高了乘法的运算速度。同时为了进一步提高速度,在 DSP 内部设计了多个并行操作的功能单元(ALU、乘法器和地址产生器)。由于多功能单元的并行操作,DSP 能够在相同的时间内完成更多的操作,因而提

高了程序的执行速度。

② 采用修正的哈佛总线结构。传统的微处理器通常采用冯·诺曼总线结构——统一的程序和数据空间、共享的程序和数据总线。由于总线的限制,微处理器在执行指令时,取址和存取操作数必须共享内部总线,因而程序指令只能串行执行,而 DSP 采用了具有独立程序总线和数据总线的哈佛总线结构,这样 DSP 就能同时取址和取操作数,提高了程序的效率。

③ 采用专用寻址单元。在 DSP 中有支持地址计算的算术单元——地址产生器。地址产生器与 ALU 并行工作,从而提高了 DSP 的处理能力。

④ 采用流水处理。流水处理技术使得 DSP 内的两个或多个不同的操作可以重叠执行,在 DSP 内,每条指令的执行分为取址、解码、执行等阶段,每个阶段称为一级流水,流水处理使得多条指令的不同执行阶段可以并行执行,因而提高程序的执行速度。

从前面的介绍可以看出,在 RSA 的解密过程应用中国剩余定理以及在模幂运算中应用 Montgomery 算法,能够大大提高 RSA 的速度。下面,分析一下如何在多个高速 DSP TMS320C6202 上高速实现 RSA 算法。RSA 加解密运算中计算量最大的就是模幂运算,因此,如何根据 TMS320C6202 的指令和结构特点来改进 Montgomery 算法,是高速实现模幂运算的关键。C6202 的性能主要取决于其内核 C62x,下面主要介绍一下 C62x 的结构和指令特点。下面的讨论和结果不仅仅对 DSP C6202 有效,而且对所有的使用 C62x 作为内核的 DSP 都同样适用,除非特别指出 C6202。

1. C62x 的结构和指令特点

C62x 是 32 位的定点处理器内核,最高工作频率可达 300 MHz,其最大处理能力可达到 2 400 MIPs(工作频率为 300 MHz 时)。C62x 的主要特性如下。

① 寄存器资源丰富:32 个 32 位通用寄存器。

② 总线采用修正的哈佛总线结构,具有一套 256 位的程序总线、两套 32 位数据总线和一套 32 位的 DMA 总线,使得系统的性能得到大大改善。

③ 采用先进的 VLIW 结构,并且具有 8 个独立的功能单元,在单周期内最多可并行执行 8 条指令。

④ 8 个功能单元包括 2 个 16 位乘法器(结果 32 位)和 6 个 ALU(32 位/40 位),能够在两个周期内完成乘加运算。

⑤ 所有的指令都是条件执行的,能够减少跳转的代价,并且有利于相同条件并行执行。

⑥ 支持 8 位、16 位和 32 位的数据读写。

可以看出,C62x 非常适用于进行大规模的计算。下面介绍在 RSA 运算时如何有效地利用 C62x 的资源,高速实现 RSA。

2. 用 DSP 实现 Montgomery 算法

MonPro(X,Y)

① $N'=-N^{-1} \bmod R$

② $T=XY$

③ $M=TN' \bmod R$

④ $T=(T+MN)R^{-1}$　if $T\geqslant N, T=T-N$

⑤ return T

根据 DSP 数据线的宽度来确定数字的表达方式。比如,如果 DSP 的数据线有 w 条,即 CPU 的字长为 w bit,那么,以 $b=2^w$ 为基,把 X、Y、N 表示为 b 进制为

$$X=\sum_{i=0}^{l-1}x_ib^i,Y=\sum_{i=0}^{l-1}y_ib^i,N=\sum_{i=0}^{l-1}n_ib^i,A=\sum_{i=0}^{l-1}a_ib^i$$

$$R=2^{lw}=b^l$$

其中,$lw=k$,假设 N 为 k 比特长,如果 N 的比特长度不是 w 的倍数,可以通过高位补零的方法解决。

要计算 $A=XYR^{-1}\bmod N=XYb^{-w}=\sum_{i=0}^{l-1}a_ib^i$。其中,$T$ 可以以逐步增长的方式来进行计算,也就是说每一步用 x_i 来计算 T,并且逐步增长:

$$\begin{aligned}A&=(A+MN)R^{-1}\\&=\left[\sum_{i=0}^{l-1}(a_ib^i+a_{i+l}b^{i+l})+\sum_{i=0}^{l-1}m_ib^iN\right]\cdot b^{-l}\\&=\sum_{i=0}^{l-1}\frac{(t_i+t_{i+l}b^l+m_iN)}{b^{l-i}}\end{aligned}$$

即 $A=A+t_i+t_{i+j}b^l+m_iN$,$A=A/b$。现在的问题是找到一个合适的 m_i,使 $A=A+t_i+t_{i+l}b^l+m_iN$ 能被 b 整除,亦即 $A+t_i+m_iN$ 能被 b 整除。

令 $A+t_i+m_iN=cb$(其中,c 为整数),在该等式两边同乘以 N' 得到

$$AN'+t_iN'+m_iNN'=cbN'$$

其中,N' 满足 $RR^{-1}-NN'=1$,在此式两边同时进行模 b 计算可得 $-NN'\bmod b=1$ ($R=b^l$,因此 $RR^{-1}\bmod b=0$)。

在公式 $AN'+t_iN'+m_iNN'=cbN'$ 两边同时进行模 b 计算可得

$$m_i=(AN'+t_iN')\bmod b=(a_0+t_i)n_0'\bmod b$$

其中,n_0' 是 N' 的最低字。

由公式 $-NN'\bmod b=1$ 可得 $-n_0n_0'\bmod b=1$ 即 $n_0'=-n_0^{-1}\bmod b=(b-n_0)^{-1}\bmod b$,因此:$m_i=(a_0+t_i)(b-n_0)^{-1}\bmod b$。

现在,把 Montgomery 算法重写如下。

MonPro_1(X,Y)

① $n_0'=(b-n_0)^{-1}\bmod b$;

② $A=0$;

③ $T=XY$;

④ for $i=0$ to $l-1$;

  4a. $m_i=(a_0+t_i)n_0'\bmod b$;

  4b. $A=A+t_i+t_{i+l}b^l+m_iN$;

  4c. $A=A/b$;

⑤ if $A\geqslant N$,$A=A-N$;

⑥ return A。

与 MonPro(X,Y)相比,MonPro_1(X,Y)有以下优势。

① MonPro_1(X,Y)提供了在不同的 CPU 上实现的可行性。

② 只需计算 n_0'，而无须计算出整个的 N'，这不仅大大减少了计算量，而且减少了存储空间以及 CPU 的读写次数。

③ m_i 实际上只对本次循环有效，没有必要保存结果，这也减少了 l 个字的存储空间、读写操作以及相当数量的乘加及移位运算。

④ 在计算的过程中，A 的最大长度为 $l+1$ 个字，而如果直接计算，A 的最大长度为 $2l$ 个字，大大节省了存储空间以及读写操作。

由于 C62x 从内存中取操作数十分耗时，需要 5 个时钟周期的延时，因此应当尽量减少从内存中读取数据的动作。MonPro_1(X,Y)中第 4a、4b 可以看出：$m_i(0\leqslant i\leqslant l-1)$与 t_{i+l} 无关，而只与 t_i 有关。另外，在每次循环中 $t_i(0\leqslant i\leqslant l-1)$只是在 4b 中起到进位的作用，是一个暂时的结果，在 4b 之后不再使用，因此 $t_i(0\leqslant i\leqslant l-1)$可以不进行保存，以达到减少存取的次数以及存储空间的目的。当然，如前面的分析，m_i 也是一个暂时的结果，也没有必要保存，运算中可以用 m 来代替 m_i，表示该值不涉及读写操作。另外，4b 和 4c 可以进一步优化，即

$$
\begin{aligned}
A &= A + t_i + t_{i+l}b^l + mN \\
&= a_0 + t_i + mn_0 + \sum_{j=1}^{l-1}(a_j + mn_j)b^j + t_{i+l}b^l \\
&= a_0 + t_i + mn_0 + \sum_{j=1}^{l-1}(a_j + mn_j)b^{j-1} + b \cdot t_{i+l} \cdot b^{l-1}
\end{aligned}
$$

其中，$a_0+t_i+m_in_0$ 的值占两个字长，因为 A 是 b 的倍数，因此该值的低字必然为零，高字进位到 A 的高字项。4b、4c 可以由下面的式子来实现。

① $(C,S)=a_0+t_i+mn_0$；

② $A = C + \sum_{j=0}^{l-1}(a_j + mn_j)b^{j-1} + t_{i+l} \cdot b^{l-1}$。

其中(C,S)代表其所在等式结果的高字和低字。

又由于式②中的 t_{i+l}项只对 A 的最高两个字 a_{l-1}、a_l 作用，而不影响 A 的最低字 a_0，也就是说 t_{i+l}不会影响到后面 m_i 的计算。因此，可以把式②中的最后一项从前面的循环中拿出，在循环结束后逐项加入到 A 中。具体的实现如下。

MonPro_2(X,Y)

① $n_0'=(b-n_0) \bmod b$；

② $A=0$；$T=0$；

③ for $i=0$ to $l-1$

4a. $(C_t,S_t)=t_0+x_0y_i$；

4b. temp$=S_t$；

4c. $d=a_0+$temp；

4d. $m=(d\cdot n_0') \bmod b$；

4e. $(C_a,S_a)=d+mn_0$；

4f. for $j=1$ to $l-1$

i. (C_t,S_t)；$=x_jy_i+t_j+C_t$

ii. $t_{j-1}=S_t$；

iii. $(C_a, S_a) = mn_j + a_j + C_a$;

iv. $a_{j-1} = S_a$;

4g. $t_{l-1} = C_t$; $a_{l-1} = C_a$;

④ $C_a = 0$;

⑤ for $i = 0$ to $l-1$

5a. $(C_a, S_a) = a_i + C_a + t_i$;

5b. $a_i = S_a$;

⑥ $a_l = C_a$;

⑦ if $A \geqslant N, A = A - N$;

⑧ return A。

MonPro_2(X,Y)与 MonPro_1(X,Y)相比,在以下方面得到了改善:

(1) 占用空间减小:在 MonPro_1(X,Y)中要计算出 T,占用 $2l$ 个字长的位置,而 MonPro_2(X,Y)只是保留 T 的部分值,只占 l 个字长;

(2) 减少了读写的次数:在计算 m 时,MonPro_2(X,Y)不需要从内存中读取 T 的相应的字,而 MonPro_1(X,Y)则需要读出 T 的一个字,只是这里就减少了 l 次的读操作和 l 次的写操作;另外,计算 A 的过程中,避免了 l 次的移位运算。

另外,由于 C62x 的乘法器是 16 位(半字)的,也就是说输入两个 16 位的数得到 32 位的结果。这样,为了计算方便,把基数 b 设定为 2^{16},即 $b=2^{16}$。由于 C62x 的读指令非常耗时,要有 5 个时钟周期的延时(其他多数指令可以在一个时钟周期内完成),所以为了减少读操作指令,在读数据时,还是按字(32 位)来进行读。针对 C62x,在 MonPro_2 的基础上作进一步的改进。

MonPro_3(X,Y)

① $n_0' = (b - n_0)^{-1} \bmod b$;

② $A = 0$; $T = 0$;

③ for $i = 0$ to $l-2$, step2

a) $(C_t, S_t) = t_0 + x_0 y_i$;

b) temp0 $= S_t$;

c) $(C_a, C_t, S_t) = t_1 + x_0 y_{i+l} + x_1 y_i + C_t$;

d) temp1 $= S_t$;

e) $(C_t, S_t) = t_2 + x_1 y_{i+1} + C_t$;

f) $t_2 = S_t$;

g) $d0 = a_0 + \text{temp0}$;

h) $m0 = d0 \cdot n_0' \bmod b$;

i) $(C_{a0}, S_{a0}) = d0 + m0 \cdot n_0$;

j) $(C_{a0}, S_{a0}) = m0 \cdot n_1 + a_1 + C_{a0}$;

k) atemp0 $= S_{a0}$;

l) $(C_{a0}, S_{a0}) = m0 \cdot n_2 + a_2 + C_{a0}$;

m) atemp1 $= S_{a0}$;

n) $(C_{a0}, S_{a0}) = m0 \cdot n_3 + a_3 + C_{a0}$;

o) $a_2 = S_{a0}$;

p) $d1 = \text{atemp0} + \text{temp1}$;

q) $m1 = d1 \cdot n_0' \bmod b$;

r) $(C_{a1}, S_{a1}) = d1 + m1 \cdot n_0$;

s) $(C_{a1}, S_{a1}) = m1 \cdot n_1 + \text{atemp1} + C_{a1}$;

t) $a_a = S_{a1}$; $C_{t1} = 0$; $C_a = 0$;

u) for $j=2$ to $l-4$, step 2;

i. $(C_t, S_t) = x_j y_i + t_j$;

ii. $t_{j-2} = S_t$;

iii. $(C_a, C_t, S_t) = x_j y_{i+1} + x_{j+1} y_j + t_{j+1} + C_t + C_{t1} + C_a$;

iv. $t_{j-1} = S_t$;

v. $(C_{t1}, S_t) = x_{j+1} y_{i+1} + t_{j+2} + C_t$;

vi. $t_{j+2} = S_t$;

vii. $(C_{a0}, S_{a0}) = m0 \cdot n_{j+2} + a_{j+2} + C_{a0}$;

viii. $a_{j+1} = S_{a0}$;

ix. $(C_{a0}, S_{a0}) = m0 \cdot n_{j+3} + a_{j+3} + C_{a0}$;

x. $a_{j+2} = S_{a0}$;

xi. $(C_{a1}, S_{a1}) = m1 \cdot n_j + a_j + C_{a1}$;

xii. $a_{j-1} = S_{a1}$;

xiii. $(C_{a1}, S_{a1}) = m1 \cdot n_{j+1} + a_{j+1} + C_{a1}$;

xiv. $a_j = S_{a1}$;

v) $(C_t, S_t) = x_{l-2} y_i + t_{l-2}$;

w) $t_{l-4} = S_t$;

x) $(C_a, C_t, S_t) = x_{l-1} y_i + x_{l-2} y_{i+1} + t_{l-1} + C_t + C_{t1} + C_a$;

y) $t_{l-3} = S_t$;

z) $(C_{t1}, S_t) = x_{l-1} y_{i+1} + C_t$;

aa) $t_{l-2} = S_t$;

bb) $t_{l-1} = C_a + C_{t1}$;

cc) $a_{l-1} = S_{a0}$;

dd) $(C_{a1}, S_{a1}) = m1 \cdot n_{l-2} + a_{l-2} + C_{a1}$;

ee) $a_{l-3} = S_{a1}$;

ff) $(C_{a1}, S_{a1}) = m1 \cdot n_{l-1} + a_{l-1} + C_{a1}$;

gg) $a_{l-2} = S_{a1}$;

hh) $a_{l-1} = C_{a1}$;

④ $C_a = 0$;

⑤ for $i=0$ to $l-2$, step2

a) $(C_a, S_{2a}) = [a_{i+1} a_i] + C_a + [t_{i+1} t_i]$;

b) $[a_{i+1} a_i] = S_{2a}$;

⑥ $[a_{l+1} a_i] = C_a$;

⑦ if $A>N, A=A-N$；

⑧ return A。

虽然 MonPro_3(X,Y)比 MonPro_2(X,Y)的代码增长了许多，但是，实现的效率有显著的改善。下面从读写的次数、乘法的次数、加法的次数来对二者进行比较，结果如表2.3所示。结果不包括各自程序的最后两步。当然，具体实现起来还需要有移位等操作，由于差别不大，说明起来不直观，故没有将其列入表中。(注：在统计写操作次数时，两个半字也可以组成一个字进行写，这样写的次数也会减半，只是由于字的存取不能跨边界进行，因此，只有相邻的形如 x_i, x_{i+1}(i 为偶数)的两个半字才能组成一个字，进行字的存取。)在 MonPro_3 中，T 的两个半字能够组成一个字进行存储，而 A 的两个半字则不能组成一个字进行存储。统计写的次数时，T 是按字存储统计的，而 A 是按半字存储统计的。存字和存半字所用的时间相同。

表 2.3　MonPro_3 与 MonPro_2 的综合比较

项　目	读(内存)	写(内存)	乘法	加法
MonPro_2	$4l^2+3l$	$2l^2+l+1$	$2l^2+1$	$4l^2+1$
MonPro_3	$3l^2/2+l/2$	$5l^2/4-l/2+1$	$2l^2+1$	$4l^2$

从表2.3可以看出，除了乘法运算外，MonPro_3 的各种运算量都比 MonPro_2 有所减少。其中：读操作减少了$(5l^2/2+5l/2)$次，写操作减少了$(3l^2/4+3l/2)$次，加法减少了 l 次。由于一次读操作需要5个时钟周期(包括1个时钟周期的读指令和4个时钟周期的延时)，一次写操作需要1个时钟周期，一次加法运算需要1个时钟周期，一次乘法运算需要2个时钟周期，这样仅仅从算法上提高的效率可以如下计算。

$$\begin{aligned}\text{ef} &\approx \frac{5\times(5l^5/2+5l/2)+(3l^2/4+3l/2)+l}{5(4l^2+3l)+2l^2+l+1+4l^2+l+2(2l^2+l)}\\ &\approx \frac{53l^2/4+15l}{30l^2+19l+1}\\ &\approx 44\%\end{aligned}$$

也就是说，MonPro_3 比 MonPro_2 效率提高了近50%，效果是相当可观的。在 MonPro_3(X,Y)中有多个循环，其中还包括一个二重循环。由于这些循环都不存在中途条件终止的情况，因此都可以进行软件流水(软件流水不允许在循环结束前条件终止循环)。软件流水是用来规划循环中代码的执行顺序，从而使多次迭代并行执行的一种技术。C62x 有8个独立的功能单元、两个交叉通路以及32个通用寄存器，这些并行资源使得执行循环时，新一轮迭代在前一轮迭代完成前就开始执行。软件流水的目的就是使新的迭代尽可能早地发生。为了方便软件流水，可以把第⑦步的减法运算提前到第⑤步中，通过判断是否产生借位来确定返回结果是 A 还是 A-N。更改后的部分代码表述如下。

④ $C_a=0; B_t=0$；

⑤ for $i=0$ to $l-4$；step4

a) $(C_a, S_{2a})=[a_{i+1}a_i]+[t_{i+1}t_i]+C_a$；

b) $[a_{i+1}a_i]=S_{2a}$；

c) $(B_t, S_{2t})=S_{2a}-[n_{i+1}n_i]-B_t$；

d) $[t_{i+1}t_i]=S_{2t}$；

e) $(C_a, S_{2a})=[a_{i+3}a_{i+2}]+[t_{i+3}t_{i+2}]+C_a$；

f) $[a_{i+3}a_{i+2}]=S_{2a}$；

g) $(B_t, S_{2t})=S_{2a}-[n_{i+3}n_{i+2}]-B_t$；

h) $[t_{i+3}t_{i+2}]=S_{2t}$；

⑥ if $C_a \oplus B_t \neq 1$, then return T

else return A。

这样做的优势体现在以下几个方面。

① 代码整齐，更容易软件流水。又因为 C62x 的指令都是条件执行的指令，因此，在更改后的代码中，if-else 语句只需两条带条件的指令就可完成最终结果的选择，避免了更改前的条件跳转指令。

② A 和 T 的长度都与最终结果的长度相等，即 l 个半字长($l/2$ 个字长)。使数据更容易规划和控制。

③ 将循环多展开一层，是为了更有效地利用系统资源，减少冗余(C62x 的功能单元是成对的，分为对称的两组)，使得软件流水的吞吐量提高。

TMS320C62xx 的编译工具提供了丰富的代码优化的选项，其中包括软件流水的优化选项，可以直接对输入的 C/C++ 程序进行优化。需要说明的是，要进行软件流水，循环计数器必须从大到小递减计数，这在原有程序的基础上很容易实现。这里，只是为了说明方便才那样表示的。实际上，如果直接对 C 代码进行编译，通过在编译环境加入软件流水等优化选项对代码进行优化，这样做虽然省事，但是在处理复杂程序时效果不是很好，主要体现在两个方面：可能会产生错误的结果；执行效率往往达不到最高。为了使程序的效率达到最高，关键部分程序需要用汇编编写。但是，由于 C62x 的汇编指令涉及到具体的 8 个功能单元、32 个寄存器和两个交叉通路的分配和使用，哪些指令能够并行执行，怎样安排循环次数以及指令的次序使得代码的效率最高等等。在程序相对复杂的情况下，这些工作工作量巨大，耗费很多的时间，往往不可取。比较实用的办法是关键部分的代码用线性汇编来实现。线性汇编类似于汇编，只是无须在每条指令都指明寄存器的使用情况、功能单元的分配情况以及标明并行指令。这些工作都可以由汇编优化器来完成。TMS320C62xx 提供了专门针对线性汇编代码的优化工具(汇编优化器)，直接对输入的线性汇编代码优化，为代码的高效实现提供了有效的手段。汇编优化器能够进行资源分配，并且进行软件流水，生成高度并行的汇编代码。在此基础上再修改线性代码或者直接对线性优化器产生的代码进行修改，可以更容易得到满意的高效的代码。由于 Montgomery 算法是在 RSA 的计算中用到最多、计算量最大的算法，另外，这个算法包括多个循环，并且各个循环都没有中途被条件终止，因此，为了实现高速的 RSA，我们用线性汇编实现了 Montgomery 算法中的部分关键代码。

线性汇编代码是在算法 MonPro_3 的基础上实现的。由于整个模指数运算用到相同的模数 N，n_0' 可以事先计算出来作为已知变量直接使用。编写线性汇编的关键是确定内核循环的周期长度，因为这决定了程序的执行效率。在处理③的嵌套循环时，利用 C62x 的条件执行指令的特点，将外循环和内循环一起条件地执行。并且，为了更好地引导汇编优化器对线性汇编进行流水，画出指令和数据的相关图，合理地分配功能单元，最终，经过软件流水，执行 MonPro_3 共需要 $7l^2/4+3^l/4+16$ 个周期，其中，嵌套循环需要 $7l^2/4-l+12$ 个周期,最后的循环需要 $3l/4+l$ 个周期。

在模指数运算中除了 Montgomery 算法外,还可采用滑动窗口,窗口长度为 3 比特的方法来加速模指数的运算速度。

可以利用 TMS320C6202 的扩展总线的功能,采用两块 TMS320C6202 并行工作,这样能够加倍 RSA 的处理速度。在加密时,可以满足两个任务同时进行。而进行解密运算时,应用中国剩余定理,将需要的两个模指数运算($M_1=C^{d1} \bmod q$ 和 $M_2=C^{d2} \bmod p$)分别由两个 DSP 同时进行计算,然后,再在其中的一个 DSP(主 DSP)上计算最终的结果。

2.3 椭圆曲线密码

2.3.1 椭圆曲线基础

椭圆曲线理论是代数几何、数论等多个数学分支的一个交叉点,但椭圆曲线密码被发现之前,椭圆曲线一直被认为是纯理论学科。由于 RSA 密码体制中所要求的素数越来越大,致使工程实现变得越来越困难,最近人们发现椭圆曲线是克服此困难的一个强有力的工具。特别地,以椭圆曲线上的(有理)点构成的 Abel 群为背景结构实现各种密码体制已是公钥密码学领域的一个重要课题。由于椭圆曲线密码体制本身的优点,自 20 世纪 80 年代中期被引入以来,椭圆曲线密码体制(ECC)逐步成为一个十分令人感兴趣的密码学分支,1997 年以来形成了一个研究热点,特别是在移动通信安全的应用方面更是加快了这一趋势。

椭圆曲线指的是由 Weierstrass 方程 $y^2+a_1xy+a_3y=x^3+a_2x^2+a_4x+a_5$ 所确定的平面曲线,其中系数 $a_i(i=1,\cdots,5)$ 定义在某个域上,可以是有理数域、实数域、复数域,还可以是有限域,椭圆曲线密码是基于有限域上椭圆曲线有理点群的一种密码系统,其数学基础是 Abelian 加法群构造的离散对数的计算困难性,而该 Abelian 加法群是利用椭圆曲线上的点构成的。

1. 有限域 F_q 上的椭圆曲线

【定义】 设 Q 是一个大于 3 的素数,有限域 F_q 上的椭圆曲线 $E(F_q)$ 是定义在仿射平面上的 3 次方程 $E: y^2=x^3+ax+b$ 的所有解与无穷远点 O 的并集,记作 $E(F_q)=\{(x,y)\mid y^2=x^3+ax+b,(x,y)\in F_q * F_q\}\cup\{O\}$,其中 Q 是素数,F_q 的特征值 $\text{char}(F_q)\neq 2,3,a,b\in F_q$,且 $4a^2+27b^2\neq 0$。

【定义】 有限域 F_q 上的椭圆曲线的阶:$E(F_q)$中的点数是椭圆曲线的阶数,记作 $\# E(F_q)$,且有 $q+1-2\sqrt{q}\leqslant \# E(F_q)\leqslant q+1+2\sqrt{q}$。

椭圆曲线 $E(F_q)$上的点集对点的加法构成阿贝尔群,椭圆曲线上的点满足:

① 单位元 0:$P+0=0+P=P,-0=0$;

② 逆元-P:若 $P=(x,y)\neq 0$,则 $-P=(x,-y)$且 $P+(-P)=0$;

③ 结合律:$P,Q,R\in E(F_q)$,则$(P+Q)+R=P+(Q+R)$。

有限域 F_q 上的椭圆曲线的运算如下。

(1) 点的加法

令 $P_1,P_2\in E(F_q)$,$P_1=(x_1,y_1)$,$P_2=(x_2,y_2)$,则 $R=P_1+P_2=(x_3,y_3)\in E(F_q)$,

其中

$$x_3=\mu^2-x_1-x_2,y_3=\mu(x_1-x_3)-y_1$$

$$\mu=\begin{cases}\dfrac{y_2-y_1}{x_2-x_1} & P\neq Q\\[2ex] \dfrac{3x_1^2+a}{2y_1} & P=Q\end{cases}$$

(2) 点 P 的数乘

【定义】 点 P 的阶：令 $P=(x,y)\neq 0$，k 是整数，则 $kP=(x,y)+(x,y)+\cdots+(x,y)$（$k-1$ 次加法）。点 P 的阶数 n 是满足 $nP=0$ 的最小整数。

在椭圆曲线密码体制中，一般在 $E(F_q)$ 上选取 $P=(x,y)$ 作为公共基点，要求这个公共基点的阶 n 为一个素数阶，并使 n 足够大，P 为生成元，阿贝尔群 $\langle P\rangle=\{P,2P,3P,\cdots,nP\}\subseteq E(F_q)$ 是由点 P 生成的 n 阶循环子群，以 $\langle P\rangle$ 来构建密码体制。

给定椭圆曲线 $E(F_q)$，点 $P\in E(F_q)$，P 的阶数为 n。对于给定点 $Q\in\langle P\rangle$，求整数 $x\in[2,n-1]$，使得 $xP=Q$，这就是椭圆曲线离散对数问题（ECDLP），ECDLP 是一个 NPC 问题。

椭圆曲线在密码学中有关广泛的应用，最简单直接的是所谓的基于椭圆曲线的密钥协商问题，即 ECC Diffie-Hellman 问题。

① A：选择随机数 $d_A\in[1,n-1]$，计算 $Q_A=d_AP$，A→B：Q_A；

② B：选择随机数 $d_B\in[1,n-1]$，计算 $Q_B=d_BP$，B→A：Q_B；

③ A：计算 $K=d_AQ_B=d_Ad_BP$；

④ B：计算 $K=d_BQ_A=d_Ad_BP$。

通过以上协议，通信双方 A 和 B 能够获得同一个密钥 K。

2. 有限域 GF(2^m)上的椭圆曲线

虽然在密码学中主要用到的是特征值 char$(F_q)\neq 2,3$ 的有限域 F_q 中的椭圆曲线，但是，为完整起见，我们再简要介绍特征为 2 的有限域 GF(2^m)上的非超奇异(Non-supersingular)椭圆曲线。非超奇异椭圆曲线 $E_{(a,b)}$(GF(2^m))定义为满足方程 $y^2+xy=x^3+ax^2+b$ 的点 $(x,y)\in$ GF$(p)\times$GF(p)和曲线上的无穷远点 O 所组成的集合。这里 $a,b\in$ GF(2^m)且 $b\neq 0$。一般将 $E_{(a,b)}$(GF(2^m))简记为 E。这些点在下面定义的加法运算下构成一个Abelian群：设 P 和 Q 是椭圆曲线 $E_{(a,b)}$(GF(2^m))上的两个点，若 $P=O$，则 $-P=O$，且 $P+Q=Q+P=Q$；令 $P=(x_1,y_1)$，$Q=(x_2,y_2)$，则 $-P=(x_1,y_1+x_1)$，且 $P+(-P)=(-P)+P=O$；如果 $Q\neq -P$，则 $P+Q=(x_3,y_3)$，这里

$$x_3=\mu^2+\mu+x_1+x_2+a$$

$$y_3=\mu(x_1+x_3)+x_3+y_1$$

$$\mu=\begin{cases}\dfrac{y_2+y_1}{x_2+x_1} & P\neq Q\\[2ex] \dfrac{x_1^2+y_1}{x_1} & P=Q\end{cases}$$

3. 安全椭圆曲线的选择

虽然椭圆曲线点运算的概念很容易理解，但产生合适的符合安全性条件的椭圆曲线和

有效执行点乘运算的方法却非常复杂。合适的椭圆曲线参数一旦产生即可形成一椭圆曲线群,并可为许多用户公用,这些用户可基于此群生成其公/私密钥对。

对于超奇异椭圆曲线,可以利用 MOV 方法将 $E(F_q)$上的椭圆曲线离散对数问题归约为 F_q 的一个小的扩展域 F_q^k 上的椭圆曲线离散对数问题,然后在 F_q^k 上使用指数计算法求解。非超奇异的椭圆曲线,目前最好的求解算法是 Polard ρ-方法和 Phling-Hellman 方法,时间复杂度都是指数级的。因此用来建立密码体制的椭圆曲线最好是非超奇异的。

给定有限域上的椭圆曲线后,要判断其是否属于非超奇异的椭圆曲线是很困难的,因为必须先计算它的阶,但精确计算有限域上椭圆曲线的阶目前还没有通用的有效算法,同时,利用有限域上的椭圆曲线建立加密及数字签名体制时,曲线的阶应当是已知的。因此,在选择椭圆曲线的时候,一般使用构造法。即先确定有限域 F_q 和其上椭圆曲线的阶,然后再构造满足要求的椭圆曲线。本文选择带有一次项的椭圆曲线 $y^2=x^3+ax+b$,其安全性与不带一次项的椭圆曲线 $y^2=x^3+b$ 相比要高。

4. 椭圆曲线的密码学性能

在密码学应用中有 3 类系统一般被认为是安全且有效的,即整数的因式分解系统、离散对数系统、椭圆曲线离散对数系统,它们分别基于整数因式分解问题、离散对数问题和椭圆曲线离散对数问题(ECDLP)。以下通过对 3 种系统的比较来考查椭圆曲线的密码学性能。

(1) 安全性分析

这里指理论上的安全性,即攻破公钥系统的难度,而不是物理安全性。在比较 3 种系统的安全性之前,首先作如下几个假设。

① 要攻破公钥系统必须解决该公钥系统所依赖的数学难题。这一假设是合理的,因为每个公钥系统都经历了多年的公开考验,数学上的形式逻辑证明了这一点。

② 用相应算法的复杂度考查 3 个难题的难解性。目前还没有在数学上证明解决这 3 个难题的最好算法呈指数时间复杂度,因此只能依据目前已知的解决这些难题的最好算法的复杂度来考查这 3 个难题的难解性。

③ 这 3 个难题在某些特殊情况下不是难解的。对于整数的因式分解难题,$n=p\times q$,当 $p-1$ 或 $q-1$ 只有小的素因子时存在快速解法;对于模的离散对数难题,当只有小的素因子时存在快速解法;对于椭圆曲线离散对数难题,超奇异椭圆曲线和不规则椭圆曲线上的ECDLP 相对容易,易遭到特定算法的攻击,此时 ECDLP 可退化为有限域低次扩域上的离散对数问题,能在多项式时间内求解。不过上述这些情况很容易被鉴别,从而可避免相应的攻击。这里不考虑这些特殊情况。

基于模运算的整数因式分解问题和离散对数问题都存在亚指数时间复杂度的通用算法。亚指数时间算法没有指数时间算法难,目前采用最快的算法来计算这两类问题所需要的时间复杂度为 $O(\exp(c+o(1))(\ln q)^{1/3}(\ln \ln q)^{2/3})$($q$ 为模的大小);椭圆曲线上的离散对数问题在 $\# E(F_q)$有大的素因子时是一个难题,最有效的算法只有指数时间算法,其时间复杂度为 $O(\sqrt{q})$,因此 ECDLP 较另两类问题更为难解,表明 ECC 能以更小的密钥长度产生与其他公钥体制相同等级的安全性。

(2) 有效性分析

一个公钥系统的有效性需考虑计算开销、密钥长度和带宽 3 个因素,对不同系统的有效性进行比较应基于相同的安全级。我们选择密钥长为 160 bit 的 ECC、1 024 bit 的 RSA 和

DSA，这些密钥长度为各自系统提供了彼此相当的安全级。

① 计算开销。RSA 一般选择 $e=65\ 537=(2^{16}+1)$，这样 e 的二进制表达式中只含两个"1"，可大大减少计算量。对于 DSA 和椭圆曲线数字签名算法（ECDSA）或椭圆曲线加密方案（ECES），大部分数字签名和加密操作能进行预计算。假设一次椭圆曲线加法大约花费 10 次模乘的开销，一次 1 024 bit 模乘运算花费一个单元时间，所有应用于离散对数加密系统的预计算技巧同等地应用于椭圆曲线系统中。各系统的计算开销如下表 2.4 所示，其中 q 为 160 bit 长，如表 2.4 所示中数据表示完成给定操作所需的时间单元数。

表 2.4　不采用优化措施时，各系统计算开销的大致比较

项　目	基于 F_q 的 ECDSA 或 ECES	RSA（$n=1\ 024$ bit，$e=2^{16}+1$）	离散对数系统/1 024 bit
加密	120	17	480
解密	60	384	240
签名	60	384	240
验签	120	17	480

ECC 可在很短的时间里产生符合条件的密钥，即使一个计算能力非常有限的智能卡也能产生满足要求的密钥对，其他公钥体制由于产生密钥所需的计算非常复杂，在计算能力受限的情况下很难产生合适的密钥。另外由于 ECC 的基域及其元素表示法能被选择（虽然基于域 F_q 和 F_{2^m} 的 ECC 在安全性和标准化上没有区别，但在实际的应用上其性能和成本还是有区别的），从而域运算（域加/域乘/域求逆）能被优化，基于离散对数和整数因式分解的公钥密码系统不能做到这一点。

② 密钥长度。密钥长度决定存储密钥对和系统参数需要的比特数，ECC、RSA/DSA 的系统参数和密钥对长度的比较如表 2.5 所示。可以看出，ECC 所用的密钥对和系统参数比 RSA/DSA 要求的短。

表 2.5　ECC、RSA/DSA 的系统参数和密钥对长度比较

项　目	系数参数/bit	公钥/bit	私钥/bit
RSA	-	1 088	2 048
DSA	2 208	1 024	160
ECC	481	161	160

③ 带宽。带宽是指传送一个加密消息或一个签名所需传输的比特数。当 3 类公钥系统用于加密或对长消息进行数字签名时，具有相似的带宽要求。当传送短消息时带宽的要求值得注意，因为公钥密码系统经常用于传送短消息（例如为对称密码系统传送会话密钥）。为了进行具体的比较，假设待签名消息长度为 2 000 bit，待加密消息长度为 100 bit，几种情况下签名和加密消息的长度比较如表 2.6 和表 2.7 所示。可以看出，当对短消息加密时，ECC 比其他公钥系统节省带宽，而且 ECC 的点压缩技术进一步节省了存储密钥、证书的空间和带宽。

表 2.6　对长消息(2 000 bit)签名的长度

项目	签名长度/bit
RSA	1 024
DSA	320
ECC	320

表 2.7　对短消息(100 bit)加密的长度

项目	加密消息长度/bit
RSA	1 024
ElGamal	2 048
ECC	321

(3) 椭圆曲线密码性能总结

综合上述分析,ECC 与其他公钥加密系统相比能提供更好的加密强度、更快的执行速度和更小的密钥长度,因此 ECC 可用较小的开销(所需的计算量、存储量、带宽、软件和硬件实现的规模等)和时延(加密和签字速度高)实现较高的安全性,特别适用于计算能力和集成电路空间受限(如 IC 卡)、带宽受限(如无线通信)要求高速实现的情况。

除上述安全性和有效性之外,影响一个密码系统广泛应用的还有操作性、公众接收程度和技术因素。ECC 的标准化促进了 ECC 在全球范围的应用:1998 年 ECDSA 被确定为 ISO/IEC 数字签名标准 ISO14888-3;1999 年 2 月 ECDSA 被 ANSI 确定为数字签名标准 ANSI X9.62-1998,ECDH 被确定为 ANSI X9.63;2000 年 ECDSA 被确定为 IEEE 标准 IEEE1363-2000,同期,NIST 确定其为联邦数字签名标准 FIPS186-2;另外 ECC 还被确定为高效密码标准 SEQ 等。

(4) 椭圆曲线密码对移动环境的适应性

从安全角度看,受限环境是指时间(即密钥生成、签名、验证等)、空间(即 ROM、RAM、带宽、码长度、数据长度等)和耗费(即能量、金钱等)限制安全目标的环境。通过对 ECC 性能的分析,可以看出 ECC 尤其适合需要密集的公钥操作环境和受限环境,例如信道受限环境、使用智能卡或令牌的环境。

信道受限环境指通信一端或两端的计算能力有限、数据传输速率或带宽由信道限定的环境。由于移动终端通常计算能力、存储能力、RAM 带宽和功率受限,因此移动通信属于信道受限环境,采用 ECC 可以节约密钥和证书的存储空间,加快计算速度,节约电池消耗。同时移动通信系统也是使用智能卡的环境,采用 ECC 可以克服智能卡的局限。

① 更小的 EEPROM 和更短的传输时间。ECC 可以采用更小的密钥和证书尺寸达到相同的密码强度,这意味着 ECC 需要更小的 EEPROM 存储密钥和证书,卡和应用之间传输密钥和证书的时间也大大缩短。

② 不需要协处理器。相比其他公钥系统,ECC 处理时间缩短从而更适用于智能卡平台。其他公钥系统涉及很多计算,通常需要密钥协处理器。协处理器不仅占用宝贵的空间,还增加了 20%～30% 的芯片成本。ECC 算法可以在 ROM 中执行,不需要额外的硬件。

③ 卡内密钥生成。公钥系统中的私钥必须保密。采用其他公钥系统的应用,因为计算复杂,卡内生成密钥通常是不现实的,密钥通常在假定安全的环境中加载到卡中。对 ECC 来说,生成密钥对的时间要短得多,即使在计算能力受限的智能卡内也可能产生密钥对。

2.3.2　椭圆曲线加密

1. 基于椭圆曲线的 ElGamal 公钥密码算法

椭圆曲线在公钥密码学的许多分支中都有广泛的应用，除了前面介绍的基于椭圆曲线的密钥协商方案 ECC D-H 之外，另一个有代表性的例子就是下面的基于椭圆曲线的 ElGamal公钥密码算法。

系统参数：设 E 是一个定义在 $\mathbf{Z}_p$（$p>3$ 的素数）上的椭圆曲线，令 $\alpha \in E$，则 α 由生成的子群 H 满足其上的离散对数问题是难处理的，选取 a，计算 $\beta = a\alpha$，则

① 私有密钥：a。

② 公开密钥：α, β, p。

③ 加密算法：对于明文 x，随机选取正整数 $k \in \mathbf{Z}_{p-1}$，有

$$e_{k_1}(x,k) = (y_1, y_2)$$

其中，$y_1 = k\alpha$，$y_2 = x + k\beta$。

④ 解密算法：$d_{k_2}(y_1, y_2) = y_2 - ay_1$。

2. 椭圆曲线 DSA

椭圆曲线 DSA（ECDSA）其实是基于椭圆曲线的一种数字签名算法，本应该放在本书第二篇中数字签名部分介绍，但是，为了显示椭圆曲线应该的广泛性以及内容的紧凑性，此处提前介绍如何利用椭圆曲线来设计数字签名算法。

(1) ECC 密钥生成

ECC 密钥生成分为两部分：生成有效的域参数；生成公私钥对。公私钥对与特定的椭圆曲线域参数相关联，关联关系通过密码学方法（如，证书）或通过上下文（如，所有实体使用相同的域参数）来保证。

ECC 域参数记为 $D = (q, \mathrm{FR}, a, b, P, n, h)$，主要包括：有限域 F_q，定义在 F_q 上的椭圆曲线 E，一个阶为 n 的基点 $P \in E(F_q)$，各参数含义如下。

① F_q：有限域，其元素个数为 q，$q=p$ 或 $q=2^m$，大素数 p 是 F_q 的特征值。

② FR(Field Representation)：有限域 F_q 中元素的表示方法，如多项式基表示或高斯自然基表示。

③ a, b：F_q 上的两个域元素，用于构造椭圆曲线 E：$y^2 = x^3 + ax + b(q=p)$，或 $y^2 + xy = x^3 + ax^2 + b(q=2^m)$，$E$ 上有理点的个数 $\# E(F_q)$ 可被一个大素数 n 整除。

④ $P = (x_P, y_P)$ 是 $E(F_q)$ 中的一个点，P 的阶为 n。

⑤ n 是一个素数，$n > 2^{160}$ 且 $n > 4\sqrt{q}$。

⑥ $h = \# E(F_q)/n$ 称为余因子，h 远小于 n，利用 h 可以较快地找到满足上述条件的基点 P：随机选取 $P' \in E(F_q)$，计算 hP，如果 $hP \neq 0$，则令 $P = hP'$。

域参数 D 公开，可由许多用户公用，在此基础上，每个用户可以选择自己的公私钥对，即选择随机数 $d \in [1, n-1]$，计算 $Q = dP$，公钥为 (E, P, n, h)，私钥为 d。从用户的公钥求其私钥需要求解 ECDLP。

(2) ECDSA 签名的生成

① 选择随机数 $k \in [1, n-1]$；

② 计算 $kP = (x_1, y_1)$，$r = x_1 \bmod n$，若 $r=0$，转到第①步；

③ 计算 k^{-1}mod n;

④ 计算 e=SHA-1(M)(M 是消息);

⑤ 计算 $s=k^{-1}(e+dr) \bmod n$,若 $s=0$,转到第①步;

⑥ 消息 M 的签名是(r,s)。

其中 SHA-1:$\{0,1\}^* \to \{0,1\}^{160}$是美国 NIST 和 NSA 设计的一种安全哈希算法,输入消息长度一般小于 2^{64} bit。

(3) ECDSA 签名的验证

① 验证 $r,s \in [1,n-1]$;

② 计算 e=SHA-1(M);

③ 计算 $w=s^{-1} \bmod n$;

④ 计算 $u_1=ew \bmod n$ 和 $u_2=rw \bmod n$;

⑤ 算 $X=u_1P+u_2Q$,若 $X=0$,则拒绝签名,否则计算 $v=x_1 \bmod n$,其中 $X=(x_1,y_1)$;

⑥ 当且仅当 $v=r$ 时接受签名。

(4) ECDSA 的安全性分析

对 ECDSA 的攻击可以分为针对 ECDLP 的攻击、针对哈希函数的攻击、针对执行过程的攻击(如差分功率分析)等。选择消息攻击这样一种攻击:攻击者利用实体 A 对多个消息(不包括 m)的签名,构造出对消息 m 的有效签名。ECDSA 的安全目标主要是能防止选择消息攻击。目前在提高 ECDSA 安全性方面已取得了一些进展,假定离散对数难题是难解的,哈希函数是随机的,则对 DSA 和 ECDSA 作少量的改动可以防止选择消息攻击。Brown 证明,如果 ECDSA 基于的群是一般群且哈希函数是无碰撞的,则 ECDSA 本身是安全的。

(5) ECDSA 的有效性分析

Certicom 在多种平台下测试比较了 Certicom ECC 和 RSA 的性能,测试中采用了多种性能增强技术,结果表明 ECC 密钥生成、签名、验证以及 Diffie-Hellman 密钥交换的速度都比 RSA 快。其中签名比 RSA 快很多倍(20~300 倍),验证速度相当。对 ECC 本身而言,签名比验证快 2~5 倍,如果在计算能力受限的设备上执行,则签名时间和验证时间的绝对值之差更大。

RSA 密码算法实际上只依赖一种数学运算(指数运算),指数运算的性质决定了运算的速度。对签名和解密,指数(私钥)很大,因此计算很慢;验证和加密速度则快得多,因为指数(公钥)可以非常小。ElGamal 系统包括 DSA 和 ECDSA,用于签名和加/解密的数学运算类型完全不同,签名和解密的速度不同,签名验证和加密的速度不同。基本上,签名比验证快,解密比加密快。公私钥操作速度之间的差异远小于 RSA,尽管 ECC 的公钥操作比 RSA 稍慢,但 ECC 公私钥操作总的计算时间远少于 RSA。对私钥操作(即签名和解密)而言,ECC 比 RSA 快许多倍,因此 ECC 更适合用于安全设备(如,智能卡、计算能力受限的无线设备)。

2.3.3 椭圆曲线密钥协商

密钥创建是两方或多方建立共享秘密密钥的过程。两个实体之间的密钥创建有两种途径:简单的途径是由一个实体产生会话密钥,秘密传输给另一个实体,这称为密钥封装(Enveloping)或密钥传输(Key Transport);第二种途径更常用,由通信实体共同产生会话密钥，称为密钥协商。在以离散对数难题为基础的密码体系中，模指数运算的可交换性和单向性被用于密钥协商，第一个也是最重要的密钥协商机制是 Diffie-Hellman 的密钥交换，双方仅仅利用公开数据的交换就能够创建秘密的会话密钥。该方案尽管比 RSA 密钥交换脆弱，但算法简洁、运算速度快，适用于需要经常建立连接的通信业务。

密钥协商协议不但要能够抵抗被动攻击，还要能够抵抗主动攻击，因此，必须提供实体认证，即可认证的密钥协商(Authenticated Key Agreement)。认证和密钥协商必须联合考虑，只提供认证而没有密钥交换的过程，攻击者可能在认证完成之后接管通信方；密钥交换过程如果不提供认证，则协商参与者无法确信与他建立共享密钥的实体就是预期的实体，而不是冒充者，因此设计和分析认证协议时必须考虑共享密钥的协商，反之亦然。

基本的 Diffie-Hellman 机制不提供认证，因此易受到中间人攻击，目前已有很多将认证集成到 Diffie-Hellman 机制中的方案：一类是采用会话参与者的长期对称密钥(包括口令)；一类是采用会话参与者的长期非对称密钥。

利用长期对称密钥的方案要求参与者预先共享一些秘密信息，这些信息的位数必须足够多才能保证安全性，要大大超过人的记忆能力，而且在不安全的信道上传输以及长期存储这些信息危险而且不实用。另外，有很多应用不便于使用密钥，而使用口令更方便，如只有数字键盘的系统(移动蜂窝电话)和无盘工作站。虽然字典攻击使得在不安全的网络上进行口令验证很困难，使用口令实现强认证仍是可行的。这种做法的缺点是用户数目非常大时，密钥管理(或口令管理)非常困难。

密钥协商协议需满足的安全特征包括如下几点。

① 密钥认证(Key Authentication)：如果能够确保协商参与者之外的用户不能得到会话密钥，则称该协议提供了密钥认证，通过实体认证实现。

② 可认证的密钥协商协议：提供了隐含密钥认证的密钥协商协议。

③ 密钥确认(Key Confirmation)：如果一方可以确保对方(或其他参与者)确实拥有一个特定的密钥，则称该协议提供了密钥确认，通过密钥验证过程实现。

④ 完善前向安全性 PFS(Perfect Forward Secrecy)：泄露长期密钥不会导致旧的会话密钥泄露。这是密钥创建协议提供的一种安全特征，描述会话密钥对长期私钥(对称或非对称)的依赖性。

⑤抵御已知密钥攻击(Known-key Attack)：如果会话密钥的泄露不会导致被动攻击者得到其他会话密钥或主动攻击者假冒协商参与者，则称该协议能够抵御已知密钥攻击。

⑥ 密钥控制：任何一方都不能强制会话密钥取为预先选定的值，但在实际协议中，协议响应方在控制会话密钥值方面几乎总是占有优势。

在开放式包括无线网络环境下，攻击者能力不断提高，一个实用而安全的密钥协商协议除满足上述定义的安全特征之外，还应该具有如下的性质。

① 在保证安全性的基础上应该尽量减小执行协议的开销(计算开销和通信开销)，所以许多协议采用隐式的密钥认证，而不是显式的密钥认证。

② 不同会话的安全性应相互独立，如果一个会话密钥泄露，不会影响其他会话密钥。

③ 如果长期密钥(对称或非对称)用于创建会话密钥，必须为长期密钥提供更高的安全性。

密钥协商协议与其他安全协议的许多目标不同的是：完美前向安全性在实际应用中的

重要性随通信类型和用户类型的不同有很大变化，在私人用户和商业实体之间的通信环境下，用户比商业实体更为关注过去通信的机密性，因而也更为关注前向安全性；另一方面，前向安全通常需要处理额外的非对称密码，因此在有些通信环境下(如，语音通信、消息广播)可能被看作非常昂贵的密码服务。

选取有限域 F_q，在域上随机生成一条椭圆曲线 $E(F_q)$，保证椭圆曲线群上的离散对数是难解的；然后选取一点 P 作为基点，P 的阶数为 n，n 为一个大素数，P 公开。

【定义】 z_n 是模 n 剩余类构成的集，则 z_n 是一个阿贝尔群，若 $t+r=0 \bmod n$，称 r 为 t 的逆元，记为 $r=-t \bmod n$。n 是椭圆曲线 $E(F_q)$上的点 P 的阶。

【协议】 基于椭圆曲线的可认证密钥协商(ECAKA)

协议前提：A 和 B 共享一个口令 S，A 和 B 计算两个整数 t 和 $-t$，t 是根据预先设定的方法由 S 计算得到的，并假设由 S 能得到唯一的 t。整个协议由协商阶段和验证阶段组成。

(1) 协商阶段

① A：选择随机数 $d_A \in [1,n-1]$，计算 $Q_A=(d_A+t)P$，A→B：Q_A；

② B：选择随机数 $d_B \in [1,n-1]$，计算 $Q_B=(d_B+t)P$，B→A：Q_B；

③ A 计算 $X=Q_B+(-t)P=d_BP$，$K_A=d_AX=d_Ad_BP$；

④ B 计算 $Y=Q_A+(-t)P=d_AP$，$K_B=d_BY=d_Ad_BP$。

协商协议正确性的证明：$r,t \in \mathbf{Z}_n$，$r=-t \bmod n$，令 $Q_1=(d+t)P$，$Q_2=Q_1+rP$，因为 $t+r=kn$，故 $Q_2=dP+(t+r)P=dP+knP=dP$，即协商协议的③和④中的 X 和 Y 的计算是正确的。

(2) 密钥验证阶段

① A 计算 $tK_A=td_Ad_BP$，A→B:tK_Ad_BP。

② B 验证 tK_A 是否等于 tK_B，如果相等，则 B 相信双方获得了相同的密钥$K_A=K_B$；由于 B 知道 d_B，因此 B 相信 B 获得了正确的 Q_A；由于 A 知道，因此 B 相信 A 获得了正确的 Q_B。B→A:td_AP。

③ A 验证 td_AP，如果正确，则 A 相信 B 获得了正确的 Q_A；由于除 A 之外只有 B 知道 t，因此 A 相信双方获得了相同的密钥；A 相信 A 获得了正确的 Q_B。

合并密钥协商阶段和验证阶段，整个流程可以简化为如下形式。

① A：选择随机数 $d_A \in [1,n-1]$，计算 $Q_A=(d_A+t)P$，A→B:Q_A。

② B：选择随机数 $d_B \in [1,n-1]$，计算 $Q_B=(d_B+t)P$，$Y=Q_A+(-t)P=d_AP$，$K_B=d_BY=d_Ad_BP$ 和 $tK_B=td_Ad_BP$，B→A:Q_B，tK_B。

③ A 计算 $X=Q_B+(-t)P=d_BP$，$K_A=d_AX=d_Ad_BP$，tK_A 和 td_BP，验证 tK_B 是否等于 tK_A，如果验证成功，A→B:td_BP。

④ B 验证 td_BP，通知 A 验证结果。

2.3.4 椭圆曲线签密

签密是指能够在一个合理的逻辑步骤内同时完成数字签名和公钥加密两项功能，而其计算代价要远远低于“先签名后加密”，因而它是实现既加密又认证地传输及存储消息的较为理想的方法。由于在诸如电子政务信息安全传送、电子现金支付系统、安全认证的密钥生成、Internet 上的安全多发送信息传输及可认证的密钥恢复等许多方面，都需要既保密又认证的消息传输，因此签密有着广阔的应用范围。下面介绍一个基于椭圆曲线密码体制的签密方案，该方案是数字签名和公钥加密的有机集成，并具有认证性、保密性和接收方的匿名性等特点。

门限数字签名是门限密码学的重要组成部分，其概念是由 Boyd C、Desmedt Y 和 Frankel Y 等人的工作引入的，门限签名的主要目标是将团体的数字签名密钥以 (t,n) 门限方案的方式分散给多人管理，它有如下优点。

① 攻击者若想得到签名密钥必须得到 t 个子密钥，这是很困难的。

② 即使某些成员不合作，不愿意出示子密钥，泄露、篡改子密钥或子密钥丢失也不会影响签名消息的认证与恢复。

③ 实现决策权利分配，避免滥用职权，如公司重大的决定需要由董事会中多个董事成员共同签名才能有效。

基于本节提出的签密方案和门限方案的思想，可以构造了一个新的基于椭圆密码体制的 (t,n) 门限签密方案。该方案除了具有保密性、认证性与鲁棒性外还具有门限方案的优点，该方案也将在本节后面介绍。

1. 基于椭圆曲线密码体制的签密方案

该方案分为系统初始化、签密和签密消息验证恢复 3 个阶段，由一个可信中心 CA、签密者 A 和接收者 B 来实施。

(1) 系统初始化阶段

该方案的安全参数如下。

① 可信中心 CA 选取有限域 F_q 上一条安全的椭圆曲线 $E(F_q)$，保证该椭圆曲线的离散对数问题是难解的。在 $E(F_q)$ 上选一基点 G，G 的阶数为 n（n 为一个大素数）。

② 签密者 A 和接受者 B 为系统中的两个用户。A 和 B 分别选取 $d_A \in \{1,2,\cdots,n-1\}$ 和 $d_B \in \{1,2,\cdots,n-1\}$ 作为私钥，计算 $Y_A = d_A \cdot G \in E(F_q)$ 和 $Y_B = d_B \cdot G \in E(F_q)$ 作为公钥，并发送给 CA。

③ CA 公开 $E(F_q)$，G，n，Y_A，Y_B。

(2) 签密阶段

签密者 A 对消息 M 签密并发送给指定的接收者 B。首先签密者 A 选取随机数 $k \in \{1,2,\cdots,n-1\}$ 并计算 $V_1 = k \cdot G$，$V_2 = k \cdot Y_B$ 和 $v = F_x(V_1 + V_2) \bmod n$，这里 $F_x(V_1+V_2)$ 是取椭圆曲线上点 (V_1+V_2) 的 x 坐标的函数，然后计算签密消息 (r,s)，即

$$r = M \cdot v$$

$$s = k + d_A \cdot r \bmod n$$

A 发送 (V_1, r, s) 给 B，这里的 (r,s) 是 M 的签密消息，因为消息被隐藏在 r 中。

(3) 签密消息的验证恢复阶段

接收者 B 收到签密消息 (r,s) 及 V_1 后，计算

$$V_1' = s \cdot G - r \cdot Y_A$$

$$V_2' = x_B \cdot V_1'$$

首先通过验证 $V_1' = V_1$ 是否成立来验证签密消息 (r,s) 的有效性，因为如果签密消息 (r,s) 有效，则有 $V_1' = s \cdot G - r \cdot Y_A = (s - rd_A) \cdot G = k \cdot G$ 和 $V_1' = x_B \cdot V_1' = k \cdot Y_B$ 成立。然后接收者 B 计算 $v = F_x(V_1' + V_2') \bmod n$，恢复消息 $M = r \cdot v^{-1}$。若签密者 A 遵循签密阶段的

步骤,则指定的接收者B能够正确地恢复签密消息 M。

2. 基于椭圆曲线密码体制的(t,n)门限签密方案

该方案分为3个阶段:系统初始化阶段、门限签密阶段和签密消息的恢复阶段,由一个可信中心CA、n个签密者和一个接收者B来实施。

(1) 系统初始化阶段

该方案的安全参数如下。

① 可信系统CA选取有限域 F_q 上一条安全的椭圆曲线 $E(F_q)$,保证该椭圆曲线的离散对数问题是难解的。在 $E(F_q)$ 上选一基点 G,G 的阶数为 n(n 为一个大素数)。

② 令组 $Q=\{P_1,P_2,\cdots,P_n\}$ 是 n 个签密者的集合,签密者 $P_i(i=1,2,\cdots,n)$ 的身份标识 ID_i 是不等于零的正整数,且不同的签密者 P_i 具有不同的身份标识 ID_i,即当 $i\neq j$ 时,$\mathrm{ID}_i\neq\mathrm{ID}_j(i,j=1,2,\cdots,n)$。

③ CA随机选取 $d_Q\in\{1,2,\cdots,n-1\}$ 作为组 Q 的私钥,组 Q 的公钥为 $Y_Q=d_Q\cdot G\in E(F_q)$。然后,CA随机产生 $t-1$ 次多项式:

$$f(x)=d_Q+a_1x+a_2x^2+\cdots+a_{t-1}x^{t-1} \bmod n$$

分别计算组 Q 中签密者 $P_i\in Q$ 的私钥与公钥为

$$d_i=f(\mathrm{ID}_i)$$
$$Y_i=d_i\cdot G$$

④ CA通过安全信道发送 $d_i(i=1,2,\cdots,n)$ 给 $P_i\in Q$,并且公开参数 $E(F_q)$,G,n,Y_Q,Y_i 和 $\mathrm{ID}_i(i=1,2,\cdots,n)$。

(2) 门限签密阶段

假设组 $Q=\{P_1,P_2,\cdots,P_n\}$ 中的 t 个签密者,不妨设为 $P_1,P_2,\cdots,P_t$ 对消息 M 签密并发送给接收者 P_{B}。签密步骤如下:

① 首先签密者 $P_i(i=1,2,\cdots,t)$ 随机选取 $k_i\in(1,2,\cdots,n-1)$ 并计算 $V_{i1}=k_i\cdot G$ 和 $V_{i2}=k_i\cdot Y_{\mathrm{B}}$,然后 $P_i(i=1,2,\cdots,t)$ 发送 (V_{i1},V_{i2}) 给签密合成者。

② 签密合成者通过验证 $V_{i1}\neq V_{j1}(i\neq j)$ 是否成立来检查 P_i,P_j 在①是否选择了相同的随机数。如果 P_i,P_j 选择了相同的随机数,则通知他们重新选取新的随机数并计算 (V_{i1},V_{i2})。否则,签密合成者计算 $T_1=\sum_{i=1}^{t}V_{i1}$,$T_2=\sum_{i=1}^{t}V_{i2}$ 和 $v=F_x(T_1+T_2) \bmod n$,这里 $F_x(T_1+T_2)$ 是取椭圆曲线上点 (T_1+T_2) 的 x 坐标的函数。然后计算 $R=M\cdot v$ 并广播 R。

③ 签密者 $P_i(i=1,2,\cdots,t)$ 计算 $s_i=k_i+R\cdot d_i\cdot C_i \bmod n$,其中,$C_i=\prod_{j=1,j\neq 1}^{t}-\mathrm{ID}_i(\mathrm{ID}_j-\mathrm{ID}_i)^{-1} \bmod n$。最后,签密者 $P_i(i=1,2,\cdots,t)$ 发送 s_i 给签密合成者。

④ 签密合成者收到部分签密消息 s_i 后,通过验证等式 $s_i\cdot G-Y_i\cdot R\cdot C_i=V_{i1}$ 是否成立来验证部分签密消息 s_i 的有效性,其中 $C_i=\prod_{j=1,j\neq i}^{t}-\mathrm{ID}_i(\mathrm{ID}_j-\mathrm{ID}_i)^{-1} \bmod n$。如果所有的部分签密消息 s_i 都是有效的,则签密合成者计算 $s=\sum_{i=1}^{t}s_i \bmod n$,并且发送签密消息对 (R,S) 给接收者 P_{B}。

(3) 签密消息的恢复阶段

接收者 P_B 收到签密消息对(R,S)后，首先计算 $T_1=S\cdot G-Y_G\cdot R$ 和 $T_2=T_1\cdot d_B$，然后计算 $v=F_x(T_1+T_2) \bmod n$ 并恢复 $M=R\cdot v^{-1}$消息。如果组 Q 成员在签密过程中遵循门限签密阶段的步骤，则指定接收者 P_B 能够正确地恢复签密消息 M。

2.4　NTRU 公钥密码体制

2.4.1　NTRU 公钥密码体制简介

NTRU 是 1998 年由布朗大学的 Jeffrey Hoffstein、Jill Pipher 和 Joseph H. Silverman 提出的一种可以抵抗量子计算的公钥密码体制，它构建在环 $Z[x]/(x^N-1)$上，计算涉及多项式环上的乘法和求模运算。其安全性建立在一个大维数格中寻找最短向量的数学难题。

NTRU 避免了大指数求模运算和离散对数运算，而只涉及多项式环上的乘法和小整数求模运算，这使得它的运算速度远快于现在广泛使用的 RSA、ECC、ElGamal 等体制。这个优点使得 NTRU 可以降低对带宽、处理器和存储器的性能要求，增大了它的应用范围。

NTRU 公司已完成知识产权布局，并且开发了一系列示范性产品，包括 IC 卡、手机、3G、无线互联网、电子商务、可信计算等。2003 年 SONY 公司与 NTRU 公司合作，将数字签名算法 NTRUSign 应用于嵌入式设备和 IC 卡等领域。2008 年恩智浦半导体公司与 NTRU 合作，推出首款用于通用型 ARM7 微控制器的基于软件的加密解决方案。2008 年基于 NTRU 的加密算法和签名算法的标准 IEEEP1361.1 正式通过。

2.4.2　NTRU 理论基础

1. 格的相关定义

由于研究对象的不同，可以采用多种不同形式对格进行定义。设 $\boldsymbol{v}_1,\boldsymbol{v}_2,\cdots,\boldsymbol{v}_m$ 是 n 维空间 R^n 上线性无关的向量，即每一个 n 维实向量 $\boldsymbol{v}$ 均可表示成如下形式：$\boldsymbol{v}=a_1\boldsymbol{v}_1+a_2\boldsymbol{v}_2+\cdots+a_m\boldsymbol{v}_m$，其中实数 $a_1,a_2,\cdots,a_m$ 由 $\boldsymbol{v}$ 唯一决定。

【定义】 设 $v_1,v_2,\cdots,v_m$ 线性无关，m 维格 $L(\boldsymbol{v}_1,\boldsymbol{v}_2,\cdots,\boldsymbol{v}_m)$是指由向量 $\boldsymbol{v}_1,\boldsymbol{v}_2,\cdots,\boldsymbol{v}_m$ 生成的一个向量集，它的形式表示如下：

$$L(\boldsymbol{v}_1,\boldsymbol{v}_2,\cdots,\boldsymbol{v}_m)=\sum_{i=1}^{m}a_i\boldsymbol{v}_i,\quad a_i\in\mathbf{Z}$$

称$\{\boldsymbol{v}_1,\boldsymbol{v}_2,\cdots,\boldsymbol{v}_m\}$为格 L 的一组基，且记为 $\mathrm{Dim}(L)=m$，m,n 分别为格 L 的维数和秩。当 $m=n$ 时，称格 L 是满维的(Full Dimensional)。

格的基也可以用矩阵表示为

$$\boldsymbol{B}=(\boldsymbol{v}_1,\boldsymbol{v}_2,\cdots,\boldsymbol{v}_m)\in\mathbf{R}^{n\times m}$$

使用矩阵表示后，格 L 可以表示为

$$L(\boldsymbol{B})=\{\boldsymbol{B}x,x\in\mathbf{Z}^m\}$$

其中，$\boldsymbol{B}x$ 表示普通的矩阵与向量的乘法。

从上述定义可以看出，格是由离散点组成的。由(1,1)和(0,1)为基生成的格如图 2.10 所示。

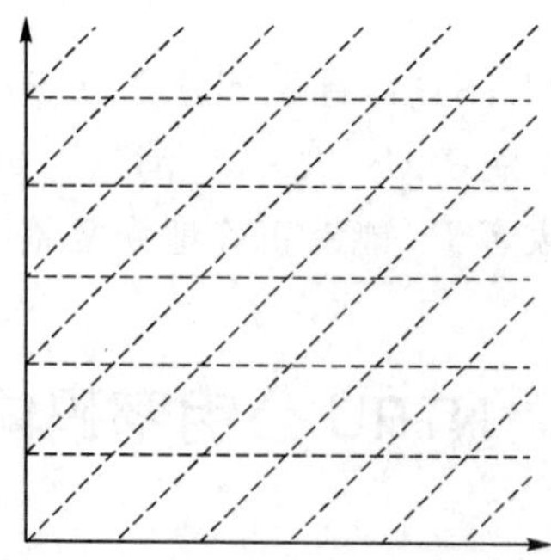

图 2.10 (1,1)和(0,1)为基生成的格

【定义】 $L=\boldsymbol{B}\mathbf{Z}^m$ 是格,则 L 的行列式 $\det(L)$ 定义为 $P(L)$ 的体积,特别是当 L 是满维的(即 $m=n$)时,$\det(L)=|\det(\boldsymbol{B})|$。

【结论】 格 L 行列式的大小不依赖于所选定的基 $\boldsymbol{B}$,即其行列式的大小是固定的,可根据 $\det(L)=\sqrt{\det(\boldsymbol{B}^{\mathrm{T}}\boldsymbol{B})}$ 求出。

由此,可以通过 Gram-Schmidt 正交化得出的结果计算行列的值。对于任意一组向量 $\boldsymbol{v}_1,\boldsymbol{v}_2,\cdots,\boldsymbol{v}_m$,对应的正交化向量记为 $\boldsymbol{v}_1^*,\boldsymbol{v}_2^*,\cdots,\boldsymbol{v}_m^*$,则

$$\boldsymbol{v}_i^* = \boldsymbol{v}_i - \sum_{j=1}^{i-1}\mu_{i,j}\boldsymbol{v}_j^*$$

其中

$$\mu_{i,j}=\frac{\langle b_i,b_j^*\rangle}{\langle b_j^*,b_j^*\rangle}$$

式中,$\langle x,y\rangle = \sum_{i=1}^{n}x_iy_i$ 是 $\mathbf{R}^n$ 上的内积。由以上结论可知,$\det(L) = \prod_{i=1}^{n}\|\boldsymbol{v}_i^*\|$,其中 $\|x\| = \sqrt{\sum_{i=1}^{n}x_i^2}$ 是指一般向量的欧拉长度。

【定义】 向量范数是一个非负、齐次且满足三角不等式的函数,即函数 $\|\cdot\|$。范数满足如下特性。

① $\|\boldsymbol{x}\|\geqslant 0$,当且仅当 $x=0$ 时等号成立。

② $\|\alpha\boldsymbol{x}\|=|\alpha|^*\|\boldsymbol{x}\|$。

③ $\|\boldsymbol{x}+\boldsymbol{y}\|\leqslant\|\boldsymbol{x}\|+\|\boldsymbol{y}\|$。

其中,$\boldsymbol{x},\boldsymbol{y}\in\mathbf{R}^n,\alpha\in\mathbf{R}$。

【定义】 对任意 $p\geqslant 1$,向量 $\boldsymbol{x}$ 的 $p-$范数定义为

$$\|\boldsymbol{x}\|_p = \left(\sum_{i=1}^{n}\boldsymbol{x}_i^p\right)^{1/p}$$

其中几个重要的范数描述如下。

$$1-\text{范数}:\|\boldsymbol{x}\|_1 = \sum_{i=1}^{n}\boldsymbol{x}_i$$

$$2-\text{范数}:\|\boldsymbol{x}\|_2 = \sqrt{\sum_{i=1}^{n}\boldsymbol{x}_i^2}$$

$$\infty-\text{范数}:\|\boldsymbol{x}\|_{\infty}=\lim_{p\to\infty}\|\boldsymbol{x}\|_{p}=\max_{i=1}^{n}|\boldsymbol{x}|$$

格中涉及的范数多为 2—范数,其对应的欧式距离为

$$\text{dist}(\boldsymbol{x},\boldsymbol{y})=\|\boldsymbol{x}-\boldsymbol{y}\|_{2}=\sqrt{\sum_{i=1}^{n}(\boldsymbol{x}_i-\boldsymbol{y}_i)^2}$$

3. 格的特性

从格的定义可以看出,格具有如下两个特点。

(1) 离散性

记 $(\boldsymbol{v}_1,\boldsymbol{v}_2,\cdots,\boldsymbol{v}_m)$生成的实空间为

$$\text{span}(\boldsymbol{v}_1,\boldsymbol{v}_2,\cdots,\boldsymbol{v}_m)=\left\{\sum_{i=1}^{m}\boldsymbol{a}_i\boldsymbol{v}_i,\quad \boldsymbol{a}_i\in\mathbf{R}\right\}$$

则 $L(\boldsymbol{v}_1,\boldsymbol{v}_2,\cdots,\boldsymbol{v}_m)$仅仅是 $\text{span}(\boldsymbol{v}_1,\boldsymbol{v}_2,\cdots,\boldsymbol{v}_m)$中一些排列规整的离散点集。因此,$L(\boldsymbol{v}_1,\boldsymbol{v}_2,\cdots,\boldsymbol{v}_m)\subset\text{span}(\boldsymbol{v}_1,\boldsymbol{v}_2,\cdots,\boldsymbol{v}_m)$。

(2) 格基多样性

一个 m 维的实空间可以由任意 m 个线性无关的向量生成,同样一个格也可以采用不同的基底来表示,但是从 m 维格中任意选出 m 个线性无关的向量却不一定能成为这个格的一组基。如图 2.11 所示,图中网格的节点均是 2 维格 $L(b_1,b_2)$的元素,且 b_1 和 b_4 的整数线性组合可以表示出格 $L(b_1,b_2)$中所有的节点,所以也可以将格表示为 $L(b_1,b_4)$。从图中可以看出,向量 b_1 和 b_3 是线性无关的,但不能表示出格 $L(b_1,b_2)$中所有的点,如 a,所以 $L(b_1,b_2)\neq L(b_1,b_3)$。

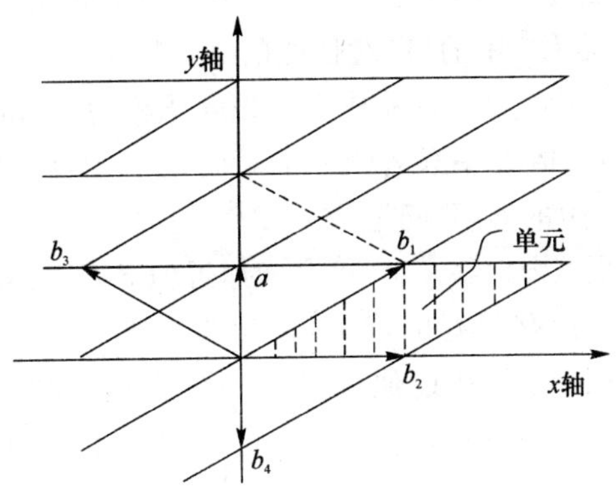

图 2.11　格基多样性

4. 格中 NP 问题

(1) Worst-case 格问题

格上的计算问题主要包括最短向量问题(Shortest Vector Problem,SVP)、最近向量问题(Closest Vector Problem,CVP)、覆盖半径问题(Covering Radius Problem,CRP)、最近无关向量组问题(Shortest Independent Vectors Problem,SIVP)、广义独立向量组问题(Generalized Independent Vectors Problem,GIVP),以及确定距离解码问题(Guaranteed Distance Decoding,GDD)等。

【定义】SVP　对于给定格的一组基 $B\in\mathbf{Z}^{n\times m}$,找到格中的一个非零向量 $\boldsymbol{\lambda}=\boldsymbol{Bx}(x\in\mathbf{Z}^m)$,使得对于任意的 $\boldsymbol{y}\in\mathbf{Z}^m,\boldsymbol{y}\neq 0$,满足 $\|\boldsymbol{\lambda}\|\leqslant\|\boldsymbol{By}\|$。

【定义】CVP 对于给定格的一组基 $\boldsymbol{B}\in \boldsymbol{Z}^{n\times m}$ 和一个任意的目标向量 $\boldsymbol{t}\in \mathbf{Z}^n$，找到格中的一个非零向量 $\boldsymbol{\lambda}=\boldsymbol{Bx}(\boldsymbol{x}\in \boldsymbol{Z}^m)$，使得对于任意的非零向量 $\boldsymbol{y}\in \boldsymbol{Z}^m$，满足 $\|\boldsymbol{\lambda}-\boldsymbol{t}\|\leqslant\|\boldsymbol{By}-\boldsymbol{t}\|$。

在具体讨论上述两个 NP 问题时，可将其转换为其他 2 种不同的问题，具体如下。

① 搜索问题：寻找一个非零格向量 $\boldsymbol{x}$，满足 $\|\boldsymbol{x}\|$（CVP 中对应 $\|\boldsymbol{x}-\boldsymbol{t}\|$）最小。

② 判定问题：给定有理数 $r>0$，判断是否存在一个非零格向量 $\boldsymbol{x}$ 满足 $\|\boldsymbol{x}\|\leqslant r$（CVP 中对应 $\|\boldsymbol{x}-\boldsymbol{t}\|\leqslant r$）的最小值。

上面 2 种问题的困难性是一致的，所以在实际情况中，针对具体的应用选择一种问题进行讨论即可。

1981 年 Van Emde Boas 证明 SVP 在∞范数下是 NP 难的，并推测在任意 p 范数下是 NP 难的，在证明 SVP 的同时也证明了 CVP 是一个 NP 困难问题。1998 年，M. Ajtai 证明 SVP 在 2－范数下随机规约是一个 NP 困难问题。

一般来讲，大多数会认为 CVP 难于 SVP，比如，Goldrich 证明了如果可以解 CVP，那么可以以相同的逼近因子解 SVP。Goldrich 设计了一种将 CVP 转化为 SVP 的方法，但是这种方法并没有能够提出 CVP 和 SVP 困难性上的新的上限。

一个格可以用很多组不同基表示，一组给定的基向量通常都比格中最短向量大得多。而实际中往往只需要找一个长度不超过最短向量 γ 倍的向量，或距离目标向量不超过最小距离 γ 倍的向量，而无须准确找到最短向量或最近向量本身，这就是近似最短向量问题(γ-SVP)和近似最近向量问题(γ-CVP)。

【定义】(γ-SVP) L 是 R^m 中的格，对任意的 $\gamma>0$，求解格中的一个向量 $\boldsymbol{V}$，使得对所有 $\boldsymbol{W}\in \boldsymbol{L}$，$\|\boldsymbol{V}\|\leqslant\gamma\|\boldsymbol{W}\|$ 成立。该问题称为 γ 阶最短向量问题。

【定义】(γ-CVP) L 是 R^m 中的格，对任意的 $\boldsymbol{X}\in \mathbf{R}^m$，$\gamma>0$，求解格中的一个向量 $\boldsymbol{V}$，使得对所有 $\boldsymbol{W}\in \boldsymbol{L}$，$\|\boldsymbol{X}-\boldsymbol{V}\|\leqslant\gamma\|\boldsymbol{X}-\boldsymbol{W}\|$ 成立。该问题称为 γ 阶最近向量问题。

【定义】(u-SVP 问题) 格 L 中只有唯一最短向量 $\boldsymbol{v}$，并且其他长度不超过 $\boldsymbol{v}$ 长度 $\boldsymbol{n}^c$ 倍的向量都与 $\boldsymbol{v}$ 平行，则称 L 中的 SVP 问题为 u-SVP 问题。

对于近似 NP 困难问题，当 $1\leqslant\gamma\leqslant 2^{(\log n)^{1/2-\varepsilon}}$ 时，近似 SVP 问题和近似 CVP 问题仍然是 NP 困难的。格基规约算法具有很好的优势，密码学者希望在保持近似 SVP 问题和近似 CVP 问题的计算困难性的同时寻找近似因子 γ 的最大值，这样可以扩大它的应用范围。2007 年，Micciancio 证明当 $\gamma<\sqrt{2}$ 时，γ－SVP 问题是 NP 困难问题。同年，Arora 等证明当 $\gamma=(\log n)^c\sqrt{2}$，$c>0$ 时，γ－CVP 问题是 NP 困难问题。D. Aharonov 证明当 $\gamma>\sqrt{n/\log n}$ 时，近似 SVP 问题不再是 NP 困难的。

【定义】(覆盖半径问题，判定版本) (B,d) 为 $G_{AP}\mathrm{CRP}_\gamma$ 的输入，其中 B 是 n 维格的一组基，$\boldsymbol{d}\in \mathbf{Q}$。如果 $\max\limits_{x\in \mathbf{R}^n}\{\mathrm{dist}(\boldsymbol{x},\boldsymbol{L}(\boldsymbol{B}))\}\leqslant \boldsymbol{d}$，是 Yes 实例；如果 $\max\limits_{x\in \mathbf{R}^n}\{\mathrm{dist}(\boldsymbol{x},\boldsymbol{L}(\boldsymbol{B}))\}>\gamma\cdot \boldsymbol{d}$，是 No 实例。

【定义】(最短独立向量问题，查找版本) n 维格的一组基 $\boldsymbol{B}$ 作为 SIVP_γ 的输入。目的是输出 n 维格上线性独立向量集 $\mathbf{S}=\subset \boldsymbol{L}(\boldsymbol{B})$，满足 $\|\boldsymbol{S}\|\leqslant\gamma\cdot\lambda_n(\boldsymbol{L}(\boldsymbol{B}))$，其中 $\|\boldsymbol{S}\|$ 是 $\boldsymbol{S}$ 中向量长度的最大值。

【定义】(广义独立向量组问题，查找版本) n 维格的一组基 $\boldsymbol{B}$ 作为 $\mathrm{GIVP}_\gamma^\phi$ 的输入。目的是输出 n 维格上线性独立向量集 $\boldsymbol{S}=\subset \boldsymbol{L}(\boldsymbol{B})$，满足 $\|\boldsymbol{S}\|\leqslant\gamma\cdot\phi(\boldsymbol{L}(\boldsymbol{B}))$。

其中，ϕ 为格上的任意函数，当 $\phi=\lambda_n$ 到的是 SIVP，或者将其定义为光滑参数。

【定义】（确定距离解码，查找版本）　n 维格的一组基 $\boldsymbol{B}$ 和靶点 t 作为 GDD_γ^ϕ 的输入。目的是输出格上点 $x\in L(\boldsymbol{B})$，使得 $\mathrm{dist}(\boldsymbol{t},\boldsymbol{x})\leqslant\gamma\cdot\phi L(\boldsymbol{B})$。

（2）Average-case 困难问题

Ajtai 的结果指出如果求解某个格问题在 worst-case 下是计算困难的，那么就存在某个计算问题（例如单向函数）在 average-case 下求解是困难的。Ajtai 给出了从 worst-case 格问题到 average-case 问题的归约。

① LWE 问题（Learning with Errors Problem）。Regev 首次提出这一概念。简单来说，LWE 问题就是求解近似随机线性方程组的解问题。例如：

$$
\begin{aligned}
&15x_1+14x_2+3x_3+2x_4\approx 9(\mathrm{mod}\ 17)\\
&13x_1+13x_2+14x_3+6x_4\approx 16(\mathrm{mod}\ 17)\\
&6x_1+10x_2+11x_3+4x_4\approx 9(\mathrm{mod}\ 17)\\
&10x_1+11x_2+8x_3+12x_4\approx 9(\mathrm{mod}\ 17)\\
&\qquad\vdots\\
&5x_1+8x_2+4x_3+11x_4\approx 9(\mathrm{mod}\ 17)
\end{aligned}
$$

【定义】（LWE 的判定版本）　对于整数 $q=q(n)$，$\mathbf{Z}_q$ 上概率分布 χ，问题 $\mathrm{LWE}_{q,x}$（average-case）是否是区分分布 $\boldsymbol{A}_{s,x}$（s 均匀取自 $\mathbf{Z}_q^n$）和 $\mathbf{Z}_q^n\times\mathbf{Z}_q$ 上的均匀分布。换句话说，如果 LWE 是困难的，那么所有分布 $\boldsymbol{A}_{s,x}$ 构成的集是伪随机的。

② SIS 问题。小整数解 SIS 问题（Small Integer Solution Problem），给定均匀选自 $\mathbf{Z}_q^n$ 上的向量序列 $a_1,a_2,a_3,\cdots$，寻找它们的一个子集合使其满足其和模 q 为 0。正式定义如下。

【定义】　给定整数 q，矩阵 $\mathbf{A}\in Z_q^{m\times n}$ 和实数 β，寻找一个非零向量 $\boldsymbol{x}\in\mathbf{Z}^m\backslash\{0\}$ 使得 $\mathbf{A}x=0(\mathrm{mod}\ q)$，且 $\|\boldsymbol{x}\|\leqslant\beta$。

③ ISIS 问题。非齐次小整数解 ISIS 问题（Inhomogeneous small integer solution）是 SIS 的一个变体。

【定义】（非齐次小整数解问题 ISIS）　给定整数 q，矩阵 $\mathbf{A}\in\mathbf{Z}_q^{m\times n}$，特征值 $u\in\mathbf{Z}_q^n$，实数 β。寻找整数向量 $\boldsymbol{e}\in\mathbf{Z}^m$，使得 $\boldsymbol{Ae}=\boldsymbol{u}(\mathrm{mod}\ q)$ 且 $\|\boldsymbol{e}\|_2\leqslant\beta$。

2.4.3　NTRU 算法描述

NTRU 的 3 个公开参数为 (N,p,q)，通常情况下 $p=3,q=2^k$，$N-1$ 是多项式的最高次数。它构建在商环 $Z[x]/(x^N-1)$ 上。$L(a,b)$ 表示环中具有 a 个系数为 1，b 个系数为 -1，其余系数均为 0 的全体整系数多项式。

随机选取两个多项式 $f=1+pF$ 和 $g\in L(d_g,d_g)$，其中保证 f 存在逆元 f_p 和 f_q，使得 $f*f_p=1(\mathrm{mod}\ p)f*f_q=1(\mathrm{mod}\ q)$（其中"$*$"运算为有限域上的多项式乘法）。计算 $h=f_q*g(\mathrm{mod}\ q)$，则 NTRU 的公钥为 (N,p,q,h)，私钥为 f。

（1）加密过程

用户选取随机多项式 $r\in L(d_r,d_r)$，对于明文消息 m，计算 $c=pr*h+m(\mathrm{mod}\ q)$ 得到

密文。

(2) 解密过程

解密者得到密文 $c=pr*h+m(\mathrm{mod}\ q)$后:

① 计算 $a\equiv c*f(\mathrm{mod}\ q)$;

② 计算 $m'=a*f_p$;

③ 计算 $m\equiv m'(\mathrm{mod}\ p)$。

2.4.4 NTRU 安全性分析

采用NTRU体制对明文 m 进行加密,需要从环 $Z[x]/(x^n-1)$中选择多项式 f 和 g 作为私钥,公布的信息为(N,p,q,h),加密者根据公布的参数选取加密随机多项式 r,对明文进行加密后得到 $c=pr*h+m(\mathrm{mod}\ q)$。

从上述论述中可以看出,参与加密的隐私信息有 f、g 和 r,所以攻击NTRU的两种途径一是恢复 f 和 g,二是找到加密消息用的随机多项式 r。然而需要注意的是多项式 r 只能恢复到明文 m,但却得不到私钥 f 和 g,因此找到 r 无助于恢复出其他用同一公钥 h 加密的明文。针对NTRU常用攻击方法主要有以下几种。

(1) 强力攻击(Brute-Force Attack)

通过对NTRU体制的分析可知,无须找到私钥 f 和 g 的本身才可完成解密,任意两个多项式 A 和 $B\in R$,只要满足①$A^{-1}*B=h(\mathrm{mod}\ q)$;②$A$ 和 B 的系数足够小,从而使 $pr*B+A*m$ 的系数在$-q/2$ 和 $q/2$ 之间,就可能替代 f 和 g 实现解密成功。

f 和 g 的系数只在-1,0 和 1 之间选取,攻击NTRU时只须在 L_f 中搜索 f 的所有可能值,并计算 $g=f*h(\mathrm{mod}\ q)$,检查 g 系数是否在 -1,0 和 1 之间。

如果 $d_g<d_f$ 且 h 在环 $Z[x]/(x^N-1)$中有逆元,简单的办法就是在 L_g 中搜索 g 的所有可能值,并计算 $f=h^{-1}*g(\mathrm{mod}\ q)$,检查多项式 f 的系数是否只有-1,0 和 1。在对多项式 f 进行搜索时,搜索的次数取决于参数 L_f 的大小,即小于 $C_N^{d_f}C_{N-d_f}^{d_f-1}$。

(2) 中间相遇攻击 (Meet in the middle Attack)

中间相遇攻击是强力攻击的一种方法,它的主要思路是将 f 拆分为 f_1 和 f_2,即 $f=f_1+f_2$,这可以将搜索 f 的困难问题转为搜索 f_1 和 f_2,采用这种方法能够降低强力攻击的上界。中间相遇攻击的运行时间可近似的表示为

$$O(\sqrt{C_N^{d_f}C_{N-d_f}^{d_f-1}})$$

(3) 多次发送攻击

这种攻击方法的前提是明文 m 被加密发送了 n 次,且每一次均使用相同的公钥 h,且 h 在环中有逆元,这个过程不要求每次采用相同的随机多项式,则第 i 次发送的密文为 $c_i=pr_1{}^*h+m(\mathrm{mod}\ q)$。计算 $c_i-c_1=p(r_i-r_1)^*h(\mathrm{mod}\ q)$,则 $r_i-r_1=p(c_i-c_1)^*h^{-1}(\mathrm{mod}\ q)$,可通过上式恢复出随机多项式 r_i 的部分系数。

然而对于基于格的公钥密码体制,最有效的攻击方法是格基规约算法。

NTRU体制的安全性与RSA体制的对比如表2.8所示。

表 2.8　NTRU 与 RSA 安全性对比

系统	密钥长度/bit	安全性/MIPS yrs
RSA 1 024	1 024	3.00×10^{12}
NTRU263	1 841	4.61×10^{14}
RSA2048	2 048	3.00×10^{21}
RSA4096	4 096	2.00×10^{33}
NTRU503	4 024	3.38×10^{38}

(4) 格基规约算法攻击

目前基于格的公钥密码体制有 NTRU、GGH、Ajtai-Dwork 等，其安全性基于在一个大维数格中寻找一个最短向量，或是针对一个给定的向量寻找与其最近向量的数学难题。对于这类困难问题的分析主要采用的方法是格基规约算法。

对于 NTRU 公钥密码体制的攻击最初是由 Coppersmith 和 Shamir 在 1999 年提出的，主要思想是在一个整数格中寻找一个足够短的向量以代替私钥实现对密文的解密。

针对密码体制的攻击，BKZ 是一个非常有效的方法。Nguyen 采用 BKZ-20 已经成功破解维数为 200、250 和 300 的 GGH 体制，采用 BKZ-60 成功破解了维数是 350 的 GGH 体制。

针对 NTRU，Craig Gentry 在 2001 年提出一种密钥恢复算法，当 N 是 2 的次幂时，可以采用降低格维数的方法来提高规约速度，进而恢复部分私钥信息。

Nick Howgrave-Graham 结合中间相遇攻击和格基规约算法，提出一种新的格基规约算法。在针对于 $k=80$ 时，提出的算法在攻击 NTRU 加密机制的私钥时，可以将循环次数从 $2^{84.2}$减少到 $2^{60.3}$。然而该算法仍然是参数 k 的指数级别的。

Tanya E. Seidel 等人提出一种研究 NTRU 格对称性的方法，这种方法利用较小的双螺旋向量代替较大向量。通过利用现有的格基规约算法，结合双螺旋法，提出一种下山逼算法，该算法比现有规约算法速度更快。虽然实验证明了这种下山逼近法的有效性，但是其不确定性表明其中存在的不稳定性太大，并且不能将问题进行有效解决。

2.5　多变量公钥密码体制

2.5.1　多变量公钥密码体制简介

多变量密码系统的安全性基础是求解有限域上的多元多项式方程组问题，这一问题已经被证明是 NP—困难问题。此外，由于多变量公钥密码大多是在较小的有限域上进行运算，因此要比基于数论的传统密码体制在计算上更加高效。1988 年，Matsumoto 和 Imai 提出了著名的 MI 密码体制，该体制是多变量公钥密码系统中第一个成熟的方案，其新颖独特的数学思想为多变量公钥密码方案的设计奠定了坚实的基础。1995 年，Patarin 用一种线性化方程方法破解了原始的 MI 体制，并对 MI 体制进行了改进，提出了 HFE 密码体制。1997 年，Patarin 针对线性化方程攻击提出了油醋(Oil-Vinegar)签名体制。此外，还有一种三角阶梯体制,是多变量公钥密码系统中又一种设计思路,该体制的起源可以追溯到1986年Fell和Diffie的工作。

在最近十几年中,多变量密码及其签名系统受到越来越多的关注,已经成为研究的热点。迄今为止,人们在一些著名的多变量公钥密码体制上,通过许多变形方法设计出安全性更高的密码体制。较为典型的变形方法有加方法、减方法、醋变量方法以及内部扰动方法等。较为著名的变形改进后的体制有MI减体制的SFlash签名体制、Rainbow签名体制、对MI体制进行内部扰动的变体PMI、对HFE体制进行内部扰动的变体IPHFE等。不久前,Tsujii、Tadaki和Fujita提出了一种与内部扰动方法类似的Piece in Hand(PH)方法用来加强多变量公钥密码的安全性,这种方法所使用的思想与内部扰动方法类似。近几年还出现了一类概率多变量密码体制,将概率验证的思想融入到多变量公钥体制中。事实上,SFlash多变量数字签名方案,已经被欧洲NESSIE(New European Schemes for Signatures, Integrity and Encryption)作为用于低耗智能卡的欧洲安全标准被接受。

2.5.2 多变量公钥密码体制理论基础

1. MQ问题

多变量公钥密码体制的安全性是基于有限域上求解一族多变量非线性多项式方程组,即

$$
\begin{cases}
p_1(x_1,x_2,\cdots,x_n)=0 \\
p_2(x_1,x_2,\cdots,x_n)=0 \\
\vdots \\
p_m(x_1,x_2,\cdots,x_n)=0
\end{cases}
$$

其中,方程中 p_i 的系数和变量均取自有限域 $F=\mathrm{GF}(q)$(通常 $q>2$)。由于方程 p_i 通常为二次方程,因此解该方程组的问题被称作MQ(Multivariate Quadratic)问题。已经证明MQ问题是NP-C问题,即便在最小的域GF(2)中也是如此。

二次多项式方程的一般形式可表示如下:

$$
\begin{cases}
y_1 = p_1(x_1,x_2,\cdots,x_n) = \sum\limits_{1\leqslant j\leqslant k\leqslant n} a_{1,j,k}x_jx_k + \sum\limits_{j=1}^{n}\beta_{1,j}x_j + \gamma_1 \\
y_i = p_i(x_1,x_2,\cdots,x_n) = \sum\limits_{1\leqslant j\leqslant k\leqslant n} a_{i,j,k}x_jx_k + \sum\limits_{j=1}^{n}\beta_{i,j}x_j + \gamma_i \\
\vdots \\
y_m = p_m(x_1,x_2,\cdots,x_n) = \sum\limits_{1\leqslant j\leqslant k\leqslant n} a_{m,j,k}x_jx_k + \sum\limits_{j=1}^{n}\beta_{m,j}x_j + \gamma_m
\end{cases}
$$

其中,系数 $\alpha_{i,j,k}$ 为二次项系数,$\beta_{i,j}$ 为一次项系数,γ_i 为常数项系数,且 $\alpha_{i,j,k},\beta_{i,j},\gamma_i\in \boldsymbol{F}$。

由于方程组可以看作是有限域 $\boldsymbol{F}^n\rightarrow\boldsymbol{F}^m$ 上的一个二次多项式向量 $(p_1(x_1,\cdots,x_n),\cdots,p_m(x_1,\cdots,x_n))$,因此常记为 $\mathrm{MQ}(\boldsymbol{F}^n,\boldsymbol{F}^m)$;当 $n=m$ 时,则简记为 $\mathrm{MQ}(\boldsymbol{F}^n)$。

2. IP问题

IP (Isomorphism of Polynomials)问题是多项式同构问题,是多变量公钥密码体制基于的另一个困难问题。

给出有限域 $\boldsymbol{F}^n \to \boldsymbol{F}^m$ 上的一对多项式向量 $\boldsymbol{P}$ 和 $\boldsymbol{P}'$，具有如下结构：

$$\boldsymbol{P}(x_1,\cdots,x_n)=(y_1,\cdots,y_m)$$

$$\boldsymbol{P}'(x_1,\cdots,x_n)=(y_1',\cdots,y_m')$$

IP 问题就是寻找两个可逆仿射变换线性变换 N 和 U，其中 $N \in F^m$ 和 $U \in F^n$，满足

$$\boldsymbol{P}(x_1,\cdots,x_n)=N \circ P' \circ U(x_1,\cdots,x_n)$$

因此 IP 问题的困难性就是通过已知的多项式向量 $\boldsymbol{P}$ 和 $\boldsymbol{P}'$，求出线性变换 N 和 U。这个问题类似于 MQ 问题。解决这个问题归结于求解一组 N 和 U 的总维数比 $\boldsymbol{P}'$ 高一维的方程组。因此，IP 问题显然是个 NP-C 问题。

2.5.3　多变量公钥密码体制算法描述

多变量公钥密码系统的结构如下。

设 F 为有限域，则多变量密码系统的公钥由一组非线性的多变量多项式方程组

$$\boldsymbol{P}: \boldsymbol{F}^n \to \boldsymbol{F}^m: \begin{cases} y_1 = p_1(x_1,x_2,\cdots,x_n) \\ y_2 = p_2(x_1,x_2,\cdots,x_n) \\ \quad\vdots \\ y_m = p_m(x_1,x_2,\cdots,x_n) \end{cases}$$

构成。

多变量密码系统的陷门构造构造如图 2.12 所示。

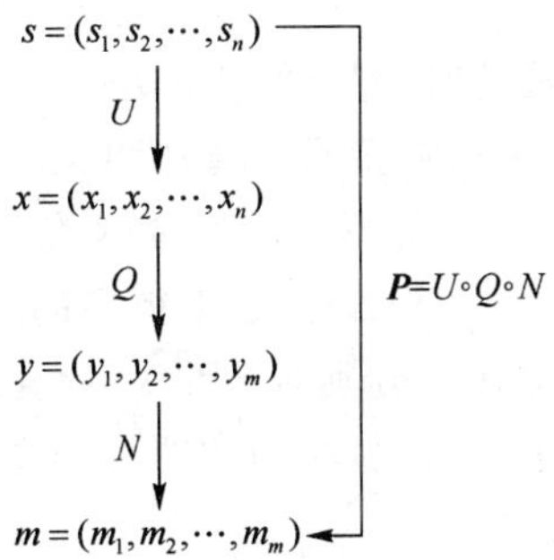

图 2.12　多变量公钥密码系统陷门结构

从图 2.12 中可以看出，中心映射 Q 也称为核映射，是公钥中的核心部分。构成中心映射的方程称为中心方程，是由 n 个变量 m 个多项式组成的方程组，即

$$Q(x_1,\cdots,x_n)=(q_1(x_1,\cdots,x_n),\cdots,q_m(x_1,\cdots,x_n))=(y_1,\cdots,y_n)$$

N 和 U 分别为 F^n 和 F^m 上随机选取的可逆仿射变换：

$$U: s \to x = \boldsymbol{M}_U s + \boldsymbol{c}_U \in Aff^{-1}(F^n)$$

$$N: y \to m = M_N y + \boldsymbol{c}_N \in Aff^{-1}(F^m)$$

其中，$\boldsymbol{M}_U$、$\boldsymbol{M}_N$ 为系数矩阵，$\boldsymbol{c}_U$、$\boldsymbol{c}_N$ 为常向量。用 $Aff^{-1}(F^n,F^m)$ 表示 F^n 到 F^m 上的所有仿射变换，$Aff^{-1}(F^n)$ 和 $Aff^{-1}(F^m)$ 分别为 $Aff^{-1}(F^n,F^n)$ 和 $Aff^{-1}(F^m,F^m)$ 的缩写。仿射变换 N 和 U 是私钥的重要组成部分，共同“隐藏”中心映射 Q 的结构。

中心映射 Q 和两个仿射变换 N 和 U 组成的三元组 (N,Q,U) 为私钥，对应的公钥为 3 个映射的合成：$P=U \circ Q \circ N$，符号 $\circ$ 表示映射的合成。有

$$P(x_1,\cdots,x_n)=U\circ Q\circ N(x_1,\cdots,x_n)=(p_1(x_1,\cdots,x_n),\cdots,p_m(x_1,\cdots,x_n))$$

若不计常数项,公钥 P 的长度约为 $mn(n+3)/2$,即为二次方程组的系数;私钥长度为 $n(n+1)+m(m+1)$,即为(M_U^{-1},M_N^{-1},c_U,c_N)的系数。

多变量公钥密码系统的加密过程如图 2.13 所示。

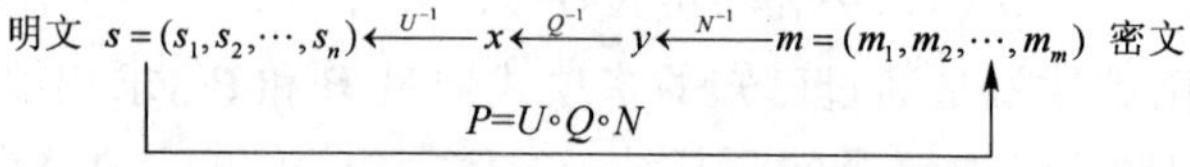

明文 $s=(s_1,s_2,\cdots,s_n)\xleftarrow{U^{-1}}x\xleftarrow{Q^{-1}}y\xleftarrow{N^{-1}}m=(m_1,m_2,\cdots,m_m)$ 密文

$P=U\circ Q\circ N$

图 2.13　多变量公钥密码系统加解密示意

其中,$s(s_1,s_2,\cdots,s_n)$为明文,$m=(m_1,m_2,\cdots,m_m)$为密文。公钥为 $P=U\circ Q\circ N$,私钥为(N,Q,U)。

(1) 加密过程

将明文 $s=(s_1,s_2,\cdots,s_n)$代入公钥方程 $P=U\circ Q\circ N$ 中,计算

$$P(s_1,\cdots,s_n)=U\circ Q\circ N(s_1,\cdots,s_n)=(p_1(s_1,\cdots,s_n),\cdots,p_m(s_1,\cdots,s_n))=(m_1,\cdots,m_m)$$

得到 $m=(m_1,m_2,\cdots,m_m)$即为密文。

(2) 解密过程

解密需要私钥(U,Q,N)的逆映射(U^{-1},Q^{-1},N^{-1})。由于 U、N 为仿射变换,因此 $N^{-1}(x)=M_N^{-1}(x-c_N)$、$U^{-1}(x)=M_U^{-1}(x-c_U)$。$Q^{-1}$的计算则需根据 Q 的具体结构来确定。解密过程即依次计算 $y=N^{-1}(m)$、$x=Q^{-1}(y)$和 $s=U^{-1}(x)$。最终得到 $s=(s_1,s_2,\cdots,s_n)$即为明文。

当中心映射 $Q:F^n\to F^m$ 不是满射,即公钥 $P:F^n\to F^m$ 不是满射时,求解原像的结果可能不唯一。因此,为确定原像,可利用哈希函数增加明文的一个冗余,具体方法如下。

设 s_0 为明文,m_0 为密文。取一安全不可逆哈希函数 $H:F^n\to\{0,1\}^h$,其中 $h\in N$ 是哈希值的长度,计算明文 s_0 的冗余 $\tilde{s}_0=H(s_0)$。解密得到的原像集设为 $S:=\{s\in F^n\mid P(s)=m_0\}$,$|S|=k$,$k\in N$,即求得 k 个原像。分别对 k 个 s_i 计算哈希值 $H(s_i)$,$i=0,1,\cdots,k-1$,$k\in N$,与明文的冗余 $\tilde{s}_0=H(s_0)$进行对比,相同的即为明文。

因此加解密过程可作如下改进。

(1) 加密过程

① 对明文 $s=(s_1,s_2,\cdots,s_n)$,计算

$$\begin{aligned}P(s_1,\cdots,s_n)=U\circ Q\circ N(s_1,\cdots,s_n)=\\&(p_1(s_1,\cdots,s_n),\cdots,p_m(s_1,\cdots,s_n))=\\&(m_1,\cdots,m_m)\end{aligned}$$

得到 $m=(m_1,m_2,\cdots,m_m)$。

② 计算明文的冗余 $\tilde{s}=H(s)$。

密文即为$(m,\tilde{s})\in F^n\times\{0,1\}^h$。

(2) 解密过程

① 依次计算 $y=N^{-1}(m)$、$x=Q^{-1}(y)$和 $s=U^{-1}(x)$,得到 k 个 s_i,$i=0,1,\cdots,k-1$,$k\in\mathbf{N}$。

② 分别对 k 个 s_i 计算哈希值 $H(s_i)$,$i=0,1,\cdots,k-1$,$k\in\mathbf{N}$,与明文的冗余 $\tilde{s}=H(s)$进行对比,相同的即为明文。

一般情况下，使用杂凑值为 80 bit 的哈希函数，解密得到唯一原像的概率为 $1-2^{-80}$。

1. MI(Matsumoto-Imai)

MI(Matsumoto-Imai)公钥密码体制是由 Matsumoto 和 Imai 于 1988 年首先提出的，是利用基域及其扩域来构造的多变量公钥密码体制。

设 F 是特征为 2 的 q 阶有限域，并且 $g(x)\in F[x]$ 为 n 次不可约多项式。定义域 $E=F[x]/g(x)$ 为 F 的 n 次扩域。

设 $\phi:E\to F^n$ 是由 E 到 F 的线性同构，其结构为

$$\phi(a_0+a_1x+\cdots+a_{n-1}x^{n-1})=(a_0,a_1,\cdots,a_{n-1})$$

域 E 的子域 F 嵌入到 F^n 的标准形式为

$$\phi(a)=(a,0,\cdots,0),\quad \forall a\in E$$

选取 θ，满足 $0<\theta<n$ 且 $\gcd(q^\theta+1,q^\theta-1)=1$，定义域 E 上的映射 $\tilde{Q}$ 为

$$\tilde{Q}(x)=X^{1+q^\theta}$$

其中 θ 的限制条件确保 $\tilde{Q}$ 为一个可逆映射；事实上，如果 t 是一个整数，并且满足

$$t(q^\theta+1)\equiv 1 \bmod (q^\theta-1)$$

那么 $\tilde{Q}^{-1}(X)=X^t$。

现在域 F^n 上的映射 Q 可以定义为

$$Q(x_1,\cdots,x_n)=\phi\circ\tilde{Q}\circ\phi^{-1}(x_1,\cdots,x_n)=(f_1,\cdots,f_n)$$

其中 $f_1,\cdots,f_n\in F[x_1,\cdots,x_n]$。接下来再选择域 F^n 上的两个可逆仿射变换 L_1 和 L_2，则定义域 F^n 上的映射域 $\bar{Q}$ 为

$$\bar{Q}(x_1,\cdots,x_n)=L_1\circ Q\circ L_2(x_1,\cdots,x_n)=(\bar{f}_1,\cdots,\bar{f}_n)$$

其中 $\bar{f}_1,\cdots,\bar{f}_n\in F[x_1,\cdots,x_n]$。

MI 体制的结构如图 2.14 所示。

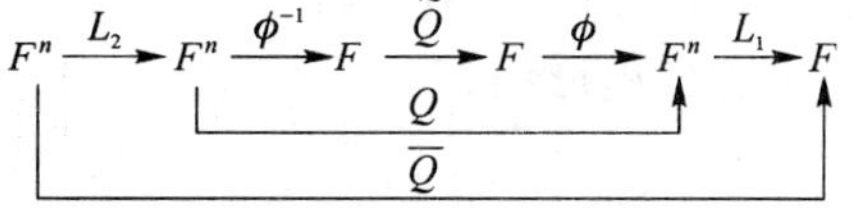

$$F^n \xrightarrow{L_2} F^n \xrightarrow{\phi^{-1}} F \xrightarrow{\tilde{Q}} F \xrightarrow{\phi} F^n \xrightarrow{L_1} F$$

Q

$\bar{Q}$

图 2.14　MI 体制映射结构

在 MI 算法中，公钥由 $\bar{Q}$ 的 n 个多项式及有限域 F 的结构组成；私钥由 L_1,L_2 和 θ 组成。

虽然 Patarin 于 1995 年发现了 MI 体制的内在代数结构缺陷，并利用线性化方程的方法将其攻破，但 MI 体制的提出却具有重要意义，该体制为该领域带来了全新的思想概念，是多变量公钥密码体制发展的里程碑。其后的多个 MI 体制的变形体具有很大的发展潜力，如 SFlash 签名体制和 PMI+加密体制，前者被 NESSIE 计划接收，作为用于低端智能卡的一种终选算法，后者至今被认为是一种安全的加密体制。

2. 隐藏域方程

隐藏域方程(Hidden Field Equations，HFE)体制是 Patarin 通过对 MI 的推广而提出的。HFE 的中心映射是扩域上的单变量多项式，而非 MI 体制采用的是单变量单项式。

设 F 是 q 阶有限域，有限域 E 为 F 的 n 次扩域，与 MI 体制不同的是，HFE 不要求 F 的特征值为 2，若 $g(x)\in F[x]$ 是一个 n 次不可约多项式，则 $E\cong F[x]/g(x)$。设 $\phi:E\to F^n$

是由 E 到 F 的线性映射：

$$\phi(a_0+a_1x+\cdots+a_{n-1}x^{n-1})=(a_0,a_1,\cdots,a_{n-1})$$

中心映射为

$$\widetilde{Q}(X)=\sum_{i=0}^{r_2-1}\sum_{j=0}^{i}a_{ij}X^{q^i+q^j}+\sum_{i=0}^{r_1-1}b_iX^{q_i}+c$$

其中 $a_{ij},b_i,c\in E$ 是随机选取的系数，r_1 和 r_2 的选取需要使得 $\widetilde{Q}$ 的次数小于某个参数 d。

秘密地随机选取域 F^n 上的两个可逆仿射变换 L_1 和 L_2，则公钥多项式的合成为

$$\overline{Q}=L_1\circ\phi\circ\widetilde{Q}\circ\phi^{-1}\circ L_2$$

私钥即为中心映射 $\widetilde{Q}(X)$ 和两个可逆仿射变换 L_1 和 L_2。

解密过程中，需要在域 F^n 上借助 Berlekamp 算法的变体求解 $\widetilde{Q}^{-1}(X)$，具体方法可参见文献。由于这一步的复杂度为 $O(nd^2\log d+d^3)$，因此 d 不能过大。

该体制曾一度被认为是最安全的多变量公钥体制。后来这种体制被 Kipnis 和 Shamir 通过再线性化方法提出的密钥恢复攻击破解。为了抵抗陆续出现的攻击，HFE 体制被研究出了许多变形体，其中最受关注的是使用醋变量方法和减方法构造而成的变形体 HFEv 和 HFEv$^-$，尤其是 HFEv$^-$ 中一种实用的 Quartz 签名体制。

3. 不平衡油醋

UOV(Unbalanced Oil and Vinegar Schemes)即不平衡的油醋体制，是对平衡的油醋(Oil and Vinegar,OV)体制的扩展。不平衡油醋体制是 Kipins 等人在 1999 年针对 Kipins 和 Shamir 在 1998 年利用可逆子空间攻破平衡的油醋体制后提出的。随后提出的彩虹体制是一种多层油醋体制，即每一层都是油醋多项式，而且该层的所有变量都是下一层的醋变量。与彩虹体制类似的还有 TTS 和 TRMS，这两种体制实际上可以认为是彩虹体制的特例，尽管是通过不同的思想(三角形构造)构造出来的，这些体制均难以抵抗伪造签名攻击。

油醋体制的中心方程建立在基域上，其结构如下。

设 F 是有限域，UOV 的中心方程形如

$$q_i(x_1,\cdots,x_o,\tilde{x}_1,\cdots,\tilde{x}_{n-o}):=\sum_{j=1}^{o}\sum_{k=1}^{n-o}\gamma_{i,j,k}x_j\tilde{x}_k+\sum_{j=1}^{n-o}\sum_{k=1}^{n-o}\gamma'_{i,j,k}\tilde{x}_j\tilde{x}_k+\sum_{j=1}^{o}\beta_{i,j}x_{i,j}+\sum_{j=1}^{o}\beta'_{i,j}\tilde{x}_{i,j}+\alpha_i$$

其中 $o,n\in\mathbf{N}$ 且 $o<n$，系数 $\alpha_i,\beta_{i,j},\beta'_{i,j},\gamma_{i,j,k},\gamma'_{i,j,k}\in F$。$x_1,\cdots,x_o$ 称为油变量，$\tilde{x}_1,\cdots,\tilde{x}_{n-o}$ 称为醋变量。醋变量关于自身产生二次项，而油变量只和醋变量相结合构成二次项。故给定醋变量的值后，该中心方程就变成关于油变量的线性方程组。因此，在生成签名时只需随机选取一组醋变量，然后求解一个关于油变量的线性方程组。

4. 步进式三角方案(STS)

逐步三角系统(Step-wise Triangular Schemes,STS)是在有限域 F 上，又一种可逆中心映射的构造方法，其安全性是基于分解一个非线性可逆多项式映射合成的困难性。其中心映射 Q 具有如下结构：

$$\text{Step 1}\begin{cases} p_1' = g_1(x_1, x_2, \cdots, x_{a_1}) \\ \vdots \quad \vdots \quad \vdots \\ p_{m_1}' = g_{m_1}(x_1, x_2, \cdots, x_{a_1}) \end{cases}$$

$$\text{Step 2}\begin{cases} p_{m_1+1}' = g_{m_1+1}(x_1, x_2, \cdots, x_{a_1}, x_{a_1+1}, \cdots, x_{a_1+a_2}) \\ \vdots \quad \vdots \quad \vdots \\ p_{m_1+m_2}' = g_{m_1+m_2}(x_1, x_2, \cdots, x_{a_1}, x_{a_1+1}, \cdots, x_{a_1+a_2}) \end{cases}$$

$$\vdots \qquad \vdots$$

$$\text{Step } L\begin{cases} p_{m-m_L+1}' = g_{m-m_L+1}(x_1, x_2, \cdots, x_n) \\ \vdots \quad \vdots \quad \vdots \\ p_m' = g_m(x_1, x_2, \cdots, x_{a_1}) \end{cases}$$

其中，L 为步数，$a_1, \cdots, a_L \in \mathbf{N}$ 为步宽，即每一步新增变量的数量。令 $m_1, \cdots, m_L \in \mathbf{N}$ 为步高，即每一步新增方程的数量。当 $a_1 = \cdots = a_L = m_1 = \cdots = m_L$ 时，称为正规 STS，即每步增加的变量和方程数相等，因此每一步都是双射结构，保证有唯一解。这使得基于 STS 陷门的多变量公钥密码体制的效率最高，虽然现有体制均被攻破，但其高效性是值得借鉴的。

TTM 体制可以看作是 STS 体制的一种特殊的情况，不同的是 STS 体制的中心映射只有一个，而 TTM 体制的中心映射是若干个可逆映射的复合。其中心映射表示如下：

$$t(x_1, \cdots, x_n) = (x_1, \cdots, x_n, 0, \cdots, 0)$$

若 $\bar{Q}: F^n \to F^m$ 为 $\bar{Q}(x_1, \cdots, x_n) = F \circ t(x_1, \cdots, x_n)$，则 $Q: F^m \to F^m$ 定义为

$$Q(x_1, \cdots, x_m) = \phi_4 \circ \phi_3 \circ \phi_2 \circ \phi_1(x_1, \cdots, x_m)$$

其中，ϕ_1, ϕ_4 是可逆线性映射，ϕ_2, ϕ_3 是 De Jonquiere 映射，ϕ_2 为二维变换，ϕ_3 为高维变换，映射 ϕ_1 为

$$\phi_1(x_1, \cdots, x_{n+v}) = (\tilde{\phi}(x_1, \cdots, x_n), x_{n+1}, \cdots, x_{n+v})$$

其中，$\tilde{\phi}_1$ 是 F^n 上的可逆仿射变换。

5. 中等域

中等域(Medium-Field Encryption Scheme，MFE)是 2006 年提出来的一种新型多变量加密体制，由于域的扩张没有覆盖所有的变量，因此称之为“中等域、中间域”，简称 MFE。

设 F 是有限域，E 是其 r 次扩域。定义线性同构 $\pi: E \to F^r$，即取 E 在 F 上的一组基 $(\theta_1, \cdots, \theta_n)$，则 π 为 $\pi(a_1\theta_1 + \cdots + a_r\theta_r) = (a_1, \cdots, a_r)$，$a_1, \cdots, a_r \in F$。可推出两个线性同构 $\pi_1: E^{12} \to F^{12r}$ 和 $\pi_2: E^{15} \to F^{15r}$。MFE 的私钥由定义在 F^{12r} 和 F^{15r} 上的两个可逆仿射变换 ϕ_1 和 ϕ_3 构成。$\phi_2: E^{12} \to E^{15}$ 为中心映射。中心映射 $\phi_2(X_1, \cdots, X_{12}) = (Y_1, \cdots, Y_{15})$ 表达如下：

$$\begin{cases} Y_1 = X_1 + X_5X_8 + X_6X_7 + Q_1 \\ Y_2 = X_2 + X_9X_{12} + X_{10}X_{11} + Q_2 \\ Y_3 = X_3 + X_1X_4 + X_2X_3 + Q_3 \\ Y_4 = X_1X_5 + X_2X_7;\ Y_5 = X_1X_6 + X_2X_8 \\ Y_6 = X_3X_5 + X_4X_7;\ Y_7 = X_3X_6 + X_4X_8 \\ Y_8 = X_1X_9 + X_2X_{11};\ Y_9 = X_1X_{10} + X_2X_{12} \\ Y_{10} = X_3X_9 + X_4X_{11};\ Y_{11} = X_3X_{10} + X_4X_{12} \\ Y_{12} = X_5X_9 + X_7X_{11};\ Y_{13} = X_5X_{10} + X_7X_{12} \\ Y_{14} = X_6X_9 + X_8X_{11};\ Y_{15} = X_6X_{10} + X_8X_{12} \end{cases}$$

Q_1,Q_2,Q_3 构成三元组(Q_1,Q_2,Q_3),为 F^{3r}到自身的三角形映射(Triangular Map)。

对应的公钥由 $15r$ 个多变量方程组成:

$$(h_1(u_1,\cdots,u_{12r}),\cdots,h_{15}(u_1,\cdots,u_{12r}))=\phi_3\circ\pi_2\circ\phi_2\circ\pi_1^{-1}\circ\phi_1(u_1,\cdots,u_{12r})$$

MFE的中心映射是由一种特殊的矩阵结构对应而来,异于MI和HFE采用的单个多项式,因此与之前的体制相比,MFE体制的公钥长度和运算时间大大降低,并且MFE的中心映射采用类似Tame映射的形式,其密钥的生成过程更为高效。

2.5.4 多变量公钥密码体制安全性分析

现有对多变量密码体制的攻击方法除了穷举搜索外主要有以下几种:线性化方程、解非线性方程、秩攻击以及差分攻击等方法。

1. 线性化方程方法

线性化方程方法是通过公钥方程或中心映射进行等价变形,得到线性化方程和足够多的明密文变量之间的线性关系,并对所解方程组进行消元,最后得到变量个数少于方程组个数的易于求解的方程组。

(1) Patarin线性化方程方法

该方法是1995年Patarin针对攻击MI体制提出的。对于一个密码体制,满足线性化方程是指密文变量 y_i 或公钥多项式和明文变量 x_i 满足下列恒等式:

$$\sum_{i=1,j=1}^{n,m}a_{ij}x_iy_j+\sum_{i=1}^{n}b_ix_i+\sum_{j=1}^{m}c_jx_j+d=0$$

通过随机选取足够多的明文,加密得出足够多的明密对,然后将这些明密文对代入式中,可以得到一组关于系数的线性方程组;也可通过将 y_i 关于 x_i 的表达式代入式中,展开化简,比较等式两边 x_i 的系数,得到关于系数的一个线性方程组。

(2) 高阶线性化方程组方法

该方法是2006年Patarin针对攻击MFE体制提出的。其形式为

$$\sum_{i<j}a_{ijk}x_ix_jy_k+\sum_{i\leqslant j}b_{ij}x_ix_j+\sum c_{ij}x_iy_j+\sum d_ix_i+\sum e_jy_j+f=0$$

求解方法也是通过将足够多的(x_i,y_i)对代入式中,得到一组关于系数的线性方程组。

2. 非线性方程方法

非线性方程的方法,比较著名的有XL算法和Gröbner基算法。

XL(eXtended Linearization)算法是Courtois、Klimov、Patarin和Shamir通过推广线性化方程方法提出来的解有限域上多变量多项式方程组的一种算法。

多变量多项式方程组具有如下形式:

$$\begin{cases}f_1(x_1,x_2,\cdots,x_n)=y_1'\\f_2(x_1,x_2,\cdots,x_n)=y_2'\\\quad\vdots\\f_m(x_1,x_2,\cdots,x_n)=y_m'\end{cases}$$

则XL算法可描述如下:

令 $A:=\{l_i\,|\,l_i=f(x_1,\cdots,x_n)-y_i,i=1,\cdots,m\}$ 是多变量二次方程的集合。设 $D\in\mathbf{N}$,考虑所有次数小于整数 D 的多项式$(\Pi_{j=1}^{k}x_{ij})\cdot l_i$。令 I_D 为由这些多项式组成的集合,则

I_D 是线性空间。XL 算法的步骤如下。

① 乘:由乘法生成所有形如 $(\prod_{j=1}^{k} x_{ij})\cdot l_i \in I_D, K\leqslant D-2$ 的乘积式。

② 线性化:在由步骤①得到的方程中,将所有次数小于等于 D 的单项式看作一个新的变量,再对这些方程进行高斯消元。在对这些单项式进行线性化时必须保证所有仅含有一个变量的方程,放在最后消去。

③ 求解:若由步骤②得到的方程中至少有一个是单变量的,比如只含有 x_1,则在有限域中求解出 x_1。

④ 循环:将步骤③中求出的单变量 x_1 代入方程组中进行化简。并重复以上过程,解出其他变量。

事实上,XL 算法也是一种计算既约 Gröbner 基的算法,它可表示成另一种求 Gröbner 基算法的冗余变体。令 R 表示 I_D 中所有方程的个数,T 表示这些方程所含单项式的个数,则有:

$$R = m\cdot\left(\sum_{i=0}^{D-2}\binom{n}{i}\right)\approx m\cdot\binom{n}{D-2},\quad T=\sum_{i=0}^{D}\binom{n}{i}$$

同时,根据文献,当 $m=n+c$ 时,XL 算法的复杂度约为 $\left(\frac{n^{\sqrt{n}}}{\sqrt{n}\,!}\right)$。其中使用一般高斯消元法时,$\omega=3$;而使用改进算法,$\omega=2.376\ 6$。

目前比较有效的求 Gröbner 基的方法是带约化的 Buchberger 算法,考虑到在基本的 Buchberger 算法中,每一步都要对任意的 $p,q\in G$,求 $\overline{S(p,q)}^G$,因而 $|G|$ 将影响到计算量的大小,而每一步 $|G|$ 的值都是严格递增的。所以给出以下算法可以降低 $\overline{S(p,q)}^G$ 的计算数量。

给出准三角列的定义如下。

设 $F[x_1,\cdots,x_r]$ 中有限多个多项式组成的非空有序集合 $T=[T_1,\cdots,T_r]$ 称为准三角列,如果可以写成如下形式:

$$T=\begin{bmatrix} T_1(x_1,\cdots,x_{p_1}) \\ T_2(x_1,\cdots,x_{p_2}) \\ \vdots \\ T_r(x_1,\cdots,x_{p_r}) \end{bmatrix}$$

这里 $0<p_1\leqslant p_2\leqslant\cdots\leqslant p_r\leqslant n, p_i=\mathrm{cls}(T_i), x_{p_i}=lv(T_i), 1<i\leqslant r$。

可以证明,一个理想 I 的任一组 Gröbner 基都是准三角列。

有了上述结论,就可以利用 Gröbner 基来解多元多项式方程组。设所要求解的方程组是

$$\phi\begin{cases} y_1(x_1,\cdots,x_n)=0 \\ y_2(x_1,\cdots,x_n)=0 \\ \quad\vdots \\ y_m(x_1,\cdots,x_n)=0 \end{cases}$$

则计算理想 $\langle f_1,\cdots,f_m\rangle$ 的一组 Gröbner 基 $\langle g_1,\cdots,g_t\rangle$,于是方程组

$$\varphi'\begin{cases} g_1(x_1,\cdots,x_n)=0 \\ g_2(x_1,\cdots,x_n)=0 \\ \vdots \\ g_m(x_1,\cdots,x_n)=0 \end{cases}$$

就与原方程组等价,并且φ'是准三角列。计算含有未知量最少的最后一个方程,将解出的未知量的值代入前面各方程。这样进行下去就可以解出原方程组的解。

3. 秩攻击

秩攻击是将二次多变量公钥多项式的系数写成矩阵形式,结合中心映射的构造以及矩阵的秩(奇异性)进行密码分析。

秩攻击可分为以下3种。

(1) 油醋分离攻击

这一类攻击是Kipnis等人引入用来解决平衡油醋(OV)体制和不平衡油醋(UOV)体制中分离油变量和醋变量的问题。

Kipnis等人给出了该攻击的复杂度,即

$$q^{2v-n-1}(n-v)^4$$

其中,q为有限域的阶,v是醋变量的个数,n是变量个数。

(2) 低秩攻击

这一类攻击是由Shamir和Kipnis提出用于攻击HFE体制的。

低秩攻击是通过寻找一组线性组合,使得公钥合成的矩阵达到最小的秩。设F是q阶有限域,r是中心方程线性组合的最小秩,m是中心映射的方程个数,n是变量个数,令$t=\left|\frac{m}{n}\right|$。低秩攻击的复杂度约为

$$q^{tr}(m^2(nt/2-m/6)+mn^2t)$$

(3) 高秩攻击

这一类攻击是由Coppersmith等人引入用于攻击Shamir提出的基于双有理置换的签名体制。

高秩攻击主要是利用中心映射方程中出现较少次数的某些变量,将一个二次多元多项式方程与一个系数矩阵相对应。高秩攻击的复杂度约为$q^u(mn^2+n^3/6)$,其中u为中心映射中出现最少的变量出现的次数,n为中心映射方程个数。

4. 差分攻击

差分攻击是通过计算中心映射或公钥的差分,找出一个明文空间的子线性空间,将公钥限定在此空间上,使得所有的内部扰动项变为常数,最后利用线性化攻击方法恢复明文。

函数F的差分为域上的一个双线性函数,即

$$DF(X,A)=F(X+A)-F(X)-F(A)+F(0)$$

差分易于计算,并且通过计算可以降低函数的次数,还可以寻找隐藏在私钥中的某些特殊的线性关系。近几年,差分攻击不断得到了发展和改进,已经成为分析多变量公钥密码体制较为有效的方法。

2.6 基于编码理论的公钥密码体制

2.6.1 基于编码理论公钥密码体制简介

1978 年由于 Berlekamp、McEliece 及 VanTilborg 证明了代数编码理论中通常线性分组的译码问题是 NP 完全问题，所以 McEliece 捷足先登，利用了这一难题，首次构造了一类基于纠错码的公钥密码体制。McEliece 由 Robert McEliece 于 1978 年设计开发，是一种不对称加密算法，基于代数编码理论，使用了一系列纠错代码 Goppa。这种加密系统使用 Goppa 代码作为专用密钥。其安全性基于纠错编码(Error Correcting Codes)理论。

2.6.2 编码理论

1. 最大似然译码问题

这个问题也称作陪集重量问题或伴随译码问题。Berlekamp、MeEliece 和 Van Tilborg 已经证明最大似然译码问题是 NPC 问题，也就是说，在最坏情况下，没有多项式时间算法能够解决最大似然译码问题。相应的判定问题如下。

输入：F_q 上的一个 $r\times n$ 的矩阵 $\boldsymbol{H}$，一个 r 维向量 $\boldsymbol{s}=(y_1,y_2,\cdots,y_r)$，以及正整数 t。

询问：是否存在一个 $\mathrm{GF}(q)^n$ 上的矢量 $\boldsymbol{x}=(x_1,x_2,\cdots,x_n)$，它的汉明重量 $wt(x)\leqslant t$，且满足 $\boldsymbol{s}=\boldsymbol{H}\boldsymbol{x}^{\mathrm{T}}$。

我们也可以使用生成矩阵 $\boldsymbol{G}$ 来描述最大似然译码问题，定义如下。

输入：F_q 上的一个 $k\times n$ 的矩阵 $\boldsymbol{G}$，一个向量 $\boldsymbol{c}\in F_q^n$，以及正整数 t。

询问：是否存在一个向量 $\boldsymbol{x}\in F_q^k$ 和一个向量 $\boldsymbol{e}\in F_q^n$，$wt(e)\leqslant t$，满足 $\boldsymbol{c}=\boldsymbol{x}\boldsymbol{G}+\boldsymbol{e}$。

2. 最小距离问题

输入：F_q 上的一个 $k\times n$ 的矩阵 $\boldsymbol{H}$，和正整数 t。

询问：是否存在一个向量 $\boldsymbol{x}\in F_q^n$，$wt(x)\leqslant t$，满足 $\boldsymbol{H}\boldsymbol{x}^{\mathrm{T}}=0$。

【结论 1】 对于一般线性码是否存在给定重量的码字，这是 NPC 问题。

由【结论 1】可知求一般线性码的覆盖半径也是 NPC 问题。

【结论 2】 对于一般线性码，求 Hamming 重量不是 k 的倍数的最小 Hamming 重量码字是 NPC 问题，这里 $k\geqslant 2$。$k=2$ 时，则求最小奇重量的码字是 NPC 问题。

【结论 3】 对于一般线性码，若给定任意正整数 w_1、w_2，$0<w_1<w_2$，求满足 $w_1\leqslant w(x)\leqslant w_2$ 的码字 x 是 NPC 问题。

【结论 4】 对于一般线性分组码，求最大 Hamming 重量码字是 NPC 问题。

由【结论 3】和【结论 4】知，求一般线性分组码的重量分布是一个 NPC 问题。

3. 编码理论的解码问题(Decoding Problem)

它是目前能够对抗量子计算攻击的一个计算困难问题。设 $\mathrm{n}\in N$，$F=\{0,1\}$，$\boldsymbol{v}=(v_1, v_2,\cdots,v_n)\in F^n$，向量 $\boldsymbol{v}$ 的汉明重量为 $h(v)=\sum_{i=1}^{n}v_i$。向量$(\boldsymbol{v},\boldsymbol{w})$的汉明距离为 $\mathrm{dist}(\boldsymbol{v},\boldsymbol{w})=h(\boldsymbol{v}-\boldsymbol{w})$。在 F 上的(n,k)码是 F^n 上的 k 维子空间。(n,k,d)码是两个不同码字最小距离

为 d 的(n,k)码。设 $n,k\in\mathbf{N}$,$k\leqslant n$,任意 $y\in F^n$,求解 $x\in(n,k)$码,使得 $\mathrm{dist}(x,y)$最小的问题称为解码问题。当 $y=0$ 时,上述解码问题就是求解最小汉明重量问题。

Berlekamp、McEliece 和 Tilborg 证明求解最小汉明重量问题是 NP 完全困难问题。

2.6.3 基于编码理论的公钥密码算法描述

1. McEliece 公钥密码体制

用 d 代表汉明距离,t 代表纠错码的纠错能力,k 代表明文长度,n 代表密文长度。用户在 $GF(2^t)$上随机选取一个 t 次既约多项式 $g(x)$,由该多项式得到一个码长 $n=2^t$、维数 $k\geqslant n-t$ 的(n,k,t)既约 Goppa 码。用户根据该 Goppa 码选择 3 个私钥,即①$\boldsymbol{G}$ 是 $k\times n$ 阶的 Goppa 码生成矩阵,它的特性是最多可以纠正 t 个错误;一致校验矩阵是$(n-k)\times k$ 阶矩阵 $\boldsymbol{H}$;②$\boldsymbol{P}$ 是 $n\times n$ 阶置换矩阵;③$\boldsymbol{S}$ 是 $k\times k$ 阶可逆矩阵。将 $\boldsymbol{G}$、$\boldsymbol{P}$ 和 $\boldsymbol{S}$ 秘密保存为私钥。计算 $\boldsymbol{G}'=\boldsymbol{SGP}$,将 $\boldsymbol{G}'$作为公开密钥。由 $\boldsymbol{G}'$代表的码与由 $\boldsymbol{G}$ 代表的码组合等价,$\boldsymbol{G}'$代表的是一般的线性分组码。

(1) 加密运算

设 m 就是一组明文,发方对明文 m 做以下处理:

① 发方将明文消息 m 分为长是 k 的比特组;

② 选择一个含有 n 位的序列 z,并且满足 $W_H(z)=t$,$W_H(z)$代表 z 的汉明重量。

利用收方的公开密钥 $\boldsymbol{G}'$作如下运算:

$$c=m\boldsymbol{G}'+z$$

将 c 发送给接收方。

(2) 解密运算

密文接收方接到密文 c 后,计算 $c'=c\boldsymbol{P}^{\mathrm{T}}=cm\boldsymbol{SG}+z\boldsymbol{P}^{\mathrm{T}}$($\boldsymbol{P}^{\mathrm{T}}$ 表示 $\boldsymbol{P}$ 的转置矩阵)。其次计算

$$c'\boldsymbol{H}^{\mathrm{T}}=c\boldsymbol{P}^{\mathrm{T}}\boldsymbol{H}^{\mathrm{T}}=z\boldsymbol{P}^{\mathrm{T}}\boldsymbol{H}^{\mathrm{T}}$$

然后用 Goppa 码快速译码算法对计算结果 $z\boldsymbol{P}^{\mathrm{T}}\boldsymbol{H}^{\mathrm{T}}$ 进行快速译码,因 $W_H(z\boldsymbol{P}^{\mathrm{T}})=W_H(z)=t$,故译码可得 $m\boldsymbol{S}$;最后计算 $m\boldsymbol{SS}^{-1}$,从而恢复明文矢量 m。McEliece 公钥体制中,任意加入加权小于或等于 t 的错误序列 z,主要目的是增加攻击者的困难度,防止攻击者直接由密文 c 找到对应的明文 m。

McEliece 利用一般线性码的问题是 NPC 问题和 Goppa 码具有快速译码算法的特点,提出了一个基于纠错码的公钥密码体制,该体制的公钥是随机产生的线性分组码的生成矩阵,公钥隐藏了二元不可约 Goppa 码的快速译码算法。

McEliece 公钥密码体制与 RSA 公钥密码体制相比,主要优点是用 McEliece 公钥密码体制加密(解密)每比特信息所需的二元运算数小于 RSA 公钥密码体制。McEliece 公钥密码体制与 RSA 公钥密码体制相比,主要缺点是它的公钥体积过大,需要占用较大的存储空间。

2. Niederreiter 公钥密码体制

1986 年,Niederreiter 提出了使用差错向量作为明文的公钥密码体制。Niederreiter 公钥密码体制隐藏了具有快速译码算法的广义 RS 码的校验矩阵。但该体制已经被攻破,随后提出了基于 Goppa 码的 Niederreiter 公钥体制。

Niederreiter 公钥体制算法流程如下。

(1) 密钥生成

$\boldsymbol{H}$：有限域 F_q 上二元 Goppa 码 C 的 $(n-k)\times n$ 校验矩阵，其中码 C 具有快速译码算法，并且可纠正 t 个错误。

$\boldsymbol{S}$：有限域 GF(q)上的一个 $(n-k)\times(n-k)$ 非奇异矩阵。

$\boldsymbol{P}$：有限域 GF(q)上的一个 $n\times n$ 置换矩阵。

计算得 $\boldsymbol{H}'=\boldsymbol{SHP}$。

(2) 私钥：$\boldsymbol{H}$，$\boldsymbol{S}$，$\boldsymbol{P}$

(3) 公钥：$\boldsymbol{H}'$

(4) 加密

$$c=m\boldsymbol{H}'^{t}$$

其中，差错向量 $\boldsymbol{m}$ 为明文消息且重量为 t，$m\in\{0,1\}^n$。

(5) 解密

解密密文 c，进行如下计算。

① 计算 $c(\boldsymbol{S}^{-1})^T=m\boldsymbol{P}^{\mathrm{T}}\boldsymbol{H}^{\mathrm{T}}$，其中 $m\boldsymbol{P}^{\mathrm{T}}$ 也为重量为 t 的字。

② 通过 C 的快速译码算法计算 $m\boldsymbol{P}^{\mathrm{T}}$。

③ 计算消息 m，通过 $(m\boldsymbol{P}^{\mathrm{T}})(\boldsymbol{P}^{\mathrm{T}})^{-1}$。

由纠错码理论知，根据密文 c 和公钥 $\boldsymbol{H}'$ 来得到明文 m 是一个 NP 完全问题。但若从公钥 $\boldsymbol{H}'$ 中恰好分解出 $\boldsymbol{H}$，$\boldsymbol{S}$，$\boldsymbol{P}$ 的这种攻击方法在计算上也是不可行的。

3. 基于 RS 码的 McEliece 公钥密码体制的改进

我们根据 M 公钥密码体制的加、解密原理，对其进行如下两点改进。

① 首先利用现代通信中常用的 RS 码等性能良好的线性分组码，构建信道编码公钥密码体制，可以有机地把加密和纠错结合起来，既考虑信息传输的安全性又照顾到信息的可靠性。由于 RS 码在现代通信中应用广泛，而且 RS 码是具有最大最小距离的线性分组码，相同码长和纠错能力条件下，编码效率最高。因此利用 RS 码构建公钥密码体制不仅保持了 M 公钥密码体制加解密速度快、保密强度大等优点，而且有效地克服了 M 公钥密码体制导致的成倍的数据扩张等缺点，是一种性能很好的加密方案。

② 把 M 公钥密码体制中的置换矩阵改成广义置换矩阵，这样就大大增加了信道编码密码体制的攻击难度。

RS 码构造信道编码公钥密码及其加、解密算法如下。

设 n，k，t 分别表示有限域 GF(2^m)上 (n,k) RS 码的码长、信息位和码的纠错能力。

私人密钥由三部分组成：$\boldsymbol{G}$ 是 (n,k) RS 码生成矩阵，$\boldsymbol{S}$ 是随机选取的 $k\times k$ 非奇异矩阵，$\boldsymbol{S}$ 的阵元都是 GF(2^m)中元素，$\boldsymbol{P}$ 是广义置换矩阵，则三元组 $(\boldsymbol{S}^{-1},\boldsymbol{G},\boldsymbol{P}^{-1})$ 即为私人密钥。

所谓广义置换矩阵是指它的每行每列只有一个非零元素 $\alpha^j\in$ GF(2^m)，其他全为零，由于 $\boldsymbol{P}$ 是广义置换矩阵，因此它的逆矩阵 $\boldsymbol{P}^{-1}$ 也是广义置换矩阵。

广义置换矩阵与置换矩阵的区别在于置换矩阵中每行、每列仅有一个"1"，其他全为"0"，它的作用是任意一个 n 维向量与置换矩阵相乘，仅改变向量中各分量的前后位置，其值不变。

而广义置换矩阵每行每列仅有一个非零元素 $\alpha^j\in GF(2^m)$，其他全为"0"。它的作用是任意一个 n 维向量与广义置换矩阵相乘，不仅改变向量中各分量的前后位置，且分量的值也发生变化。因此，对于用穷举法攻击置换矩阵的破译方法来说，一般的置换矩阵的数量是 $n!$ 个(n 的阶乘)，而广义置换矩阵的数量则是 $(2^m-1)^n n!$ 个，它是置换矩阵的 $(2^m-1)^n$ 倍，而且 $(2^m-1)^n\geqslant n^n\gg n!$。因此用穷举法攻击 $n\times n$ 广义置换矩阵比攻击 $n\times n$ 置换矩阵的难度要大得多。

公开密钥是 $k\times n$ 阶矩阵 $\boldsymbol{G}^*$ 和码的纠错能力 t，$\boldsymbol{G}^*$ 由式子 $\boldsymbol{G}^*=\boldsymbol{SGP}$ 预先求得的。

设明文 $m=(m_{k-1},m_{k-2},\cdots,m_0)$ 是 $GF(2^m)$ 上的 k 维向量，其中 $m_j(j=0,1,\cdots,k-1)$ 是 $GF(2^m)$ 上的元素。

(1) 加密过程

随机选择一个 $GF(2^m)$ 上的 n 维向量 $u=(u_{n-1},u_{n-2},\cdots,u_0)$，其重量不大于 t，即 $W(u)=t'\leqslant t$，则经过计算 $c=m\boldsymbol{G}^*+u$，即可得到发送的密文 c。

(2) 解密过程

首先计算 $c\boldsymbol{P}^{-1}=(m\boldsymbol{G}^*+u)\boldsymbol{P}^{-1}=m\boldsymbol{SG}+u\boldsymbol{P}^{-1}=m\boldsymbol{SG}+u'$，它由两部分构成，一部分是信息组 m 的线性组合 $m'=m\boldsymbol{S}$ 生成 (n,k) 码的码字 $v=m'\boldsymbol{G}=m\boldsymbol{SG}$，另一部分是随机添加上的错误图样 u 与 $\boldsymbol{P}^{-1}$ 的乘积 u'，由于 $\boldsymbol{P}^{-1}$ 是广义置换矩阵，因此 u' 重量也满足 $W(u')=t'\leqslant t$，在码的纠错能力之内，经过纠错译码后得到正确码字 $v=m\boldsymbol{SG}$ 及信息组的线性组合 $m\boldsymbol{S}$ 与 $\boldsymbol{S}'$ 相乘，即可得到明文 $m=(m\boldsymbol{S})\boldsymbol{S}^{-1}$。

4. 基于最大 F 距离码的 McEliece 公钥加密方案

基于最大 F 距离码的 McEliece 公钥体制的算法流程如下。

(1) 密钥生成

设 C 为 $GF(q)$ 上的一线性最大 F 距离码，在 F 度量下，码 C 具有快速译码算法。

$\boldsymbol{G}^{\mathrm{T}}$：$\boldsymbol{G}^{\mathrm{T}}=(v_i y_i^j)$，$(i=1,\cdots,k;j=1,\cdots,n-1))$ 为码 C 生成矩阵的转置矩阵。

$\boldsymbol{S}$：为有限域 $GF(q)$ 的上 $k\times k$ 非奇异矩阵。

$\boldsymbol{X}$：$\boldsymbol{X}$ 是秩为 1 的矩阵，矩阵 $\boldsymbol{X}$ 的选择遵循如下条件：

① 在给定的最大 F 距离码任意陪集中选择 F 范数为 $d_F-1=n-k=2t_k=r$ 的陪集首，记为 $x=(x_1,x_2,\cdots,x_n)$，$x_i\in GF(q)$；

② 计算 $\boldsymbol{X}=\boldsymbol{x}^{\mathrm{T}}\boldsymbol{a}$，$\boldsymbol{a}=(a_1,a_2,\cdots,a_k)$ 为随机选取的向量，a_i 为 $GF(q)$ 的非零元素。

计算：$\boldsymbol{G}_{\mathrm{pub}}^{\mathrm{T}}=\boldsymbol{G}^{\mathrm{T}}\boldsymbol{S}+\boldsymbol{X}$。

(2) 私钥：$\boldsymbol{X},\boldsymbol{S},\boldsymbol{G}^{\mathrm{T}}$。

(3) 公钥：$\boldsymbol{G}_{\mathrm{pub}}^{\mathrm{T}}$。

(4) 加密：$c=\boldsymbol{G}_{\mathrm{pub}}^{\mathrm{T}}m+e$。

其中 $\boldsymbol{m}=(m_1,m_2,\cdots,m_k)^{\mathrm{T}}$ 为由 k 个信息位组成的明文消息，$\boldsymbol{e}=(e_1,e_2,\cdots,e_n)$ 为随机选取的向量，且 $N_F(e)\leqslant t_k-1$。

(5) 解密：由 $c=G_{\mathrm{pub}}^{\mathrm{T}}m+e$ 有 $c=(\boldsymbol{G}^{\mathrm{T}}\boldsymbol{S}+\boldsymbol{X})m+e=\boldsymbol{G}^{\mathrm{T}}\boldsymbol{S}m+\boldsymbol{X}m+e$。

消息的合法接收者知道 $\boldsymbol{X}m=x^{\mathrm{T}}\lambda$，其中 λ 仅取决于明文 m，x 对于合法的接收者来说是已知的。消息的合法接收者需要进行两次解密才能得到明文消息 m。

5. 基于最大 F 距离码的 Niederreiter 公钥加密方案

(1) 密钥生成

设 C 为 $GF(q)$ 上的一线性最大 F 距离码，在 F 度量下，码 C 具有快速译码算法。$\boldsymbol{H}^{\mathrm{T}}=$

$(z_i y_i^j)$，$(i=1,\cdots,k;j=1,\cdots,n-1)$，为码 C 校验矩阵的转置矩阵，$\boldsymbol{S}$ 为有限域 GF(q)上$(n-k)\times(n-k)$非奇异矩阵，$\boldsymbol{P}$ 为有限域 GF(q)上 $n\times n$ 转置矩阵。设 $\boldsymbol{X}$ 为秩为 1 的矩阵，矩阵 $\boldsymbol{X}$ 的选择遵循如下条件：

在给定的最大 F 距离码任意陪集中选择 F 范数为 $d_F-1=n-k=2t_k=r$ 的向量 b，$b=(b_1,b_2,\cdots,b_n)$，$b_i\in$ GF(q)；

计算 b 的伴随 $\boldsymbol{x}=b\boldsymbol{H}^{\mathrm{T}}=(x_1,x_2,\cdots,x_n)$；计算 $\boldsymbol{X}=a\boldsymbol{x}^{\mathrm{T}}$，$a=(a_1,a_2,\cdots,a_n)$为随即选取的向量，$a_i$ 为 GF(q)中的非零元素。

(2) 私钥：$\boldsymbol{X},\boldsymbol{S},\boldsymbol{H}^{\mathrm{T}},\boldsymbol{P}$。

(3) 公钥：$\boldsymbol{H}_{\mathrm{pub}}^{\mathrm{T}}=\boldsymbol{P}(\boldsymbol{H}^{\mathrm{T}}+\boldsymbol{X})\boldsymbol{S}$

明文：明文为一个 n 维向量 $m=(m_1,m_2,\cdots,m_n)$，是使用快速译码算法可纠正的错误向量，其中 $m_i\in$ GF(q)，$N_{\boldsymbol{F}}(m)\leqslant t_k-1$。

(4) 加密：$c=m\boldsymbol{H}_{\mathrm{pub}}^{\mathrm{T}}$

(5) 解密

由 $c=m\boldsymbol{H}_{\mathrm{pub}}^{\mathrm{T}}$有

$$c=m\boldsymbol{P}(\boldsymbol{H}^{\mathrm{T}}+\boldsymbol{X})\boldsymbol{S}=m\boldsymbol{P}\boldsymbol{H}^{\mathrm{T}}\boldsymbol{S}+m\boldsymbol{P}x\boldsymbol{S}=\overline{m}\boldsymbol{H}^{\mathrm{T}}\boldsymbol{S}+\overline{m}x\boldsymbol{S}$$

消息的合法接收者知道 $\overline{m}\boldsymbol{X}=\lambda x$，其中 λ 仅取决于明文 m，x 对于合法的接收者来说是已知的。消息的合法接收者需要进行两次解密才能得到明文 m。

2.6.4　安全性分析

1. 基于 RS 码的 McEliece 公钥密码改进体制安全性分析

类似于 M 公钥密码体制的安全性分析，这里也有两种攻击方法，下面分别进行讨论。

基于 BCH 码、RS 码等一般线性分组码的 M 公钥密码体制与基于 Goppa 码的 M 公钥密码体制最大的不同，在于前者相同参数的码字数目远小于后者，密码分析者很容易猜出体制设计者随机选定的私钥 G，也就是说，前者很容易泄露体制选用的私钥 G。

在证明泄露私钥 G 仍难以求得 $\boldsymbol{S}$ 和 $\boldsymbol{P}$ 的过程中，利用置换矩阵 $\boldsymbol{P}$ 的性质 $\boldsymbol{P}^{\mathrm{T}}=\boldsymbol{P}^{-1}$，将已知 $\boldsymbol{G}^*$ 和 $\boldsymbol{G}$ 求 $\boldsymbol{S}$ 和 $\boldsymbol{P}$，转化为已知 $\widetilde{\boldsymbol{G}}^*$ 和 $\widetilde{\boldsymbol{G}}$，求满足 $\widetilde{\boldsymbol{G}}^*=\boldsymbol{S}\widetilde{\boldsymbol{G}}\boldsymbol{S}^{\mathrm{T}}$ 的 $\boldsymbol{S}$。其中 $\widetilde{\boldsymbol{G}}^*=\boldsymbol{G}^*(\boldsymbol{G}^*)^{\mathrm{T}}=\boldsymbol{SGPP}^{-1}\boldsymbol{G}^{\mathrm{T}}\boldsymbol{S}^{\mathrm{T}}=\boldsymbol{SGPP}^{-1}\boldsymbol{G}^{\mathrm{T}}\boldsymbol{S}^{\mathrm{T}}=\boldsymbol{SGG}^{\mathrm{T}}\boldsymbol{S}^{\mathrm{T}}$，$\widetilde{\boldsymbol{G}}=\boldsymbol{GG}^{\mathrm{T}}$。展开式 $\overline{\boldsymbol{G}}^*=\boldsymbol{S}\widetilde{\boldsymbol{G}}\boldsymbol{S}^{\mathrm{T}}$，得到 nk 个联立的 k^2 元二次非线性方程组，从目前已有的结果看，尚没有求解二次非线性方程组的有效算法，所以求解式 $\overline{\boldsymbol{G}}^*=\boldsymbol{S}\widetilde{\boldsymbol{G}}\boldsymbol{S}^{\mathrm{T}}$ 困难。因 $\boldsymbol{S}$ 难求，故 $\boldsymbol{P}$ 也就难以得到。如果找到解非线性方程组的有效算法，则已知 $\boldsymbol{G}^*$ 和 $\boldsymbol{G}$，可以求得 $\boldsymbol{S}$ 和 $\boldsymbol{P}$，该密码体制不再安全。文献中指出，这是基于 BCH 码、RS 码等一般线性分组码的密码体制较基于 Goppa 码的密码体制安全性差的主要原因。改进的 M 公钥密码体制中，$\boldsymbol{P}^{\mathrm{T}}\neq\boldsymbol{P}^{-1}$，此时不能再将大矩阵的分解难问题转化为解非线性方程组的问题，即使找到解二次非线性方程组的有效算法，从 $\boldsymbol{G}^*$ 中也不可能分解出 $\boldsymbol{S}$、$\boldsymbol{G}$ 和 $\boldsymbol{P}$，密码体制的安全性得到提高。

从上面的分析可以看出，第一类的攻击方法不能攻破基于 RS 码的改进 M 公钥密码体制。第二类攻击方法是消去码字中的错误图样，通过解方程组获得明文 m，主要有 Lee-Brickell 攻击和 Berson 攻击。Lee-Brickell 攻击是目前对 M 公钥密码体制攻击中最常用的方法，利用信息集译码原理，穷尽 n 比特密文，找出其中合适的正确的 k kbit，通过解线性方程组恢复明文。Lee-Brickell 攻击的工作因子为 $O\left((\alpha k^3+\beta N_j k)\Big/\sum_{i=0}^{j}P_i\right)$,其中 j 为小于或等于 t 的整数,$N_j=\sum_{i=0}^{j}C_k^i$,$P_i=C_t^iC_{n-t}^{k-t}/C_n^k$ 为任意 k 比特中有 i 个错误的概率。基于相同码长(二进制长度)和传信率的 Goppa 码、RS 码的两种公钥密码体制抗 Lee-Brickell 攻击的能力近似。

Berson 攻击有两种:消息重发攻击和相关消息攻击。消息重发攻击假定消息被加密两次,密码分析者知道 $c_1=m\boldsymbol{G}^*+e_1$,$c_2=m\boldsymbol{G}^*+e_2$,其中 $e_1\neq e_2$,那么 $c_1+c_2=e_1+e_2$。注意到 e_1+e_2 的 Hamming 重量最多为 $2t$,通过分析 c_1+c_2 的重量,容易得到是否有消息充分条件发生。相关消息攻击假定密码分析者知道 m_1+m_2,其中 $m_1\neq m_2$,其余已知条件同上,那么 $(m_1+m_2)\boldsymbol{G}^*$ 可以知道,则 $c_1+c_2+(m_1+m_2)\boldsymbol{G}^*=e_1+e_2$。类似于消息重发攻击,比较小的次数的猜测就能攻击成功。

注意到上述攻击中,通过统计能够正确确定 c_1 的其余 $n-t$ 个位置中发生的错误个数的前提条件是总错误个数固定为 $2t$。改进的 M 公钥密码体制中,由于加密时加入随机错误的个数为随机数(设为 j),同时多元域的非“0”元素不是二进制的全“1”,因此随机错误的码重以二进制计算时仍是一个在 $1\sim t_q$ 之间的随机数,那么,统计 e_1+e_2 的 Hamming 重量不能确定消息是否重发或相关。单纯的 Berson 攻击不能攻破改进的 M 公钥密码体制。

2. 基于最大 F 距离码的 McEliece 加密方案安全性分析

直接攻击,即敌手将密文看作是在有限域 F_q 上随机选取的码,使用一般线性码的译码算法进行译码。但随着密钥体积的增加,使用直接攻击方法攻击基于纠错码的密码体制已经是不可行的,因此结构攻击方法引起了广泛的关注。结构攻击分为由公钥获得私钥的攻击方法和敌手通过截获的密文获得明文的攻击方法。通过对基于最大 F 距离码的 McEliece 公钥密码系统攻击方法的分析来说明新方案是安全可行的。

(1) 攻击方法一

1992 年,Sidelnikov 与 Shestakov 给出了一个可以在多项式时间内恢复广义 Reed-Solomon 码结构的算法,使用这个攻击方法可以完全地攻破基于广义 Reed-Sofomon 码的公钥密码体制。本文所给出的最大 F 距离码的生成矩阵为广义 Vndermonde 矩阵,在基于 F 度量的 McEliece 公钥密码体制中,合法接收者通过引入一个随机矩阵 $\boldsymbol{X}$ 作为附加私钥,并把 $\boldsymbol{X}$ 加入到原始公钥中,产生了一个新的公钥 $\boldsymbol{G}^{\mathrm{T}}=\boldsymbol{G}^{\mathrm{T}}\boldsymbol{S}+\boldsymbol{X}$,从而使敌手很难通过公钥 $\boldsymbol{G}_{\mathrm{pub}}^{\mathrm{T}}$ 来获得私钥 $\boldsymbol{G}^{\mathrm{T}}$,使得基于最大 F 距离码的 McEliece 公钥密码体制能够有效抗击该攻击方法。

(2) 攻击方法二(检验可能的明文消息)

1988 年,Lee 和 Brickell 给出了一种用信息集译码的方法攻击基于二元不可约 Goppa 码的 McEliece 公钥密码体制,但这种攻击方法不适用于基于 F 度量的 McEliece 公钥密码体制。

敌手可以通过检验每一个可能的明文消息来攻击基于最大 F 距离码的 McEliece 公钥密码体制。

设 m^{test} 为待检验的明文消息,敌手首先计算 $\boldsymbol{G}_{\mathrm{pub}}^{\mathrm{T}}m^{\mathrm{test}}$,接着计算截获的密文 c 与 $\boldsymbol{G}_{\mathrm{pub}}^{\mathrm{T}}m^{\mathrm{test}}$ 差的 F 范数,若 $N_F(c-\boldsymbol{G}_{\mathrm{pub}}^{\mathrm{T}}m^{\mathrm{test}})<t_k-1$,则 m^{test} 为原始的明文消息。使用这种攻击方法所需的计算量为 $(q-1)^k$。

例如，$q=2^8, n=60, k=20, t_k=\frac{n-k}{2}=20$，则可知公钥 $\boldsymbol{G}_{\text{pub}}^{\text{T}}$的体积为 9 600 bytes，使用攻击方法二的计算量为$(q-1)^k \approx 2^{159}$。

通过对攻击方法二的分析及上例说明了对基于最大 F 距离码，新的 McEliece 公钥密码系统我们可以选取较小的参数获得比较大的工作因子，从而提高了攻击密钥体积较小的公钥密码系统的复杂度和难度，同时还可以减少密钥的存储空间。由上述安全性分析可知，现有可行的攻击方法不适于新的 McEliece 公钥密码系统，因此该公钥密码体制是安全可行的。

3. 基于最大 F 距离码的 Niederreiter 方案安全性分析

通过对现有可行的结构攻击方法的研究来说明基于 F 度量的 Niederreiter 公钥密码系统是安全和可行的。

攻击方法：由纠错码理论知，以 $\boldsymbol{H}_{\text{pub}}$为校验矩阵的码与以 $\boldsymbol{H}_{\text{pub}}^{\text{sys}}=[E_{n-k}|W]=[E_{n-k}|R+\lambda' v]$为校验矩阵的系统码等价。其中 $\boldsymbol{R}=[R_{ij}]$，$\boldsymbol{W}=[W_{ij}]$，$\boldsymbol{\lambda}'\boldsymbol{v}$ 为一个秩为 1 的矩阵，$\boldsymbol{\lambda}=(\lambda_1, \lambda_2, \cdots, \lambda_{n-k})$，$\boldsymbol{v}=(v_{n-k+1}, \cdots, v_n)$。其中，

$$\boldsymbol{R}_{ij}=\frac{z_j}{z_i}\prod_{k=1,k\neq i}^{r}\frac{x_j-x_k}{x_i-x_k}, i=1,2,\cdots,n-k; j=n-k+1,\cdots,n$$

要想攻击基于 F 度量的公钥密码系统，我们需要知道方程 $\boldsymbol{R}_{ij}+\boldsymbol{\lambda}_i\boldsymbol{v}_j=\boldsymbol{w}_{ij}\ i=1,2,\cdots,n-k; j=n-k+1,\cdots,n$ 的解，那么就可以用 Sidelnikov-Shestakov 方法进行攻击。

第3章 序列密码

分组密码是对一个大的明文数据块(分组)进行固定变换的操作,序列密码则是对单个明文位的随时序变换的操作。序列密码和分组密码在体制上差别较大,序列密码使用少量的密钥产生大量的乱数,加密一个或一段数据需要的乱数是连续的乱数,乱数之间从理论上来讲是有继承关系,尽管这种继承关系并不能或很难被人们捕获。乱数与明文无关,与明文模 2 加后产生密文。

在历史上,序列密码一直占主导地位,其理论日渐成熟,但是随着应用领域的扩展,尤其是因特网的快速发展,序列密码对许多应用并不合适,分组密码也就逐渐发展起来。

然而,分组密码与序列密码两者之间的区别主要体现在实现上。每次只能对一个数据位进行加解密的序列密码并不适用于软件实现。分组密码算法可以很容易地用软件实现,因为它可以避免耗时位操作,并且它易于处理计算机界定大小的数据分组。当然,另一方面,序列密码更适合用硬件实现。数字通信信道上硬件加密设备的长处是每经过一位就加密一位。在一个计算机系统中逐位、逐字节加密是必须的,但是一般来说加密分组至少是数据总线的宽度。

密码按加密形式分为序列密码和分组密码,序列密码是密码体制中的一种重要体制。序列密码又称流密码。它将明文消息字符串逐位地加密成密文字符。以二元加法流密码为例,设 $m_0,m_1,\cdots,m_k,\cdots$ 是明文字符,$z_0,z_1,\cdots,z_k,\cdots$ 是密钥流,则 $c_k=m_k\oplus z_k$ 是加密变换,$c_0,c_1,\cdots,c_k,\cdots$ 是密文字符序列。

当密钥流 $z_0,z_1,\cdots,z_k,\cdots$ 完全随机时,该体制就是一次一密体制,香农曾证明它是不可破译的。"一次一密"密码在理论上不可破译的事实使人们感觉到:如果能以某种方式仿效"一次一密"密码,则将可以得到保密性很高的密码。

在通常的序列密码中,加、解密用的密钥序列是由密钥流生成器用确定性算法产生的,因而密钥流序列是伪随机序列。序列密码体制的安全强度取决于密钥流(或滚动密钥),因而什么样的伪随机序列是安全可靠的密钥流序列,以及如何实现这种序列就成了序列密码中研究的一个关键问题。实用的序列密码以少量的、一定长度的密钥经过逻辑运算产生大量用于加(解)密的乱数,其优点是制密和加密合一,密钥的生产、使用和管理简化,密码按比特位加密,实时性好,运算速度快,密文传输中的错误不会在明文中产生扩散,适合数据、语音和图像等多种信息加密;密码编制理论较完善,可达到实际保密性。正是由于这些优点,序列密码在相当长的时间内是人们使用的主要加密方法,目前仍然是各国政府、军事、外交等核心部门使用的主流密码。

实用序列密码体制的实际保密性,与密码分析人员的所处的时代、知识和经验、可利用的资源和所具有的计算能力等多种因素有关。一种密码体制仅当不存在成功地破译它的过程和方法时，才能证明这种密码体制是抗攻击的、保密的密码体制。然而由于密码编制的多样性和攻击方法的多样性，既无法完全确定攻击方法，更无法列举潜在的攻击方法，因此这种证明是不可能的。因此，对于序列密码，提出某些通用的编制环节和检验以来证明它是安全的是不切实际的。但是，在总结序列密码编制经验和研究成果的基础上，对它的某些基本方面进行分析和考察，得到某些带有通用性的基本思想或基本结论，以指导密码编制并为检验提供一定的依据，这是可能的。

3.1　序列密码基础

3.1.1　序列密码原理

序列密码将明文消息序列 $\boldsymbol{m}=m_1,m_2,\cdots$ 用密钥流序列 $\boldsymbol{k}=k_1,k_2,\cdots$ 逐位加密，得到密文序列 $\boldsymbol{c}=c_1,c_2,\cdots$，其中加密变换为 $E_k: c_i=E_k(m_i)$。若记 $\boldsymbol{c}=E_k(\boldsymbol{m})$，则其解密变换为 $D_k: m_i=D_k(c_i)$，记为 $\boldsymbol{m}=D_k(\boldsymbol{c})$ 。

在实用的序列密码中，加密变换常采用二元加法运算，即

$$c_i=m_i\oplus k_i,\quad m_i=c_i\oplus k_i$$

如图 3.1 所示是一个二元加法流密码系统的模型。

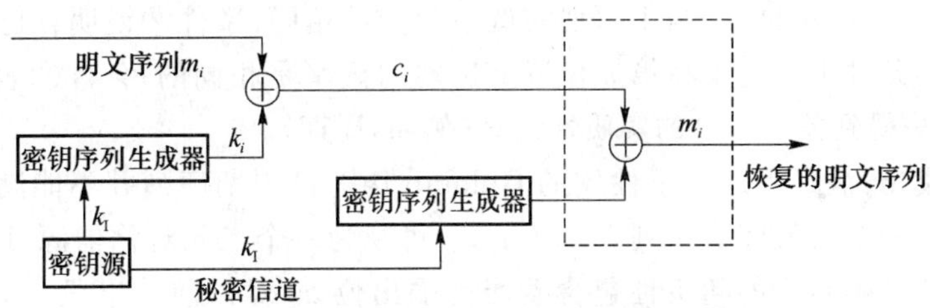

图 3.1　二元加法流密码系统模型

其中 k_1 为密钥序列生成器的初始密钥或称种子密钥。为了密钥管理的方便，k_1 一般较短，它的作用是控制密钥序列生成器生成长的密钥流序列 $\boldsymbol{k}=k_1,k_2,\cdots$。

恢复明文的关键是知道 k_i，如果“黑客”知道了 k_i，当然也就知道了 m_i，因此密码系统的安全性取决于密钥流的性能。当密钥流序列是完全随机序列时，该系统便被称为完善保密系统，即不可破的。然而，在通常的序列密码中，加、解密用的密钥序列是安全的伪随机序列。

1. Golomb 伪随机性

Golomb 随机性是用途很广的一种伪随机描述方式。为了介绍序列的 Golomb 伪随机特性，先介绍几个概念。

【定义】　周期：序列 $\{a_i\}$ 称为周期序列，若存在正整数 T 使得 $a_{i+T}=a_i,\quad i=0,1,2,\cdots$，满足该式的最小正整数 T 称为序列 $\{a_i\}$ 的周期。若存在 n_0，使得 $a_{n_0},a_{n_0+1},\cdots$ 是周期序列，则称 $\{a_i\}$ 是终归周期的。称两个周期序列为不同的，若其中一个不能由另一个经适当移位而得到。

【定义】 游程:在序列$\{a_i\}$的一个周期中,若 $a_{t-1} \neq a_t = a_{t+1} = \cdots = a_{t+l-1} \neq a_{t+l}$,则称$(a_t, a_{t+1}, a_{t+l-1})$为序列的一个长为 l 的游程。

【定义】 自相关:GF(2)上周期为 T 的序列$\{a_i\}$的自相关函数定义为

$$R_a(\tau) = \frac{1}{T}\sum_{k=0}^{T-1}(-1)^{a_k}(-1)^{a_{k+\tau}}, \quad 0 \leqslant \tau \leqslant T-1$$

周期序列的自相关函数表示序列$\{a_i\}$与$\{a_{i+\tau}\}$在一个周期内对应位相同的位数与对应位相异的位数之差的一个参数,因而它是序列随机性的一个指标。对独立均匀分布的二进制随机变量序列$\{X_i\}$,它的自相关函数 $R_x(\tau)$的期望值为

$$E[R_x(\tau)] = \begin{cases} 0, & \tau \neq 0 \\ 1, & \tau = 0 \end{cases}$$

为了度量周期序列的随机性,Golomb 对序列的随机性提出下述 3 条假设,即 Golomb 随机性假设。

① 在序列的一个周期内,0 与 1 的个数相差至多为 1。

② 在序列的一个周期圈内,长为 1 的游程数占总游程数的 1/2,长为 2 的游程数占总游程数的 $1/2^2$,…,长为 i 的游程数占总游程数的 $1/2^i$,…,且在等长的游程中 0,1 游程各占一半。

③ 自相关函数为二值。

满足上述 3 个条件的序列称为伪随机序列(或准确地说,称为 Golomb 伪随机序列)。条件①说明 0-1 序列$\{a_i\}$中 0 与 1 出现的概率"基本"相同;条件②说明在已知位置 n 前若干位置上的值的条件下 0 与 1 在第 n 位置上出现的概率是相同的;条件③表明若将$\{a_i\}$与$\{a_{i+\tau}\}$比较,无法得到关于$\{a_i\}$的实质性信息(例如,周期)。

需要明确指出:满足上述 3 条性质的 Golomb 伪随机周期序列并不能满足密钥流序列的安全性要求。一个二元随机序列 $a_0, a_1, a_2, \cdots$可视为一个二元对称信源(BSS)的输出(也可用掷硬币方式产生),它的随机性包含着当前输出位 a_n 对以前输出段 $a_0, a_1, a_2, \cdots, a_{n-1}$ 的完全独立性,故在已知 $a_0, a_1, \cdots, a_{n-1}$的条件下,$a_n$ 是不可预测的。然而,要移植关于 BSS 的不可预测性这一概念并不是一件容易的事情,因为 BSS 提供的无限长随机序列与密钥流周期序列之间存在着本质的差别。一种度量有限长或周期序列的随机性的方法是由 Lempel 和 Ziv 建议的所谓"线性复杂度"方法,规定用产生该序列的最短线性反馈移位寄存器(LFSR)的长度来度量,这种方法实际上衡量了序列的线性不可预测性。

2. 密钥流的基本要求

实际使用的密钥流序列(以下简称密钥)都是按一定算法生成的,因而不可能是完全随机的,所以也就不可能是完善保密系统。为了尽可能提高系统的安全强度,必须要求所产生的密钥流序列尽可能具有随机序列的某些特征。一般地,序列密码中对密钥流有如下要求。

① 极大的周期。因为随机序列是非周期的,而按任何算法产生的序列都是周期的或终归周期的,因此,应要求其有尽可能大的周期。现代密码机的数据率高达 10^8 bps,如果 10 年内不使用周期重复的$\{k_i\}$,则要求$\{k_i\}$的周期不少于 3×10^{16} 或 2^{55}。

② 良好的统计特性。即满足或部分满足 Golomb 的 3 个随机性假设。

③ 不能用级数较小的(可实现长度)线性移位寄存器近似代替,即有很高的线性复杂度。

④ 用统计方法由密钥序列$\{k_i\}$提取密钥生成器结构或密钥源的足够信息在计算上是

不可能的。

这些要求对于保证序列密码的安全性是必需的，因为按任何确定性算法产生的序列都是周期或终归周期的。在高速率的现代通信中，若密钥周期 P 很短，则从密文 $m_1+k_1,\cdots,m_L+k_L$ 和 $m_{P+1}+k_{p+1},\cdots,m_{P+L}+k_{P+L}$ 相加得 $m_1+m_{P+1},\cdots,m_L+m_{P+L}$ 以及语音冗余度就可获得一些关于明文的信息，因而周期长是必要的；良好的随机统计特性是为了更好地掩盖明文。高线性复杂度防止从部分密钥序列通过线性关系简单推出整个密钥序列。若知道一些明密文对 $(m_i,c_i),(m_{i+1},c_{i+1}),\cdots$ 便可简单地确定部分密钥序列 $k_i,k_{i+1},\cdots$，因此，安全的密码系统应能抵抗从部分密钥 $k_i,k_{i+1},\cdots$ 确定整个密钥序列的攻击。

以上要求对保证系统安全性是必要的，但不是充分的。随着对安全问题研究的深入，某种新的攻击方法的出现以及设计密钥流生成器的方法不同，为确保系统安全性还会提出一些更强的要求。

3. 密钥流生成器

在密钥流生成器设计中，在安全性要求前提下还应考虑以下两个因素。

① 密钥 K 易于分配、保管，更换简单。

② 易于实现，快速。

为了满足这些要求，目前密钥流生成器大都是基于移位寄存器的。因为移位寄存器结构简单，易于实现且运行速度快。这种基于移位寄存器的密钥流序列称为移位寄存器序列。

通常采用的方法是，由线性移位寄存器（LFSR）和一个非线性组合函数即布尔函数组合，构成一个密钥流生成器，如图 3.2 所示。

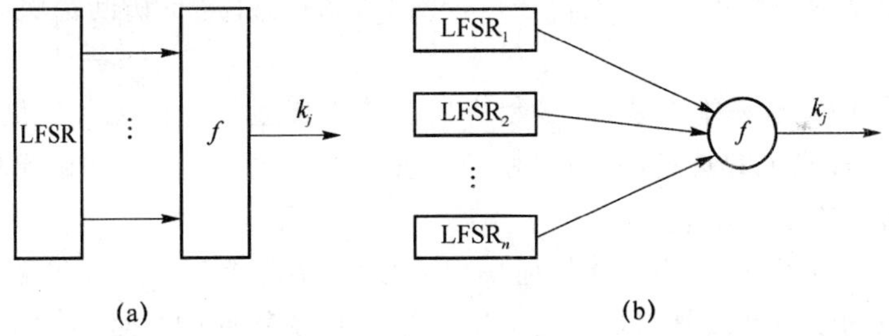

图 3.2　密钥流生成器

其中图 3.2(a)由一个线性移位寄存器和一个滤波器构成；图 3.2(b)由多个线性移位寄存器和一个组合器构成。通常将这类生成器分解成两部分，其中线性移位寄存器部分称为驱动部分，另一部分称为非线性组合部分。其工作原理是将驱动部分（即线性移位寄存器）在 j 时刻的状态变量 x 作为一组值输入非线性组合部分的 f，将 $f(x)$ 作为当前时刻的 k_j。驱动部分负责提供非线性组合部分使用的周期大、统计性能好的序列，而非线性组合部分以各时刻移位寄存器的状态组合出密钥序列 j 时刻的值 k_j，驱动部分负责状态转移。

3.1.2　序列密码的实现

序列密码的实现分为软件和硬件两种方法。软件实现是利用计算机来完成密码编制，产生乱数流的过程。硬件实现是借助于物理器件，利用逻辑电路来完成密码编制，产生乱数流的过程。目前，所有的序列加密产品都是特定的硬件加密形式，这些硬件的加/解密模块被嵌入到通信线路中，对通过的信息进行加密。虽然序列密码的软件产品应用很广，但是，硬件产品才是政府首脑或军事应用的主要选择。

事实上,密码编制软件和硬件实现的最大不同点有下面几个方面。

① 对乘法的要求:软件实现易,硬件实现难。

② 对存储的要求:软件实现易,硬件实现难。

③ 对安全的要求:软件实现弱,硬件实现强。

④ 对时序的要求:软件实现清晰,硬件实现复杂。

⑤ 对使用的要求:软件实现复杂,硬件实现简单。

(1) 硬件实现的优点

加密算法通常由很多复杂的数学运算组成,序列密码中的长比特位的乘法或除法运算在普通微处理器上运行效率极低。尽管一些密码设计者不断尝试使他们的算法更适合软件实现,但特殊的硬件(如 FPGA 或 ASIC)将一直占据速度的优势。通常,软件实现的密码算法加解密速率在 2 Mbps 以下,而硬件实现的密码算法的加解密速率可达 100 Mbps 以上。在今天要求百兆甚至千兆高速加密的情况下,硬件实现序列密码将是发展趋势。硬件加密具有如下优势。

① 效率。加密常常是高强度的计算任务,计算机微处理器对此效率不高,将加密移到芯片上,即使那个芯片仅是另一个处理器,也会使整个系统速度加快。

② 安全。对运行在没有物理保护的一般计算机上的某个加密算法,非法者可以用各种跟踪工具秘密修改算法而使任何人都不知道。硬件加密设备可安全地封装起来,以避免此类事情发生,防窜改盒能防止别人修改硬件加密设备。特殊的 VLSI 芯片可以覆盖一层化学物质以及多层结构和密集布成,使得任何企图对它们内部进行访问都将导致芯片逻辑的破坏。

③ 安装。硬件实现易于安装,大多数应用系统与普通计算机无关。例如:多数人希望加密他们的电话、传真或数据链路,将专用加密硬件嵌入电话、传真机和调制解调器中比在微处理器或软件中方便得多。

加密应该是不可见的,它不应该妨碍用户的运行,不应该对用户提出额外的要求。对于软件要做到这点的唯一办法是将加密程序写在操作系统软件的深处,这很不容易。但对于硬件来说,将加密盒插在他们的计算机和外接调制解调器之间则是一件很容易做的事。

④ 类型。目前,有 3 类基本的序列密码加密硬件:自带加密模块、用于通信链路的专用加密模块以及可插入计算机的 PC 卡。

序列密码方案输出的乱数终归是伪随机数据,这样就不可避免地存在不同节拍的输出乱数相同的问题。根据输出乱数的宽度,为防止概率意义上的连续重拍,许多硬件设置了密码方案特殊质量检验措施,即检测到密码方案连续 n 拍的输出数据对应相同,即停止工作,并为应用程序提供一个标志。

(2) 序列密码的软件实现

软件实现的缺点是速度、开销和易于改动(或操作),优点是灵活性和可移植性,易使用,易升级。例如,许多方案采用 C 或汇编语言编写,稍作修改便可以在任何计算机上实现,可以不花一分钱将它们容易地复制下来,并安装在许多机器上。它们也能和大型应用(如,通信或字处理程序)相结合。

软件加密程序很大众化,并可以用于大多数操作系统。它们可用于保护个人文件,用户通常必须手工加解密文件。密钥管理方案的安全性很重要,密钥不应当储存在磁盘的任何一处(甚至也不应该写在处理器与磁盘交换数据的内存中)。密钥和未加密文件在加密后应删除,许多程序对这点都很草率,用户必须仔细选择。

3.1.3　移位寄存器序列

移位寄存器(特别是反馈移位寄存器)是序列密码中密钥流生成器的一个重要组成部分。一个 GF(2)上的反馈移位寄存器可用如图 3.3 所示表示。

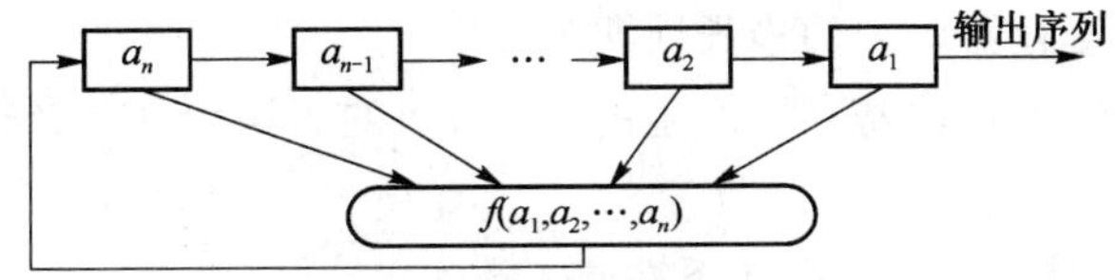

图 3.3　反馈移位寄存器

图中标有 $a_1,a_2,\cdots,a_{n-1},a_n$ 的小方框表示二值(0,1)存储单元,可以是一个双稳触发器,信号流从左向右。这 n 个二值存储单元称为该反馈移位寄存器的级。在任一时刻,这些级的内容构成该反馈移位寄存器的状态。这个反馈移位寄存器的状态对应于一个 GF(2)上的 n 维向量,共有 2^n 种可能的状态。每个时刻的状态可用 n 长序列 $a_1,a_2,\cdots,a_n$ 或 n 维向量 $(a_1,a_2,\cdots,a_n)$表示,其中 a_i 为当时第 i 级存储器中的内容。

在主时钟确定的周期区间上,每一级存储器 a_i 都将其内容向下一级 a_{i-1} 传递,并根据寄存器当时的状态计算 $f(a_1,a_2,\cdots,a_n)$作为 a_n 下一时间周期的内容,称函数 $f(a_1,a_2,\cdots,a_n)$为反馈函数,其中反馈函数 $f(a_1,a_2,\cdots,a_n)$为 n 元布尔函数。在时钟脉冲时,如果反馈移位寄存器的状态为 $s_i=(a_i,\cdots,a_{i+n-1})$,则

$$a_{i+n}=f(a_i,a_{i+1},\cdots,a_{i+n-1}) \tag{3.1}$$

这个 a_{i+n} 又是移位寄存器的输入。在 a_{i+n} 的驱动下,移位寄存器的各个数据向前推移一位,使状态变为 $s_{i+1}=(a_{i+1},\cdots,a_{i+n})$,同时,整个移位寄存器的输出为 a_i。由此得到一系列数据,即

$$a_1,a_2,\cdots,a_n,\cdots \tag{3.2}$$

该序列称为满足关系式(3.1)的一个反馈移位寄存器序列。

1. 线性移位寄存器

若式(3.1)中的移位寄存器的反馈函数 $f(a_1,a_2,\cdots,a_n)$是 $a_1,a_2,\cdots,a_n$ 的线性函数,则称为线性移位寄存器(LFSR),否则称为非线性移位寄存器。

设 $f(a_1,a_2,\cdots,a_n)$为线性函数,则 f 可写成

$$f(a_1,a_2,\cdots,a_n)=c_n a_1 \oplus c_{n-1} a_2 \oplus \cdots \oplus c_1 a_n \tag{3.3}$$

其中 $c_i=0$ 或 1,$c_1,c_2,\cdots,c_n$ 为反馈系数,假定其中至少有一个系数非零,一般总假定 $c_n=1$。对于二进制,$c_1,c_2,\cdots,c_n$ 的作用就相当于一个开关,用断开和闭合来表示 0 和 1,这样的线性函数共 2^n 个。

线性移位寄存器如图 3.4 所示。

输出序列$\{a_i\}$满足

$$a_{n+i}=c_n a_i \oplus c_{n-1} a_{i+1} \oplus \cdots \oplus c_1 a_{n+i-1} \tag{3.4}$$

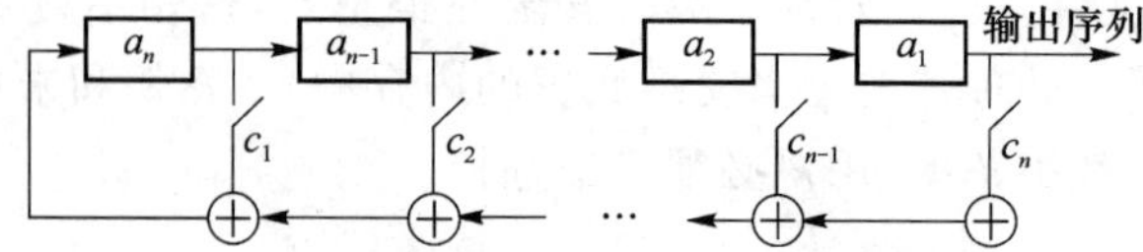

图 3.4 线性移位寄存器

其中 i 为非负正整数。

由于在 n 级的条件下,最多给出 2^n 个状态,而在线性运算下,全"0"状态不会转入其他状态,所以,线性移位寄存器序列的最长周期为 2^n-1。

【定义】 当 n 级线性移位寄存器产生的序列$\{a_i\}$的周期为 $T=2^n-1$ 时,称$\{a_i\}$为 n 级 m 序列。

已经证明,n 级 m 序列$\{a_i\}$具有如下性质。

① 在一个周期内,0,1 出现次数分别为 $2^{n-1}-1$ 和 2^{n-1}次。

② 在一个周期圈内,总游程数为 2^{n-1},对 $1\leqslant i\leqslant n-2$,长为 i 的游程有 2^{n-i-1}个,且 0,1 游程各半,长为 $n-1$ 的 0 游程 1 个,长为 n 的 1 游程 1 个。

③ $\{\alpha_i\}$的自相关函数为二值:

$$R_a(\tau)=\begin{cases}1 & \tau=0\\ -\dfrac{1}{T} & 0<\tau\leqslant T-1\end{cases}$$

可见 m 序列具有很好的 Golomb 随机特性。根据密码学的需要,对于线性移位寄存器主要考虑下面两个问题。

① 如何利用级数尽可能小的线性移位寄存器产生周期长、统计性能好的序列。

② 已知一个序列$\{a_i\}$,如何构造一个尽可能短的线性移位寄存器来产生它。

因为级线性移位寄存器的输出序列$\{a_i\}$满足递推关系 $a_{n+i}=c_na_i\oplus c_{n-1}a_{i+1}\oplus\cdots\oplus c_1a_{n+i-1}$,对任何 $i\geqslant 1$ 成立。这种递推关系可用一个一元高次多项式 $p(x)=\sum_{i=0}^{n}c_ix^i$ 表示,其中 $c_0=1$,称为该线性移位寄存器的特征多项式,当 $c_n\neq 0$ 时,线性移位寄存器是非奇异的,有时也称非奇异的线性移位寄存器为非退化的。

已经证明:$\{a_i\}$为 n 级 m 序列的充要条件是其特征多项式 $p(x)$为 n 次本原多项式。由此可见,$\{a_i\}$为 n 级 m 序列的关键在于 $p(x)$为 n 次本原多项式,n 次本原多项式的个数为$\lambda(n)=\dfrac{\phi(2^n-1)}{n}$,其中 ϕ 为欧拉函数。对于任意的 n 级线性移位寄存器,至少有一种连接方式使其输出序列为 m 序列。

下面讨论另一个问题,即已知一个序列$\{a_i\}$,如何构造一个尽可能短的线性移位寄存器来产生它。

对于一个长为 N 的序列 $\boldsymbol{a}=a_0,a_1,\cdots,a_{N-1}$,显然它可被一个 N 级的线性移位寄存器产生,只要取 $f(x)=1+x^N$ 即可。但通常 $\boldsymbol{a}$ 还可能由更短的线性移位寄存器产生。

【定义】 二元序列 $\boldsymbol{a}=a_0,a_1,\cdots,a_{N-1}$的线性复杂度 $C(\boldsymbol{a})$定义为产生该序列的级数最少的线性移位寄存器的级数。对全零序列 $\boldsymbol{a}$,约定 $C(\boldsymbol{a})=0$。

【定理】 设 $\boldsymbol{\alpha}=\{\alpha_i\}$是二元周期序列,且序列$\{\alpha_i\}$的线性复杂度 $C(\boldsymbol{\alpha})=L\geqslant 1$,则只要知

道$\{\alpha_i\}$中任意相继的 $2L$ 位就可确定整个序列$\{\alpha_i\}$及产生$\{\alpha_i\}$的极小多项式。

该定理说明线性复杂度是序列线性预测性的一个指标，作为密钥序列，其线性复杂度很小是不安全的。对于 n 级 m 序列，它的线性复杂度为 n，尽管它具有周期 2^n-1 及很好的随机统计特性，但还是不能直接用作密钥序列，因为利用 $2n$ 个输出位可以找到它的起始状态及特征多项式。

2. 非线性移位寄存器

线性移位寄存器序列密码在已知明文攻击下是可破译的这一事实促使人们向非线性领域探索。目前研究得比较充分的方法有非线性移位寄存器序列、对线性移位寄存器序列进行非线性组合等。

在图 3.3 中，当反馈函数 $f(a_1,a_2,\cdots,a_n)$为非线性函数时，便构成非线性移位寄存器，其输出序列为非线性序列。输出序列的周期最大可达 2^n，并称周期达到最大值的非线性移位寄存器序列为 m 序列。m 序列具有下面定理所述的随机统计特性。

【*m* 序列的特性】　在 n 级 m 序列的一个周期内，0 与 1 的个数各为 2^{n-1}，在 m 序列的一个周期圈中，总游程为 2^{n-1}，对 $1\leqslant i\leqslant n-2$，长为 i 的游程数为 2^{n-1-i}，其中 0，1 游程各半，长为的 $n-1$ 游程不存在，长为 n 的 0 游程和 1 游程各 1 个。

已经证明：GF(2)上 n 级 m 序列的数目为 $2^{2^{n-1}-n}$。

由上面性质可见，m 序列具有很好的随机统计特性，又有大量的不同序列可供选用，因而它在序列密码中一直是人们研究的主要内容之一。

n 级移位寄存器共有 2^{2^n} 种不同的反馈函数，而线性反馈函数只有 2^n 种，其余均为非线性的，可见非线性反馈函数的数量是巨大的。但是值得注意的是并非这些非线性反馈函数都能产生良好的密钥序列，其中 m 序列是比较好的一种。

3. 非线性前馈寄存器

前面已经说过，线性移位寄存器序列虽然不能直接作为密钥流使用，但可作为驱动源以其输出推动一个非线性组合函数所决定的电路来产生非线性序列。实际上，这就是所谓的非线性前馈序列生成器。线性移位寄存器用来保证密钥流的周期长度，非线性组合函数用来保证密钥流的各种密码性能，以抗击各种可能的攻击。许多专用流密码算法用这种方法构成，其中不少是安全的。

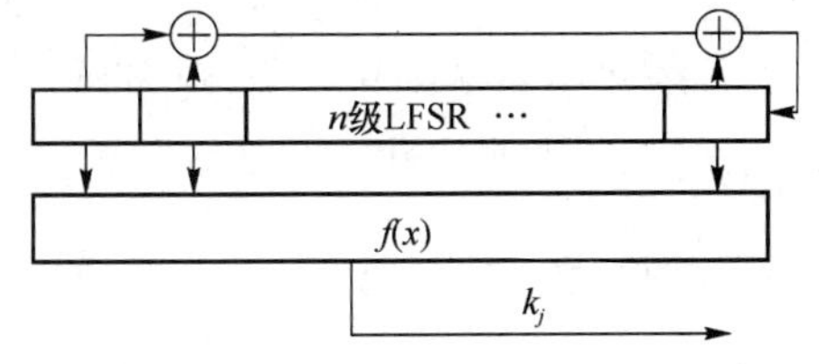

图 3.5　非线性前馈序列生成器

如图 3.5 所示表示一个典型的非线性前馈寄存器。图中 $f(x)$是一个 n 元布尔函数，对于 LFSR 的状态变量，由非线性函数滤波后得到输出序列$\{k_j\}$，称这种生成器为前馈网络，称$\{k_j\}$为前馈序列，于是布尔函数 $f(x)$在这里也称为前馈函数。用 $\delta_j=(s_j,s_{j+1},\cdots,s_{j+n-1})$表示 n 级 LFSR 在时刻 j 的移存器状态，用 δ_0 表示初态。显然，前馈序列$\{k_j\}$的周期不会超过 δ_j 可能达到的最大周期 2^n-1，所以总是选取 n 级 m 序列生成器作为驱动器 LFSR。假定 LFSR 是某个 n 级 m 序列生成器，$\delta_0\neq 0$，$f(0)=0$，则任意给定前馈序列的前 2^n-1 位 $k_j(j=0,1,2,\cdots,2^n-2)$时，$f(x)$唯一确定。因为这时 δ_j $(j=0,1,\cdots,2^n-2)$取遍 $\mathrm{GF}(2)^n$ 中非零向量。$f(0)=0$，$f(\delta_j)=k_j(j=1,2,\cdots,2^n-2)$确定了 $f(x)$的真值表。这一事实可叙述如下。

【引理】　在图 3.5 中，当 n 级 LFSR 为 n 级 m 序列生成器时，对任一组不全为 0 的

$k_{j(j=0,1,2,\cdots,2^n-2)}$,存在唯一的前馈函数 $f(x)$,使前馈序列是周期序列,即

$$\boldsymbol{k}=k_0k_1\cdots k_{2^n-1}k_0k_1\cdots$$

这里,$f(0)=0$。

该引理表明线性复杂度为 n 的 m 序列经过适当的前馈函数滤波,可以得到一个复杂度接近 2^n-1 的前馈序列,相对于驱动序列,其复杂度指数增长。一般地,对于一个给定的如图 3.5 所示的前馈网络,其前馈序列 $\{k_j\}$ 的线性复杂度有如下结论。

【定理】 设 LFSR 为 n 级 m 序列生成器,$f(x)=f(x_0,x_1,\cdots,x_{n-1})$。若 $f(x)$ 的次数为 k,则 $\{k_j\}$ 的线性复杂度 $C(\{k_j\})$ 满足:

$$C(\{k_j\})\leqslant\sum_{i=1}^{k}C_n^i$$

可见,前馈序列的线性复杂度和前馈函数的次数密切相关。另外前馈序列的统计特性与 $f(x)$ 密切相关,如,增加前馈函数的项数可改善前馈序列的统计特性。

根据以上讨论,前馈序列生成器中,布尔函数的特性决定着前馈序列的性能,因此,布尔函数是前馈流密码设计的一个关键。

4. 非线性组合序列

前面讨论的前馈序列是由一个线性移位寄存器驱动的非线性前馈序列生成器所产生的序列。这类序列的周期只能是 2^n-1 的因子。为了提高序列的线性复杂度和随机性,一种自然的方法就是在驱动部分用多个 LFSR 进行组合,这就是此处要介绍的由多个线性移位寄存器驱动的非线性组合序列(生成器),如图 3.6 所示。

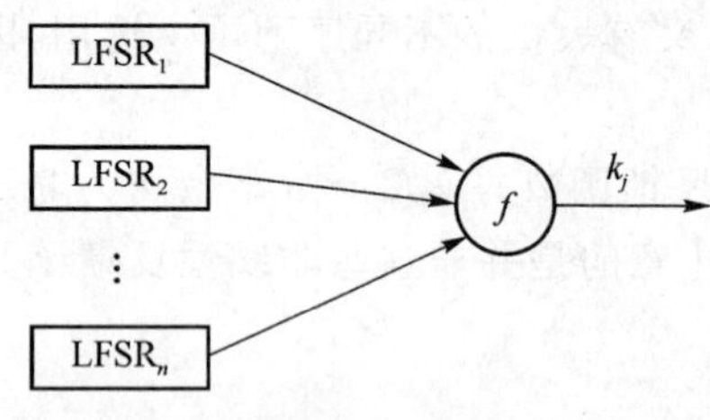

图 3.6　非线性组合序列生成器

$\text{LFSR}_i(i=1,2,\cdots,n)$ 为 n 个次数分别为 $r_1,r_2,\cdots,r_n$ 的线性移位寄存器,相应的序列分别为 $a_i=\{a_{i_j}\}(i=1,2,\cdots,n)$,$f(x)=f(x_1,\cdots,x_n)$ 是 n 元布尔函数。令 $k_j=f(a_{1_j},\cdots,a_{n_j})$,则序列 $k=\{k_j\}$ 是由如图 3.6 所示生成器产生的序列。

称 $f(x)$ 为非线性组合函数,$\{k_j\}$ 为非线性组合序列。关于非线性组合序列有如下结论:若 r_i 两两互素,$f(x)$ 与各变元均有关,则 $\{k_j\}$ 的周期为 $\prod_{i=1}^{n}(2^{r_i}-1)$,线性复杂度为 $C(\{k_j\})=f(r_1,\cdots,r_n)$,其中 $f(r_1,\cdots,r_n)$ 按实数域上运算。

可见采用非线性组合函数对多个 m 序列进行组合,可极大地提高序列的周期和线性复杂度。

3.1.4　序列密码的应用

序列密码的应用非常广泛,此处仅列举一些应用例子。

1. 用于数据加密存储

若要避免很多人阅读一些机密的计算机数据,可以采用加密方法(此类加密称为存储类加密),使得仅有部分人(即掌握有密钥的人)能够阅读这些数据。因此,此类存储数据加密的本质上就是将大秘密变换成小秘密,对这类加密既可以使用序列密码也可以使用分组密码。但是序列密码的诸多优势(比如,密度高、速度块等),使得序列密码很受欢迎。存储类

数据加密遇到的问题主要如下。

① 数据会以明文形式存在。

② 数据库中，数据块比大多数算法的数据分组小，导致密文比明文大。

③ 需要安全、长期的存储密钥。

④ 密钥管理复杂，不同的人需要存储不同的文件或同一文件的不同部分。

(1) 密钥的管理

当对一个大的硬盘(或别的存储介质)进行加密时，可以使用一个单独的密钥对所有数据进行加密。这样多个用户只查看驱动器的一部分是不可能的；或者使用不同的密钥对各个文件进行加密。但这样迫使用户去记住每个文件的密钥。

解决办法是使用单独的密钥对每个文件进行加密，根据用户划分许多密钥子集，每个用户只须记住一个密钥，用以加密这些密钥子集。

(2) 加密的分类

存储类加密分为文件级与驱动器级两种。

① 文件级加密是指每个文件被单独加密。当然要使用被加密的文件，需先解密、使用、再加密。

② 驱动器级加密用在用户的一个逻辑驱动器上，对所有的数据进行加密。具体操作是驱动器启动前会提示用户输入一个密钥，用来产生解密密钥子集，然后再用需要的密钥解密真正的数据。

2. 用于信道加密

系统应用可粗分为应用层、传输层、网络层、链路层和物理层。加密类型分为链路加密、节点加密和端端加密 3 种，用户可根据网络情况酌情选择加密方式。

(1) 链路加密

在链路层的加密称为链路加密，也是最底层的加密，链路加密的目的是保护网络节点之间的链路信息的安全。对于链路加密(又称在线加密)，所有消息在加密之后进行传输，每一节点对接收到的信息先进行解密，再使用下一链路的密钥对消息进行加密，继续进行传输。在到达目的地之前，一条信息可能要经过许多通信链路的传输。链路加密，它们可以被用在任何类型的数据通信链路上。

由于在每一个中间传输节点消息均被解密后重新进行加密，因此，包括路由信息在内的链路上的所有数据均以密文形式出现，且发送端和接收端之间的任何智能交换或存储节点都必须在处理这些数据序列之前对其进行解密。这样，链路加密就掩盖了被传输信息的源点与终点。由于填充技术的使用以及填充字符在不需要传输数据的情况下就可以进行加密，使得消息的频率和长度特性得以掩盖，从而可以防止对通信业务进行分析。

链路加密通常在点对点的同步或异步线路上进行，它要求先对链路两端的加密设备进行同步，然后使用一种链模式对链路上传输的数据进行加密。这就给网络的性能和可管理性带来了困难，当线路/信号经常不通时，链路上的加密设备就需要频繁地进行同步，会造成数据的丢失或重传。而且，即使只有小部分数据需要加密，也会造成所有传输数据都被加密的结果。

链路加密的优点是包含报头和路由信息在内的所有信息均被加密，信息以明文形式通过每一节点，加密对用户透明，单个密钥损坏时整个网络不会损坏。缺点是所有节点都必须有密钥,两对不同网络节点间使用不同的密钥,密钥分发和管理变得非常困难;同时,明文通过节点时是明的,不利于保密;每个安全通信链路需要两台设备,密码设备需用量增加,费用较高。

(2) 节点加密

节点加密的目的是对源节点到目的节点之间的传输链路提供保护。节点加密在操作方式上与链路加密是类似的:两者均在通信链路上为传输的消息提供安全性;都在中间节点先对消息进行解密,再对所有传输的数据进行加密,加密过程对用户来说是透明的。但与链路加密不同,节点加密不允许消息在网络节点以明文形式存在,它先把收到的消息进行解密,然后采用另一个不同的密钥进行加密,这一过程在节点上的一个安全模块中进行。

节点加密要求报头和路由信息以明文形式传输,以便中间节点能得到如何处理消息的信息。因此这种方法对于防止攻击者分析通信业务是脆弱的。

节点加密的优点是消息的加、解密在安全模块中进行,这使得经过节点消息内容不会被泄露,加密对用户透明。缺点是某些信息(如报头和路由信息)必须以明文形式传输;需采用先进的密钥分发和管理技术。

(3) 端端加密

端端加密又称包加密,其目的是对源端用户到目的端用户的数据提供保护,允许数据在从源点到终点的传输过程中始终以密文形式存在。由于消息在整个传输过程中均受到保护,所以即使所有节点被破坏也不会使信息泄露。

端到端加密根据通信需要配备密码设备,节省设备费用,且比链路加密和节点加密更可靠,更易设计、实现和维护。端到端加密还避免了同步问题,由于每个报文包均是独立被加密的,所以一个报文包所发生的传输错误不会影响后续的报文包。这种加密方法适合单个用户选用,并不影响网络上的其他用户,只需要源和目的节点是保密的即可。

端到端加密系统不允许对消息的目的地址进行加密,因为每一个消息所经过的节点都要用该地址确定如何传输消息。由于此加密方法不能掩盖被传输消息的源点与终点,因此对于攻击者分析通信业务是脆弱的。

端端加密的优点是使用方便;采用用户自己的协议进行加密,并非所有数据需要加密,每一个系统都需要完成相同类型的加密,网络中数据从源节点到目的节点均得到保护,加密对网络节点透明,在网络重构期间可使用加密技术。缺点是某些信息(如报头和路由信息)必须以明文形式传输,需采用先进的密钥分发和管理技术。

3. 用于哈希函数

哈希函数分为两种,一种与密钥无关,也称为单向散列函数;另一种与密钥相关,这类函数通常称为信息验证码(MAC)。

通常使用的 Hash 函数基本上都是基于分组密码的,这主要是利用分组密码扩散较快的特点,但是分组密码与序列密码相比较,无论软件实现还是硬件实现,速度都是较慢的。另外,在一个密码系统中,目前一般都采取多种密码体制完成不同的功能,但是同时使用过多的密码算法,这本身就存在着安全上的隐患。这里要说明的是,基于 LFSR 和数学理论的序列密码的复杂性,决定了序列密码可以实现通常分组密码实现的 Hash 值。

一个安全的哈希函数 H 满足三个性质:给定消息 M,很容易计算 $h=H(M)$;给定 h,寻求 M 去计算是不可行的;给定 M,寻找另外的 M',满足 $H(M')=H(M)$,在计算上也是不可行的。

一个序列密码如果要成为一个 MAC，就必须为该序列密码算法“开个口子”，让 M 能按一定的规则参与序列密码算法的运算，这样，MAC 的前两个性质，序列密码是很容易做到的。对于第三个性质，随便设计一个保密性能很强的序列密码来计算 h 是危险的。这是因为 M 和 M' 的差别如果很小且出现在尾部时，h 和 h' 的差别有可能也很小，这样就难以防止篡改，因此，一个序列密码要成为 MAC，必须要满足的条件有：明文密文都参加反馈；明文要参与算法中关键参数的控制；明文参与运算完成以后，还要继续运行若干拍后，再选取杂凑值 MAC。

3.2　序列密码的基础乱源

3.2.1　移位寄存器的串联和并联

移位寄存器，特别是线性反馈移位寄存器（LFSR），是产生 Golomb 伪随机序列的主要手段，但是，由于直接由线性反馈移位寄存器产生的序列的线性复杂度太小，难以经受线性逼近攻击，因此，人们想尽办法对 LFSR 进行各种组合，以便构造出更多伪随机性更好的序列。最简单的组合方法，也许就是下面将要介绍的 LFSR 串联和并联。

1. LFSR 的串联

假定 LFSR1 和 LFSR2 是两个串联的 LFSR，即将 LFSR1 的输出序列按照如图 3.7 所示作为 LFSR2 的输入序列，参加 LFSR2 的线性反馈。

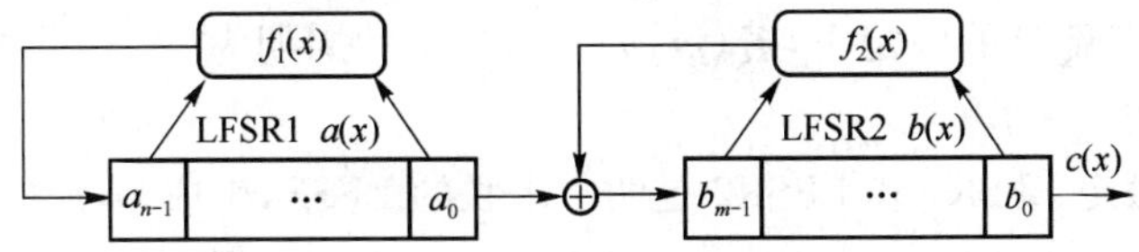

图 3.7　LFSR 的串联

下面详细分析串联后的 LFSR 序列的密码学性质。

(1) 生成多项式

设 LFSR1 和 LFSR2 的生成多项式分别为本原多项式 $f_1(x)=1+d_1x+d_2x^2+\cdots+d_nx^n$ 和 $f_2(x)=1+d'_1x+d'_2x^2+\cdots+d'_mx^m$，并且满足 $(f_1(x),f_2(x))=1$，其初态分别为 $(a_0,a_1,\cdots,a_{n-1})$，$(b_0,b_1,\cdots,b_{m-1})$，所以它们输出序列的多项式分别为

$$a(x)=\frac{a(x)}{f_1(x)}=a_0+a_1x+a_2x^2+a_3x^3+\cdots$$

$$b(x)=\frac{b(x)}{f_2(x)}=b_0+b_1x+b_2x^2+b_3x^3+\cdots$$

$$f_1(x)a(x)=a_0+(a_1+d_1a_0)x+\cdots+(a_{n-1}+d_1a_{n-2}+\cdots+d_{n-2}a_1+d_{n-1}a_0)x^{n-1}$$

$$f_2(x)b(x)=b_0+(b_1+d'_1b_0)x+\cdots+(b_{m-1}+d'_1b_{m-2}+\cdots+d'_{m-2}b_1+d'_{m-1}b_0)x^{m-1}$$

设$c(x)=c_0+c_1x+c_2x^2+\cdots+c_kx^k+\cdots$为输出序列$\boldsymbol{c}$的多项式表示,假定$(b_0,b_1,\cdots,b_{m-1})=0$,考察$c(x)f_2(x)$中$x^k$的系数$(k\geqslant m)\ \zeta_k=c_k+(d'_1c_{k-1}+d'_2c_{k-2}+\cdots+d'_0c_k)$,又$\zeta_k=a_k+(d'_1c_{k-1}+d'_2c_{k-2}+\cdots+d'_0c_k)$,所以$c_k=a_k$。考虑到$c(x)f_2(x)$的前$m$项为0,有

$$c(x)=\frac{x^m a(x)}{f_1(x)f_2(x)}$$

对于一般情况,不难看出

$$c(x)=\frac{x^m a(x)}{f_1(x)f_2(x)}+\frac{b(x)}{f_2(x)}=\frac{x^m a(x)+f_1(x)b(x)}{f_1(x)f_2(x)}$$

由$f_1(x)$的本原性,知$f_1(x)\nmid(x^m a(x)+f_1(x)b(x))$,而且$\deg(x^m a(x)+f_1(x)b(x))<\deg(f_1(x)f_2(x))$。所以,如果$f_2(x)\mid(x^m a(x)+f_1(x)b(x))$,则

$$c(x)=\frac{(x^m a(x)+f_1(x)b(x))/f_2(x)}{f_1(x)}$$

输出序列$\boldsymbol{c}$的生成多项式为$f_1(x)$,极小多项式为$f_1^*(x)$,所以,如果$f_2(x)\nmid(x^m a(x)+f_1(x)b(x))$,则$\boldsymbol{c}$的生成多项式为$f_1(x)f_2(x)$,极小多项式为$f_1^*(x)f_2^*(x)$。

由于两个不可约多项式积的周期是两个不可约多项式周期的最小公倍数,因此可得下面定理。

【定理】 串联LFSR的生成多项式定理:假定LFSR1和LFSR2是两个串联的LFSR,生成多项式分别为本原多项式$f_1(x)$和$f_2(x)$,初态分别为$(a_0,a_1,\cdots,a_{n-1})$,$(b_0,b_1,\cdots,b_{m-1})$,$a(x)$和$b(x)$的结构如上,那么,如果$f_2(x)\mid(x^m a(x)+f_1(x)b(x))$,输出序列$\boldsymbol{c}$的周期为$2^n-1$,生成多项式便为$f_1(x)$,极小多项式为$f_1^*(x)$,线性复杂度为$n$;如果$f_2(x)\nmid(x^m a(x)+f_1(x)b(x))$那么$\boldsymbol{c}$的周期为$[2^n-1,2^m-1]$,生成多项式为$f_1(x)f_2(x)$,极小多项式为$f_1^*(x)f_2^*(x)$,线性复杂度为$n+m$。

在上面定理第二部分的假定下,若$(m,n)=1$,则$\boldsymbol{c}$的周期为$(2^n-1)(2^m-1)$。

(2) 平移等价性

设$(m,n)=d$,假定LFSR1和LFSR2是两个串联的LFSR,生成多项式分别为本原多项式$f_1(x)$和$f_2(x)$,初态分别为$(a_0,a_1,\cdots,a_{n-1})$,$(b_0,b_1,\cdots,b_{m-1})$,那么$G(f_1(x))\oplus G(f_2(x))$有$2^d-1$个圈长为$\dfrac{(2^m-1)(2^n-1)}{2^d-1}$的圈。

如果$f_2(x)\mid(x^m a(x)+f_1(x)b(x))$,那么$\boldsymbol{c}$只有一个平移等价类。

如果$f_2(x)\nmid(x^m a(x)+f_1(x)b(x))$,由$(f_1(x),f_2(x))=1$,推得存在$s(x),t(x)\in F_2[x]$,满足$s(x)f_1(x)+t(x)f_2(x)=1$,所以

$$c(x)=\frac{x^m a(x)s(x)+b(x)}{f_2(x)}+\frac{x^m a(x)t(x)}{f_1(x)}$$

又$\boldsymbol{c}$的极小多项式为$f_1(x)f_2(x)$,断定$f_2(x)\nmid(x^m a(x)s(x)+b(x))$,这时$\boldsymbol{c}$可以看成两个$m$序列和的形式,且有$2^d-1$个平移等价类。

【定理】 串联LFSR的平移等价定理:假定LFSR1和LFSR2是两个串联的LFSR,生成多项式分别为本原多项式$f_1(x)$和$f_2(x)$,初态分别为$(a_0,a_1,\cdots,a_{n-1})$,$(b_0,b_1,\cdots,b_{m-1})$,$a(x)$和$b(x)$的结构如上,那么$a(x)$和$c(x)$平移等价的充要条件是$f_2(x)\mid(x^m a(x)+f_1(x)b(x))$;$b(x)$和$c(x)$平移等价的充要条件是$a(x)=0$。

因此,若$b(x)=0$,则$a(x)$和$c(x)$平移等价的充要条件是$f_2(x)\mid a(x)$,更进一步,如果

LFSR1 和 LFSR2 具有相同的级数，则 $a(x)$ 和 $c(x)$ 无论如何都是不能平移等价的。

上述定理还说明如果两个 LFSR 的初态选择不适当，则 LFSR2 对输出序列将没有贡献。在实际应用中，为了不造成存储器浪费，更好地发挥它们的实际功能，希望 $\boldsymbol{c}$ 的周期达到极大，即 $(2^n-1)(2^m-1)$，这时必须满足 $(2^n-1,2^m-1)=1$，即 $(m,n)=1$。

(3) "0"与"1"计数和自相关函数

设 $\boldsymbol{a}$ 是一个周期序列，用 $N_a(1)$ 表示 $\boldsymbol{a}$ 的一个周期内信号"1"的个数，$N_a(0)$ 表示 $\boldsymbol{a}$ 的一个周期内信号"0"的个数，由自相关函数的定义，$\boldsymbol{a}$ 的自相关函数 $c_a(\tau)$ 为序列 $\boldsymbol{a}+\mathrm{L}^\tau\boldsymbol{a}$ 中信号"0"的个数和信号"1"的个数之差，即 $c_a(\tau)=N_{a+\mathrm{L}^\tau a}(0)-N_{a+\mathrm{L}^\tau a}(1)$。

对于 n 级 m 序列 $a(x)=a_0+a_1x+a_2x^2+\cdots+a_kx^k+\cdots$，自相关函数为

$$c_a(\tau)=\begin{cases}2^n-1 & \tau=0 \bmod 2^n-1\\ -1 & \tau\neq 0 \bmod 2^n-1\end{cases}$$

如果 $f_2(x)\mid(x^ma(x)+f_1(x)b(x))$，那么由上面的平移等价定理知输出序列 $\boldsymbol{c}$ 发生退化，与 $\boldsymbol{a}$ 平移等价，这时 $\boldsymbol{c}$ 的自相关函数就是 m 序列的自相关函数，这时的"0""1"计数与 m 序列时的情形一样。在 $f_2(x)\nmid(x^ma(x)+f_1(x)b(x))$，而 $\boldsymbol{c}$ 等价于两个 m 序列的和，不妨就设为 $\boldsymbol{c}=\boldsymbol{a}+\boldsymbol{b}$。

【引理】 设 $\boldsymbol{A}=\begin{pmatrix}a_0 & a_1 & a_2 & \cdots & a_{(2^n-1)(2^m-1)} & \cdots\\ b_0 & b_1 & b_2 & \cdots & b_{(2^n-1)(2^m-1)} & \cdots\end{pmatrix}$，则对于任意 $0\leqslant k_1<2^m-1$，$0\leqslant k_2<2^n-1$，存在 $u\in\mathbf{Z}$，$0\leqslant u<(2^m-1)(2^n-1)$，满足 $a_{k_1}=a_u$，$b_{k_1}=b_u$。

若在这个引理中将 (2^m-1) 和 (2^n-1) 换成互素的 P_1 和 P_2，结论仍然成立。该引理说明了这样一个问题：对于周期 (P_1) 和 (P_2) 互素的两个序列，在长为 P_1P_2 的段上，能够排尽两个序列所有可能的相位对，表现为两个序列相位对的统计独立性，即两个序列中任意一对数字联合出现的概率为它们在各个序列中出现的概率之积。

【定理】 串联 LFSR 的自相关定理：假定 LFSR1 和 LFSR2 是两个串联的 LFSR，生成多项式分别为本原多项式 $f_1(x)$ 和 $f_2(x)$，初态分别为 $(a_0,a_1,\cdots,a_{n-1})$，$(b_0,b_1,\cdots,b_{m-1})$，$a(x)$ 和 $b(x)$ 的结构如上，若 $f_2(x)\nmid(x^ma(x)+f_1(x)b(x))$，则 $\boldsymbol{c}$ 中"0"和"1"的个数分别为

$$N_c(0)=2^{m+n-1}-2^{m-1}-2^{n-1}+1$$
$$N_c(1)=2^{m+n-1}-2^{m-1}-2^{n-1}$$

自相关函数为

$$c_c(\tau)=\begin{cases}(2^m-1)(2^n-1) & \tau=0 \bmod (2^m-1)(2^n-1)\\ -(2^m-1) & \tau=0 \bmod (2^m-1)\tau\neq 0 \bmod (2^n-1)\\ -(2^n-1) & \tau=0 \bmod (2^n-1),\tau\neq 0 \bmod (2^m-1)\\ 1 & \tau\neq 0 \bmod (2^m-1),\tau\neq 0 \bmod (2^n-1)\end{cases}$$

因此，在 $\boldsymbol{c}$ 的一个周期内，信号"0"和"1"的个数基本平衡(差1)，算得上是一个平衡序列。

2. LFSR 的并联

两个移位寄存器 LFSR1 和 LFSR2 的并联可用如图 3.8所示来表示。

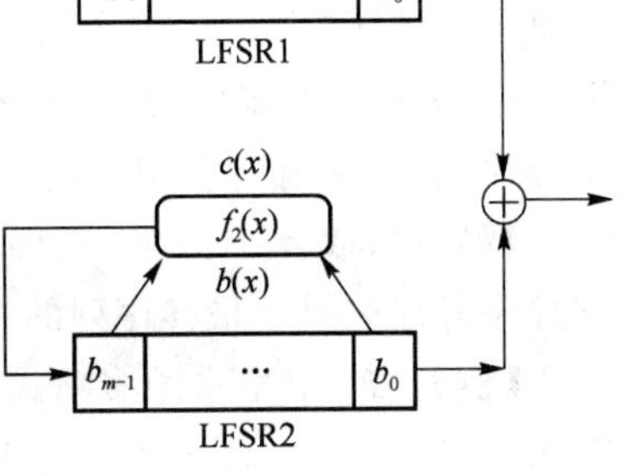

图 3.8　LFSR 的并联

设 LFSR1 和 LFSR2 的生成多项式分别为本原多项式

$f_1(x)=1+d_1x+d_2x^2+\cdots+d_nx^n$ 和 $f_2(x)=1+d'_1x+d'_2x^2+\cdots+d'_mx^m$，满足 $(f_1(x),f_2(x))=1$ 其初态分别为 $(a_0,a_1,\cdots,a_{n-1})$，$(b_0,b_1,\cdots,b_{m-1})$，所以它们输出序列的多项式分别为

$$a(x)\frac{a(x)}{f_1(x)}=a_0+a_1x+a_2x^2+a_3x^3+\cdots$$

$$b(x)\frac{a(x)}{f_2(x)}=b_0+b_1x+b_2x^2+b_3x^3+\cdots$$

设 $c(x)=c_0+c_1x+c_2x^2+\cdots+c_kx^k+\cdots$ 为输出序列 $\boldsymbol{c}$ 的多项式表示，则

$$c(x)=\frac{f_2(x)a(x)+f_1(x)b(x)}{f_1(x)+f_2(x)}$$

由 $f_1(x)$、$f_2(x)$ 的本原性知 $f_1(x)$、$f_2(x)\nmid(a(x)+f_1(x)b(x))$，而且 $\deg(f_2(x)a(x)+f_1(x)b(x))<\deg(f_1(x)f_2(x))$，则 $\boldsymbol{c}$ 的生成多项式为 $f_1(x)f_2(x)$，极小多项式为 $f_1^*(x)f_2^*(x)$。

3.2.2 它控采样序列

【拼接序列的定义】 设 $\boldsymbol{a}^{(t)}=(a^{(t)}(0),a^{(t)}(1),a^{(t)}(2),\cdots)$，$t=0,1,2,\cdots,k-1$ 是 $\boldsymbol{F}_2$ 上 k 个序列，令 $\boldsymbol{c}(k_i+j)=a^{(j)}(i)$，$i,j\in\boldsymbol{Z}$，$0\leqslant j\leqslant k-1$，$0\leqslant i$，则称序列 $\boldsymbol{c}=(c_0,c_1,c_2,\cdots)$ 为 $\boldsymbol{a}^{(t)}$ $(t=0,1,2,\cdots,k-1)$ 的拼接序列。

【例】 令 $\boldsymbol{a}^{(0)}=(101010\cdots)$，$\boldsymbol{a}^{(1)}=(110110\cdots)$，$\boldsymbol{a}^{(2)}=(011011\cdots)$，则它们的拼接序列为(110011101010111001…)。

【特征多项式定义】 设 $\boldsymbol{a}$ 是 $\boldsymbol{F}_2$ 上的周期序列，$\boldsymbol{a}$ 的状态转移矩阵为 $\boldsymbol{A}$，那么称 $\boldsymbol{A}$ 的特征多项式 $|x\boldsymbol{E}+A|$ 为 $\boldsymbol{a}$ 的特征多项式，这里 $\boldsymbol{E}$ 为单位矩阵。

若 $\boldsymbol{a}$ 的生成多项式为 $f(x)$，则 $f(x)$ 的反多项式 $f^*(x)=f(1/x)x^n$ 为 $\boldsymbol{a}$ 的特征多项式，这里 n 为 $f(x)$ 的次数。

【第一拼接定理】 设 $a^{(t)}=(a^{(t)}(0),a^{(t)}(1),a^{(t)}(2),\cdots,)$ $(t=0,1,2,\cdots,k-1)$ 是 F_2 上 k 个具有相同生成多项式 $g(x)$ 的序列，则它们的拼接序列以 $g(x^k)$ 为生成多项式。

【第二拼接定理】 设 $\boldsymbol{a}^{(t)}=(a^{(t)}(0),a^{(t)}(1),a^{(t)}(2),\cdots,)$ $(t=0,1,2,\cdots,k-1)$ 是 F_2 上 k 个生成多项式分别为 $g_1(x)$、$g_2(x)$、…、$g_k(x)$ 的序列，则它们的拼接序列以 $\prod_{i=1}^{k}g_i(x^k)$ 为生成多项式。

1. Ⅰ型它控采样序列

【Ⅰ型采样序列的定义】 设 $\boldsymbol{a}=(a_0,a_1,a_2,\cdots)$ 和 $\boldsymbol{b}=(b_0,b_1,b_2,\cdots)$ 是 $\boldsymbol{F}_2$ 上周期分别为 P_1 和 P_2 的序列。令 $a^{(b)}=(a_0^{(b_0)},a_1^{(b_1)},a_2^{(b_2)},\cdots,a_i^{(b_i)},\cdots)$，其中 $a_i^{(b_i)}$ 表示 $b_i=1$ 时，$a_i^{(b_i)}=a_i$，即采样；$b_i=0$ 时，$a_i^{(b_i)}$ 虚无，即不采样。称序列 $\boldsymbol{a}^{(b)}$ 为 $\boldsymbol{b}$ 对 $\boldsymbol{a}$ 的Ⅰ型采样序列，简称 $\boldsymbol{a}$ 的Ⅰ型采样序列，下文有时也用 $\boldsymbol{c}$ 表示。

特殊地，取 $\boldsymbol{b}=(1000\cdots01000\cdots01000\cdots01000\cdots)$，$\boldsymbol{b}$ 的周期为 s，则 $\boldsymbol{a}^{(b)}=\boldsymbol{a}^{(s)}$，所以Ⅰ型它控采样序列是 s-采样序列的自然推广。

【例】 $\boldsymbol{F}_2$ 上由本原多项式 $f(x)=1+x+x^3$，生成的序列 $\boldsymbol{a}=(11101001110100\cdots)$，周期 $P_1=2^3-1=7$，取 $\boldsymbol{b}=(110110110110\cdots)$，一个周期是 3 的序列，由采样钟控序列的定义，$\boldsymbol{a}^{(b)}=(11010110001110\cdots1101011000110\cdots)$。直接验证知 $\boldsymbol{a}^{(b)}$ 的极小多项式为 $f^{*2}(x)=x^6+$

$x^4+1=(x^3+x^2+1)^2$，周期为 $14(=2\times7=2\times(2^3-1))$。

在一定条件下，Ⅰ型它控采样序列与初态无关，即 $\boldsymbol{a}$ 和 $\boldsymbol{b}$ 不同的初态得出的Ⅰ型采样序列平移等价。

【Ⅰ型它控采样序列的初态定理】设 $\boldsymbol{a}=(a_0,a_1,a_2,\cdots)$ 是周期为 P_1 的二元序列，$\boldsymbol{b}=(b_0,b_1,b_2,\cdots)$ 是周期为 P_2 的二元序列。若 $(P_1,P_2)=1$，则Ⅰ型它控采样序列 $\boldsymbol{a}^{(b)}$ 与 $\boldsymbol{a}$ 和 $\boldsymbol{b}$ 的初态无关。

【Ⅰ型它控采样序列的生成多项式定理】设 $f(x)\in F_2[x]$ 是 F_2 上 n 次 $(n\geqslant2)$ 本原多项式，$0\neq\boldsymbol{a}\in G(f(x))$，$\boldsymbol{a}=(1,a_1,a_2,a_3,\cdots)$，$\boldsymbol{b}=(1,b_1,b_2,b_3,\cdots)$，$\boldsymbol{b}$ 的周期为 P_2，1 的个数为 N_1。ξ 为 $f^*(x)$ 在 F 中的一根，$g(x)$ 为 ξp_2 的极小多项式，则Ⅰ型它控采样序列 $a^{(b)}$ 以 $g(x^{N_1})$ 为生成多项式。

下面的命题指出：存在极小多项式满足 $m_c(x)=g(x^{N_1})$ 的Ⅰ型它控采样序列。

【Ⅰ型它控采样序列的周期定理 A】设 $f(x)\in F_2[x]$ 是 F_2 上 n 次 $(n\geqslant2)$ 本原多项式，$0\neq\boldsymbol{a}\in G(f(x))$，$\boldsymbol{a}=(1,a_1,a_2,a_3,\cdots)$，$\boldsymbol{b}=(110110110,\cdots)$，$\xi$ 为 $f^*(x)$ 在 $\boldsymbol{F}_{2^n}$ 中的一根，$g(x)$ 为 ξ^3 的极小多项式。若 $(3,2^n-1)=1$，则Ⅰ型它控采样序列 $\boldsymbol{a}^{(b)}$ 的周期为 $2(2^n-1)$，极小多项式为 $g^2(x)$。

【Ⅰ型它控采样序列的周期定理 B】设 $f(x)\in \boldsymbol{F}_2[x]$ 是 $\boldsymbol{F}_2$ 上 n 次 $(n\geqslant2)$ 本原多项式，$0\neq\boldsymbol{a}\in G(f(x))$，$\boldsymbol{a}=(1,a_1,a_2,a_3,\cdots)$，$\boldsymbol{b}=(1,b_1,b_2,b_3,\cdots)$，$\boldsymbol{b}$ 的周期为 P_2，1 的个数为 2^k。ξ 为 $f^*(x)$ 在 $\boldsymbol{F}_{2^n}$ 中的一根，$g(x)$ 为 ξ^{P_2} 的极小多项式。则Ⅰ型它控采样序列 $\boldsymbol{a}^{(b)}$ 的极小多项式满足 $m_c(x)=g^t(x)$，周期为 $2^r(2^n-1)$，$2^r\geqslant t>2^{r-1}$，$k\geqslant r$。

2. *m*-序列钟控的Ⅰ型它控采样序列

【游程序列定义】设序列 $\boldsymbol{b}=(1,b_1,b_2,b_3,\cdots)$ 的周期为 P_2，整数序列 $\{S(k)\}_{k=1}^{P_2-1}$ 称为 $\boldsymbol{b}$ 的游程序列，若 $S(k)$ 为 $\boldsymbol{b}$ 中从左端起第 $k+1$ 个非零比特距 $\boldsymbol{b}$ 中左端 1 的距离值。

【例】　$\boldsymbol{b}=(1001001010001100100101001\cdots)$，则

$k=1,S(1)=3$；

$k=2,S(2)=6$；

$k=3,S(3)=8$；

$k=4,S(4)=12$

⋮

【Ⅰ型它控采样序列的周期定理 C】设 $f(x)\in F_2[x]$ 是 F_2 上 n 次 $(n\geqslant2)$ 本原多项式，$0\neq\boldsymbol{a}\in G(f(x))$，$\boldsymbol{a}=(1,a_1,a_2,a_3,\cdots)$，$\boldsymbol{b}=(1,b_1,b_2,b_3,\cdots)$，$\boldsymbol{b}$ 的周期为 P_2，1 的个数为 2^r。ξ 为 $f^*(x)$ 在 F_{2^n} 中的一根，$g(x)$ 为 ξ^{P_2} 的极小多项式。若①$(P_2,2^n-1)=1$，② 对于任意 k，$0\leqslant k\leqslant2^r-1$，$2^rS(k)-kP_2\neq0 \bmod 2^n-1$，则Ⅰ型它控采样序列 $\boldsymbol{a}^{(b)}$ 的周期为 $2^r(2^n-1)$，极小多项式为 $m_c(x)=g^t(x)$，$2^{r-2}<t\leqslant2^{r-1}$。

【例】　设 $\boldsymbol{b}=(11101001110100\cdots)$，$P_2=7$，则

$k=1,S(1)=1,2^rS(k)-kP_2=4\times1-1\times7=-3$

$k=2,S(2)=2,2^rS(k)-kP_2=4\times2-2\times7=-6$

$k=3,S(3)=4,2^rS(k)-kP_2=4\times3-4\times7=-16$

$k=4,S(4)=7,2^rS(k)-kP_2=4\times4-7\times7=-33$

因此,若 2^n-1 中无 2,3,11 因子,则 $\boldsymbol{a}^{(b)}$ 的周期达到 $7\times(2^n-1)$。

更进一步,若 $\boldsymbol{b}$ 为 m－序列,周期为 2^n-1,而且满足 $m\leqslant n/2$,则 $|2^{m-1}S(k_0)-k_0P_2|<2^{m-1}S(k_0)+k_0P_2$(这里 $r=m-1$)$\leqslant 2^{m-1}(2^{m-1}-1)+(2^{m-1}-1)(2^m-1)=2^m(2^{m-1}-1)\leqslant 2^{2m}-2^m<2^n-1$。若 $2^{m-1}S(k_0)-k_0P_2=0$,则 $2^{m-1}|k_0P_2$,而 $(2^{m-1},P_2)=1$,所以 $2^{m-1}|k_0$ 与 $2^{m-1}>k_0$ 矛盾,因此 $2^rS(k_0)-k_0P_2\neq 0 \bmod 2^n-1$,得 $k_0=0$。可以推出如下定理。

【Ⅰ型它控采样序列的周期定理 D】设 $f(x)\in \boldsymbol{F}_2[x]$ 是 $\boldsymbol{F}_2$ 上 n 次($n\geqslant 2$)本原多项式,$0\neq\boldsymbol{a}\in G(f(x))$,$\boldsymbol{a}=(1,a_1,a_2,a_3,\cdots)$,$\boldsymbol{b}=(1,b_1,b_2,b_3,\cdots)$,$\boldsymbol{b}$ 为周期是 2^m-1 的 m－序列,$(m,n)=1$。ξ 为 $f^*(x)$ 在 $\boldsymbol{F}_{2^n}$ 中的一根,$g(x)$ 为 ξ_2^P 的极小多项式。若 $m\leqslant n/2$,则Ⅰ型它控采样序 $\boldsymbol{a}^{(b)}$ 的周期为 $2^{m-1}(2^n-1)$,极小多项式为 $m_c(x)=g^t(x)$,$2^{m-2}<t\leqslant 2^{m-1}$。

3. 它控采样序列的密码性质

[性质 1]　在上面定理 D 的条件下,$\boldsymbol{a}^{(b)}$ 的一个周期内 1 和 0 的个数分别为 $2^{m-1}\times 2^{n-1}$ 和 $2^{m-1}\times(2^{n-1}-1)$,序列的线性复杂度大于 $n\times t$,$2^{m-2}<t\leqslant 2^{m-1}$。

【例】 任意一个 90 级本原序列受一个 43 级的本原序列钟控,所得的删除序列的周期为 $2^{42}(2^{90}-1)$,序列的线性复杂度大于 90×2^{41}。

[性质 2]　在上面定理 D 的条件下,$\boldsymbol{a}^{(b)}$ 的自相关函数为 $C_c(\tau)=M(2^n-1)-N$,M,$N\in\mathbf{Z}^+$,从而,$-2^{m-1}\leqslant C_c(\tau)\leqslant 2^{m-1}(2^n-1)$。

[性质 3]　在上面定理 D 的条件下,$\boldsymbol{a}^{(b)}$ 的 0,1 游程个数相等,为 $M=2^{m+n-3}$。

4. Ⅱ型它控采样序列

【Ⅱ型它控采样序列的定义】设 $\boldsymbol{a}=(a_0,a_1,a_2,\cdots)$,$\boldsymbol{b}=(b_0,b_1,b_2,\cdots)$ 和 $\boldsymbol{c}=(c_0,c_1,c_2,\cdots)$ 是 $\boldsymbol{F}_2$ 上的 3 个序列,令

$$d_i\begin{cases}a_i & \text{当 } c_i=1 \text{ 时}\\ b_i & \text{当 } c_i=0 \text{ 时}\end{cases}$$

称序列 $\boldsymbol{d}=(d_0,d_1,d_2,\cdots)$ 为 $\boldsymbol{c}$ 对 $\boldsymbol{a}$ 和 $\boldsymbol{b}$ 的Ⅱ型它控采样序列,简称 $\boldsymbol{a}$ 和 $\boldsymbol{b}$ 的Ⅱ型它控采样序列。

【Ⅱ型它控采样序列的生成多项式定理】设 $f(x)$、$g(x)\in F_2[x]$ 分别是 F_2 上 n 次、m 次($n,m\geqslant 2$)本原多项式,$0\neq\boldsymbol{a}\in G(f(x))$,$0\neq\boldsymbol{b}\in G(g(x))$,$\boldsymbol{a}=(a_0,a_1,a_2,a_3,\cdots)$,$\boldsymbol{b}=(b_0,b_1,b_2,b_3,\cdots)$,$\boldsymbol{c}=(c_0,c_1,c_2,c_3,\cdots)$ 是周期为 P,1 的个数为 N_1 的二元序列。ξ 为 $f^*(x)$ 在 F_{2^n} 中的一本原根,$f_1(x)$ 为 ξ^P 的极小多项式;η 为 $g^*(x)$ 在 F_{2^m} 中的一本原根,$f_2(x)$ 为 η^P 的极小多项式,则Ⅱ型它控采样序列 $\boldsymbol{d}$ 以 $f_1^N(x^P)\times f_1^{(P-N)}(x^P)$ 为生成多项式。

【例】 当 $\boldsymbol{c}=(101010\cdots)$ 时,Ⅱ型它控采样序列 $\boldsymbol{d}$ 以 $f_1^1(x^2)\times f_2^1(x^2)=(f_1(x)\times f_2(x))^2$ 为生成多项式。

【Ⅱ型它控采样序列的周期定理】设 $f(x)$、$g(x)\in F_2[x]$ 分别是 F_2 上 n 次、m 次($n,m\geqslant 2$)本原多项式,$(m,n)=1$,$0\neq\boldsymbol{a}\in G(f(x))$,$0\neq\boldsymbol{b}\in G(g(x))$,$\boldsymbol{a}=(a_0,a_1,a_2,a_3,\cdots)$,$\boldsymbol{b}=(b_0,b_1,b_2,b_3,\cdots)$。$\boldsymbol{c}=(101010\cdots)$ 为二元序列。ξ 为 $f^*(x)$ 在 F_{2^n} 中的一本原根,$f_1(x)$ 为 ξ^2 的极小多项式;η 为 $g^*(x)$ 在 F_{2^m} 中的一本原根,$f_2(x)$ 为 η^2 的极小多项式。则Ⅱ型它控采样序的极小多项式满足 $m_d(x)=(f_1(x)\times f_2(x))^2$,周期为 $2\times(2^n-1)\times(2^m-1)$。

3.2.3　背包序列

背包问题可描述为:给定一集合和整数 A,是否存在给定重量的子集,其和为 A。背包

可以应用于序列密码体制中作为一种非线性单向函数。其基本思想是使用背包代替作用于 LFSR 各级的非线性函数(前馈),该背包的输入向量为 LFSR 的状态(或其中的部分),而它们的输出向量为取模后表示成二进制形式的系数向量。

0/1 背包最为实用,它定义了一个由二元 N 维数组到非负整数集合上的函数:

$$\{0,1\}^N \to \mathbf{Z}^+$$

$$(x_0,x_1,\cdots,x_{N-1}) \to S = S(x_0,x_1,\cdots,x_{N-1}) = \sum_{i=0}^{N-1} x_i w_i$$

更进一步,若 S 模 2^N 后展开成二进制形式,即 $S=S(x_0,x_1,\cdots,x_{N-1})=(\sum_{i=0}^{N-1} x_i w_i) \bmod 2^N = s_0 + s_1 2^1 + \cdots + s_{N-1} 2^{N-1}$,那么定义二元 N 维数组到二元 N 维数组到的函数 S 为

$$\{0,1\}^N \to \mathbf{Z}^+ \to \{0,1\}^N$$

$$S:(x_0,x_1,\cdots,x_{N-1}) \to S = S(x_0,x_1,\cdots,x_{N-1}) = \sum_{i=0}^{N-1} x_i w_i \to (s_0,s_1,\cdots,s_{N-1})$$

确定 S 函数的背包称为模 2^N 的 0/1 背包,为方便叙述,下文所涉及的背包如无特殊说明,皆为模 2^N 的 0/1 背包。

若背包确定的函数 $S(x_0,x_1,\cdots,x_{N-1})$ 为可逆函数,则称相应的背包为模 2^N 的 0/1 平衡背包,简称平衡背包。

设 $W_i = \sum_{j=0}^{N-1} w_{ij} 2^j, i=0,1,\cdots,N-1$,则矩阵

$$\mathbf{W}=\begin{pmatrix} w_{00} & w_{01} & \cdots & w_{0N-1} \\ w_{10} & w_{11} & \cdots & w_{1N-1} \\ \vdots & \vdots & & \vdots \\ w_{N-10} & w_{N-11} & \cdots & w_{N-1N-1} \end{pmatrix}$$

称为 $(W_0,W_1,\cdots,W_{N-1})$ 的重量矩阵。

容易证明,奇数 $(2k+1)$ 与 $(W_0,W_1,\cdots,W_{N-1})$ 模 2^N 乘后,得到的背包 $(W'_0,W'_1,\cdots,W'_{N-1})=((2k+1)W_0,(2k+1)W_1,\cdots,(2k+1)W_{N-1}) \bmod 2^N$ 不改变函数 S 的可逆性,因此定义如下。

【定义】 背包定价:如果两个背包仅相差一个奇数因子,称这两个背包为等价背包。

【引理 A】 背包 $(w_0,w_1,\cdots,w_{N-1})$ 是平衡背包的充要条件为:由 $\sum_{j=0}^{N-1} x_j w_j = 0 \bmod 2^N$ 可以推出 $(x_0,x_1,\cdots,x_{N-1})=0$,这里 $x_i \in \{-1,0,1\}$。

【定义】 线性无关:如果背包 $(w_0,w_1,\cdots,w_{N-1})$ 是平衡背包,则称 $w_0,w_1,\cdots,w_{N-1}$ 线性无关。

事实上,若 $w_0,w_1,\cdots,w_{N-1}$ 线性无关,则 w_i 不能表示为 $\{w_0,w_1,\cdots,w_{N-1}\}\backslash\{w_i\}$ 的线性表达式,这里的系数取自 $\{-1,0,1\}$。

为方便,记 $V(w_0,w_1,\cdots,w_{N-1})=\left\{\sum_{j=0}^{N-1} x_j w_j \bmod 2^N \mid (x_j \in \{0,1\}, j=0,1,\cdots,N-1\right\}$,并称 $w_0,w_1,\cdots,w_{N-1}$ 为 $V(w_0,w_1,\cdots,w_{N-1})$ 的生成元。

【引理 B】 设 $(w_0,w_1,\cdots,w_{N-1})$ 为平衡背包,则在等价的条件下,对生成元的顺序适当

调整后，w_0 为奇数，$V(w_1,\cdots,w_{N-1})=\{0,2,4,6,\cdots,2^N-2\}$。

一个背包$(q_0,q_1,\cdots,q_{N-1})$称为标准平衡背包，它的重量矩阵 $\boldsymbol{Q}$ 为上三角矩阵，即

$$\boldsymbol{Q}=\begin{pmatrix} 1 & * & * & * & * \\ 0 & 1 & * & * & * \\ \vdots & \vdots & \ddots & * & * \\ 0 & 0 & \cdots & 1 & * \\ 0 & 0 & \cdots & 0 & 1 \end{pmatrix}$$

【定理】 平衡背包的充要条件定理：背包$(w_0,w_1,\cdots,w_{N-1})$是平衡背包的充要条件是$(w_0,w_1,\cdots,w_{N-1})$与标准平衡背包 $\boldsymbol{Q}$ 等价。这里标准平衡背包 $\boldsymbol{Q}$ 具体描述为$(q_0,q_1,\cdots,q_{N-1})$，$q_{N-1}=2^{N-1}$，$q_i=2^i\sum\limits_{j=i+1}^{N-1}q_{ij}2^j$，$i=0,1,\cdots,N-2$，$q_{ij}\in\{0,1\}$。

由该定理考虑到平衡背包的任意置换仍然是平衡背包，所以很容易推出平衡背包的总数为 $2^{N-1}2^{N-2}\cdots2^1 2^0 N!=2^{N(N-1)/2}N!$。

为了研究平衡背包函数的线性复杂度，仅考虑标准平衡背包的情况，即

$$S(x_0,x_1,\cdots,x_{N-1})=\sum_{i=0}^{N-1}x_i w_i \bmod 2^N=s_0+s_1 2^1+\cdots+s_{N-1}2^{N-1}$$

令 $S_i(x_0,x_1,\cdots,x_{N-1})=(s_i)$，　$i=0,1,\cdots,N-1$，由平衡背包的构造，可得

$$S_0(x_0,x_1,\cdots,x_{N-1})=x_0$$

$$S_1(x_0,x_1,\cdots,x_{N-1})=x_1+w_{01}x_0$$

$$S_2(x_0,x_1,\cdots,x_{N-1})=x_2+w_{02}x_0+w_{12}x_1+w_{01}x_0x_1$$

$$\begin{aligned}S_3(x_0,x_1,\cdots,x_{N-1})&=x_3+w_{03}x_0+w_{13}x_1+w_{23}x_2+w_{02}x_0x_2+w_{12}x_1x_2+w_{01}x_0x_1x_2\\&=x_3+w_{03}x_0+w_{13}x_1+w_{23}x_2+(w_{01}w_{12}+w_{01}w_{02}+w_{02}w_{12})x_0x_1+\\&\quad w_{02}x_0x_2+w_{01}x_0x_1x_2\\&\ \ \vdots\end{aligned}$$

一般地，设 $s_{i-1}(x_0,x_1,\cdots,x_{N-1})$含唯一最高次数项 $w_{01}x_0x_1\cdots x_{i-2}$，则因 $S_{i-1}(x_0,x_1,\cdots,x_{N-1})=\sum\limits_{j=0}^{i-1}x_i w_{ji}+g_{i-1}(x_0,x_1,\cdots,x_{i-2})=x_{i-1}+w_{01}x_0x_1\cdots x_{i-2}+g'_{i-1}(x_0,x_1,\cdots,x_{i-2})$，这里 $g'_{i-1}(x_0,x_1,\cdots,x_{i-2})$不含最高次数项 $w_{01}x_0x_1\cdots x_{i-2}$，因此，为 $S_i(x_0,x_1,\cdots,x_{N-1})$贡献的最高次数仅由 $w_{01}x_0x_1\cdots x_{i-2}$ 和 x_{i-1} 提供，推得

$$S_i(x_0,x_1,\cdots,x_{N-1})=\sum_{j=0}^{i}x_i w_{ji}+g_i(x_0,x_1,\cdots,x_{i-1})=x_{i-1}+w_{01}x_0x_1\cdots x_{i-1}+g'_i(x_0,x_1,\cdots,x_{i-2})$$

这里，$g'_i(x_0,x_1,\cdots,x_{i-2})$中不含最高次数项 $w_{01}x_0x_1\cdots x_{i-1}$。

【定理】 平衡背包的线性复杂度定理：平衡背包的第 i 路输出函数 $S_i(x_0,x_1,\cdots,x_{N-1})$为 $i+1$ 个变元，次数至多为 i 次。若 $w_{01}=1$，则 $S_i(x_0,x_1,\cdots,x_{N-1})$的次数为 i。

3.2.4　基于 LFSR 的序列

1. F_2 上的 FCSR 序列

带进位的反馈移位寄存器(Feedback Carry Shift Register，FCSR)序列同 LFSR 类似，

它们都有一个移位寄存器和一个反馈函数，不同之处在于 FCSR 有一个进位寄存器。它不是把抽头序列中所有的位异或，而是把所有的位相加，并与进位寄存器的值相加。将结果模 2 得到新的值，将结果除 2 就得到进位寄存器新的值。这里涉及的 LFSR 在 F_2 上具有本原结构。N 级 FCSR 的原理结构如图 3.9 所示。

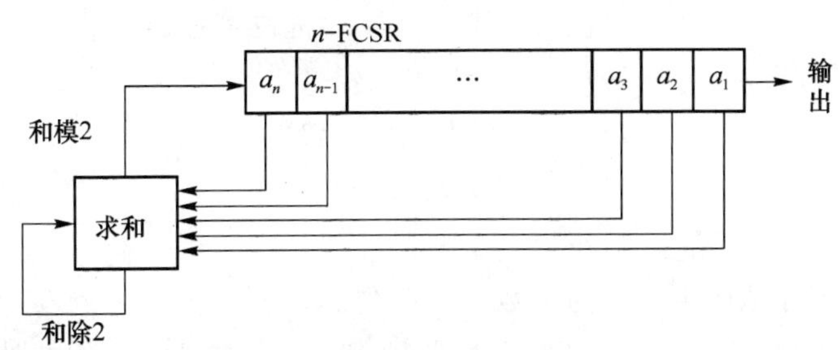

图 3.9　n-FCSR 原理

【例】　$n=3$ 时，取 FCSR 的初值为 001，进位寄存器的初值为 0，输出为最右端的一位，抽头右端第一和第二位位置，这样就构成了一个 3-FCSR。

移位寄存器，	进位寄存器
001	0
100	0
010	0
101	0
110	0
111	0
101	1
101	1
010	1
001	1
000	1
100	0

注意到最后的内部状态(包括进位寄存器的值)同第二个内部状态是一样的。序列在这点将循环，周期为 10。

对 FCSR，要注意以下几点。

第一，进位寄存器不是一位，它是一个数。进位寄存器最小必须为 $\log_2 t$，t 为抽头数。上例中只有两个抽头，因此进位寄存器只有一位。如果有 4 个抽头，进位寄存器就有两位，其值可以是 0，1，2 或 3。

第二，FCSR 圈上存在枝。虽然上例中仅有一枝，对于更大、更复杂的 FCSR，就可能有更多的枝。

第三，n－FCSR 的最大周期不是 2^n-1，其中 n 是移位寄存器的长度，最大周期是 $q-1$，q 是联接整数。这个数给出了抽头数，且定义为

$$q=-1+2q_1+2^2q_2+2^3q_3+\cdots+2^nq_n$$

在上例中,$q=-1+2\times0+4\times1+8\times1=11$,周期是 10。

并不是所有的初值都给出最大周期。例如,当初始值为 101 并且进位寄存器置为 4 时,FCSR 的状态如下。

移位寄存器	进位寄存器
101	4
110	2
111	1
111	1

这时,寄存器不停地产生一个为常数 1 的序列。

任给初态,有 4 种可能:第一,它在极大圈上;第二,它在极大圈的枝处;第三,它在终归 0 序列链上;第四,它在终归 1 序列链上。

有一个数学公式确定在给出初始值后哪种情况将发生:运行 FCSR(如果 m 是初始存储空间,t 是抽头数,则需运行 $\log_2(t)+\log_2(m)+1$ 步),如果它在 n 位内退化成一个全 0 或全 1 序列,其中 n 指 FCSR 的长度,那么不要用它;如果没有,则可用它。因为 FCSR 的初始值对应着序列密码的密钥,这就意味着基于 FCSR 的发生器将有弱密钥。

把 FCSR 用在密码学中的观点非常新,Andy Klapper 和 Mark Goresky 是这方面的先驱。就像 LFSR 的分析基于 F_2 上的本原多项式一样,FCSR 的分析基于称作 2-adic 的数。

目前,在应用中没有任何有关 FCSR 序列密码的记载,但可以做两件事情:一是用和 LFSR 发生器一样的 FCSR 序列密码;二是同时使用 FCSR 和 LFSR 序列密码。无论采用哪种方式,选择周期互素的 LFSR 和 FCSR 是很重要的。

2. 置换 LFSR

将 n 个 LFSR 的反馈函数的输出构成一个 n 元向量,在一个 n 变元置换的作用下,产生 n 个输出,对应的作为 LFSR 值填充到 LFSR 的对应级中,这种乱源,称为置换 LFSR 组乱源,其原理如图 3.10 所示。

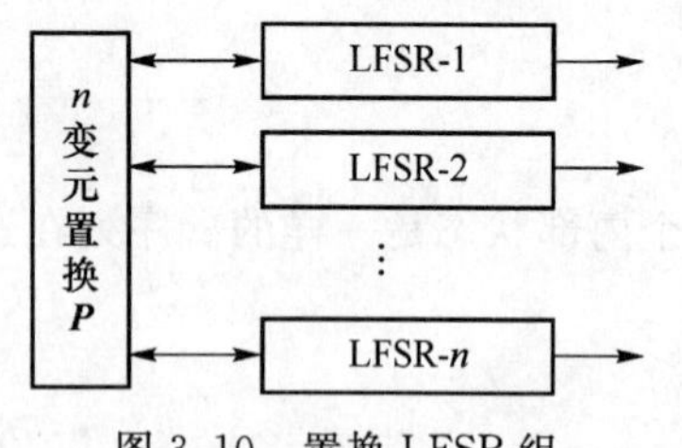

图 3.10 置换 LFSR 组

【例】 取 $n=2$,LFSR-1 为 3 级 LFSR,反馈函数为 $f_1(x)=1+x+x^3$;LFSR-2 为 4 级 LFSR,反馈函数为 $f_1(x)=1+x+x^4$,$\boldsymbol{P}=\begin{pmatrix}0 & 1 & 2 & 3\\1 & 3 & 2 & 0\end{pmatrix}$。

若 LFSR-1 和 LFSR-2 的初态分别取为(1,0,0),(1,0,0,0),则 LFSR-1 和 LFSR-2 的输出序列分别为 00101,01011,10011,11111,00101,00000,01011,11000,00111,00010,00010,01001,10001,10110,10100,10110,11111,01110,11000,01100,11010 和 00011,00000,00110,10111,11101,00001,11110,00111,01111,01101,10011,10010,01010,11010,01000,00100,01001,11100,11001,01110,10101。它们的周期有较大的提高。

设 n 个 LFSR 的级数和为 N,则置换 LFSR 组的最大周期不超过 2^{N-1},有例子保证这个周期是可以达到的。

3.3 序列密码的设计

序列密码的设计涉及的数学理论较多,根据 Rainer Rueppel 的理论,有以下 4 种不同的方法来设计序列密码。

① 系统理论方法。使用一套基本的设计原理和准则,保证每一个设计对密码分析者来说是一个困难且未知的问题。

② 信息理论方法。使密码分析者不能得到明文,不论密码分析者做了多少工作,永远得不到唯一解。

③ 复杂性理论方法。使密码系统基于或等同于一些已知的难题,比如因子分解或解离散对数。

④ 随机性方法。通过迫使密码分析者检测大量无用的数据来产生一个难于控制的大难题。

系统理论方法的优点是设计出序列密码可直接满足要求,因此目前几乎所有实用的序列密码的设计都是基于系统理论方法。

多年来,人们已总结出基于 LFSR 的序列密码设计标准中的一套设计准则,归纳起来主要有 4 种,即大周期状态序列自动生成的设计技术、钟控逻辑的设计技术、非线性组合逻辑的设计技术和 RAM 表及参数的使用技术。4 项基本设计技术中,大周期状态序列自动生成的设计技术是此类密码体制的基础,用此确保生成出来的乱数序列具有足够大的周期。后 3 项基本设计技术或通过动作的不规则使得输出序列不再具有原来的线性关系,或通过对输出的线性序列做非线性的组合变换提高复杂度。一个密码体制的设计,通常复合地采用其中的某几项技术,尤其是 RAM 表及参数的使用技术有可能可以迅速提高密码算法的整体强度。

序列密码设计最终要达到 5 个基本目的,即长周期;大的线性复杂性,包括线性复杂性曲线和局部线性复杂性;统计特性(如理想的 k 元分布);混乱与扩散,使每个输出比特位必定是所有密钥位的复杂变换,子结构中的冗余度必须扩大到大范围的统计特性中去;布尔函数的非线性准则,比如 m 阶相关免疫性、与线性函数的距离以及雪崩准则等。

3.3.1 序列密码的总体编制

序列密码将明文逐位转换成密文,依赖于明文与生成乱数简单的异或运算。乱数发生器产生的伪随机序列是确定的,解密时该伪随机序列再现。乱数序列越接近随机,对密码分析者来说就越困难。如果乱数发生器每次都产生同样的乱数序列,对攻击者来讲就容易了,这就是为什么序列密码密钥要频繁更换的原因。

序列密码由密钥和密码算法两部分构成。密钥在每次使用之前都要变换,一般存储在密码设备内部或从外部输入密码设备。密码算法在较长时间内是固定的。密钥是密码保密中最活跃的因素,现代密码强调"密码秘密寄寓于密钥之中"是有条件的,它以算法有强的抗分析能力为前提。密码保密的关键是要编制出相对随机的密钥和抗分析能力强的算法。

序列密码是多个编码环节有机结合的整体,包括线性和非线性运算、移位和代替、扩展和压缩、自控和它控等,每一个编码环节在充分研究它的特点的基础上进行合理部署,达到整体优化的原则,它决定着序列密码的编制质量。序列密码从整体上讲。一般应满足3个方面的要求:一是足够长的周期;二是较高的复杂性;三是产生的乱数流符合随机检验的要求。

1. 密钥的编制

一般来讲,在序列密码的使用中,根据设计人员或管理人员的要求,按预定规则,在一定时间内更换的数据称为密钥。

密钥一般采用多种密钥,各司其职。多种密钥选定后,经过密钥编制(初始化过程)彻底混合形成工作用密钥。密钥的规模根据实际应用环境要适中,有效的工作密钥长度的安全性下界一般取为128比特。密钥应以物理的方法随机产生,并符合独立、等概的各种随机性检验,以达到不可测性。密钥通常采用经安全渠道预分配的方式进行。密钥的更换要科学合理。密钥安全方面要采取必要的安全措施,密钥在使用中要以非线性方式充分地扩散在加密过程中。

2. 前馈函数

一般地,密码学上的$r(\leqslant m)$维逻辑函数f是指的映射$f:F_2^m\to F_2^r$,它通常被连接在移位寄存器出口处,作为前馈函数来使用,对增强密码的保密性起着十分重要的作用。$r=1$时,通常称为前馈函数或组合函数,当$r>1$时,通常称多维逻辑函数。

对前馈函数和多维逻辑函数,密码学界在平衡性、相关免疫性、扩散性、雪崩效应、非线性性、差分分布特性以及输出序列的线性复杂度等方面取得了许多重要结果。这些研究大多是对函数本身的规律(即假定在输入是随机的情况下)进行的,并将研究结果广泛地应用到密码实践中。但实际情况并非如此简单,输入序列的制约性对多维逻辑函数往往产生破坏性的影响,在输入序列随机的情况下,保密性是好的多维逻辑函数,在输入有制约的情况下,有可能变成保密性不太好的多维逻辑函数,也就是说,多维逻辑函数在不同输入序列的制约下,其密码性质是很不相同的。例如,当输入序列存在纵向递推关系$x_t+x_{t+k}+x_{t+r}=0$时,函数$g(x)=x_t+x_{t+k}+x_{t+r}$已退化为0函数。

(1) 多维逻辑函数对信息熵的传递性

按照香农信息论原理,熵为信源不肯定性的度量。n级LFSR序列的信息熵为n。如果输入序列为真随机序列,那么它的信息熵将随着输入序列的增长而按比例地增加。但是对LFSR序列来说,由于存在着递推关系,它的信息熵完全由初态决定。对于一般的周期序列来讲,其信息熵也只能在一定的范围内随序列的增长而有所增加,但增加到一定值后就不再增加了,所以它是有界的。

(2) 前馈序列的信息熵

所谓前馈序列,就是线性移位寄存器序列经过多维逻辑函数变换后得到的序列。因此,前馈序列的信息熵是由LFSR序列的信息熵提供,但是它的分布却发生了变化。正因为如此,前馈序列才具有更强的保密性。对于不同的多维逻辑函数,它们的变化特点是不同的,前馈序列的信息熵的分布也不相同。在逻辑函数已知的情况下,逻辑函数本身并不能增添不确定性,因此,前馈逻辑函数的输出序列并不会增加信息熵。于是有以下原理。

【第一熵原理】 任何序列经多维逻辑函数变换后,其信息熵不会增加。

有些多维逻辑函数将使信息熵减少,通常在密码编制上应当选取保熵的,即信息熵不减少的多维逻辑函数来使用。

【第二熵原理】 任何线性序列经(保熵的)多维逻辑函数变换后,其信息熵的分布区域将会扩大。

定义信息熵分布所需的比特数,称为信息熵的分布范围。对于前馈序列有下面几个已知的结果。

结果 1:前馈序列信息熵的分布范围,小于或等于前馈序列的线性复杂度。

结果 2:逻辑函数保熵的充要条件为前馈序列的周期保持不变(除恒等序列外,均为 2^n-1)。

进一步地,当 2^n-1 为素数时,除常数函数外,任何多维逻辑函数都能够保持输出序列信息熵不减少,但统计特性可能是不好的。

逻辑函数不能增添信息熵,而只能起到传递信息熵的作用。因此,只要能从输出序列中获得足够的信息量,就能够推出输入序列(或等价的输入序列)来。但是按照这种方法来推导输入序列,计算量将是很大的。

下面两个结果给出了逻辑函数对信息熵变化的影响。

结果 3:序列 $\boldsymbol{a}$ 为由 n 次本原多项式产生的 m－序列,$\boldsymbol{b}$ 为 $F(x)$所产生的前馈序列,最长的 0、1 游程分别为 d_0、d_1,设 $\boldsymbol{d}$ 为熵的扩散范围。如果 $F(x)$为保熵的前馈函数,则

①$F(0)=0$ 时 $\begin{cases}\boldsymbol{d}\geqslant d_0+1,\text{如果 } d_0\geqslant d_1\\ \boldsymbol{d}\geqslant d_1,\text{如果 } d_0<d_1\end{cases}$

②$F(0)=1$ 时 $\begin{cases}\boldsymbol{d}\geqslant d_1+1,\text{如果 } d_1\geqslant d_0\\ \boldsymbol{d}\geqslant d_0,\text{如果 } d_1<d_0\end{cases}$

令 $W(F)$表示 F 真值表中 1 的个数,则得下面结果。

结果 4:设序列 z 为前馈函数 $F(x)$所产生的前馈序列,$F(0)=0$ 时,$(w(f),2^n-1)=1$ 或者 $F(0)=1$ 时,$(2^m-W(f),2^n-1)=1$,那么 $p(\boldsymbol{z})=2^n-1$。

这样,由上面的结果,就可以看出平衡的布尔函数作为 n 级 m－序列的前馈函数,其前馈序列的周期仍为 2^n-1,它一定为保熵函数。因此,在序列密码的设计时,应该保证其中的逻辑函数是平衡的。

3. 代替表

序列密码中通常使用一些代替表,这些代替表本质上是一个多维逻辑函数的真值表,因此对它的选取是不能够随意的,至少要保证该函数是保熵的,它的每一维都是平衡的。目前,对代替表的使用有以下认识。

① 如果采用乘法电路,以 LFSR 输出的若干级作为查表向量,则随着 n 的增长,熵漏将明显地提高。例如,假如已知提供序列和未知序列之间的符合率为 0.6,$n=10$,那么,仅仅使用查表特性就能够将它们的符合率快速提高到 0.804 958 6。

② 假定查表向量的维数为 10,当初始符合率达 0.62 时,LFSR 的抽头数小于 11,对编码人员来讲将是致命的。这是因为 $t=10$ 时,至少有 $2m+1=9$ 个校验子可以使用,这样每轮概率变化的最慢途径为:0.62→0.840 396→0.853 491 8→0.866 886 8→0.880 769 6→0.909 681 4→0.938 768 9→0.976 193 7→0.998 866 3→0.999 941。如果 LFSR 的阶数为 80,则需要截取的比特数为 80×2×8+80=1 360 位。

为避免上述相关攻击,在设计密码算法采用代替表时,对代替表的布置除要符合平衡、

满额和随机布放的原则外,还应注意以下问题。

① 对代替表的布置要考虑相关性问题,每个输入变量和输出变量之间的相关优势要小,一般应在0.1以下,即 $p(a_j=x_i)=\frac{1}{2}+\varepsilon_{ij}$,$0\leqslant\varepsilon_{ij}<0.1$。对代替表要做相关性检验,超过标准的应予以调整,这应有一个程序来解决。

② 在密码算法的设计中,应尽量采用除法电路,且保证其联结多项式的项数不少于10项,最好占移位寄存器的级数的一半左右。

③ LFSR 的输出一般不要来自连续的若干级,应保持抽头间的间隔性,不要直接用来查表,最好先对抽头或者 LFSR 的输出结果做一错乱。

4. 压缩和扩展

压缩是序列密码设计中的主要也是重要的手段之一,可以说目前为止所有的序列密码都是某种形式的信息压缩,就是因为存在着压缩,存在着不确定性,造成密码逆向分析的困难,才构成序列密码的实际保密性,序列密码才得以广泛应用。

以数学的观点来看,压缩也可看成前馈函数的一种具体应用,这里面蕴涵着多对一或逆向攻击的不确定性概念。

从保熵角度,平衡函数是保熵的,即对多个信息进行压缩成一个信息时,每个信息 x_i 对 y 的贡献是一样的。敌手获得 y 后,不能确定究竟哪个 x_i 是正确的。如果能够做到每个 x_i 机遇相等,那么这个压缩处理应该是较好的。当然这里还要具备相关免疫性。

压缩的形式是多样的,目前几乎所有的密码编制环节基本上都是压缩函数。

扩展是压缩的对立面,扩展的目的是为了输入信息的散布性,使一个信息作用于多个函数上,在序列密码编制中较少用到。由于扩展后的信息一般存在着较强的相关性,因此,除非有特殊目的,一般不采用扩展的方法。要说明的是,扩展后的信息不能直接使用,必须再次经过压缩,否则将产生致命的缺陷。

总之,压缩是为了增强密码的抗攻击能力,由于压缩输入的多样性和信号的不平衡性,偶尔会使用扩展,扩展是输入信息到压缩之间的一个环节,扩展的结果必须连接压缩,不然将产生输出的相关性,因此扩展的目的是为了更好地压缩,扩展后的信息必须再次进行压缩,这是密码编码的一般规律之一。

5. 钟控

基于多个 LFSR 的序列密码体制中,LFSR 不规则运动的策略设计称为钟控逻辑。钟控也称多倍速率,主要是指同一个密码系统中不同 LFSR 的运行时钟不一样,就是说在同一个密码系统中,各个 LFSR 的运行节拍不一样。

基于 LFSR 的密码体制,采用钟控逻辑是机械密码中圆盘型密码体制不规则运动设计思想的继承与发展。序列密码中钟控逻辑的设计,期望达到的目的是即使破译者已经获得大量的乱数序列,也得不到乱数序列与移位寄存器状态的对应关系,使密钥因素的求解难以实现。机械密码中圆盘型密码体制,是通过线路轮的选取与排列及起点的变化构成不同的代替表对明文加密。序列密码的钟控逻辑作用下的密码体制,是通过 LFSR 组的不规则运动造成状态的不统一的转移,生成不同的乱数对明文加密。

钟控逻辑作为一种不规则运动的设计,其适用范围是宽广的,现有的密码体制中凡是具有"步进"逻辑的都有可能通过采用适当的钟控逻辑而使其抗破译能力得到进一步的加强。

钟控逻辑如此重要以至于几乎所有的序列密码算法都存在它的影子，并起着关键作用。

在序列密码的分析中，破译者能否获得 LFSR 的状态与乱数序列的节拍对应关系，在破译的难度上具有质的差别。钟控逻辑设置的目的就是破坏这种节拍间的对应关系。钟控序列作为钟控逻辑作用下的 LFSR 的输出序列是对二元序列的不规则的多值采样，可以获得良好的统计特性和高的复杂度。

(1) 控制信息的形式

密码体制设计中，钟控逻辑的形式是多样的。控制 LFSR 的运动由控制信息决定，控制信息有以下两种形式。

① 以 r 维向量控制步进，钟控逻辑以密码机的当拍状态为基础产生一个 r 维向量，以 r 维向量的各分量作为各权位数据生成一个十进制数据 d，来决定一个钟控 LFSR 的步进值。

需要明确的是，随着 r 及 d 的不同取值，钟控逻辑的强度有极大的区别。因此，可以按控制信息的维数对种控进行分类，d 的值便为钟控逻辑强度的一个指标。

② 以二元序列的游程控制步进值，钟控逻辑的另一种设计方法是：控制信息是一个二元序列，钟控 LFSR 的步进值取决于控制信息"0"游程或"1"游程的长度。记密码机运动中逐拍生成的控制信息为 $a_0, a_1, a_2, \cdots$，则步进值为 $b=i$，满足 $0=a_0=a_1=\cdots=a_{i-1}\neq a_i$。具体来说就是，当控制序列中产生"1"时，产生成出一拍乱数。当然，这里还必须对控制信息"0"游程的长度加以限制，使两拍乱数生产的间隔时间最大值是确定的。

(2) 控制信息的来源

以钟控 LFSR 为主体进行考察，控制信息的来源可分为以下 3 种。

① 自控式。LFSR 动作控制信息来自本身。单个自钟控 LFSR 的输出序列直接用作乱数序列的密码体制似难出现，但是自控作为钟控逻辑在密码体制中则常采用。

② 它控式。LFSR 动作控制信息来自另外一个 LFSR 或序列。

③ 自控与它控复合式。复合控制是一种理想的钟控逻辑，它可兼有自控与它控的优点，提高钟控逻辑的强度。

(3) 控制序列的周期与线性复杂度指标

控制序列的复杂度在钟控逻辑强度的考察中具有首要作用。在钟控逻辑中，控制序列的复杂度中显著的两个指标是周期与序列的线性复杂度。

① 周期。若控制信息的周期小，则在乱数序列生产中反复使用，则乱数序列的结构易于被用于密码体制的破译。

② 线性复杂度。控制信息采自控制序列。控制序列线性复杂度是控制逻辑强度的重要指标。是以线性序列直接控制 LFSR 的运动，还是以非线性组合逻辑的输出控制 LFSR 的运动，差别极大。

(4) 控制信息与乱数的关系

控制信息与乱数的关系，在不同的密码体制中有不同的处理，分为以下两大类型。

① 控制信息参与乱数合成。控制信息参与乱数生成的一个强度最弱的情况是：密码机每一密钥周期生产一个以字为单位的乱数，而每个乱数字是由多个比特和符号经加权的模运算生成，控制信息直接作为乱数的一个分量。

② 控制信息不参与乱数的合成。钟控逻辑中，控制信息不参与乱数合成的设计居多。

上述钟控逻辑的特征标志在密码设计中要进行综合考察。

在钟控逻辑的研究中,常看到的一种情况是 LFSR 的多项式是可变的,由控制信息决定多项式的选用。它的实际效应可与钟控逻辑相同。

(5) 钟控逻辑的设计要点

钟控逻辑内含的因素众多,其抗破译强度又是多项指标的综合。当钟控逻辑与非线性组合逻辑复合使用于一个密码体制时,对钟控逻辑的设计要求可远低于仅采用钟控逻辑的密码体制。

① 控制序列与密钥。钟控逻辑中的控制序列应与密钥相关,不同密钥的控制序列不同。

② 控制序列的周期。钟控逻辑中控制序列的周期应大于一个密钥允许生产的实用乱数序列的周期,以保证在实用乱数序列中控制序列不出现反复。

③ 控制序列的线性复杂度。钟控逻辑中控制序列的线性复杂度应趋近控制序列的周期。

④ 钟控逻辑的步进值设置。$[d,k]$钟控序列中,d 和 k 皆不为 0;当 d,k 皆大于 1 时,d 和 k 相互不能整除。

钟控逻辑中,步进值分别为 $d_0,d_1,\cdots,d_{r-1}$,取步进为 d_i 的概率为 P_i,则平均步进值为 $B=\sum_{i=0}^{r-1}P_id_i$,设计的钟控逻辑应使 $B\geqslant\sum_{i=1}2^{-i}i$。

⑤ 控制序列与乱数序列。控制序列不应直接暴露于乱数序列之中。

⑥ 钟控逻辑与乱数序列。单个 LFSR 在钟控逻辑控制下生产的序列不可直接作为乱数序列或以字为单位的乱数序列中一个分量序列。多个 LFSR 在钟控逻辑作用下运动应是不同步的。

也就是说,仅采用钟控逻辑的密码体制,其乱数序列作为二元序列应是两个或两个以上不同步运动的钟控线性反馈移存器输出序列的和序列;当其乱数序列是以字节为单位的序列时,各个分量序列也应满足上述要求。

6. 序列密码的基本指令

目前,序列密码算法基本组成部分为诸如 SHIFT、ADD、XOR 等的计算机指令,像模 Fermat 素数的指数和乘法运算也已应用。对这些指令集进行不同的组合,将产生丰富的代数结构,诱导出不同置换群,表现出完全不同水平的保密性。事实上,这些运算不同的简单组合的确能生成不同的置换群:不同阶的对称群、半线性积、圈积和一般仿射线性群。

简单指令的集合是指 n 比特二元向量集上的 1-1 映射函数,也称基本运算。它们的长度 n 常是 2 的幂。所有的基本运算都可以看成置换,因此,可以说到有关它们的圈结构,元素阶等。

① XOR_c:长度为 n 的二元向量上的异或运算,输入值和某个常数值 c 作 XOR。若 c 非零,那么便得到一个对合。对于任意 a,b,总存在 c(例 a XOR b),使得 a 映射成 b。选择 2^n-1 个不同固定值 c,可导出 2^n-1 个无不动点的对合。注意,XOR_c 通常是一个偶置换,因为在它的圈分解中,对换的数目等于 2^{n-1}。

【例】 令 $n=4,c=[1010]$,导出下面的置换:XOR_c=(0,10)(1,11)(2,8)(3,9)(4,14)(5,15)(6,12)(7,13)。

$<\{\text{XOR\_}c\mid c\in(0,1)^n\}>=<\{\text{XOR\_}c_j\mid 1\leqslant j\leqslant n\}>,c_j:=(b_1,b_2,\cdots,b_n),b_i=\delta_{ij}$。最

终群是阶为 2^n 的初等交换 2－群，与 $(Z_2)^n$ 同构。该群的每个极小生成群由 n 个元素构成。

② SHIFT_k：逻辑右环移 k 位。该置换的阶为 $n/\gcd(k,n)$，存在不动点，包含长度整除 n 的不同圈。令变量 X 代表某固定长度的任意一个比特串，例如，若 $X=101$，则 XXXX 代表形式为 101101101101 的串。函数 SHIFT_k 正好有 $2^{\gcd(k,n)}$ 个形如 $XX\cdots X$ 的不动点，这里 X 是任意一个长度为 $\gcd(k,n)$ 的串。

将输入向量划分为长度为 m 的 b 个子块，即 $[a_1,a_2,\cdots,a_n]=[X_1,X_2,\cdots,X_n]$，$bm=n$，这些子块不能够再进行形为 $X_i=\mathrm{YY}$ 的划分，其中 Y 是长度为 $m/2$ 的子块。那么，在 SHFT_1 的圈分解中，元素 $[a_1,a_2,\cdots,a_n]$ 包含在长度为 m 的圈中。包含在 n 圈中的元素数等于 n 比特向量 $[X_1,X_2]$ 在 $X_1\neq X_2$ 时的数 $2^n-2^{n/2}=(2^{n/2}-1)\times 2^{n/2}$，所以，SHIFT_1 长度为 n 的圈有 $(2^{n/2}-1)\times 2^{n/2}/n$ 个。一般情况下，在 $m|n$，且 $m<n$ 时，包含 n/m 圈中的元素数等于 n 比特向量 $[(X_1X_2)^m]$ 在 $X_1\neq X_2$ 时 $m<n$ 数。SHIFT__k 包含 $(2^{n/m}-2^{n/2m})\times m/n$ 个长度为 n/m 的圈。对于给定的 b，长度为 b 的圈数是 2 的倍数，这表明 SHIFT_1 从而 SHIFT_k＝$(\text{SHIFT\_1})^k$ 是一个偶置换 1。

【例】　令 $n=4$，对 $k=1$ 得置换 SHIFT_1＝(0)(1,2,4,8,)(3,6,12,9)(5,10)(7,14,13,11)(15)。

$<$SHIFT_$k|0\leqslant k < n > = <$SHIFT_1$>$，最终生成群同构于阶为 n 的循环群。

③ ADD_c：常数值 c 的模 2^n 加法，不考虑溢出。ADD_c，$0<c<2^n$ 通常是无不动点的置换，包含 k 个长度为 m 的圈，$m\neq 1$，满足 $km=n$。圈的长度 m 等于 $2^n/\gcd(c,2^n)$。ADD_c 一般不是偶置换。ADD__c 是奇置换 $\gcd(c,2^n)=1$，即最终图分解导出一个 2^n_圈。ADD__c 是偶置换的充要条件为 c 是偶数。

【例】　令 $n=4$，假定 $c=5$。这将导出置换 ADD_5＝(0,5,10,15,4,9,14,3,8,13,2,7,12,1,6,11)。

$<$(ADD__$c|0<c<2^n>=<$ADD_1$>$，生成群同构于阶为 2^n 的循环群。

④ MUL__c：常数 c 的模 2^n（不考虑溢出）乘法，这里 c 是奇数，且 $0<c<2^n$。

MUL__c 为 1－1 映射的充要条件是 $\gcd(c,2^n)=1$。0 和 2^{n-1} 通常是不动点。奇数总是映射到奇数，偶数映射到偶数。

【例】　令 $n=4$，$c=5$，那么，函数 MUL__5 具有下面的圈结构：MULL_5$\cong$(0)(1,5,9,13)(2,10)(3,15,11,7)(4)(6,14)(8)(12)。

在 MUL__c 中，圈的长度整除 2^{n-2}。因为 $(Z/2^nZ)^*\cong(Z/2Z)\times(Z/2^{n-2}Z)$，所以，根据 c 的取值，MUL__c 可以生成奇置换，也可以生成偶置换。更精确地说，MUL__c 是偶置换当且仅当 $c=1 \bmod 4$。

$<\{$MUL_$c|c$ 奇数，$0\leqslant c<2^n>=<$MUL_a，MUL__$-1>$，这里 a 是一个阶为 2^{n-1} 的元素。乘法群 $Z/2^nZ$ 是阶为 2^{n-1} 的交换群。该群同构于 $Z/2^{n-2}Z\times Z/2Z$。

⑤ MULT__c：模 2^n+1 乘法，将 $\{0,1,2,\cdots,2^n-1\}$ 中的 0 视为 2^n，在 $\{1,2,\cdots,2^n-1,2^n\}$ 上考察 MUL_c，当然 MUL_c 为 1－1 映射，c 满足 $\gcd(c,2^n+1)=1$，这时的乘法运算可以利用“高－低乘法”进行。

ab mod 2^n+1＝(ab) mod 2^n－((ab) div 2^n)　　　如果(ab) mod $2^n\geqslant$(ab) div 2^n

(ab) mod 2^n－((ab) div 2^n)＋2^n＋1　如果(ab) mod $2^n<$(ab) div 2^n

这里(ab) mod 2^n 为 ab 的 n 个最低有效位，(ab) div 2^n 为 ab 右移 n 比特的结果。

基本运算 MULT_c 视为 n 比特二元向量集上的置换是偶的当且仅当 c 是模 2^n+1 的平方剩余。

【例】 令 $n=2$,则 $2^n+1=5$(素数)。MULT__2≌(1,2,4,3),MULT_3≌(1,3,4,2),MUL__4≌(1,4)(2,3)。

<MULT__$c|0\leqslant c<2^n$>,这里 $p:=2^n+1$ 是一个素数,生成群同构于阶为 2^n 的循环群:可以找到一个生成元素 g,满足<MULT__$c|0\leqslant c<2^n$>==<MULT__g>。若 2^n+1 不是素数,则乘法群 $Z/(2^n+1)Z$ 的结构随 n 的变化而变化。事实上,我们仅在 Fermat 素数模时使用 MULT 运算,例如,$n=8$ 和 $n=16$ 的情形。

实现中的序列密码算法中,往往是上述基本运算的组合,因此,研究哪些特殊子集组合起来可以获得大量多的加密函数——结构上复杂性尽可能高的二元 n 比特向量置换,很有必要。实际上,组合的微小差别将有惊人的不同。例如,两个不同的,在长度为 n 的二元输入向量上运算的密码系统,第一个由 SHIFT 和 XOR 运算的组合构成,而第二个系统使用 SHIFT 和 ADD 运算的组合。那么第一个方案将仅能产生至多 $n\times 2^n$ 个不同的结构简单的加密函数,而第二个方案能够生成全部 $2^n!$ 个可能的加密函数。

3.3.2 序列密码的密钥设计

序列密码设计的一般原则是采用多重密钥、多重环节、多重安全措施等技术,达到"一次一密"。要求在编制泄露而密钥保密时仍能保密,仍能抵抗目前已知的密码攻击,总体上达到序列密码最终靠密钥保密,即密码保密寄寓于密钥之中。一个密码算法,应该像是一个科学的艺术品,必须充分考虑密码编制设计中各种编制因素的协调和平衡,包括密钥编制与算法编制之间的协调平衡、算法内部各编制环节之间的协调平衡等。

1. 密钥的种类

序列密码为了有利于保密和方便工作,密钥一般包括基本密钥、结构密钥、消息密钥和系统密钥。

基本密钥按照算法设计的方法处理后,一般用于序列密码的初始化过程,是序列密码的基础性密钥,确保序列密码的基础性密度;结构密钥也属于序列密码的基础性密钥,目前大多数结构密钥都作为密码编制环节的一部分,因此,一般不再称其为密钥,而是称为结构数据或关键参数;消息密钥每报一换,经处理后用于序列密码的初始化过程,确保序列密码的一次一密;系统密钥随应用系统的不同而不同,经处理后用于序列密码的初始化过程,对不同的应用系统实行密码分割。

多种密钥选定后,经过密钥编制(初始化过程)彻底混合形成真正使用的工作密钥。工作密钥满足不可预测性和每次通讯更换的要求。

2. 密钥的规模

一个好的实用序列密码设计应该是没有比穷举搜索密钥有本质上更快的攻击。为了对付对密钥的穷举搜索攻击,密钥的规模(长度)不能太小。其设计要求是,在密码算法公开,以及当前和可预计的计算机运算速度和存储空间的情况下,确保穷举密钥攻击是不可行的。要达到随着线性增加的密钥长度,密码实际的复杂度则是指数上升的。从目前来看,密钥编制应保证其有效变化量在 10^{30} 以上。所谓有效变化量,是指每个密钥都是有效的,它既不能被缩小,也没有等价密钥。对于这样的密钥变换量,如果计算机每秒搜索 1 亿个密钥,则需

要 10^{13} 年才能搜索完全部密钥。同时，密码编制应该是不可分割的，保证在穷举密钥攻击时不可能一次试验淘汰多于一个密钥。

对于消息密钥，应有足够的长度，以保证在基本密钥不变的条件下，生成工作密钥的重复概率非常非常接近于零(例如，10^{-10})，或者工作密钥的不重复概率非常非常接近于 1，以防止重用乱数。

消息密钥不重复的概率计算如下。

设消息密钥的长度为 n 比特，在基本密钥不变的条件下，通信量为 k 次，则在这段时间内消息密钥不重复(即产生乱数不重复)的概率为

$$p=(1-\frac{1}{2^n})(1-\frac{2}{2^n})\cdots(1-\frac{k-1}{2^n})\approx e^{\frac{-k(k-1)}{2^{n+1}}}$$

鉴于计算机技术的不断发展，现阶段有效的工作密钥长度的安全性下界一般取为 128 比特。

3. 密钥的质量

密钥应以物理的方法随机产生，并符合独立、等概的各种随机性检验，以达到不可测性。如果密钥不是真正随机的，即所有密钥不是等可能的，则敌手的密钥搜索的优化策略是从可能性大的密钥出发，而按概率减少的次序进行试验，使试验成功的可能性增加。不同的密钥还应符合不同的编制要求，如有的要求总体严格平衡满额，有的要求分区平衡满额等。用有利记忆的方法或确定性方法生成的伪随机密钥一般是不可取的，前者将缩小密钥的变化(有较大的信息冗余度)，后者一旦生成方法被敌方掌握，将给整个密码系统带来灾难性的后果。

在密钥的实际生成中，确保其随机性和变化规模不退化这一点容易被疏忽。譬如，生成密文密钥的信息来源有时钟、机内随机数或物理噪声等。由于硬件系统的不稳定，机内日历和时钟可能不准确或频繁复位，计算机产生的随机数并不都是很随机的，物理噪声也会由于电路不稳定或电路本身设计的问题，生成的序列不随机，由非线性递归逻辑生成的密钥容易形成小圈，等等。这些“非理想”的密钥应在方案实施时予以防范。

4. 密钥的分配

密钥通常采用经安全渠道预分配的方式进行。但对于网络通信条件，往往采用密钥分配中心在通信中进行实时分配或定期分配密钥，其安全性依赖于分配密钥的算法(公开钥算法或私钥算法)。为确保安全，目前宜采用预分配(尤其对基本密钥)和密钥分配中心相结合的方式，前者可在较长时间内固定。

5. 密钥的更换

对于序列密码，密钥应达到一次一密，即每次通信使用不同的工作密钥，这可以通过多种方式实现：每次通信使用不同的基本密钥(或组、条、块)；利用基本密钥库每次通信随机从中选用不同的密钥；设计每天更换的密钥和每次通信变换的消息密钥相结合或简单地使用每次通信变换的消息密钥等。

对于较长时间内使用的基本密钥库，其容量、更换时间应根据通信(网)的规模和通信量的大小来确定。系统密钥可以较长时间固定。随着时间的推移，考虑到计算机运行速度的提高，密钥长度应适当加长，与时俱进。

需要注意的是，网络的迅速发展对密钥的更换提出了更高的要求。局域网中，各用户的密钥更换不可能是同时的，由于自然条件的限制，全部更换完成有时需要 1～3 个月甚至更

长的时间,因此,在更换期内,为确保密码通信的畅通,人们在应用系统中考虑了许多解决办法,其中之一就是过渡(基本)密钥的使用,即在过渡期内,大家都使用相同的过渡密钥,过渡密钥与密码算法捆绑一起,不需要更换。要明确的是,为保证过渡密钥使用的科学性,在密码算法有效使用期范围,过渡密钥的使用总时间不应超过基本密钥一个更换周期内的使用时间。例如,若某密码算法预定的使用期限为 10 年,基本密钥两年一换,则过渡密钥必须每次使用的期限不能超过 4 个月。

6. 密钥的安全

密钥的安全表现在多个方面,密钥的生成、存储和使用等方面都需要采取必要的安全措施。密钥一般由相应的密码主管部门来生成,以确保密钥的质量和对密码通信的监控。在应用系统中,密态存放,明态工作,对密钥的保护数据与密态密钥物理隔离存放,结合在一起使用,这是最一般的使用原则。

如果局域网内具有一定科研能力的两用户欲摆脱约束,擅自生成一些数据充当密钥,这也能进行保密通信,尽管密码泄露的责任由用户承担,但对整个密码系统的危害很大,为杜绝这种情况的发生,有必要对密钥进行身份验证,即在密钥的生成时,对密钥进行签名,在使用时进行验证,目前的技术条件已完全成熟。

7. 密钥的使用

密钥的作用方式是密码安全的重要保证,密钥的作用要以非线性方式充分地扩散在加密过程中。基本密钥和消息密钥必须经过非线性的变化与其他的密钥结合处理后才能作为实际使用的工作密钥。在其他密钥固定的条件下,消息密钥与工作密钥必须是一一对应的关系,以保证密钥变化的有效性。工作密钥除了决定算法的初始状态外,最好要影响算法中函数和变换的结构。

3.3.3 序列密码的算法设计

1. 编制的设计

实际使用的序列密码体制,按其 LFSR 是否有不规则运动及 LFSR 的输出序列是否经非线性组合逻辑的变换可分为如下 3 种。

① 仅采用钟控逻辑的密码体制。采用钟控逻辑的密码体制,钟控 LFSR 的输出序列直接参与乱数的线性合成。这里需要说明的是,仅采用钟控逻辑的密码体制,是指受钟控逻辑控制的 LFSR 的输出序列在合成乱数序列时不再经过非线性组合逻辑的变化。至于钟控逻辑中则完全可能采用非线性逻辑以生成控制序列。

② 不采用钟控逻辑而采用对线性序列做非线性组合变换的密码体制。此种密码体制中各 LFSR 都做规则运动,线性序列经过非线性组合逻辑的变换生成乱数。

③ 复合采用钟控逻辑与非线性组合逻辑的密码体制。此种密码体制中,LFSR 在钟控逻辑作用下输出钟控序列,但输出的钟控序列作为非线性组合逻辑的输入经变换后参与乱数的合成。

从一般意义上说,第③种密码体制可获得较之前两种密码体制更强的抗破译能力。但这 3 种密码体制中,任何一种密码体制在设计科学、密钥管理体制严密、实际运行稳定可靠的条件下,都可获得理想的抗破译强度;反之,在密码设计、密钥管理体制设置、实际运行的 3 个环节中存在弱点,则任何一种密码体制都有被破译的可能。正确地评估一种密码体制设计的强度，主要不是考察其采用的基本环节的数量，而是考察其逻辑的内在强度。

具体编制设计中要注意以下 4 个方面。

① 密码编制设计中各种因素的协调和平衡。首先要注意整个系统中各子系统之间、各环节之间、各部分之间的协调和平衡，使各种设计准则得到和谐、有效地结合。不同的设计准则和要求之间有时是互相制约的，编制中各模块的变换复杂度是互相联系的。如果在设计中过分强调某些方面，就容易忽视或削弱其他方面，造成密码编制各部分之间的失衡，给攻击者以可乘之机。

② 密钥编制与算法编制之间的协调平衡。严格地说，一个密码编制应该包括密钥编制和算法编制两部分。由于种种原因，人们往往更多地关注算法的强度。如果把密码的抗攻击能力完全归结于"主编制"的理论强度，而使两者在设计上失衡，就可能损害整个密码系统的安全性。譬如，主编制的设计强度很高，其密钥规模为 n 比特。如果密钥由一个未经严格选择的 n 级非线性逻辑递归生成，则密钥序列很容易出现枝和小圈，从而使密钥的实际变化空间严重退化。这个密码就很容易被破译了。

③ 算法内部各变换模块之间要协调配合。为了避免各个环节间有线性相关性和差分关系一通到底(哪怕这种关系只保留 1 比特也是危险的)，模 2(或模 2^n)的线性运算要结合非线性变化(如，查表)使用。非线性变换要使输入因素尽量混乱地扩散在输出状态中。在编制环节的设想和描述中，既要用变换流程框图，也要用凹关系表达式，这样可以更准确地把握变量之间的关系和变换的复杂性。

④ 密码编制的抗攻击能力并不取决于形式上的复杂性，而且加密过程过于繁琐也可能有不利的方面。一是不利于作理论上的安全性分析，不易把握关系的实际复杂性，甚至可能导致非线性度的相互抵消；二是可能增加系统的资源开销，影响密码机的运行速度。

2. 出口的设计

序列密码的出口设计应该满足以下条件。

① 压缩程度高。一般来讲，序列密码的乱源的宽度不小于 100 bit，而输出宽度不小于 32，也就是说压缩率大于 3。正是这种高的压缩率，才使得序列密码输出数据存在不确定性，造成逆向分析的困难。

② 出口信息独立。密码特性较弱的信息不能直接出现在出口序列中，参与密码算法运算的中间结果和控制因素不能出现的出口序列中。

具体地说，一个优秀的序列密码设计方案，必须满足以下要求。

① 层次清晰，结构严密，搭配合理，完整性好。

② 密钥长度能够抵抗密钥穷举的攻击，密钥质量符合随机要求，没有弱密钥存在。

③ 各编制环节结合成一整体，且具有不可分割性。

④ 在密码总体上，不能找到熵漏的明显表达式。

⑤ 乱数出口处编制严密，难以逆向分析，控制因素不输出。

⑥ 对密码编制，没有比穷举搜索密钥更好的攻击方法，逆向分析没有遇到指数增长的可能性。

⑦ 密钥扩散性好，任一比特的改变产生的乱数有根本的变化。

⑧ 产生的乱数序列符合随机性检验要求。

3. 算法的安全性考虑

为了确保序列密码算法安全可靠,就必须做到以下几点。

(1) 实现的密码编制方案要准确

密码编制方案的实现,无论软件还是硬件实现,都必须准确无误。程序最好由两个人以上同时写,以保证正确性。这是一项认真细致的工作,不能有丝毫的疏忽大意。再者,不能在实现过程中图方便而擅自修改方案,因为一个密码方案,往往一环套一环,都是经过严格设计的。若需修改,必须经过认真讨论,并再次通过审查。

(2) 硬件运行要可靠

实现密码方案的硬件运行要可靠。硬件的运行可靠性涉及各种物理材料,如电源、线路、电路、机内时钟、输入输出设备的性质等。对于系统的重要环节,应该配设自动检测报警装置,并建立硬件环境的定期检测维护制度。

(3) 技术防护措施要完善

现代技术的迅猛发展,为密码攻击者提供了诸多窃密手段,所以必须在建立和执行严格的安全保密制度的同时,采取可靠的技术方法来保证密码系统的安全性,做到软件上防拷贝,硬件上防解剖。对软件算法,要有相应的保护算法,密码程序加密存储,明态运行,结束清零,保护算法密钥和被保护对象分离存放等。

3.3.4 序列密码的设计模式

目前常见的序列密码设计模式有以下几种。

1. 同步序列密码模式

同步序列密码模式是常用的乱数序列的产生与明文无关的加密模式。发方的乱数序列发生器产生乱数序列,收方的发生器产生出完全相同的乱数序列,两个乱数序列发生器同步以后,就开始工作。

如果一方跳过一个周期或者一个密文位在传输过程中丢失了,那么错误后面的每一个密文字符都不能正确解密。这时,发方和收方就必须使两个乱数序列发生器重新同步,设置移存器的初态,以保证乱数序列的任意部分不会重复,但绝不能将发生器重新设置回到刚开始的状态。

同步密码不扩散传输错误。如果某密文位在传输中改变了,那么只有该位不能正确解密,进程和结果都不会受影响。

由于收发双方乱数序列发生器实际上是一种特殊的有限状态自动机,所以这些输出序列是确定的,乱数序列终归会重复。理论上,除一次一密乱码本外,所有乱数序列发生器都是周期性的,但我们在使用中常常并没有感觉到周期的存在,这是因为周期太大的缘故。

当然,乱数序列的周期要比密钥更换之前发生器所能输出的序列的长度大得多。如果乱数序列周期比明文短,那么明文的不同部分将用同样的乱数序列加密,这将是一个致命的弱点。密码分析者依据密文,利用明文的文字规律,实现破译。

周期需要多长取决于应用,一般的周期应该比要加密的可能的明文长度大几个数量级,而且密钥每次通信都要更换。

同步序列密码同样可防止密文中的插入和删除,因为它们会使系统失去同步而立即被发现。然而,却不能避免某个位被窜改。

同步序列密码模式的主要安全威胁来自所谓的“插入攻击”:攻击方记录了一些密文序列,但他并不知道明文或用来加密明文的乱数序列。

原始明文：　P_1　P_2　P_3　P_4

原始乱数序列：K_1　K_2　K_3　K_4

原始密文：　C_1　C_2　C_3　C_4

攻击方在明文 P_1 后面插入一个已知位 P',他能够使修改后的明文被相同的乱数序列加密,并记录新的密文。

新的明文：　P_1　P'　P_3　P_4

原始乱数序列：K_1　K_2　K_3　K_4

更新的密文：C_1　C_2'　C_3'　C_4'

假定他知道 P'的值,他可以根据原始密文和新的密文确定整个明文:

由 $K_2=C_2' \oplus P'$得到 $P_2=C_2 \oplus K_2$

由 $K_3=C_3' \oplus P_2$ 得到 $P_3=C_3 \oplus K_3$

由 $K_4=C_4' \oplus P_3$ 得到 $P_4=C_4 \oplus K_4$

攻击方并不需要知道插入的确切位置,他只需要比较一下原始密文和更新后的密文有哪些不同即可。为了防止这种插入攻击,在同步序列密码模式中永远不要使用同一个乱数序列加密两个不同的消息。

2. 自同步序列密码模式

自同步序列密码模式中乱数的每一位都是前面固定数量密文位的函数,其基本思想是在 1946 年成形的,如图 3.11 所示描述了自同步序列密码模式的工作原理。

发生器内部状态完全依赖前面 n 个密文位,所以接收方发生器收到 n 个密文位后自动与加密方发生器同步。该模式的实际应用中,每个消息都以 n 位初始向量Ⅳ开始的,这个Ⅳ被加密、传输、解密,在 n 位密文之前整个解密是不正确的,直到之后两个乱数序列发生器同步。这种方式比较适用于语音类加密,密码开始的不同步,因为人们耳朵听力的迟钝而不易觉察到,对于存储类加密明显就不能直接使用了。

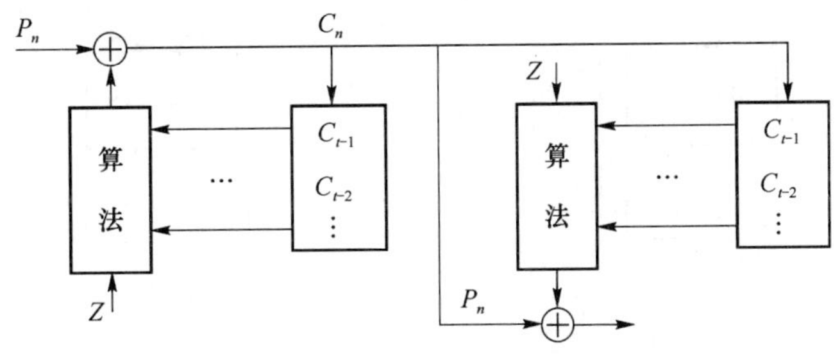

图 3.11　自同步序列密码原理

自同步序列密码对序列算法有要求,为了同步能自行恢复,算法的内部结构必须是由无记忆的逻辑构成的。

自同步密码的缺点是错误扩散。如果传输中一个密文位被窜改,收方就有 n 位乱数不能正确产生。因此,一位密文错误就会导致 n 位相应的明文错误,直到内部状态里面不再有该错误位。

自同步序列密码模式的主要安全威胁来自所谓的"重放攻击":攻击方先记录下一些密文位,一段时间后他就用这些记录代替当前数据序列。在一些无用的信息过后,当接收端再同步时,一些旧的密文仍正常的解密,接收端没有办法知道它是不是当前数据。如果不用时间标记,攻击方就可以回放相同的信息(当然假定密钥还没被更换)成功地完成攻击任务。因此,序列密码中不应该使用频繁同步的方法。

3. 分组型密文反馈序列密码模式

分组密码算法用于自同步序列密码,就是所谓的分组型密码反馈(CFB)模式。

分组密码有许多模式(如电码本(ECB)模式和密码分组链接(CBC)等),在这些模式中,数据分组在接收完之后才能进行加密或脱密,对许多网络应用来说,这是一个问题。例如,在一个安全的网络环境中,当从某个终端输入时,它必须把每一个字符马上传给主机。如果数据的长度小于分组长度,ECB 或 CBC 模式就不能做到了。

在 CFB 模式下,数据可以在比分组小得多的单元里进行加密,即是所谓的短消息加密。例如,一次加密一个 ASCII 字符(称为 8-位 CFB),也可以用 1-位 CFB 一次加密一位数据。尽管用完整的分组算法对单独一位进行加密好像也能工作,但用序列密码算法更好(并不提倡利用减少分组的大小来加快速度)。也可以使用 64-位 CFB 或者任意 n-位 CFB(其中,n 小于或等于分组大小)。

如图 3.12 所示说明了 8-位 CFB 模式的工作原理。CFB 模式下的分组算法对输入分组大小的队列进行操作。开始该队列用一个Ⅳ填充,然后对队列进行加密。加密后最左端的 8 位与明文最初的 8 位字符异或,生成密文最初的 8-位字符,并被传送出去。这 8 位密文被移至队列的最右端,然后其他位向左移动 8 位,最左端 8 位丢弃。解密是一个逆过程。在加密解密两端,分组算法用于其加密模式中。

为了初始化 CFB 过程,分组密码的输入必须用Ⅳ初始化。Ⅳ不需要保密,但加/脱密Ⅳ必须是相同的,对不同的消息,Ⅳ必须更换,它的形态是多种多样的,每次使用后变化,以保证在密钥有效期内不会重复。对用于存储的数据加密,它可以是用来查找数据的索引函数。

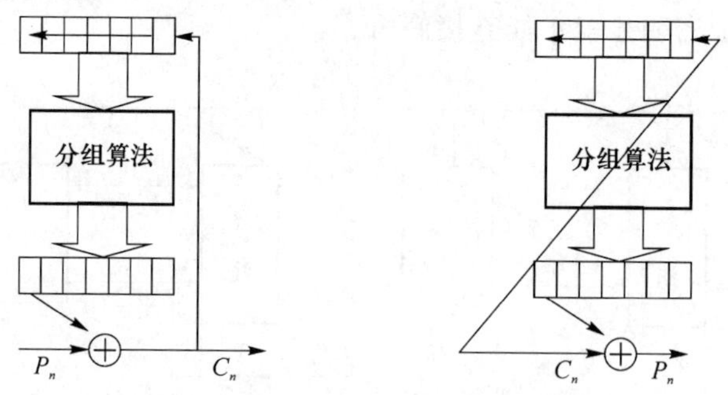

图 3.12　分组型密文反馈序列密码原理

在 CFB 模式中,明文的一个错误就会影响所有后面的密文以及在解密过程中的逆。如果密文出现错误,情况是这样的,1 位密文的错误会引起明文的一个单独错误。除此之外,错误进入移位寄存器,导致密文变成无用的信息,直到该错误从移位寄存器的另一端移出。在 8-位 CFB 模式中,密文中 1 位的错误会使加密明文产生 9 字节的错误。之后,系统恢复正常,后面的密文也被重新正确解密。通常情况下,在 n-位 CFB 模式中一个密文错误会影响当前和随后的 m/n+1 分组的解密，其中 m 是分组大小。

该类错误扩散的一个严重问题是如果攻击者熟悉某个正在传输的明文，他就可以窜改某个分组里的某些位，使它们解密成自己想要的信息。下一分组会被解密成“垃圾”，但破坏已经发生了。他还可以更改明文的最后一些位而不被发现。

CFB 模式对同步错误来说同样是自恢复的。错误进入移位寄存器就可以使 8 字节的数据毁坏，直到它从另一端移出寄存器为止。

4. 分组型乱数反馈序列密码模式

分组型乱数反馈序列密码模式的原理如图 3.13 所示。输出反馈(OFB)模式是将分组密码作为同步序列密码运行的一种方法。它与密码反馈模式相似，不同的是 OFB 是将前一个 n-位输出分组送入队列最右端的位置，解密是其逆过程，这一过程被称为 n-位 OFB，在加解密两端，分组算法都以加密模式使用。这种方法有时也叫内部反馈，因为反馈机制独立于明文和密文而存在。

OFB 模式有一个很好的特性就是在明文存在之前大部分工作可以离线进行。当消息最终到达时，它可以与算法的输出相异或产生密文。

OFB 模式没有错误扩散。密文中单个位的错误只引起恢复明文的单个错误，这点对一些数字化模拟传输非常有用，像数字化声音或视频，这些场合可以容忍单位错误，但不能容忍扩散错误。

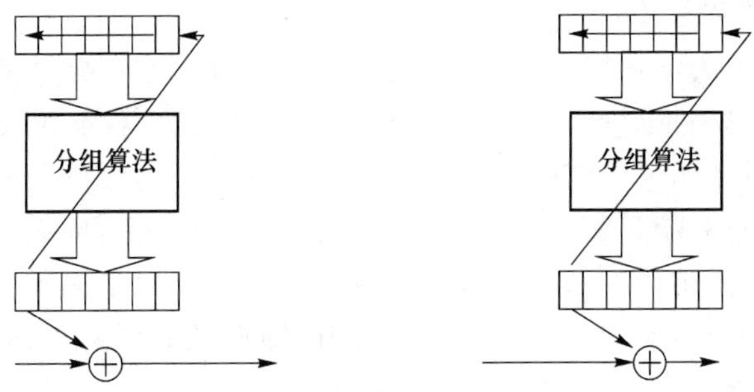

图 3.13　分组型乱数反馈序列密码原理

OFB 移位寄存器也必须装入Ⅳ初始化矢量，Ⅳ应当唯一但无须保密。

另外，不同步则是致命的。如果加密端和解密端移位寄存器不同，那么恢复的明文将是一些无用的杂乱数据，任何使用 OFB 的系统必须有检测不同步以及用新的Ⅳ填充双方移位寄存器重新获得同步的机制。

OFB 模式的安全分析表明，OFB 模式应当用在反馈量大小与分组大小相同时。例如，在 64-位 OFB 模式中只能用 64-位分组算法。

OFB 模式将乱数序列与明文异或，乱数序列最终会重复。对一个密钥使乱数序列不重复很重要，否则，就毫无安全可言。当反馈大小与分组大小相同时，分组密码算法起到 m 位数值置换(m 是分组长度)的作用，并且平均周期长度为 2^n-1，对 64-位的分组长度，这是一个很大的数。当反馈大小 n 小于分组大小时，平均周期长度将降到约 $2^{m/2}$。对 64-位分组算法，就是 2^{32}——不够长。

5. 计数模式中的序列密码

计数器模式的序列密码算法有简单的下一状态函数和复杂的依赖于密钥的输出函数。

下一状态函数可以是与计数器一样简单,只要在前一状态上加 1 即可。

使用计数器模式序列密码算法,即可直接产生第 i 个乱数 L_i,而不用先产生前面所有的乱数位。只需简单地手工设置计数器到第 i 个内部状态,然后产生该 L_i 即可。这在保密随机访问数据文件时是非常有用的。不用解密整个文件就可以直接解密某个特殊数据分组。

3.4 序列密码的强度评估

密码强度的评估反映在历史某阶段人们对密码的认识和理解普遍程度,是随密码编制水平的提高而不断发展和不断完善的认识的总结。这个认识在某阶段也是相对稳定的,是密码在该阶段应用的理论基础。

密码强度的评估涉及密码编制和密码破译这两个相反相成的方面。密码编制漏洞的发现和利用是密码破译的重要方面,密码编制漏洞的发现和消除是密码编制的重要方面。密码编制和密码破译总是针对某具体编制的破译,总是落后于编制,但又促进编制的完善和创新。当然,密码编制漏洞存在与否、漏洞的利用和消除程度,取决于编制人员和破译人员的知识、经验和实践能力,人的因素在这里面起着决定的作用。但是,密码编制和密码破译的技术能力都是在各自隐蔽的环境下进行的,是一种技术对抗,因此,绝对的密码强度评估是不实际的,只是一种相对意义上的评估。

密码强度的评估分为两种情况:理论强度和实际强度。理论强度要求敌手绝对不可能从所获得或截取的信息中推导出任何有意义的消息。换句话说,不管破译者利用何种方法,使用何种先进的设备,他始终不能够精确地选出有效密钥。遗憾的是,在实际中,不可能存在理论保密的网络信息系统。实际强度建立在这样的假设之上,即破译者可以获得足够多的信息来破译密码,但是破译者的工作从时间或经济等方面来说是不可行的。实际保密的信息系统可以这样来实现:设计一种密码算法,使得即使是破译者掌握了特定的加密算法,并在已经获得大量的选择密文/明文及其对应的明文/密文的情况下,要求解出明文/密钥在计算上也是不可行的。

具体到序列密码,序列密码强度的评估分为定量和定性两个方面:定量主要是基于数学的分析,编制中单个环节的密码强度的数学度量和环节之间的数学关系;定性主要是基于信息论和系统论方法,对编制环节从性质上的分析。许多密码编制环节从量的角度来讲是简单,甚至是不安全的,但从定性的角度它确实代表了某一功能,实现了某一目的。这些编码环节的有机结合,就可能获得单个环节不可能获得的功能,因此对密码强度的分析是对密码编制从量和性两个方面的分析综合。

3.4.1 序列密码的分析要点

1. 具体编制具体分析

序列密码编制千变万化,复杂纷呈,其所依据的数学理论也各不相同,从大的方面来说,可以从代数结构、统计分析、破译攻击着手,但大的方面又包含着许多具体的方面,因此,必须结合具体编制,多角度,多方位,从理论和实践的结合上进行具体编制具体分析才能得出正确的结论,这是评价密码的唯一可行的方法,绝不能依据一个或少数几个指标对密码强度作出判定。

2. 在环节关联中分析

对序列密码体制的分析要在环节的互相联系中去分析。序列密码依靠多层次编码，各层具有自己的编码特点，一个层次解决一个问题，层次间互相弥补或增强，使之成为一个完整的总体，因此，在分析序列密码时，要注意层次性、有序性和整体性。

所谓层次性，是指密码编制的每层都具有不同的结构、不同的特点，只有对每个层次分析清楚，把握它的特点，认识它的规律，才能对整个体制作出正确的分析。

所谓有序性，是指密码的层次是按照特定的次序组成的结构，并非是任意的凑合，同样的层次不同的排列将产生不同的效果，这种有序性是由密码内在规律所决定的。

所谓整体性，是指密码的结构是由多个层次按照一定方式组合起来的有机整体，单个层次是不理想的，但多个层次组合起来可能产生质的飞跃。因此，密码分析离不开层次，但决不是简单地还原各层次，必须在分析各个层次的基础上，从整体上加以考虑。

3. 在最坏条件下的分析

对序列密码密码强度的分析，不能只考虑好的情况，必须考虑坏的情况，甚至最坏的情况。

从编制方面，有的序列密码在正常情形是很强的，但是存在着特殊情况，它可能存在着弱密钥(低密度或高密度)、弱结构(环节存在退化的情况)。

从攻击方面，对于敌手则应该给予充分的估计，不能基于敌手是弱的假定。分析密码体制的安全性通常假设敌手了解密码编制情况，具有很强的计算能力，具有很丰富的密码知识，掌握一定信息量的密文和相应的明文，甚至选择明文。既不要过高地估计敌手破译的开销，也不要过低估计敌手破译的基础。

从使用方面，由于设备故障或操作不当，存在着削弱密码体制的情况。尽管这种现象发生的概率很小，但是在密码分析中也要充分估计进去。

因此，在考虑序列密码的强度时，必需留有足够的余地或空间。

4. 静态分析和动态分析相结合

序列密码实际上存在两种强度：静态强度和动态强度。静态强度是指密码编制的复杂度，动态强度指密码实际应用时的复杂度。编制复杂度是密码保密性的基础，使用复杂度是密码保密性的体现，两者必须结合。在实践中，存在着编制强的密码体制由于使用不当(例如，使用弱密钥或机器故障等)而“腐败变质”成为弱密码；反之，有的编制稍弱的密码体制，由于使用恰当(如密钥勤换多变、采用多重加密等)，也可能成为强密码。因此，无论密码编制理论如何好，在具体使用时，都要与实际结合。

5. 要与时俱进

序列密码的强度分析具有相对性，它是随着人们认识的深化不断发展的。

序列密码在发展，人们对序列密码编制的认识也在发展，它不会永远停留在一个水平上，今天没有认识的事物，不等于明天也不能认识，因此要以发展的观点看待密码体制，一定时期对密码体制的认识反映这个时期的认识水平，同时认识水平也受着客观条件的限制。例如，十年前，认为 56 比特的密钥长度足以对抗计算机的穷举攻击，而今天计算机的运算和平行处理能力的提高，这样的密钥长度已非常容易破译。科学也是在与时俱进中发展。

3.4.2 编制的强度评估

序列密码发生器是有限状态自动机应用的一种具体形式，包含初始化函数、乱源函数、钟控函数、状态及转移函数、输出函数、安全检查函数六大部分。每次发生器工作后，一次性调用初始化函数，完成发生器的初态布置；在钟控函数的驱动下，乱源函数按固定的脉冲运动，由它的输入和当时状态生成一个输出，经安全检查函数检查后形成乱数，同时由该输入和当时状态确定转移到一个新的状态。发生器不断地运动，不断地产生着输出，也不断地改变着内部状态。从这个观点来理解，输出函数和状态转移函数决定着密码的强度。然而对于一个复杂的密码编制，输出函数和状态转移函数往往是难以用数学方法刻画的。

具体来说，序列密码依靠多层编码，各层体现了各层的特点，层次间互相作用，取得整体的保密效能。编制序列密码，目的是寻求良好的密码函数以及寻求最优的结构搭配，以获得最佳的保密性能。

序列密码的编制通常包括基乱、组合变化、控制和明密结合等部分。基乱常用的有线性反馈移位寄存器、非线性反馈移位寄存器、模 Q(环上)移位寄存器、线性同余序列、组合线性同余序列等，它用以产生供致乱使用的周期长、特性好的基础乱源序列。组合变化内容繁多，通常有线性和非线性函数、(m,n)非线性网络、有记忆和无记忆函数、置换和移位变化、扩展和压缩变化等，这是使密码变化达到非线性性高、随机性好的主要编码部分。控制用于对基乱和组合变化实施的控制，它包括自控、互控和它控，如寄存器的走停、交替步进、多速率采样、级联钟控有控的存储区调换、有控的多路选择以及有控的移位和置换等，通过这种控制增强密码的不规则变化。明密结合是明文和乱数的结合，包括按位模 2 加、带进位的字节加等，它通常是明的，为增加密码变化，也有采用拉丁结合表以及明文变化后与乱数结合的方法。

序列密码编制分析的基本方面包括体制保密性、编制科学性、密码适应性和密码安全性。体制保密性是指密钥的规模和更换的合理性、序列的周期长度、编制的不可分割性、熵漏或相关性的消除、退化条件的弥补、密码的复杂度和抗击各种攻击的能力，以及产生乱数的随机性等。编制科学性是指编制的理论是否充分、各层次的强点和弱点是否清楚、层次是否清晰、层次搭配是否合理、互补性是否好等。密码适应性是指密码适应设备的软件、硬件的情况，适应使用环境的情况，以及满足通信的能力。密码安全性是指对密码算法、密钥的安全保护措施，包括软件的安全保护和硬件的安全保护。

序列密码中，在密码算法已达到强的抗攻击能力的条件下，密钥如此重要，以至于密码强度寄寓于密钥之中。

周期是乱数序列反复的长度，它是衡量序列密码强度的一个重要指标。乱数序列的周期要足够长，通常要至少大于 10^{30}，为保证乱数序列的周期，除要求基乱有足够长的周期外，还要求在组合变换过程中，周期不会被缩短。在采用不规则步进移存器或不规则使用多个移存器时，要注意周期的变化，确定出周期的下界，并大于上述指标。例如，采用置换移存器组作为编制环节时，其输出周期是变换的，需要确定其下界。

1. 编制的纵向可分割性

一个密码编制，如果假设部分未知参数(如密钥)生成的结果与截获的信息(例如，乱数)相比较可以得到假设正确与否的确定，或很大可能的判定，则该密码编制是可分割的。具体来说，可分割性可分为纵向可分割性和横向可分割性。可分割性是密码编制致命性的弱点，在密码设计中应该加以避免。

纵向可分割性是指密码编制的平行组成部分是可以分割的，因此也称为平行可分割性，其表现形式如下。

密码方案包含多个移位寄存器作为基乱，如果输出乱数仅与某个移位寄存器相关，则这个密码方案是可以分割的。如果对该移位寄存器可以穷举，则该密码方案是可破解的，即通过截获一定长度的乱数可以确定该移位寄存器的状态。这是一种很坏的情形，它相当于其他几个移位寄存器形同虚设。

密码方案包含多个移位寄存器作为基乱，如果输出乱数与某个移位寄存器输出有某种优势，则这个密码方案是可分割的。在这种情况下，可以利用截获一定长度的乱数，对移位寄存器作出概率优势的判断。

密码方案包含平行的多个函数，如果输出乱数与某个函数有某种优势，则这个密码方案是可以分割的。此时可以通过穷举该函数的未知因素，通过乱数输出对这些因素作出概率优势的判断。

更一般地说，密码方案如果包含着平行的多个环节，若输出乱数与其中某个环节的输出有某种优势，则这个密码方案是可以分割的。在这种情形下，可以通过穷举输入该环节的未知因素，通过乱数输出对未知因素作出概率优势的判断。

2. 编制的横向可分割性

一个密码方案由有序的多个环节连接组成，横向可分割性是指密码编制的环节间是可以分割的，因此亦称过程可分割性。其表现形式如下。

一个密码方案，如果输出乱数和某个环节的输出间存在着某种优势，而可能通过穷举这些环节的未知因素，由输出乱数对该未知因素作出概率优势的判断，这个密码方案是横向可分割的。此时，从乱数的输出部分进行逆向分析，由于过程的可分割性，不必反推到基乱去反证，而中间某环节即可提供反证的条件。例如，某个密码方案，前面是一组分组密码，后面是一秘密钥的指数模运算，在两者之间插入了部分有规律的数据(如流水号等)，则通过对指数模运算的密钥的穷举攻击，易于从插入数据反证假设密钥的正确性，从而使指数模运算实际上成为没有意义，密码被从中间分割开，这是横向可分割性的典型例子。

一个密码方案的中间环节的输出结果与初始明文信息存在着某种相关性，通过初始明文信息可以得到中间环节的输出结果的概率优势判断，这也是过程可分割的。例如，基本密钥相同，加以不同的明的消息密钥作为移位寄存器的初态，则存在着输入明信息和移位寄存器的初态间的差分关系。

3.4.3 密钥流的强度评估

1. 熵漏

一个理论上可破的序列密码，密钥的信息一定程度不同地泄露在乱数序列中。密钥的保熵性是指更换密钥的有效性，即更换密钥可以得到不同的密码序列，然而，密钥的保熵性并不能保证密码无熵漏。一般来说，随着输出序列的增长，密钥熵漏越严重。问题是要找到具体的泄露形式和一个给定长度的乱数序列中的泄露程度，找到用输出序列来描述密钥的方法，由于算法的复杂性，要做到这一点通常是很困难的。熵漏的发现和利用是密码破译的重要方面,熵漏的发现和消除则是密码编制的重要方面。

密码编制层次的特殊结构,在输入和输出间提供特殊的相关性。熵漏难以完全避免,但是熵漏并不一定等于破译。

(1) 熵漏例子

最典型的熵漏例子是线性反馈移位寄存器,已知移位寄存器的级数 n 的条件下,$2n$ 个输出序列可以完全确定线性反馈移位寄存器的反馈函数和初态。

Geffe 发生器:利用熵漏在获得一定长度的输出序列后,可以完成移位寄存器初态的还原。

择多判决:在一些密码方案中,在乱数的出口处采用择多判决法,0 多则输出 0,1 多则输出 1。这种择多判决法存在着明显的输入和输出相关性。

控制因素外泄:自钟控 1、2 采样序列,从采出序列求被采序列的一个非常有利的条件,即已知和未知元素的位置是确定的,控制因素反映在输出序列中,如果被采序列是 m 序列,则可利用递规关系解出未指数。

由一个无记忆函数组合几个线性反馈移位寄存器组成的序列,已经证明这样的结构不能阻止各个击破式的攻击。进一步,布尔函数的输出至少与输入的一个线性函数相关,给出了这样的函数,再现线性反馈移位寄存器初态的快速密码攻击是可行的。

存在着具有一位记忆的布尔函数,其输出与输入的线性函数无关,但是可以证明连续的两个输出位之和至少和输入序列的一个线性函数相关。

一般来说,对于具有任意 m 位记忆的布尔函数,存在一个至多 $m+1$ 个连续输出位的线性函数与一个至多 $m+1$ 个连续输入位的线性函数是相关的。

(2)熵漏的利用

找到信息泄露形式后,一般可以根据以下的方法加以利用。

① 正向分析法。所谓正向攻击,就是穷举搜索全部密钥的输出乱数与实际得到的乱数进行比较,确定所使用的正确密钥。

序列密码的编制实际上是一个单向函数,在已知密码算法的情况下,从密钥计算乱数是容易的。而反过来,从已知乱数逆向反推密钥则是困难的,在每一层都可能遇到指数增长的可能性。然而,在密钥规模较大的情况下,正向攻击往往是不可能的。

② 逆向分析法。所谓逆向分析,它是在已知部分明文的条件下,得到一部分乱数,利用乱数与未知因素的相关性,反推未知因素(主要指密钥)。

逆向反推密钥对于弱的算法是可能的,例如前馈函数,输出作为乱数的情形。通常逆向反推部分环节是可能的,特别是出口处太弱,例如,在乱数出口处采用累加或线性移位寄存器作平滑,以改善输出序列的统计特性,但这种平滑措施并不能加强出口的作用。在有的方案出口处,采用某个分组密码中的一层变化,结果输出乱数和序列推出输入序列的和序列。

逆向分析是攻击序列密码的基本方法,为抵抗逆向攻击,编码中必须精心设计出口变化,使得难以通过出口深入方案的内部编制环节。

③ 解含错方程组法。已知乱数序列 $\boldsymbol{a}$ 与 m 序列 $\boldsymbol{b}$ 有同号优势,当给出足够长的乱数序列 $\boldsymbol{a}$ 的片断后,可以利用解含错方程组求解上序列。

④ 线性校验子方法。假设收到了序列 $\boldsymbol{B}=\boldsymbol{A}+\boldsymbol{X}$ 的一个适当长的截断。其中 $\boldsymbol{A}$ 为 m 序列,其极小多项式 $f(x)$ 为已知,序列 $\boldsymbol{X}$ 的代数结构不明,但已知信号“0”在序列中占有某

种优势。此时可能利用择多判决法和 **B** 的信号迭代修订还原 **A** 的序列。

2. 线性复杂度

用于分析基于 LFSR 的序列密码的一个重要的手段是线性复杂度。序列的线性复杂度定义为产生该序列的最短线性移位寄存器的级数，对一个 LFSR，在检测到它的连续 $2n$ 个位后就能利用 Berlekamp-Massey 算法确定该 LFSR 的反馈结构。线性复杂度是测量序列的不可测性的重要指标，但不是充分的。序列的高线性复杂度并不能保证高的不可预测性，但是，低线性复杂度的序列是不安全的却是肯定的。例如序列 000…001(其中 0 的个数为 30)和 m 序列，改变其中一个符号，都具有高的线性复杂度，但它们与全零序列和 m 序列无多大的差别。再如前馈函数 $f(x)=x_1+x_2+\cdots+x_r+x_1x_2\cdots x_r$，线性复杂度可达到 r，但它可以利用线性序列来逼近。因此从上面的例子可见，对某些线性复杂度高的序列，可以构造线性复杂度低的序列，它们之间的具有较高的符合率。因此，用线性复杂度来考察序列时，必须从以下几个方面同时考察。

(1) 线性复杂度的期望值

序列的线性复杂度是衡量序列不可预测性的重要指标。线性复杂度低的序列是易于预测的。已经证明长度为 n 的随机序列 $\boldsymbol{S}_n$ 的线性复杂度期望值为 $n/2$，而其方差渐近 86/81。因此，随机序列 $\boldsymbol{S}_n$ 中至少有 99%的序列复杂度在$(n/2)\pm 10$ 的范围内。

对于给定序列，计算序列线性复杂度的综合方法已由 Berlekamp-massey 给出。

(2) 线性复杂度的随机游动

高的线性复杂度不保证良好的随机特性。因为长度为 n 的序列的线性复杂度接近于 $n/2$，我们希望一条紧紧相伴着 $n/2$ 那条直线的线性复杂度曲线，亦即是一个随机序列的线性复杂度曲线看来好像是平均步长为 4，平均步高为 2 的不规则阶梯。换句话说，序列每增长 4 个单位，序列的线性复杂度的跃度平均为 2，而这个跃度是随机的，可由相对应的方差刻画。

一个好的序列密码体制，其产生的序列不仅要有高的线性复杂度，而且还要其线性复杂度是稳定的。序列复杂度的稳定性是指当序列中改变个别位的比特时，序列的线性复杂度不会引起急剧的上升或下降。反之，如果一个序列，当改变其中某几个比特时，序列复杂度急剧地上升或下降，则该序列的线性复杂度是不稳定的，这不是所希望的。

3. 退化

一个密码方案在理想情况可能是好的，但是在特殊情况下可能是不好的，也就是存在着退化的现象。退化是指密码编制中未知因素减少，变化过程变得简单，一个复杂的过程可用一个简单的运算来等价，也可能存在某种弱密钥等，这些属于编制上的退化，由于编制考虑不周引起的。另外也存在使用中的退化，由于操作不当或机器故障使密码变弱。

(1) 移位寄存器退化

① 移存器结构常数选择不当，周期缩小。

② 移存器初态设置不当，没有排除全零状态。

③ 移存器的互控或者有控制选用多个移位寄存器，在设计不当时，有可能形成小周期。

④ 对移位寄存器输出的不正确采样会使周期缩短等。

(2) 组合函数的退化

输入存在制约性使某些函数的密码性质发生逆转或由于函数选择不当，带非门的函数的表达式经化简后的代数正规形中某变量不出现。多次迭代造成某些变量相互抵消。

对于移位寄存器 r 个抽头相位 $L_1, L_2, \cdots, L_r$ 线性相关时,乘积函数 $x_{L1}x_{L2}\cdots x_{Lr}$ 线性复杂度出现降低,即复杂度达不到 $C_n^1+C_n^2+\cdots+C_n^r$ 的值,形成退化。

(3) 密钥的退化

在编制密钥中,密钥的有效长度低,个别密钥未发挥作用,或者没有达到随机的程度,或者工作密钥和基本密钥中存在着差分。

(4) 钟控的退化

在编制中,由于设计者有意或无意的原因,使得钟控因素经过一段时间的运行或遇到特殊的信号后发生变化,或固定某值或呈现可控规律运动,最终影响乱数的质量。

4. 序列密码的随机性检测

"随机性"是既清楚又含糊的概念,自然界是不是存在真正的随机性是个哲学问题,但自然界存在着混沌现象,依靠科学编码,完善设计可以产生随机序列。一个完全随机序列发生器是这样一个设备(亦称二源对称随机源),它产生统计独立且匀称分布的二元随机变量的序列。真正随机序列是物理因素产生的,如掷钱币、放射性等,能重复产生(再现)的序列是不可能真正随机的。

序列密码是由密钥按照一定的算法程序产生的,它在一定条件下,即相重密钥和算法条件下可以重复产生,因此它的随机性是相对的,称为伪随机序列。序列密码的核心是怎样生成密度强的伪随机序列,为保证密码强度,必须使伪随机序列与真随机序列不可分,必须使伪随机序列有很强的不可预测性,即在未知密钥的条件下,要想从已经得到的比特出发向前或向后预测都是不可能的。但是怎样叫"强"? 重要的指标之一是检验该序列密码生成的乱数与"掷钱币"序列的符合程度。怎么算符合得好呢? 人们首先对"掷钱币"序列随机特性的数学特征进行研究,得到一些结果,这些结论有定性的,也有定量的,然后考察序列算法生成的乱数与这些结果的符合程度。例如,从定性角度来说,它是随机的应具备 3 个条件:序列中没有能被识别的模式;不能作出有关序列的预测;不能发现有关序列的简单描述。从定量的角度,就是通常所说的统计检验。

对于伪随机序列的随机性统计检验检验,基本是两类。

① 不可区分性检验:一个密钥流发生器是完善的,其生成的序列在所有多项式时间的统计检验下与真正的随机序列是不可区分的。

② 不可预测性检验:一个密钥流发生器是完善的,当且仅当不存在一个概率多项式时间算法,给出任何比特的前缀后,以成功概率明显大于 1/2 来预测下一个比特。故该检验也称下一比特检验。

为了具体从生成的乱数的不随机性找到编制的弱点,或者由乱数输出反求密钥,往往使用多项式随机检验。

随机性检验:按照从(0,1)区间上均匀分布随机抽样所应具有的性质和规律,研究所产生的伪随机序列是否与这些性质和规律符合或者接近。

对序列的随机性检验实际上是假设检验(显著性检验),其步骤如下。

① 找出适当的统计量 σ。

② 在假设为真的条件下,找出 σ 的精确分布或极限分布(近视分布)。

③ 选择适当的概率区间 R(一般选择 $0.95>\sigma>0.05$ 或 $0.99>\sigma>0.01$ 为接收区间)。

④ 按实际计算结果作出判定，落在接受区间内，接受假设检验；落在接受区间外，拒绝假设检验。

随机性检验是一种概率检验，它存在着弃真和采伪两类误差，实际工作中需要对两类差误折中。概率检验依赖于密钥发生器的缺陷的严重性和样本序列的长度。

一般统计检验包含频次检验、相关性检验、游程检验、线性复杂度检验和熵漏检验等。

在钟控序列中，当动作控制序列 $\boldsymbol{G}(t)$ 和自控序列 $\boldsymbol{U}(t)$ 间存在某种关系时，序列 $\boldsymbol{U}(t)$ 的 0、1 分布是不平衡的，通过 0、1 频次检验可以检测出。

在某密码编制中，乱数出口处采用 128 字节的存储区，由于存储区字节的缺额，在输入随机的情况下，按字节统计输出，亦是严重缺额的。

在整数进位加法中（非线性运算），若是偶数个进位加，进位是渐近平衡的；若是奇数个进位加，则进位是有偏的，3 个数相加的进位有很强的偏移性。

在乱数出口处，无论是输入还是输出元素，进位扩展（或重复使用某些元素）必然使乱数间存在着相关性，通过适当的间距的相关检验可以反映出来。

在具体分析统计检验结果时，不能因某个结果超限简单地否定该乱数发生器，而要进行具体分析。分析这种超限是不是特别显著的？是不是固定偏移？是不是设定误差引形成的？同时与编制结合，通过随机性检验中的问题，展现编制上的漏洞。

随机检验只是分析密码强度的一种辅助手段，其结果只具有参考价值，它绝对不能代替对序列密码的定性分析，统计特征好的乱数，其编制不一定是完善的和科学的，但统计特点不好的乱数，其编制一定存在缺陷，这一点要务必牢记。

3.4.4　发展趋势

序列密码内容丰富、变化多彩、科学性强、实用性好，是人们在信息安全中使用的主要加密方法，是各国政府、军事、外交等核心部门使用的主流密码。尽管序列密码的编制理论较完善，但是它仍然是一个不断发展、不断完善的学科，它发展的动力就是密码分析学的进步，当然，密码分析学发展的动力是人们对国家利益、集团利益、商业利益的不断追求和索取。在当前高度数字化、信息化、网络化的今天，编码和破译是一对相互对立、相互促进、共同发展提高的矛盾着的两个主要方面。

序列密码（特别是我国自己的序列密码）研究中尚需解决的问题还有很多。

(1) 序列密码的规范化、标准化、芯片化

事实上，欧洲的 NESSIE 计划中已经包括了序列密码标准的制定，例如一些系统中广泛使用了序列密码（比如 RC4），用于存储加密。但密码技术作为一种关键技术，各国都不会放弃自主权和控制权，其中芯片化就能体现出这一点。美国征集 AES，欧洲和日本不愿意袖手旁观，也采取了相应的措施，其计划比美国更宏大，投资力度更大。我国在密码基础理论的某些方面的研究做得很好，但在实际应用方面与国外的差距较大，没有自己的标准，也不规范。

(2) 序列密码与分组密码的统一

分组密码是对一个大的明文数据块（分组）进行固定变换的操作；序列密码是对单个明文位的随时序变换的操作。两种密码体制的相同之处是二者都是置换，都是对明文在密钥控制下的置换。它们在一定条件下是可以转换的，分组密码加上“源”后可以作为序列密码

使用,序列密码经适当处理后,例如扩展输出乱数的宽度等,可以做分组密码使用。相信通过密钥和少量的参数分割后,能实现诸如序列算法、分组算法和认证算法功能等的新型算法将会出现。一个密码系统中只出现一种密码体制而又能发挥多种作用的密码时代即将来临。

(3) 非数学密码理论与技术的发展

信息隐藏、量子密码、基于生物特征的识别理论与技术等将非常活跃。信息隐藏将在未来网络中保护信息免于破坏起到重要作用,信息隐藏是网络环境下把机密信息隐藏在大量信息中不让对方发觉的一种方法。特别是图像叠加、数字水印、潜信道、隐匿协议等的理论与技术的研究已经引起人们的重视。1996 年以来,国际上召开了多次有关信息隐藏的专业研讨会。基于生物特征(比如手形、指纹、语音、视网膜、虹膜、脸形、DNA 等)的识别理论与技术已有所发展,形成了一些理论和技术,也形成了一些产品,这类产品往往由于成本高而未被广泛采用。1969 年美国哥伦比亚大学的 Wiesner 创造性地提出了共轭编码的概念,遗憾的是他的这一思想当时没有被人们接受。十年后,源于共轭编码概念的量子密码理论与技术才取得了令人惊异的进步,已先后在自由空间和商用光纤中完成了单光子密钥交换协议,英国 BT 实验室通过 30 千米的光纤信道实现了每秒 20 kbit 的密钥分配。近年来,英、美、日等国的许多大学和研究机构竞相投入到量子密码的研究之中,更大的计划在欧洲进行。到目前为止,主要有三大类量子密码实现方案:一是基于单光子量子信道中测不准原理的;二是基于量子相关信道中 Bell 原理的;三是基于两个非正交量子态性质的。但有许多问题还有待于研究。比如,寻找相应的量子效应以便提出更多的量子密钥分配协议,量子加密理论的形成和完善,量子密码协议的安全性分析方法研究,量子加密算法的开发,量子密码的实用化等。总的来说,非数学的密码理论与技术还处于探索之中。

(4) 中国特色的序列密码体制

密码技术特别是加密技术是信息安全技术中的核心技术,国家关键基础设施或主渠道通信中不可能引进或采用别人的加密技术,只能自主开发。因此,我们必须要有我们自己的算法、自己的一套标准、自己的一套体系,来对付未来的挑战。实用密码技术的基础是密码基础理论,没有好的密码理论不可能有好的密码技术,也不可能有先进的、自主的、创新的密码技术。因此,首先必须持之以恒地坚持和加强密码基础理论研究,这方面的工作必须要有政府的支持和投入。另外,密码理论研究也是为了应用,没有应用的理论是没有价值的。我们应在现有理论和技术基础上充分吸收国外先进经验形成自主的、创新的密码技术以适应国民经济的发展。

(5) 迎接基础乱源研究的新挑战

① 结构常数交替变化的 LFSR 序列的周期是不确定的,与参与变化的 LFSR 的周期是无关的,它的密码性质如何?

② 带进位的反馈移位寄存器序列的深入研究。

③ 置换 LFSR 组的性质和构造研究。

④ 新乱源的构造。

(6) 开创序列密码的设计和实现新途径

① 面向芯片的编码环节的研制和开发。FPGA 的使用和发展,对序列密码的编制和实

现提出了新的要求。为提高序列密码的使用效率和速度，硬件实现是一个趋势，有些传统的编码环节，在 FPGA 内实现受到限制，有些软件实现很慢的环节(如乘法)能否在 FPGA 内方便实现?

② 利用序列密码构造 MAC。

③ 序列密码和分组密码的统一。即如何编制一种新的密码算法，通过密钥和少量的参数分割后，能实现诸如序列算法、分组算法和认证算法等的功能。

④ 有记忆前馈网络密码系统的研究和混沌序列密码研究。

第4章　Hash函数

密码学上的Hash函数是一种将任意长度的消息(Message)压缩为某一固定长度的消息摘要(Message Digest)的函数。

Hash函数一个非常重要的应用就是数字签名,它可以提高签名的速度,又可以不泄露签名所对应的消息,还可以将消息的签名与加密变换分开处理。同时,Hash函数还可以直接应用于数据的完整性检测。完整性检测进行过程如下:在消息传输之前对消息做Hash变换,然后再传输消息,对于接收到的消息也做Hash变换,然后比照两个Hash值。若两个Hash值相同,则可以认为消息在传输过程中没有被篡改,否则消息就一定被篡改。除此之外,Hash函数还保证了不少密码体制和协议的安全保证性,如群签名、MAC码、电子货币、比特承诺、抛币协议、电子选举等。

4.1　Hash函数的性质及其应用

密码学上的Hash函数也称杂凑函数或报文摘要函数等,是一种将任意长度的消息m压缩(或映射)到某一固定长度的消息摘要$H(m)$的函数。$H(m)$也称消息m的指纹。一个Hash函数是一个多对一的映射。

4.1.1　Hash函数的分类

Hash函数按是否需要密钥可分为以下两类。

① 不带密钥的Hash函数,它只有一个被通常称为消息的输入参数。

② 带密钥的Hash函数,它有两个不同的输入,分别称为消息和密钥。

按设计结构,散列算法可以分为三大类:标准Hash、基于分组加密Hash和基于模数运算Hash。

标准Hash函数有两大类:MD系列的MD4、MDS、HAVAL、RIPEMD、RIPEMD-160等;SHA系列的SHA-1、SHA-256、SHA-384、SHA-512等,这些Hash函数体现了目前主要的Hash函数设计技术。

4.1.2　Hash函数的性质

从应用需求上来说,Hash函数H必须满足以下性质。

① H能够应用到任何大小的数据块上。

② H能够生成大小固定的输出。

③ 对任意给定的 x，$H(x)$的计算相对简单，使得硬件和软件的实现可行。

从安全意义上来说，Hash 函数 H 应满足以下特性。

① 对任意给定的散列值 h，找到满足 $H(x)=h$ 的 x 在计算上是不可行的。

② 对任意给定的 x，找到满足 $H(x)=H(y)$而 $x\neq y$ 的 y 在计算上是不可行的。

③ 要发现满足 $H(x)=H(y)$而 $x\neq y$ 的对(x,y)是计算上不可行的。

满足以上前两个性质的杂凑函数叫弱 Hash 函数，或称杂凑函数 $H(x)$为弱无碰撞的；如果还满足第③个性质，就叫做强 Hash 函数，或称杂凑函数 $H(x)$为强无碰撞的。

第①个特性是单向性的要求，通常也称为抗原像性。第②个特性是弱无碰撞性，也称抗第二原像性，目的是防止伪造，即将一份报文的指纹伪造成另一份报文的指纹在计算上是不可行的。第③个特性是强无碰撞性，也称抗碰撞性，它防止对杂凑函数实施自由起始碰撞攻击或称生日攻击。

杂凑函数各特性之间的关系如下。

【性质】 杂凑函数的强无碰撞性(抗碰撞性)隐含弱无碰撞性(抗第二原像性)。

【证明】 假设杂凑函数 $H(x)$不具有弱无碰撞性，则对于一个 x，就可以找到一个 $y(\neq x)$，使得 $H(x)=H(y)$，这时(x,y)是不同输入杂凑为同一输出，而这与强无碰撞性矛盾。

4.2　基于分组密码的 Hash 函数

利用分组密码算法来构造杂凑函数，是一种设计杂凑函数简单而有效的方法，实现方法有很多，下面只介绍杂凑值的长度等于分组长度的杂凑函数的设计方法。

1. 定义

【定义】 将消息 $M=(M_1,M_2,\cdots,M_n)$的最后一个分组 M_n 设置为原始消息比特长度，这个过程被称为 MD 强化。

设变换函数 E 是一个分组密码变换，杂凑函数迭代变换是 $H_i=E(H_{i-1},M_i)$，$i=1,2,\cdots,n$。H_0 是初始值，设消息为 $M=(M_1,M_2,\cdots,M_n)$，最后得到的 H_n 即为消息 M 的杂凑值。

2. 基本算法

1974 年，PRENEEL B 等提出了 64 个可以用来设计杂凑函数圈函数的分组密码加密方案，给出了 5 种重要的攻击方法，即直接攻击(Direct Attack)、变换攻击(Permutation Attack)、前向攻击(Forward Attack)、回溯攻击(Backward Attack)和不动点攻击(Fixed Point Attack)，并分析了 64 个加密方案抗攻击的能力。最后作者推荐出以下的 12 个方案，其中前面 4 种能够抵抗提出的 5 种攻击，后面 8 种能抵抗不动点攻击以外的 4 种攻击。

① $H_i=E_{H_{i-1}}(M_i)\oplus M_i$；

② $H_i=E_{H_{i-1}}(M_i\oplus H_{i-1})\oplus M_i\oplus H_{i-1}$；

③ $H_i=E_{H_{i-1}}(M_i)\oplus M_i\oplus H_{i-1}$；

④ $H_i=E_{H_{i-1}}(M_i\oplus H_{i-1})\oplus M_i$；

⑤ $H_i=E_{M_{i-1}}(H_{i-1})\oplus H_{i-1}$；

⑥ $H_i=E_{M_{i-1}}(M_i\oplus H_{i-1})\oplus M_i\oplus H_{i-1}$；

⑦ $H_i = E_{M_{i-1}}(H_{i-1}) \oplus M_i \oplus H_{i-1}$；
⑧ $H_i = E_{M_{i-1}}(M_i \oplus H_{i-1}) \oplus H_{i-1}$；
⑨ $H_i = E_{M_i \oplus H_{i-1}}(M_i) \oplus M_i$；
⑩ $H_i = E_{M_i \oplus H_{i-1}}(H_{i-1}) \oplus H_{i-1}$；
⑪ $H_i = E_{M_i \oplus H_{i-1}}(M_i) \oplus H_{i-1}$；
⑫ $H_i = E_{M_i \oplus H_{i-1}}(H_{i-1}) \oplus M_{i-1}$。

4.3 MD5杂凑函数

MD5消息摘要算法是Ron Rivest开发的。MD5实际上根源于一系列消息摘要算法，都是由Ron Rivest开发的。原先的消息摘要算法称为MD，很快进入下一版MD2，但很脆弱。因此，Ron Rivest开始开发MD3，结果失败了(因此没有公布)。后来，Ron Rivest开发了MD4，但很快发现其还是不理想，因此最终推出了MD5。

4.3.1 MD5算法描述

经过初始处理后，输入文本变成512位块(进一步分为16个32位的块)，这个算法的输出是4个32位块构成的集合，形成128位消息摘要。

第一步，对输入信息进行处理。

设x是一个消息，用二进制表示。在原始信息中增加填充位(1-512位，由一个1位和多个0位组成)，使初始消息长度等于一个值，即比512的倍数少64位。例如，如果初始消息长度为2 000位，则要填充496位，使消息长度为2 448位(因为2 496+64=2 560=512×5)。

增加填充位后，下一步计算消息原长度，将其加到填充后的消息末尾。如果消息长度超过2^{64}位，这时只用长度的低64位。这样的话整个消息(要散列的数据)的长度恰好为512位的倍数。

填充过程如下图所示。

原始消息 x	填充					长度
	1	0	0	…	0	x长度
	1-512位					64位
要散列的数据						
←512位的整数倍→						

经过前面两步的填充和添加，使得输入信息的长度为512位的倍数。下面将输入信息分成512位的块，如下图所示。

要散列的数据					
块1	块2	块3	块4	…	块n
512位	512位	512位	512位	…	512位

第二步，产生一个 128 位的消息摘要。

设 A,B,C,D 是 4 个 32 位的寄存器，其初值(用十六进制表示)分别为

$$A=01234567$$
$$B=89abcdef$$
$$C=fedcba98$$
$$D=76543210$$

处理块 1，将分成 16 个字(32 bit)，表示如下图所示。

←———— 块 1 ————→							
X[0]	X[1]	X[2]	X[3]	X[4]	…	X[14]	X[15]

将寄存器 A,B,C,D 中的值存储到另外 4 个寄存器 AA,BB,CC,DD 中，即 $AA=A$，$BB=B,CC=C,DD=D$。执行 Round1，具体步骤如下。

其中 $f(X,Y,Z)=(X\wedge Y)\vee(\overline{X}\wedge Z)$，

```
A= B+(( A + f(B,C,D) + X[0]  +T[1]  ) << 7);
D= A+(( D + f(A,B,C) + X[1]  +T[2]  ) << 12);
C= D+(( C + f(D,A,B) + X[2]  +T[3]  ) << 17);
B= C+(( B + f(C,D,A) + X[3]  +T[4]  ) << 22);
A= B+(( A + f(B,C,D) + X[4]  +T[5]  ) << 7);
D= A+(( D + f(A,B,C) + X[5]  +T[6]  ) << 12);
C= D+(( C + f(D,A,B) + X[6]  +T[7]  ) << 17);
B= C+(( B + f(C,D,A) + X[7]  +T[8]  ) << 22);
A= B+(( A + f(B,C,D) + X[8]  +T[9]  ) << 7);
D= A+(( D + f(A,B,C) + X[9]  +T[10] ) << 12);
C= D+(( C + f(D,A,B) + X[10] +T[11] ) << 17);
B= C+(( B + f(C,D,A) + X[11] +T[12] ) << 22);
A= B+(( A + f(B,C,D) + X[12] +T[13] ) << 7);
D= A+(( D + f(A,B,C) + X[13] +T[14] ) << 12);
C= D+(( C + f(D,A,B) + X[14] +T[15] ) << 17);
B= C+(( B + f(C,D,A) + X[15] +T[16] ) << 22);
```

执行 Round2 如下。

其中 $g(X,Y,Z)=(X\wedge Z)\vee(Y\wedge\overline{Z})$。

```
A= B+(( A + g(B,C,D) + X[1]  +T[17]  ) << 5 );
D= A+(( D + g(A,B,C) + X[6]  +T[18]  ) << 9 );
C= D+(( C + g(D,A,B) + X[11] +T[18]  ) << 14);
B= C+(( B + g(C,D,A) + X[0]  +T[20]  ) << 20);
A= B+(( A + g(B,C,D) + X[5]  +T[21]  ) << 5 );
D= A+(( D + g(A,B,C) + X[10] +T[22]  ) << 9 );
C= D+(( C + g(D,A,B) + X[15] +T[23]  ) << 14);
```

```
B= C+(( B + g(C,D,A) + X[4]  +T[24]  )<< 20);
A= B+(( A + g(B,C,D) + X[9]  +T[25]  )<< 5 );
D= A+(( D + g(A,B,C) + X[14] +T[26]  )<< 9 );
C= D+(( C + g(D,A,B) + X[3]  +T[27]  )<< 14);
B= C+(( B + g(C,D,A) + X[8]  +T[28]  )<< 20);
A= B+(( A + g(B,C,D) + X[13] +T[29]  )<< 5 );
D= A+(( D + g(A,B,C) + X[2]  +T[30]  )<< 9 );
C= D+(( C + g(D,A,B) + X[7]  +T[31]  )<< 14);
B= C+(( B + g(C,D,A) + X[12] +T[32]  )<< 20);
```

执行 Round3 如下。

其中 $h(X,Y,Z)=X \oplus Y \oplus Z$。

```
A= B+(( A + h(B,C,D) + X[5]  +T[33]  )<< 4 );
D= A+(( D + h(A,B,C) + X[8]  +T[34]  )<< 11);
C= D+(( C + h(D,A,B) + X[11] +T[35]  )<< 16);
B= C+(( B + h(C,D,A) + X[14] +T[36]  )<< 23);
A= B+(( A + h(B,C,D) + X[1]  +T[37]  )<< 4 );
D= A+(( D + h(A,B,C) + X[4]  +T[38]  )<< 11);
C= D+(( C + h(D,A,B) + X[7]  +T[39]  )<< 16);
B= C+(( B + h(C,D,A) + X[10] +T[40]  )<< 23);
A= B+(( A + h(B,C,D) + X[13] +T[41]  )<< 4 );
D= A+(( D + h(A,B,C) + X[0]  +T[42]  )<< 11);
C= D+(( C + h(D,A,B) + X[3]  +T[43]  )<< 16);
B= C+(( B + h(C,D,A) + X[6]  +T[44]  )<< 23);
A= B+(( A + h(B,C,D) + X[9]  +T[45]  )<< 4 );
D= A+(( D + h(A,B,C) + X[12] +T[46]  )<< 11);
C= D+(( C + h(D,A,B) + X[15] +T[47]  )<< 16);
B= C+(( B + h(C,D,A) + X[2]  +T[48]  )<< 23);
```

执行 Round4 如下。

其中 $k(X,Y,Z)=Y \oplus (X \vee \overline{Z})$。

```
A= B+(( A + k(B,C,D) + X[0]  +T[49]  )<< 6 );
D= A+(( D + k(A,B,C) + X[7]  +T[50]  )<< 10);
C= D+(( C + k(D,A,B) + X[14] +T[51]  )<< 15);
B= C+(( B + k(C,D,A) + X[5]  +T[52]  )<< 21);
A= B+(( A + k(B,C,D) + X[12] +T[53]  )<< 6 );
D= A+(( D + k(A,B,C) + X[3]  +T[54]  )<< 10);
C= D+(( C + k(D,A,B) + X[10] +T[55]  )<< 15);
B= C+(( B + k(C,D,A) + X[1]  +T[56]  )<< 21);
A= B+(( A + k(B,C,D) + X[8]  +T[57]  )<< 6 );
D= A+(( D + k(A,B,C) + X[15] +T[58]  )<< 10);
```

```
C= D+(( C + k(D,A,B) + X[6]  +T[59]  )<< 15);
B= C+(( B + k(C,D,A) + X[13] +T[60]  )<< 21);
A= B+(( A + k(B,C,D) + X[4]  +T[61]  )<< 6 );
D= A+(( D + k(A,B,C) + X[11] +T[62]  )<< 10);
C= D+(( C + k(D,A,B) + X[2]  +T[63]  )<< 15);
B= C+(( B + k(C,D,A) + X[9]  +T[64]  )<< 21);
```

然后执行：

```
A=A+AA,  B=B+BB,  C=C+CC,  D=D+DD.
```

循环从 $j=2$ 至 n

```
{
(1) 用处理信息块 1 的方法顺序处理信息块 1 后面的第 j 个信息块。
(2) AA=A,    BB=B,    CC=C,    DD=D.
(3) Round1;Round2;Round3;Round4;
(4) A=A+AA,  B=B+BB,  C=C+CC,  D=D+DD.
}
```

最后，所有信息块处理完之后，寄存器变量的值(A,B,C,D)就是信息 x 的 128 比特的散列值。

4.3.2　MD5 安全性分析与现状

任何一个密码算法都将实现混乱和扩散两个性质，可以认为一个杂凑函数是一个不要求可逆的分组密码算法。

相对于异或运算来说，MD5 中使用的 4 个非线性函数中的非线性运算是"按位或"和"按位与"。单纯从这 4 个非线性函数来看，它不提供输入比特信息的横向扩散，提供扩散性质的环节是模 2^{32} 加法运算，它不仅由于低位向高位进位的原因，实现了输入、输出的非线性关系，同时提供了使得该环节输入信息的低位向输出比特的高位扩散，再结合循环左移的运算，从而实现输入信息的完全扩散。

2004 年的美国密码年会上，山东大学的王小云教授等人提出了 MD5 的 1 024 比特的碰撞对，但他们并没有公布寻找碰撞对的算法。在 2005 年的欧洲密码年会上，王小云等人公布了寻找 MD5 等杂凑函数的碰撞攻击算法，该算法的主要思路是寻找合适的以高概率产生碰撞的差分路径，构造保证差分路径成立的充分条件集，然后利用消息修改技术使尽可能多的充分条件得到满足，最后利用随机检验的方法使余下的充分条件得到满足。随后，许多密码学者对这种算法进行了深入地分析研究，并提出了对 MD5 的改进的碰撞攻击算法。

4.4　SHA 杂凑函数

安全散列算法 SHA，是由美国国家标准技术研究所(NIST)设计并于 1993 年作为联邦信息处理标准(HPS180)发布的，修订版本于 1995 年发布(FIPS180-1)，通常称之为 SHA-1。实际的标准文件称为安全散列标准。SHA-1 使用范围为计算机安全，应用于文件或数据的压缩。并且 SHA-1 还是与数字签名标准 DSS 配套的杂凑函数标准,也就是说 SHA-1 的输出是 DSS 的输入。

4.4.1 SHA-1 算法描述

SHA-1 算法接受任意长度的输入数据,输出 160 比特的杂凑函数值,其算法与 MD5 相似,两者的预处理消息填充过程相同,算法的主循环同样包含了 4 轮操作,每一次主循环处理的分组长度同样为 512 比特,不同的是 SHA-1 每次循环中操作数比较多(80 次),并且它处理的缓存及最终生成的杂凑值更长(160 比特),这样,在相同的硬件上,SHA-1 的速度比 MD5 稍慢。SHA-1 通过 4 轮运算(每轮 20 步,共 80 步)将长度不超过 2^{64} 的输入压缩成为 160 bit 的消息摘要。

(1) 消息填充

在运算之前先要对信息进行处理,在原始信息中增加填充位(1～512 位,由一个 1 位和多个 0 位组成),使初始消息长度等于一个值,即比 512 的倍数少 64 位;然后在最后添加 64 比特的原始消息长度。消息完整填充如下表所示。

<table>
<tr><td colspan="2">原始消息 x</td><td colspan="5">填充</td><td colspan="2">长度</td></tr>
<tr><td colspan="2"></td><td>1</td><td>0</td><td>0</td><td>…</td><td>0</td><td colspan="2">x 长度</td></tr>
<tr><td></td><td colspan="6">1～512 位</td><td colspan="2">64 位</td></tr>
<tr><td colspan="9">要散列的数据</td></tr>
<tr><td colspan="9">←512 位的整数倍→</td></tr>
</table>

(2) 消息扩展

消息填充后的消息是 512 位的整数倍,把它们划分成 512 比特的分组,对于每一个 512 比特的分组分割成 16 个字(32 比特),记为($m_0, m_1, m_2, \cdots, m_{15}$)。然后将这 16 个字用如下的扩展方式扩展成 80 个消息字。

扩展方式为

$$W_i = \begin{cases} m_i, & 0 \leqslant i \leqslant 15 \\ (W_{i-3} \oplus W_{i-8} \oplus W_{i-14} \oplus W_{i-16}) <<< 1, & \text{其他} \end{cases}$$

对每个消息字 W_i 的 32 比特位分别标记为(31,30,…,1,0)。

(3) Hash 迭代

SHA-1 的迭代函数一共需要 80 步,分成 4 轮来实现,每轮 20 步,第 j 轮第 i 步的步函数如下。

$$A_{i+1} = (A_i <<< 5) + f_j(B_i, C_i, D_i) + E_i + W[i] + K_j$$
$$B_{i+1} = A_i$$
$$C_{i+1} = (B_i <<< 30)$$
$$D_{i+1} = C_i$$
$$E_{i+1} = D_i$$

其中:

$$f_j(X,Y,Z)\begin{cases}(X\wedge Y)\vee(\overline{X}\wedge Z), & j=1\\ X\oplus Y\oplus Z, & j=2\\ (X\wedge Y)\vee(X\wedge Z)\vee(Y\wedge Z), & j=3\\ X\oplus Y\oplus Z, & j=4\end{cases}$$

链接变量的初始值(A_0,B_0,C_0,D_0,E_0)为(ox67452301,oxefcdab89,ox98badcfe,ox10325476,oxc3d2e1f0)。K_j 为常数,具体数值如下：

$$K_j=\begin{cases}0x5a827999,0\leqslant j\leqslant 19\\ 0x6ed9eba1,20\leqslant j\leqslant 39\\ 0x8f1bbcdc,40\leqslant j\leqslant 59\\ 0xca62c1d6,60\leqslant j\leqslant 79\end{cases}$$

对每一信息分组进行 80 步运算,所有信息计算完之后,链接变量的值(A,B,C,D,E)即为 Hash 运算的结果。

4.4.2　SHA-1 安全性分析与现状

SHA-1 产生 160 比特的杂凑值,如果采取群举攻击的办法,产生任何一个报文使其摘要等于给定报文摘要,将需要 2^{160} 数量级的操作;而产生具有相同报文摘要的两个报文将需要 2^{80} 数量级的操作。因此,它更能有效抵抗群举攻击和生日攻击。

2005 年,王小云等首次提出了对完整 SHA-1 的碰撞攻击算法,该算法的计算复杂度低于群举攻击的复杂度。随后,密码学者们对碰撞攻击中的各个环节进行了分析。BIHAM E 等人给出了 SHA-0 及低轮 SHA-1 的碰撞对。KAWAZOE M 等研究者提出了对 58 轮 SHA-1 的代数攻击方法。目前,SHA-1 的分析仍是密码学领域的研究热点之一。

第二篇
认　　证

第 5 章　数字签名

5.1　数字签名基础

5.1.1　基本概念

数字签名是密码学中的重要内容之一，它是传统文件手写签名的模拟，能够实现用户对电子形式存放消息的认证。数字签名并不是传统手写签名的简单对应，它有许多特点：首先，在数字签名中签名同消息是分开的，需要一种方法将签名与消息绑定在一起，而在传统的手写签名中，签名认为是被签名消息的一部分；其次，在签名验证的方法上，数字签名利用一种公开的方法对签名进行验证，任何人都可以对签名进行验证，而传统手写签名的验证是由经验丰富的消息接收者通过同以前的签名相比较而进行的；最后，在数字签名中，有效签名的复制同样是有效的签名，而在传统的手写签名中，签名的复制是无效的。因此，在数字签名方案的设计中要预防签名的再用。数字签名的目的有：使接收方能够确认发送方的签名，但不能伪造；发送方发出签了名的消息给接收方后，就不能否认它所签发的消息；一旦收发双方就消息的内容和来源发生争执时，可由仲裁者解决收发双方的争端。另外，和手写签名一样，数字签名也可以带有时间戳，从而可以获得前向安全性，即当前的密钥泄露不会影响到以前签名的有效性。

一般数字签名方案包括 3 个过程：系统的初始化过程、签名产生过程和签名验证过程。在系统的初始化过程中要产生数字签名方案中用到的一切参数，有公开的，也有秘密的。在签名产生的过程中用户利用给定的算法对消息 m 产生签名 $\mathrm{sig}(m)$，这种签名过程可以公开也可以不公开。在签名验证过程中，验证者利用公开验证方法对给定消息的签名进行验证，得出签名的有效性。

下面给出数字签名的形式化定义。

（1）系统的初始化

系统的初始化产生签名方案中的基本参数$(M,S,K,\mathrm{SIG},\mathrm{VER})$，其中：$M$ 为消息集合；S 为签名集合；K 为密钥集合，包含私钥和公钥；SIG 为签名算法集合；VER 为签名验证算法集合。

（2）签名产生过程

密钥集合 K，相应的签名算法为 $\mathrm{sig}_K \in \mathrm{SIG}$，$\mathrm{sig}_K: M \to S$。对任意的消息 $m \in M$，有 $s=\mathrm{sig}_K(m)$，且 $s \in S$，那么 $s \in S$ 为消息的签名，将签名消息组(m,s)发送到签名验证者。

(3) 验证签名过程

对于密钥集合 K,有签名验证算法:$ver_K: M \times S \rightarrow \{T, E\}$,$ver_K \in VER$,且 $ver_K(x,y) = \begin{cases} T & y = sig_K(x) \\ F & y \neq sig_K(x) \end{cases}$。签名验证者收到$(m,s)$后,计算 $ver_K(m,S)$,若 $ver_K(m,S) = T$,签名有效;否则,签名无效。

对于密钥集合 K,签名函数 sig_K 和签名验证函数 ver_K 是容易计算的。一般情况下,sig_K 可以公开也可以不公开,而函数 ver_K 是公开的。同时还要求,对任意的消息 m,从集合 S 中计算 s 使得 $ver_K(m,s) = T$ 是非常困难的,也就是说,攻击者对消息 m 产生有效的签名 s 是不可能的。

一个数字签名方案被攻破或不安全,指的是以下 4 种攻击中至少有一种攻击成功:签名者的签名密钥被暴露;伪造者可以找到与签名者使用的签名算法作用相同的签名算法;伪造者对任意选定的消息可以求出满足验证方程的签名;伪造者至少可以对某一特殊的消息求出其有效的签名。

目前,人们已经设计出众多不同种类的数字签名方案。根据不同的标准可以将这些数字签名方案进行不同的分类,具体如下。

(1) 基于数学难题的分类

根据数字签名方案所基于的数学难题,数字签名方案可分为基于离散对数问题的签名方案、基于素因子分解问题(包括二次剩余问题)的签名方案、基于椭圆曲线的数字签名方案、基于有限自动机理论的数字签名方案等。比如,ElGamal 数字签名方案和 DSA 签名方案都是基于离散对数问题的数字签名方案。而众所周知的 RSA 数字签名方案是基于素因子分解问题的数字签名方案。将离散对数问题和因子分解问题结合起来,又可以产生同时基于离散对数和素因子分解问题的数字签名方案,也就是说,只有离散对数问题和素因子分解问题同时可解时,这种数字签名方案才是不安全的,而在离散对数问题和素因子问题只有一个可解时,这种方案仍是安全的。

(2) 基于签名用户的分类

根据签名用户的情况,可将数字签名方案分为单个用户数字签名方案和多个用户的数字签名方案。一般的数字签名是单个用户签名方案,而多个用户的签名方案又称多重数字签名方案。根据签名过程的不同,多重数字签名可分为有序多重数字签名方案和广播多重数字签名方案。

(3) 基于数字签名特性的分类

根据数字签名方案是否具有消息自动恢复特性,可将数字签名方案分为两类:一类不具有消息自动恢复特性;另一类具有消息自动恢复特性。一般的数字签名是不具有消息自动恢复特性的。1994 年,Nyberg 和 Rueppel 首次提出一类基于离散对数问题的具有消息自动恢复特性的数字签名方案。

(4) 群签名方案

1991 年,Chaum 和 Heyst 首次提出群数字签名方案概念。群数字签名方案允许群中合法用户以群的利益签名,具有签名者匿名,只有权威才能辨认签名者等许多特性,在实际中有广泛的应用。例如,在一个大公司中有若干台计算机,每一台计算机都连接在公司的内部网络之上,公司中的每一个部门都有打印机,打印机也都连接在网络之中,但是公司中的每一个雇员只允许使用本部门的打印机，因此在每一个打印机工作之前，打印机必须确认打印用户是本部门的用户，然后再执行打印工作，同时雇员的名字对打印机是保密的。然而，如果某一部门的打印机因为使用频繁而发生争议，那么部门负责人可以辨认每一个打印机作业的雇员名字，从而发现滥用打印机的雇员。对于上述实际模型，人们设计了一种签名方案，称为群数字签名方案。利用群数字签名方案可以完全解决上述问题。

比较完整的群数字签名方案包括以下步骤。

① 系统建立：一个概率算法，输入安全参数，输出初始群公钥和群管理者(GM)的私钥。

② 加入：用户(U)与 GM 之间的协议。U 从 GM 获取关系证书，成为群成员，并保存关系证书的秘密，GM 刷新确定群状态的信息。

③ 撤销：一个确定算法，输入需撤销的用户关系证书，输出 GM 的刷新信息。

④ 刷新：一个确定算法，当有加入和撤销发生时，群成员做刷新工作。

⑤ 签名：一个概率算法，输入消息、群公钥、关系证书和相应的成员秘密，输出群成员对消息的签名。

⑥ 验证：一个确定算法，验证者用群公钥验证群签名的有效性。

⑦ 打开：一个确定算法，输入消息、有效群签名、群公钥和 GM 的私钥，确定签名者的身份。

群签名方案的安全要求如下。

① 正确性：每一个由群成员经“签名”步骤产生的组签名，必须被“验证”步骤接受。

② 不可伪造性：只有群成员可以以群的名义签名。

③ 匿名性：给出一个有效群签名，除了 GM，其他任何人确定实际的签名者是计算困难的(非分离的情况)。

④ 不可连接性：除了 GM，其他任何人确定两个群签名是否由同一个成员产生是计算困难的。

⑤ 不可诬陷性：GM 和不诚实成员子集的合作不能以一个诚实成员名义产生签名。

⑥ 可跟踪性：GM 总能够确认一个有效群签名的实际签名者(非分离的情况)。

⑦ 抗合谋性：组成员的合谋子集不能产生一个 GM 不能跟踪的签名。

(5) 数字签名的批验证协议

数字签名方案主要包含两个过程：签名产生过程和签名验证过程。为了提高数字签名方案的效率，一方面要设计高效的数字签名方案，减少储存空间，缩小通信带宽；另一方面要提高签名产生和签名验证的效率。批验证协议是提高数字签名方案效率，加快签名验证速度的有效方法，因此对数字签名方案设计一种可靠的批验证协议具有重要意义。然而批验证协议的产生为签名方案的安全性提出了新的挑战。

(6) 盲签名

盲签名思想由 Chaum 在 1982 年提出，其形式由以下 3 个函数组成。

① 一个签名函数 s' 和其逆 s，$s(s'(x))=x$，签名函数只有签名者知道，其逆是公开的。

② 一个计算函数 c 和其逆 c'，二者只有消息提供者知道，且 $c'(s'(c(x)))=s'(x)$，$c(x)$ 和 s' 不暴露 x 的任何信息。

③ 一个检查冗余的谓词 r，用以检查充分的冗余性，以使搜索有效签名是不可实现的。

盲签名的过程为：消息提供者 P 随机选择 x，使 $r(x)$ 成立，将 $c(x)$ 交给签名者 S；S 用 s'

对 $c(x)$ 签名，将 $s'(c(x))$ 交给 P；P 应用 c' 脱盲，产生 $c'(s'(c(x)))=s'(x)$；任何人可以用 S 的公钥 s 检验 $s'(x)$ 是 S 的签名，检查 $r(s(s'(x))$ 成立。其结果是 S 不知道签名是何时所签的。

盲签名的安全性包括盲性(匿名性)和 one-more 不可伪造性。目前，人们已经设计出可证明的基于因数分解、离散对数和 RSA 相关问题的盲签名方案。

5.1.2 基于因子分解的数字签名

设 n 是一个合数，那么找出 n 的所有素因子是一个困难问题。这个问题称为因子分解问题。到目前为止，因子分解的最好求解算法是数域筛选法，其复杂度是 $e^{(1.923+O(1))(\log n)^{1/3}(\log\log n)^{2/3}}$，其中 n 为两个大致等长素数的乘积。基于因子分解的数字签名方案中最简单的例子是 RSA 数字签名方案，它生成签名的过程就是计算 $S=h(m)^d \bmod n$，其中 h 是哈希函数。哈希函数的输出长度是固定的，而且远远小于原消息的长度。若要验证签名，首先需要获得 m 和 S，以及签名者的公钥 (e,n)，此外还要知道所使用的哈希函数。随后验证者就可以计算消息的哈希 $h(m)$，并将其与签名 S 的加密结果进行比较：看 $[E(S)=S^e \bmod n]=h(m)$ 是否成立。如果成立，则签名有效；否则签名无效。

下面再介绍两个有代表性的基于因子分解的数字签名方案。

1. Fiat-Shamir 签名方案

(1) 方案参数

① n：$n=pq$，其中 p 和 q 是两个秘密的大素数。

② k：一个固定的正整数。

③ $y_1,y_2,\cdots,y_k$：用户 A 的公开密钥，对任何 $i(1\leqslant i\leqslant k)$，$y_i$ 都是模 n 的平方剩余。

④ $x_1,x_2,\cdots,x_k$：用户 A 的秘密密钥，对任何 $i(1\leqslant i\leqslant k)$，$x_i=\sqrt{y_i^{-1}}\pmod n$。

(2) 数字签名的生成过程

对于待签名的消息 m，A 进行以下步骤。

① 随机选取一个正整数 t。

② 随机选取 t 个介于 1 和 n 之间的数 $r_1,r_2,\cdots,r_t$，并对任何 $j(1\leqslant j\leqslant t)$，计算出 $R_j=r_j^2\pmod n$。

③ 计算哈希值 $H(m,R_1,R_2,\cdots,R_t)$，并依次取出 $H(m,R_1,R_2,\cdots,R_t)$ 的前 kt 个比特值 $b_{11},\cdots,b_{1t},b_{21},\cdots,b_{2t},\cdots,b_{k1},\cdots,b_{kt}$。

④ 对任何 $j(1\leqslant j\leqslant t)$，计算出 $s_j=r_j\prod\limits_{i=1}^{k}x_i^{b_{ij}}\pmod n$。

⑤ 以 $((b_{11},\cdots,b_{1t},b_{21},\cdots,b_{2t},\cdots,b_{k1},\cdots,b_{kt}),(s_1,\cdots,s_t))$ 作为对 m 的数字签名。

(3) 数字签名的验证过程

数字签名的收方在收到消息 m 和数字签名 $((b_{11},\cdots,b_{1t},b_{21},\cdots,b_{2t},\cdots,b_{k1},\cdots,b_{kt}),(s_1,\cdots,s_t))$ 后，用以下步骤来验证。

① 对任何 $j(1\leqslant j\leqslant t)$，计算出 $R_j'=s_j^2\cdot\prod\limits_{i=1}^{k}y_i^{b_{ij}}\pmod n$。

② 计算 $H(m,R_1',R_2',\cdots,R_t')$。

③ 验证 $b_{11},\cdots,b_{1t},b_{21},\cdots,b_{2t},\cdots,b_{k1},\cdots,b_{kt}$ 是否依次是 $H(m,R_1',R_2',\cdots,R_t')$ 的前 kt 个

比特，如果是，则以上数字签名是一个有效的数字签名。

2. Guillou-Quisquater 签名方案

(1) 方案参数

① n：$n=pq$，p 和 q 是两个秘密的大素数。

② v：$(v,(p-1)(q-1))=1$。

③ 用户 A 的秘密密钥是 x：$x\in \mathbf{Z}_n^*$ 。

④ 用户 A 的公开密钥是 y：$y\in \mathbf{Z}_n^*$ ，且 $x^v y=1(\mathrm{mod}\ n)$。

(2) 数字签名的生成过程

对于待签名的消息 m，A 进行以下步骤。

① 随机选择一个数 $k\in \mathbf{Z}_n^*$ ，计算出 $T=k^v(\mathrm{mod}\ n)$。

② 计算出哈希值：$e=H(m,T)$，且使 $1\leqslant e<v$；否则，重新进行步骤①。

③ 计算出 $s=kx^e \bmod n$，以 (e,s) 作为对 m 的数字签名。

(3) 数字签名的验证过程

数字签名的收方在收到消息 m 和数字签名 (e,s) 后，用以下步骤来验证。

① 计算出 $T'=s^v y^e(\mathrm{mod}\ n)$。

② 计算出 $e'=H(m,T')$。

③ 验证：$\mathrm{Ver}(y,(e,s),m)=\mathrm{True}\Leftrightarrow e'=e$。

5.1.3　基于离散对数的数字签名

设 G 是一个乘法群，a 是 G 中任意一个元素。对于给定的 $b\in G$，如果存在一个整数 x，使得 $a^x=b$，那么称 x 是以 a 为底 b 的离散对数，记作 $x=\log_a b$。在给定 a,b 的情况下，去求 $x=\log_a b$ 的问题称为离散对数问题。

有 3 种群上的离散对数问题在密码学中比较有用，它们是素数域的乘法群、特征为 2 的有限域的乘法群和有限域上的椭圆曲线群。其中素数域的乘法群上的离散对数问题可以表述如下。

设 p 是一个素数，g 是 $\mathbf{Z}_p^*$ 的一个生成元。已知整数 a，求整数 b，使得等式 $g^b\equiv a(\mathrm{mod}\ p)$成立。如果 p 是一个适当的大素数，那么以上这个离散对数问题就可被公认为困难问题，即不存在多项式时间算法来求解，当前复杂度至少为 $\mathrm{e}^{(1.923+O(1))(\log p)^{1/3}(\log \log p)^{2/3}}$。

基于素数域上离散对数问题的数字签名方案是一类常用的数字签名方案，其中包括著名的 ElGamal 签名方案、DSA 签名方案、Okamoto 签名方案等。这类方案的参数选取、签名生成过程和签名验证过程分别介绍如下。

1. 方案参数

① p：大素数。

② q：为 $p-1$ 或 $p-1$ 的大素因子。

③ g：$g\in \mathbf{Z}_p^*$ ，且 $g^q\equiv 1(\mathrm{mod}\ p)$。

④ 用户 A 的秘密密钥 x：$1<x<q$。

⑤ 用户 A 的公开密钥 y：$y=g^x(\mathrm{mod}\ p)$。

2. 数字签名的生成过程

对于待签名的消息 m，A 进行以下步骤。

① 计算 m 的哈希值 $H(m)$。

② 选择随机数 k:$1<k<q$,计算出 $r=g^k \pmod p$。

③ 从签名方程 $ak=b+cx_A \pmod q$ 中解出 s,方程的系数 a,b,c 有许多种不同的选择方法,以 (r,s) 作为生成的数字签名。

3. 数字签名的验证过程

数字签名的收方在收到消息 m 和数字签名 (r,s) 后,可以按照以下验证方程检验。

$$\mathrm{Ver}(y,(r,s),m)=\mathrm{True}\Leftrightarrow r^a=g^b y^c \pmod p$$

下面介绍离散对数签名方案的一些重要例子。

(1) ElGamal 签名方案

方案参数如下。

① p:大素数。

② g:g 是 $\mathbf{Z}_p^*$ 的一个生成元。

③ x:用户 A 的秘密密钥,$x\in \mathbf{Z}_p^*$。

④ y:用户 A 的公开密钥,$y=g^x \pmod p$。

数字签名的生成过程如下。

对于待签名的消息 m,A 进行以下步骤。

① 计算 m 的哈希值 $H(m)$。

② 选择随机数 k:$k\in \mathbf{Z}_p^*$,计算出 $r=g^k \pmod p$。

③ 计算出 $s=(H(m)-xr)k^{-1} \pmod{p-1}$,以 (r,s) 作为生成的数字签名。

数字签名验证过程如下。

数字签名的收方在收到消息 m 和数字签名 (r,s) 后,先计算 $H(m)$,并按下式验证:

$$\mathrm{Ver}(y,(r,s),H(m))=\mathrm{True}\Leftrightarrow y^r r^s=g^{H(m)} \pmod p$$

(2) Schnorr 签名方案

方案参数如下。

① p:大素数,$p\geqslant 2^{512}$。

② q:大素数,$q\mid(p-1)$,$q\geqslant 2^{160}$。

③ g:$g\in \mathbf{Z}_p^*$,且 $g^q\equiv 1 \pmod p$。

④ x:用户 A 的秘密密钥,$1<x<q$。

⑤ y:用户 A 的公开密钥,$y=g^x \pmod p$。

数字签名的生成过程如下。

对于待签名的消息 m,A 进行以下步骤。

① 选择随机数 k:$1<k<q$,计算出 $r=g^k \pmod p$。

② 计算出 $e=H(r,m)$。

③ 计算出 $s=xe+k \pmod q$,以 (e,s) 作为生成的数字签名。

数字签名验证过程如下。

数字签名的收方在收到消息 m 和数字签名 (e,s) 后,先计算 $r'=g^s y^{-e} \pmod p$,然后计算 $H(r',m)$,并按下式验证。

$$\mathrm{Ver}(y,(e,s),m)=\mathrm{True}\Leftrightarrow H(r',m)=e$$

(3) DSA 签名方案

方案参数如下。

① p:大素数,$2^{L-1}<p<2^{L}$,$512\leqslant L\leqslant 1\,024$。

② q:$p-1$ 的素因子,$2^{159}<q<2^{160}$。

③ g:$g=h^{p-1}(\mathrm{mod}\ p)$,$1<h<(p-1)$,使 $h^{(p-1)/q}(\mathrm{mod}\ p)>1$。

④ x:用户 A 的秘密密钥,$0<x<q$。

⑤ y:用户 A 的公开密钥,$y=g^{x}(\mathrm{mod}\ p)$。

数字签名的生成过程如下。

对于待签名的消息 m,A 进行以下步骤。

① 选择随机数 k:$1<k<q$,计算出 $r=g^{k}(\mathrm{mod}\ p)$。

② 计算出 $s=(k^{-1}(H(m)+xr))(\mathrm{mod}\ p)$,以$(r,s)$作为生成的数字签名。

数字签名的验证过程如下。

数字签名的收方在收到消息 m 和数字签名(r,s)后,进行以下步骤。

① 计算 $w=s^{-1}\mathrm{mod}\ q$。

② 计算 $u_1=H(m)w(\mathrm{mod}\ q)$。

③ 计算 $u_2=rw(\mathrm{mod}\ q)$。

④ 计算 $v=((g^{u_1}y^{u_2}),\mathrm{mod}\ p)\mathrm{mod}\ q$。

⑤ 验证 $\mathrm{Ver}(y,(r,s),m)=\mathrm{True}\Leftrightarrow v=r$。

(4) Neberg-Rueppel 签名方案

这个数字签名方案是一个消息恢复数字签名方案,即验证人可以从签名中恢复出原始消息,使得签名人不需要将被签名的消息发送给验证人。

方案参数如下。

① p:大素数。

② q:大素数,$q\,|\,(p-1)$。

③ g:$g\in\mathbf{Z}_p^{*}$,且 $g^{q}\equiv 1(\mathrm{mod}\ p)$的一个生成元。

④ x:用户 A 的秘密密钥,$x\in\mathbf{Z}_p^{*}$。

⑤ y:用户 A 的公开密钥,$y=g^{x}(\mathrm{mod}\ p)$。

数字签名的生成过程如下。

对于待签名的消息 m,A 进行以下步骤。

① 计算出 $\widetilde{m}=R(m)$,其中 R 是一个单一映射,并且容易求逆,被称为冗余函数。

② 选择一个随机数 $k(0<k<q)$,计算出 $r=g^{-k}\ \mathrm{mod}\ p$。

③ 计算出 $e=\widetilde{m}r(\mathrm{mod}\ p)$。

④ 计算出 $s=xe+k(\mathrm{mod}\ q)$,以(e,s)作为对 m 生成的数字签名。

数字签名的验证过程如下。

数字签名的收方在收到数字签名(r,s)后,进行以下步骤来验证签名的有效性。

① 验证是否 $0<e<p$。

② 验证是否 $0\leqslant s<q$。

③ 计算出 $v=g^{s}y^{-e}(\mathrm{mod}\ p)$。

④ 计算出 $m'=ve(\mathrm{mod}\ p)$。

⑤ 验证是否 $m'\in R(M)$,其中 $R(M)$表示 R 的值域。

⑥ 恢复出 $m=R^{-1}(m')$。

(5) Okamoto签名方案

方案参数如下。

① p:大素数,且 $p\geqslant 2^{512}$。

② q:大素数,$q|(p-1)$,且 $q\geqslant 2^{140}$。

③ g_1,g_2:两个与 q 同长的随机数。

④ x_1,x_2:用户A的秘密密钥,两个小于 q 的随机数。

⑤ y:用户A的公开密钥,$y=g_1^{-x_1}g_2^{-x_2}(\bmod p)$。

数字签名的生成过程如下。

对于待签名的消息 m,A进行以下步骤。

① 两个小于 q 的随机数 $k_1,k_2\in\mathbf{Z}_q^*$。

② 计算出哈希值:$e=H(g_1^{k_1}g_2^{k_2}(\bmod p),m)$。

③ 计算出:$s_1=(k_1+ex_1)(\bmod q)$。

④ 计算出:$s_2=(k_2+ex_2)(\bmod q)$,以(e,s_1,s_2)作为对 m 的数字签名。

数字签名的验证过程如下。

数字签名的收方在收到消息 m 和数字签名(e,s_1,s_2)后,进行以下步骤来验证签名的有效性。

① 计算 $v=g_1^{s_1}g_2^{s_2}y^e(\bmod p)$。

② 计算出 $e'=H(v,m)$。

③ 验证:$\mathrm{Ver}(y,(e,s_1,s_2),m)=\mathrm{True}\Leftrightarrow e'=e$。

5.1.4 同时基于多个数学难题的数字签名

自1976年,Diffie和Hellman第一次提出公钥密码思想后,一系列基于数学难题的数字签名方案相继提出,这些方案的一个共同点就是:它们的安全性仅仅基于一个数学难题,或者是离散对数,或者是素因子分解等。一旦这些数学难题中的某一个变得容易求解,那么相应的方案就不安全了。多个数学难题同时变得容易求解是不太可能的,因此,设计基于多个数学难题的数字签名方案,将会增强其安全性。

下面这个数学问题的求解就同时需要素因子分解和求解离散对数。

【定理】 设 p 为一大素数,$n=p_1\cdot q_1$,$n|(p-1)$,其中 p_1,q_1 为两个大素数,$g\in\mathrm{GF}(p)$,且 g 的阶为 n。G 为由元素 g 生成的乘法群。对任意 $y\in G$,求解 x 使其满足方程 $y=g^{x_2}\bmod p$的问题等价于在 G 中求解离散对数并且对数 n 进行素因子分解。

现在介绍两个新的数字签名方案,它们的安全性基于离散对数和素因子分解两个数学难题。

签名方案一如下所述。

(1) 系统参数设置

设 p 为大素数,且 $p-1$ 有两个大的素因子 p_1 和 q_1,$n=p_1\cdot q_1$,显然 $n|(p-1)$。设 g 为有限域 $\mathrm{GF}(p)$中阶为 n 的元素,设 $h()$是一个安全的单向哈希函数,其输出为固定 t 比特长(例如标准哈希函数输出为128比特),系统将参数 p、n、g 和函数 $h()$公开,将参数 p_1 和 q_1 秘密保存(或毁弃)。

(2) 产生用户私钥与公钥

用户 A 随机选取 $x\in[1,n]$,计算:$y=g^{x_2} \bmod p$,随机选取 t 个数 $u_1,u_2,\cdots,u_t$,使 $u_i\in[1,n]$,$\gcd(u_i^2(\bmod n),n)=1$,计算 l_i 使 $l_i\cdot u_i^2=-1$,其中 $i=1,2,\cdots,t$。$(x,u_1,u_2,\cdots,u_t)$作为私钥保存,$(y,l_1,l_2,\cdots,l_t)$作为对应公钥对外公开。

(3) 签名产生过程

对于任意的消息 m,用户 A 进行如下计算。

① 随机选取 $k\in[1,n]$,且 $\gcd(k,n)=1$,计算 $r=g^{k^2} \bmod p$,且 $r\neq 1$。

② 从方程 $m=r\cdot x+k\cdot s_1 \bmod n$,计算

$$s_1=(m-r\cdot x)\cdot k^{-1} \bmod n \tag{5.1}$$

③ 从方程 $m\cdot x+r=k\cdot s_2 \bmod n$,计算

$$s_2=(m\cdot x+r)\cdot k^{-1} \bmod n \tag{5.2}$$

④ 任取 v 使 $\gcd(v,n)=1$,计算

$$\alpha=\frac{1}{2}\cdot\left(v+\frac{s_1^2+s_2^2}{v}\right) \bmod n \tag{5.3}$$

计算 $h(\alpha)=(e_1,e_2,\cdots,e_t)$,其中 $e_i\in\{0,1\}$。

$$\beta=\frac{1}{2}\prod_{i=1}^{t}u_i^{e_i}\cdot\left(v-\frac{s_1^2+s_2^2}{v}\right) \bmod n \tag{5.4}$$

那么(r,α,β)为消息 m 的签名,用户 A 将签名消息组$(m;(r,\alpha,\beta))$发送到签名验证者。

(4) 签名验证过程

当签名验证者收到签名消息组$(m;(r,\alpha,\beta))$后,计算 $h(\alpha)=(e_1,e_2,\cdots,e_t)$,验证方程

$$r^{\alpha^2+\beta^2\cdot\prod_{i=1}^{t}l_i^{e_i}}=y^{(m^2+r^2)}\cdot g^{(m^2+r^2)} \bmod p$$

是否成立,若上述方程成立,则签名有效,否则签名无效。

现在进行方案一的安全性和性能分析。

① 攻击者要想计算出方程(5.1)和方程(5.2)中的 s_1 和 s_2,必须先计算出私钥 x 和秘密数 k,而这等同于离散对数和素因子分解可同时求解。另外,由于 s_1 和 s_2 只有签名者知道,攻击者不可能从 s_1 和 s_2 中获得任何关于私钥 x 和秘密数 k 的信息。

② 攻击者无法从方程(5.3)和方程(5.4)的 α 和 β 中直接获得 s_1 和 s_2 的值。也无法从方程 $\alpha^2+(\prod_{i=1}^{t}l_i^{e_i})\cdot\beta^2=(s_1^2+s_2^2)(\bmod n)$ 获得 s_1 和 s_2 的值。

③ 虽然在离散对数容易求解的情况下,攻击者可从方程 $s_1^2+s_2^2=(m^2+r^2)(x^2+1)\cdot k^{-2}(\bmod n)$随意伪造任意 m 对应的 s_1 和 s_2,但要进一步从方程

$$\alpha^2+(\prod_{i=1}^{t}l_i^{e_i})\cdot\beta^2=(s_1^2+s_2^2)(\bmod n)$$

求出 α 和 β,这相当于求解方程 $x^2+h(x)\cdot y^2=C(\bmod n)$,其中 $h(x)$是非线性函数,而这又等价于大数 n 的素因子分解。

④ 在方程

$$k^2\cdot(\alpha^2+(\prod_{i=1}^{t}l_i^{e_i})\cdot\beta^2)=k^2\cdot(s_1^2+s_2^2)=(m^2+r^2)(x^2+1)\bmod n$$

中由于 k 与 r 的关联性,故不存在平方因子导致的替代攻击。

⑤ 攻击者要从验证方程中直接伪造签名必须同时面对离散对数和素因子分解两个困难问题求解。

从上面分析可知:签名方案一是安全的签名方案,其安全性同时基于离散对数和素因子分解两个困难问题求解。

从系统配置、签名过程、验证过程来看,签名方案一的计算复杂性同 ElGamal 型签名方案相类似,只是计算量和通信量增加了一些,同时密钥量较大,但安全性增强了,因而签名方案一是可行的数字签名方案。

签名方案二如下所述。

(1) 用户私钥和公钥的产生

用户 A 选取一个大素数 p,使 $p-1$ 有两个大的素因子 p_1 和 q_1,且分别满足 $p_1 \pmod 8 = 3$ 和 $q_1 \pmod 8 = 7$,$n = p_1 \cdot q_1$。设 g 为有限域 $GF(p)$ 中阶为 n 的元素。随机选取 $x \in [1, n]$,计算 $y = g^{x^2} \bmod p$,则 (p, n, g, y) 作为用户公钥对外公开,(p_1, q_1, x) 作为私钥秘密保存。

(2) 签名产生过程

对于任意的消息 m,用户 A 进行如下步骤计算。

① 随机选取 $k \in [1, n]$,且 $\gcd(k, n) = 1$,计算

$$r = g^{k^2} \bmod p, \text{且 } r \neq 1$$

② 从方程 $m = r \cdot x + k \cdot s_1 \bmod n$,计算出

$$s_1 = (m - r \cdot x) \cdot k^{-1} \bmod n \tag{5.5}$$

③ 从方程 $m \cdot x + r = k \cdot s_2 \bmod n$,计算出

$$s_2 = (m \cdot x + r) \cdot k^{-1} \bmod n \tag{5.6}$$

④ 计算 $\Delta = s_1^2 + s_2^2 \bmod n$,且根据 Δ 的值选择参数 t,即

$$t = \begin{cases} 1, & L(\Delta/p_1) = L(\Delta/q_1) = 1 \\ -2, & L(\Delta/p_1) = 1, L(\Delta/q_1) = -1 \\ 2, & L(\Delta/p_1) = -1, L(\Delta/q_1) = 1 \\ -1, & L(\Delta/p_1) = L(\Delta/q_1) = -1 \end{cases} \tag{5.7}$$

⑤ 计算

$$s = \sqrt{t \cdot \Delta} \bmod n \tag{5.8}$$

那么 (r, s, t) 为消息 m 的签名,用户 A 将签名消息组 $(m; (r, s, t))$ 发送到签名验证者。

(3) 签名验证过程

当签名验证者收到签名消息组 $(m; (r, s, t))$ 后,验证方程

$$r^{s^2} = y^{t \cdot (m^2 + r^2)} \cdot g^{t \cdot (m^2 + r^2)} \bmod p$$

是否成立,若上述方程成立,则签名有效,否则签名无效。

签名方案二本质上是 ElGamal 型和 Rabin 型两种数字签名方案的结合,签名过程的复杂性增大了,但验证过程的复杂性与 ElGamal 型相同,由于安全性增强了,因此签名方案二也是可行的数字签名方案。

5.2　代理签名

5.2.1　预备知识

签名(不论是手写签名、印签还是数字签名)都代表了签名人的一种权力,称之为签名人的签名权力。在手写签名中,签名权力依赖于签名人的书写习惯和书法特征;在印签中,签名权力依赖于签名人掌握的印章;在数字签名中,签名权力依赖于签名人的秘密密钥。

容易看出,印签和手写签名之间有一个主要区别:生成印签的印章可以在不同的用户之间方便地传递,只要是相同的一枚印章,则不论其使用者是谁,都可以生成相同的印签;而生成手写签名的书法特征却是无法在不同的用户之间传递的,不同的人生成的手写签名是不同的。

在现实生活中,人们常常根据印章的可传递性,将自己的(印签)签名权力委托给(可信的)代理人,让代理人代表他们在文件上盖章(签名)。例如,一个公司的经理在外度假,需要让他的秘书代替他处理公司的业务,包括以公司的名义在一些文件上签名。为此,这个经理可以将公司的公章交给秘书,让秘书能够代表公司在文件上盖章。可以看出,这种委托签名权力的方法有一个特点,即公司的客户不因签名人的变更而受到影响,无论盖章人是经理还是秘书,客户得到的印签是相同的。因此,在盖章人发生变化时,一方面客户不需要改变他检验印签的方法,另一方面,公司也不需要花费时间和金钱去通知每个客户。

在数字化的信息社会里,数字签名代替了传统的手写签名和印签。在使用数字签名的过程中,人们仍然会遇到需要将签名权力委托给他人的情况。下面我们先来举两个例子。

例一,某个公司的经理由于业务需要到外地出差。在他出差期间,很可能有人给他发来电子邮件,其中有些电子邮件需要他及时回复。例如,他可能参与了某些重要项目的建设,需要给这些项目提出他的建议,等等。然而,他要去的那个地方十分荒僻,没有任何方法能够连通 Internet,因此,该经理不得不委托他的秘书代表他处理这些电子邮件,包括代表他在回复这些电子邮件时在回信上生成数字签名。

例二,某个软件公司为了向客户证实它出品的程序的可靠性,需要以公司的名义对所有这些程序进行数字签名。由于程序太多,公司经理无法亲自检测每个程序,并在这些程序上签名。一个比较实际的做法是:公司经理将代表公司生成数字签名的权力委托给每个程序员,让他们可以各自以公司的名义为他们创作的程序生成数字签名。

从以上例子可以看出,数字签名权力的委托是数字化的信息社会必然遇到的一种现象。但是,人们在将自己的数字签名权力委托给他人的时候,需要考虑以下几个问题。

① 安全性。一般来说,一个人将数字签名权力委托给代理人的时候,希望代理人只能代表他在特定的时间对特定的文件生成数字签名,而不希望代理人滥用他的数字签名权力,并且不希望非法的攻击者能因此伪造出有效的数字签名,等等。

② 可行性。人们希望委托数字签名权力的方法方便、有效、容易实现。

③ 效率。人们希望委托数字签名权力的方法具有较高的速度和较小的计算复杂性、通信复杂性,等等。

如何以安全、可行、有效的方法实现数字签名权力的委托,是需要认真研究的重要问题,称之为数字签名权力的代理问题。针对此问题,Mambo 等人于 1996 年提出了一种特殊的数字签名——代理签名——方案。利用代理签名,一个被称为原始签名人的用户,可以将他的数字签名权力委托给另外一个被称为代理签名人的用户。代理签名人代表原始签名人生成的数字签名,称为代理签名。任何一个代理签名方案都包含以下几个部分。

① 初始化过程。在这个过程中,选定签名方案的参数、用户的密钥等。

② 数字签名权力的委托过程。在这个过程中,原始签名人将自己的数字签名权力委托给代理签名人。

③ 代理签名的生成过程。在这个过程中,代理签名人代表原始签名人生成数字签名。

④ 代理签名的验证过程。在这个过程中,验证人验证代理签名的有效性。

根据数字签名权力的委托过程的不同方式,代理签名方案可以大致分为以下几种基本类型。

(1) 完全委托型

原始签名人将他的秘密密钥秘密地交给代理签名人,使得代理签名人拥有他的全部数字签名权力。完全委托型的优点是简单,方便,容易实现;缺点是原始签名人向代理签名人暴露了他的秘密密钥,使代理签名人可以在任何文件上代表原始签名人生成数字签名,而且他生成的代理签名与原始签名人的普通数字签名没有任何区别,因而原始签名人和代理签名人可以对他们生成的签名互相抵赖。

(2) 部分委托型

原始签名人用他的秘密密钥计算出一个新的秘密密钥,并把这个新密钥秘密地交给代理签名人,使得代理签名人:不能根据这个新密钥计算出原始签名人真正的秘密密钥;能利用新密钥生成代理签名;验证代理签名时,必须用到原始签名人的公开密钥。部分委托型的优点是代理签名人难以获得原始签名人的“主”秘密密钥,从而只能获得原始签名人的“部分”数字签名权力,代理签名的长度与普通的数字签名一样,代理签名的生成和验证过程所需的工作量与普通数字签名的生成和验证所需的工作量差别不大。这种类型的缺点是需要人们精心地去设计,不能直接使用普通的数字签名方案来实现。

(3) 带委任状的委托型

使用一个称为委任状的文件来实现数字签名权力的委托。这种类型的代理签名方案又可进一步分为两种子类型。

① 代表委托型:委任状由一条声明原始签名人将数字签名权力委托给代理签名人的消息和原始签名人对代理签名人的公开密钥生成的普通数字签名组成,或者仅仅由一条可以证明原始签名人同意将数字签名权力委托给代理签名人的消息构成。代理签名人在得到委任状后,用他自己的在一个普通数字签名方案中的秘密密钥对一个文件生成数字签名。一个有效的代理签名由代理签名人生成的这个数字签名和原始签名人交给他的委任状组成。

② 载体委托型:原始签名人首先生成一对新的秘密密钥和公开密钥。委任状由一条声明原始签名人将数字签名权力委托给代理签名人的消息和原始签名人对新公钥生成的普通数字签名组成。原始签名人将新的秘密密钥秘密地交给代理签名人,将委任状交给代理签名人。代理签名人在收到委任状和新秘密密钥后,用新秘密密钥生成普通的数字签名,这个数字签名与委任状一起就构成了一个有效的代理签名。

带委任状的委托型的优点是:代理签名人不能获得原始签名人的秘密密钥;原始签名人可以利用委任状对委托给代理签名人的数字签名权力进行限制,例如可以明确指出代理签名人可以在什么时间,对什么文件生成代理签名等;可以直接使用任何普通的数字签名方案来实现。这种类型的缺点是:代理签名的长度比普通数字签名的长度大得多(一般在两倍以上);代理签名的生成和验证所需的工作量比普通数字签名的生成和验证所需的工作量大得多(需要执行两次以上普通的签名生成运算和两次以上的签名验证运算)。

【定义】 设A、B是某个数字签名方案(R,SK,PK,M,S,KeyGen,Sign,Ver)的两个用户,他们的秘密密钥、公开密钥对分别是(x_A, y_A),$(x_B, y_B) \in \mathrm{SK} \times \mathrm{PK}$。如果有以下条件成立:

① A利用他的秘密密钥x_A计算出一个数σ,并且将σ秘密地交给B;

② 任何人(包括B)在试图求出x_A时,σ不会对他有任何帮助;

③ B可以用σ和x_B生成一个新的签名密钥$\sigma_{A \to B} \in \mathrm{SK}$;

④ 存在一个公开的验证算法$\mathrm{Ver}_{A \to B}: \mathrm{PK} \times S \times M \to \{\mathrm{True}, \mathrm{False}\}$,使得对任何$s \in S$和$m \in M$,都有:$\mathrm{Ver}_{A \to B}(y_A, s, m) = \mathrm{True} \Leftrightarrow s = \mathrm{Sign}(\sigma_{A \to B}, m)$;

⑤ 任何人在试图求出x_A、x_B、σ或$\sigma_{A \to B}$时,任何数字签名$\mathrm{Sign}(\sigma_{A \to B}, m)$都不会对他产生帮助。

那么就称用户A将他的(部分)数字签名权力委托给了用户B,并且称A为B的原始签名人,称B为A的代理签名人,称σ为委托密钥,称$\sigma_{A \to B}$为代理签名密钥,称以$\sigma_{A \to B}$作为签名密钥对消息$m \in M$生成的数字签名$\mathrm{Sign}(\sigma_{A \to B}, m)$为A的代理签名。

【定义】 能够生成代理签名的数字签名方案被称为代理签名方案。

代理签名方案应当满足以下基本性质。

① (基本的不可伪造性)除了原始签名人外,任何人(包括代理签名人)都不能生成原始签名人的普通数字签名。这个性质是任何数字签名方案都应当具备的性质,它可以保证原始签名人的基本安全要求。

② (代理签名的不可伪造性)除了代理签名人外,任何人(包括原始签名人)都不能生成有效的代理签名。特别,如果原始签名人委托了多个代理签名人,那么任何代理签名人都不能伪造其他代理签名人的代理签名。这个性质可以保证代理签名人的基本安全要求。

③ (代理签名的可区分性)任何一个代理签名都与原始签名人的普通数字签名有明显的区别;不同的代理签名人生成的代理签名之间也有明显的区别。这个性质和性质①、②结合起来可以防止签名人之间互相抵赖。

④ (不可抵赖性)任何签名人(不论是原始签名人还是代理签名人)在生成一个数字签名后,不能再对它加以否认。这个性质可由性质①、②、③推导出来。

⑤ (身份证实性)原始签名人可以根据一个有效的代理签名确定出相应的代理签名人的身份。利用这个性质,原始签名人可以对代理签名人进行监督,使代理签名人不能在不被发现的情况下滥用它的代理签名权利。

⑥ (密钥依赖性)代理签名密钥依赖于原始签名人的秘密密钥。

⑦ (可注销性)如果原始签名人希望代理签名人只能在一定时间区间内拥有生成代理签名的能力,那么必须能够让代理签名人的代理签名密钥在指定的时刻失去作用。

5.2.2 基于离散对数的代理签名

下面介绍几种基于离散对数的代理签名协议。在这些协议中,我们假定$(R,SK,PK,M,S,KeyGen,Sign,Ver)$是一个基于离散对数问题的数字签名方案。用户A和B的秘密、公开密钥对分别是(x_A,y_A)和(x_B,y_B),满足:$y_A=g^{x_A}\pmod p$和$y_B=g^{x_B}\pmod p$。

1. 代理签名协议之一

(1) 委托过程

① A随机选取一个数$k\in \mathbf{Z}_q^*$,计算出$K=g^k\pmod p$。

② A计算出$\sigma=x_A+kK\pmod q$,并将(σ,K)秘密地发送给B。

③ B验证等式$g^\sigma=y_AK^K\pmod p$是否成立,如果不成立,则B要求A重新执行步骤①,或终止协议。

(2) 代理签名的生成过程

对某个消息m,B生成普通的数字签名$s=\text{Sign}(\sigma,m)$,然后以(s,K)作为他代表A对消息m生成的数字签名,即代理签名。

(3) 代理签名的验证过程

如果代理签名的收方收到了消息m和代理签名(s,K),那么他进行以下步骤来验证代理签名的有效性。

① 计算出:$v=y_AK^K\pmod p$。

② 验证:$\text{Ver}(y_A,(s,K),m)=\text{True}\Leftrightarrow \text{Ver}(v,s,m)=\text{True}$。

可以验证此协议(以及下面几种协议)满足以下安全特性:基本的不可伪造性、代理签名的不可伪造性、代理签名的可区分性、不可抵赖性、身份证实性、密钥依赖性、可注销性。

2. 代理签名协议之二

(1) 委托过程

① A随机选取一个数$k\in \mathbf{Z}_q^*$,计算出$K=g^k\pmod p$。

② A计算出哈希值$e=H(K)$。

③ A计算出$\sigma=x_Ae+k\pmod q$,并将(σ,K)秘密地发送给B。

④ B计算出哈希值$e=H(K)$。

⑤ B验证等式$g^\sigma=y_A^eK\pmod p$是否成立,如果不成立,则B要求A重新执行步骤①,或终止协议。

(2) 代理签名的生成过程

对某个消息m,B生成普通的数字签名$s=\text{Sign}(\sigma,m)$,然后以(s,K)作为他代表A对消息m生成的代理签名。

(3) 代理签名的验证过程

如果代理签名的收方收到了消息m和代理签名(s,K),那么他进行以下步骤来验证代理签名的有效性。

① 计算出$e=H(K)$。

② 计算出:$v=y_A^eK\pmod p$。

③ 验证:$\text{Ver}(y_A,(s,K),m)=\text{True}\Leftrightarrow \text{Ver}(v,s,m)=\text{True}$。

3. 代理签名协议之三

(1) 委托过程

① A 随机选取一个数 $k \in_R Z_q^*$，计算出 $K = g^k \pmod p$。

② A 计算出 $\tilde{\sigma} = x_A + kK \pmod q$，并将$(\tilde{\sigma}, K)$秘密地发送给 B。

③ B 验证等式 $g^{\tilde{\sigma}} = y_A K^K \pmod p$是否成立。如果不成立，则 B 要求 A 重新执行步骤①，或终止协议。

④ B 计算出 $\sigma = \tilde{\sigma} + x_B y_B \pmod q$。

(2) 代理签名的生成过程

对某个消息 m，B 生成普通的数字签名 $s = \mathrm{Sign}(\sigma, m)$，然后以$(s, K)$作为他代表 A 对消息 m 生成的代理签名。

(3) 代理签名的验证过程

如果代理签名的收方收到了消息 m 和代理签名(s, K)，那么他进行以下步骤来验证代理签名的有效性。

① 计算出：$v = y_A K^K y_B^{y_B} \pmod p$。

② 验证：$\mathrm{Ver}(y_A, (s, K), m) = \mathrm{True} \Longleftrightarrow \mathrm{Ver}(v, s, m) = \mathrm{True}$。

4. 代理签名协议之四

(1) 委托过程

① A 随机选取一个数 $k \in_R Z_q^*$，计算出 $K = g^k \pmod p$。

② A 计算出杂凑值 $e = H(K)$。

③ A 计算出 $\tilde{\sigma} = x_A e + k \pmod q$，并将$(\tilde{\sigma}, K)$秘密地发送给 B。

④ B 计算出杂凑值 $e = H(K)$。

⑤ B 验证等式 $g^{\tilde{\sigma}} = y_A^e K \pmod p$是否成立。如果不成立，则 B 要求 A 重新执行步骤①，或终止协议。

⑥ B 计算出 $\sigma = \tilde{\sigma} + x_B \pmod q$。

(2) 代理签名的生成过程

对某个消息 m，B 生成普通的数字签名 $s = \mathrm{Sign}(\sigma, m)$，然后以$(s, K)$作为他代表 A 对消息 m 生成的代理签名。

(3) 代理签名的验证过程

如果代理签名的收方收到了消息 m 和代理签名(s, K)，那么他进行以下步骤来验证代理签名的有效性。

① 计算出 $e = H(K)$。

② 计算出：$v = y_A^e y_B K \pmod p$。

③ 验证：$\mathrm{Ver}(y_A, (s, K), m) = \mathrm{True} \Longleftrightarrow \mathrm{Ver}(v, s, m) = \mathrm{True}$。

为了说明如何利用以上几个基本的代理签名协议构造具体的代理签名方案，现在我们介绍一个例子。

【例】 利用上述代理签名协议之一和 ElGamal 签名方案构造出一个代理签名方案，具体如下。

(1) 方案参数

① p：大素数。

② g:g 是 Z_p^* 的一个生成元。

③ x_A:用户 A 的秘密密钥,$x_A \in_R Z_p^*$。

④ y_A:用户 A 的公开密钥,$y_A = g^{x_A} \pmod p$。

(2) 委托过程

① A 随机选取一个数 $k \in_R Z_q^*$,计算出 $K = g^k \pmod p$。

② A 计算出 $\sigma = x_A + kK \pmod q$,并将$(\sigma, K)$秘密地发送给 B。

③ B 验证等式 $g^\sigma = y_A K^K \pmod p$是否成立。如果不成立,则 B 要求 A 重新执行步骤①,或终止协议。

(3) 代理签名的生成过程

对某个消息 m,B 进行以下步骤。

① 选择随机数 $r \in_R Z_q^*$,计算出 $R = g^r \pmod p$。

② 计算出 $s = r^{-1}(m - xR) \pmod{p-1}$。

以(R, s, K)作为对 m 的代理签名。

(4) 代理签名的验证过程

如果代理签名的收方收到了消息 m 和代理签名(R, s, K),那么他进行以下步骤来验证代理签名的有效性。

① 计算出:$v = y_A K^K \pmod p$;

② 验证:$\mathrm{Ver}(y_A, (R, s, K), m) = \mathrm{True} \Longleftrightarrow g^m = y^R R^s \pmod p$。

5.2.3 基于因子分解的代理签名

此处给出基于 Fiat-Shamir 签名方案的代理签名方案。

1. 方案参数

① n:$n = pq$,其中 p 和 q 是由可信的密钥分配中心秘密选取的两个大素数;p 和 q 由密钥分配中心保密,n 对每个用户公开。

② $x_1, x_2, \cdots, x_k$:用户 A 的秘密密钥。

③ $y_1, y_2, \cdots, y_k$:用户 A 的公开密钥。

这些密钥的生成方法与 Fiat-Shamir 签名方案中相同。

2. 委托过程

(1) 用户 A 执行的步骤

① 对某个正整数 t,随机选取 kt 个数 $k_{ij} \in \mathbf{Z}_n^*$ $(1 \leqslant i \leqslant k, 1 \leqslant j \leqslant t)$。

② 对任何 i 和 j $(1 \leqslant i \leqslant k, 1 \leqslant j \leqslant t)$,计算出 $K_{ij} = K_{ij}^2 \pmod n$。

③ 计算 $H(K_{11}, \cdots, K_{1t}, \cdots, K_{k1}, \cdots, K_{kt})$,令 $f_{11}, \cdots, f_{1t}, \cdots, f_{k1}, \cdots, f_{kt}$依次表示它的前 kt 个比特。为了便于后面的叙述,不妨假设对任意 $i(1 \leqslant i \leqslant k)$,至少存在一个 $j(1 \leqslant j \leqslant t)$,使得 $f_{ij} = 1$。

④ 对任何 i 和 j $(1 \leqslant i \leqslant k, 1 \leqslant j \leqslant t)$,计算:$z_{ij} = \begin{cases} k_{ij} & (\text{如果 } f_{ij} = 0) \\ K_{ij} & (\text{如果 } f_{ij} = 1) \end{cases}$。

⑤ 对任何 i 和 j $(1 \leqslant i \leqslant k, 1 \leqslant j \leqslant t)$,计算:

$$l_{ij} = \begin{cases} \min\{l \mid l \geqslant j, \text{且 } f_{il} = 1\} & (\text{如果}\{l \mid l \geqslant j, \text{且 } f_{il} = 1\} \neq \varnothing) \\ \max\{l \mid l < j, \text{且 } f_{il} = 1\} & (\text{如果}\{l \mid l \geqslant j, \text{且 } f_{il} = 1\} = \varnothing) \end{cases}。$$

⑥ 对任何 i 和 j $(1\leqslant i\leqslant k, 1\leqslant j\leqslant t)$，计算出 $\sigma_{ij}=x_i k_{il_{ij}}^{-1} \pmod n$。

⑦ $((f_{11},\cdots,f_{kt}),(z_{11},\cdots,z_{kt}),(\sigma_{11},\cdots,\sigma kt))$ 秘密地发送给 B。

(2) B 进行的步骤

① 对任何 i 和 j $(1\leqslant i\leqslant k, 1\leqslant j\leqslant t)$，计算出 $K'_{ij}=\begin{cases} z_{ij}^2 \pmod n & (\text{如果 } f_{ij}=0) \\ K_{ij} & (\text{如果 } f_{ij}=1) \end{cases}$。

② 计算 $H(K'_{11},\cdots,K'_{1t},\cdots,K'_{k1},\cdots,K'_{kt})$，并检验它的前 kt 个比特是不是 $f_{11},\cdots,f_{1t},\cdots,f_{k1},\cdots,f_{kt}$。

③ 对任何 i 和 j $(1\leqslant i\leqslant k, 1\leqslant j\leqslant t)$，计算：

$$l_{ij}=\begin{cases} \min\{l\mid l\geqslant j, \text{且 } f_{il}=1\} & (\text{如果}\{l\mid l\geqslant j, \text{且 } f_{il}=1\}\neq\varnothing) \\ \max\{l\mid l<j, \text{且 } f_{il}=1\} & (\text{如果}\{l\mid l\geqslant j, \text{且 } f_{il}=1\}=\varnothing) \end{cases}$$

④ 对任何 i 和 j $(1\leqslant i\leqslant k, 1\leqslant j\leqslant t)$，验证等式 $\sigma_{ij}^2 z_{il_{ij}} y_i=1 \pmod n$ 是否成立。

3. 代理签名的生成过程

对于给定的消息 m，B 采用以下步骤生成代理签名。

① 随机选取 kt 个数 $r_{ij}\in \mathbf{Z}_n^*$ $(1\leqslant i\leqslant k, 1\leqslant j\leqslant t)$。

② 对任何 i 和 j $(1\leqslant i\leqslant k, 1\leqslant j\leqslant t)$，计算出 $R_{ij}=r_{ij}^2 \pmod n$。

③ 计算 $H(R_{11},\cdots,R_{1t},\cdots,R_{k1},\cdots,R_{kt},m)$，并依次取出它的前 kt 个比特，记为 $e_{11},\cdots,e_{1t},\cdots,e_{k1},\cdots,e_{kt}$。

④ 对任何 i 和 j $(1\leqslant i\leqslant k, 1\leqslant j\leqslant t)$，计算出 $s_{ij}=r_{ij}\sigma_{ij}^{e_{ij}} \pmod n\equiv r_{ij}(x_i k_{il_{ij}}^{-1})^{e_{ij}} \pmod n$；以 $((f_{11},\cdots,f_{kt}),(e_{11},\cdots,e_{kt}),(z_{11},\cdots,z_{kt}),(s_{11},\cdots,s_{kt}))$ 作为代理签名。

4. 代理签名的验证过程

为了验证代理签名 $((f_{11},\cdots,f_{kt}),(e_{11},\cdots,e_{kt}),(z_{11},\cdots,z_{kt}),(s_{11},\cdots,s_{kt}))$，验证人进行以下步骤。

① 对任何 i 和 j $(1\leqslant i\leqslant k, 1\leqslant j\leqslant t)$，计算：$K'_{ij}=\begin{cases} z_{ij}^2 \pmod n & (\text{如果 } f_{ij}=0) \\ K_{ij} & (\text{如果 } f_{ij}=1) \end{cases}$。

② 计算 $H(K'_{11},\cdots,K'_{1t},\cdots,K'_{k1},\cdots,K'_{kt})$，并检验它的前 kt 个比特是不是 $f_{11},\cdots,f_{1t},\cdots,f_{k1},\cdots,f_{kt}$。

③ 对任何 i 和 j $(1\leqslant i\leqslant k, 1\leqslant j\leqslant t)$，计算：

$$l_{ij}=\begin{cases} \min\{l\mid l\geqslant j, \text{且 } f_{il}=1\} & (\text{如果}\{l\mid l\geqslant j, \text{且 } f_{il}=1\}\neq\varnothing) \\ \max\{l\mid l<j, \text{且 } f_{il}=1\} & (\text{如果}\{l\mid l\geqslant j, \text{且 } f_{il}=1\}=\varnothing) \end{cases}$$

④ 对任何 i 和 j $(1\leqslant i\leqslant k, 1\leqslant j\leqslant t)$，计算出 $R'_{ij}=s_{ij}^2(z_{il_{ij}} y_i)^{e_{ij}} \pmod n$。

⑤ 计算 $H(R'_{11},\cdots,R'_{1t},\cdots,R'_{k1},\cdots,R'_{kt},m)$，并检验它的前 kt 个比特是不是 $e_{11},\cdots,e_{1t},\cdots,e_{k1},\cdots,e_{kt}$。

以下给出基于 Guillou-Quisquater 签名方案的代理签名方案。

1. 方案参数

① n：$n=pq$，p 和 q 是两个秘密的大素数。

② v：$(v,(p-1)(q-1))=1$。

③ x：用户 A 的秘密密钥，$x\in \mathbf{Z}_n^*$。

④ y：用户 A 的公开密钥，$y\in \mathbf{Z}_n^*$，且满足等式：$x^v y=1 \pmod n$。

2. 委托过程

(1) A进行以下步骤。

① 随机选择一个数$k\in \mathbf{Z}_n^*$,计算出$e=H(k^v(\bmod n))$,其中H是一个Hash函数,而且它的函数值在0到$v-1$之间。

② 计算出$x_1=x^e(\bmod n)$。

③ 将(k,x_1)秘密地发送给用户B。

(2) B进行以下步骤。

① 计算$e=H(k^v(\bmod n))$。

② 验证等式:$x_1^v y^e=1(\bmod n)$是否成立。如果不成立,就要求A重新进行步骤①。

3. 代理签名的生成过程

对给定的消息m,B进行以下步骤。

① 随机选取一个数$r\in_R Z_n^*$,计算出$e_1=H(r^v(\bmod n),m)$。

② 计算出$s=rx_1^{e_1}(\bmod n)$。

以(k,e_1,s)作为对消息m的代理签名。

4. 代理签名的验证过程

代理签名的接收方收到消息m和代理签名(k,e_1,s)后,用以下步骤进行验证。

① 计算$e'=H(k^v(\bmod n))$。

② 计算$e'_1=H(s^v y^{e'e_1}(\bmod n),m)$。

如果$e'_1=e_1$,那么(k,e_1,s)就是一个有效的代理签名。

5.2.4 多级代理签名

在一个基本的代理签名方案中,一个原始签名人可以将他的(部分)数字签名权力委托给一个(或多个)代理签名人,使得代理签名人能代表原始签名人在一定条件下生成数字签名。那么,更进一步,一个代理签名人在得到原始签名人的(部分)数字签名权力后,是不是还可以再将这个(部分)数字签名权力进一步委托给新的代理签名人,使得新代理签名人也能够代表原始签名人生成数字签名呢?这就是所谓的数字签名多级代理问题。

不难发现,如果一个原始签名人的数字签名权力能像这个问题中那样逐级委托给代理签名人,那么原始签名人与代理签名人之间就会形成一个分层的单向树形结构,其中原始签名人是树的“根节点”,每个代理签名人是树的“枝节点”或“叶节点”,而且每个“枝节点”或“叶节点”都可以从他的“父节点”那里得到原始签名人的一部分数字签名权力,因而可以代表原始签名人生成数字签名。

【定义】 设A_0是一个原始签名人,他将自己的数字签名权力委托给代理签名人A_1,A_1又将这个数字签名权力委托给A_2,A_2又委托给A_3……使得每个A_i都可以在一定条件下代表A_0生成数字签名。这时,称A_1是A_0的一级代理签名人,A_2是A_0的二级代理签名人,…,A_i是A_0的i级代理签名人。如果$i<j$,则称A_i是A_j的上级(代理签名人),或称A_j是A_i的下级(代理签名人)。称i级代理签名人生成的代理签名为i级代理签名。这样的代理签名方案称为多级代理签名方案。

一个安全的多级代理签名方案应该满足的如下一些性质。

① 除了原始签名人与各级代签名人外,任何人不能代表原始签名人生成数字签名。

② 对一个代理签名人来说，除了他和他的上级以外，任何人不能生成他的有效代理签名。

③ 任何一个代理签名人都不能生成他的上级所能生成的代理签名。

④ 所有代理签名人都不能生成原始签名人的普通数字签名。

⑤ 每一个代理签名人的代理签名密钥都依赖于他的上级的签名密钥。

⑥ 每一个代理签名人生成的代理签名都与他的上级所生成的代理签名有明显的区别。

⑦ 所有代理签名人生成的代理签名都与原始签名人生成的普通数字签名有明显的区别。

下面介绍一个多级代理签名方案，它满足上述性质①至⑦。

设$(R,\mathrm{SK},\mathrm{PK},M,S,\mathrm{KeyGen},\mathrm{Sign},\mathrm{Ver})$是一个基于离散对数问题的数字签名方案。$p$是一个大素数，$q$ 等于 $p-1$，或者是 $p-1$ 的一个大的素因子，$g\in \mathbf{Z}_p^*$，且 $g^q=1 \pmod p$，p，q，g 对每个用户都是公开的。

设 $\mathrm{A}_0,\mathrm{A}_1,\cdots,\mathrm{A}_n$ 是 $n+1$ 个用户，A_0 的秘密密钥是 $x_0\in \mathbf{Z}_q^*$，公开密钥是 $y_0=g^{x_0} \pmod p$。

(1) 代理签名密钥的生成

对 $i=0,1,\cdots,n-1$，A_i 随机选择一个数 $k_i\in \mathbf{Z}_q^*$，计算出 $K_i=g^{k_i} \pmod p$ 和 $x_{i+1}=x_i+k_iK_i \pmod q$，并将$(x_{i+1},K_0,K_1,\cdots,K_i)$秘密地发送给 A_{i+1}。

(2) 代理签名密钥的验证

对 $i=0,1,\cdots,n-1$，A_{i+1}验证等式 $g^{x_{i+1}}=y_0K_0^{k_0}K_1^{k_1}\cdots K_i^{k_i} \pmod p$是否成立。

(3) 代理签名的生成过程

如果 A_{i+1}要代表 A_0 对某个消息 m 生成数字签名，那么 A_{i+1}计算出 $\mathrm{Sign}(x_{i+1},m)$，于是$(\mathrm{Sign}(x_{i+1},m),K_0,K_1,\cdots,K_n)$就是他所生成的代理签名。

(4) 代理签名的验证过程

验证人首先计算出 $y_{i+1}=y_0K_0^{k_0}K_1^{k_1}\cdots K_i^{k_i} \pmod p$，然后验证 $\mathrm{Ver}(y_{i+1},\mathrm{Sign}(x_{i+1},m),m)=\mathrm{True}$ 是否成立。如果成立，那么$(\mathrm{Sign}(x_{i+1},m),K_0,K_1,\cdots,K_n)$是一个有效的代理签名。

5.3　多重签名与代理多重签名

5.3.1　基本概念

在数字签名应用中，常常需要多个用户 $\mathrm{A}_1,\mathrm{A}_2,\cdots,\mathrm{A}_L$ 对同一个文件 m 生成数字签名。为了实现这种签名的目的，一般来说有以下两种基本方法。

① 每个用户 $\mathrm{A}_i(1\leqslant i\leqslant L)$分别对 m 生成普通的数字签名 $s_i=\mathrm{Sign}(x_i,m)$。其中 x_i 表示 A_i 的签名密钥，Sign 表示某种数字签名生成算法。

② 所有用户 $\mathrm{A}_1,\mathrm{A}_2,\cdots,\mathrm{A}_L$ 对 m 联合生成一个数字签名 $s=\mathrm{Sign}(x_1,x_2,\cdots,x_L,m)$。

第①种方法采用任何普通的数字签名方案都可实现。第②种方法采用的数字签名方案称为多重签名方案，而由多个用户联合生成的数字签名 $s=\mathrm{Sign}(x_1,x_2,\cdots,x_L,m)$被称为多重签名。在实际应用中，可以将以上两种基本方法混合使用，即让一部分用户各自对 m 生成普通的数字签名,让另一些用户联合生成多重签名。

如果将代理签名方案与以上两种方法结合起来,可以设想出以下几种新方法。

③ 每个用户 $A_i(1\leqslant i\leqslant L)$分别将他的数字签名权力委托给一个代理签名人 $B_i(1\leqslant i\leqslant L)$,让 B_i 代表 A_i 对 m 生成代理签名 $s'_i=\mathrm{Sign}(\sigma_i,m)$,其中 σ_i 表示相应的代理签名密钥,即 $\sigma_i=\sigma_{A_i\to B_i}(1\leqslant i\leqslant L)$。

④ 每个用户 $A_i(1\leqslant i\leqslant L)$分别将他的数字签名权力委托给一个代理签名人 $B_i(1\leqslant i\leqslant L)$,让这些 $B_i(1\leqslant i\leqslant L)$联合生成对 m 的多重签名 $s'=\mathrm{Sign}(\sigma_1,\sigma_2,\cdots,\sigma_L,m)$。

⑤ 所有用户 $A_1,A_2,\cdots,A_L$ 将他们的数字签名权力委托给同一个代理签名人 B,让 B 对 m 生成一个数字签名 $s''=\mathrm{Sign}(\sigma'_1,\sigma'_2,\cdots,\sigma'_L,m)$,其中 $\sigma'_i=\sigma_{A_i\to B}(1\leqslant i\leqslant L)$。

在第①种新方法中,用户 $A_i(1\leqslant i\leqslant L)$将数字签名权力委托给 $B_i(1\leqslant i\leqslant L)$的过程可以采用任何一种普通的代理签名方案。因此,我们不必对第③种方法进行更多的讨论。

在第②种新方法中,虽然用户 $A_i(1\leqslant i\leqslant L)$将数字签名权力委托给 $B_i(1\leqslant i\leqslant L)$的过程可以采用任何一种普通的代理签名方案,但是如何找到合适的多重签名方案与之结合,是需要解决的关键问题。到目前为止,还没有发现这种签名方案。

在第③种新方法中,所有用户 $A_1,A_2,\cdots,A_L$ 可以采用任何一种基本的代理签名方案分别将数字签名权力委托给 B,但是并没有一种现成的签名方案,使得 B 只需要生成一个数字签名,就可以代表所有原始签名人对某个消息的认可。

如果存在能够适用于第②和第③两种新方法的数字签名方案,那么我们就将它们统称为代理多重签名方案。

【定义】 设 $A_1,A_2,\cdots,A_L$ 是某个数字签名方案$(R,\mathrm{SK},\mathrm{PK},M,S,\mathrm{KeyGen},\mathrm{Sign},\mathrm{Ver})$的 L 个用户。对任意 $i(1\leqslant i\leqslant L)$,记 A_i 的秘密/公开密钥对为(x_i,y_i)。如果 $A_1,A_2,\cdots,A_L$ 联合对某个特定的消息 $m\in M$ 生成了一个数字签名 $s=\mathrm{Sign}(x_1,x_2,\cdots,x_L,m)$,使得验证这个签名的有效性时,必须使用所有用户的公开密钥 $y_1,y_2,\cdots,y_L$,那么称 s 为一个由 $A_1,A_2,\cdots,A_L$ 生成的多重签名。能够生成多重签名的数字签名方案,称为多重签名方案。

【定义】 设 $A_1,A_2,\cdots,A_L$ 是某个数字签名方案$(R,\mathrm{SK},\mathrm{PK},M,S,\mathrm{KeyGen},\mathrm{Sign},\mathrm{Ver})$的 L 个用户。对任意 $i(1\leqslant i\leqslant L)$,记 A_i 的秘密/公开密钥对为(x_i,y_i)。假设对任意 $i(1\leqslant i\leqslant L)$,$A_i$ 都将他的数字签名权力委托给一个代理签名人 B_i(记 B_i 得到的代理签名密钥为 σ_i)。如果 $B_1,B_2,\cdots,B_L$ 对某个特定的消息 $m\in M$ 联合生成了一个多重签名 $s=\mathrm{Sign}(\sigma_1,\sigma_2,\cdots,\sigma_L,m)$,使得验证这个多重签名的有效性时,必须使用所有用户 $A_1,A_2,\cdots,A_L$ 的公开密钥 $y_1,y_2,\cdots,y_L$,那么称 s 为一个由 $B_1,B_2,\cdots,B_L$ 代表 $A_1,A_2,\cdots,A_L$ 生成的第一类代理多重签名,称 $A_1,A_2,\cdots,A_L$ 为原始签名人,称 $B_1,B_2,\cdots,B_L$ 为代理签名人。能够产生第一类代理多重签名的数字签名方案称为第一类代理多重签名方案。

【定义】 设 $A_1,A_2,\cdots,A_L$ 是某个数字签名方案$(R,\mathrm{SK},\mathrm{PK},M,S,\mathrm{KeyGen},\mathrm{Sign},\mathrm{Ver})$的 L 个用户。对任意 $i(1\leqslant i\leqslant L)$,记 A_i 的秘密/公开密钥对为(x_i,y_i)。假设对任意 $i(1\leqslant i\leqslant L)$,$A_i$ 都将他的数字签名权力委托给某个给定的代理签名人 B(记 B 从 A_i 得到的代理签名密钥为 σ_i)。如果 B 能够对某个消息 $m\in M$ 生成一个数字签名 $s=\mathrm{Sign}(\sigma_1,\sigma_2,\cdots,\sigma_L,m)$,使得验证这个多重签名的有效性时,必须使用所有用户 $A_1,A_2,\cdots,A_L$ 的公开密钥 $y_1,y_2,\cdots,y_L$,那么称 s 为一个由 B 代表 $A_1,A_2,\cdots,A_L$ 生成的第二类代理多重签名,称 $A_1,A_2,\cdots,A_L$ 为原始签名人,称 B 为代理签名人。能够产生第二类代理多重签名的数字签名方案称为第

二类代理多重签名方案。

【定义】 第一类代理多重签名(方案)和第二类代理多重签名(方案)统称为代理多重签名(方案)。

与基本的代理签名方案类似,代理多重签名方案应当满足以下基本性质。

① (基本的不可伪造性)除了原始签名人外,任何人(包括代理签名人)都不能生成原始签名人的普通数字签名。

② (代理多重签名的不可伪造性)除了代理签名人外,任何人(包括原始签名人)都不能生成有效的代理多重签名。特别地,如果原始签名人委托了多个代理签名人,那么任何代理签名人都不能伪造其他代理签名人的代理多重签名。

③ (代理签名的可区分性)任何一个代理多重签名都与原始签名人的普通(多重)签名有明显的区别;不同的代理签名人生成的代理多重签名之间也有明显的区别。

④ (不可抵赖性)任何签名人(不论是原始签名人还是代理签名人)在生成一个(代理)多重签名后,不能再对它加以否认。

⑤ (身份证实性)每个原始签名人都可以根据一个有效的代理多重签名确定出相应的代理签名人的身份,或者多个原始签名人合作起来可以确定出代理签名人的身份。

⑥ (密钥依赖性)生成代理多重签名的签名密钥依赖于每个原始签名人的秘密密钥。

⑦ (可注销性)任何一个原始签名人都可以注销他委托给代理签名人的签名权力。

5.3.2　第一类代理多重签名方案

现在我们根据由 Harn 提出的一个多重签名方案给出了一个基于离散对数问题的第一类代理多重签名方案。

1. Harn 的多重签名方案

(1) 方案参数

① x_i:用户 $A_i(1\leqslant i\leqslant L)$的秘密密钥,$x_i\in_R Z_q^*$。

② y_i:用户 $A_i(1\leqslant i\leqslant L)$的公开密钥,$y_i=g^{x_i}(\bmod p)$。

(2) 多重签名生成过程

① 每个用户 $A_i(1\leqslant i\leqslant L)$随机选取一个数 $r_i\in_R Z_q^*$,计算出 $R_i=g^{r_i}(\bmod p)$,然后将 R_i 发送给其他用户 $A_j(j\neq i)$。

② 每个用户 $A_i(1\leqslant i\leqslant L)$在收到所有其他用户发送给他的 $R_j(j\neq i)$以后,计算出 $R=R_1R_2\cdots R_L(\bmod p)$。

③ 每个用户 $A_i(1\leqslant i\leqslant L)$计算出 $s_i=x_im-r_iR(\bmod q)$,并将(R_i,s_i)发送给某个特定的用户 B。

④ B 在收到所有的(R_i,s_i)后,首先计算出 $R=R_1R_2\cdots R_L(\bmod p)$,然后检验等式 $y_i^m=R_i^Rg^{s_i}(\bmod p)$是否成立。如果所有的等式 $y_i^m=R_i^Rg^{s_i}(\bmod p)(1\leqslant i\leqslant L)$都成立,那么 B 计算出 $s=s_1+s_2+\cdots+s_L(\bmod q)$。

以(R,s)作为多个用户 $A_1,A_2,\cdots,A_L$ 对消息 m 联合生成的多重签名。

(3) 多重签名的验证过程

验证人在得到消息 m 和数字签名(R,s)后,用以下步骤进行验证。

① 计算出 $y=y_1y_2\cdots y_L(\bmod p)$。

② 验证等式 $y^m = R^R g^s \pmod p$ 是否成立。如果成立,则证明 (R,s) 是一个有效的多重签名。

2. 代理多重签名方案

方案参数和用户参数与 Harn 的多重签名方案相同。

设 $B_1, B_2, \cdots, B_L$ 是作为代理签名人的另外 L 个用户。每个 $A_i(1 \leqslant i \leqslant L)$ 将采用基于离散对数的代理签名协议将数字签名权力委托给 B_i。以下是委托过程及代理多重签名的生成和验证过程。

(1) 委托过程

① 每个用户 $A_i(1 \leqslant i \leqslant L)$ 随机选取一个数 $k_i \in_R Z_q^*$,计算出 $K_i = g^{k_i} \pmod p$ 和 $\sigma_i = x_i + k_i K_i \pmod q$,并将 (K_i, σ_i) 秘密地发送给 B_i。

② $A_i(1 \leqslant i \leqslant L)$ 在收到 (K_i, σ_i) 后,验证等式 $g^{\sigma_i} = y_i K_i^{K_i} \pmod p$ 是否成立。

(2) 代理多重签名的生成过程

① 每个 $B_i(1 \leqslant i \leqslant L)$ 随机选取一个数 $r_i \in_R Z_q^*$,计算出 $R_i = g^{r_i} \pmod p$,然后将 R_i 发送给其他用户 $B_j(j \neq i)$。

② 每个用户 $B_i(1 \leqslant i \leqslant L)$ 在收到所有其他的 $R_j(j \neq i)$ 以后,计算出 $R = R_1 R_2 \cdots R_L \pmod p$。

③ 每个用户 $B_i(1 \leqslant i \leqslant L)$ 计算出 $s_i = \sigma_i m - r_i R \pmod q$,并将 (K_i, R_i, s_i) 发送给某个特定的用户 B。

④ B 在收到所有的 (K_i, R_i, s_i) 后,首先计算出 $R = R_1 R_2 \cdots R_L \pmod p$,然后检验等式 $(y_i K_i^{K_i})^m = R_i^R g^{s_i} \pmod p$ 是否成立。如果所有的等式 $(y_i K_i^{K_i})^m = R_i^R g^{s_i} \pmod p$ $(1 \leqslant i \leqslant L)$ 都成立,那么 B 计算出 $s = s_1 + s_2 + \cdots + s_L \pmod q$。

以 $(K_1, K_2, \cdots, K_L, R, s)$ 作为对消息 m 的代理多重签名。

(3) 代理多重签名的验证过程

验证人在得到消息 m 和代理多重签名 $(K_1, K_2, \cdots, K_L, R, s)$ 后,用以下步骤进行验证。

① 计算 $y = y_1 y_2 \cdots y_L K_1^{K_1} K_2^{K_2} \cdots K_L^{K_L} \pmod p$。

② 验证等式 $y^m = R^R g^s \pmod p$ 是否成立。如果成立,则证明 $(K_1, K_2, \cdots, K_L, R, s)$ 是一个有效的代理多重签名。

5.3.3 基于离散对数的第二类代理多重签名

现在根据各种基本代理签名协议给出一些基于离散对数问题的第二类代理多重签名方案。在这些代理多重签名方案中,总是假设 p 是一个大素数,q 等于 $p-1$ 或是 $p-1$ 的一个大的素因子,$g \in \mathbf{Z}_p^*$,且 $g^q = 1 \pmod p$。p, q, g 对每个用户都是公开的。另外假设 $A_1, A_2, \cdots, A_L, B$ 是 $L+1$ 个用户,其中对任意的 $i(1 \leqslant i \leqslant L)$,用户 A_i 的秘密密钥是一个随机数 $x_i \in_R \mathbf{Z}_q^*$,公开密钥是 $y_i = g^{x_i} \pmod p$,用户 B 的秘密密钥是随机数 α,公开密钥是 $\beta = g^{\alpha} \pmod p$。用 Sign 和 Ver 分别表示某个离散对数签名方案中的签名生成算法和签名验证算法。H 表示一个单向 Hash 函数。

1. 代理多重签名方案

(1) 委托过程

对于任意的 $i(1 \leqslant i \leqslant L)$,用户 A_i 执行以下步骤。

① 随机选择一个数 $k_i \in \mathbf{Z}_q^*$，计算出 $K_i = g^{k_i} \pmod p$；

② 计算出 $\sigma_i = x_i + k_i K_i \pmod q$。

③ 将(K_i, σ_i)秘密地发送给 B。

B 在收到$(K_i, \sigma_i)(1 \leqslant i \leqslant L)$后，验证等式 $g^{\sigma_i} = y_i K_i^{K_i} \pmod p$是否成立。

(2) 代理多重签名的生成过程

① B 在收到所有的子代理密钥$(K_i, \sigma_i)(1 \leqslant i \leqslant L)$后，计算出 $\sigma = \sum_{i=1}^{L} \sigma_i \pmod q$。

② 对某个消息 m，B 计算出 $s = \mathrm{Sign}(\sigma, m)$。

以$(s, K_1, K_2, \cdots, K_L)$作为由 B 代表 $A_1, A_2, \cdots, A_L$ 对 m 生成的代理多重签名。

(3) 代理多重签名的验证过程

验证人在得到消息 m 和代理多重签名$(s, K_1, K_2, \cdots, K_L)$后，用以下步骤验证。

① 计算出 $y = \prod_{i=1}^{L} y_i K_i^{K_i} \pmod p$。

② 验证 $\mathrm{Ver}(y, m, s) = \mathrm{True}$ 是否成立。如果成立，则证明$(s, K_1, K_2, \cdots, K_L)$是一个有效的代理多重签名。

5.3.4　基于因子分解的第二类代理多重签名

代理多重签名方案(基于 Fiat-Shamir 签名方案)如下。

(1) 方案参数

n, M, N，其中 $n = pq$，p 和 q 是由可信的密钥分配中心秘密选取的两个大素数；p 和 q 由密钥分配中心保密，n 对每个用户公开。M 和 N 是两个固定的正整数。

(2) 用户密钥

设有 $L+1$ 个用户 $A_1, A_2, \cdots, A_L$，B。对任何 $i(1 \leqslant i \leqslant L)$，用户 A_i 的秘密密钥是 $x_{i,1}, x_{i,2}, \cdots, x_{i,M}$，公开密钥是 $y_{i,1}, y_{i,2}, \cdots, y_{i,M}$，用户 B 的秘密密钥是 $\alpha_1, \alpha_2, \cdots, \alpha_M$，公开密钥是 $\beta_1, \beta_2, \cdots, \beta_M$。这些密钥的生成方法与 Fiat-Shamir 签名方案相同。

(3) 委托过程

对任何 $i(1 \leqslant i \leqslant L)$，$A_i$ 进行以下步骤。

① 随机选取 $M \cdot N$ 个数 $k_{i,j,l} \in_R Z_n^* \ (1 \leqslant j \leqslant M, 1 \leqslant l \leqslant N)$。

② 对任何 $j(1 \leqslant j \leqslant M)$和 $l(1 \leqslant l \leqslant N)$，计算出 $K_{i,j,l} = k_{i,j,l}^2 \pmod n$。

③ 计算 $H(K_{i,1,1}, \cdots, K_{i,1,N}, \cdots, K_{1,M,1}, \cdots, K_{i,M,N})$，这里 H 是一个公开的单向 Hash 函数。令 $f_{i,1,1}, \cdots, f_{i,1,N}, \cdots, f_{i,M,1}, \cdots, f_{i,M,N}$ 依次表示 $H(K_{i,1,1}, \cdots, K_{i,1,N}, \cdots, K_{1,M,1}, \cdots, K_{i,M,N})$的前 $M \cdot N$ 个比特。为了便于后面的叙述，我们不妨假设对任意 $j(1 \leqslant j \leqslant M)$，至少存在一个 $l(1 \leqslant l \leqslant N)$，使得 $f_{i,j,l} = 1$。

④ 对任何 $j(1 \leqslant j \leqslant M)$和 $l(1 \leqslant l \leqslant N)$，计算出 $z_{i,j,l} = \begin{cases} k_{i,j,l} & (\text{如果 } f_{i,j,l} = 0) \\ K_{i,j,l} & (\text{如果 } f_{i,j,l} = 1) \end{cases}$。

⑤ 对任何 $j \ (1 \leqslant j \leqslant M)$ 和 $l \ (1 \leqslant l \leqslant N)$，计算出 $u_{i,j,l} = \begin{cases} \min\{u \mid u \geqslant l, \text{且 } f_{i,j,u} = 1\} & (\text{如果}\{u \mid u \geqslant l, \text{且 } f_{i,j,u} = 1\} \neq \varnothing) \\ \max\{u \mid u < l, \text{且 } f_{i,j,u} = 1\} & (\text{如果}\{u \mid u \geqslant l, \text{且 } f_{i,j,u} = 1\} = \varnothing) \end{cases}$。

⑥ 对任何 $j(1 \leqslant j \leqslant M)$和 $l(1 \leqslant l \leqslant N)$，计算出 $\sigma_{i,j,l} = x_{i,j} k_{i,j,u_{i,j,l}}^{-1} \pmod n$。

⑦ 将$((f_{i,j,l})_{1\leqslant j\leqslant M,1\leqslant l\leqslant N},(z_{i,j,l})_{1\leqslant j\leqslant M,1\leqslant l\leqslant N},(\sigma_{i,j,l})_{1\leqslant j\leqslant M,1\leqslant l\leqslant N})$秘密地发送给B。

对任何$i(1\leqslant i\leqslant L)$,B在收到$((f_{i,j,l})_{1\leqslant j\leqslant M,1\leqslant l\leqslant N},(z_{i,j,l})_{1\leqslant j\leqslant M,1\leqslant l\leqslant N},(\sigma_{i,j,l})_{1\leqslant j\leqslant M,1\leqslant l\leqslant N})$后,采用以下步骤验证它们的有效性。

① 对任何$j(1\leqslant j\leqslant M)$和$l(1\leqslant l\leqslant N)$,计算出$K'_{i,j,l}=\begin{cases}z_{i,j,l}^2 & (如果\ f_{i,j,l}=0)\\ z_{i,j,l} & (如果\ f_{i,j,l}=1)\end{cases}$。

② 计算$H(K'_{i,1,1},\cdots,K'_{i,1,N},\cdots,K'_{1,M,1},\cdots,K'_{i,M,N})$,并检验它的前$M\cdot N$个比特是不是$f_{i,1,1},\cdots,f_{i,1,N},\cdots,f_{i,M,1},\cdots,f_{i,M,N}$;

③ 对任何$j(1\leqslant j\leqslant M)$和$l(1\leqslant l\leqslant N)$,计算出$u_{i,j,l}=\begin{cases}\min\{u\mid u\geqslant l,且\ f_{i,j,u}=1\} & (如果\{u\mid u\geqslant l,且\ f_{i,j,u}=1\}\neq\varnothing)\\ \max\{u\mid u<l,且\ f_{i,j,u}=1\} & (如果\{u\mid u\geqslant l,\ 且\ f_{i,j,u}=1\}=\varnothing)\end{cases}$。

④ 对任何$j(1\leqslant j\leqslant M)$和$l(1\leqslant l\leqslant N)$,验证等式$\sigma_{i,j,l}^2 z_{i,j,u_{i,j,l}} y_{i,j}=1(\bmod n)$是否成立。

(4) 代理多重签名的生成过程

为了生成对消息m的代理多重签名,B进行以下步骤。

① 对于任意的$j(1\leqslant j\leqslant M)$和$l(1\leqslant l\leqslant N)$,计算出$\sigma_{j,l}=\prod_{i=1}^{L}\sigma_{i,j,l}(\bmod n)$。

② 对于任意的$j(1\leqslant j\leqslant M)$和$l(1\leqslant l\leqslant N)$,随机选择一组数$r_{j,l}\in\mathbf{Z}_n^*$,并计算出$R_{j,l}=r_{j,l}^2(\bmod N)$。

③ 计算出$H(R_{1,1},\cdots,R_{1,N},\cdots,R_{M,1},\cdots,R_{M,N},m)$。令$e_{1,1},\cdots,e_{1,N},\cdots,e_{M,1},\cdots,e_{M,N}$依次表示$H(R_{1,1},\cdots,R_{1,N},\cdots,R_{M,1},\cdots,R_{M,N},m)$的前$M\cdot N$个比特。

④ 对于任意的$j(1\leqslant j\leqslant M)$和$l(1\leqslant l\leqslant N)$,计算出$s_{j,l}=r_{j,l}\sigma_{j,l}^{e_{j,l}}(\bmod n)$。

以$((f_{i,j,l})_{1\leqslant i\leqslant L,1\leqslant j\leqslant M,1\leqslant l\leqslant N},(z_{i,j,l})_{1\leqslant i\leqslant L,1\leqslant j\leqslant M,1\leqslant l\leqslant N},(e_{j,l})_{1\leqslant j\leqslant M,1\leqslant l\leqslant N},(s_{j,l})_{1\leqslant j\leqslant M,1\leqslant l\leqslant N})$作为一个由B代表$A_1,A_2,\cdots,A_L$对消息$m$生成的代理多重签名。

(5) 代理多重签名的验证过程

验证人进行以下步骤来验证代理多重签名$((f_{i,j,l})_{1\leqslant i\leqslant L,1\leqslant j\leqslant M,1\leqslant l\leqslant N},(z_{i,j,l})_{1\leqslant i\leqslant L,1\leqslant j\leqslant M,1\leqslant l\leqslant N},(e_{j,l})_{1\leqslant j\leqslant M,1\leqslant l\leqslant N},(s_{j,l})_{1\leqslant j\leqslant M,1\leqslant l\leqslant N})$的有效性。

① 对于任意的$i(1\leqslant i\leqslant L)$,$j(1\leqslant j\leqslant M)$和$l(1\leqslant l\leqslant N)$,计算出

$$K'_{i,j,l}=\begin{cases}z_{i,j,l}^2 & (如果\ f_{i,j,l}=0)\\ z_{i,j,l} & (如果\ f_{i,j,l}=1)\end{cases}$$

② 对于任意的$i(1\leqslant i\leqslant L)$,计算$H(K'_{i,1,1},\cdots,K'_{i,1,N},\cdots,K'_{1,M,1},\cdots,K'_{i,M,N})$,并检验它的前$M\cdot N$个比特是不是$f_{i,1,1},\cdots,f_{i,1,N},\cdots,f_{i,M,1},\cdots,f_{i,M,N}$。

③ 对于任意的$i(1\leqslant i\leqslant L)$,$j(1\leqslant j\leqslant M)$和$l(1\leqslant l\leqslant N)$,计算出

$$u_{i,j,l}=\begin{cases}\min\{u\mid u\geqslant l,且\ f_{i,j,u}=1\} & (如果\{u\mid u\geqslant l,且\ f_{i,j,u}=1\}\neq\varnothing)\\ \max\{u\mid u<l,且\ f_{i,j,u}=1\} & (如果\{u\mid u\geqslant l,且\ f_{i,j,u}=1\}=\varnothing)\end{cases}$$

④ 对于任意的$j(1\leqslant j\leqslant M)$和$l(1\leqslant l\leqslant N)$,计算出

$$R'_{j,l}=s_{j,l}^2\Big(\prod_{i=1}^{L}(y_{i,j}z_{i,j,u_{i,j,l}})^{e_{j,l}}(\bmod n)$$

⑤ 计算出$H(R'_{1,1},\cdots,R'_{1,N},\cdots,R'_{M,1},\cdots,R'_{M,N},m)$,并检验$e_{1,1},\cdots,e_{1,N},\cdots,e_{M,1},\cdots,e_{M,N}$是不是$H(R_{1,1},\cdots,R_{1,N},\cdots,R_{M,1},\cdots,R_{M,N},m)$的前$M\cdot N$个比特。

如果以上检验都成功的话,那么所验证的代理多重签名是有效的。

5.4　盲签名与代理盲签名

5.4.1　基于数字签名标准(DSA)变形的盲签名

盲签名是一种具有特殊性质的数字签名。这种签名要求签名人能够在不知道被签名文件内容的情况下对文件进行签名。另外，即使签名人在以后看到了被签名的文件以及他对这个文件生成的签名，他也不能判断出这个签名是他在什么时候为什么人生成的。直观上，这种签名的生成过程就像是签名者闭着眼睛对文件签名一样，所以形象地称为“盲”数字签名。

盲签名有非常重要的实际应用价值。在电子现金系统中，一个文件可能代表着一个电子货币，签名者可能代表着发行货币的银行。因为电子货币都是被盲签名的，所以消费者在使用电子货币时能够保持自己的匿名性。

目前，人们已经提出了许多种不同的盲签名方案。这些签名方案被广泛应用于电子现金系统的设计以及其他方面。盲签名方案的设计思想和设计方法也可以用来构造盲代理签名方案。下面首先介绍一个基于 DSA 变形的盲签名方案。

1. DSA 的一个变形方案

(1) 方案参数

p,q,g，其中 p 是一个大素数，q 等于 $p-1$ 或是 $p-1$ 的一个大素因子，$g\in \mathbf{Z}_p^*$，且 $g^q=1(\text{mod } p)$。

(2) 用户密钥

用户 A 的秘密密钥是 $x\in \mathbf{Z}_q^*$，公开密钥是 $y=g^x(\text{mod } p)$。

(3) 签名生成过程

为了对消息 $m\in \mathbf{Z}_q^*$ 生成数字签名，A 进行以下步骤。

① 随机选择一个数 $k\in \mathbf{Z}_q^*$。

② 计算出 $K=g^k(\text{mod } p)$。

③ 计算出 $r=K(\text{mod } q)$。

④ 计算出 $s=km+rx(\text{mod } q)$，(r,s)就是 A 对 m 生成的一个数字签名。

(4) 签名验证过程

为了验证数字签名(r,s)的有效性，验证人进行以下步骤。

① 计算出 $R=(g^s y^{-r})^{m^{-1}}(\text{mod } p)$。

② 验证等式 $r=R(\text{mod } q)$是否相等，如果相等，那么证明(r,s)是一个有效的数字签名。

2. 基于以上 DSA 变形的盲签名方案

(1) 方案参数

① p,q,g：其中 p 是一个大素数，q 等于 $p-1$ 或是 $p-1$ 的一个大素因子，$g\in \mathbf{Z}_p^*$，且$g^q=1(\text{mod } p)$。

② x：用户 A 的秘密密钥，$x\in \mathbf{Z}_q^*$。

③ y：用户 A 的公开密钥，$y=g^x(\text{mod } p)$。

(2) 数字签名的生成过程

为了对消息 $m\in \mathbf{Z}_q^*$ 生成数字签名,用户 A 和用户 B 分别进行以下步骤。

A 进行步骤:

① 随机选择一个数 $k\in \mathbf{Z}_q^*$。

② 计算出 $K=g^k \pmod p$。

③ 验证 K 与 q 是否互素,如果是,则将 K 送给 B;否则,重新执行步骤①。

B 进行步骤:

① 验证 K 与 q 是否互素,如果不是,则要求 A 重新进行步骤①。

② 随机选择 $\alpha,\beta\in \mathbf{Z}_q^*$。

③ 计算出 $R=K^\alpha g^\beta \pmod p$。

④ 验证 R 与 q 是否互素,如果不是,则重新进行步骤②。

⑤ 计算出 $\widetilde{m}=\alpha mKR^{-1} \pmod q$,并将 $\widetilde{m}$ 发送给 A。

A 计算出 $\tilde{s}=k\widetilde{m}+Kx \pmod q$,并将 $\tilde{s}$ 发送给 B。

B 计算出 $s=\tilde{s}RK^{-1}+\beta m \pmod q$ 和 $r=R \pmod q$,以 (r,s) 作为 A 对 m 生成的一个数字签名。

(3) 数字签名的验证过程

为了验证 (r,s) 的有效性,验证人需进行以下步骤。

① 计算 $T=(g^s y^{-r})^{m^{-1}} \pmod p$。

② 验证等式 $r=T \pmod q$ 是否成立,如果成立,则 (r,s) 是一个有效的盲签名。

5.4.2 基于 Nyberg-Rueppel 签名方案的盲签名方案

1. 方案参数

① p,q,g:其中 p 是一个大素数,q 等于 $p-1$ 或是 $p-1$ 的一个大素因子,$g\in \mathbf{Z}_p^*$,且 $g^q=1 \pmod p$。

② x:用户 A 的秘密密钥,$x\in \mathbf{Z}_q^*$。

③ y:用户 A 的公开密钥,$y=g^x \pmod p$。

2. 盲签名的生成过程

为了对消息 $m\in \mathbf{Z}_q^*$ 生成数字签名,用户 A 和用户 B 分别进行以下步骤。

(1) A 进行的步骤

① 随机选择一个数 $k\in \mathbf{Z}_q^*$。

② 计算出 $K=g^k \pmod p$,并将 K 送给 B。

(2) B 进行的步骤

① 随机选择 $\alpha,\beta\in \mathbf{Z}_q^*$。

② 计算出 $r=mg^\alpha K^\beta \pmod p$。

③ 计算出 $\widetilde{m}=r\beta^{-1} \pmod q$,并将 $\widetilde{m}$ 发送给 A。

(3) A 计算出 $\tilde{s}=\widetilde{m}x+k \pmod q$,并将 $\tilde{s}$ 发送给 B。

(4) B 计算出 $s=\tilde{s}\beta+\alpha \pmod q$,$(r,s)$ 就是 A 对 m 生成的一个盲签名。

3. 盲签名的验证过程

为了验证 (r,s) 的有效性,验证人需进行以下步骤。

① 计算 $m'=g^{-s}y^r r \pmod p$。

② 验证等式 $m'=m \pmod q$ 是否成立,如果成立,则 (r,s) 是一个有效的盲签名。

5.4.3　基于 DSA 变形的盲代理签名

现有的各种代理签名方案具有一个共同的性质,即原始签名人总是能够根据一个代理(多重)签名确定出代理签名人的身份。当一个原始签名人将自己的数字签名权力只委托给一个代理签名人时,这个性质没有什么作用。但是,当一个原始签名人将数字签名权力分别委托给多个代理签名人时,这个性质对原始签名人来说是非常有好处的。利用这个性质,原始签名人总是能对代理签名人的签名行为进行"监督",以防止代理签名人滥用他们的代理签名权力,并在必要的时候找出滥用代理签名权力的代理签名人。

然而,如果从代理签名人的利益出发来考虑问题,那么就会发现上述性质也有其不利的一面。在有些情况下,尽管代理签名人"忠实"地行使着原始签名人委托给自己的代理签名权力,但是仍然不想让原始签名人知道自己在哪些文件上代表他生成了代理签名。

例如,假设 A 是一个社会调查机构,它希望能通过对一组社会成员 $B_1,B_2,\cdots,B_L$ 进行调查,而得到一些社会统计结果。A 决定采用问卷调查的方式来进行这种调查:首先 A 向每个 $B_i(1\leqslant i\leqslant L)$ 发出"问卷",然后由 $B_i(1\leqslant i\leqslant L)$ 回答问卷上的问题,并将答卷交给 A。为了保证答卷的有效性,A 给每个 $B_i(1\leqslant i\leqslant L)$ 都分发了一个代理签名密钥,使得 $B_i(1\leqslant i\leqslant L)$ 能以 A 的名义对答卷签名。A 可以通过验证这些签名的有效性保证每个 $B_i(1\leqslant i\leqslant L)$ 的答卷的有效性和唯一性,避免出现 $B_1,B_2,\cdots,B_L$ 之外的社会成员交来答卷以及某些 $B_i(1\leqslant i\leqslant L)$ 交来多份答卷的现象。为了保证答卷内容的真实性,A 希望每个 $B_i(1\leqslant i\leqslant L)$ 都能毫无顾虑地回答问卷上的问题。这样就需要让每个 $B_i(1\leqslant i\leqslant L)$ 都确认他交出的答卷不会暴露他自己的秘密或隐私。达到这个目标的一个基本条件是:A 不能根据一个有效的答卷确定出答卷作者的身份,从而要求 A 不能根据 $B_i(1\leqslant i\leqslant L)$ 生成的代理签名确定出真正的代理签名人。

为了满足上述例子中的要求,人们提出了盲代理签名的概念。

【定义】 如果在一个代理签名方案中,原始签名人在得到代理签名时,不能根据代理签名确定出代理签名人的身份,那么就称这个代理签名方案为盲代理签名方案。盲代理签名方案中生成的代理签名称为盲代理签名。

与普通的代理签名方案类似,盲代理签名方案一般需要满足以下性质:

① (基本的不可伪造性)除了原始签名人外,任何人(包括代理签名人)都不能生成原始签名人的普通数字签名。

② (代理签名的不可伪造性)除了代理签名人外,任何人(包括原始签名人)都不能生成有效的盲代理签名。特别地,如果原始签名人委托了多个代理签名人,那么任何代理签名人都不能伪造其他代理签名人的盲代理签名。

③ (代理签名的可区分性)任何一个盲代理签名都与原始签名人的普通签名有明显的区别;不同的代理签名人生成的盲代理签名之间也有明显的区别。

④ (密钥依赖性)生成盲代理签名的签名密钥依赖于原始签名人的秘密密钥。

⑤ (可注销性)原始签名人可以注销他委托给代理签名人的签名权利。

基于 DSA 变形的盲代理签名协议介绍如下。

1. 方案参数

与基于 DSA 变形的盲签名协议相同。

2. 基本的签名方案

$(R,SK,PK,M,S,\text{KeyGen},\text{Sign},\text{Ver})$是一个基于离散对数问题的普通数字签名方案，并且这个签名方案的基本参数也是 p,q,g。

3. 委托过程

(1) A 进行以下步骤

① 随机选择一个数 $k\in \mathbf{Z}_q^*$。

② 计算出 $K=g^k \pmod p$。

③ 检查是否 $\gcd(K,q)=1$,如果 $\gcd(K,q)=1$,则将 K 发送给 B;否则重新进行步骤(1)。

(2) B 进行以下步骤

① 检查是否 $\gcd(K,q)=1$,如果 $\gcd(K,q)\neq 1$,则要求 A 重新进行步骤(1)。

② 随机选择两个数 $\alpha,\beta\in \mathbf{Z}_q^*$。

③ 计算出 $R=K^\alpha g^\beta \pmod p$。

④ 检查是否 $\gcd(R,q)=1$,如果 $\gcd(R,q)\neq 1$,则重新进行步骤(2)。

⑤ 随机选择一个数 $\lambda\in \mathbf{Z}_q^*$。

⑥ 计算出 $\tilde{\lambda}=\alpha\lambda KR^{-1} \pmod q$,并将 $\tilde{\lambda}$ 发送给 A。

(3) A 计算出 $\tilde{\sigma}=k\tilde{\lambda}+Kx \pmod q$,并将 $\tilde{\sigma}$ 发送给 B。

(4) B 再进行以下步骤

① 计算出 $\sigma=\tilde{\sigma}RK^{-1}+\beta m \pmod q$。

② 验证等式 $g^\sigma=R^\lambda y^R \pmod p$是否成立,如果该等式不成立,那么要求 A 重新进行步骤(1)。

4. 代理签名的生成过程

对于某个消息 m,B 计算出 $s=\text{Sign}(\sigma,m)$,则(m,s,R,λ)就是 B 作为 A 的代理签名人生成的代理签名。

5. 代理签名的验证过程

为了验证(m,s,R,λ)的有效性,验证人需进行以下步骤。

① 计算 $v=R^\lambda y^R \pmod p$;

② 验证等式 $\text{Ver}(v,s,m)=\text{True}$ 是否成立,如果该等式成立,则(m,s,R,λ)是一个有效的代理签名。

【定理】 如果(m,s,R,λ)是按以上签名方案中的方法生成的,那么一定是一个有效的代理签名,即它同时满足 $v=R^\lambda y^R \pmod p$和 $\text{Ver}(v,s,m)=\text{True}$。

证明:因为 $v=R^\lambda y^R \pmod p=g^\sigma \pmod p$,所以 v 可以看作与σ 相对应的公开密钥,所以 $\text{Ver}(v,s,m)=\text{Ver}(v,\text{Sign}(\sigma,m),m)=\text{True}$。

【定理】 以上签名方案中的(m,s,R,λ)是一个盲代理签名,从而这个签名方案是一个盲代理签名方案。

可以证明,这个盲代理签名方案满足以下基本性质:基本的不可伪造性、盲代理签名的不可伪造性、盲代理签名的可区分性、密钥的依赖性。

5.4.4　基于 Nyberg-Rueppel 签名方案的盲代理签名

1. 方案参数

与基于 Nyberg-Rueppel 签名方案的代理签名相同。

2. 基本的签名方案

$(R,SK,PK,M,S,\mathrm{KeyGen},\mathrm{Sign},\mathrm{Ver})$是一个基于离散对数问题的普通数字签名方案，并且这个签名方案的参数也是 p,q,g。

3. 委托过程

(1) A 进行以下步骤

① 随机选择一个数 $k\in \mathbf{Z}_q^*$。

② 计算出 $K=g^k \pmod p$，并将 K 送给 B。

(2) B 进行以下步骤

① 随机选择 $\alpha,\beta,\lambda\in \mathbf{Z}_p^*$。

② 计算出 $R=\lambda g^{\alpha}K^{\beta} \pmod p$。

③ 计算出 $\tilde{\lambda}=R\beta^{-1} \pmod q$，并将 $\tilde{\lambda}$ 发送给 A。

(3) A 计算出 $\tilde{\sigma}=\tilde{\lambda}x+k \pmod q$，并将 $\tilde{\sigma}$ 发送给 B。

(4) B 计算出 $\sigma=\tilde{\sigma}\beta+\alpha \pmod q$，并验证等式 $g^{\sigma}=y^R R\lambda^{-1} \pmod p$ 是否成立，如果该等式不成立，则要求 A 重新进行步骤(1)或终止协议。

4. 代理签名的生成过程

对于某个消息 m，B 计算出 $s=\mathrm{Sign}(\sigma,m)$，则$(m,s,R,\lambda)$就是 B 作为 A 的代理签名人生成的代理签名。

5. 代理签名的验证过程

为了验证(m,s,R,λ)的有效性，验证人需进行以下步骤。

① 计算 $v=y^R R\lambda^{-1} \pmod p$。

② 验证等式 $\mathrm{Ver}(v,s,m)=\mathrm{True}$ 是否成立，如果该等式成立，则(m,s,R,λ)是一个有效的代理签名。

【定理】 如果(m,s,R,λ)是按以上签名方案中的方法生成的，那么一定是一个有效的代理签名，即它同时满足 $v=y^R R\lambda^{-1} \pmod p$ 和 $\mathrm{Ver}(v,s,m)=\mathrm{True}$。

证明：因为 $g^{\sigma}=y^R R\lambda^{-1} \pmod p=g^{\sigma} \pmod p$，所以 v 可以看作与 σ 相对应的公开密钥，所以 $\mathrm{Ver}(v,s,m)=\mathrm{Ver}(v,\mathrm{Sign}(\sigma,m),m)=\mathrm{True}$。

【定理】 以上签名方案中的(m,s,R,λ)是一个盲代理签名，从而这个签名方案是一个盲代理签名方案。

5.5 环签名

5.5.1 环签名基本概念和分类

1. 环签名的基本概念

2001年,Rivest等人在如何匿名泄露秘密的背景下提出了一种新型签名技术,称为环签名(Ring Signanature)。环签名可以被视为一种特殊的群签名,它没有可信中心,没有群的建立过程,对于验证者来说签名者是完全匿名的。环签名提供了一种匿名泄露秘密的巧妙方法。环签名的这种无条件匿名性在对信息需要长期保护的一些特殊环境中非常有用。例如,即使RSA被攻破也必须保护匿名性的场合。

【定义】 假定有 n 个用户,每一个用户 u_i 拥有一个公钥 y_i 和与之对应的私钥 x_i。环签名是一个能够实现签名者无条件匿名的签名方案,它主要由下述算法组成。

① 生成Gen。一个概率多项式时间算法,输入为安全参数 k,输出为公钥和私钥。这里假定Gen为每一个用户 u_i 产生一个公钥 y_i 和一个私钥 x_i,并且不同用户的公私钥可能来自不同的公钥体制,如有的来自RSA,有的来自ECC。

② 签名Sign。在输入消息 m 和 n 个环成员的公钥 $L=\{y_1,y_2,\cdots,y_n\}$ 以及其中一个成员的私钥 x_s 后,对消息 m 产生一个签名 R,其中 R 中的某个参数根据一定的规则呈环状。

③ 验证Verify。一个确定性算法,在输入 (m,R) 后,若 R 为 m 的环签名,则输出"True",否则为"False"。

环签名因为其签名隐含的某个参数按照一定的规则组成环状而得名。而在之后提出的许多方案中不要求签名成环形,只要签名的形成满足自发性、匿名性和群特性,也称之为环签名。

一个好的环签名必须满足以下的安全性要求。

① 无条件匿名性。攻击者即使非法获取了所有可能签名者的私钥,他能确定出真正的签名者的概率不超过 $\frac{1}{n}$,这里,n 为环成员(可能签名者)的个数。

② 不可伪造性。外部攻击者在不知道任何成员私钥的情况下,即使能够从一个产生环签名的随机预言者那里得到任何消息 m 的签名,他成功伪造一个合法签名的概率也是可以忽略的。

③ 可以实现签名者的无条件匿名。签名者可以自由指定自己的匿名范围,构成优美的环形逻辑结构,可以实现群签名的主要功能但无须可信第三方或群管理员等。

2. 环签名的分类

环签名由于它的自发性、无条件匿名性和群特性而具有广泛的应用领域。然而不同的应用领域要求环签名还应具有一定的特殊属性,如门限特性、关联性、可撤销匿名性、可否认性等。按照环签名所涉及的不同属性,环签名方案归纳为4类,门限环签名、关联环签名、可撤销匿名性的环签名和可否认的环签名。

5.5.2　一个经典的环签名方案

2001 年，Rivest 等人在“How to leak a secret”中提出了一个经典的环签名方案，该方案基于 RSA 构造，它的描述如下。

Gen：不妨设有 r 个成员分别为 $A_1, A_2, \cdots A_r$，签名者是 A_s，$1 \leqslant s \leqslant r$；每个环成员 A_i 都有一个 RSA 公钥 $p_i=(n_i, e_i)$，每个环成员 A_i 对应一个单向陷门函数 f_i。$f_i(x)=x^{e_i} \bmod n_i$，假定只有 A_i 知道如何计算上述函数的反函数 $f_i^{-1}(x)$（例如，$f_i^{-1}(y)=y^{d_i} \bmod n_i$，单向陷门信息为 $d_i=e_i^{-1} \bmod \phi(n_i)$，即为 A_i 对应的 RSA 私钥）。

公开定义一个对称加密算法 E_k，其中 k 为对称密钥；公开定义一个 Hash 函数 h。公开定义一个环方程，即

$C_{k,v}(y_1, y_2, y_3, \cdots y_r)=E_k(y_r \oplus E_k(y_{r-1} \oplus E_k(y_{r-2} \oplus E_k(\cdots \oplus E_k(y_1 \oplus v)\cdots))))=Z$

其中，$\oplus$为异或运算；v 为初始值 $v \in \{0,1\}^b$。最后，令 $Z=v$，构成环方程。环的生成可由图 5.1 表示。

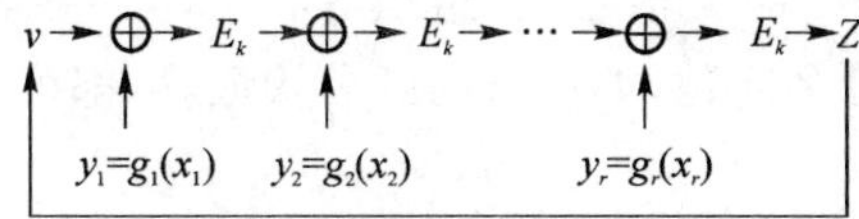

图 5.1　环签名生成过程

Sign：现欲对消息 m 进行环签名，由上述步骤已知环签名的公钥集$\{p_1, p_2, \cdots p_r\}$；每个公钥 p_i 对应的一个陷门函数 g_i，并已知签名者的私钥 s_s 用来计算 g_s^{-1}。

① 签名者首先计算对称密钥 k，令 $k=h(m)$，即将 Hash 函数作用于待签名消息 m，并将其结果作为对称密钥 k。

② 随机选取初始值 $v \in \{0,1\}^b$。

③ 签名者为除自己外的所有环成员 A_i，$i \neq s$ 随机选取值 $x_i \in \{0,1\}^b$，并由每个成员分别计算 $y_i=g_i^{-1}(x_i)$。

④ 从环方程 $C_{k,v}(y_1, y_2, y_3, \cdots y_r)=v$ 中计算出 y_s。

⑤ 通过签名者的已知的陷门信息（私钥 s_s）计算出 $x_s=g_s^{-1}(y_s)$。

⑥ 输出签名：$(p_1, p_2, \cdots p_r, v, x_1, x_2, \cdots x_r)$。

Verify：验证过程按如下 3 步进行。

① 验证者计算每一个 $y_i=g_i(x_i)$，$i=1,2,\cdots,r$。

② 验证者计算 $h(m)$，得到 k。

③ 验证者验证 y_i 是否满足一下方程 $C_{k,v}(y_1, y_2, y_3, \cdots, y_r)=v$。如果等式成立则接受该签名有效，否则不接受该签名。

5.5.3　环签名的应用

环签名在管理、军事、政治及经济等多个方面有着广泛的应用。比如机密信息的泄露、重要领导人的选举、电子商务、重要新闻的发布、无线传感器网络中，环签名都可发挥重要作用。下面简要介绍其中的 4 种应用。

(1) 用于匿名泄露信息

一个公司经常要征求员工的意见或建议，为提高员工反馈意见的可靠性，往往需要多个员工联合提出意见或建议才生效。与此同时，为了防止上司的报复行为，保护提意见的员工，在获得员工反馈信息的同时还不能暴露员工的真实身份。这时就可以使用门限环签名方案，即达到某个门限值的员工以联合方式产生环签名。

(2) 用于电子现金或电子投票系统

将环签名方案用于电子现金或电子投票系统，不仅效率高，而且安全性也高。例如，对于追究一个投票者多次投票或用户二次花费的问题，可以应用关联环签名方案来解决。

(3) 用于保护知识产权

指纹技术是保护数字产品，防止盗版的有效技术。应用改造后的 Schnorr 环签名方案构造了匿名指纹协议，来保护知识产权。若使用该协议，诚实购买者不会被陷害，而且当非法用户使用盗版产品时，可以被追溯其身份。

(4) 用于 ad-hoc、无线传感器网络

ad-hoc 和无线传感器网络的无中心、自组织等特点与环签名的构造有很多相似之处。因此对于 ad-hoc 网络中的诸多问题，如成员的匿名认证等，都可以应用环签名来解决。

第6章　公钥基础设施

6.1　PKI系统

6.1.1　PKI概论

PKI是公钥基础设施的简称。在实际生活中，人与人之间均存在着不同程度的信任关系，而且这种信任关系在某些条件下还具有一定程度的可传递性。随着计算机网络的发展和各种网络服务的迅速增加，在网络中建立相互信任关系是十分必要的。特别是随着Internet的日益普及，以网上银行、网上购物为代表的电子商务已越来越受到人们的重视，深入到普通百姓的生活中。众所周知，在常规业务中，交易双方现场交易，可以确认购买双方的身份，即对客户而言，商家是我要购物的地方，而非其他商场，对商家而言，购买者在现场无需担心假冒。同时由于有商场开具的发票和客户现场支付商品费用，无需担心发生纠纷和无凭证可依。但在网上做交易时，由于交易双方并不现场交易，因此，无法确认双方的合法身份，同时交易信息是交易双方的商业秘密，在网上传输时必须做到安全传输，防止信息被窃取；双方的交易非现场交易，一旦发生纠纷，必须能够提供仲裁。为此，人们发明了PKI技术，并采用基于PKI的数字证书实现了身份认证、安全传输、不可否认性、数据完整性等功能。实际上，数字证书是将证书持有者的公开密钥与持有者的身份进行关联的证明，能够让通信各方放心地确认持证人的合法身份。证书除了用来向其他实体证明自己的身份外，还同时起着公钥分发的作用，每份证书都携带着持有人的公钥，签名证书携带的是签名公钥，信息加密证书携带的是信息加密公钥。

1. PKI的应用

PKI的应用非常广泛，比如，安全浏览器、安全电子邮件、电子数据交换、Internet上的信用卡交易以及VPN等。PKI技术在不断发展中，许多新技术不断涌现，信任模型、加解密算法、密钥管理等也在不断变化之中。PKI作为安全基础设施，它能够提供的主要服务如下所述。

(1) 认证服务

认证服务即身份识别与鉴别，就是确认实体即为自己所声明的实体，鉴别身份的真伪。以甲乙双方的认证为例：甲首先要验证乙的证书的真伪，当乙在网上将证书传送给甲时，甲首先要用CA的公钥解开证书上CA的数字签名，如果签名通过验证，则证明乙持有的证书是真的；接着甲还要验证乙身份的真伪，乙可以将自己的口令用自己的私钥进行数字签名传送给甲，甲已经从乙的证书中或从证书库中查得了乙的公钥，甲就可以用乙的公钥来验证乙的数字签名。如果该签名通过验证，乙在网上的身份就确凿无疑。

(2) 数据完整性服务

数据完整性服务就是确认数据没有被修改。实现数据完整性服务的主要方法是数字签名,它既可以提供实体认证,又可以保障被签名数据的完整性,这是由密码哈希算法和签名算法提供的保证。哈希算法的特点是输入数据的任何变化都会引起输出数据不可预测的极大变化,而签名是用自己的私钥将该哈希值进行加密,然后与数据一道传送给接收方。如果敏感数据在传输和处理过程中被篡改,接收方就不会收到完整的数据签名,验证就会失败。反之,如果签名通过了验证,就证明接收方收到的是未经修改的完整数据。

(3) 数据保密性服务

PKI 的保密性服务采用了"数字信封"机制,即发送方先产生一个对称密钥,并用该对称密钥加密敏感数据。同时,发送方还用接收方的公钥加密对称密钥,就像把它装入一个"数字信封",然后,把被加密的对称密钥("数字信封")和被加密的敏感数据一起传送给接收方。接收方用自己的私钥拆开"数字信封",并得到对称密钥,再用对称密钥解开被加密的敏感数据。

(4) 不可否认性服务

不可否认性服务是指从技术上保证实体对其行为的认可。在这中间,人们更关注的是数据来源的不可否认性、接收的不可否认性以及接收后的不可否认性,此外还有传输的不可否认性、创建的不可否认性和同意的不可否认性。

(5) 公证服务

PKI 中的公证服务与一般社会公证人提供的服务有所不同,PKI 中支持的公证服务是指"数据认证",也就是说,公证人要证明的是数据的有效性和正确性,这种公证取决于数据验证的方式。例如,在 PKI 中被验证的数据是基于哈希值的数字签名、公钥在数学上的正确性和签名私钥的合法性。

PKI 提供的上述安全服务能很好地满足电子商务、电子政务、网上银行、网上证券等金融业交易的安全需求,是确保这些活动顺利进行必备的安全措施。

2. 基于 PKI 的电子证书网络安全结构

基于混合体制(即使用私钥体制加密、公钥体制传送或者交换会话密钥)的保密通信的一个前提是用户公钥的可信性。也就是说,如果用户公钥是可信的,则两个通信实体之间可以建立安全信道,否则建立的信道可能是不安全的。考虑如下两个实体之间的安全交互协议。

A→B:ID(A),ID(B),Pub(A);

B→A:ID(B),ID(A),Encrypt1(Pub(A),K);

A→B:ID(A),ID(B),Encrypt2(K,M);

⋮

这里 ID(A)和 ID(B)分别是 A 和 B 的个人身份信息,Pub(A)代表 A 的公钥,K 代表会话密钥,Encrypt1 代表公钥算法,Encrypt2 代表私钥算法,M 为 A 欲发送给 B 的机密消息。

第一步,A 发送身份信息 ID(A)和公钥 Pub(A)给 B;

第二步,B 产生并返回会话密钥 K,并用 A 的公钥加密;

第三步,A 使用私钥解密获得会话密钥 K,并用 K 加密消息 M 然后发送密文给 B;

⋮

假定攻击者 C 能够观察和干预 A 与 B 之间的所有通信信息,则 C 可以对上面协议实施如下攻击:

A→C:ID(A),ID(B),Pub(A);

C→B:ID(A),ID(B),Pub(C);

B→C:ID(B),ID(A),Encrypt1(Pub(C),K);

C→A:ID(B),ID(A),Encrypt1(Pub(A),K');

A→C:ID(A),ID(B),Encrypt2(K',M);

C→B:ID(A),ID(B),Encrypt2(K,M');

⋮

注:K'和M'分别是 C 产生的密钥和伪造(或修改)的机密消息。

因此 C 不仅能够监听 A 和 B 之间的所有通信,而且还能实施伪造和修改,所以在网络这个虚拟社会中,获得的用户公钥是否可信是一个十分重要的问题。电子证书(CA)或称为数字证书,就是在这种背景下产生的。

电子证书将用户个人信息(姓名、住址、电话、E-mail 等)和用户的公钥绑定起来,这种绑定的机制通过大家公认的某个权威机构实现,具体地说就是权威机构对用户个人信息和公钥实施数字签名,通信双方建立安全信道时首先出示自己的电子证书用于验证身份,然后再进行密钥交换。

A→B:ID(A),ID(B),Certificate(A);

B→A:ID(B),ID(A),Encrypt1(Pub(A),Key);

A→B:ID(A),ID(B),Encrypt2(Key,M);

⋮

这样,攻击者 C 不能以自己的公钥替换 Certificate(A)中 A 的公钥,因为 C 不能伪造用户 A 的公钥证书中的签名。通信实体 A 和 B 之间可以通过公钥证书先进行双向身份验证,然后再传送或者交换会话密钥,从而实现保密通信。

基于公钥证书的安全体系结构(如图 6.1 所示)分为几个层次,包括网络平台、核心密码算法、证书管理层、应用服务层。

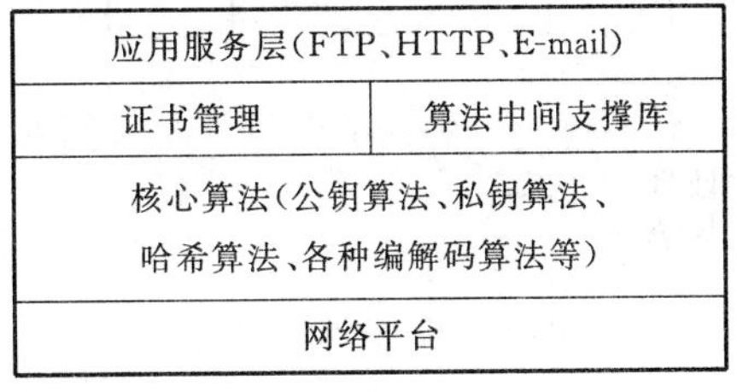

图 6.1　PKI 的安全体系结构

网络平台指网络物理结构和网络协议,核心算法提供基本的、相互独立的密码算法和编解码算法,算法中间支撑库以核心算法中的各种密码算法和编解码算法作为基本构件,为上层应用程序提供特定的密码算法服务,证书管理部分提供对证书的申请、颁发、废除、更新提供有效的管理,应用层提供特定的安全服务(如安全 FTP、安全 E-mail 等)。

6.1.2　PKI 模块

PKI 是对于公钥密码体制中的公钥信息的管理,由证书将用户的公钥与用户其他信息绑定在一起,用以身份认证、访问授权等。公钥密码体制是一种密码系统,它使用一对数学相关的密钥来加密和解密信息。在公钥密码体制中,一个密钥用来加密或解密信息,另一个密钥用来执行相反的操作。其中一个密钥必须保密,称为保密密钥;另一个密钥可以分发给任何人,称为公开密钥。在公钥基础设施中,证书有自己特定的数据结构。最为广泛使用的证书格式是 ITU 定义的 X.509 证书。证书机构是可信任的实体,用来为公钥基础设施中的用户发放证书,提供 CA 发放的证书的状态信息。

公钥证书就是一个用户的身份与他所持有的公钥的结合,在结合之前由一个可信任的权威机构 CA 来证实用户的身份,然后由其对该用户身份及对应公钥相结合的证书进行数字签名,以证明其证书的有效性。

PKI 规定了必须由具有权威认证机构 CA 在公钥加密技术基础上对证书的产生、管理、存档、发放以及作废进行管理,包括实现这些功能的全部硬件、软件、人力资源、相关政策和操作程序,以及为 PKI 体系中的各成员提供全部的安全服务,如,实现通信中各实体的身份认证、保证数据的完整、抗否认性和信息保密等。

1. PKI 的组成

PKI 主要由根 CA(Root Certification Authority,Root CA)、授权机构(Certification Authority,CA)、注册机构(Registration Authority,RA)、本地注册机构(Local Registration Authority,LRA)、目录服务(Directories)、管理协议(Management protocols)、操作协议(Operational protocols)和个人安全环境(Personal Security Environment,PSE)几部分组成,如图 6.2 所示。

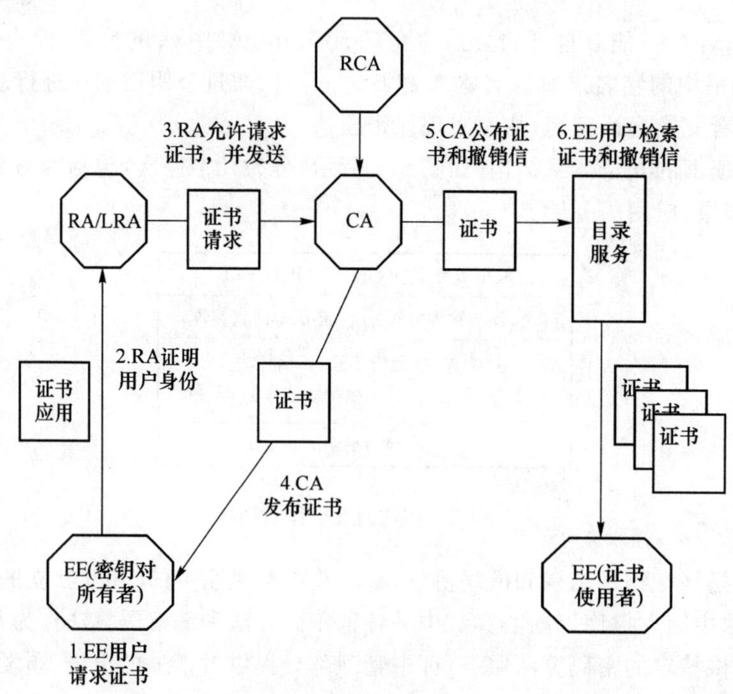

图 6.2　PKI 主要组件

(1) 根 CA

一个单独的、可信任的根 CA 是 PKI 的基础。它的私钥必须安全保管。根 CA 分发下级 CA 的证书，并用自己的私钥签名，对下级 CA 的认证和信任度提供担保。

(2) 认证机构

CA 负责签发证书和管理证书，对证书的真实性负责。根据信任模型的不同，CA 也可能扮演不同的角色。在 X.509 标准中，CA 向用户颁发证书，实际是用户将他们的“信任”植入 CA 中。在 PGP 中，用户作自己的 CA，所有的信任决定取决于个人。

(3) 注册机构和本地注册机构

CA 的用途是接受个人申请，核查其中信息并颁发证书。然而，在许多情况下，把证书的签发过程和用户身份的识别、注册信息的验证分开是有好处的。RA 可以实现后一功能，它被设计成一个 CA 的代理处，负责汇总本中心所辖的各业务受理点接受的各类用户的证书申请，并负责对某些证书申请进行二级审核，维护并发布本中心所管理的用户的证书黑名单库。RA 的主要目的就是分担 CA 的一定功能以增强可扩展性，RA 不颁发证书和 CRL。

LRA 负责本地用户的注册。用户需要证明它的身份，一旦身份被证明，LRA 注册用户，从 CA 获得他们的证书。

(4) 目录服务

目录是 PKI 的一个重要组成部分。X.500 目录服务器用于发布用户的证书和黑名单信息，用户可通过标准的 LDAP 协议查询自己或其他人的证书和下载黑名单信息。

(5) 管理协议

该协议用于管理证书的注册、生效、发布和撤销。PKI 管理协议包括 PKIX CMP (Certificate Management Protocol)、消息格式、CMMF(Certificate Management Message Format)和 PKCS#10。

(6) 操作协议

操作协议允许用户方便地通过目录，证书库和其他用户里检索验证证书和 CRL。在大多数情况下，操作协议与现有协议(如 FTP、HTTP、LDAP 和邮件协议等)共同合作。

(7) 客户端软件与个人安全环境

客户端软件负载申请证书、检索证书、证书撤销消息、证书的管理等功能。而且客户端软件需要了解 CA 方的策略等。为了保护密钥，客户对私钥必须格外地小心并限制对 PSE 的访问。

2. 数字证书认证中心

数字证书认证中心是 PKI 的核心。为了保证电子商务交易中信息的安全性(保密性、真实性、完整性和不可否认性)，需要使交易各方能够相互信任，并通过一种信任验证机制互相验证。这种信任及信任验证机制是通过参加电子商务的各方的数字证书(即证明其身份的标识)认证实现的。

数字证书是各实体在网上进行信息交流及商务交易活动的身份证明，具有唯一性和权威性。为满足这一要求，需要建立一个参与电子商务各方都信任的机构，专门负责数字证书的发放和管理，以保证数字证书的真实可靠。这个机构就是数字证书认证中心(CA)。CA 是保证网上电子交易安全的关键环节，它产生、发放并管理所有参与网上交易的实体的数字证书。

CA 的主要职责包括证书颁发、证书更新、证书废除、证书和 CRL 的公布、证书状态的在线查询、证书认证和制定政策等。

(1) 证书颁发

申请者在 CA 的注册机构(RA)进行注册，申请证书。CA 对申请者进行审核，审核通过则生成证书,颁发给申请者。证书的申请可采取在线申请和亲自到RA申请两种方式。证书的颁发也可采取两种方式:一是在线直接从CA下载;一是CA将证书制作成介质(磁盘或IC卡)后,由申请者带走。

(2) 证书更新

当证书持有者的证书过期,或证书被窃取、丢失时通过更新证书方法,使其使用新的证书继续参与网上认证。证书的更新包括证书的更换和证书的延期两种情况。证书的更换实际上是重新颁发证书,因此证书的更换的过程和证书的申请流程基本情况一致。而证书的延期只是将证书有效期延长,其签名和加密信息的公私密钥没有改变。

(3) 证书废除

证书持有者可以向CA申请废除证书。CA通过认证核实,即可履行废除证书职责,通知有关组织和个人,并写入黑名单CRL(Certificate Revocation List)。有些人(如证书持有者的上级或老板)也可申请废除证书持有者的证书。

(4) 证书和CRL的公布

CA通过LDAP(Lightweight Directory Acess Protocol)服务器维护用户证书和黑名单(CRL)。它向用户提供目录浏览服务,负责将新签发的证书或废除的证书加入到LDAP服务器上。这样用户通过访问LDAP服务器就能够得到他人的数字证书或能够访问黑名单。

(5) 证书状态的在线查询

通常CRL签发为一日一次,CRL的状态同当前证书状态有一定的滞后,证书状态的在线查询向OCSP(Online Certificate Status Protocol)服务器发送OCSP查询包,包含有待验证证书的序列号、验证时戳,OCSP服务器返回证书的当前状态并对返回结果加以签名。在线证书状态查询比CRL更具有时效性。

(6) 证书认证

在进行网上交易双方的身份认证时,交易双方互相提供自己的证书和数字签名,由CA来对证书进行有效性和真实性的认证。在实际中,一个CA很难得到所有用户的信任并接受它所发行的所有公钥用户的证书,而且这个CA也很难对有关的所有潜在注册用户有足够全面的了解,这就需要多个CA。在多个CA系统中,令由特定CA发放证书的所有用户组成一个域。若一个持有由特定CA发证的公钥用户要与由另一个CA发放公钥证书的用户进行安全通信,需要解决跨域的公钥安全认证和递送,建立一个可信任的证书链或证书通路。高层CA称作根CA,它向低层CA发放公钥证书。

(7) 制定政策

CA的政策越公开越好,信息发布越及时越好。普通用户信任一个CA除了它的技术因素之外,另一个极重要的因素就是CA的政策。

CA的策略指的是CA必须对信任它的各方负责,它的责任大部分体现在政策的制定和实施上。CA的政策包含以下几个部分。

① CA私钥的保护:CA签发证书所用的私钥要受到严格地保护,不能被毁坏,也不能非法使用。

② 证书申请时密钥对的产生方式:提交申请时,要决定密钥对的生成方式。生成密钥对有两种办法:一种是在客户端生成;另一种是在CA的服务器端生成。究竟采用哪一种申请方式,还要取决于CA的政策。用户在申请证书之前应仔细阅读CA这方面的政策。

③ 对用户私钥的保护：根据用户密钥对的产生方式，CA 在某些情况下有保护用户私钥的责任。若生成密钥对在 CA 的服务器端完成，CA 就可提供对用户私钥的保护，以便以后用户遗失私钥后可恢复此私钥，但最好在生成密钥对时由用户来选择是否需要这种服务。

④ CRL 的更新频率：CA 的管理员可以设定一个时间间隔，系统会按时更新 CRL。

⑤ 通知服务：对于用户的申请和证书过期、废除等有关事宜的回复。

⑥ 保护 CA 服务器：必须采取必要的措施以保证 CA 服务器的安全。您必须保证该主机不被任何人直接访问，当然 CA 使用的 http 服务端口除外。

⑦ 审计与日志检查：为了安全起见，CA 对一些重要的操作应记入系统日志。在 CA 发生事故后，要根据系统日志做事后追踪处理，即审计。CA 管理员须定期检查日志文件，尽早发现可能出现的隐患。

3. 证书的验证

在电子商务和电子政务系统中，证书的持有者可以是个人用户、企事业单位、商家、银行用户，也可以是网络上的服务器、网关等设备。归纳起来，这些证书持有者或者是服务提供者，或者是被服务方。而在具体开展业务时，无论是哪一方，在使用证书验证数据时，都遵循同样的验证流程。一个完整的验证过程有以下几步。

① 将客户端发来的数据解密（如解开数字信封）。

② 将解密后的数据分解成原始数据流、签名数据、客户证书 3 部分。

③ 用根证书验证客户证书的签名完整性。

④ 检查客户证书是否有效（当前时间在证书结构中所定义的有效期内）。

⑤ 检查客户证书是否作废（OCSP 方式或 CRL 黑名单方式）。

⑥ 验证客户证书结构中的证书用途。

⑦ 用客户证书验证原始数据的签名完整性。

⑧ 如果以上各项均验证通过，则接受该数据。

4. 证书的发放

从证书的最终使用者来看，数字证书可分为系统证书和用户证书。系统证书指 CA 系统自身的证书，包括 CA 中心的证书、业务受理点的证书以及 CA 系统操作员的证书；用户证书从应用角度可将其分为个人用户证书、企业用户证书和服务器证书。一个完善的 CA 中心应该能签发以上各类证书。

从证书的用途来看，数字证书可分为签名证书和加密证书。签名证书用于对用户信息进行签名，以保证信息的不可否认性；加密证书用于对用户传送信息进行加密，以保证信息的真实性和完整性。如果 A 要发送签名消息给 B，A 用私钥对信息进行签名，B 接收到消息后，用 A 签名证书中的公钥验证签名。如果 A 要发送加密消息给 B，A 用 B 的加密证书中的公钥对消息进行加密，B 接收到消息后，用私钥解密。CA 需要为加密证书备份私钥，而签名证书无需备份私钥，因此，证书签发过程会因密钥是否需要备份而有所差异。证书的颁发流程主要有如下 5 个步骤。

(1) 申请人提交证书请求

如果证书需要备份私钥，则由 CA 产生公私钥对，证书请求中只有个人信息。如果证书不需要备份私钥，在用户端产生公私钥对，证书请求中除了个人信息外，还有公钥信息。PKCS＃10 格式的证书申请结构如图 6.3 所示。

证书申请信息 • 版本 • 主体名 • 公开密钥信息 • 属性
签名算法
签名

图 6.3　PKCS#10 证书申请结构

(2) RA 对证书请求进行审核

RA 对用户资料进行审核,审核用户相关的关键资料与证书请求信息的一致性。更高级别的证书需要由 CA 进行进一步的审核。

(3) CA 生成证书

证书的生成过程会因密钥是否需要备份而有所差异,下面分情况讨论。

第一种情况:密钥需要备份。

CA 中心为了备份密钥,需要有密钥备份公私钥对,公钥 backupkey 用于备份用户私钥,私钥 recoverykey 用于恢复用户私钥。

① 生成密钥恢复码。首先产生一个随机数 r,然后用 backupkey 对 r 进行加密,得到 encryptedkey,存入数据库。

② 生成用户公私钥对。首先选择公私钥对的长度(512 或 1 024 bit),然后用 r 将生成的用户私钥加密按 PKCS#8 打包成 privatekeyp8,公钥写入证书结构中。

③ 生成 PKCS#7 证书。根据已赋值的证书结构,生成 PKCS#7 格式的证书文件 certp7.spc。

④ 生成 PKCS#12 文件。将 privatekeyp8 和 certp7.spc 打包成 PKCS#12 格式的证书文件 certp12.p12,以 encryptedCert 域名存入数据库。

第二种情况:密钥不需备份。

① 导入证书申请。首先验证数字签名(申请文件是 PKCS#10 格式),然后将申请文件的内容导入到证书结构中。

② 签发证书。根据已赋值的证书结构,生成 PKCS#7 证书文件 certp7.spc。

(4) 证书发布

将证书发布到 LDAP 服务器上。

(5) 下载并安装证书

下载个人证书,并安装到浏览器中。备份私钥的证书安装过程中要输入证书安装密码 r。

5. 证书的撤销

有时在证书有效期前就需要使证书不再有效,这就是证书的撤销。证书撤销的理由有很多,如用户身份的改变、密钥的泄露等。因此需要一种有效和可信的方法在证书自然过期前撤销它。

但是证书撤销的问题并没有得到很好的解决,现有的方法可以分为如下两种。

① 利用周期性的发布机制如证书撤销列表(CRL),CRL 还可以分为几种不同的形式。

② 在线查询机制,如在线证书状态协议(OCSP)。

下面介绍具体的证书撤销方法。

(1) 完全 CRL

CRL 是一种包含撤销的证书列表的签名数据结构。CRL 的完整性和可靠性由它本身的数字签名来保证。CRL 的签名者可以是颁发证书的签名者，也可以不是。

完全 CRL 是将某个 CA 域内的所有撤销信息都包括在一个 CRL 中。完全 CRL 适合于终端实体数目相对较少的域。它的不足如下。

① 颁发的规模性。撤销信息必须在已颁发证书的整个生命周期里存在，可能导致完全 CRL 的发布变得非常巨大。

② 撤销信息的及时性。随着 CRL 大小的增加，CRL 的验证周期将会变得很长。

(2) Authority 撤销列表(ARL)

ARL 实际上是仅包含 CA 的撤销消息的 CRL。ARL 的颁发者通常是上级 CA，负责撤销子 CA 的证书或交叉证书。当验证有关证书时，一个有效的 ARL 对任何签名的 CA 都必须是可见的。

(3) CRL 分布点

CRL 分布点(也叫分段 CRL)容许一个 CA 的撤销消息通过多个 CRL 发布出去，CRL 分布点和完全 CRL 相比好处如下。

① 撤销消息可以被分成很多可控的片段以避免庞大 CRL 的增长。

② 证书可以指出 CRL 分布点的位置，这样用户就不需要提前知道关于特定证书的撤销消息的存放位置。

(4) 重定向 CRL

重定向 CRL 可以用来指出到哪里能找到每个 CRL 分段。重定向 CRL 提供比标准 CRL 分布点更灵活的分段方位信息。这是通过定义一种新的 CRL 扩展来实现的。这种新扩展容许在不影响现有证书的情况下，改变撤销信息的分段和/或分布位置。

(5) 增量 CRL

增量 CRL 每次只产生相对一个已经颁发的基本 CRL 增加的撤销信息。这样增量 CRL 的文件大小比完全 CRL 小很多，改善了性能。可以在同一个基本 CRL 的基础上建立多个增量 CRL。每个后续的增量 CRL 除了含有上一个增量 CRL 中的撤销消息外，还增添了新的已撤销证书，因此只需要检索最新的增量 CRL 即可，不需要存储原来颁发的各个增量 CRL。

(6) 间接 CRL

间接 CRL 使得在一个 CRL 中发布来自多个 CA 的撤销消息。间接 CRL 的使用可以减少用户在进行证书验证过程中需要检索的总的 CRL 数目。这种方法在域间也是很有效的，减少了流量负载和成本。撤销消息来自不同的地方，就必须确定出在证书撤销列表中各个项目的相应 CA，因此在每一项里都有一个证书颁发者字段。

(7) 证书撤销树(CRT)

CRT 技术是基于 Merkle 哈希树的周期发布机制，即该树代表了某个 PKI 团体的所有撤销信息。要产生一个哈希树，每个 CA 要产生一系列的序列。每个序列表示一个范围，该范围的最低点表示本 CA 的某个撤销证书的序列号，而范围内的证书都没有被撤销。一个 CA 相应的各个序列进行排序，全体 CA 的序列集就可以产生哈希树。CRT 的主要优点是它用一种很简洁的方式来表示大量的证书撤销信息。一个 CRT 的大小在数量级上是

$\log_2 N$，N 是已撤销证书的数目。

(8) 在线查询机制

在线查询机制通常要求用户保持在线状态。现在最普遍的在线查询机制就是在线证书状态协议(OCSP)。OCSP(RFC2560)是一种相对简单的请求/响应协议。它提供了从可信第三方(OCSP 响应者)获取在线撤销信息的手段。OCSP 的局限性如下。

① OCSP 只用来检测证书的撤销状态，它既不验证是否在有效期内，也不保证此证书使用正确。

② OCSP 只提供一个实时相应协议，并没有明确用来收集撤销信息的后端结构。它仍然需要用 CRL 或其他方法来收集证书撤销信息，OCSP 响应者提供的信息的实时性将取决于信息来源的实时性，因此，简单地认为 OCSP 能自动提供实时证书撤销信息是不恰当的。

③ OCSP 的响应必须经过数字签名，可能影响其性能。

6.1.3 PKI 结构

PKI 结构可以有 4 种情况：单 CA、层次结构 CA、网状结构 CA 和桥 CA。每种结构由 PKI 的基本属性来决定：包括 PKI 中用户给予信任的 CA(称为用户可信任点)的数量和在多 CA 的 PKI 环境中，CA 之间的信任关系。

1. 唯一证书中心的单 CA 结构

最基本的 PKI 结构是单 CA 的结构，如图 6.4 所示。它为 PKI 中的所有用户提供 PKI 服务(证书、证书状态信息等)。PKI 中的所有用户对此单个 CA 给予信任。每个证书路径都起始于该 CA 的公钥。这就产生了单一的用户信任点。

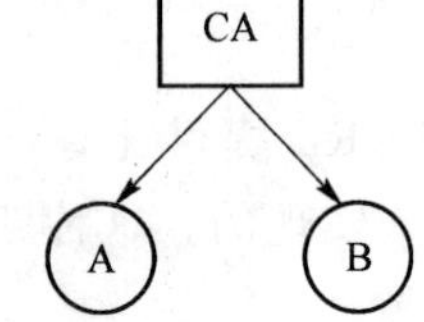

图 6.4 单 CA 结构

这种结构的优点是：容易实现，只需建立一个根 CA，所有的用户都能实现。

缺点是：不易扩展到支持大量的或者不同的群体的用户。用户的群体越大，支持所有必要的应用就越困难。

2. 层次结构 PKI

在现实生活中，一个证书机构很难得到所有用户的信任并接受它所发行的所有用户证书，而且这个证书机构也很难对所有潜在注册用户有足够全面的了解，这就需要多个 CA。人们当然希望将单个 CA 扩展成支持不同群体的 CA，这样来创建一个更大的、更为多样化的 PKI。两个相互独立的 CA 可以有两种方式来结合生成更大的 PKI 系统：使用从属关系，或者使用对等关系。

一个以从属 CA 关系建立的 PKI 称作层次结构 PKI。在这种情况下，所有的用户都信任同一个根 CA。在进行网上交易双方的身份认证时，交易双方互相提供自己的证书和数字签名，由 CA 来对证书进行有效性和真实性的认证。若一个持有由特定 CA 发证的公钥用户要与由另一个 CA 发放公钥证书的用户进行安全通信，需要解决跨域的认证。图 6.5 表示了这一过程，这一过程在于建立一个可信任的证书链或证书通路。高层 CA 称作根 CA，它向低层 CA 发放公钥证书。

如图 6.5 所示，证书 3 的合法性由证书 2 的签字密钥来保证，而证书 2 的合法性由证书 1，即根 CA 的签字密钥来保证。用户 U_1 与发证者所限定的子区域内用户进行安全通信时，只需利用 CA-C 的公钥，即涉及 3 个证书。若用户 U_1 与 C 以外的用户 U_2（如属于 D 的子域的用户）进行通信，则需借助于 CA-C、CA-D 和 CA-B 的公钥进行认证，需要涉及 5 个证书。

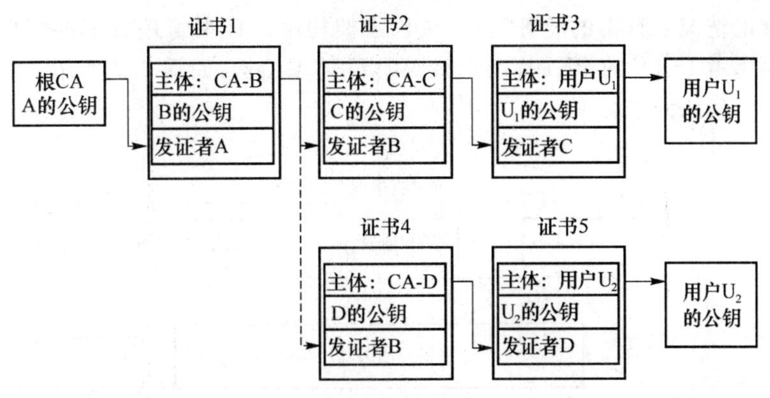

图 6.5　证书链

3. 网状结构 PKI

层次结构 PKI 的传统替代方法是以对等关系连接 CA。

以对等 CA 关系建立的 PKI 系统称为网状结构的 PKI，或者"可信任网络"，如图 6.6 所示。网状 PKI 中的所有 CA 都可能是可信任点。通常，用户信任为他们发放证书的 CA。CA 之间相互发放证书，证书对描述了它们双向的信任关系。由于 CA 之间具有对等关系，所以它们不能管理其他 CA 发放的各种类型的证书。因为其信任关系是无限制的，所以如果一个 CA 希望限制这种信任，它必须在发放给其他 CA 的证书中声明这些限制。

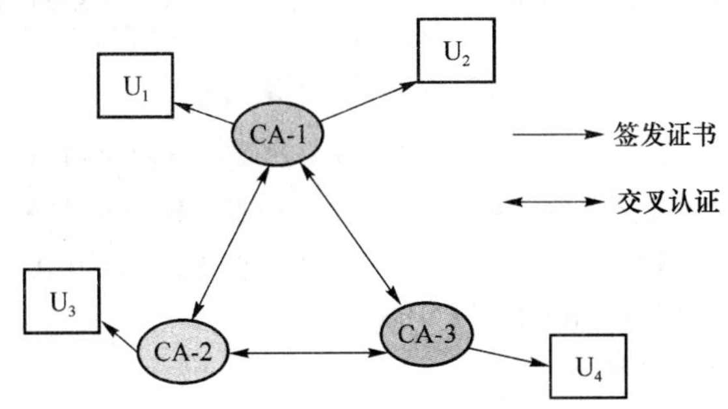

图 6.6　网状结构 PKI

6.2　WPKI

WPKI（无线 PKI）不是一套新的 PKI 标准，它只是对传统环境中的 PKI 进行优化扩展以应用到无线环境中。WPKI 与 PKI 一样都是通过管理关系、密钥和证书来执行移动电子商务策略的。WPKI 主要解决安全管理策略问题和通过 WTLS 和 WMLSCrypt 为无线应用环境提供安全服务。在有线的环境中使用最多的是 IETF PKI 标准，而对于无线网络，WAP 论坛的 WPKI 标准是使用得最多的。

6.2.1 WPKI 组成

WAP 论坛对 WPKI 作了基本的规范。但是,还存在很多问题,比如现阶段 WAP 手机处理能力不够的情况下证书的验证问题、WPKI 架构中的证书管理方面的问题等都没有具体规定。下面参考 IETF 的 PKI 标准设计 WPKI 体系结构,如图 6.7 所示。无线用户通过 PKI Portal 接入到认证系统中。

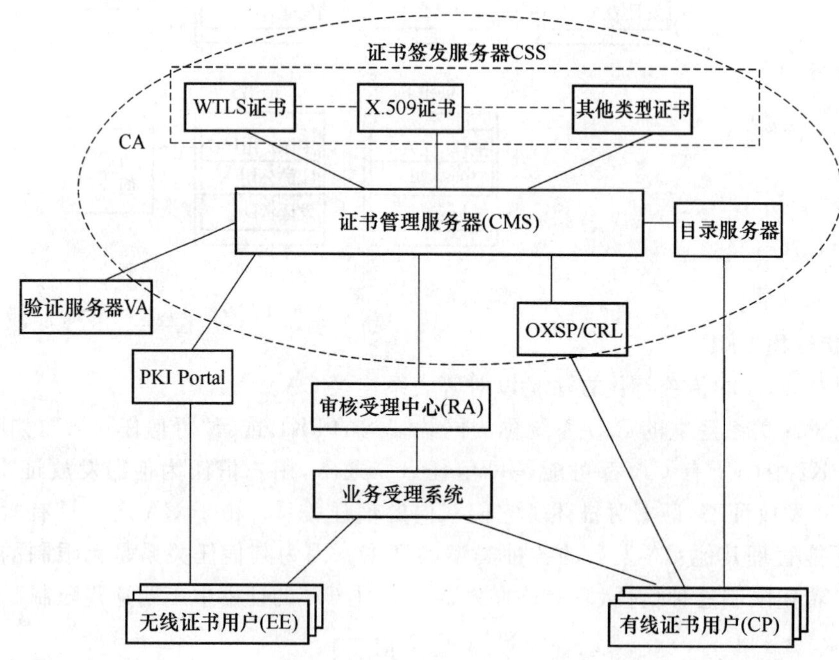

图 6.7　WPKI 的体系结构

WPKI 体系主要包括 CA 中心、RA 中心、业务受理系统(RS)、PKI Portal、OCSP 服务器、CRL 服务器、LDAP 服务器、验证中心(Validation Authority,VA)等。其中 CA 中心还包括证书签发服务器、证书管理服务器、密钥管理中心等。CA 中心的证书签发应能支持 X.509v3的证书签发,也能支持 WTLS 证书签发。

1. WPKI 的终端实体(EE)

WPKI 中的 EE 是在 WAP 终端设备中运行的优化软件。它依赖于 WMLSCrypt API 提供的密钥服务和加密操作。它与传统 PKI 中的 EE 的功能一样,包括如下几点。

① 产生、存储和允许访问用户的公钥对。

② 完整地签名和提交第一次的证书应用程序。

③ 完整地签名和提交证书更新请求。

④ 完整地签名和提交证书撤销请求。

⑤ 查找、检索证书和撤销信息。

⑥ 验证证书和读取证书内容。

⑦ 产生和验证数字签名。

2. CA

CA 中心为移动终端用户以及移动数据服务提供商业务系统签发数字证书,产品的用户对象为移动运营商的总部系统或其授权的运营实体。CA包括证书管理服务器(CMS)和证书签发服务器(CSS),CA的具体功能如下。

① 对下属各成员进行身份认证和鉴别。

② 产生和管理下属证书。

③ 发布自身证书和上级证书。

④ 证实RA的证书申请请求。

⑤ 向RA返回证书制作的确认信息或已制定好的证书。

⑥ 接收和认证对它所签发的证书的作废申请请求。

⑦ 为它所签发的证书产生CRL。

⑧ 保存证书、CRL、审计信息和它所签发的证书政策。

⑨ 发布它所签发的证书和CRL。

3. RA

RA是审核受理中心,审核受理中心受理和审核辖区内的移动终端用户,以及移动数据服务提供商业务系统的证书申请、更新和作废申请。

它的具体功能如下。

① 对用户进行身份认证和鉴别。

② 将用户身份信息和公钥以签名数据的方式发送给CA。

③ 接收CA返回的证书制作确认信息或制作好的证书。

④ 发放CA证书、CA的上级证书,以及(在返回制作好的用户证书的情况下)用户证书给用户。

⑤ 接收证书作废请求,验证其有效性,验证通过的情况下向CA发放请求。

4. RS

RS根据业务量需求决定安装的数量,业务受理系统受理本地ICP、ISP、运营商、商家的离线证书申请、更新和作废申请。

5. PKI Portal

对RA和CA来说,要处理无线证书请求必须经过协议转换,而PKI Portal就在无线用户和RA/CA之间完成在线证书请求、注册等功能。

PKI入口是一个网络服务器,就和WAP网关一样,它的逻辑功能与RA一样,主要负责将WAP客户端所作的请求翻译给PKI中的RA和CA。PKI入口嵌入了RA的功能,并且与无线网络上的WAP设备以及有线网络上的CA进行互操作。

PKI Portal可以根据需要接在CA中心或RA中心,只是在处理流程上有所区别。

从无线客户端发出的证书请求在PKI Portal被转换为标准的PKI消息格式,再转交到RA/CA,同样,PKI Portal根据无线客户端的需要将CA反馈回的响应进行消息格式转换后发给无线客户端。

WAP服务器/网关发出的请求(可以是PKCS#10)被转换为对CA的请求,同样地,PKI Portal根据WAP服务器/网关的需要将CA反馈回的响应进行处理或转换。

6. OCSP/CRL

鉴于无线终端的处理能力较差、存储容量小和无线带宽窄,在使用CRL方式进行证书作废信息查询的时候必须改变处理方式。一种是发放短期证书(Short-Lived Certificate),生命周期只有24小时,这样不存在证书废除的问题,但是需要不断频繁地颁发新的证书,增加了CA中心的负担。另一种方式是采用OCSP服务,在线查询证书状态。

在线证书状态查询(OCSP),提供证书状态、作废信息的查询结果,对于OCSP查询来说,只需要将证书状态通过PKI Portal转发给VA,通过VA来验证有效性,最后将结果返回。

OCSP服务器连接在CA上时,可以查询CA中存储的所有用户数据,当OCSP服务器连接在RA上时,可以查询存储在RA中的用户数据。

7. VA

在WPKI中,考虑到某些终端的处理能力和存储容量都相当低,因此提供证书URL方式,将证书的验证等功能放在VA中完成,而在用户的无线终端只是存储证书的URL机制,在验证的时候,只需要将证书URL和签名发送给VA就可以通过VA完成验证。VA支持LDAP访问,存放有CA签发的所有证书。

6.2.2 WPKI证书

1. 证书的格式

TLS要求使用的是X.509v3格式的证书。WTLS则可以使用3种格式的证书和证书URL。WTLS允许使用的证书格式除了标准的X.509v3证书外,还有X9.68证书和WTLS证书。

WTLS证书在WTLS规范中提出,它只特定地用于WTLS握手协议中,供交换会话密钥时加密对称密钥。WTLS证书不用于签名。

WTLS证书在X.509证书结构的基础上简化而来。与X.509v3证书相比,WTLS证书非常紧凑,而且易于实现和解析。WTLS证书与X.509证书比较如表6.1所示。

从表6.1中可以看出,WTLS舍弃了X.509v3证书中的序列号、发行者ID、属主ID、扩展和发行者签名前的签名算法标识。

2. 设备对证书的要求

WPKI对移动终端、WAP网关、服务器的证书有如下要求。

表6.1 WTLS证书与X.509V3证书比较

X.509v3证书	WTLS证书
版本(version)	版本(certificate_version)
序列号(serialNumber)	
签名算法标识(signature)	算法标识(signature_algorithm)
发行者名称(issuer)	发行者名称(issuer)
有效时期(validity)	有效时期(valid_not_before,valid_not_after)
证书属主名称(subject)	属主(subject)
属主公钥信息(subjectPublicKeyInfo)	属主公钥 (public_key_type,parameter_specifier,public_key)
发行者ID(issuerUniqueID)	
属主ID(subjectUniqueID)	
扩展(extensions)	
签名算法标识(signatureAlgorithm)	
发行者签名(Issuer's signature)	发行者签名(signature)

① 保存在移动终端设备上的 WAP 网关和 CA 证书是 WTLS 证书。在证书的长期存储和本地管理上，客户端必须支持 WTLS 证书格式的 CA 证书，支持 X.509 格式的 CA 证书是可选的。WTLS 证书格式的证书一般只用于 WTLS 中。WAP 网关证书的使用者主要是移动终端，因为移动终端在和 WAP 网关进行 WTLS 通信时，需要验证 WAP 网关证书的有效性，并使用 WAP 网关证书中的公钥来加密会话密钥，所以 WAP 网关证书及其相关操作的设计必须适应移动终端低性能和移动网络低带宽的特点。

② 保存在 WAP 网关上的客户证书(WTLS 和应用程序)和 CA 证书是 X.509 证书。保存在 WAP 客户端设备上，或者通过 OTA 发送的客户证书和 CA 根证书是 X.509 证书。在证书的长期存储和本地管理上，WAP 网关和 signText 的验证者必须支持 X.509 格式的 CA 证书，支持 WTLS 证书格式的 CA 证书是可选的。客户证书必须支持 X.509 是便于客户能够与其他非 WAP 服务器进行互操作。

推荐在移动终端设备上保存证书的 URL 而不是整个客户证书，除非 X.509 证书随设备提供(例如 WIM)，否则不应在设备上保存客户证书。保存整个客户证书需要较大的存储空间，这在存储资源紧张的移动终端上是很不值得的，保存证书的 URL 所需要的空间则少得多。WTLS 协议支持客户端提供证书的 URL 来代替证书，所以只在客户端保存自己证书的 URL 是可行的。但如果客户端支持 TLS，那么客户端设备上就需要保存整个客户证书。

WPKI 是传统 PKI 的扩展，包括了传统 PKI 中的大部分技术和概念。WPKI 与 WAP 环境中的所有安全和应用服务一样必须使用更有效的加密和数据传输技术来进行优化，以适应个人无线设备和窄带的无线网络。

6.2.3 WPKI 优化

与 WML 是 HTML 的优化，WTLS 是 TLS 的优化一样，WPKI 是传统 IETF PKIX 的优化以适应无线的环境。具体说来，优化主要表现在下述几个方面。

(1) PKI 协议

用于处理 PKI 服务请求的传统方法是依赖于 ASN.1 Basic Encoding Rules(BER)和 Distinguished Encoding Rules(DER)，然而 BER/DER 需要较多的处理资源。WPKI 协议使用 WML 和 WML Script Crypto API(WMLSCrypt)。与传统 PKI 中使用的方法相比，WML 和 WMLSCrypt 中的 signText 函数在编码和提交 PKI 服务请求的时候能够节约大量的处理资源。

(2) 证书格式

WPKI 证书格式规范主要是为了减少存储容量。其中一种方法就是为服务器端的证书定义新的证书格式(WTLS 证书格式)，与传统的 X.509 证书相比它的尺寸大大减少了。另外一种重要的方法是采用椭圆曲线密码算法(ECC)。使用 ECC，整个证书的大小可以减少 100 字节，因为与其他的签名算法相比 ECC 只需要较少的密钥。同时，WPKI 的某些字段长度也比 IETF PKIX 证书格式中的长度短。由于 WPKI 证书格式是 PKIX 证书的子集，所以可以在标准 PKI 中保持互操作性。

(3) 加密算法和密钥

虽然 WAP 安全标准也支持传统的签名方案，但是从性能和资源的角度来看那些方案在无线环境中是不实用的。按照 WAP-211-WAPCert，已定义可以用于 WAP PKI 中使用的公钥算法仅限于 RSA 和椭圆曲线,并且考虑到移动终端的移动网络特点,椭圆曲线算法是推荐使用的。传统的签名方案需要 WAP 设备具有更多的处理能力、内存和存储资源,而 ECC 加密算法对资源的要求则更为有效。ECC 技术被看作是最优化的,因此适合于用在支持无线环境中的安全。如前所述,要达到相同的安全程度,ECC 的密钥长度只需要达到别的签名方案的六分之一(163 bit 和 1 024 bit)。这将为密钥存储、证书大小、内存使用和对数字签名的处理带来很高的效率。WAP 安全标准完全支持 ECC,并且已经被 WAP 设备厂商广泛使用。要注意的是,要小心地选择椭圆曲线,否则将很容易受到各种各样的攻击。

6.2.4 WPKI 管理

下面探讨证书的管理。WPKI 证书的管理有些与 PKI 基本一致,还有些是不一致的。现在结合 WPKI 自身的特点来介绍 WPKI 的证书申请、发放、更新、撤销和验证。此处给出的各种流程也许不是标准的,因为,在实际建立 WPKI 体系时,没有规范对此作出相应的规定。图 6.8 所示的流程在建立 WPKI 体系时有参考价值。

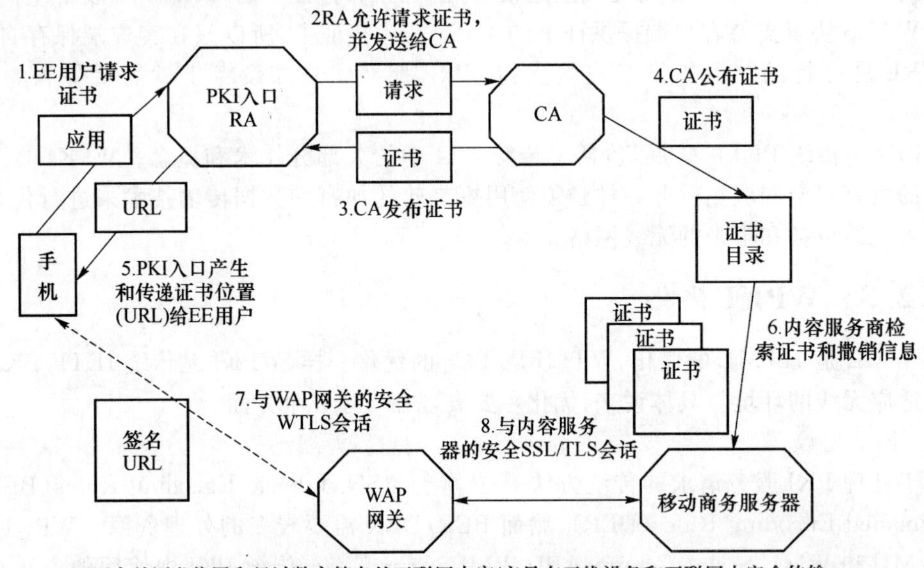

图 6.8 WPKI 的操作流程

1. 用户注册和证书申请流程

用户注册和证书申请分为移动终端用户的注册申请和服务器(网关、WAP 服务器)的证书注册申请。

移动终端的用户注册过程是面对面进行的。在注册过程用户的认证码和参考号码在签发证书过程要用到。因为无线终端的存储能力有限,所以证书不是直接发给无线终端用户,而是将证书的 URL 地址发给无线终端用户。

用户终端需要首先知道 CA 证书是否是有效的,WAP 论坛在 WAP-216-WPKI 文档中采用结构 TBHTrustedCAInfo 保存 CA 证书和其哈希值,通过比较哈希值来验证 CA 证书。

用户注册和证书发放流程如下(如图 6.9 所示)。

① 用户向注册机构 RA 提出申请,注册用户身份,RA 审核用户身份。

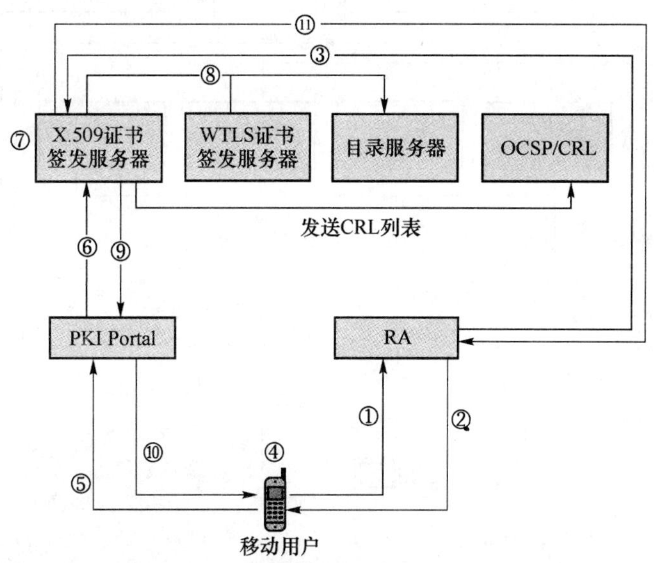

图 6.9　移动用户注册和证书发放流程

② RA 将认证码、参考号、CA 的 TBHTrustedCAInfo 的哈希值发送给用户。

③ RA 将用户信息发送给 CA。

④ 用户终端产生密钥对和证书请求(签名证书)。

⑤ 用户将证书签发请求发给 PKI Portal。

⑥ PKI Portal 将证书请求发给证书签发服务器。

⑦ CA 中心验证的证书签发服务器为用户签发 X.509 证书。

⑧ 证书签发服务器将证书保存到目录服务器。

⑨ 证书中心将所有用户 X.509 证书的 URL 发给 PKI Portal。

⑩ WPKI 服务器将 X.509 证书的 URL 发给终端 PKI Portal。

⑪ CA 中心将证书发放信息发给 RA。

应用服务器或有线网络中的用户可以通过 Internet 来注册和申请 X.509v3 证书。下面是证书注册和申请流程(如图 6.10 所示)。

① RA 检查服务器用户的身份(面对面),对服务器用户进行审核。

② RA 发送给用户认证码和参考号码。

③ RA 将用户信息发给 CA 中心。

④ 服务器用户产生用户密钥对和证书请求信息。

⑤ 将证书请求信息发给 CA。

⑥ CA 中心验证用户的身份,签发新的 X.509 证书。

⑦ 证书签发服务器发布证书到目录服务器。

⑧ CA 中心将证书发给服务器用户。

⑨ CA 中心将证书签发信息发给 RA。

WAP 网关和移动终端在进行密钥交换时需要使用 WTLS 证书,下面介绍 WTLS 证书的注册申请流程(如图 6.11 所示)。

① RA 检查 WAP 网关用户的身份(面对面),并对申请进行审核。

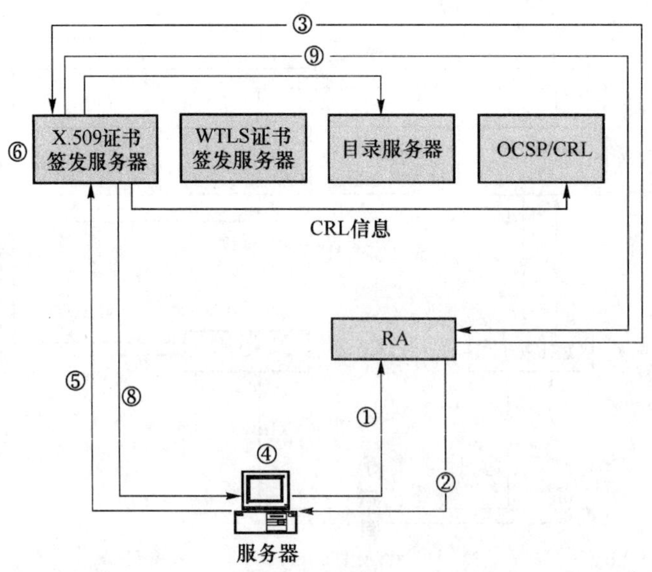

图 6.10　一般用户注册和证书发放流程

② RA 发送给用户认证码和参考号码。

③ RA 将用户信息发给 WTLS CA 中心。

④ WAP 网关产生密钥对和证书请求信息。

⑤ 将 WTLS 证书请求信息发给 WTLS CA 中心。

⑥ CA 中心验证用户的身份,签发新的 WTLS 证书。

⑦ WTLS 证书签发服务器发布证书到目录服务器。

⑧ CA 中心将 WTLS 证书发给 WAP 网关用户。

⑨ CA 中心将 WTLS 证书签发信息发给 RA。

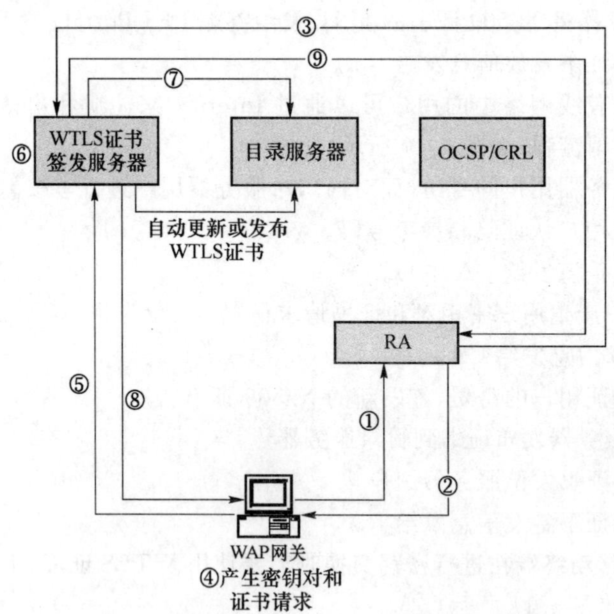

图 6.11　WAP 网关 WTLS 证书的注册申请流程

2. 证书更新

移动用户的证书在过期之后或失效之后，需要进行更新，下面是更新流程（如图 6.12 所示）。

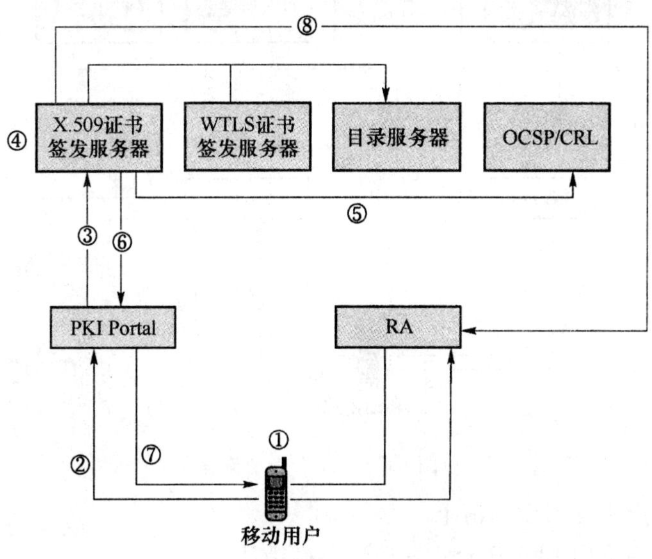

图 6.12　移动终端用户的证书更新流程

① 移动用户终端产生证书（签名用）的更新请求和需要更新的新密钥对。

② 移动用户发送证书更新请求给 PKI Portal。

③ PKI Portal 发送证书更新请求给 CA 中心。

④ CA 中心将原来的证书作废，同时签发新的 X.509 证书。

⑤ CA 中心将新的证书和 CRL 发布到目录服务器。

⑥ CA 中心发送 X.509v3 证书的 URL 地址给 PKI Portal。

⑦ PKI Portal 发送 X.509v3 证书的 URL 地址给移动用户终端。

⑧ CA 中心发送证书更新信息给 RA。

对于服务器证书更新，流程如下。

① 服务器产生密钥对和证书更新请求。

② 将证书更新请求发给 CA 中心。

③ CA 中心废除原有的证书，签发新的证书。

④ 发布证书和 CRL 到目录服务器。

⑤ CA 传输新的证书给服务器。

⑥ CA 传输新的证书给 RA。

对于 WAP 网关的 WTLS 证书，如果是短期证书（Short-Lived Certificate），则并不存在上面的流程，CA 中心应在有效期结束（48 小时）前自动签发新的 WTLS 证书给 WAP 网关，同时将新证书发布到目录服务器。

3. 证书的撤销

在移动终端的私钥认为不安全时，需要撤销公钥证书，其流程如下（如图 6.13 所示）。

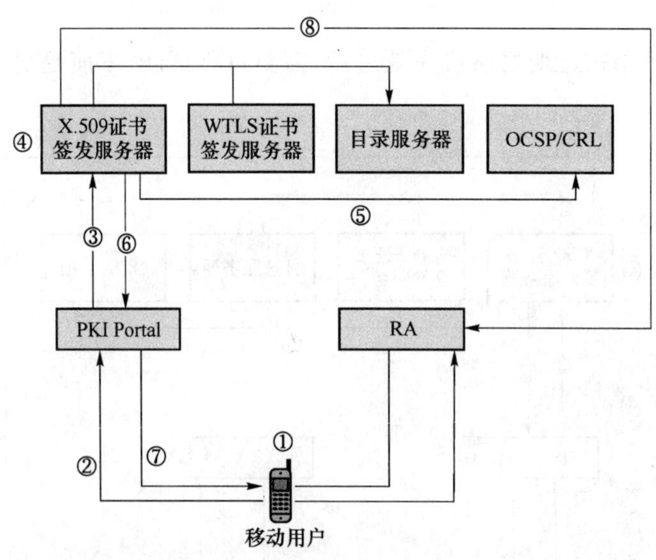

图 6.13　证书撤销流程

① 移动终端产生证书撤销请求。

② 移动终端用户向 PKI Portal 发送证书撤销请求。

③ PKI Portal 将证书撤销请求传给 CA 中心。

④ CA 中心撤销证书并产生 CRL。

⑤ CA 中心将 CRL 发送给目录服务器。

⑥ CA 将证书撤销传给 PKI Portal,证书撤销信息包括证书序列号、撤销原因等。

⑦ PKI Portal 将证书撤销信息传给移动终端。

⑧ CA 中心将证书撤销信息传给 RA。

4. 证书的验证

PKI 与 WPKI 之间的最大区别之一在于证书的验证。在 PKI 下,CA 中心发布的证书一般具有一年或者更长的有效期。但是当用户的私钥泄露或身份变化时,需要在证书有效期之前作废,所以 CA 中心需要维护证书撤销列表(CRL),还要定期更新。在证书验证阶段,需要验证证书的有效性和证书是否撤销。但是在 WPKI 下,证书验证的难点关键在于移动终端。

现在移动终端所拥有的带宽和处理能力不足以完成证书的验证和查询 CRL。首先验证 WAP 服务器的签名时,需要验证 WAP 服务器的有效性和真实性。因为证书的验证涉及到证书链,证书链可能很长,这样,终端需要逐级进行验证。限于终端的有限处理能力和带宽,可以采取 3 种方案解决。

① 在 WPKI 的框架中设计一个 VA 验证服务器。由 VA 验证服务器完成证书的验证。当移动终端需要验证服务器证书时,将 CRL 的查询和证书有效性及真实性的验证交给 VA 来完成。因为 CRL 可能很大,WAP 客户端的存储能力有限,验证 CRL 有效性时,需要较多的资源,所以,不太可能由客户端来验证 CRL 的有效性。移动终端发送服务器证书给 VA,由 VA 来验证证书的有效性和真实性,然后将验证结果发给移动终端。

② 给 WAP 网关签发的 WTLS 证书是短期证书(24 小时),CA 中心在 WAP 网关的证

书到期之前自动签发新的证书，并将新证书发布到目录服务器，WAP 网关每隔 24 小时从目录服务器重新取得新证书。这样，因为证书的有效期很短，移动终端不用查询短期证书是否被撤销，只需要验证证书的有效性和真实性。

③ 对 WAP 网关证书的验证可以通过 OCSP[RFC2560]查询证书的状态获得。

6.3　PMI 系统

对一些大型的组织机构来说，其网络结构比较复杂，应用系统也比较多，如果分别对不同的应用系统采用不同的安全策略，则管理将变得越来越复杂，甚至难以控制。不同的用户对应不同的应用系统，由于机构的网络结构比较复杂，应用系统和用户都是分散分布的，因此对用户的访问控制和权限管理就显得非常地复杂和凌乱。而机构必须能够控制：有“谁”能够访问机构的信息，用户访问的是“什么信息”，哪个用户被授予什么样的“权限”。一旦机构确定了权限管理和发布的方式，访问控制系统就可以根据机构发放的权限以及定义的安全策略控制用户访问，保护应用系统。然而，在权限生命周期管理、权限的表达和权限管理方式等方面目前还没有十分成熟实用的成果，权限管理方案发展相对滞后。

传统的应用系统通常是通过使用用户名和口令的方式来实现对用户的访问控制，而对权限的控制是每个应用系统分别进行的，不同的应用系统分别针对保护的资源进行权限的管理和控制，这种方式存在一些缺点。同时，又因为不同系统的设计和实施策略不同，导致了同一机构内存在多种权限管理的现状。目前，由于缺乏有效的权限管理机制带来了以下问题。

(1) 权限管理混乱

对一个机构而言，数据和人力资源都是统一的。但是由于系统设计的原因，可能同时对相同的人员采用不同的管理方式，对机构内的共享数据采用了不同的权限分配策略，这显然不合理，也不利于对机构资源的管理。

(2) 带来系统的不安全因素

不同的权限管理策略产生的安全强度是不同的，这就可能造成机构信息安全管理的漏洞，因此入侵者有可能瞄准那些权限管理相对不安全的系统进行集中攻击，给机构资源的安全性带来极大的危害。

(3) 权限管理依赖于访问控制

应用权限的赋予和撤销往往都是在访问控制应用中产生的，不同的访问控制应用之间尽管有相同的用户和授权策略却往往不能互相使用对方产生的权限。每个应用都要维护自己的用户信息和授权方法，权限无法在分布的应用和远程应用中使用。

(4) 资源所有者没有权限

应用系统负责权限的发放和使用，造成权限真正的拥有者不能有效、及时地更改、发布实时的权限信息，比如机构内一个人职务或业务的变化必须通知相关的不同应用并进行更新。而从本质上讲，权限的发放和权限的鉴别使用是完全不同的两个过程，完全可以分开，权限的拥有者发放权限，而由资源的保护者验证权限。

(5) 增加了系统管理员的负担

由于不同的系统采用不同的权限管理策略，系统管理员不得不熟悉和操作不同的权限管理模式,这无疑增加了系统管理员的负担。另外,大多数老系统都采用的是权限访问控制列表的方式,但是对于大型复杂应用系统用这种方式来分配权限,会给系统管理员带来巨大负担且易出错。

(6) 开发复杂费用高

设计一个新的安全应用系统时,权限管理是一个极其重要的部分。在缺乏统一权限管理模型的情况下,设计人员要考虑选择权限管理模型、访问控制授权方案,而且开发人员也要根据不同的应用花费较大代价来实现权限管理功能,为一个应用开发的管理往往无法在其他应用中重用,增大系统的费用。

在过去几年中,权限管理作为安全的一个领域得到快速发展,也提出了几种权限管理方案,如Kerberos、基于策略服务器方案等,但目前应用和研究的热点集中于基于PKI的PMI研究。在PKI得到较大规模应用以后,人们已经认识到需要超越当前PKI提供的身份验证和机密性,步入授权领域。提供信息环境的权限管理将成为下一个主要目标。PMI实际提出了一个新的信息保护基础设施,能够系统地建立起对认可用户的授权。建立在PKI基础上的PMI,对权限管理进行了系统的定义和描述,已经将权限管理研究推到了应用前沿。

关于权限管理和访问控制已经有了很多相关的标准。

1995年,发布了访问控制的标准框架(ISO/IEC 10181-3|ITU-T Rec. X.812),它主要定义了访问控制的基本概念、通用的访问控制服务和机制、访问控制服务和机制的协议功能需求和访问控制的管理需求,并阐明了访问控制服务和机制与其他安全服务和机制的相互作用关系。

在1997年发布X.509(v3)中定义了基本的属性证书语法(属性证书第1版本)。在2000年发布的X.509(v4)中定义了PMI的框架结构、扩展属性证书的语法(第2版)、PMI模型、标准PMI扩展集和委托路径处理,并增加了目录服务对象定义。

2000年Open Group提出了授权API(AZN API),定义了标准应用编程接口,用来实现访问控制体系结构符合ISO/IEC 10181-3|ITU-T Rec. X.812规定的系统。

2000年NIST(National Institute of Standards and Technology)发布了基于角色的访问控制建议标准,定义了RBAC(Role-Based Access Control)的参考模型。

关于PMI的标准正在制定当中,IETF正在进行PERMIS(PrivilEge and Role Management Infrastructure Standards Validation,权限和角色管理基础设施标准验证)项目,并计划推出PERMIS API的标准和相关的RFC。RSA已提出了RFC 3281《An Internet Attribute Certificate Profile for Authorization》。

国外已经有了PMI相关的产品。国内对PMI的研究也已经开始,并有类似的产品出现,但是还没有应用实例。从总体上看,PMI的理论是完全成熟的,目前在相关应用支撑技术方面已经具备,且有相应的标准公布,产品应用已经提到日程上来。

权限管理在现代软件系统中有着重要的地位,从各种操作系统到一般的应用程序,都能发现有关权限的模块或者功能。特别地,它是事务系统的关键部分,其可靠性、安全性及稳定性直接影响到事务系统的运行。

权限管理的功能有以下几点:保护系统的安全;保护数据的安全;防止无关人员(未经授权)使用;使有关人员(各种操作或管理人员,下同)能够各司其职;使有关人员的工作受到有效的监督和管理；记录有关人员的工作情况（日志等）；发生事故或故障后，用于确定问题的来源。

通常的权限管理包括系统登录、用户管理、权限分配、操作日志等。

系统登录可分为操作系统登录、数据库登录和应用软件登录等几种，其中操作系统登录、数据库登录分别是由操作系统和数据库引擎提供的安全机制；对于应用软件登录，一种情况是仅简单地提示用户输入口令，没有不同用户的区别；另一种情况是在上述功能的基础上增加用户管理，允许多个用户登录，各用户有各自对应的口令。

用户管理主要进行用户信息的增加、删除和修改（包括用户口令的修改）。

权限分配是指如何将系统的指定权限分配给指定用户的方法。权限分配是制约权限管理通用性的瓶颈所在。按照其灵活性分为以下 3 种：静态分配、半动态分配和动态分配。其中，静态分配容易实现，但对实际应用环境变化缺乏适应能力，而动态分配则相反，它有较好的适应性，但实现较为复杂；在动态分配中，用户的角色和角色的权限都可由用户根据实际需要进行定义和设定，具有良好的适应能力。

操作日志从发生时机上来说是一种事后监督机制，简单的操作日志只记录用户进入、离开系统的时间，复杂的操作日志还会记录一些主要的用户操作并能够记录用户的具体操作行为，甚至在发生某些小问题后，还可以根据详尽的操作日志进行某种程度的恢复工作。

6.3.1　权限管理技术

1. 权限管理技术概述

权限管理与访问控制的侧重点不一样，访问控制侧重对用户的访问和控制，而权限管理侧重对系统本身权限资源和用户本身的管理。

在大型的业务系统中，随着业务系统的迅速发展，各种支撑系统和用户数量的不断增加，网络规模的迅速扩大，信息安全问题愈见突出，原有的信息安全管理措施极有可能不能满足未来业务发展的要求。主要表现在以下方面。

① 大量的网络设备、主机系统和应用系统分别属于不同的部门和不同的业务系统。目前各个应用系统都需要独立地维护一套用户管理系统，也就是说，不同应用系统都有一套独立的认证、授权和审计系统，并且由相应的系统管理员负责维护和管理。当维护人员同时对多个系统进行维护时，工作复杂度会成倍地增加。

② 用户数目不断增加。用户数目的增加带来管理上的复杂，用户在访问信息系统时出现的各种问题导致系统管理人员工作负荷增大，没有太多精力保障系统的安全。

③ 用户对信息系统访问权限的变化越来越频繁。工作岗位、工作职责的变化需要及时对信息系统的访问权限进行调整，如果不能及时调整则会影响用户工作的正常进行。

④ 信息系统的增多使用户经常需要在各个系统之间切换，每从一个系统切换到另一信息系统时，都需要输入用户名和口令进行登录，给用户的工作带来不便，影响了工作效率。用户为便于记忆口令会采用较简单的口令或将多个信息系统的口令设置成相同的，危害到系统的安全性。

总之，随着业务系统和支撑系统的发展及内部用户的增加，一方面系统维护和管理人员的工作负担增加，工作效率无法提高；另一方面无法对各业务系统实现统一的安全策略，从而在实质上降低了业务系统的安全性。

缺乏资源管理使信息系统的安全管理效率无法提高,系统的安全受到威胁,系统管理成本居高不下,无法适应信息系统的业务快速发展和网络规模不断扩大的现状,因此需要根据系统的身份管理现状,研究集中统一的用户身份管理技术和平台,使得系统和安全管理人员可以对信息系统的用户和各种资源进行集中管理、集中权限分配和集中审计,从技术上保证信息系统安全策略的实施。

由此可见,提出并逐步建立和完善信息系统集中统一的权限管理体系已是刻不容缓的任务。

权限管理基础设施或授权管理基础设施(PMI),是属性证书、属性权威、属性证书库等部件的集合体,用来实现权限和证书的产生、管理、存储、分发和撤销等功能。我们基于PMI实现权限管理与访问控制系统,属性证书起着承担权限管理枢纽的重任。无论是用户还是用户所属组以及角色证书都可以通过查询对应的证书得到相应的证书。

2. 权限管理的几个相关概念

在权限管理中,需要分别对如下资源、权限、角色进行一一管理,以下对这几方面进行讲述。

(1) 资源

在一个系统中,资源管理是相当重要的。系统内需要保护的系统资源有:磁盘与磁带卷标、远程终端、信息管理系统的事务处理及其应用、数据库中的数据和应用资源。

资源的收集和管理比较复杂,因为在大型系统中,资源本来就很多,通常需要根据系统中业务的需求进行资源划分。合理地划分资源可以方便资源的管理和资源的授权。

通常资源使用的方法是对需要保护的资源定义一个访问控制包(Access Control Packet),该包包括了资源名及拥有者的标识符、默认访问权、用户、用户组的特权明细表、允许资源的拥有者对其添加新的可用数据的操作和审计数据等。

(2) 权限

在某个系统中,一般而言,一个权限就是一个对单个或多个目标特定模式的访问的正式批准。词语授权、许可、访问权利和访问权限也是权限的意思。权限通常是肯定的,在系统中表示拥有权限去实行某些行动。有些访问控制的文献中提出负权限的概念,它用来表示拒绝。

权限的本质取决于一个系统实现的细节和具体系统的情况。在一般的访问控制模型中,往往将权限作为一个不加以解释的符号。权限管理需要将权限进行划分以对应它自己的资源,将权限进一步地分割以方便系统保护它里面每一个抽象的目标,并且方便将权限赋予角色。

权限可以应用给单个目标或者多个目标。在不同环境中对权限可以有不同的定义,例如,一个权限可以定义为对一个特定文件的读取访问或者定义为对一个特定部门的所有文件的组合读取访问权限。将单个权限组合成一个组合访问权限,这样它们就可以作为整个单元来达到实现上的独立。

(3) 角色

角色可以认为是单个或者一组用户在一个组织中用来实行的一组操作。可以将角色看作一组用户的集合加上一组操作权限的集合。角色管理的任务就是要定义这样的集合,然后将这些集合分配给合适的用户。

在许多访问控制系统中,用户组通常作为访问控制的一种单位。很多人对角色和组产生混淆。组和角色概念的一个主要不同是组通常作为用户的集合而不是作为权限的集合，而一个角色既是用户的集合又是权限的集合。角色作为权限和用户的中介将两者联系起来。

考虑到 Unix 操作系统的管理，组的资格在 Unix 中定义在两个文件：/etc/passwd 和/etc/group 里面，因此可以比较容易判断用户属于哪个组或者某个特定的组拥有的哪些用户。基于不同文件和目录有一个许可比特位，只要将不同的组赋予相应的比特位就可以将不同的权限分配给不同的组。要判断某个组有哪些权限通常要遍历整个文件树，因此判断是否属于某个组比判断该组的权限容易得多。而不同组的权限分配也是高度分散的。本质上，Unix 文件系统的任意子树的拥有者可以将那部分子树分配给组。Unix 中的组在某些情况下就是相当于角色。

3. 基于角色的权限管理模型

建立安全高效的权限管理模型是软件系统中一个重要的环节。目前国内外研究了几种权限管理模型：基于对象的权限管理模型、基于层次的权限管理模型、基于规则的权限管理模型和基于角色的权限管理模型。总结前面 3 种模型，它们共同的缺点首先是权限操作复杂，授权方式不够灵活，不能处理日益膨胀的数据信息，特别是对一些大型的结构性数据的权限管理力量薄弱；其次，在网络技术快速发展的今天，虚拟企业联盟的存在，使产品数据不再集中在某一个地方，而上述的这些权限模型对分布式的数据安全管理束手无策。而基于角色的权限管理模型很好地解决了前面几种模型的缺点。下面论述基于角色的权限管理模型。

基于角色的权限管理模型是在用户和权限之间设置了一个新的实体——角色，角色作为中间媒介把用户集合和权限集合联系起来，用户通过角色间接地访问系统资源。一个角色与权限关联可以看作是该角色拥有一组权限的集合，与用户关联又可以看作是若干具有相同身份的用户的集合。在基于角色的权限管理模型中，一个用户可以被赋予多个角色，一个角色也可以被赋予多个用户，用户和角色之间是多对多的关系。同样，一个角色也可以具有多项权限，一项权限也可以被赋予多个角色，权限和角色之间也是多对多的关系。一个登录到系统中的用户，可以通过所拥有角色的权限来判断允许访问的数据库资源和系统资源，这是基于角色的权限管理模型的基本原理。

可以将权限、角色和用户之间的关系看作是一个函数映射 $Y=F(X,Z)$。设权限、角色、用户的集合分别为 $P\{p_1, p_2, \cdots p_k\}$，$R\{r_1, r_2, \cdots r_n\}$，$U\{u_1, u_2, \cdots u_m\}$；$X, Y \in U, R, P$；$Z$ 是对应的某种约束，f 是对应规则。

U、R、P 相互两两之间存在对应关系，U 作用于 R，R 作用于 P，反之亦然。如图 6.14 所示详细描述了基于角色的权限管理的基本模型。

该模型可以分解成两层来实现：第一层是用户管理系统——“用户/角色/访问子系统功能项权限”；第二层权限系统——“访问子系统功能项的权限/访问具体数据信息的权限”。模型中的会话可以有效地控制角色冲突。当一个用户已被赋予多个角色，而这些角色又分属若干个会话组时，由于用户在任一时间内只可以激活一个会话，使得用户在该时间内，仅能扮演该激活会话组中包含的角色，而其他会话组中包含的角色该时间段内均为禁用。

限制机制是对角色授权、用户赋予某一角色等的各个环节进行相应限制的机制，最常见的是定义互斥角色和限制可被赋予特定角色的数目。角色对权限的操作是根据企业的需求

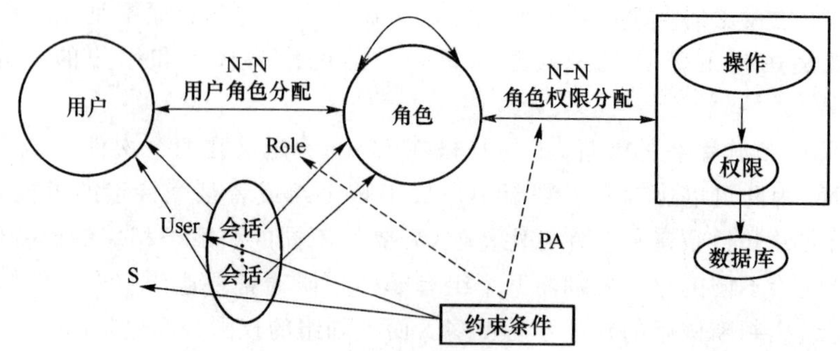

图 6.14 基于角色的权限管理基本模型

而制定的，一般的权限操作有：授权、权限的撤销、权限冻结、权限的激活、权限排除、权限扩散、权限的修改等。根据权限的用途，还可以把权限细分。系统中的每一个角色可根据其是否具有权限管理的授权职能分为两大类：规则角色和管理角色，系统的功能项也相应地分为规则功能项和管理功能项。规则功能项仅仅授予规则角色，管理功能项仅仅授予管理角色。对于任何业务系统都可以根据自身的安全策略、操作规则构造不同等级的管理角色和规则角色，以更好地适应业务系统的发展。

6.3.2 PMI 技术

1. PMI 的定义

ITU&IETF 编写的相关文档说明了如何使用属性证书实现 PMI。PMI，即权限管理基础设施或授权管理基础设施，是属性证书、属性权威、属性证书库等部件的集合体，用来实现权限和证书的产生、管理、存储、分发和撤销等功能。

AA(Attribute Authority)即属性权威，是用来生成并签发属性证书(AC)的机构。它负责管理属性证书的整个生命周期。

AC(Attribute Certificate)即属性证书，对于一个实体的权限绑定是由一个被数字签名了的数据结构来提供的，这种数据结构称为属性证书，由属性权威签发并管理，它包括一个展开机制和一系列特别的证书扩展机制。下面称身份证书为 PKC(Public Key Certificate)。

X.509 定义的属性证书框架提供了一个构建权限管理基础设施(PMI)的基础，这些结构支持访问控制等应用。属性证书的使用(由 AA 签发的)提供一个灵活的权限管理基础设施。

对于一个实体的权限约束由属性证书权威(已被数字签名的数据结构)或者由公钥证书权威(包含已明确定义权限约束扩展的)提供。

PMI 实际提出了一个新的信息保护基础设施，能够与 PKI 和目录服务紧密地集成，并系统地建立起对认可用户的特定授权，对权限管理进行了系统的定义和描述，完整地提供了授权服务所需过程。

建立在 PKI 基础上的 PMI，以向用户和应用程序提供权限管理和授权服务为目标，主要负责向业务应用系统提供与应用相关的授权服务管理，提供用户身份到应用授权的映射功能，实现与实际应用处理模式相对应的、与具体应用系统开发和管理无关的访问控制机制，极大地简化了应用中访问控制和权限管理系统的开发与维护，并减少了管理成本和复杂性。

2. 为什么不是 PKI

既然 PMI 建立在 PKI 的基础之上，为什么不直接基于 PKI 进行权限管理和访问控制呢？应用 PKI 的目的是管理密钥并通过公钥算法实现用户身份验证。但在实际访问控制应用中，却存在一些问题，例如，用户数目很大时，通过身份验证仅可以确定用户身份，但却不能区分出每个人的用户权限。这就是 PKI 新扩展产生的一个原因。

另外，访问控制和授权很复杂。比如说，在一个机构相关范围内，往往包含多种角色，每个角色担负不同的职责和业务，每个人员又可以承担多个角色（领导、技术人员、管理人员、销售、伙伴、客户）；要保护的内容也是不同的，如数据库、网页、文件……；管理规定可能多种多样，如分支机构定义的规则不能违反高一级机构的规则；访问控制策略也是极其复杂的，同样的一个角色，在不同的系统中具有的权限往往是不同的，部门内的策略不能和机构的策略冲突；安全应用系统的环境也千差万别，等等。

而且，权限信息相对于身份信息来说容易改变，维护授权信息代价相对维护身份信息要高得多。在 PKI 得到较大规模应用以后，人们已经认识到需要超越当前 PKI 提供的身份验证和机密性，步入授权验证的领域，提供信息环境的权限管理将成为下一个主要目标。因此，ITU 和 IETF 进行了 PKI 的扩展，允许该基础设施支持和处理授权。

PKI 的基础是公钥证书（PKC）。PKC 将用户的身份与其公钥进行绑定，形成用户的数字身份证。但在有些情况下（如基于角色的访问控制）身份并不能作为访问控制的唯一标准。PMI 是一个生成、管理、存储及作废 X.509 属性证书的系统。PMI 实际上是 PKI 标准化过程中提出的一个新的概念，但是为了使 PKI 更迅速地发展，IETF 将它从 PKI 中分离出来单独制订标准。

与 PKI 不同，PMI 使用属性证书（AC）。属性证书将用户的一组属性和其他信息通过认证机构的私钥进行数字签名，使其不能伪造，用于证书的扩展使用。与公钥证书相关的某个实体可以同时拥有多个 AC。

属性证书可以用于认证指定属性值，并且将这些属性值与 X.509 证书进行联编，或者直接与实体的名字进行联编。此外，属性证书的属性值可以实现组合匹配。AC 的上述特性使其能够用于构建基于角色的安全访问控制体系。

3. PKI 与 PMI 的关系

PKI 和 PMI 之间的主要区别在于：PMI 主要进行授权管理，证明这个用户有什么权限，能干什么，即“你能做什么”；PKI 主要进行身份鉴别，证明用户身份，即“你是谁”。它们之间的关系类似于护照和签证的关系。护照是身份证明，唯一标识个人信息，只有持有护照才能证明你是一个合法的人。签证具有属性类别，持有哪一类别的签证才能在该国家进行哪一类的活动。

PMI 和 PKI 两者实现机制比较如图 6.15 和图 6.16 所示。

由于在 X.509 中定义，一个实体的权限约束由属性证书权威（已被数字签名的数据结构）或者由公钥证书权威（包含已明确定义权限约束扩展的）提供。授权信息可以放在身份证书扩展项中（subjectDirectoryAttribute）或者属性证书中，但是将授权信息放在身份证书中是很不方便的。首先，授权信息和公钥实体的生存期往往不同，授权信息放在身份证书扩

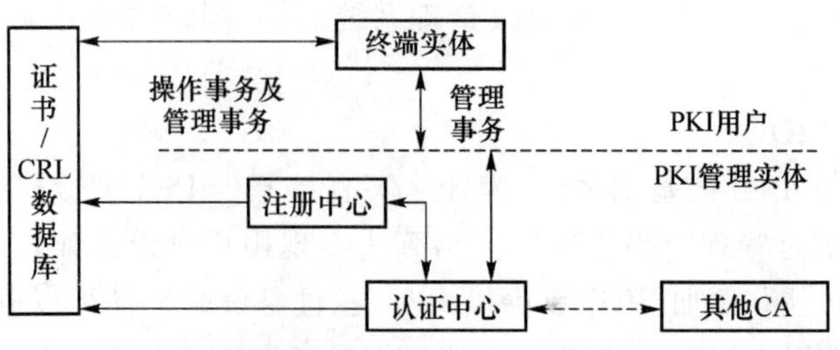

图 6.15　PKI 组织结构

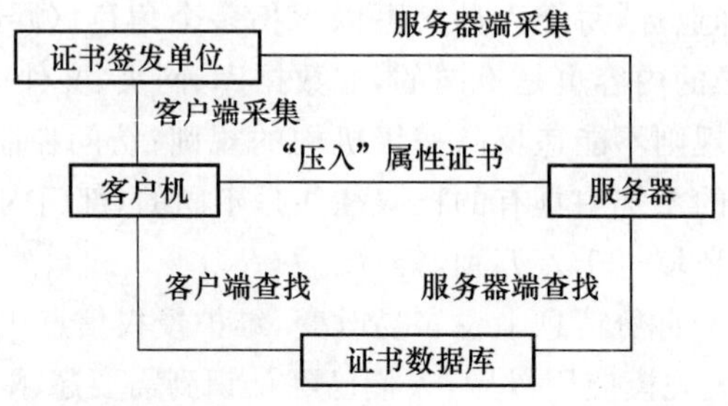

图 6.16　PMI 组织结构

展项中导致的结果是缩短了身份证书的生存期,而身份证书的申请审核签发是代价较高的;其次,对授权信息来说,身份证书的签发者通常不具有权威性,这就导致身份证书的签发者必须使用额外的步骤从权威源获得授权信息。另外,由于授权发布要比身份发布频繁得多,对于同一个实体可由不同的属性权威来颁发一属性证书,赋予不同的权限,因此,一般使用属性证书来容纳授权信息,PMI 可由 PKI 建造出来并且可独立地执行管理操作。但是两者之间还存在着联系,即 PKI 可用于认证属性证书中的实体和所有者身份,并鉴别属性证书签发权威 AA 的身份。

PMI 和 PKI 有很多相似的概念,如属性证书与公钥证书,属性权威与认证权威等。表 6.2 是对它们的比较。

表 6.2　PKI 与 PMI 实体比较

内容	PKI 实体	PMI 实体
证书	PKC 公钥证书	AC 属性证书
证书颁发者	证书机构	属性机构
证书接收者	证书主体	证书持有者
证书的绑定	主体的名字绑定到公钥上	证书持有者绑定到一个或多个特权属性
证书撤销	证书撤销列表(CRL)	属性证书撤销列表(ACRL)
信任的根	根 CA 或信任锚	权威源(SOA)
子机构	子 CA	AA
验证者	可信方	特权验证者

公钥证书是对用户名称和他/她的公钥进行绑定，而属性证书则是将用户名称与一个或更多的权限属性进行绑定。在这个方面，公钥证书可被看为特殊的属性证书。

数字签名公钥证书的实体被称为CA，签名属性证书的实体被称为AA。

PKI信任源有时被称为根CA，而PMI信任源被称为SOA。

CA可以有它们信任的次级CA，次级CA可以代理鉴别和认证，SOA可以将它们的权利授给次级AA。如果用户需要废除他/她的签字密钥，则CA将签发证书撤销列表。与之类似，如果用户需要废除授权允许（Authorization Permissions），AA将签发一个属性证书撤销列表（ACRL）。

4. 实现PMI的机制

实现PMI有多种机制，大致可分为3类。

(1) 基于Kerberos的机制

Kerberos是基于对称密码技术的，它具有对称算法的一些优秀性能，如：便于软硬件实现，比非对称密码算法运算速度更快。但是，存在不便于密钥管理和单点失败的问题。这种机制最适用于大量的实时事务处理环境中的授权管理。

(2) 基于策略服务器概念的机制

这种机制中有一个中心的服务器，用来创建、维护和验证身份，组合角色。它实行的是高度集中的控制方案，便于实行单点管理，但却容易形成通信的瓶颈。这种机制最适用于地理位置相对集中的实体环境，具有很强的中心管理控制功能。

(3) 基于属性证书的机制

类似于公钥证书的概念，但是不包括公钥。这种机制是完全的分布式解决方案，具有失败拒绝的优点，但由于是基于公钥的操作（因为AC使用数字签名进行认证和完整性校验，包含的属性可以用加密技术确保机密性，这些都用了公钥技术），性能不高。这种机制适用于支持不可否认服务的授权管理。

基于AC的机制可以直接使用PKI。X.509-2000利用属性证书定义了PMI，以及如何利用PKI-CA进行对用户访问的授权管理。从PMI框架定义的基础看，可以发现PMI与PKI必然会具有很多的相似之处。

总之，PKI处理的是公开密钥证书，包括创建、管理、储存、分发和撤销公开密钥证书的一整套硬件、软件、人员、策略和过程。而PMI处理的是AC的管理，与PKI类似，它包括了创建、管理、储存、分发和撤销AC的技术和过程。

5. PMI模型

由于绝大多数的访问控制应用都能抽象成一般的权限管理模型，包括3个实体：对象、权限声称者（Privilege Asserter）和权限验证者（Privilege Verifier），如图6.17所示。因此，PMI的基本模型包括3个实体：目标、权限持有者和权限验证者。

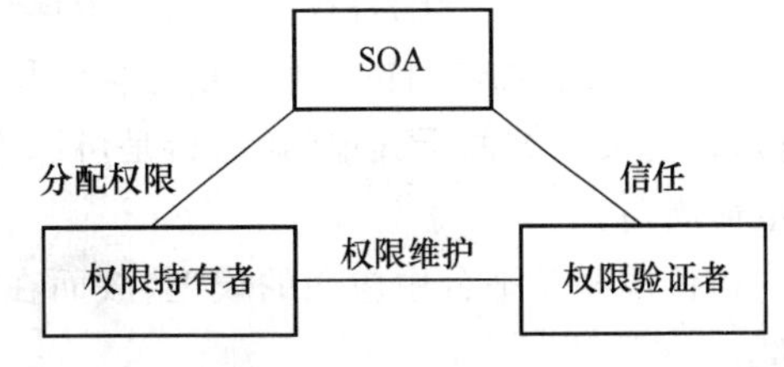

图6.17　PMI基本模型

目标可以是被保护的资源，例如在一个访问控制应用中，受保护资源就是目标。权限持有者也就是持有特定特权，并为某个使用决定特权的实体。权限验证者对访问动作进行验证和决策，是制定决策的实体，决定某次使用的特权是否充分的实体。

权限验证者根据4个条件决定访问通过/失败。

① 权限声明者的权限。

② 适当的权限策略。

③ 当前环境变量(如果有的话)。

④ 对象方法的敏感度(如果有的话)。

其中,权限策略说明了对于给定敏感度的对象方法或权限的用法和内容,用户持有的权限需要满足的什么条件和达到什么要求。权限策略准确定义了什么时候权限验证者应该确定一套已存在的权限是"充分的",以便许可(对要求的对象、资源、应用等等)权限持有者访问。为了保证系统的安全性,权限策略需要完整性和可靠性保护,防止他人通过修改权限策略而攻击系统。

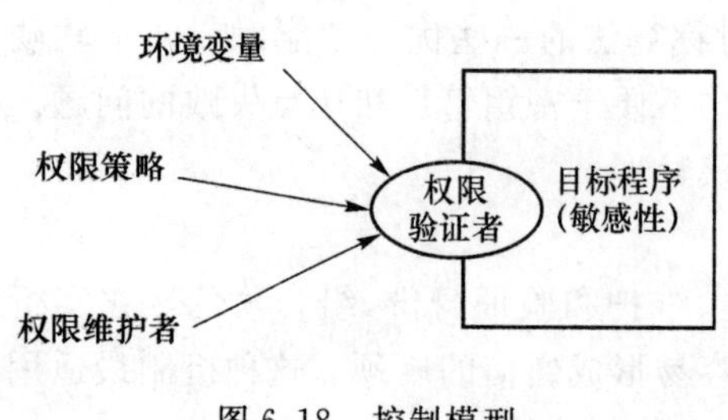

图6.18 控制模型

控制模型如图6.18所示,它说明了如何控制对敏感目标程序的接入。该模型有5个基本组件:权限维护者、权限验证者、目标程序、权限策略和环境变量。其中权限验证者与PMI基本模型中的组件解释相同;权限维护者可以是由公钥证书或是档案资料定义的实体;目标程序含有敏感信息。

该模型描述的方法,使得特权验证者能够通过特权持有者与特权策略保持一致,从而达到对环境变量的接入控制。

特权和敏感性可以有多个参数值。

委托模型(如图6.19所示),有些环境下可能会需要委托特权,但是,这种框架是可选项,并不是所有的环境都必须。这种模型有4个组件:权限验证者、权限维护者、SOA和其他的AA。在不使用委托的环境下,SOA成为证书的最初颁发者,即向特权持有者分配特权,但是在这种情形下,SOA充当AA,向权限持有者授权,进一步向其他实体授权特权。而角色模型(如图6.20所示)为角色提供了一种间接地向个体分配特权的方式。个体通过证书中的角色属性,分配到一个或多个角色。AA可以定义任意数目的角色;角色本身和角色的成员也可以由不同的AA分别定义和管理;角色的关系类似于其他的特权,是可以委托的;可以向角色和角色的关系分配任何合适的生命周期。

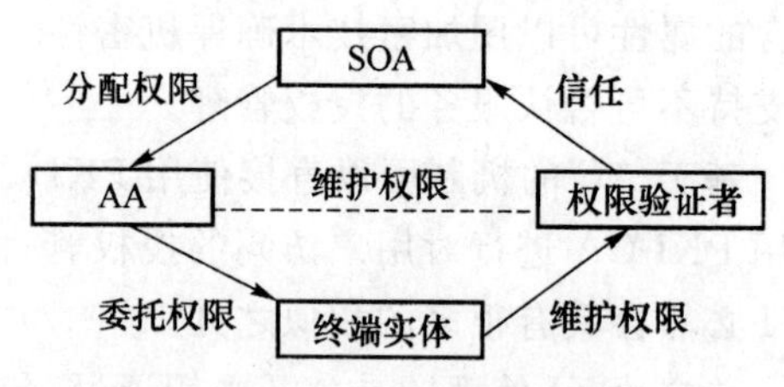

图6.19 委托模型

角色模型是平台中应用的模型,故而在前面讨论访问控制模型的时候详细介绍了角色模型。

6. AA的实现

AA(Attribute Authority)即属性权威,用来生成并签发属性证书AC(Attribute Certificate)的机构,它负责管理证书的整个生命周期。

AA和CA在逻辑上是完全独立的。"身份"的创建和维护应该与PMI分离开来,因此

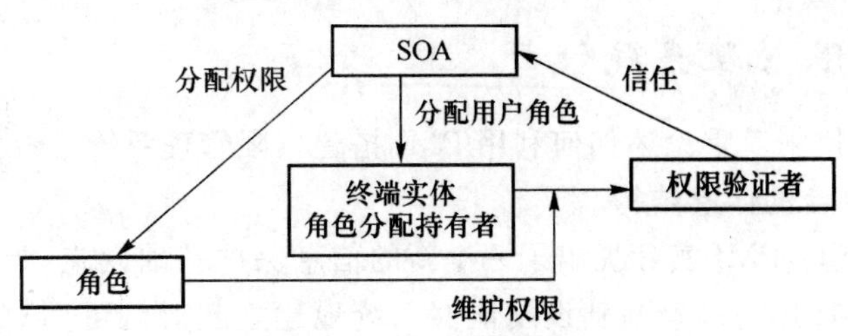

图 6.20　角色模型

完整的 PKI，包括 CA，可能在 PMI 建立之前存在并且可选用。尽管 CA 是域身份权威的源，但是它不是自动的权限权威源，因此，CA 本身并不必是 AA。

在实际应用 PMI 系统构建安全应用时，AA 能力和应用方式可以根据具体的建设要求和成本灵活的决定。

例如在一个较小的应用中，系统的使用人员和资源较少，可以采用嵌入式的 AA 签发和管理属性证书，减少建设成本和管理开销。而在一个由多个应用组成的较大的系统中，存在着大量的用户和资源，并对系统有整体的安全需求，这时可以考虑建立属性权威中心，简称 AA 中心，将所有的应用纳入到同一个安全域下，由 PMI 的整体安全策略和授权策略实现整个系统范围内的所有应用的整体安全访问。这样，一方面可以减少 AA 的重复性投资来控制成本，另外一方面可以通过较为集中的管理模式减少管理复杂性和开销，并带来更好的全局安全性。

一个属性权威 AA 的基本组成如图 6.21 所示。

AA 主要包括 AC 签发、受理和管理、数据库服务器和目录服务器，其中数据库服务器不是必须的。

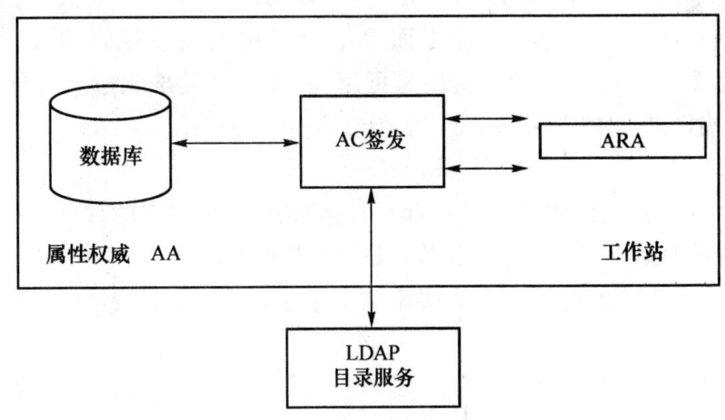

图 6.21　属性权威 AA 的结构

需要特别说明的是，各业务应用系统在建设 AA 时，要根据系统内用户的数量、管理的模式确定 AA 属性权威、LDAP 服务器的服务能力，并相应地确定与现状相适应的服务能力冗余备份和性能扩展方案，以确保整个 PMI 服务能力具有延续性和良好的业务量适应能力。

6.3.3 权限管理系统设计

现在以一个实例来着重论述如何利用PMI搭建权限管理系统平台。

1. 权限管理平台的体系结构

在PKI的基础上,PMI实际提出了一个新的信息保护基础设施,能够与PKI和目录服务紧密的集成。PMI作为一个基础设施能够系统地建立起对认可用户的授权。PMI通过结合授权管理系统和身份认证系统克服了PKI的弱点,提供了将PKI集成到应用计算环境的模型。PMI权限管理和授权服务基础平台应该满足下面的需求。

① 作为权限管理和授权服务的基础设施,可以为不同类型的应用提供授权管理和访问控制的平台支持。

② 平台策略的定制应该灵活,能够根据不同的情况定制出不同的策略,如不同级别的政府机关,同一级别的不同部门,策略可能是截然不同的,PMI应该能够根据这些不同的情况灵活地定制出策略。

③ 平台管理功能的操作应该简单。由于管理人员可能属于不同领域,他们在权限管理方面的知识参差不齐,所以管理功能应该尽量简单。

④ 平台应该具有很好的扩展能力,如可以随时地增加功能模块,而不必改变原来的程序构架,或改动很小;可以随时增加决策标准;可以针对不同的应用定制实施模块。

⑤ 平台应该具有较好的效率,避免决策过程明显的影响访问速度。

⑥ 平台应该独立于任何应用。

PMI应用能够有效地增强系统的安全性,改变现有的多种权限管理模型带来的权限管理混乱,降低应用系统的开发成本,提高企业的效率。国外的一些科研机构、公司也进行了同类产品的研究和开发工作,如RSA、Entrust、Baltimore等都做了大量的工作,很多PKI开发商已提供了一些PMI产品;政府方面也给予了相当的重视。例如,在EU资助下的PERMIS项目就意在验证PMI的适应性和可用性,并尝试标准化电子商务应用中所需的权限,制定描述这些权限和PERMIS API的RFC。

2. 实施接口

用户可以根据平台提供的实施接口针对具体应用开发相应的访问控制插件,通过插件获取用户的身份信息、用户要访问的资源,以及对资源的动作。也就是,使用该接口构建策略实施点,根据用户对资源的请求生成决策请求信息后,发出决策请求,并根据决策结果执行访问或者拒绝。

身份信息获取:应用系统接收到登录者提供的用户身份信息。系统提供统一的身份信息接口对多种认证方式进行支持,无论使用基于证书的身份验证还是基于用户名/口令的验证,系统都使用相同的身份信息接口接收用户身份信息。系统平台支持基于口令的认证和基于PKI证书的认证。

访问实施接口(AEF API):访问实施接口根据用户对资源的请求生成决策请求信息,发出决策请求,接收决策结果。接收访问的资源信息和访问动作信息。根据用户身份信息、要访问的资源信息以及访问动作和相关信息,生成授权决策请求信息(Decision Request),向策略决策点发出决策请求,之后它将接收到的决策结果返回给策略实施点。

访问实施接口提供了用户权限信息。访问实施接口的决策过程对用户来说是透明的,用户只能看到认证过程,但看不到决策过程。

3. 决策服务

决策服务接收决策请求信息,并根据策略信息对决策请求信息进行决策,返回决策结果。该决策服务主要是策略决策点(PDP)起作用。

策略决策点工作的流程如下。

① 接收决策请求信息。

② 检索策略规则。

③ 根据决策请求信息和策略规则作出决策。

④ 将决策结果返回策略实施点。

⑤ 将用户的权限信息返回给策略实施点。

⑥ 对决策过程的所有操作提供审计接口。

4. 策略管理

(1) 权限资源管理

权限资源管理为管理员提供方便的资源管理方式;提供 Web 资源的自动发现功能,导入资源的接口;提供资源的添加、删除和修改功能;对资源的管理采用集中方式,并按照资源的组织形式对资源进行管理;对资源的各种操作提供审计接口;对资源信息根据应用要求附加安全标签(属性)。

一般权限资源是根据具体的应用将系统中的实际资源细化,既要便于实际应用也要便于管理。

在大型的复杂应用背景中,一般要求能够实现对数据库的权限资源管理、应用系统的权限资源管理、网络设备资源管理、服务器资源管理等等。而在不同的应用背景中,权限资源的设置是不一样的。例如在数据库的权限管理中,关注的是账号和具体的表格,甚至表格中某些项的访问情况。这些表中的项就可能成为权限资源。

(2) 用户管理

用户管理为管理员提供方便的用户管理方式。它的主要功能是:按照用户类型对用户进行分类管理,如员工、合作伙伴、顾客等;提供用户的添加、修改、删除功能;对用户的管理支持委托方式;对用户的各种操作提供审计接口。

这里的用户一般指除了管理员之外的用户,而管理员用户的实现在系统管理里面。

用户一般指实际存在的某个具体的人或者某个具有行为的主体,也可以指某些需要统计的单位等等。在权限系统中,用户一般需要与某个实际的东西进行绑定以便进行认证。在本系统中一个用户与 CA 证书进行绑定。一个用户仅拥有一个钥匙 Token,该 Token 里面有 CA 的签名和认证双证书,CA 证书的序列号保证用户的唯一性。

(3) 用户组管理

用户组一方面是行政管理单位,也可能是实际的人员编制,另一方面也可能是抽象管理的概念,具体需要按实际任务来分配。

我们知道,组和角色概念的一个主要不同是组通常作为用户的集合而不是作为权限的集合,而一个角色既是用户的集合又是权限的集合。

用户组管理的主要作用是对用户进行编排以便凸显不同级别,以便于管理。

(4) 角色管理

授权管理系统平台提供友好的图形界面对角色进行管理。角色管理根据实际的应用环境的要求划分角色,例如可以根据企业或组织结构划分角色,也可以根据级别和职责划分角色;角色之间应该可以支持继承,以方便管理员的管理工作;对角色的管理支持委托方式,减轻管理员负担;提供角色的增加、修改、删除的功能;支持角色继承的冲突消解;灵活的角色分配能力;对角色的操作提供审计接口。

(5) 授权策略管理

授权策略定义授权约束条件和系统内的权限;根据建立的角色给角色定义权限;申请签发相应用户的属性证书;系统提供映射关系的增加、修改、删除。授权策略的管理应该支持管理员授权委托方式;使用兼容 RBAC、MAC 和 ACL 的授权模型以便于根据不同的应用提供相应的授权管理;提供对授权策略信息操作的审计接口。

5. 系统管理

系统管理包括系统参数管理和系统管理员的管理,管理员包括首席管理员和管理员。

(1) 系统参数管理

系统参数管理就是对系统所处运行环境的相关信息进行配置;对系统运行所需的相关参数进行配置;对系统初始化、启动、运行、退出等配置信息进行管理;对系统的操作提供审计接口。

(2) 首席管理员

该管理员的作用是初始化系统;提供增加、修改、删除管理员信息的功能;对管理员进行授权;制定安全策略。

系统应当对首席管理员的操作提供审计。首席管理员包括管理员的功能,管理员的功能是首席管理员的功能子集。

(3) 管理员

管理员管理系统的用户、资源和授权策略;进行管理权限的委托;他只能对权限范围内的策略和资源进行管理;管理相应的配置信息;系统对管理员的管理操作提供审计。

6.4 AAA系统

6.4.1 AAA平台功能概述

一个主机系统通常存在3个安全问题需要解决:一是谁在访问主机?二是什么人可以访问主机的相应资源?三是要知道访问者在什么时候做了什么事情?而要解决上述的3个问题,主机需要进行下面的3项工作。

① 认证:在做任何动作之前用户必须要有方法来识别动作执行者的真实身份。

② 授权:在确认完身份之后,确认访问者到底被授予什么权限?

③ 审计:对用户的访问行为进行审查记录。

AAA(认证、授权、审计)平台正是为各个业务系统提供了统一、集中的身份认证、授权控制和日志审计的底层基础平台,它主要为上层业务系统提供认证授权审计接口。

AAA平台以CA认证系统作为底层平台,其使用的证书和安全服务开发包由CA认证系统提供。它们与各业务系统的关系如图 6.22 所示。

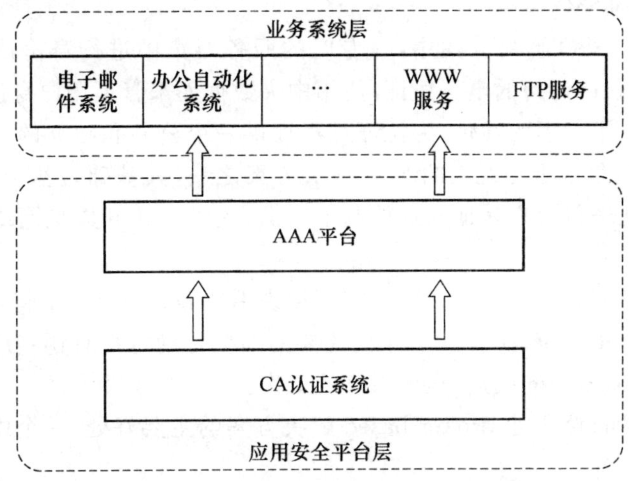

图 6.22　AAA 平台与其他业务系统的关系

AAA 平台包括 3 个功能模块。

① 认证模块:确认访问者的身份信息是否合法的过程。

② 授权模块:允许访问者访问其权限范围内的资源。

③ 审计模块:对合法的、非法的访问行为进行详细记录。

认证、授权和审计 3 大模块在 AAA 系统中的位置如图 6.23 所示。

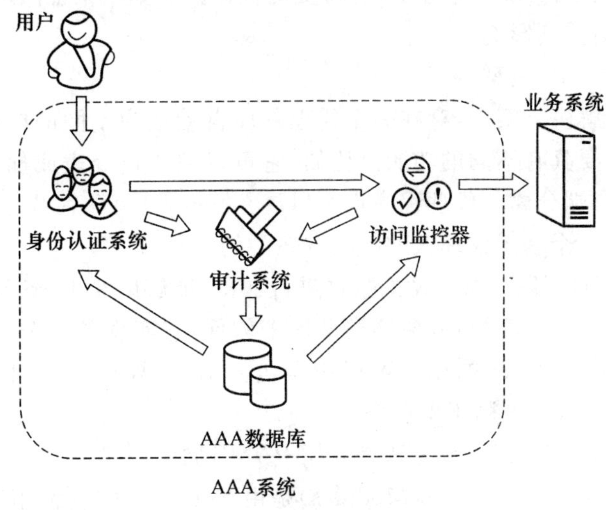

图 6.23　AAA 系统结构

6.4.2　单点登录模型

AAA 平台之所以能做到对所有业务系统的登录身份进行统一的认证,其核心思想就在于实现了单点登录。所谓单点登录(Single Sign-On,SSO),即用户需要访问多个业务系统时,只需进行一次登录和身份认证,就可以访问具有权限的任何系统,而不需要再次登录,后续系统会自动获取用户信息,从而识别出用户的身份。

实现单点登录的技术和模型已经有很多,其中有代表性的模型包括如下几种。

1. 基于经纪人的SSO模型

在基于经纪人的SSO解决方案中,有专门的服务器集中进行身份认证和用户账号管理,用户通过经纪人获得访问的电子凭证,使用中央数据库来管理用户身份、权限、密钥相关的信息。这样就减少了管理的代价,为认证过程提供一个公共和独立的"第三方"。著名的Kerberos认证体系就是基于经纪人的SSO解决方案之一,其基础是基于信任的第三方,如同一个经纪人集中地进行用户认证和发放电子票据,提供了在开放型网络中进行身份认证的方法。

此类单点登录模型在可实施性、管理、安全和易用性等方面有以下特点。

① 可实施性:Broker-based解决方案的主要的问题是确定现有哪些应用程序需要修改以接受票据,而对于旧系统的改造,是项艰巨的工作。

② 管理:集中式的管理是Broker-based解决方案的主要好处,一个中央数据库是易于进行管理的。

③ 安全性:一个Broker-base的解决方案的设计实现安全的实际水平,取决于实施。

旧的鉴别码有可能被存储和重用。尽管时间标记可用于防止这种攻击,但在票据有效时间内仍有风险。典型的票据有效时间是8小时。

鉴别码还基于一个假设,即网络中的所有时钟基本是同步。如果能够欺骗主机,使它的正确时间发生错误,旧的鉴别码则能够被重放。大多数网络时间协议是不安全的,因此将可能导致严重问题。

④ 使用性:在集中式的模型管理中,容易受到批评的是如果认证服务器当机,则所有的应用、所有的用户都会受到影响。

2. 基于代理人的SSO模型

在基于代理人的解决方案中,存在一个代理程序自动地为不同的应用程序认证用户身份。这个代理程序需要具有不同的功能。比如,它可以使用口令表或加密密钥来自动地完成认证,将负担从客户端分离。代理程序也可以放在服务器上面,在认证系统服务器和客户端之间充当"翻译"。一个基于代理人的解决方案的例子是SSH。

SSH(Secure Shell)可以把所传输的数据进行加密,能够防止DNS和IP欺骗。这是一个为在网上进行安全连接的客户/服务器类型加密软件,它实现了一个密钥交换协议,以及主机及客户端认证协议。SSH的用户可以使用包括RSA算法的不同认证方法。当使用RSA认证时,代理程序可以被用于单点登录。

实现Agent-Based SSO的一种方法是采用PAM机制。

PAM(Pluggable Authentication Modules)是由Sun提出的一种用于实现应用程序的认证机制。其核心是一套共享库,目的是提供一个框架和一套编程接口,将认证工作由程序员交给管理员,PAM允许管理员在多种认证方法之间作出选择,它能够改变本地认证方法而不需要重新编译与认证相关的应用程序,同时也便于向系统中添加新的认证手段。

PAM最初是集成在Solaris中,目前已移植到其他系统中,如Linux、SunOS、HP-UX 9.0等,并在Linux中得到广泛的应用。

PAM的整个框架结构如图6.24所示。

PAM的设计目标如下。

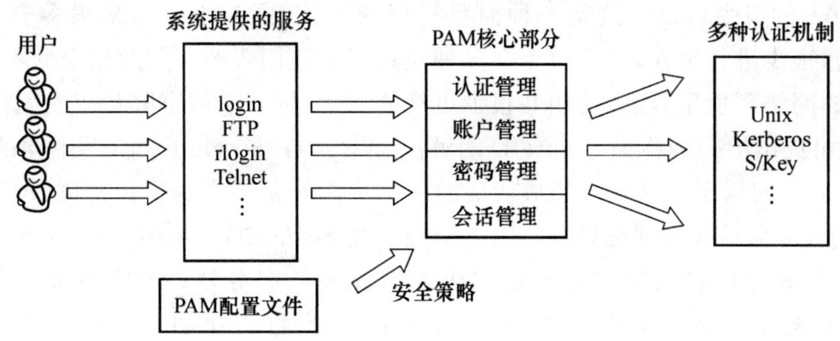

图 6.24　PAM 框架结构

① 管理员可以选择认证方式,从简单的密码到智能卡系统。

② 可以为不同的程序配置不同的认证机制,如 telnet 使用 S/Key 认证。而本机的 login 默认使用一般的 Unix password。

③ 支持程序的显示方式的需求,如 login 需要基于终端的显示,dtlogin 需要 X 显示,而 FTP 和 Telnet 则需要通过网络来认证。

④ 支持为一个程序配置同时使用多种认证机制。

⑤ 用户在使用多种认证机制时,不必为同一个密码输入多次。

⑥ 当底层的认证机制改变时上层软件不需要修改。

⑦ 具有固定的结构,提供插入模块的方式。

⑧ 必须能满足现有的服务需要。

PAM 的功能包括如下几点。

① 加密口令(包括 DES 以外的算法)。

② 对用户进行资源限制,防止 DoS 攻击。

③ 允许随意 Shadow 口令。

④限制特定用户在指定时间从指定地点登录。

⑤ 引入"Client Plug-In Agents"概念,使 PAM 支持 C/S 应用中的机器。

PAM 为更有效的认证方法的开发提供了便利,在此基础上可以很容易地开发出替代常规的用户名加口令的认证方法,如智能卡、指纹识别等认证方法。

此类单点登录模型在可实施性、管理、安全和易用性等方面有以下特点。

① 可实施性:基于代理人的方式能够使移植变得容易,但代理程序的软件供应商需要设计和实现与原有应用程序协议的交互。

② 管理:单纯的代理方式不能够帮助管理,甚至使管理更难控制,更难分配代理软件的权限。

③ 安全性:有强密码技术的保证,代理程序的通信应该是安全的,但问题可能出在恶意软件方面。

④ 使用性:基于代理的人的系统需要解决跨平台的问题,并不是所有的代理人都能无缝地和原有的系统集成在一起。

3. Token-Based 的 SSO 模型

现在被广泛使用的口令认证,比如 FTP、邮件服务器的登录认证,都可被称为单一因子

(Single-Factor)的口令认证。这是一种简单易用的方式,同时也会带来很多安全隐患,比如:易于猜测,很少进行更换,一个口令在多种应用当中使用等等会危及安全的习惯。再如,在明文传输的网络环境里,经常使用并很少更换的口令,更易于被窃取和造成危害。

RSA公司提出的一种称为SecureID的解决方案。与"Single-Factor "不同的是它被称之为"two-factor"双因子的认证。构成认证的第一个因子是用户身份识别码(PIN),这是一串保密的数字,可由系统管理员订制。第二个因子是SecureID token,一个小型的数字发生器,这个发生器的时钟将与网络环境中提供身份鉴别的服务器(ACE)保持同步,并且与ACE上的用户数据库保持映射。数字发生器每隔一段时间(比如一分钟)产生新的数字,PIN+同步时钟数字就是用户的登录代码。

在Token-Based SSO的方案中有种被称为WebID的模块。在Web服务器上安装一个ACE服务器的代理程序,用来接受SecureID。当访问第一个需要认证的URL时,WebID软件会产生并加密一个标识,这个标识将在访问其他资源的时候被用到,从而实现单点登录功能。

此类单点登录模型在可实施性、安全性等方面有以下特点。

① 可实施性:这种方案,比如WebID,因为需要在系统上增加一些新的组件,增加了管理员管理的负担。

② 安全性:增强了系统的安全性。

4. 基于代理和经纪人的SSO模型

当Agent-Base的SSO模型和Broker-Base的SSO模型相结合时,就可将前者的灵活性和后者的中央式管理两方面的优势结合在一起。Agent-Base的好处还在于减少了改变网络应用程序的代价。

基于代理和经纪人的SSO模型示例如图6.25所示。

此类单点登录模型在可实施性、管理、安全和易用性等方面有以下特点。

① 可实施性:使用基于代理方式,将可以简化一些在纯粹的Broker-Based方案中的修改,因此比Broker-Based方案更具可实施性。

② 管理:应比单纯的Broker-Based方案更易于管理。

③ 安全性:代理软件需要增加安全和本地验证的功能。

④ 使用性:结合Agent-Based和Broker-Based两种方案的优点,具有更强的可使用性。

5. 基于网关的SSO模型

在Broker-Based的方案中,会在网络中放置一个"看门狗"的模型。而Gateway-Based则是另一种单点登录的方法,具体的做法是提供类似像"门"一样的网关用以安全地接入到可信的网络服务。网关可以是防火墙,或者是专门用于通信加密的服务器。基于网关的SSO模型示例如图6.26所示。

在这种模型中,所有的响应服务都需要放在被网关隔离的受信网段里。客户端通过网关进行认证后获得接受服务的授权。如果在网关后的服务能够通过IP地址进行识别,并在网关上建立一个基于IP的规则,而这个规则如果与在网关上的用户数据库相结合,网关就可以被用于单点登录。网关将记录Client的身份不再需要冗余的认证请求,便可授权所要求的服务。由于网关可以监视并改变应用服务的数据流,所以在不修改应用服务的同时改变认证信息,并能提供合适的访问控制。

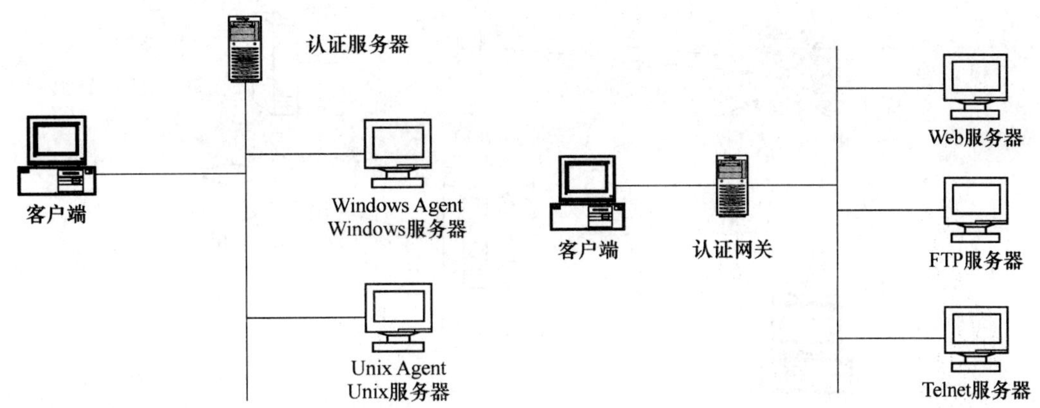

图 6.25　基于代理和经纪人的 SSO 模型　　　　图 6.26　基于网关的 SSO 模型

利用单点登录技术，可设计如图 6.27 所示的 AAA 平台身份认证系统。

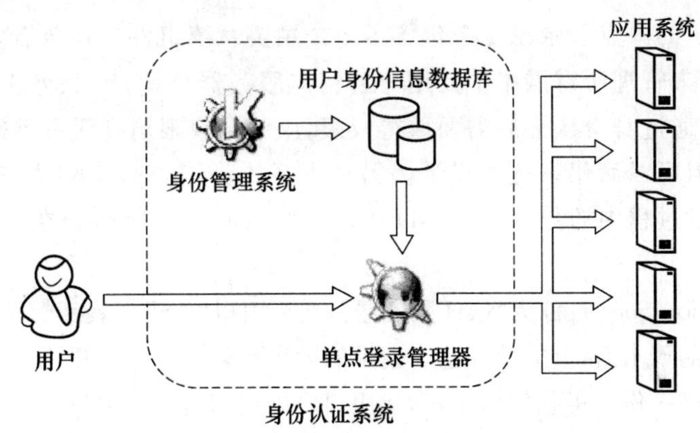

图 6.27　AAA 平台的身份认证系统

由图 6.27 可见，身份认证系统由单点登录管理器、身份管理系统和用户身份信息数据库 3 部分组成。

① 单点登录管理器：负责对请求登录的用户进行身份认证，并维护其登录状态。

② 身份管理系统：管理维护用户的身份信息。

③ 用户身份信息数据库：存储所有用户身份信息的数据集合。

用户在访问业务系统前，首先必须经过身份认证系统验证身份信息，由单点登录管理器查询用户身份信息数据库。若身份合法，就可以访问其权限范围内的所有业务系统。在一定的时间范围内，只要用户至少登录了一个业务系统，便可以在权限范围内多次访问被授权的业务系统，无须重复登录。

6.4.3　基于 PKI 的单点登录方案

下面介绍一种基于 PKI 技术的单点登录方案（如图 6.28 所示）。该方案引入 PKI 技术，权限属性证书的概念，具有真实性、机密性、审计、访问控制、单点登录等特点，同时采用基于角色的访问控制，相对于基于身份的访问控制更具有弹性。

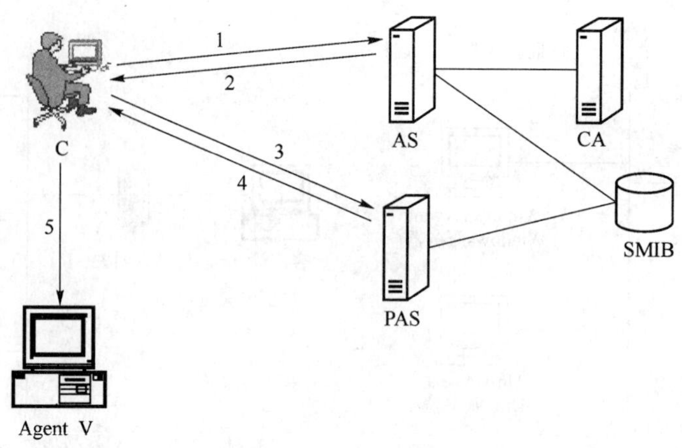

图 6.28　单点登录系统模型

1. 系统描述

如图 6.28 所示的单点登录系统中包含了 7 个主要系统组件。在单点登录的环境中,必须拥有一台服务器来管理所有网络中的用户公钥与服务器公钥,因此将这些功能集中在认证服务器上。用户通过身份认证后需要取得权限,由一台权限属性服务器来管理权限,虽然要经过 4 个步骤,但可以简化系统的设计。另外本系统为了整合 PKI 技术,需要认证中心来签发证书,而签发过程中的数据正好可以和单点登录的数据库整合在一起。每个组件的详细说明如下。

① Authentication Server:称为"认证服务器",在后面以"AS"来表示。认证服务器在接收到用户所传送过来的请求后,会去验证这个请求的内容是否正确。如果用户可以通过验证,认证服务器会传送回来一份许可票据给用户,让用户可以利用这份票据进行接下来的步骤。

② Privilege Attribute Server:称为"权限属性服务器",后面以"PAS"来表示。权限属性服务器主要功能是在接收到用户所传送过来的许可票据后,如果通过验证,便传送回一份权限属性证书给用户。

③ Certificate Authority:称为"证书中心",在后面以"CA"来表示。证书中心负责为所有组件签发公钥证书。

④ SMIB:安全管理信息库,在数据库储存了每个用户的公钥、证书、权限属性数据,以及每个服务的账号密码。认证服务器与权限属性服务器的后端都与 SMIB 连接,才能够在任何时候都能获得正确的数据进行验证。

⑤ Application Server:称为"应用程序服务器",在后面以"V"来表示。应用程序服务器提供各种服务,用户在使用服务之前,必须先通过身份验证并取得相关权限后才能够使用。

⑥ Client:称为"客户端",在后面以"C"来表示。用户在发出请求之后,接收并储存权限属性票卷与权限属性证书,接下来就可以请求使用服务。

⑦ Agent:称为"代理程序"。由于每一个应用程序服务器的登录方式和访问界面都不尽相同,为了让这些服务在单点登录的环境中能够配合运作,同时为了避免修改每一个应用程序的烦杂与不实际,所以在这里设计了一个称为"Agent"的程序。因此本方案是一个基于 Agent and Broker-Based 的模型。

2. 基于 PKI 的单点登录方案的协议描述

符号表示如下。

① ID_X：表示 X 的身份标识。

② $Cert_X$：表示用户 X 的证书。

③ TS：表示时间戳。

④ $Type_C$：表示用户的登录方式。

⑤ PR_X：表示 X 的私钥。

⑥ PU_X：表示 X 的公钥。

⑦ H：哈希函数(Hash Function)。

⑧ SK：会话密钥。

⑨ AD_X：表示 X 的网络地址。

在图 6.28 中，系统组件之间的信息交换流程共有 6 个步骤，以下分别说明每一个步骤中所交换的信息内容。

(1) $C \rightarrow AS: ID_C \parallel Cert_C \parallel Type_C \parallel TS1 \parallel Sig1$

其中，$Sig1 = E_{PR_C}[H(ID_C \parallel Cert_C \parallel Type_C \parallel TS1)]$。

Sig1：表示用户的签名，可以让认证服务器来验证这份请求。

用户在登录时有采用智能卡来登录，智能卡提供 RSA 签名，保存有用户的私钥和公钥证书。

用户使用智能卡来登录；当用户插入智能卡，输入智能卡的 PIN 码后，用户就能够从智能卡读入证书和私钥，并且将请求送给认证服务器。这份请求的内容，包含了用户 ID、用户证书、用户的登录方式、时间戳以及签名；传送证书的目的是为了能够确认该用户的身份，传送时间戳的目的是为了能够验证此请求是否在有效期限内，而传送签名的目的是为了维护请求的完整性，防止数据在传送过程中遭受第三者的修改。

(2) $AS \rightarrow C: E_{PU_C}[SK_1] \parallel E_{SK_1} \parallel [T_{PAS}]$

其中，$T_{PAS} = [ID_C \parallel ID_{AS} \parallel Cert_{AS} \parallel TS_2 \parallel Lifetime1 \parallel Sig2]$。

$Sig2 = E_{PR_{AS}}[H(ID_C \parallel ID_{AS} \parallel Cert_{AC} \parallel TS2 \parallel Lifetime1)]$。

T_{PAS}：表示许可票据。

Lifetime1：表示这份许可票据的有效时间。

Sig2：表示签名，可以让权限属性服务器来验证这份票据。

用户使用智能卡来登录；当认证服务器收到请求之后，分别验证证书与时间戳是否正确，再验证签名是否正确；通过验证之后，认证服务器会生成许可票据 TPAS，包含用户的身份，认证服务器的身份、证书、时间戳、有效期和签名。这份许可票据会利用随机产生的会话密钥 SK_1 来加密，然后利用用户的公钥 PU_C 来加密会话密钥；这两项主要的数据就传送回给用户。

(3) $C \rightarrow PAS: ID_C \parallel Cert_C \parallel ID_V \parallel Type_V \parallel T_{PAS} \parallel TS3 \parallel Sig3$

其中，$Sig3 = E_{PR_C}[H(ID_C \parallel Cert_C \parallel ID_V \parallel Type_V \parallel T_{PAS} \parallel TS3)]$。

Sig3：表示用户签名，可以让权限属性服务器来验证这份请求。

$Type_V$：表示服务种类，由用户来选择所要使用应用服务器的服务。

用户在收到认证服务器的回复后，首先利用自己的私钥解密取出会话密钥 SK_1，接着利用会话密钥解密获得许可票据，然后就可以利用这份票据，向权限属性服务器发出请求，以取得一份权限属性证书。这份请求中包含用户的身份、用户的证书、要访问的服务器ID、要访问的服务种类、时间戳、许可票据和签名。

(4) PAS→C: $E_{PU_C}[SK_2] \| E_{SK_2}[PAC]$

PAC是用户权限属性证书。该证书的格式如表6.3所示。

表6.3 用户权限证书属性格式

证书格式	说明
SN	属性证书序列号,序列号指定由PAS分配给属性证书的唯一的数字型标识符。
ID_C	用户ID,属性证书的唯一持有者,可以用用户的E-mail地址取代
$Cert_C$	用户公钥证书
ID_{PAS}	权限属性服务器的ID,是属性证书的签发者
$Cert_{PAS}$	权限属性服务器的公钥证书
ID_V	应用服务器的ID
Creation Time	属性证书生成时间
Lifetime	有效期,一般比用户的公钥证书有效期短
Privilege	权限值,按照用户角色赋予的权限值
Sig	权限属性证书的数字签名

权限属性服务器收到请求之后,分别验证时间戳、许可票据和签名是否正确;通过验证程序之后,权限属性服务器查询后台的用户权限信息表,为用户签发权限属性证书PAC。

然后PAS随机产生会话密钥SK_2来加密权限属性证书PAC,再用用户的公钥来加密PU_C会话密钥,将这两项数据传回给用户。用户收到权限属性服务器的回复,利用自己的私钥解密出权限属性证书。

(5) C→V: $E_{PU_V}[SK_3] \| E_{SK_3}[ID_C \| PAC \| TS \| Sig4]$

$Sig4 = E_{PR_V}[H(ID_C \| PAC \| TS)]$

用户向应用服务器发起连接请求。用户首先产生一个随机数SK_3作为会话密钥,对$ID_C \| PAC \| TS \| Sig4$加密,然后用应用服务器的公钥对会话密钥加密后一起发给应用服务器。应用服务器的代理请求后,首先解密出会话密钥,然后用会话密钥解密出属性证书。应用服务器验证属性证书有效性,获得用户的访问权限,接受用户的访问。

用户获得权限属性证书后,在有效期内访问应用服务器时,不需要每次访问认证服务器和权限属性服务器。

第7章 访问控制

7.1 口令认证

口令是最简单也是最常用的一种接入控制和身份认证手段，因此，本节专门对其进行介绍。

7.1.1 简单口令

所谓简单口令就是日常生活中经常使用的口令，普通老百姓常称之为“密码”，它是身份认证最简单、最常用的方法，在分布式环境和移动应用领域更是被广泛使用。

至今许多系统的认证技术都基于简单口令。系统事先保存每个用户的二元组信息(ID_x,PW_x)，即用户的身份信息和口令字。当被认证对象要求访问提供服务的系统时，提供服务的认证方要求被认证对象提交口令信息，认证方收到口令后，将其与系统中存储的用户口令进行比较，以确认被认证对象是否为合法访问者。这种认证方式叫做 PAP(Password Authentication Protocol)认证。

PAP 协议仅在连接建立阶段进行，在数据传输阶段不进行 PAP 认证。

这种认证方法的优点在于：简单有效，实用方便，费用低廉，使用灵活，因此，一般的系统(如 UNIX、Windows NT、NetWare 等)都提供了对口令认证的支持，对于封闭的小型系统来说不失为一种简单可行的方法。然而，基于口令的认证方法明显存在以下几点不足。

① 用户每次访问系统时都要以明文方式输入口令，很容易被内存中运行的黑客软件记录下来而泄密。

② 口令在传输过程中可能被截获。由于使用明文在网络上传输，只要局域网内存在 Sniffer，或者在线路或交换设备上被监听，则毫无安全性可言。

③ 窃取口令者可以使用字典穷举口令或者直接猜测口令，只要口令的位数较少，也不使用生僻的字符作为口令，以现在的计算速度要破解口令并不是难事。

④ 认证系统集中管理口令的安全性。所有用户的口令以文件形式或者数据库存储方式保存在认证方，攻击者可以利用服务系统中存在的漏洞获取用户口令。

⑤ 口令的发放和修改过程都涉及到很多安全性问题，只要有一个环节发生泄露，则身份认证也就失去了意义。

⑥ 为了记忆的方便，用户很可能对多个不同安全级别的系统都设置了相同的口令，低安全级别系统的口令很容易被攻击者获得，从而用来对高安全级别系统进行攻击。

⑦ 只能进行单向认证，即系统可以认证用户，而用户无法对系统进行认证。攻击者可能伪装成认证系统骗取用户的口令。

基于口令的认证方法只是认证的初期阶段,存在着非常多的安全隐患。对口令认证协议的主要攻击手段包括口令猜测攻击、中间人攻击、窃取凭证攻击、拒绝服务攻击等。目前的口令认证协议如果能抵抗以上攻击则认为是安全的。

对简单口令机制的一个改进方案是口令的加密传输和加密存储。由于传输的是用户口令的密文形式,系统仅保存用户口令的密文,因而窃听者不易获得用户的真实口令,但是这种方案仍然受到口令猜测的攻击,另外,系统入侵者还可以采用离线方式对口令密文实施字典攻击。

7.1.2　一次口令机制

最安全的身份认证机制是采用一次口令机制,即每次用户登录系统时口令互不相同。主要有 3 种实现方式。第一种采用挑战/应答方式。用户登录时系统随机提示一条信息,用户根据这一信息连同其个人化数据共同产生一个口令字,用户输入这个口令字,完成一次登录过程,或者用户对这一条信息实施数字签名后发送给认证服务器(AS)进行鉴别。第二种方法采用时钟同步机制,即根据这个同步时钟信息连同其个人化数据共同产生一个口令字。这两种方案均需要 AS 端也产生与用户端相同的口令字(或检验用户签名)用于验证用户身份。第三种方法采用 S/KEY 一次口令身份验证协议。

下面简要介绍基于挑战/应答方式的著名的 Schnorr 身份认证机制和 S/KEY 一次口令身份验证协议。

1. Schnorr 身份认证机制

环境参数:设 p、q 为素数,$q|(p-1)$,$\alpha^q\equiv1(\text{mod }p)$,$\alpha$ 的模 p 的阶为 q。用户 U 秘密选择一个数 a,$0\leqslant a\leqslant q-1$,计算 $v\equiv\alpha^{-a}(\text{mod }p)$,并将 p、q、α、v 公开。

Schnorr 身份认证机制过程如下。

(1) U→V:γ,其中 $\gamma=\alpha^k(\text{mod }p)$,$k$ 为 U 所选择的随机数,$0\leqslant k\leqslant q-1$;

(2) V→U:r,r 为 V 所选择的随机数,相当于 challenge;

(3) U:计算 $y=k+ar(\text{mod }q)$,y 相当于 response;

U→V:y

(4) V 计算并验证:$\gamma\equiv\alpha^y\cdot v^r(\text{mod }p)$?

2. S/KEY 一次口令认证机制

设 N 为整数,$H(\ )$为单向哈希函数,$H^i(M)$表示对信息 M 连续进行 i 次哈希运算后的结果,ID_x 为用户 x 的标识,PW_x 为用户 x 的口令(或口令短语),AS 为系统认证服务器。

Initialization phase:

x→AS:PW_x(通过安全信道)

AS:计算 $H^N(PW_x)$,并存储(ID_x,$H^N(PW_x)$)

Verification phase:(设用户 x 第 i 次登录系统)

x:计算 $H^{(N-i)}(PW_x)$

x→AS:(ID_x,$H^{(N-i)}(PW_x)$)

AS:计算 $H(H^{(N-i)}(PW_x))$,与事先存储的用户信息(ID_x,$H^{(N-i+1)}(PW_x)$)比较

7.1.3 强口令的组合攻击

基于口令的身份认证最易受到的攻击是离线口令猜测攻击，特别是当用户选择了“弱口令”时，由于口令的熵较小，对这种攻击就更具威力。一般弱口令包含以下几种情况。

① 选择词典(包括外语词典)中出现的词汇作为口令。即使这些词汇不常用，也是不适合作为口令的。

② 口令来源于某个人的姓名、单位或与其相关的信息。例如把女朋友的名字、宠物的名字、计算机名或汽车牌照号码等作为口令。

③ 口令来源于用户自身的某些个人信息，如办公室号码、电话号码、生日日期等。

④ 其他与用户名称相关的信息，如有时人们把其姓名字母的顺序颠倒或把某些字母改作大写作为口令。

⑤ 地名、文艺作品中的人名或其他公众人物的名称等其他一些流行称谓作为口令。

与弱口令相对的是强口令，它应满足以下原则。

① 应是大小写字母的混合体。

② 其中应有非字母的符号(如 $、%、& 等)和数字。

③ 应该方便用户记忆，以免用户把它写下来。

④ 至少应有 8 个字符的长度，对一些安全性要求更高的场合，还应采用更长的口令。

例如，可以把两个较短的单词(如 ball 和 eye)用“%”和“&”连接起来，得到一个强口令“eye%&ball”。另外我们可以取短语“With the Friend hand in hand”中每个单词的第一个字母，再增加上数字，得到一个强口令“WtFhih43”。

强口令的采用可以有效阻止对口令的猜测攻击。

由于强口令和弱口令的存在，使得基于口令认证协议朝着两个方向发展。其一是当用户选择弱口令时，仍要保证认证的安全性。这类研究主要是通过引入非对称密码技术和 Diffle-Hellman 密钥交换技术以抵御对口令的猜测攻击及其他攻击。此项研究开展较广泛，成果也不少，其中一些协议完成了形式化证明，具有很高的安全性。但这类认证系统，由于其中非对称密码算法(如 RSA)的大量运用，导致系统计算开销的大幅增长，使其应用范围受到限制，例如，不适合在当前引起人们极大关注的微支付系统和移动通信安全系统中使用。基于口令认证的另一个发展方向，是要求用户选择强口令，以抵抗口令猜测攻击，同时主要采用对称密码技术，在保证协议安全性的同时，使其运算、保存和传送开销尽量减少。我们把这类协议称为强口令认证协议。目前真正安全有效的强口令认证协议还较少。

1. 对强口令认证协议的几种主要攻击

除口令猜测攻击之外，对强口令认证协议还有以下几种主要攻击手段。

(1) 中间人攻击

攻击者截获用户和认证服务器之间传送的消息，并用自己的消息替代，然后继续传送。这里攻击者在用户和服务器之间扮演着双重角色：对于用户，他是服务器；而对于服务器，他又是用户。

(2) 窃取凭证问题

在很多认证协议中，认证服务器保存着用户口令的凭证(如口令的哈希值)，而不是口令明文。攻击者通过窃取口令凭证对系统发起攻击。

(3) 重放攻击

攻击者记录用户和服务器之间已传送的消息,然后在适当时机重新发送。

(4) 拒绝服务攻击

这主要是指认证系统因遭受攻击,而使合法用户无法得到服务器的正常认证,不能登录。

(5) 组合攻击

意指上述几种攻击方法可以联合使用,从而使得在单一攻击手段下安全的系统出现安全漏洞。这也是许多认证协议设计过程中往往忽视的一点。例如,下面将要介绍的 OSPA 协议能抵抗中间人攻击、凭证被窃、重放和拒绝服务攻击,但是,却不能抵抗组合攻击。

2. OSPA 协议描述

(1) OSPA 协议的符号和定义

① A:用户身份。

② P:用户口令。

③ SR:用户登录请求。

④ n:正整数,每完成一次认证,自动加 1。

⑤ h:强单向哈希函数。$h(x)$表示 x 被哈希一次,$h^n(x)$表示 x 被哈希 n 次。

⑥ $\oplus$:位异或操作。

⑦ $X \Rightarrow Y:M$:X 发送消息 M 到 Y。

(2) OSPA 协议

OSPA 协议分为注册阶段和认证阶段。新用户需要进行一次注册,然后可以进行多次认证。

① 注册阶段。

$A \Rightarrow S: A, h^2(P \oplus 1)$

用户 A 用其口令 P 计算 $h^2(P \oplus 1)$,然后通过一个安全通道发送 A、$h^2(P \oplus 1)$到服务器 S 进行注册。服务器收到用户注册消息后,保存 A、$h^2(P \oplus 1)$作为口令凭证,并置 $n=1$,完成用户注册。

② 认证阶段。

注册之后,第 $i(i \geqslant 1)$次认证过程如下。

(a) $A \Rightarrow S: A, SR$。

用户 A 向服务器 S 发送登录请求。

(b) $S \Rightarrow A: n$。

认证服务器响应用户请求,并向用户发送用户的认证顺序号 $n=i$。

(c) $A \Rightarrow S: c_1, c_2, c_3$。

- $c_1 = h(P \oplus n) \oplus h^2(P \oplus n)$,这个值用来完成当前认证。
- $c_2 = h^2(P \oplus (n+1)) \oplus h(P \oplus n)$,这个值用来更新口令凭证。
- $c_3 = h^3(P \oplus (n+1))$,这个值用来对 c_2 进行完整性检查。

服务器收到这 3 个值后,进行以下操作。

- 判断:若 $c_1 = c_2$,则认证失败,否则继续。
- 计算 $h(P \oplus n) = h^2(P \oplus n) \oplus c_1$($h^2(P \oplus n)$是服务器保存的口令凭证)。

- 计算 $h^2=(P\oplus(n+1))=h(P\oplus n)\oplus c_2$。
- 判断：若 $h(h(P\oplus n))=h^2(P\oplus n)$（$h^2(P\oplus n)$ 是服务器保存的口令凭证），且 $h(h^2(P\oplus(n+1)))=c_3$，则认证成功，否则认证失败。
- 若认证成功，则服务器把保存的口令凭证 $h^2(P\oplus n)$ 更新为 $h^2(P\oplus(n+1))$，并置 $n=n+1$。

7.1.4 Peyravian-Zunic 口令系统

1. 原始 Peyravian-Zunic 口令系统及安全性分析

原始 Peyravian-Zunic 口令机制的基本思想是通过能够快速运算的哈希函数保护口令在不安全网络中的传送。认证是在客户和服务器之间进行的。在认证开始前每个客户拥有唯一的标识号，称为 id，id 是公开的；另外每个客户有一个口令，称为 pw，pw 是保密的，只有客户和服务器知道 pw，但实际上服务器并不保存 pw，而只保存 id 和 pw 的哈希值，即 H(id, pw)。具体的认证过程如下。

① 客户→服务器：id，rc。

② 服务器→客户：rs。

③ 客户→服务器：id，H(H(id，pw)，rc，rs)。

④ 服务器→客户：服务器接受用户访问请求或拒绝用户访问请求。

每次认证开始时，客户选取随机数 rc，将 rc 和其 id 发送给服务器，然后服务器选取随机数 rs 发送给客户。客户收到 rs 后生成一次认证令牌 H(H(id，pw)，rc，rs)，并和其 id 一起传送给服务器。最后服务器用其保存的 H(id，pw) 和 rc、rs 计算 H(H(id，pw)，rc，rs)，并和收到的认证令牌进行比较，若比较相同则认证成功，否则失败。

原始 Peyravian-Zunic 口令机制还设计了相应的口令修改机制。具体过程如下。

① 客户→服务器：id，rc。

② 服务器→客户：rs。

③ 客户→服务器：id，H(H(id，pw)，rc，rs)，H(id，new_pw)$\oplus H$(H(id，pw)，rc+1，rs)。

④ 服务器→客户：服务器接受用户访问请求或拒绝用户访问请求。

通过以上步骤，客户可以把原有口令 pw 修改为新口令 new_pw。实际上这个过程和认证过程基本相同，只不过客户在第(3)步中要给服务器多发送一个修改口令消息：

$$H(\mathrm{id},\mathrm{new\_pw})\oplus H(H(\mathrm{id},\mathrm{pw}),\mathrm{rc}+1,\mathrm{rs})$$

在第④步，服务器首先对客户身份进行认证。若认证成功，则利用其保存的 H(id，pw) 计算 H(H(id，pw)，rc+1，rs)，然后将它与客户发来的修改口令消息进行异或运算，得到 H(id，new_pw)。此后服务器就用 H(id，new_pw) 取代 H(id，pw) 进行客户身份认证。

原始 Peyravian-Zunic 口令机制对以下几种攻击是脆弱的。

(1) 离线口令猜测攻击

口令认证机制最易受到口令猜测攻击。口令猜测攻击分为在线和离线两种情况。对于在线口令猜测攻击，由于系统一般都有最大口令重试次数，若输入错误口令的次数超过系统设定的最大值，则系统会锁死，不再接受口令输入，因而在线口令猜测对口令认证威胁不大。在离线口令猜测攻击中，攻击者截获挑战值 R 和与 R 对应的包含口令 P 的应答值 $f(P,R)$，然后攻击者选择可能的口令 P'，计算 $f(P',R)$，比较 $f(P',R)$ 与 $f(P,R)$ 的值，若相同，则猜测的口令正确,否则选择其他口令重试。为了记忆方便,用户选择口令的熵总是较小,因此离线口令猜测攻击对口令认证机制的威胁很大。

在原始 Peyravian-Zunic 口令机制中,攻击者可以获得 id,rc,rs 和与之对应的包含口令 pw 的 $H(H(\text{id},\text{pw}),\text{rc},\text{rs})$,因而它对离线口令猜测攻击是脆弱的。进一步,攻击者还可以在此基础上获得所有以往旧的口令值。

(2) 假冒服务器攻击

原始 Peyravian-Zunic 口令机制只能实现服务器对客户的单向认证,客户不能对服务器身份进行认证。因而攻击者可以假冒为服务器,使客户误以为认证成功,以此来骗取客户敏感信息。

(3) 窃取服务器数据攻击

服务器保存了多个客户的认证凭证 $H(\text{id},\text{pw})$,因而服务器容易成为攻击者的目标。一旦攻击者获取了 $H(\text{id},\text{pw})$,就可以假冒合法用户登录。

2. 增强型 Peyravian-Zunic 口令认证机制

为了弥补原始 Peyravian-Zunic 口令认证机制存在的安全缺陷,人们提出了增强型的 Peyravian-Zunic 口令认证机制。其认证过程如下。

① 客户→服务器:id,{rc,pw}Ks。

② 服务器→客户:$\text{rs}\oplus\text{rc}$,$H(\text{rs})$。

③ 客户→服务器:id,$H(\text{rc},\text{rs})$。

④ 服务器→客户:服务器接受用户访问请求或拒绝用户访问请求。

认证开始前服务器对每个客户保存 $H(\text{pw})$。认证开始时,客户用服务器的公钥 Ks 加密随机数 rc 和口令 pw,将加密结果和客户 id 一起发送给服务器。服务器收到这些消息后,用其私钥解密{rc,pw}Ks,获得客户 pw。服务器计算 $H(\text{pw})$,并与其保存的 $H(\text{pw})$ 比较,若相同,则认证继续,否则终止认证。若认证继续,则服务器选取一随机数 rs,计算 $\text{rs}\oplus\text{rc}$ 和 $H(\text{rs})$,并将其发送给客户。客户用收到的 $\text{rs}\oplus\text{rc}$ 与其保存的 rc 计算 rs,再计算 $H(\text{rs})$,与收到的 $H(\text{rs})$ 比较,若一致则认证继续,否则终止认证。若认证继续,则客户计算 $H(\text{rc},\text{rs})$,并发给服务器,然后服务器用其保存的 rs 和 rc 计算 $H(\text{rc},\text{rs})$,并与收到的 $H(\text{rc},\text{rs})$ 比较,若一致则认证成功,否则失败。

与原始 Peyravian-Zunic 口令认证机制类似,增强型 Peyravian-Zunic 口令认证机制亦可修改口令,这可以通过把上面认证过程中第③步中的消息替换为下面消息实现:

$$\text{id},H(\text{rc},\text{rs}),H(\text{new\_pw})\oplus H(\text{rc}+1,\text{rs})$$

增强型 Peyravian-Zunic 口令认证机制的增强之处表现在引入公开密钥加密体制,以保证客户和服务器之间传送消息的秘密性。这种增强实际上并不符合原始 Peyravian-Zunic 口令认证机制设计的初衷。因为增强后的认证机制计算开销较之原始 Peyravian-Zunic 口令认证机制有大幅增加,这就使原始 Peyravian-Zunic 机制追求的简洁快速特点不复存在,而且还带来了一个新的安全问题,即服务器对拒绝服务攻击的脆弱性。尤其是在客户端计算能力较弱(例如移动终端、手持 PDA 等),而服务器端计算能力较强的不平衡网络环境中,增强型认证机制难以实际运行。当然,在这种情况下,可以通过加密密钥和解密密钥的特别设置,尽量降低客户端的计算量。例如在 RSA 体制中,常用的是选择较小的加密密钥,以使公钥加密运算量降到最低。但这会使服务器更易遭受拒绝服务攻击。

注：拒绝服务攻击是指阻止授权用户对资源的访问或使时间敏感操作延迟。拒绝服务攻击中最主要的是资源消耗型攻击。这种攻击通过大量消耗稀有的、有限的或不可恢复的系统资源从而使系统陷于瘫痪。绝大部分发生在网络中的拒绝服务攻击都是资源消耗型攻击。根据资源的类型这种攻击可以分为存储资源消耗型攻击、网络带宽消耗型攻击和计算资源消耗型攻击3类。

在增强型Peyravian-Zunic口令认证机制中，可能的拒绝服务攻击有以下几种情况。

① 攻击者截获一个合法客户的登录请求消息：〈id,{rc,pw}Ks〉，然后攻击者连续向服务器发送该消息。服务器认为客户发出了多个并发登录请求，于是服务器每收到一个{rc,pw}Ks都要进行一次解密操作，并保存每一个rc。这种攻击可使服务器的存储资源和计算资源被大量地、快速地消耗，最终使服务器资源耗尽。

② 攻击者截获一个合法客户的登录请求消息：〈id,{rc,pw}Ks〉，然后攻击者每次更改id连续向服务器发送该消息。服务器认为是多个客户发出了登录请求。这时服务器每收到一个{rc,pw}Ks都会进行一次解密操作，但验证H(pw)不正确后，登录请求被放弃。这种攻击属计算资源消耗型攻击。

③ 攻击者每次选择不同的id和随机数a、b经公钥加密运算后发出登录请求：〈id,{a,b}Ks〉，这种攻击亦属计算资源消耗型攻击。当公钥加密和解密运算量相当时，这种攻击难以发起。但当选择特别的公钥加密密钥使客户端公钥运算量远远小于服务器端时，这种攻击亦会对服务器造成严重威胁。另外如果攻击者预先进行计算，准备了大量的客户登录请求消息，同时向服务器发出，则即使客户端和服务器端公钥运算量相当亦可使服务器受到有效的计算资源消耗型攻击。

另外，在增强型Peyravian-Zunic口令认证机制中，每次认证过程中服务器都会得到用户的口令明文。口令往往包含用户敏感的私人信息，即使服务器不保存口令，但口令在服务器中的频繁出现，亦使其泄露的危险大增。甚至在某些情况下，用户可能会用一个口令访问多个服务器，这时口令明文在某一服务器中的出现会对用户造成很大威胁。

综上所述，增强型Peyravian-Zunic口令认证机制还有所欠缺。因此下面借鉴原始Peyravian-Zunic口令认证机制的思想，设计一个新的简单安全的口令认证协议。

3. 改进型Peyravian-Zunic口令认证机制

改进型Peyravian-Zunic口令认证协议分为注册阶段和认证阶段。新用户需要进行一次注册，然后可以进行多次认证。

(1) 注册阶段

① 客户→服务器：id,Sig_C(id,{H(pw)⊕rc,rc}Ks)。

② 服务器→客户：Sig_S(id,{H(id,PriKey_s)⊕rc,rc}Kc)。

首先，客户选择其口令pw和随机数rc，计算H(pw)，用服务器公钥Ks加密〈H(pw)⊕rc,rc〉，最后对消息〈id,{H(pw)⊕rc,rc}Ks〉签名，并将其发送给服务器。服务器收到该消息后，对客户签名进行验证。验证通过后，解密并保存H(pw)，然后计算H(id,PriKey_s)，并将其与收到的随机数rc组成的消息用客户公钥Kc加密。PriKey_s为服务器私钥或其他只有服务器知道的秘密数据，这里只以服务器私钥为例。最后服务器将加密消息签名后发送给客户。客户收到该消息后，验证服务器签名及收发随机数rc是否一致，验证通过后解密并保存H(id,PriKey_s)。

(2) 认证阶段

① 客户→服务器:id,$H(\text{id},\text{PriKey}_s)\oplus\text{rc}$,H(rc)。

② 服务器→客户:$\text{rs}\oplus\text{rc}$,$H(\text{rs})$。

③ 客户→服务器:id,$H(\text{H}(\text{pw}),\text{rc},\text{rs})$。

④ 服务器→客户:服务器接受用户访问请求或拒绝用户访问请求。

认证开始时,客户选取一随机数 rc,计算 $H(\text{rc})$;rc 与 $H(\text{id},\text{PriKey}_s)$异或得到 $H(\text{id},\text{PriKey}_s)\oplus\text{rc}$,最后将消息〈id,$H(\text{id},\text{PriKey}_s)\oplus\text{rc}$,$H(\text{rc})$〉发送给服务器。服务器收到该消息后,根据 id 计算 $H(\text{id},\text{PriKey}_s)$,再利用其与收到的〈$H(\text{id},\text{PriKey}_s)\oplus\text{rc}$〉运算得到 rc,计算 $H(\text{rc})$。若该值与收到的 $H(\text{rc})$一致,则认证继续,否则放弃认证。若认证继续,则服务器选取随机数 rs,计算 $\text{rs}\oplus\text{rc}$ 和 $H(\text{rs})$,将消息〈$\text{rs}\oplus\text{rc}$,$H(\text{rs})$〉发送给客户。客户收到该消息后,用其保存的 rc 与 $\text{rs}\oplus\text{rc}$ 异或,得到 rs,计算 $H(\text{rs})$。若该值与收到的 $H(\text{rs})$一致,则认证继续,否则放弃认证。若认证继续,则客户计算一次认证令牌 $H(H(\text{pw}),\text{rc},\text{rs})$,将消息〈id,$H(H(\text{pw}),\text{rc},\text{rs})$〉发送给服务器。服务器收到该消息后,用其保存的 $H(\text{pw})$、rc 和 rs 计算 $H(H(\text{pw}),\text{rc},\text{rs})$,并与收到的认证令牌比较,若一致,则认证成功,否则认证失败。

认证结束后客户和服务器之间可以用 rc 和 rs 产生会话密钥,例如可以得到会话密钥 $H(\text{rc},\text{rs})$。

新的认证协议亦可支持口令修改。修改口令过程如下。

① 客户→服务器:id,$H(\text{id},\text{PriKey}_s)\oplus\text{rc}$,$H(\text{rc})$。

② 服务器→客户:$\text{rs}\oplus\text{rc}$,$H(\text{rs})$。

③ 客户→服务器:id,$H(H(\text{pw}),\text{rc},\text{rs})$,$H(\text{new\_pw})\oplus(H(\text{pw}),\text{rc}+1,\text{rs})$。

④ 服务器→客户:服务器接受用户访问请求或拒绝用户访问请求。

7.2 身份认证

所谓身份认证,指的是证实被认证对象是否属实和是否有效的一个过程。其基本思想是通过验证被认证对象的属性来达到确认被认证对象是否真实有效的目的。被认证对象的属性可以是口令、数字签名,或者像指纹、声音、视网膜这样的生理特征。身份认证常常用于通信双方相互确认身份,以保证通信的安全。

对于网络信息系统来说,能否识别使用者的身份是能否确保安全的基础和关键。在实际应用中,许多网络信息系统都会要求使用者在使用系统之前,提供一些相关信息用以实现对使用者的身份认证。身份认证的方法主要有以下 3 种(它们可以单独应用,也可以组合成为一个身份认证系统)。

(1) 利用使用者所知道的事情进行鉴别

口令认证就是其中最常见的一种方法,但是如果口令过于繁多就会难于记忆,而如果设置的口令过于简单又容易被破解,所以,口令认证的安全性较差,在实际使用中会有很大的安全隐患。

(2) 利用使用者所拥有的物品进行鉴别

通过电子钥匙、智能卡等等进行身份认证就属于这种鉴别手段。这种方法要求使用者必须拥有某一种鉴别所需的物品，以便通过该物品中的相关信息与目标主机进行通信。

(3) 利用使用者本身的生物特征进行鉴别

生物学提供了几种方法用于鉴别一个人的身份，比如指纹、虹膜以及声音等等。这种鉴别方法的安全性非常好，适用于高安全等级的系统，但是由于其技术比较复杂，设备也比较昂贵，因此，从目前来看，还难以普遍应用。

在一个安全系统设计中，身份认证是第一道关卡，用户在访问所有系统之前，首先应该经过身份认证系统识别身份，网络信息系统在对访问者的身份进行鉴别以后，就可以根据访问者的不同身份，授之以不同的访问权限，实现对访问者的访问控制。访问控制是阻止非法访问的重要措施之一。一般来说，访问控制可以描述为控制对网络信息系统访问的方法。

可以按以下方式对身份认证系统进行分类。

(1) 条件安全认证系统与无条件安全认证系统

无条件安全性又称理论安全性，它与敌方的计算能力和拥有的资源无关，即敌方破译认证系统所作的任何努力都不会比随机选择碰运气更优。条件安全性又称实际安全性，即认证系统的安全性是根据破译该系统所需的计算量来评价的，如果破译一个系统在理论上是可行的，但依赖现有的计算工具和计算资源不可能完成所要求的计算量，称之为在计算上是安全的，如以 DES 为基础设计出的消息认证码(MAC)。如果能够证明破译某个体制的困难性等价于解决某个数学难题，称为是可证明安全的，如 RSA 数字签名体制。

(2) 有保密功能的认证系统与无保密功能的认证系统

前者能够同时提供认证和保密两种功能，而后者则只是纯粹的认证系统。

(3) 有仲裁认证系统与无仲裁认证系统

传统的认证系统只考虑了通信双方互相信任，共同抵御敌方的主动攻击的情形，此时系统中只有参与通信的发方和接收方及发起攻击的敌方，而不需要裁决方，因此，称之为无仲裁人的认证系统。但在现实生活中，常常遇到的情形是通信双方并不互相信任，比如，发信方发送了一个消息后，否认曾发送过该消息；或者收信方接收到发方发送的消息后，否认曾接收到该消息或宣称接收到了自己伪造的不同于接收到的消息的另一个消息。一旦这种情况发生，就需要一个仲裁方来解决争端。这就是有仲裁人认证系统的含义。有仲裁人认证系统又可分为单仲裁人认证系统和多仲裁人认证系统。

7.2.1 挑战握手认证协议

挑战握手认证协议(CHAP)是简单口令协议(PAP)的改进型，它采用“挑战/应答”的方式，通过 3 次握手对被认证对象的身份进行周期性的认证。

CHAP 的认证过程如下。

① 当被认证对象要求访问提供服务的系统时，认证方向被认证对象发送递增改变的标识符和一个挑战消息，即一段随机的数据。

② 被认证对象向认证方发回一个响应，该响应数据由单向哈希函数计算得出，单向哈希函数的输入参数由本次认证的标识符、密钥和挑战消息构成。

③ 认证方将收到的响应与自己根据认证标识符、密钥和挑战消息计算出的哈希函数值

进行比较。若相符则认证通过,向被认证对象发送"成功"消息;否则发送"失败"消息,切断服务连接。

CHAP 协议不仅仅在连接建立阶段进行,在之后的数据传输阶段,也将随机地在间隔周期里进行,如果发现结果不一致,认证方也将切断服务连接。

CHAP 具有以下优点。

① 加入不确定因素,通过不断地改变认证标识符和随机的挑战消息来防止重放攻击。

② 利用周期性的挑战消息认证限制了对单个攻击的暴露时间和认证者控制挑战的频度。

③ 认证过程中所依赖的密钥不在链路传输。

④ 虽然 CHAP 进行的是单向认证,但在两个方向上进行 CHAP 协商,同一密钥可以很容易地实现交互认证。

CHAP 的不足之处如下。

① CHAP 认证的关键是密钥,密钥以明文形式存放和使用,不能利用通常的不可逆运算加密口令。

② CHAP 的密钥是通信双方共享的,这一点类似于对称密钥体制,因此给密钥的分发和更新带来了麻烦,要求每个通信对都有一个共享的密钥,不适合大规模的系统。

由于引入随机因素,CHAP 在近年来得以广泛应用。

国内某公司给出了 CHAP 协议的一种改进版本,称为 ECHAP,它引入多种加密技术对传统 CHAP 认证作了变通和扩展。在初始化被认证方阶段,认证方为每个用户生成了一个随机秘密值 S,并采用某种对称加密算法(如 RC4)对其加密存储,即 $S'=E_K(S)$,K 为加密秘密值的密钥;同时,将 K 和原始秘密值 S 存于某种便携安全存储介质(如 SmartCard、Skey)中交给用户保管。这样,一方面采用了双因子认证的途径,另一方面,由于 K 并不在服务器保存,不会存在内部管理人员或者黑客窃取密钥的问题。

ECHAP 的认证流程如下。

① 当服务器检测到用户登录或访问请求时,首先生成挑战消息 C 和一对临时会话密钥 (P_b, P_v),然后将其中的公钥 P_b 和 C 编码后传到客户端。

② 客户端收到服务器传来的信息后,从该用户的存储介质中读取原始秘密值 S 和密钥 K,以 S 和收到的 C 为入口参数计算报文摘要 $W1$,用 P_b 加密 K 得到 $E_{P_b}(K)$,连同 $W1$ 一道传给服务器。

③ 服务器收到客户传来的信息后,首先用会话密钥对中的私钥 P_v 解密 $E_{P_b}(K)$,得到原始加密密钥 K;再用 K 解密本地加密存储的秘密值,还原出 S,并以 C 和 S 为入口参数计算出 $W2$;比较 $W1$、$W2$,若相等,则认证成功,反之,认证失败。

ECHAP 的核心思想是称之为强双因子身份认证的机制。它将系统安全判别因子分离成两部分,即用户口令和存于 SmartCard 或 SKey 中的用户个人秘密信息。当需要用户与服务器在网络上交换信息时,系统利用 CHAP 协议保证了用户的口令信息不在网上传输,并针对每次身份认证采用一次性加密口令,保证信息的安全性。同时,为了防止系统内部的泄密发生,ECHAP 将传统的由服务器保存用户口令方式改变为服务器仅存储用户的加密口令,而加密口令的密钥存在用户的 SmartCard 或 SKey 中,由用户掌握,完全杜绝了传统身份认证方式下用户口令被黑客截取和破解的危险,保证了用户信息的安全性。

7.2.2　双因子身份认证协议

当前先进的身份认证系统几乎都引入了双因子技术，双因子身份认证系统将成为身份认证的新趋势。

所谓双因子认证（Two-factor Authentication），其中一个因子是只有用户本身知道的密码，它可以是个默记的个人认证号（PIN）或口令；另一个因子是只有该用户拥有的外部物理实体（比如，安全存储介质）。

现实生活中有很多双因子的应用。例如，使用银行卡在 ATM 机上取款时，取款人必须具备两个条件：一张银行卡（硬件部分）和密码（软件部分）。ATM 机上运行着一个应用系统，此系统要求两部分（银行卡、密码）同时正确才能得到授权使用。由于这两部分一软一硬，他人即使得到密码，因为没有硬件而不能使用，或者得到硬件，因为没有密码还是无法使用。这样弥补了"用户名＋口令"之流的纯软认证容易泄露的缺点。

与软盘、光盘等传统存储介质不同，智能安全存储介质都有 Master Key 和 PIN 口令保护及完善的信息加密、管理功能，非常适合作为安全身份认证应用秘密信息的载体：存储的信息无法复制；具有双重口令保护机制和完备的文件系统管理功能。

另外，某些智能安全存储介质还允许设置 PIN 猜测的最大值，以防止口令攻击。如果使用 USB Token 作为信息载体，则无须专门的读卡器，使用简单方便，而且非常轻巧，容易携带。

双因子认证比基于口令的认证方法增加了一个认证要素，攻击者仅仅获取了用户口令或者仅仅拿到了用户的令牌访问设备，都无法通过系统的认证。因此，这种方法比基于口令的认证方法具有更好的安全性，在一定程度上解决了口令认证方法中的很多问题。

身份认证可以转化为鉴别一些标识个人身份的事物，如"用户名＋口令"、身份标识物品（如钥匙、证件、智能安全存储介质）等。这些传统的鉴别方法存在明显的缺点：个人拥有的物品容易丢失或被伪造，个人的密码容易遗忘或记错。更为严重的是，这些系统无法区分真正的拥有者和取得身份标识物的冒充者，一旦他人获得了这些身份标识事物，就可以拥有相同的权力。为了克服这些缺点，人们开始利用每个生物的生理特征或行为特征，比如指纹、掌纹、虹膜、脸像、声音、笔迹等。如果在身份认证中加入这些生物特征的鉴别技术作为第三道认证因子，则形成了三因子认证。这种认证方式以人体唯一的、可靠的、稳定的生物特征为依据，采用计算机的强大功能和网络技术进行图像处理和模式识别，具有很好的安全性、可靠性和有效性，与传统的身份确认手段相比，无疑产生了质的飞跃。

基于生物特征识别的身份认证技术具有以下优点。

① 不易遗忘或丢失。

② 防伪性能好，不易伪造或被盗。

③ "随身携带"，随时随地可用。

目前，国外许多高技术公司正在试图用眼睛虹膜、指纹、面貌特征等取代人们手中的信用卡或密码，并且已经开始在机场、银行和各种电子器具上进行了实际应用。基于生物特征识别的身份认证技术固然有很多天生的优点，但是，现阶段要广泛推销还存在很多问题。

① 技术还不完全成熟，主要难点在于模式匹配问题，即如何准确地判断采集的特征数据与数据库中存放的特征数据匹配。

② 需要专门的硬件作为采集传感器,存在价格问题。

③ 预处理时录入麻烦,要求所有人员都必须到场以提取数据。

④ 难以做到真正唯一性,仍然存在重放攻击,某些生物特征如掌纹、脸像、声音、笔迹等可以以假乱真。

⑤ 生物特征稳定性需要考虑,所选择的特征不应随时间、状态等发生变化。

⑥ 当然还有数据存储、匹配器等关键部件或数据的安全性问题存在。

⑦ 速度问题,某些生物特征采集需要一定的时间,因此在人流量很大的地方不宜采用,如飞机、火车的关口等。

另外,如果采用集中模式的模板数据库存放特征数据,很容易产生单点故障问题。因此,可以考虑将 PKI 结合进来,不建立集中的模板数据库,将特征模板数据与用户的数字证书一起存放在智能存储设备上,由用户自己保存。这种模式可以有效地避免集中式处理的缺点,分散化解安全风险。下面就是一种简单的、结合 PKI 的身份认证协议。

该协议可让乙方验证甲方身份的真实性。假设系统中的用户甲和乙都拥有一对由可信任的权威机构分配的公钥/私钥对,而且通过可验证的公钥证书来核实他们的身份。该协议的执行不需要权威机构进行通信。

用户甲和乙共享的信息有:大素数 p(p 有大素因子 q)和群 G_p 上的生成元;安全的单向哈希函数 H_1,H_2,H_3;对称加密算法 $E_K(m)$,$D_K(m)$;签名算法 $\mathrm{Sig_U}(m)$ 及其验证算法。用户乙的私钥 $x\in \mathbf{Z}_p^*$ 和公钥 $y=g^x \bmod p$ 。

用户甲和乙之间执行如下协议:

甲方　　　　　　　　　　　　　　　　乙方

$u\in \mathbf{Z}_p^*$,　　$a=g^u \bmod p$　　$r\in \mathbf{Z}_p^*$,$K=H_1(a^x,r)$

——————————————→

$(b,r,\mathrm{Cert}V)$　　$b=H_2(K,r,\mathrm{Vid})$

←——————————————

$K=H_1(y^u,r)$,$b\overset{?}{=}H_2(K,r,\mathrm{Vid})$

$v=\mathrm{Sig_U}(H_3(y,a,r,\mathrm{Uid}))$

$e=E_K(v,\mathrm{Cert}U)$　　e　　$(v,\mathrm{Cert}U)=D_K(e)$

——————————————→

$v\overset{?}{=}\mathrm{Sig_U}(H_3(y,a,r,\mathrm{Uid}))$

① 甲方随机选择数 $u\in \mathbf{Z}_p^*$ 并计算传送 $a=g^u \bmod p$ 给乙方。

② 乙方在收到上述信息后,随机选择一数 $r\in \mathbf{Z}_p^*$,计算会话密钥 $K=H_1(a^x,r)$,然后计算 $K=H_2(K,r,\mathrm{Vid})$,传送$(b,r,\mathrm{Cert}V)$给甲方。

③ 甲方收到乙方发送的信息后,从 Cert$V$ 中得到 y,计算 $K=H_1(y^u,r)$,检查 $b\overset{?}{=}H_2(K,r,\mathrm{Vid})$是否成立,若成立,则甲方确认乙方确实知道 K,且乙方的身份得到了间接的验证。甲方对消息 $H_3(y,a,r,\mathrm{Uid})$进行签名,即 $v=\mathrm{Sig_U}(H_3(y,a,r,\mathrm{Uid}))$,将签名 v 与他的公钥证书用会话密钥进行加密 $e=E_K(v,\mathrm{Cert}U)$,加密结果 e 发送给乙方。

④ 乙方收到 e 之后对其进行解密$(v,\mathrm{Cert}U)=D_k(e)$,验证甲方的公钥证书 Cert$U$ 合法后,用甲方的公钥验证签名 $v\overset{?}{=}\mathrm{Sig_U}(H_3(y,a,r,\mathrm{Uid}))$,甲方的身份得到验证。

7.2.3 S/KEY 认证协议

S/KEY 认证协议由贝尔通信研究所(Bellcore)提出,并在 RFC1760 文档中定义,这是一种基于 MD4 或 MD5 的一次性口令生成方案，专门解决重放攻击问题。

在被认证方初始化阶段，被认证方和服务器都必须用相同的口令和一个迭代次数配置。“迭代次数”用来指定对挑战进行摘要运算的次数。

S/KEY 认证过程如下。

① 当需要进行身份验证时，被认证方通过发送一个初始化包来启动 S/KEY 交换，服务器用一个迭代次数(Seq)和种子(Seed)来响应。

② 被认证方计算一次性口令，将从服务器得到的种子和用户输入的口令连接起来，使用单向哈希函数(MD4 或者 MD5)反复计算 Seq 次，将所得的数字摘要作为一次性口令传送至服务器端。

③ 服务器端保存有一个文件，包含了每个用户上一次成功登录时的一次性口令。为了验证本次认证请求，服务器将接收到的一次性口令再进行一次安全哈希运算，并与保存的文件内容作比较。若匹配则认证成功，并用接收到的一次性口令更新文件内容，供下次认证使用，同时，将 Seq 减一。

④ 由于 Seq 随认证次数的增多逐渐减少，必然存在重新初始化的问题。用户可以在初始化时重新指定口令、迭代次数和种子。

S/KEY 的优点主要如下。

① 口令既不在被认证方机器上保存，也不存储于服务器端，更不在网络中传输，技术上不存在泄露问题，服务器也不受口令攻击。

② 每次传输的内容都不相同，有效地防止了重放攻击。

③ 算法公开，任何人都可以使用。

④ 如果没有一次性口令发生器，可以先保存一系列连续的一次性口令列表，在通信时使用，但是不可以暴露当前使用到哪个一次性口令。

但由于种子和迭代次数均采用明文传输，给黑客留有漏洞。比如黑客可利用小数攻击来获取一系列口令冒充合法用户，即当被认证方向服务器请求认证时，黑客截获从服务器传来的种子和迭代次数，将迭代次数修改为较小的值并传送给被认证方，同时再度截获被认证方计算出来的一次性口令，然后利用已知的安全哈希运算依次计算较大迭代次数的一次性口令，逐次尝试服务器直到认证通过为止。此外，通过该系统进行身份认证，被认证方需要多次进行哈希运算，服务器要记录每次登录的口令，而且每隔一段时间还需要重新初始化系统，认证过程的运算量和额外开销较大。

7.2.4　Kerberos 认证协议

另一种避免明文传输口令的方法是 Kerberos。Kerberos 认证系统是由美国麻省理工学院提出的基于可信赖的第三方的认证系统，一直在 Unix 系统中广泛采用，Microsoft® 公司在其推出的 Windows 2000 中也实现了这一认证系统，并作为它的默认认证系统。Kerberos 采用对称密钥体制对信息进行加密。其基本思想是：能正确对信息进行解密的用户就是合法用户。

基于 Kerberos 的认证系统包括如下几点。

① 客户机(Client)：被认证方装有 Kerberos 客户端的计算机。

② 应用服务器(Server)：提供被认证方最终希望访问的服务器。

③ 身份认证服务器(AS):认证系统中所有用户的身份,保存所有用户口令,并负责向用户分发访问票据许可服务器的最初票据。

④ 票据许可服务器(TGS):为用户分发最终希望访问的服务器的票据(Ticket),用户使用该票据向服务器证明身份。

TGS与AS共同组成Kerberos密钥分配中心KDC(也称Kerberos服务器)。Kerberos认证系统结构如图7.1所示。

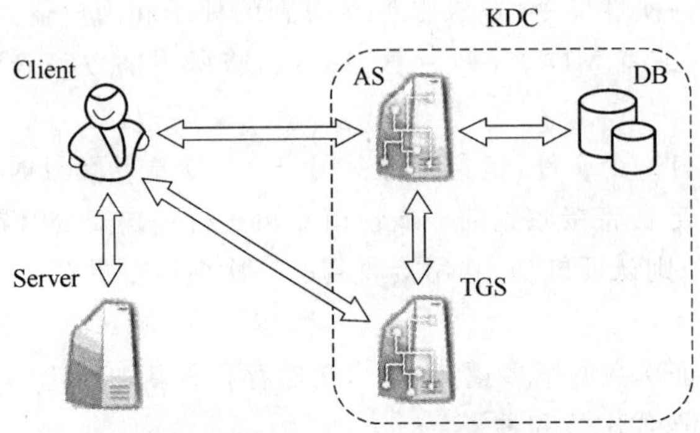

图7.1 Kerberos认证系统结构

在下面所述的认证过程中所使用的标记及其含义如下。

① Times:时间标志,表明票据的开始使用时间、截止使用时间等。

② Nonce:随机数,用于防止重传攻击。

③ $Realm_U$:用户U所属的范围,在大型网络中,可能有多个Kerberos形成分级Kerberos体制。

④ Options:用户请求的包含在票据中的特殊标志。

⑤ AD_U:用户U的网络地址。

⑥ $E_K(X)$:使用密钥K加密数据X。

⑦ "‖":连接操作,例如,10101101‖00111010 = 1010110100111010。

Keberos系统具体的认证过程如下。

① 用户U用自己的登录ID通过Kerberos客户端向AS请求获得访问TGS的最初票据T_{tgs}。

$$U \to AS: ID_U \| Times \| Options \| Nonce_1 \| Realm_U$$

② AS根据得到的ID_U在本地数据库中查找相应的用户数据(口令及访问各种网络服务的权限等级),根据用户口令产生一个密钥K_U,发放一个可以访问TGS的票据T_{tgs},AS同时发放一个用K_U加密的密钥$K_{U,tgs}$用作用户U与TGS共享的会话密钥。

$$AS \to U: ID_U \| Realm_U \| T_{tgs} \| E_{K_U}, (K_{U,tgs} \| Times \| Nonce_1 \| Realm_{tgs} \| ID_{tgs})$$

其中:$T_{tgs}=E_{K_{tgs}}(K_{U,tgs} \| ID_U \| AD_U \| Times \| Realm_U \| Flags)$,$K_{tgs}$为TGS的密钥。

③ 用户U使用自己的口令同样产生密钥K_U,解密出与TGS共享的会话密钥$K_{U,tgs}$,向TGS转发票据T_{tgs}并请求访问Server的票据T_S,使用$K_{U,tgs}$加密。

$$U \to TGS: Options \| ID_S \| Times \| Nonce_2 \| T_{tgs} \| Auth_U$$

其中:$Auth_U=E_{K_{U,tgs}}(ID_U \| Realm_U \| T_{S1})$。

④ TGS用自己产生的密钥K_{tgs}解密用户发来的票据T_{tgs},验证时间戳的有效性和用户

身份认证信息 $Auth_U$，验证通过后为用户发放票据 T_S，并用 Server 的密钥加密。

$$TGS \rightarrow U: Realm_U \| ID_U \| T_S \| E_{K_{U,tgs}}(K_{U,S} \| Times \| Nonce_2 \| Realm_S \| ID_S)$$

其中：$T_S = E_{K_S}(Flags \| K_{U,S} \| Realm_U \| ID_U \| AD_U \| Times)$，$K_S$ 为 Server 的密钥。

⑤ 用户 U 使用 $K_{U,tgs}$ 解密得到与 Server 共享的会话密钥 $K_{U,S}$，将 T_S 提交给 Server，获得服务。

$$U \rightarrow Server: Options \| T_S \| Auth_U$$

其中：$Auth_U = E_{K_{U,S}}(ID_U \| Realm_U \| T_{S2} \| Subkey \| Seq)$，Subkey 和 Seq 均为可选项，Subkey 指定此次会话的密钥，若不指定 Subkey 则会话密钥为 $K_{U,S}$；Seq 为本次会话指定的起始序列号，以防止重传攻击。

⑥ Server 使用自己的口令解密 T_S，取出时间戳并检验有效性，验证用户身份认证信息 $Auth_U$，允许用户使用服务，然后向用户返回一个带时间戳的认证符，该认证符以用户与应用服务器之间的会话密钥 $K_{U,S}$ 进行加密。据此，用户可以验证应用服务器的合法性。

$$Server \rightarrow U: E_{K_{U,S}}(T_{S2} \| Subkey \| Seq)$$

至此，身份认证最终完成，用户 U 与 Server 拥有了会话密钥，其后进行的数据传递将以此会话密钥进行加密。当用户还需要访问 Server 上的资源时，只要票据 T_S 不过期，用户可以直接持该票据向 Server 请求服务，不必再经过 KDC 申请。

Kerberos 系统在大型的系统使用比较多，它具有以下一些优点。

① 安全性高。Kerberos 系统中不存在口令信息的明文传输，使得窃听者难以在网络上取得相应的口令信息。

② 透明性高。第三方仲裁参与对开放网络中双方的认证，但是对用户来说又是完全感觉不到的。

③ 可扩展性好，管理集中度高。Kerberos 为每一个服务提供认证，确保应用的安全。另外，对于大型的系统可以采用层次化的区域进行管理。

但是，Kerberos 也存在如下一些问题。

① Kerberos 服务器成为网络的单点瓶颈，若发生故障将使得整个安全系统无法工作。

② AS 存储了系统中所有用户的口令，其安全性必须得到充分的保证。

③ AS 在传输用户与 TGS 间的会话密钥时是以用户密钥加密的，而用户密钥是由用户口令生成的，因此可能受到口令猜测的攻击。

④ Kerberos 使用了时间戳，因此存在时间同步问题。

⑤ 随用户数增加，密钥管理较复杂。Kerberos 拥有每个用户的口令字的哈希值，AS 与 TGS 负责用户间通信密钥的分配。当 N 个用户想同时通信时，仍需要 $N \times (N-1)/2$ 个密钥。

前面所述的 Kerberos 认证协议主要是针对固定计算环境(FCE)下的用户。在 FCE 之下，用户必须首先在 AS 上注册为合法用户才能访问系统资源。在移动计算环境(MCE)下，用户(如便携机)位置是随时可以变化的，而且其实际位置可能与其所注册的服务器十分遥远，信息的传输多采用无线方式，因此比 FCE 之下更易受到攻击。从安全性和服务的及时性方面来考虑，用户应该从离之最近的服务器得到所需要的服务。但是为了对用户进行认证，服务器需要保存全部用户的个人化参数，这当然是不切实际的。有人设计了一种方案，用户 ID 和其注册的服务器 ID 同属于某个变换群，如果知道了用户 ID，则可通过某种变换得到其注册的服务器 ID,同样由服务器 ID,可以求得所有的用户 ID。

7.3 访问控制

访问控制和认证服务有时候容易混淆。尽管它们之间有某些共性和相互的关系,但这两种服务却是不相同的。有些访问控制依赖于角色,因此,需要对身份进行认证以确保真实。成功的身份认证使发起者获得某些访问控制信息,可以将身份认证作为访问控制的第一道屏障。身份认证和访问控制是密不可分的,可以通过访问控制策略指定认证和访问控制之间的关系。例如,假如使用一个不太安全的机制对发起者进行鉴别,访问控制策略可能不允许对目标进行某些操作(如增加、修改、删除);另外,如果对发起者使用某种较安全的机制进行鉴别,则可以允许执行那些操作。

作为 ISO7498-2 提出的一种基本的安全服务,访问控制决定开放系统环境中允许使用哪些资源、在什么地方适合阻止未授权访问。在一次访问控制的过程中,访问可以是对一个系统(即对一个系统通信部分的一个实体)或对一个系统内部进行,对计算机网络而言就是计算机内网或外网。除请求访问和通知访问结果的操作序列外,还要提交信息条目以获得访问,所有这些都在访问控制框架内予以考虑。访问控制用来处理主体和客体之间交互的限制,是安全操作系统最重要的功能之一。

访问规则是访问控制的重要内容,它规定了若干条件,在这些条件下,可准许主体访问一个资源。访问规则使用户与资源配对,指定该用户可在该文件上执行哪些操作,如只读、不许执行或不许访问。

访问规则由系统管理人员来应用,由硬件或软件的安全内核部分负责实施。在实际安全管理中,管理员或者安全员可能需要将安全对象只授给拥有某个角色的其中一部分用户,另外管理员可能会指定一个授权只在指定的时间段有效。这些都是系统的安全规则,套用流行的术语就是企业的业务逻辑。所以只使用简单的“授权表示允许”的规则显然不能满足现在系统日益复杂的安全需求。

可以抽象出一个访问验证规则对象。根据验证规则对象我们可以得到“访问者”访问一个“安全对象”是被允许的、被拒绝的还是不能确定的。一个授权可能会有一个以上的有效性规则对象,对一个授权的每一条有效性规则进行验证有可能会相互冲突。一个解决冲突的有效规则是:拒绝优先,最终不能确定的应视同为拒绝。

对系统所有的用户只要满足系统的访问条件则可以访问相应的文件和执行相应的操作。

7.3.1 访问控制模型

访问控制机制是安全防范和保护的主要内容,它的主要任务是保证网络资源不被非法使用和非法访问。访问控制是维护网络系统安全、保护网络资源的重要手段。各种安全机制必须相互配合才能真正起到保护作用,其中安全访问控制是保证网络安全的核心。

访问控制的基本目标是防止对任何资源(如计算资源、通信资源或信息资源)进行未授权的访问,从而使系统在合法范围内使用:决定用户能做什么,也决定代表一定用户利益的程序能做什么。这里未授权的访问指未经授权的使用、泄露、修改、销毁信息以及颁发指令等。它包括非法用户进入系统和合法用户对系统资源的非法使用。

由此可知，访问控制对机密性、完整性起直接的作用。

对于可用性，访问控制通过对以下信息的有效控制来实现。

① 谁可以颁发影响网络可用性的网络管理指令。

② 谁能够滥用资源以达到占用资源的目的。

③ 谁能够获得可以用于拒绝服务攻击的信息。

1. 访问控制的相关概念

下面介绍有关访问控制的一些基本概念。

① 客体(Object)：规定需要保护的资源，又称作目标(Target)。

② 主体(Subject)：或称为发起者(Initiator)，是一个主动的实体，规定可以访问该资源的实体(通常指用户或代表用户执行的程序)。一个主体为了完成任务，可以创建另外的主体，这些子主体可以在网络中不同的计算机上运行，并由父主体控制它们。主客体的关系是相对的。

③ 授权(Authorization)：规定可对该资源执行的动作(例如读、写、执行或拒绝访问)。

2. 访问控制模型

无论哪一种访问控制授权方案都可以表示成如图7.2所示的访问控制模型。

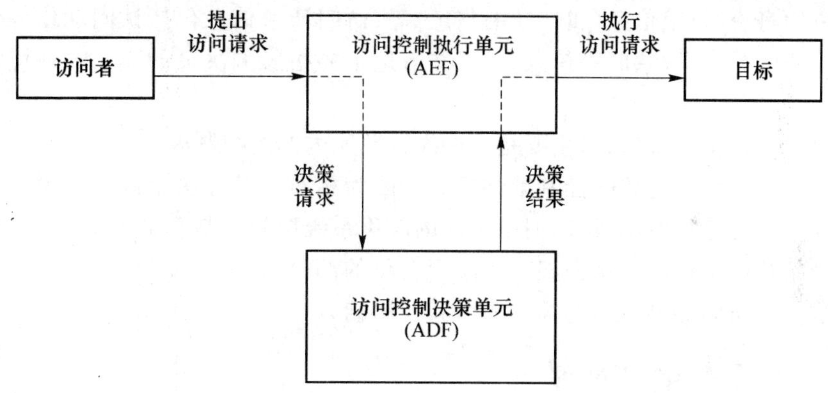

图7.2 访问控制模型功能

访问控制就是要在访问者和目标之间介入一个安全机制，验证访问者的权限，控制受保护的目标。访问者提出对目标的访问请求，被访问控制执行单元(Access Control Enforcement Function，AEF。实际是应用内实现访问控制的一段代码或者监听程序)；执行单元将请求信息和目标信息以决策请求的方式提交给访问控制决策单元(ADF，Access Control Decision Function，是一个判断逻辑，如访问控制代码中的判断函数)；决策单元根据相关信息返回决策结果(结果往往是允许/拒绝)，执行单元根据决策结果决定是否执行访问。其中执行单元和决策单元不必是分开的模块。

同样，影响决策单元进行决策的因素也可以抽象为如图7.3所示。

访问控制决策单元具有权限验证者的全部功能。为了便于作出判决决定，给ADF提供了访问请求(作为判决请求的一部分)和下列几种访问控制判决信息(ADI)。

① 发起者ADI(ADI由绑定到发起者的ACI导出)。

② 目标ADI(ADI由绑定到目标的ACI导出)。

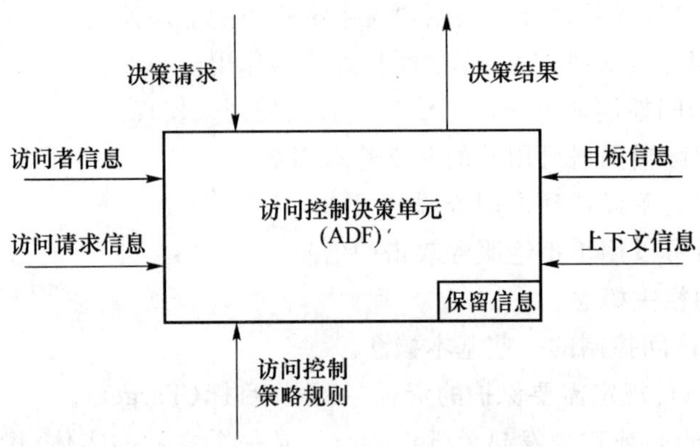

图 7.3 访问控制决策单元

③ 访问请求 ADI(ADI 由绑定到访问请求的 ACI 导出)。

其中 ACI(Access Control Information)是指访问控制信息。

ADI 的其他输入是访问控制策略规则(来自 ADF 的安全域权威机构)和用于解释 ADI 或策略的必要上下文信息。

因此,决策请求中包含了访问者信息、访问请求信息、目标信息和上下文信息。访问者信息指用户的身份、权限信息(属性证书信息)等;访问请求信息包括访问动作等信息;目标信息包含资源的等级,敏感度等信息;上下文信息主要指影响决策的应用端环境,如会话的有效期等。

决策单元中包含保留信息,主要是一些决策单元内部的控制因素。

最重要的决策因素是访问控制策略规则。因为相对于其他决策因素来说,不同的应用系统这些因素的变化相对小得多,但是不同的应用系统访问控制策略是完全不同的。因此,访问控制策略规则是访问控制框架中随应用变化的部分,访问控制框架的灵活性和适应应用的能力取决于访问控制策略的描述能力和控制能力。

7.3.2 简单访问控制

访问控制策略在系统安全策略级上表示授权,具体而言决定对访问如何控制并决定如何访问。访问控制的实现依赖于访问控制策略(Access Control Policy)的实现,而访问控制机制(Access Control Mechanisms)可以看成访问控制策略的具体实现。访问控制机制与策略独立,可允许安全机制的重用。

安全策略之间没有哪种更好的说法,只是一种可以比一种提供更多的保护。访问控制的策略规则是随着应用变化的,而权限不必依赖于具体的应用进行管理。比如说,一个注册会计师,他拥有国内会计师注册机构颁发的会计师资格,但是,在不同的企业内,他能够接触的资料范围是完全不同的,或者说,他的权限是根据不同情况变化的。导致变化的原因是每个企业对会计师能够访问的范围根据自己的情况进行了具体的定义,也就是使用了不同的策略。

如果没有这样一种策略对应用进行支持,那么 PMI 无法真正发挥在访问控制应用方面的灵活性、适应性和降低管理成本的优势。对于相似的一类应用,策略应该可以根据具体应用定制,访问控制框架是相对固定的,而策略随着应用变化。

访问控制和授权策略展示了一个机构在信息安全和授权方面的顶层控制、授权遵循的原则和具体的授权信息。在一个机构的 PMI 应用中，授权策略应当包括一个机构如何将它的人员和数据进行分类组织，而这种组织方式必须考虑到具体应用的实际运行环境，如数据的敏感性、人员权限的明确划分，以及必须和相应人员层次相匹配的管理层次等因素。所以，策略的制定是需要根据具体的应用量身定做的。

具体说，策略包含着应用系统中的所有用户和资源信息以及用户和信息的组织管理方式；用户和资源之间的权限关系；保证安全的管理授权约束；保证系统安全的其他约束。因此，策略主要包含的基本因素如下。

① 访问者：应用中支持哪些用户，定义了用户的范围。

② 目标：策略要保护的是哪些目标，定义了受保护的资源的范围。

③ 动作：应用中限定访问者可以对目标设施的操作。

④ 权限信任源：应用信任什么机构发布的权限信息。

⑤ 访问规则：访问者具有什么权限才能够访问目标。

目前使用的主要访问控制实现方法主要有以下几种。

① DAC(Discretionary Access Control，自主型访问控制)针对用户给出访问资源的权限，如该用户能够访问哪些资源。

② MAC(Mandatory Access Control，强制型访问控制)在军事和安全部门中应用较多，目标具有一个包含等级的安全标签(如不保密、限制、秘密、机密、绝密)；访问者拥有包含等级列表的许可，其中定义了可以访问哪个级别的目标。

③ ACL(Access Control List，访问控制列表)是目前应用的最多的方式，它是目标资源拥有访问权限列表，如该资源允许哪些用户访问等等。

④ RBAC(Role-Based Access Control，基于角色的访问控制)定义一些组织内的角色，再根据授权策略给这些角色分配相应的权限。

在 PMI 中访问控制的实现主要以基于角色的访问控制(RBAC)为框架。

1. 自主访问控制

在 US 计算机安全标准(Trusted Computer System Evaluation Criteria，TCSEC)和大多数的应用中，关于自主访问控制(DAC)的定义是这样的：DAC 是一种访问机制，它许可系统用户去允许或者拒绝用户去访问系统控制的目标。

它根据主体的身份和授权以及他们所属的组来决定访问。

“自主”的意思是，信息在移动过程中其访问权限关系会被改变。如用户 A 可将其对目标 O 的访问权限传递给用户 B，从而使不具备对 O 访问权限的 B 可访问 O。DAC 机制允许授予或者废除访问任意一个目标权限给每个用户。同时，允许用户不用与系统管理员交互就可以授予或者废除他们控制的目标访问权。

2. 强制访问控制

TCSEC 中定义强制访问控制(MAC)为：一种基于目标信息的敏感度(例如，安全标签)和用户对访问信息的正式授权(例如，清除)来对目标进行限制的方法。

MAC 强制访问有如下特点。

① 将主体和客体分级，根据主体和客体的级别标记来决定访问模式，例如，绝密级、机密级、秘密级、无密级。

② 其访问控制关系分为:上读/下写(完整性),下读/上写(机密性)。该特点可以更精确地说,在强制访问控制系统中,系统包含主体集 S 和客体集 O,每个 S 中的主体 s 及客体集中的客体 o,都属于一固定的安全类 SC,安全类 SC=⟨L,C⟩包括两个部分:有层次的安全级别和无层次的安全范畴,构成一偏序关系(≤)。有如下两个规则。

- Bell-LaPadula:保证保密性。

  无上读:仅当 SC(o)≤SC(s)时,s 可以读取 o。

  无下写:仅当 SC(s)≤SC(o)时,s 可以修改 o。

- Biba:保证完整性。

  同第 1 个规则相反。

③ 通过安全标签实现单向信息流通模式。

安全标签是限制在目标上的一组安全属性信息项。在访问控制中,一个安全标签隶属于一个用户、一个目标、一个访问请求或传输中的一个访问控制信息。

最通常的用途是支持多级访问控制策略。

在处理一个访问请求时,目标环境比较请求上的标签和目标上的标签,应用策略规则(如,Bell-Lapadula 规则)决定是允许还是拒绝访问。

如图 7.4 所示表示了 MAC 访问信息流。横坐标是主体,而纵坐标表示客体。资源的机密等级分为 4 个等级。

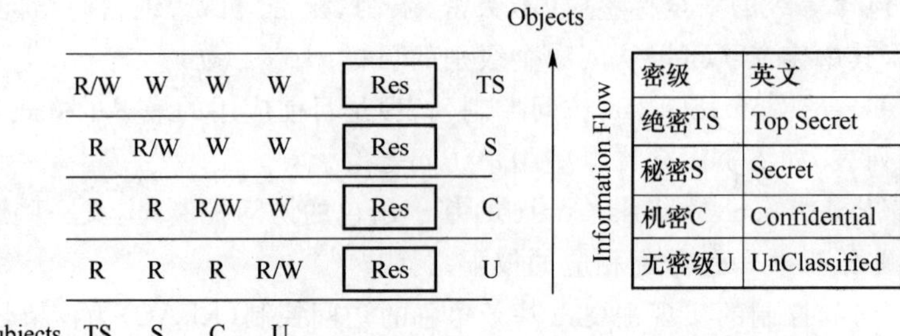

图 7.4 MAC 访问信息流

MAC 通过与用户(更准确地说是主体)和客体关系密切的安全标签来实现访问控制。DAC 通过用户配置允许、拒绝或者二者都有来实现目标的访问控制,通常这些用户是目标的拥有者。

一般而言,DAC 和 MAC 各有用途,但作为访问控制的强度来说,自主式太弱,强制式太强。而二者工作量都比较大,不便于管理。

【例】 1 000 主体访问 10 000 客体,需 1 000 万次配置。如每次配置需 1 秒,每天工作 8 小时,就需 10 000 000/(3 600×8)=347.2 天。

后面将要介绍的基于角色的访问控制(RBAC)可以视为访问控制独立的一个部分,是一个 MAC 和 DAC 恰好共存在一起的访问控制机制。

7.3.3 基于角色的访问控制

基于角色的访问控制属于访问控制系统中的一种,它的主要思想就是将授权和角色联系在一起,而用户被分配到合适的角色,大大简化了授权的管理。模型在不同的系统配置下可以显示不同的安全控制功能，可以构造具备自主访问控制类型的系统，也可以构造成访问控制类型的系统，比较灵活。

在一个系统中，根据业务要求和管理要求在系统中设置若干称之为"角色"的客体，角色也就是一般业务系统中的岗位或者职位，系统掌管资源的存取权限，将不同类别和级别的权限赋予不同的角色，并随时根据业务需求对这些权限进行管理。在系统中，将特定用户的集合和与业务分工相联系的授权联结在一起，这种授权管理比针对个体的授权管理有更好的可操作性和可管理性。

1. RBAC 支持的原则

RBAC 支持 3 个安全原则：最小特权、责任分开和数据抽象。

最小特权原则要求不要赋予主体多于它进行工作的特权。确保符合了最小特权原则需要识别主体的工作是什么，判断进行该工作的最小权限集，同时限制了主体只在该权限集范围内工作。根据哪些主体的任务拒绝主体不必要的操作，哪些拒绝的权限就不能用来破坏组织的安全政策，通过使用 RBAC 可以方便地对系统用户实现最小特权原则，因为 RBAC 可以通过配置将许可给予那些要完成该任务的主体拥有该权限的角色。

RBAC 支持责任分开。通过确保各个互斥的角色可以调用来完成一个灵活的任务，例如会计员和会计经理一起来参与发行支票将责任分开。

RBAC 支持数据抽象。数据抽象的支持通过抽象的许可，例如一个目标账号的贷款和借款，而不是像操作系统中经典的读、写和执行许可，然而 RBAC 并不能实现这些原则的应用。安全管理员可以配置 RBAC 从而可能使它违反这些原则。同时，数据抽象的程度是否支持也是由实现的细节决定的。

RBAC 支持数据的完整性，亦即数据和操作只能通过认证的途径来进行。因此 RBAC 是适合真实系统的比较合理的安全解决方案。通常，判断数据是否在已通过认证的途径内被改变和修改的操作种类差不多复杂。因此，操作的实际方法是确保操作已通过认证和可信的。当然 RBAC 并不是完全适合所有系统。

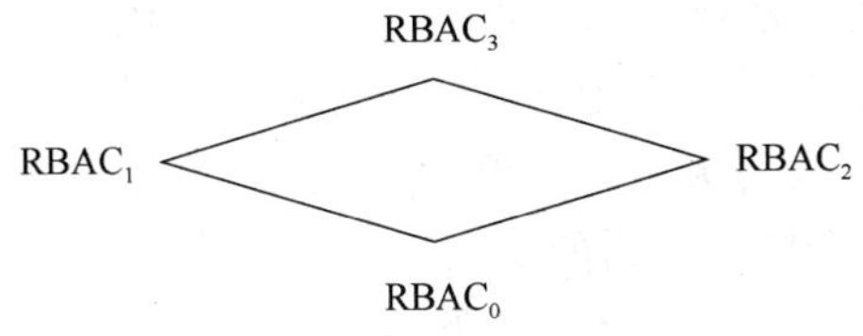

图 7.5　RBAC 模型关系

2. RBAC 的基本模型

为了方便了解 RBAC 的各个方面，我们定义了 4 个概念上的模型。它们的关系如图7.5 所示。

$RBAC_0$ 是基本的模型，置于最底下表明它是任何表示要支持 RBAC 系统的最小要求。$RBAC_1$ 和 $RBAC_2$ 都包括了 $RBAC_0$，但是有其自身独立的特性。这个就是相当于角色层次的概念。而 $RBAC_1$ 和 $RBAC_2$ 彼此不一样。统一的模型 $RBAC_3$ 包括 $RBAC_1$ 和 $RBAC_2$，同时传递性拥有了 $RBAC_0$ 模型。

$RBAC_0$ 模型的基本要素是用户、角色、会话和授权。授权就是将客体存取(U)、(R)、(S)和(P)访问的权限在可靠的控制下连带角色所需要的操作一起提供给角色所代表的客户。可以赋予一个角色多个授权,一个授权也可以赋予给多个角色,一个用户可以扮演多个角色,一个角色也可以接纳多个用户。当每个用户进入系统得到自己的控制的时候,就得到一个会话,一个会话可以激活该用户全部角色的一个子集,用户获得的是全部被激活角色的所有授权。在 $RBAC_0$ 系统中,每个角色至少具备一个授权,每个用户至少扮演一个角色。一个用户可能同时拥有多个会话,例如在工作站上每一个会话运行在不同窗口的里。每个会话由不同的活动角色组合。用户可以在该会话中激活任何一个适合完成该任务的角色子集。因此一个拥有很强角色的用户可以让该角色保持不活跃的状态,当需要的时候再显式地激活它。

$RBAC_0$ 的形式化表示如下。

① U、R、P 和 S(用户、角色、授权和会话)。

② $PA \subseteq P \times R$,授权到角色的多对多的关系。

③ $UA \subseteq U \times R$,用户到角色的多对多的关系。

④ user:$S \rightarrow U$ 将每个会话 S_i 映射到单一用户的函数 user(s_i)。

⑤ roles:$S \rightarrow 2^R$,将每个会话 S_i 与一个角色集合连接起来的映射 $\text{roles}(s_i) \subseteq \{r \mid (\text{user}(s_i), r) \in UA\}$,该会话可能随时间变化而变,且会话 S_i 授权 $U_{r \in \text{roles}(s_i)} \{p \mid (p, r) \in PA\}$。

$RBAC_1$ 引进了角色层次(RH)的概念,该概念将在权限管理一章详细地展开。

在数学上,层次是偏序的关系。一个偏序关系满足自反、传递和反对称关系。继承之所以满足自反的关系,是因为角色能够继承它自己的许可。而传递关系是角色自然的要求,反对称关系排除了因互相继承而产生冗余的角色的可能性。$RBAC_1$ 的层次结构反映了职权的线性关系,可以实现多级安全系统所要求的保密级别的排列要求和保密存取类的范畴要求。

$RBAC_0$ 的另一个增强方向是约束模型 $RBAC_2$,整体上确定对角色分配的约束条件。最常见的约束条件就是角色的互斥状态,另外还有授权的互斥机制、对角色数量的约束和对角色前提的约束。

约束模型 $RBAC_2$ 已经成为研究 RBAC 的一个主要动机。约束模型在 RBAC 中最常提及的就是互相排斥的角色。举一个普遍的例子来说明哪些角色需要互斥:像销售经理和应付账款经理这样的角色是应当分开的。在绝大多数组织中,甚至同一个主体也不允许拥有这样的两个角色,因为这样会产生犯错的机会。相互分离就是一个主体不能同时拥有两个上面那样的角色,或者说许可不能都分配给那两个角色。再举一个例子,角色 A 或者角色 B 谁拥有一个特别账户的签名都无所谓,但是我们可能要求只有一个角色能得到此许可。

通常用户拥有由各种角色组合的资格也是理所当然的,因此在不同的项目中,用户是程序员或者是测试员都是可以接受的,但是在同一个项目中往往是不可接受的。

$RBAC_2$ 的另一个用户分配约束的应用是限制角色能够拥有的最大用户数目,例如常见的一个部门只有一个经理。类似的,单个用户拥有角色的数目也应当限制。

$RBAC_1$ 和 $RBAC_2$ 可以通用的地方是,角色级别 RH 可以看作是一种约束。这个约束指分配给下级角色的许可都分配给上级的角色。或者同样可以这样说,约束是分配给用户上级的角色必须分配所有下级角色给该用户。

从某种意义来说,因为 $RBAC_1$ 和 $RBAC_2$ 有多余的成分从而相互包含。

统一的模型 $RBAC_3$ 包含了 $RBAC_1$ 和 $RBAC_2$,因此也提供了角色层次和角色限制。角色限制和角色层次有微弱的冲突，如图 7.6 所示。

项目经理角色违反了相互排斥的原则。这样被上级角色的违反有时候是可以接受的，有时候则不能。如何解决这类问题呢？可以通过添加私有角色的限制来解决。在上面例子中，给测试工程师和程序员相应地都添加一个私有角色，如图 7.7 所示。这样测试工程师的私有角色、程序员的私有角色和项目经理都是互相排斥的了。因为不再有更高级的角色，所以不会有冲突了。

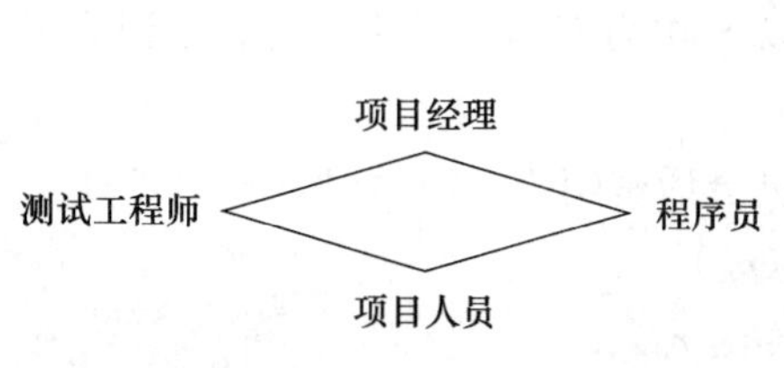

图 7.6　RBAC2 模型的一个例子

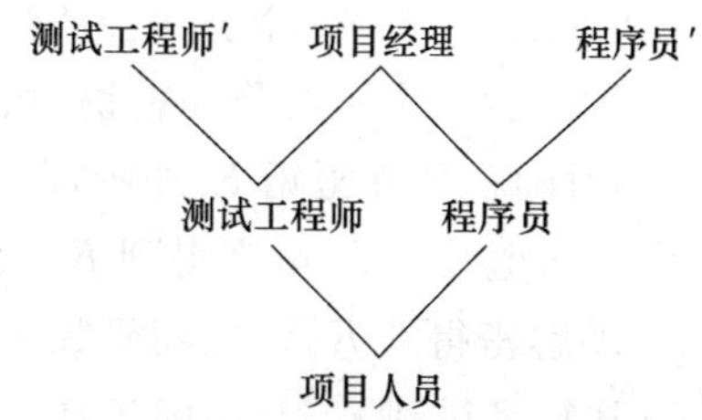

图 7.7　角色冲突的解决方案

互相排斥的私有角色可以在不引起任何冲突的基础上指定。如上面的例子程序员必须分配给程序员′角色。程序员′角色就作为项目经理角色共享许可的一种手段。

7.4　密钥管理

密码的保密是以密钥的安全为基础，同样密钥也是认证的基础。密钥管理一直是密码研究的一个重要主题，密码的各种新应用对密钥管理提出了新问题和新要求。此小节对密钥协商、密钥认证、秘密共享和密钥托管等密钥管理中的重要问题进行研究。

7.4.1　密钥协商

在 IEEEP 1363 draft 标准中列举了一些利用公钥密码体制实现的密钥协商方案。其中采用证书签名是常见的实现方式。由可信任权威（例如证书权威 CA）为用户颁发公钥证书，攻击者 Eve 不能用自己的公钥代替 Alice 或 Bob 证书中的公钥，因此无法冒充 Alice 或 Bob，可以防止中间人攻击。最经典的协议是 STS（站到站）协议。这类方案需要证书权威，系统复杂，优点是从根本上解决了用户秘密信息的管理和共享问题，而且利用签名可以提供不可否认性。

1. 基于口令的可认证密钥交换

基于口令的可认证密钥交换协议需遵循以下安全准则。

① 整个协议执行过程中，不能泄露关于口令的任何信息，攻击者直接窃听通信的往来报文进行离线式字典攻击猜测口令是不可行的。

② 协议执行中，不泄露关于会话密钥的任何信息。

③ 获取已经分配的会话密钥，不能帮助攻击者获得口令。

④ 如果攻击者知道了用户的口令或者验证口令，他不能推断出之前的会话密钥（完美前向安全性）。

⑤ 提供验证机制,验证用户知道真正的口令,防止某个攻击者获取了主机对用户的验证口令,从而冒充用户。

⑥ 用户端不需要存储一些永久性数据,如公开密钥、私钥,仅需要一个能记忆的口令作为独立的元素即可。

最经典的这类协议是加密密钥交换协议(EKE),该方法同时使用对称和非对称密码,采用共享口令加密随机产生的公开密钥。A和B共享一个公共口令 S,利用这个协议,他们能够相互认证并产生一个公共会话密钥。协议流程如下。

① A产生一个随机公开密钥/私人密钥对,以 S 作为密钥的对称加密算法记为 $E_S(\ )$,用 $E_S(\ )$对随机公开密钥 K'加密,A→B:A,$E_S(K')$。

② B知道口令 S,解密得到 K',然后产生随机会话密钥 K,B→A:$E_S(E_K{}'(K))$

③ A解密得到 K,产生随机数 r_A,A→B:$E_K(r_A)$。

④ B解密得到 r_A,产生随机数 r_B,B→A:$E_K(r_A, r_B)$。

⑤ A解密得到 r_A 和 r_B,如果来自B的 r_A 与第③步A发送给B的 r_A 相同,则A→B:$E_K(r_B)$。

⑥ B解密得到 r_B,如果来自A的 r_B 与第④步B发送给A的 r_B 相同协议完成,双方以 K 作为会话密钥进行通信。

Eve可能猜测 S,在没有破译公开密钥算法之前,Eve不能证实她的猜想。如果 K 和 K'都是随机选择的话,这是一个无法解决的难题。协议的第③到第⑥步的应答部分证实了协议的有效性,第③步到第⑤步A证实B知道 K,第④步到第⑥步B证实A知道 K。

EKE可以用各种密码算法实现,如RSA、ElGamal、Diffie-Hellman。其基本强度是基于以一种对称密码和非对称密码都得到加强的方式联合使用这两种密码体制,从一般的观点看来,当对称和非对称体制一起使用时,可加强这两种比较弱的密码体制。例如,使用指数密钥交换时,192位的模数长度很容易被破译,但是若在攻击之前必须猜出口令,则破译变得不可能;反之,猜测口令攻击是可行的,因为每次猜测可以很快得到验证,但是如果完成验证需要求解一个指数密钥交换,则总的破译时间将急剧增加。

2. 简单可认证密钥协商算法(SAKA)

由于EKE算法复杂,1999年Seo等提出的简单可认证密钥协商(SAKA)借鉴EKE的思想,协商过程的消息数目同Diffie-Hellman相同,仅需2条消息验证秘密的会话密钥。其原理如下。

(1) 简单可认证密钥协商(SAKA)

Alice和Bob按照预先设定的方式根据口令 S 计算两个整数 Q 和 $Q^{-1}\bmod(n-1)$,假定 Q 是唯一的,且与 $n-1$ 互素,不同口令生成相同的 Q 的几率足够低。

① A选择随机的大整数 a,A→B: $X_1=g^{aQ}\bmod n$。

② B选择随机的大整数 b,B→A: $Y_1=g^{bQ}\bmod n$。

③ A计算 $Y=Y_1^{Q^{-1}}\bmod n=g^b\bmod n$, $K_A=Y^a\bmod n=g^{ab}\bmod n$。

④ B计算,$X=X_1^{Q^{-1}}\bmod n=g^a\bmod n$,$K_B=X^b\bmod n=g^{ab}\bmod n$。

验证过程如下。

① A→B: $K_A^Q\bmod n=g^{abQ}\bmod n$。

② B→A：$K_B^Q \bmod n = g^{abQ} \bmod n$。

③ A 和 B 利用 Q^{-1} 分别计算对方的密钥，并与自己的密钥进行比较。

由于 Eve 不知道 Q 和 Q^{-1}，不能与 Alice 或 Bob 建立共享密钥。

该协议的漏洞主要源于两个验证消息①和②数值相同。验证过程中，Eve 收到来自 Alice 的①消息 K_A^Q 后，Eve 冒充 Bob 将 K_A^Q 重新发送给 Alice②，那么③中 Alice 验证一定是成功的，尽管 Eve 不能计算和 Alice 共享的密钥，但 Alice 总是认为自己获得了正确的密钥，因此该协议并不提供对用户身份的认证。另外由于验证消息是 $K_B^Q \bmod n$，一旦 Q 泄露，攻击者可以计算 $(K_B^Q)^{Q^{-1}} \bmod n$ 从而获得旧的会话密钥，因此该协议不具备完美前向安全性。

3. 双方签名的可认证密钥协商

签名能够直接提供数据源认证、数据完整性和不可否认性，但不能直接提供实体认证。试想这样的情形：Alice 希望确信她正与 Bob 建立实时通信，如果 Bob 对"我是 Bob"进行签名，并发给 Alice，Alice 相信这条消息是 Bob 生成的(签名能够提供数据源认证)。但是 Eve 可能存储这条消息，并在以后发给 Alice，所以 Bob 的签名不能提供对 Bob 身份的认证。因此签名算法必须经过改造才能提供实体认证，STS 协议是利用签名算法实现认证和密钥协商的一个经典协议。

STS 协议包括 Diffie-Hellman 密钥创建过程和认证签名的交换过程，协议中 Alice 和 Bob 分别对消息签名。会话密钥的创建形式与基本 Diffie-Hellman 协议完全相同，会话密钥不依赖 A 和 B 的长期非对称密钥，因此泄露 A 或 B 的长期密钥不会危及会话密钥。

基本的 STS 协议假设：①用于密钥创建的参数(即循环群和相应的本原元)是固定的，并且对所有用户是可知的；②Alice 有 Bob 的公开密钥证书，同时 Bob 有 Alice 的公开密钥证书，这些证书由处于协议之外的一些值得信赖的机关签名，即 A 和 B 相互知道对方真正的公钥，第②个假设在实用的 STS 协议中可以取消。协议中的 Diffie-Hellma 操作基于模指数运算，这暗含表示所使用的循环群是乘法群，但是该协议同样适用于加法群(例如椭圆曲线上的点组成的群)。

假设 q 是大素数，g 是有限域 F_q 的本原元，q、g 是公开的。每个用户及可信管理机构(CA)都有一个签名算法，不妨设用户 i 的验证算法为 $V_i(\ )$，签名算法为 $S_i(\ )$。TA 的验证算法为 $V_{TA}(\ )$，签名算法为 $S_{TA}(\ )$。另外，每一个用户 i 有一个 TA 签署的证书 Cert_i。

(1) 基本 STS(站到站)密钥协商

① Alice 产生随机数 x，A→B：g。

② Bob 产生随机数 y，根据 Diffie-Hellman 协议，B 计算共享秘密密钥 $K=(g^x)^y$。B 对 g^x、g^y 签名，并且用 K 加密签名。B→A：g^y，$E_K(S_B(g^x, g^y))$。

③ Alice 计算共享秘密密钥 K，用 K 对 B 发送的消息解密，并验证 B 的签名。然后 A 把包括 x、y 的签名消息用 K 加密后送给 Bob：$E_K(S_A(g^x, g^y))$。

Bob 解密消息并验证 Alice 的签名。

由基本 STS 协议可以得到一个更为对称的形式，双方首先交换指数，然后交换加密后的签名。这样 A 或 B 无须知道是谁发起协议，这种变型适用于事先不知道谁发起呼叫的场合，例如语音电话和 X. 25 数据传输。如图 7.8 所示。

(2) 实用的 STS 协议

为便于用户公钥和用户特定 Diffie-Hellman 参数的分发，可以在交互消息中使用证书，这就是实用的 STS 协议,协议流程如图 7.9 所示。其中 $Cert_A=\{Alice, p_A, g, q, s_T(Alice, p_A, g, q)\}$,$p_A$ 是 A 的公钥。以下重点描述与基本 STS 协议的不同之处。

图 7.8 基本的 STS 协议　　　　图 7.9 实用的 STS 协议

① Alice 发送她的 Diffie-Hellman 参数,注意这里不使用全网范围内固定的 g 和 q,Bob 接收到第三个消息后才验证这些参数。

② Bob 向 Alice 发送他的证书。

③ Alice 通过验证权威的签名来确认 Bob 的公钥,并验证 Bob 对消息的签名。然后 Alice 向 Bob 发送自己的证书,以便 Bob 验证 Alice 的 Diffie-Hellman 参数和 Alice 对消息的签名。Alice 的证书在第三个消息中才发送给 Bob,好处有两个:第一个好处是第三个消息之前 Bob 不需要 Alice 的证书,从而无需提前存储 Alice 的证书;第二个好处是允许 Alice 和 Bob 选择是否对证书进行加密,在某些应用中,对证书加密可以防止对通信双方身份的被动式窃听。

4. 单方签名的可认证密钥协商

STS 协议在安全性和复杂度上取得了很好的折中,但对以移动终端为代表的受限终端而言,减少其计算和存储负担非常重要。利用 ECDSA 的签名快、验证慢的特点,为减少用户端的运算量,下面借鉴 STS 的思想介绍一种单方签名的双向认证和密钥协商协议。网络对用户的认证通过用户签名实现,同时用户签名提供不可否认性;用户对网络的认证是隐式的,通过验证会话密钥实现。本协议的目标包括:①隐式的双向可认证会话密钥协商;②双向密钥确认;③密钥新鲜性的双向确认(双向密钥控制);④用户向网络发送的数据具有不可否认性(用户端签名)。

协议前提:选取有限域 F_q,在域上随机生成一条椭圆曲线 $E(F_q)$,保证椭圆曲线群上的离散对数是难解的;然后选取一点 P 作为基点,P 的阶为 n,n 为一个大素数,P 公开。网络用 A 表示、用户用 B 表示。

用户和证书权威之间存在安全信道以传递证书相关信息。网络 A 和用户 B 分别拥有长期私钥 d_a、d_b 和长期公钥 d_aP、d_bP;用户 B 事先知道网络 A 的身份和长期公钥 d_aP,用户 B 能执行签名算法 $S(\ )$。

整个协议分为初始化阶段、认证和密钥协商阶段。

用户和网络的初始化:在协议中,需要认证中心 CA 来创建和分发证书。用户为了得到证书,首先通过安全通道把公钥 d_aP 和身份信息发给 CA,CA 用自己的私钥对用户公钥、暂时身份 I、证书期限 t 等串接起来的字符串的 Hash 值作签名,然后 CA 通过安全通道把签了名的信息发送给用户。实际应用中,CA 可以将签了名的信息存储在 Smart 卡中,分发给用户。经过初始化阶段,网络 A 获得匿名 I_a 和长期公钥 d_aP、证书 $Cert_a$;用户 B 获得匿名 I_b 和长期公钥 d_bP,证书 $Cert_b$。

以网络端为例,网络 A 初始化获得公钥证书的过程如下。

① A:选择长期私钥 $d_a \in [2,n-1]$,计算长期公钥 $Q_a = d_a P$,A→CA: Q_a。

② CA:选择唯一的 I_a 作为 A 的匿名,选择随机数 $k_a \in [2,n-1]$,计算 $R_a = k_a P$,$r_a = R_a.x$,$s_a = k_a^{-1}(H(Q_a.x, I_a, t_a) + d_{ca} \cdot r_a)$,CA→A: Q_{ca}, I_a,(r_a, s_a),t_a。

③ A 验证 CA 对长期公钥的签名,即 $e_a = H(Q_a.x,\ I_a,\ t_a) + d_{ca} \cdot r_a$,存储 Q_a, Q_{ca}, I_a, (r_a, s_a),e_a,t_a 作为证书。

用户获得公钥证书的过程完全类似。

第二个阶段是网络和用户之间的认证和密钥协商过程,分为用户端发起或网络端发起两种情况:

(1) 用户端发起的单方签名协议

① B:选择随机数 $d_B \in [2,n-1]$,计算短期公钥,$Q_B = d_B P$,这一步骤可以预处理。B→A: Q_B。

② A:选择随机数 $d_A \in [2,n-1]$,计算短期公钥 $Q_A = d_A P$ 和会话密钥 $K_{AB} = H_1((d_a d_B P) \cdot x, (d_A d_B P) \cdot x)$,会话密钥是 A 的长期公钥和 A/B 的短期公钥的函数。A→B: Q_A, $H_2(K_{AB},\ Q_B \cdot x, I_a)$。

③ B 计算 $K_{AB} = H_1((d_a d_B P) \cdot x, (d_A d_B P) \cdot x)$,验证 $H_2(\ )$,如果验证成功,计算 $m = H_3(K_{AB}, I_a, (d_a P) \cdot x,\ Q_A \cdot x,\ Q_B \cdot x)$,对 m 进行签名,选择随机数 k,$R = kP$,$r = R \cdot x$,$s = k^{-1}(m + d_b r)$。B→A: $E(K_{AB}, I_a,\ m,\ r, s)$。

④ A 解密得到 m、r、s,计算 m,与来自 B 的 m 进行比较,如果相同,接下来验证签名的正确性:计算 $w = s^{-1} \bmod n$;计算 $u_1 = ew \bmod n$ 和 $u_2 = rw \bmod n$;计算 $R = u_1 P + u_2 Q$,若 $R = 0$,则拒绝签名,若 $R \cdot x = r$,接受签名。

(2) 网络端发起的单方签名协议

① 网络 A:选择随机数 $d_A \in [2,n-1]$,计算短期公钥 $Q_A = d_A P$。A→B:Q_A。

② 用户 B:选择随机数 $d_B \in [2,n-1]$,计算短期公钥 $Q_B = d_B P$ 和会话密钥 $K_{AB} = \mathrm{H}_1((d_B d_a P) \cdot x,\ (d_A d_B \mathrm{P}) \cdot x)$,对 m 进行签名,选择随机数 k,$R = kP$,$r = R \cdot x$,$s = k^{-1}(m + d_b r)$, B→A: Q_B, $E(K_{AB},\ I_a,\ m,\ r,\ s)$。

③ A 计算 $K_{AB} = \mathrm{H}_1((d_a d_B P) \cdot x, (d_A d_B P) \cdot x)$和 m,对上述消息解密,得到 m、r、s,比较 m,如果相同,则验证 B 的公钥证书,如果证书是合法的,A 验证 B 对 m 的签名:计算 $w = s^{-1} \bmod n$;计算 $u_1 = ew \bmod n$ 和 $u_2 = rw \bmod n$;计算 $R = u_1 P + u_2 Q$,若 $R = 0$,则拒绝签名,中止协议;若 $R \cdot x = r$,接受签名并 A→B: $\mathrm{H}_2(K_{AB}, Q_B \cdot x,\ I_a)$。

④ B 验证来自 A 的 $H_2(\ )$。

7.4.2　密钥认证

密钥认证就是认证密钥。下面从一个简单的实例开始介绍。

1. HY-密钥认证方案简介

1996 年,Gwoboa Horng 和 C. S. Yang 在《Computer Communications》杂志上发表了一个密钥认证方案,简称为 HY-方案。在 HY-方案中,用户的公开密钥证书由他/她的口令和秘密密钥组成,因此不需专门的第三方认证机构,且认证过程非常简单。下面简要介绍该方案。

在 HY-方案中,每个用户都有一个用户身份 user-id 和一个口令 pwd。设 $K_{pub} = g^{K_{priv}}$

mod p 是用户的公开密钥,其中 p 是一个大素数,g 是 $\mathbf{Z}_p^*$ 的生成元,K_{priv} 是用户的秘密密钥。用户的证书为 $C=\text{pwd}+K_{\text{priv}} \bmod p-1$。

设是 $f:\mathbf{Z}_p\to\mathbf{Z}_p$ 单向函数 $f(x)=g^x \bmod p$。用户的公开密钥为 K_{pub},其相应的证书为 C,存放在一个公开目录中,用户的口令加密为 $f(\text{pwd})$,存放在公开的口令表中。

为发送秘密消息,发方首先从公开目录中取得收方的 K_{pub} 和 C,从公开的口令表中得到 $f(\text{pwd})$。然后,发方检验等式 $f(C)=f(\text{pwd})\times K_{\text{pub}}$ 是否成立,若等式成立,则发方就用 K_{pub} 来加密消息,否则,发方就拒绝 K_{pub}。

但是,HY-方案有安全缺陷。事实上,可以利用口令猜测攻击来攻击 HY-方案。首先,攻击者从公开的口令表中得到用户的 $f(\text{pwd})$,然后,攻击者选择一个 p',计算 $f(p')$,若 $f(p')=f(\text{pwd})$,则他就求出了 $\text{pwd}=p'$,否则他就从口令猜测清单中选择新的 p' 来进行试验。由于对大量的口令进行试验可以离线进行,猜测的正确性可得到验证,并且试验错误不会被检测,因此对 HY-方案的猜测攻击是计算上容易的。

一旦攻击者通过猜测攻击找出了用户的口令 pwd ,他就可通过下面的等式进一步求出用户的秘密密钥:

$$K_{\text{priv}}=C-\text{pwd} \bmod p-1$$

其中 C 从公开密钥目录中获得。由此可见,HY-方案有严重的安全缺陷。

此外,攻击者还可利用 pwd 来伪造用户的公开密钥,具体方法如下:攻击者在 $\mathbf{Z}_p^*$ 中选择随机数 x',随后发布假的公开密钥 $K_{\text{false}}=g^{x'} \bmod p$ 和证书 $C_{\text{false}}=\text{pwd}+x' \bmod p-1$。容易验证:

$$f(C_{\text{false}})=f(\text{pwd})\times K_{\text{false}} \bmod p$$

这样,攻击者就伪造了用户的公开密钥。

2. HY-方案的改进

与原始 HY-方案相似,假设每个用户都有一个用户身份 user-id 和一个口令 pwd。设 $K_{\text{pub}}=g^{K_{\text{priv}}} \bmod p$ 是用户的公开密钥,其中 p 是一个大素数,g 是 $\mathbf{Z}_p^*$ 的生成元,K_{priv} 是用户的秘密密钥。

当用户注册时,每个用户在 $\mathbf{Z}_p^*$ 中选择他的口令 pwd 和随机数 r,并将 $f(\text{pwd}+r)$ 和 $R=g^r \bmod p$ 秘密提交给服务器,服务器将 $f(\text{pwd}+r)$ 存放在公开口令表中,将 R 存放在秘密口令表中,用户生成证书 $C=\text{pwd}+K_{\text{priv}}+r \bmod p-1$。

容易验证:

$$f(C)=f(\text{pwd}+r)\times K_{\text{pub}} \bmod p$$

当有人要检验用户的公开密钥证书时,他从公开密钥目录中得到用户的 K_{pub} 和 C,从公开口令表中得到 $f(\text{pwd}+r)$,然后他验证 $f(C)=f(\text{pwd}+\text{r})\times K_{\text{pub}}$ 是否成立。若成立则他就可以用 K_{pub} 来加密消息,否则,他就拒绝 K_{pub}。

从用户的视角来看,我们的改进方案与 HY-方案一致,从服务器的角度来看,认证可通过检验 $f(\text{pwd}+r)=f(\text{pwd})\times R$ 是否成立来完成。

下面对改进方案进行安全性分析。

(1) 猜测攻击

假设服务器是可信的,则入侵者只能得到 $f(\text{pwd}+r)$,不可能得到 $f(\text{pwd})$ 和 R。如果入侵者希望通过猜测攻击来得到用户的口令 pwd,他就必须同时猜测 r 和 pwd,但是,由于 r

是长的随机数，要猜到 r 是非常困难的。由此可见，若服务器是可信的，对改进方案进行猜测攻击将是计算上困难的。

若入侵者不能获得用户的口令，那么，入侵者也不能伪造用户的公开密钥。

(2) 口令泄露

下面分析若用户的口令泄露，改进方案的安全性。事实上，若服务器是可信的，即使入侵者知道了用户的口令 pwd，他也不能得到用户的秘密密钥，同时也不能伪造用户的公开密钥。即使入侵者知道用户的口令 pwd，但由于不知道 r，因此不能从 $C=\text{pwd}+r+K_{\text{priv}}$ 得到用户的 K_{priv}。若入侵者想伪造一个用户的公开密钥，他必须选择 K_{false}，并求出 C_{false} 使得 $f(C_{\text{false}})=f(\text{pwd}+r)\times K_{\text{false}}$。由已知的 pwd 入侵者可求出 $f(\text{pwd})$ 和 R，为了求出 C_{false}，入侵者必须计算：

$$C_{\text{false}}=f^{-1}(f(\text{pwd})\times R\times K_{\text{false}})$$

或

$$C_{\text{false}}=\text{pwd}+f^{-1}(R)+f^{-1}(K_{\text{false}}) \bmod p-1$$

由于入侵者不知道 r，即使知道了 pwd 和 $f^{-1}(K_{\text{false}})$，要求出 C_{false} 他仍须求离散对数问题。

在服务器不可信的情形，入侵者仍然不能获得用户的秘密密钥，但可以伪造用户的公开密钥。事实上，由于入侵者不知道 r，因此他不能从 $C=\text{pwd}+r+K_{\text{priv}}$ 求出用户的秘密密钥 K_{priv}。但是，若入侵者与服务器共谋，则他们能伪造用户的公开密钥。首先，入侵者用伪造的 $(R_{\text{false}},K_{\text{false}})$ 代替用户的 (R,K_{pub})，然后计算：

$$C_{\text{false}}=\text{pwd}+f^{-1}(R_{\text{false}})+f^{-1}(K_{\text{false}}) \bmod p-1$$

由于已知 pwd，$f^{-1}(R_{\text{false}})$ 和 $f^{-1}(K_{\text{false}})$，他就不必求离散对数问题了。最后，服务器用 $f(\text{pwd})\times R_{\text{false}}$ 代替 $f(\text{pwd}+r)$，现在，伪造的 K_{false} 就能通过认证了。

7.4.3　密钥共享

一个秘密共享方案(SS)由一个发布者 D、n 个参与者 $P_1,\cdots,P_n$ 和一个访问结构 $A\subseteq 2^{\{1,\cdots,n\}}$ 构成，访问结构是单调的，即若 $C\in A, A\subseteq B$，则 $C\in B$。为了让参与者共享秘密 s，D 运行一个算法 Share：

$$\text{Share}(s)=(s_1,\cdots,s_n)$$

然后将 s_i 秘密地送给 P_i，$i=1,\cdots,n$。当一组参与者希望还原秘密 s 时，他们运行算法 Recover，该算法具有如下特征：

$$\forall C\in A:\text{Recover}(\{s_i \mid i\in C\})=s$$

并且对所有的 $C\notin A$，从 $\{s_i \mid i\in C\}$ 求 s 是计算上困难的。

普通的秘密共享方案有两个不足：其一是不能防止参与者欺骗，即在还原秘密时，参与者提交错误的共享；其二是不能防止发布者欺骗，即发布者能发布错误的共享，使不同的一组参与者还原出的秘密不同。为此，有人提出了可验证的秘密共享方案(VSS)，它使每个参与者都能验证他所收到的共享的有效性。然而在 VSS 中，共享的有效性只能由收到它的参与者验证，而不是公开可验证的。在设计许多安全多方计算协议时，常常希望每个参与者所掌握的秘密是公开可验证的，如密钥托管协议、电子付款协议和公平电子交换协议等，为此，人们提出了公开可验证的秘密共享方案(PVSS)。下面介绍一个共享给定公开值的秘密方幂的 PVSS(SP-PVSS),该方案在不降低安全水平的前提下,可减少共享有效性验证的计算量。

1. PVSS 与可验证加密方案

一个 PVSS 当然是一个秘密共享方案,此外,它还应有如下可验证特征。

① 为了抵抗发布者欺骗,用于秘密地分配共享的加密算法是公开可验证的。假设每个 P_i 所用的加/解密算法分别为 E_i 和 D_i,在 PVSS 中有一个公开的算法(或协议) PubVerify 能公开验证 E_i 加密的是一个有效的共享,即 $\exists u, \forall A \in A$,若 $\text{PubVerify}(\{E_i(s_i) \mid i \in A\})=1$,则 $\text{Recover}(\{D_i(E_i(s_i)) \mid i \in A\})=u$,而且,若 D 是诚实的,则 $u=s$。

② 为了抵抗参与者攻击,在还原秘密时,每个参与者提交的共享是可验证的。即在 PVSS 中有一个算法(或协议) Verify 来验证每个参与者提交的共享,即 $\exists u, \forall A \in A$,若 $\text{Verify}(\{s_i \mid i \in A\})=1$,则 $\text{Recover}(\{s_i \mid i \in A\})=u$,而且,若 D 是诚实的,则 $u=s$。

由以上的特征可见,设计 PVSS 的关键在于设计公开可验证的加密方案。一个公开可验证的加密方案由一个加密方案和一个验证算法(或协议)构成,使得在已知密文和一个公开已知的值后,即使不知道明文,任何人仍然能验证正确脱密该密文得到的明文与公开值之间是否具有一个预先规定的关系。

先介绍一个有用的可验证加密方案:该方案的目标是使任何人均能验证所加密的明文是一个已知公开值的离散对数。它使用的加密算法为 ElGamal 密码算法。设 p 是一个大素数,且 $q=(p-1)/2$ 也是一个素数,h 是 $\mathbf{Z}_p^*$ 的一个 q 阶元素,$g \in \mathbf{Z}_p^*$ 是一个生成元。首先每个参与者随机选一个秘密密钥 $z \in \mathbf{Z}_q$ 并公开其公开密钥 $y=h^z \bmod p$。为了加密消息 m,发布者 D 随机选 $\alpha \in \mathbf{Z}_q$,并计算:$c_1 \equiv h^\alpha \bmod p, c_2 \equiv m^{-1} \cdot y^\alpha \bmod p$。解密过程为:$m \equiv c_1^z / c_2 \bmod p$。公开值为 $V \equiv g^m \bmod p$,如下的协议用来验证 (c_1, c_2) 加密的明文为 V 的离散对数。

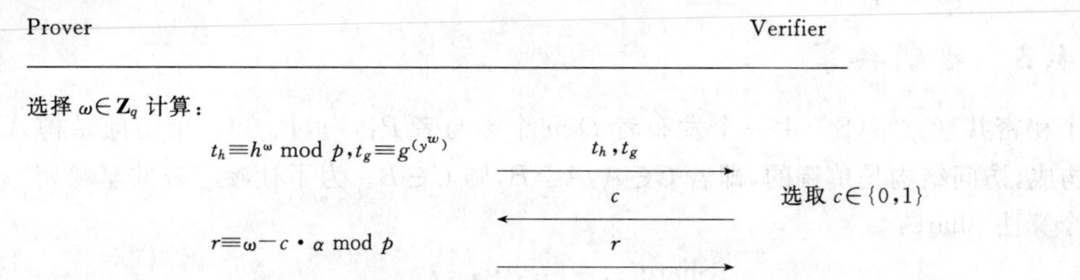

① 验证 $t_h \equiv h^r c_1^c \bmod p$ 是否成立。

② 当 $c=0$ 时,验证 $t_g \equiv g^{(y^r)} \bmod p$ 是否成立;当 $c=1$ 时,验证 $t_g \equiv V^{(c_2 \cdot y^r)} \bmod p$ 是否成立。

在以上协议中,一个证明者进行欺骗成功的概率为 1/2,因此,为了提高安全性,如上协议必须被重复多次,若要使证明者进行欺骗成功的概率不超过 2^{-K},则上面的协议必须至少重复 K 次,同时,每次验证都要进行双指数计算,这就使验证过程需要进行大量的计算。

7.4.4 密钥托管

为解决合法用户的通信安全和执法部门合法监听的需要,美国政府于 1993 年 4 月公布了托管加密标准(Escrowed Encryption Standard, EES)。密钥托管技术受到了广泛的关注,吸引了一大批密码研究者从事这方面的研究,特别是在软件密钥托管技术方面,因其不依赖物理设备的安全性而成为研究的热点。

但是关于如何平衡个人安全通信和执法机构监听这一问题仍有许多争论，原因是目前提出的托管方案大都假设用户的秘密密钥完全依赖于可信赖的托管机构，正如 1995 年 Shamir 指出：即使今天的政府或大的组织机构是可信赖的，但在未来也可能会被不诚实的政府或其他组织机构所代替，这些不诚实的机构为了自身的利益很可能突然解托所有用户的密钥，监听每一个用户的通信。为了解决这一问题，Shamir 提出了部分密钥托管这一思想，他指出减少政策突然改变所产生的影响的方法是实行“部分密钥托管（Partial Key Escrow）”。它的方案是基于 56 bit 的 DES 密钥 S，方案中用户不是交托他的整个密钥 S，而是仅仅交托 S 的前 8 bit（不妨称被托管的部分为 x）。那么现在即使托管代理有 x，他们仍需花费 2^{48} 的时间来搜寻 S（为了 S 的其余 48 bit，他们不得不进行穷尽搜索），只是由于 2^{48} 步并不是不可行的，所以恢复一个特殊的密钥并不难，但如果想同时突然暴露大量用户的密钥，则计算时间将会急剧增加，这在计算上是不可行的。作为 Shamir 这一思想的推广，Micali 和 Shamir基于 DH(Diffie-Hellman)协议提出了“有保证的部分密钥托管 GRKE(Guaranteed Partial Key Escrow)”方案，方案中公开钥为 $P=g^{x+a}$，其中 x 是长的，但 a 只有80 bit，现在 x 同以前一样使用 VSS 方案托管，然后用户提供一个“零知识”证明 a 确实是 80 bit 长。由 Shank 的 baby-step giant-step 方法，2^{40} 计算步可足以从 g^a 中恢复出 a，并且没有更快的方法被发现，因此部分特性被达到。

1. 可验证部分密钥托管方案

(1) 系统描述

假设用户采用标准的加密算法（比如，DES、IDEA 等）来加密消息 M，且其中使用的会话密钥 k 是用 ElGamal 公钥密码体制来加密传递的。密码系统中有一个密钥管理中心(KMC)负责颁发通信用户的公钥证书；有 m 组委托代理（其中第 i 组有 n_i 个委托代理 T_{i1}，T_{i2}，…，T_{in_i}），负责托管用户的部分密钥 x；有一个法律授权机构负责监听授权；有一个监听机构负责实施用户通信的监听。在描述本文的托管方案之前，我们首先简单介绍一下 ElGamal公钥体制和多级共享方案。

ElGamal 公钥体制的安全性是基于有限域上求解离散对数的困难性。设 p 是一大素数，g 是有限域 GF(p)的一个本原元。用户 A 任选一随机数 $c\in(0,p)$，并计算 $Y\equiv g^c \bmod p$，该用户以 c 作为私钥，以(p,g,Y)作为公钥。任一用户要加密信息 M 给用户 A，只需随机任意选取一整数 $t\in(0,p)$，计算 $y_1\equiv g^t \bmod p$，$y_2\equiv M\times Y^t \bmod p$，并将($y_1,y_2$)传递给 A，用户 A 收到($y_1,y_2$)后，由 $M\equiv y_2\times(y_1^c)^{-1} \bmod p$ 还原出明文 M。

m 级共享方案是由 m 个(k_i,l_i)门限方案组成，且满足以下条件：在每个(k_i,l_i)门限方案中，任意 $t(t\geqslant k_i)$个参与者共同作用都能恢复秘密 c，少于 k_i 个则不能恢复；(k_i,l_i)门限方案与(k_j,l_j)门限方案($i\neq j$)是相互独立的，即多个方案中的部分参与者共谋与单个方案中这些参与者的共谋效果一样。此类共享方案的优点是托管形式灵活，有更强的适应性。

(2) 密钥托管方案

此处的可验证部分密钥托管方案是由 m 个(n_i,n_i)门限方案组成。想利用该系统通信的用户，首先要向密钥管理中心注册申请公钥证书，密钥管理中心选择一个大于 512 bit 的安全素数 p 和 GF(p)的一个本原元 g，令 $\beta=g^2$，G 是由 β 产生的阶为 q 的循环群，利用下面托管协议生成用户的秘密密钥($c=x+a$)及公钥证书（其中公钥为 $Y=\beta^{x+a}$，$x\in(0,q)$可取到512 bit,a只有80 bit),并实施对用户的部分密钥x进行托管。协议分为如下几个步骤。

① 用户A随机任意选取$c'\in(0,q)$,计算$Y'\equiv g^{2c'} \bmod p$,并将Y'传送给密钥管理中心。

② 密钥管理中心随机任意选取$t\in(0,p)$,c''、$b\in(0,q)$,使得$Y\equiv g^{2c''}Y'\neq 1 \bmod p$,计算$y_1\equiv g^t \bmod p$,$y_2\equiv c''(Y')^t \bmod p$,$\gamma=g^{2b}$。公开:$(p,g,Y)$,保密:$b$,并将$(y_1,y_2)$,$\gamma$传送给用户A。

③ 用户A计算$c''\equiv y_2{}^*(y_1{}^{2c'})^{-1} \bmod p$,$c\equiv c'+c'' \bmod q$,保密$c$作为用户A的秘密密钥,然后随机任意选取$u$、$v_0$、$v_1$、…、$v_{79}\in(0,q)$和一个80 bit的随机数$a=a_0 2^0+a_1 2^1+\cdots+a_{79}2^{79}(a_i\in\{0,1\})$,计算$x\equiv c-a \bmod q$,$X\equiv\beta^x\gamma^u \bmod p$,$A_i\equiv\beta_i^a\gamma_i^v \bmod p(i=0,1,\cdots,79)$,$w\equiv u+v_0 2^0+v_1 2^1+\cdots+v_{79}2^{79} \bmod q$,并把$(X,A_0,\cdots,A_{79},W)$传给密钥管理中心,同时用户A随机选取$n_i-1(i=1,2,\cdots,m)$个$x_{ij}$、$u_{ij}\in(0,q)(j=1,2,\cdots,n_i-1)$,计算$x_{in_i}\equiv x-\sum_{j=1}^{n_i-1}x_{ij} \bmod q$,$u_{in_i}\equiv u-\sum_{j=1}^{n_i-1}u_{ij} \bmod q$,$X_{ij}=\beta_{ij}^x\gamma_{ij}^u \bmod p$。公开:$(X,X_{ij})$,并把$(x_{ij},u_{ij})$秘密传给委托代理$T_{ij}$。

④ 委托代理T_{ij}收到(x_{ij},u_{ij})后,验证$X_{ij}\equiv\beta_{ij}^x\gamma_{ij}^u \bmod p$和$X\equiv\prod_{j=1}^{n_i}X_{ij} \bmod p$是否成立,若成立,则计算签名$s_1=\mathrm{Sig}_{T_{ij}}(h(\mathrm{ID}_A,X_{ij},X))$,并将$(\mathrm{ID}_A,X_{ij},X,s_1)$传给密钥管理中心,否则不进行签名。

⑤ 密钥管理中心收到用户A的$(X,A_0,\cdots,A_{79},W)$和每个委托代理的$(\mathrm{ID}_A,X_{ij},X,s_1)$后,首先验证$Y\gamma^w\equiv XA_0^{2^0}\cdots A_{79}^{2^{79}} \bmod p$是否成立,若成立,则继续进行如图7.10所示的比特交托协议。然后通过验证签名、X的一致性及$X\equiv\prod_{j=1}^{n_i}X_{ij} \bmod p$是否成立来验证$(\mathrm{ID}_A,X_{ij},X,s_1)$的有效性。若以上验证全部通过,则计算签名$s=\mathrm{Sig}_{KMC}(h(\mathrm{ID}_A,p,g,Y))$,并颁发用户A的公钥证书$C(A)=(\mathrm{ID}_A,p,g,Y,s)$。否则,则告知用户A注册失败。

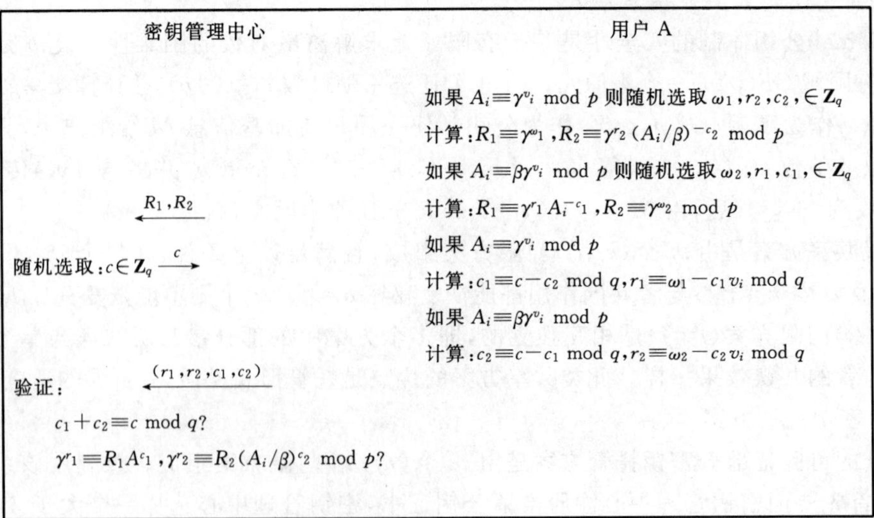

图7.10 比特交托协议

2. 用户间的通信及监听

(1) 用户间的通信

当用户 A 欲向用户 B 发送秘密消息 M 时，A 首先要从 KMC 或用户 B 处获取用户 B 的公钥证书 $C(B)$；然后随机选取 k、$t\in(0,p)$，其中 k 作为加密消息 M 的会话密钥，计算 $y_1\equiv g^t \bmod p$，$y_2\equiv k\times Y^t \bmod p$，$S=\mathrm{Sig}_A(h(y_1,y_2,\mathrm{Time},ID_{\mathrm{A}},ID_{\mathrm{B}}))$，构造 $\mathrm{LEAF}=(y_1,y_2,\mathrm{Time},\mathrm{ID}_A,\mathrm{ID}_B,S)$；最后用标准的加密算法和会话密钥 k 把 M 加密成密文 $C=E(M,k)$，并把 (LEAF,C) 传递给 B。用户 B 收到 (LEAF,C) 后，通过计算 $k\equiv y_2\times(y_1^{2c})^{-1} \bmod p$ 还原出会话密钥 k，然后再用 k 解出明文 $M=D(C,k)$。

(2) 监听过程

在本方案中，法律授权机构可根据监听机构的具体情况，给监听机构颁发有效期内一次性在线式监听证书或永久性离线式监听证书，从而使得监听具有更大的灵活性。监听过程如下。

① 有效期内在线式监听。

在这种情况下，要求用在传递 LEAF 时带一时间戳（比如传递 $(y_1,y_2,\mathrm{Time},\mathrm{ID}_A,\mathrm{ID}_B,S)$），并通过以下过程实施监听：

- 监听机构获取法律部门的有效期内在线式监听证书后，将证书和监听到的 $(y_1,\mathrm{Time},\mathrm{ID}_A,\mathrm{ID}_B,S)$ 出示给其中一组委托代理中的每个委托代理 T_{ij}；
- 委托代理 T_{ij} 验证了证书的有效期与 LEAF 中 Time 的一致性以后，计算

$$\mathrm{Y}_{ij}\equiv\beta_{x_{ij}} \bmod p, Z_{ij}\equiv(y_1)^{2x_{ij}} \bmod p$$

并把 (Y_{ij},Z_{ij}) 传送给监听机构；

- 监听机构收到 $(Y_{i1},Z_{i1}),(Y_{i2},Z_{i2}),\cdots,(Y_{ini},Z_{ini})$ 后，计算

$$Q\equiv\prod_{j=1}^{n_i}Y_{ij}\equiv\prod_{j=1}^{n_i}\beta^{x_{ij}}\equiv\prod_{j=1}^{n_i}g^{2x_{ij}}\equiv g^2\sum_{j=1}^{n_i}x_{ij}\equiv g^{2x} \bmod p$$

并解出：$\beta^a=Y/Q \bmod p$。然后监听机构进行穷尽搜索恢复出 a，再继续计算

$$Z\equiv(y_1)^{2a}\prod_{j=1}^{n_i}Z_{ij}\equiv g^{2at}\prod_{j=1}^{n_i}(y_1)^{2x_{ij}}\equiv g^{2at}\prod_{j=1}^{n_i}g^{2tx_{ij}}\equiv g^{2at}g^{2t}\sum_{j=1}^{n_i}x_{ij}\equiv g^{2(x+a)t}\equiv g^{2ct}\equiv Y^t \bmod p$$

$$k\equiv y_2\times Z^{-1} \bmod p$$

恢复出会话密钥 k，最后用 k 解出明文 $M=D(C,k)$，从而实现对 A 与 B 通信的监听。

② 永久性离线式监听。

- 监听机构获取法律部门的永久性离线式监听证书后，将证书出示给其中一组委托代理中的每个委托代理 T_{ij}；
- 委托代理 T_{ij} 验证了证书确实是永久性离线式监听证书后，把 X_{ij} 传送给监听机构；
- 监听机构收到 $x_{i1},x_{i2},\cdots,x_{in_i}$ 后，首先计算出用户的部分密钥 x：

$$x\equiv\sum_{j=1}^{n_i}x_{ij} \bmod q, \beta^a\equiv Y/(g^{2x}) \bmod p$$

然后监听机构进行穷尽搜索恢复出 a，再继续计算

$$c\equiv x+a \bmod q$$

恢复出 A 与 B 的会话密钥加密密钥 c，然后从 LEAF 中计算出会话密钥。$k\equiv y_2\times(y_1^{2c})^{-1} \bmod p$，再用 k 解出明文 $M=D(C,k)$，从而实现对 A 与 B 通信的监听。

第三篇

应　　用

第 8 章 虚拟专用网

为了拓展业务，满足市场需求，越来越多的企业开始在不同的地方设立分支机构。如何在这些分支机构之间实现信息共享和交流，以了解瞬息万变的市场信息，协调企业的生产、销售，从而实现统一的管理和决策，已经成为了企业或商家所面临的一个重要问题。当企业局限在某一特定的范围内时，可以采用 LAN 技术实现；当企业处在一个很大范围时，大都通过在公共网络上租用模拟或数字专线组成专用网络来实现。专用网络主要有两种类型：一种是通过广域网技术在不同地点的机构建立永久连接；另一种是拨号网，即通过 PSTN 或 ISDN 建立到远程网络的连接。高性能、高速度、高安全性是专用网明显的优势，然而，租用专线费用昂贵，往往利用又不充分，使网络运营成本很高。此外，企业还需要对所建立的专用网进行维护和管理。因此，传统的通过租用专线或拨号网络的方式越来越不适用。

正是在这种情况下，一种新的技术——虚拟专网（VPN）——应运而生。一般说来，VPN 就是指利用公共网络，如公共分组交换网、帧中继网、ISDN 或 Internet 等的一部分来发送专用信息，形成逻辑上的专用网络。所谓虚拟，是指用户不再需要拥有实际的长途数据线路，而是使用 Internet 公众数据网络的长途数据线路。所谓专用网络，是指用户可以为自己定制一个最符合自己需求的网络。

一个典型的 VPN 系统应该能提供如下功能：加密数据，保证通过公网传输的信息即使被他人截获也不会泄密；数据验证和身份认证，保证信息的完整性，并能鉴别用户的身份；提供访问控制，不同的用户有不同的访问权限。VPN 作为一种非常灵活和可靠的技术和手段，跨国、跨区域公司中分布于各地的雇员、客户、供货商、代理商、合作伙伴可利用此技术，以非常可靠和简易的方式借助公众网络与公司网络联系，并进行统一的规划和管理。

本章对虚拟专用网（VPN）进行详细介绍。

8.1 VPN 关键技术

从技术角度看，VPN 集成了身份鉴别、访问控制、信息加密传输等多种技术。VPN 可以描述为“以一种方式通过公共网络（通常是 Internet 网）进行隧道处理（Tunneling）的能力，这一能力提供了与原先只适用于专用网络的相同的安全性和其他特性”。虚拟专用网从逻辑上延伸了企业内部网。根据用途不同，VPN 可分为 3 类。

① 在公司总部和它的分支机构之间建立的虚拟专用网，称为“内部虚拟专用网（Intranet）”。

② 在公司总部和远程办公人员或出差雇员之间建立的虚拟专用网，称为“远程访问虚拟专用网（VPDN）”。

③ 在公司与各商业伙伴(顾客、供应商、投资者)之间建立的虚拟专用网,称为"外连虚拟专用网(Extranet)"。

VPN 网络的拓扑结构如图 8.1 所示。

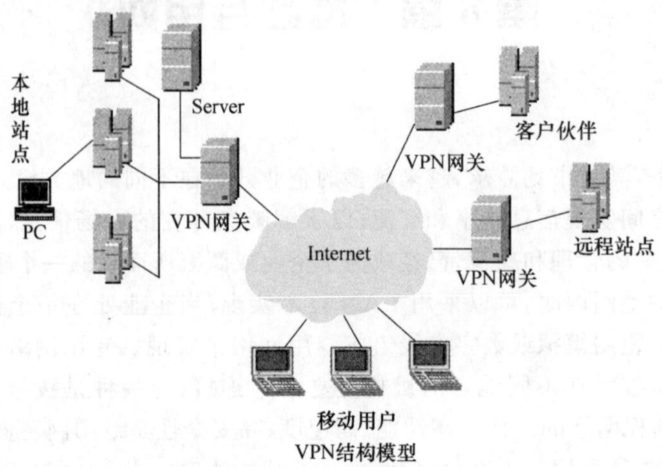

图 8.1　VPN 网络结构示意

8.1.1　VPN 的原理与构成

1. VPN 的工作原理

VPN 是依靠 ISP(Internet Service Provider)和其他 NSP(Network Service Provider)在公用网络基础设施之上构建的专用的数据通信网络,这里所指的公用网络有多种,包括 IP 网络、帧中继网络和 ATM 网络等。下面重点介绍最常用的基于 Internet 的 IP VPN(以后简称 VPN)。

VPN 对物理网施加逻辑网技术,具有独立的拓扑逻辑。它利用因特网的公共网络基础设施,使用安全通信标准把 Internet 上两个专用网连接起来,提供安全的网络互联服务。VPN 可以连接两个网络(LAN 或 WAN)、一个主机与一个网络或者两个主机。它能够使运行在 VPN 之上的商业应用享有几乎和专用网络同样的安全性、可靠性、优先级别和可管理性。

VPN 的基本原理是利用隧道技术对数据进行封装,在 Internet 中建立虚拟的专用通路(亦称隧道),使数据在具有认证和加密机制的隧道中穿越,从而实现点到点或端到端的安全连接。

例如,在常规的直接拨号连接中,PPP(点对点协议)数据包流是通过专用线路传输的。而在 VPN 中,任意两个节点之间的连接并没有端到端的物理链路。PPP 数据包流由一个 LAN 上的路由器发出,通过共享 IP 网络上的隧道进行传输,再到达另一个 LAN 上的路由器。这两者的关键不同点是隧道代替了实实在在的专用线路。隧道好比是在 IP 网中拉出的一根串行通信电缆。

隧道可以有多种理解和实现。例如 Internet 的研究者多年前就感到需要在网络中建立隧道,最初的理解是在网络中建立一条固定的路径,以绕过一些可能失效的网关。可以说,隧道就是一条特定的路径。这样的隧道可以通过 IP 报头中的源路由选项来实现,即设置数据包要经过的确切路径。但这种隧道缺乏灵活性。另一个实现隧道的机制是开发一种新的数据封装协议，仍然套用原 IP 头格式而无需指明网络路径，数据包就能透明地到达目的地。这种方法易行，可扩展性强。

2. VPN 的基本构成

实现 VPN 的关键是形成高效、安全、可靠的隧道，即基于隧道的数据封装和传输技术。众所周知，计算机网络主要包括通信子网和资源子网两部分。隧道作为架构在通信子网上的一条数据通路，在其上传输的数据流需要经过加密来保证其安全。而要形成隧道，基本的要素有以下几项。

① 隧道开通器(Tunnel Initiator)；

② 有路由能力的公用网络(Shared Routed Network)；

③ 隧道终止器(Tunnel Terminator)；

④ 可供选择的隧道转接设备(Tunnel Switch)以增加灵活性。

VPN 的构成如图 8.2 所示。

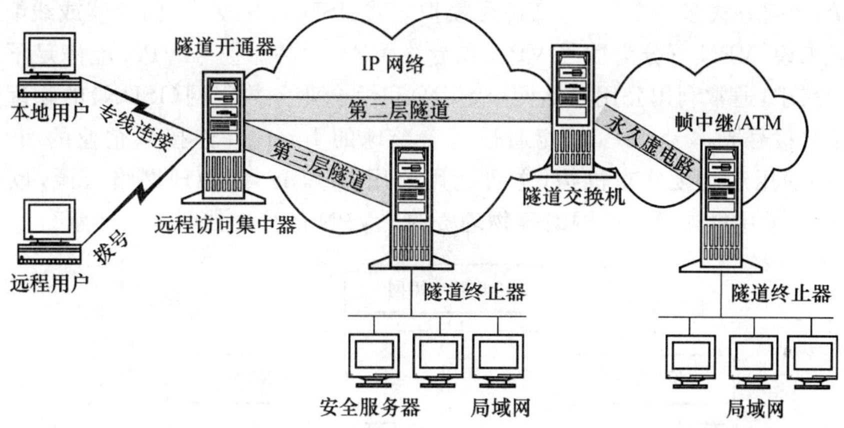

图 8.2　VPN 的构成

隧道开通器的任务是在公用网中启动并建立一条隧道。有多种网络设备和软件可完成此项任务，例如，一个带有调制解调器的 PC，通过能够实现 VPN 的拨号软件来启动隧道；分支机构的 LAN 中有 VPN 功能的路由器；网络服务提供商的接入点中有 VPN 能力的访问集中器。

有路由能力的公用网络一般指的是基于 TCP/IP 的网络，特别是 Internet，也包括帧中继和 ATM。

隧道终止器是隧道的终点，其任务是使隧道到此终止，不再继续向前延伸。也有多种网络设备和软件可完成此项任务，例如，专门的隧道终止器；隧道交换机；网络服务提供商提供的 Extranet 路由器上的 VPN 网关。

可供选择的隧道交换机既可作为隧道开通器也可作为隧道终止器，并作为 IP 网络和帧中继或 ATM 的互连设备。

VPN 网络中通常还有一个或多个安全服务器。安全服务器除提供防火墙和地址转换功能之外，还通过与隧道设备的通信来提供加密、身份查验和授权功能。它们通常也提供各种信息，如带宽、隧道端点、网络策略和服务等级。

8.1.2 VPN 的特点与实现

1. VPN 的特点

利用 VPN 代替传统的远程拨号网络和租用线路，至少有如下优势。

① 降低成本，节省大量的通信费用。因为当用 VPN 进行远程访问时，只需呼叫本地 ISP 就能通过 Internet 访问远程资源，这样只要付市内电话费，却收到了长途通信的效果，从而节省大量昂贵的长途通信费用。同时，可以大大节约链路租用费、设备购置费以及网络维护费，减少运营成本。据估计，VPN 可以使远程访问的连接成本降低 50%以上。

② 利用 Internet 的无处不在性，通过单一网络结构提供无缝和安全的连接，即能将 Internet、企业内部网络、企业外部网络及远程接入功能整合于同一条对外线路中，不需要像以前那样，同时管理 Internet 专线、长途数据专线等多种不同线路。

③ 很方便的动态建立与维护。VPN 是逻辑上的网络，要扩大或改变 VPN 覆盖范围，只需与服务提供商签约，将各网络接点接入公用网络，并对网络进行相关配置。

VPN 的访问方式多种多样，包括拨号模拟方式、ISDN、专线、IP 路由器或线缆调制解调器等。一般来说，VPN 可分为拨号 VPN 和专线 VPN 两种。拨号 VPN 能满足不断增长的移动办公的需求，通常利用公用电话网(PSTN)和综合业务数字网(ISDN)的物理资源。它使用户只需要拨号到本地 ISP，就能通过覆盖全球的 Internet 连接到企业的 Intranet 上。专线 VPN 一般用于连接分支机构，主要利用公用 Internet 的物理网络资源，也可利用与 Internet互联的帧中继或 ATM 网络等物理资源。VPN 的分类如图 8.3 所示。

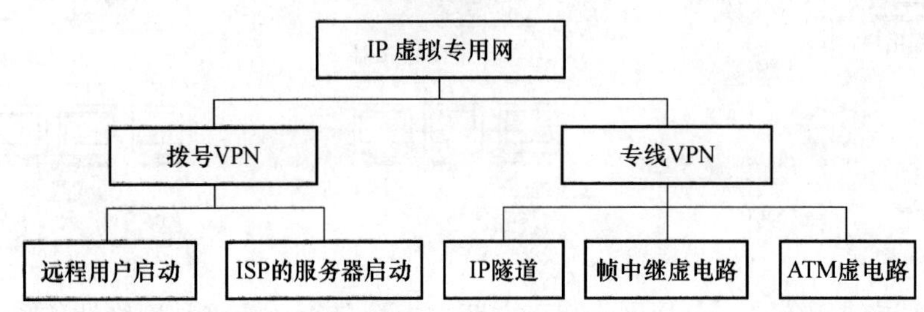

图 8.3 VPN 的分类

使用 VPN 技术不仅可以扩展企业网络 Intranet 的范围，还可用于企业之间 Extranet 的建设。同时 VPN 技术亦为电子商务的发展形成了有力的技术支撑，并向传统的 DDN 专线甚至帧中继网提出了严峻的挑战。目前 VPN 能实现的功能有：企业员工及授权商业伙伴共享企业的商业信息；在网上进行信息及文件安全快速的交换；通过网络安全地发送电子邮件；通过网络实现无纸办公和无纸贸易。

2. 虚拟专用网的实现要求

传统的基于远程拨号网络或租用线路的专用网具有以下基本特性。

① 封闭的用户群：在专用网中，只有连接到专用线路的实体才能相互通信。

② 安全性高：由于其他网络中的节点或用户无法访问专用网中的数据，因此，即使不采用加密技术，在专用网中传送的数据也是安全的。

③ 服务质量保证：由于专用网的结构以及在其中通信的实体是确定的，因此，通过分配网络资源就可以满足用户对网络带宽和延迟的要求。

在虚拟专用网中，任意两个节点之间的连接并没有传统专网所需的端到端的物理链路，而是利用某种公众网的资源动态组成的。IETF 草案将基于 IP 的 VPN 理解为："使用 IP 机制仿真出一个私有的广域网"。众所周知，公用的 IP 网络(如 Internet)，其本身基于开放的结构，存在诸多安全威胁，无法提供服务质量保证。以 Internet 作为骨干网来构建虚拟专用网，虽然具有节约成本、建立简单、管理方便等诸多优势，但也会引入一些新的问题。对这些问题解决的好坏，将影响到虚拟专用网能否得到广泛应用，从而真正取代专用网。概括起来，虚拟专用必须满足如下要求。

(1) 支持数据分组的透明传输

VPN 上传输的分组可以与支持 VPN 的公用网络上传输的分组没有任何关系，它们可以使用不同的协议，使用不同的寻址结构；如果使用相同的寻址结构，它们的地址空间可以重叠，特别的，对于 Internet 上的 VPN 可以使用非唯一的私用 IP 地址；另外，同一公用网络可以同时支持多个 VPN，它们之间也是透明的。

(2) 支持安全功能

公用网络通常是不安全的，在其上实现的 VPN 必须满足用户所需要的安全功能。这些安全功能包括对用户身份的验证以防止数据欺骗，维持数据的机密性以防止被窃听，保证数据的完整性以防止被非法篡改等。

(3) 支持服务质量(QoS)

VPN 应能根据用户的不同要求支持不同级别的服务质量，包括带宽和时延等的保证。

为了满足以上要求，需要采用相关的技术来实现。在一个完整的 VPN 实现方案中，所涉及的关键技术包括隧道技术、安全技术以及在网络中提供服务质量保证的技术。

实施 VPN 应该注意的几个问题：在采用 VPN 技术解决 Internet 安全问题时，不但要考虑到现有的网络安全问题，而且还要考虑到将来可能出现的安全问题、与不同操作平台之间的互操作性和新的加密算法之间的无隙连接等问题，所以在实际的应用中要注意到以下几个关键问题。

(1) 对 VPN 模型选取的考虑

在 VPN 的应用中，应根据具体的应用环境和用户对安全性的需求，采取相应的 VPN 模式(如只有 AH 的 VPN 模式、只有 ESP 的 VPN 模式、隧道模式下 AH 和 ESP 的配合使用以及传输模式下 AH 和 ESP 的配合使用模式)，使得网络安全性与实际需要相符合并留有一定的余地。

(2) 对加密算法考虑选取

对 IP 数据包的加密传输，可以选取 DES、IDEA、RC4 等分组加密算法，但 IDEA 算法的安全性要高于 DES 和 RC4，所以在主密钥对会话密钥加密时应选取 IDEA 算法，会话密钥对 IP 包进行加密时可以选择其他加密算法，使得网络的处理能力、安全性、传输性能达到一个最佳状态。

(3) 对数据完整性和身份认证的考虑

在网络传输时对数据完整性进行检查是必须的，我们可以用哈希函数对 IP 数据进行消息摘要，然后签名，这样可以实现对消息的认证和发送方身份的认证。对安全性要求非常高的场合，要用公钥算法来实施。在一般的场合可以采用带钥哈希函数进行消息认证和发送方身份的认证。

(4) 对主密钥和会话密钥的考虑

在网络层对每一个数据包进行加密时，随机产生一个会话密钥，会话密钥对数据段进行加密，同时会话密钥经主密钥加密后也随 IP 包一起传递。主密钥是双方事先约定的，在一段时间内是固定的。如果要考虑主密钥的自动分配，可以采用 D-H 算法来传递主密钥。

不论 VPN 的实现技术有多大的差异，从用户的角度看来，VPN 只有两种形式：基于用户前端网络接入设备(CPE)和基于业务网络的 IP VPN。

现在大多数虚拟专用网都基于 CPE 设备，VPN 的功能都集成在各种各样的 CPE 设备之中，从防火墙到 WAN 边缘路由器以及特定的 VPN 设备，这样的设备可以由用户来购买和配置，也可以由 ISP 以外包业务方式进行配置(常常是远端管理)。

基于业务网络的 VPN 也很有意义。这时 IP VPN 的整个实现对用户完全透明(对用户而言只是购买了 ISP 的 VPN 业务，就像购买 Internet 接入业务一样)只是作为一个 ISP 的外包资源实现在网络上，而不是在用户 CPE 上。使用这种方案，用户可能减少技术支持费用，ISP 可以增加收入。使用基于业务网络的 VPN 让用户的使用更加简单，和使用普通 Internet 接入业务一样，所有的 IP VPN 的管理和维护工作都由 ISP 来完成。后面将要介绍的几种基于 IP 网络的虚拟专用网实现技术，在实现形式上，有些可以基于用户 CPE 设备，有些可以基于业务网络的实现形式，而有些可以基于两种实现形式。

8.1.3 VPN 的隧道技术

实现 VPN 的基础是"隧道"技术。隧道技术利用互联网框架结构，把数据从一个网络传送到另一个网络，被传送的数据可以是其他协议的分组或数据帧。隧道协议用另外的附加报头封装数据帧。附加头中的信息被用于在通信双方之间的网络间路由和传输。构建 VPN 系统常见的隧道技术有第二层隧道协议 PPTP、L2TP 和第三层隧道协议 IPSec，第二层和第三层隧道协议的区别主要是用户要传输的数据报在网络协议栈的哪一层被封装。

1. 隧道协议简介

所谓隧道，实质上是一种封装，将一种协议(协议 X)封装在另一种协议(协议 Y)中传输，从而实现协议 X 对公用传输网络(采用协议 Y)的透明性，就好像在由协议 Y 构成的公共网络上开辟了一条传输协议 X 的数据隧道一样。这里协议 X 称为被封装协议，协议 Y 称为封装协议，封装时一般还要加上特定的隧道控制信息，因此隧道协议的一般封装形式为(协议 Y(隧道头(协议 X)))。隧道协议作为一种网络互联的手段，被广泛应用于各种场合中，如移动 IP、多点投递等方面。使用 IP 协议作为封装协议的隧道协议称为 IP 隧道协议。

概括地讲，隧道内包括 3 种协议：乘客协议(Passenger Protocol)、封装协议(Encapsulating Protocol)和运载协议(Carrier Protocol)。乘客协议为被封装在隧道内的协议，如 PPP 或 IP。封装协议用来创建、维护和撤除隧道，因此也称为隧道协议，如点到点隧道协议(PPTP)。运载协议用来运载乘客协议。由于 IP 协议具有健壮的路由功能，因此，通常选用 IP 来对其进行运载。帧中继、X.25 的 VC(虚电路)，ATM 的 SVC(交换虚电路)都可以作为运载协议。

采用隧道机制的 VPN 协议的体系结构如图 8.4 所示，其中的协议 X 称为被封装协议，也是上层协议；协议 Y 称为封装协议，也是下层传输协议。封装的时候一般还要加上特定的隧道控制信息，因此，隧道协议的一般封装形式如下：

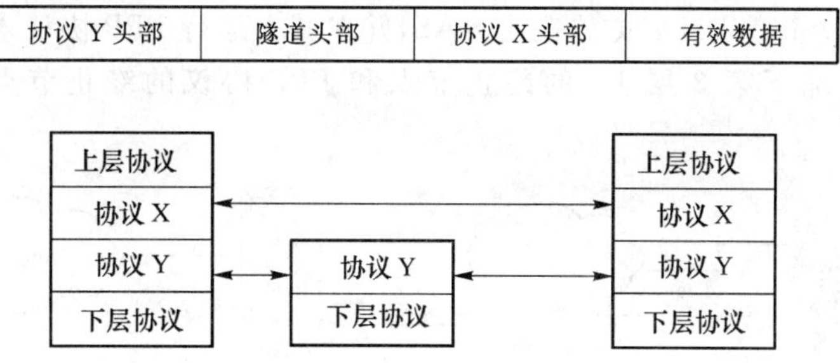

图 8.4　基于隧道机制的 VPN 协议体系结构

目前常用的隧道协议主要有如下几种。

(1) GRE(Generic Routing Encapsulation)

GRE 协议即通用路由封装协议。相对于一些特定的封装协议(如,用 IP 协议封装 IPX 协议或用 IP 协议封装 X.25 协议等),GRE 协议是一种更加通用的封装协议,它允许利用任何一种网络协议 Y 封装任何的另一种网络协议 X。GRE 协议的封装形式如下:

协议 Y 头部	GRE	协议 X 头部	有效数据

当封装协议为 IP 协议时,其封装形式如下:

IP 头部	GRE	协议 X 头部	有效数据

(2) IP/IP(IP Encapsulation within IP)

IP/IP 协议即用 IP 协议封装 IP 协议。IP 封装 IP 协议主要用来改变通常的 IP 数据包的路由,使该 IP 包先路由到某一个中间的节点,然后再路由到目的节点。

IP/IP 协议通常的封装形式如下:

IP 头部	IP 头部	有效数据

其通常的路由形式如下:

source ⟶ encapsulator ⟶ decapsulator ⟶ destination

其中,负责封装的路由节点又叫隧道入口,负责解封装的路由节点又叫隧道出口,通常情况下会有多对通信端点使用同一条隧道。

IP 封装 IP 协议是由 IETF 移动 IP 工作组提出的用 IP 包封装 IP 包的协议,目的是在移动 IP 环境中,实现移动主机和本地代理之间的 IP 通信,中间需要经过外地代理的 IP 中转。

(3) L2TP(Layer Two Tunneling Protocol)

L2TP 协议即第 2 层隧道协议。我们将它和微软的点到点隧道协议(PPTP)以及 CISCO 的第 2 层转发协议(L2F)归为一类,它们都是利用 Internet 作为远程访问的基础设施而设计的隧道协议。

点对点协议(PPP)定义了在第 2 层的点到点链路上封装多种协议数据的机制。对用户来说,要通过第 2 层链路访问远程的网络访问服务器(NAS),不使用 L2TP 隧道机制的方法是通过 PSTN、ADSL、ISDN 等方法拨通 NAS,并在其上运行 PPP 协议来封装数据。如图 8.5所示,这种情况下第 2 层 L2 的终止节点和 PPP 协议的终止节点是同一台设备,即 NAS。

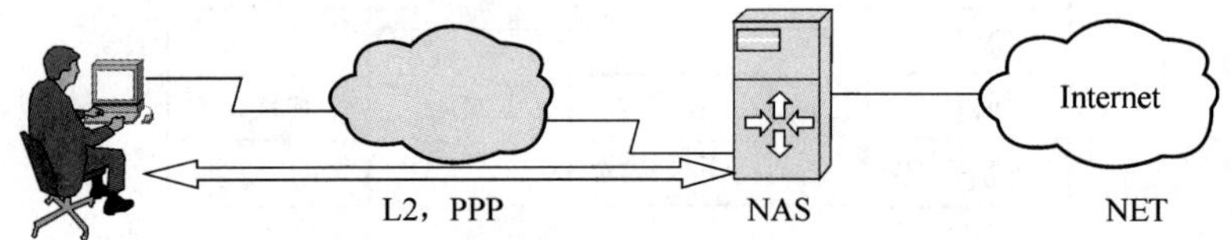

图 8.5 PPP 协议

L2TP 协议则是令原来网络访问服务器的功能分开由两个功能实体来完成,即访问集中器(LAC)和访问服务器(LAS),之间通过分组交换网络连接。使用 L2TP 机制,用户先通过 PSTN、ADSL、ISDN 等方法拨通 LAC 获得第 2 层的通信连接,并在 L2 上运行 PPP 封装上层协议数据,访问集中器再将收到的 PPP 数据包通过 L2TP 隧道经分组交换网络发送至访问服务器,从而获得网络访问的服务。如图 8.6 所示,这种情况下第 2 层 L2 的终止节点和 PPP 协议的终止节点不是同一台设备,L2 连接终止于 LAC,PPP 连接终止于 LAS。

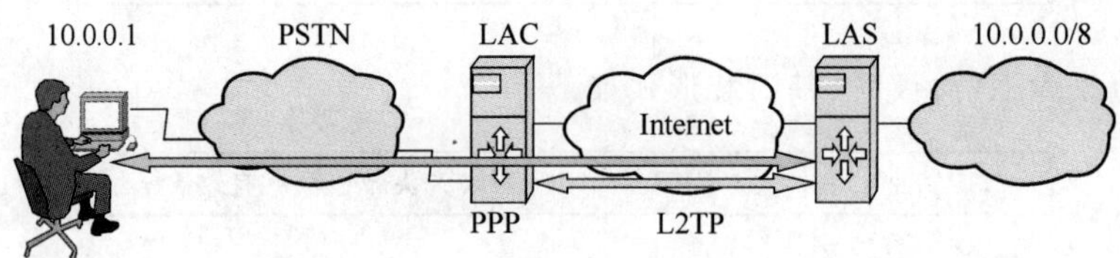

图 8.6 L2TP 协议

在远程访问情况下,较之 PPP 协议,L2TP 协议有很重要的意义。

① 对用户来说,L2TP 协议的功能和 PPP 协议没有什么不同,对用户完全透明,用户不需要重新配置应用程序;

② 为用户节省大量的远程访问费用,因为使用 L2TP 协议可以访问本地的访问集中器,再经隧道至远程访问服务器;

③ 可以扩大访问服务器的服务范围,因为可以为一个访问服务器配置多个访问集中器。

L2TP 协议的封装形式如下:

IP 头部	UDP 头部	L2TP 头部	PPP 协议

(4) IPSec(IP Security)

IPSec 协议即 IP 层安全协议,是 IETF 的 IPSec 工作组提出的将安全机制引入 IP 网络的一系列协议标准。IPSec 能够为 IPv4 和 IPv6 提供高质量的、基于密码学的安全性,安全服务包括访问控制、无连接的数据完整性、数据源认证、抗重传攻击保护、数据机密性等。这些安全服务是基于 IP 层的,提供对 IP 及其上层协议的保护。其实质仍然是利用封装和隧道技术,并结合加密和认证技术,使得 IP 数据报在 IP 网络中安全传输。

IPSec 协议族能够提供基于 IP 网络环境的主机到主机、主机到网关、网关到网关的数据通信的安全保护。这些安全保护主要由如下几个安全协议来实现：ESP(Encapsulating Security Payload，封装安全载荷)、AH(Authentication Header，认证报头)、IKE(Internet Key Exchange，因特网密钥交换)、加密算法和认证算法。

IPSec 安全协议提供了两种通信模式，即两种对 IP 包的封装形式，分别如下。

① 传输模式

IP 头部	IPSec 头部	有效数据

② 隧道模式

IP 头部	IPSec 头部	IP 头部	有效数据

(5) MPLS(Multiprotocol Label Switching)

MPLS 协议即多协议标签交换协议。和其他隧道协议有所不同，它是一种专门的链路层协议。可以认为 MPLS 是在第 2 层数据链路层(如 ATM)和第 3 层网络层(如 IP)之间增加了一个新的标签交换协议层。

当 IP 包进入 MPLS 网络时，由边缘的标签交换路由器将 IP 数据报加上标签，然后在 MPLS 网络当中进行基于标签(取代基于 IP 路由的存储转发)的交换传输；当携带标签的 IP 数据报要离开 MPLS 网络的时候，再由边缘的标签交换路由器将 IP 数据报头上的标签去掉，使之重新进入 IP 网络进行基于 IP 路由的存储转发，这样 IP 网络层的数据报就可以通过标签封装在快速交换网络中安全传输。

其封装形式可以简单描述如下：

链路帧头部	标签	IP 头部	有效数据

2. 各种隧道技术的比较

关于上述隧道协议的综合比较如表 8.1 所示。

表 8.1　隧道协议的综合比较

比较项目	GRE 协议	L2TP 协议	IPSec 协议	IP/IP 协议
工作模式	对等模式	客户机/服务器模式	对等模式	对等模式
安全机制	较弱(源鉴别)	较弱的鉴别和加密	完整、内在的安全保护	无
隧道配置、建立	网管(显式)	网管(显式)	IKE(隐式)	网管(显式)
隧道管理	无	Hello 报文等机制	无	软状态机制
对多路复用的支持	支持	支持	支持	不支持
对多协议的支持	支持	支持	不支持	不支持
对包按序传送的支持	不支持	支持	可支持，但目前未用	不支持
对服务质量的支持	都不支持			
扩展性	尚未解决			

在工作模式上，隧道协议 GRE、IP/IP、IPSec、MPLS 协议都工作在对等模式，隧道两端的 VPN 网关上实现的上述协议功能是对称的，而 L2TP 则工作在客户机/服务器模式，用

来实现 VPN 时,需要一台 VPN 网关实现 L2TP 访问集中器功能,另一台 VPN 网关实现 L2TP 网络服务器功能。

安全性是 VPN 的重要要求之一。上述的隧道协议当中,只有 IPSec 协议提供了完整的内在的安全性。协议 GRE、IP/IP 没有提供安全保护机制。L2TP 继承了 PPP 协议的身份鉴别加密,但是并不能对 L2TP 的控制报文和数据报文提供分组级别的保护。MPLS 依赖显式的标记交换通道来保证它的信息包不会传错方向,而没有提供基于密码学的安全性。其实这些隧道协议都可以和 IPSec 协议相结合来提供强的安全性。

在许多应用中,VPN 要求可以承载不透明多协议数据,因此,隧道协议必须能够支持多协议传输。L2TP 协议可以传输 PPP 数据包,而 PPP 协议数据包可以运载多协议,因此 L2TP 可以传输多协议。GRE 也提供隧道协议标识,也可以封装多协议。MPLS 协议本身就是面向多协议的,因此更可以多协议传输。而 IP/IP 和 IPSec 隧道没有这样的协议标识域,因而只能建立 IP 协议隧道。

服务质量也是虚拟专用网的重要要求之一。上述的隧道协议中 GRE、IP/IP、L2TP、IPSec 更多基于 IP 技术,都没有提供服务质量支持。如何在 IP 网络当中提供服务质量保证是一个比较热的研究领域,IETF 工作组也提出了相关的协议标准,如资源预留协议(RSVP)、Internet 集成服务模型(Intserv)和区分服务模型(Diffserv)。而 MPLS 协议则较好地提供了服务质量保证。

8.1.4 VPN 的类型

现有的 VPN 可以分为两大类:基于 IP 技术 VPN(主要包括 VLL、VPRN、VPDN、VPLS 等 4 种类型虚拟专用网络)和基于 MPLS 的 VPN。下面对这些类型的 VPN 实现模型以及应用模式进行介绍。

1. 基于 IP 技术的 VPN

(1) 虚拟出租线路(Virtual Leased Line,VLL)

最简单的基于 IP 的 VPN 形式是"虚拟出租线路"业务。这种模式下,用户可以得到一条点到点链路,用来连接用户的两个远程 CPE 设备,如图 8.7 所示。连接 CPE 设备到 ISP 节点的链路层可以是任何类型,如 ATM VCC 或者 FR 虚电路等,用户的 CPE 设备也可以是路由器、桥或者主机。

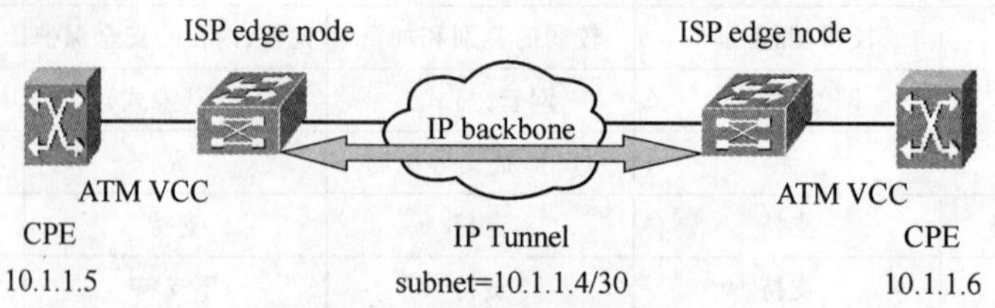

图 8.7 虚拟出租线路

两个 ISP 节点都连接在 IP 骨干网上,IP 隧道建立在二者之间,每个 ISP 节点在第 2 层(如 ATM 或帧中继)负责将进入的链路层数据帧封装进网络层数据报当中,反之则将离开的 IP 数据报中封装的链路层数据帧解封装,并通过第 2 层数据链路发送出去。对用户来说,数据帧在 IP 骨干网络之间被中继,就好像两个用户 CPE 设备之间存在一条真实的

ATM 虚通路或者 FR 虚电路一样，用户感觉不到电路部分实际上实现在 IP 骨干网上。例如，ATM AAL5 载荷封装在 IPSec 隧道中，AAL5 载荷的内容对 ISP 节点来说是透明的，不被 IP 骨干传输网络解释。这种做法有时候非常有好处，例如，业务提供者想用 ATM 作为网络接口提供 LAN 互联业务，但是却没有直接连接所有用户站点的 ATM 网络。

连接 CPE 设备到 ISP 节点的两条链路可以不是同一种介质类型，但这时 ISP 节点不能以如上所述的透明方式进行数据传输。相反，ISP 节点必须在两种介质类型（如 ATM 和帧中继）中间执行数据帧格式转换功能。IP 隧道协议必须支持多协议操作，如果序列功能对用户数据传输很重要，可能还需要支持序列。如果隧道是用信令协议建立的，当从用户链路收到一个帧并且这时隧道不存在时，它们可能以数据驱动方式启动，或者，也可以预分配并且永久保持隧道。

从实现的业务形式上看，VLL 属于基于业务网络的 IP VPN 形式。在封装和隧道技术上是用第 3 层的网络层（IP）协议数据报来封装第 2 层数据链路层（ATM、FR）协议数据帧，对用户来说是第 2 层数据链路层的虚拟专用网络。

在安全性方面，VLL 可以采取在 IP 骨干网络上封装 IPSec 来实现安全性。由于 VLL 是基于业务网络形式的，所以，前提就是用户基于对网络业务提供商（ISP）的信任。另一个方面，由于用户面对的是第 2 层数据链路，所以，用户可以自己在其上实现安全策略和保障，比如用户通过在 ATM 接入网络之上运行 IP 网络并实现 IPSec 安全性。

(2) 虚拟专用路由网络（Virtual Private Routed Network，VPRN）

虚拟专用路由网络技术是在 IP 骨干网络上利用隧道封装技术和 IP 路由技术来仿真广域 IP 路由网络。

VPRN 和其他 IP VPN 的不同之处就在于数据包转发是在第 3 层 IP 网络层。VPRN 是由网络服务提供商（ISP）的边缘路由器之间的 IP 隧道网和各个 VPRN 的接入节点组成，每个 ISP 路由器负责在各个 VPRN 节点之间转发 IP 网络数据报。每个 VPRN 节点是通过一台用户前端的网络接入路由器（CPE 设备），经过接入链路连接 ISP 的边缘路由器，从而接入整个虚拟专用网的。每个 ISP 路由器中有一个专门的 VPRN 专用路由转发表，表中含有哪些 VPRN 连接到该 ISP 路由器，并含有连接到该 ISP 路由器的各 VPRN 节点的路由可达信息。通过路由转发表，各 VPRN 的 IP 数据报就可以在 ISP 路由器之间、ISP 路由器和用户 CPE 接入路由器之间转发。

如图 8.8 所示一个 VPRN 的例子，示意了 3 个 ISP 边缘路由器通过 IP 隧道网络连接，互联了 4 个 CPE 路由器。其中一个 CPE 路由器在网络上还有多条接入链路，所有的链路可以都激活，也可以让其中的主链路激活，如果发生意外，备用链路再激活。

VPRN 技术的一个主要好处就是用户接入路由器（CPE）的技术复杂性和管理配置复杂性得到很大简化。对于一个 CPE 路由器，ISP 边缘路由器好像是用户网络的相邻路由器，用户网络用缺省路由向其发送数据。负责数据传输的隧道网络仅延伸到 ISP 边缘路由器，而不是 CPE 路由器。在效果上，隧道建立、维护和路由配置的负担都交给了 ISP，此外，VPN 所要求的其他服务（如防火墙的提供、QoS 处理）也可以由 ISP 边缘路由器处理，CPE 设备种类繁多，不适合处理这些功能。ISP 引入和管理新的业务时也可以很容易解决，不必去为用户 CPE 设备升级。当本地使用该 VPN 接入业务的用户非常多的时候，这样做的好处就更大了。该模型就像电话业务，不需改变用户设备就可以引入新业务（如呼叫等待）。

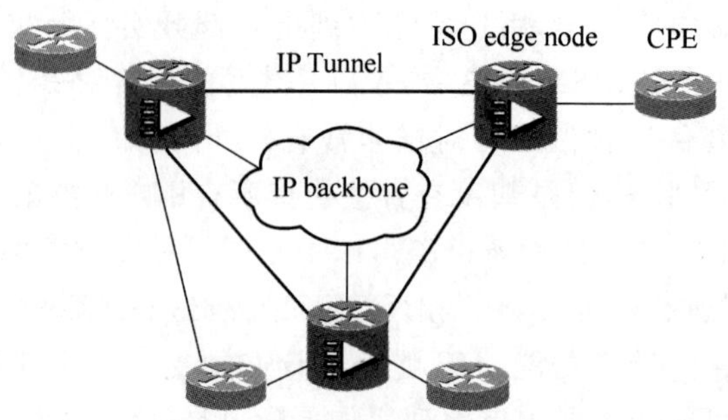

图 8.8 虚拟专用路由网络

注意,VPRN 的操作类似于用户站点访问 Internet 的机制,通常情况是 ISP 边缘路由器既要为用户提供 VPRN 连接,又要为用户提供 Internet 连接。这时 CPE 路由器里有一个到 ISP 边缘路由器缺省的路由,负责把私有数据转送到 VPRN,其他的数据流转送到 Internet,在这两个域之间提供防火墙功能。当然,用户也可以通过不涉及 VPRN 的 ISP 路由器建立 Internet 连接,甚至通过一个不同的 ISP,这时的 CPE 设备要完成不同域数据的分离以及提供防火墙功能。

在实现的业务形式上看,VPRN 属于基于业务网络的 IP VPN 形式。在封装和隧道技术上是用第 3 层的网络层协议数据报来封装第 3 层的网络层协议数据报,对用户来说是第 3 层网络层的虚拟专用网络。

在安全性方面,VPRN 就像公共 IP 网络(Internet)一样,本身没有提供加密认证等安全机制,只是基于限定数据报转发路由的安全性,类似 MPLS。当然,VPRN 可以在 IP 骨干网络上采取 IPSec 封装来实现安全性。由于 VPRN 是基于业务网络形式的,所以,前提就是用户基于对网络业务提供商的信任。另一个方面,由于用户面对的就是接入 IP 路由网络,所以,用户也可以自己在其上实现自己的安全策略和保障,比如用户自己实现 IPSec 封装。

(3) 虚拟专用拨号网络(Virtual Private Dial Network,VPDN)

虚拟专用拨号网络技术就是利用 L2TP 隧道协议来实现远程的虚拟网络接入。用户通过拨号 PSTN 或者 ISDN 链路连接到公共 IP 网络上,用户数据包由 L2TP 隧道通过公共网络传输到所要到达的网络节点,对用户来说就好像直接连接到那个网络节点一样。

VPDN 的使用模型如图 8.9 所示。

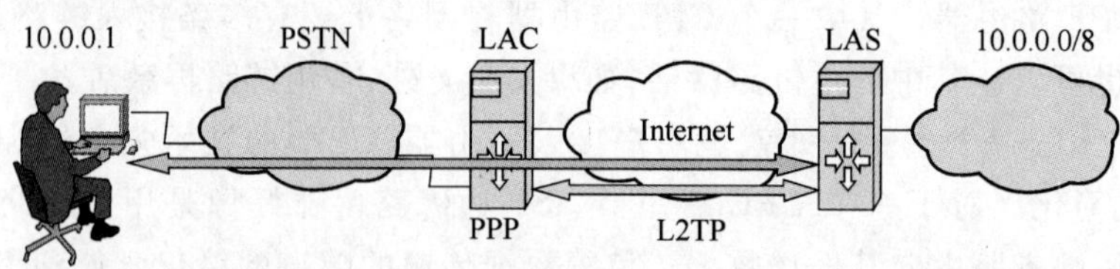

图 8.9 虚拟专用拨号网络

其封装协议栈如下。

① 拨号段:HTTP/TCP/IP/PPP/AHDLC;

② IP 骨干网络:HTTP/TCP/IP/PPP/L2TP/UDP/IP。

在实现的业务形式上看，VPDN 属于基于业务网络的 IP VPN 形式。在封装和隧道技术上是用第 3 层的网络层(IP)协议数据报来封装第 2 层数据链路层(PPP)协议数据帧，对用户来说是第 2 层数据链路层的虚拟专用网络。

在安全性方面，虽然被封装的 PPP 协议可以实现一些加密和认证，VPDN 仍可以采取在 IP 骨干网络上封装 IPSec 来实现安全性。另一个方面，由于用户面对的是第 2 层的数据链路，所以，用户可以自己在其上实现自己的安全策略和保障，比如用户通过在 PPP 接入网络之上运行 IP 网络并实现 IPSec 安全性。

(4) 虚拟专用 LAN 段(Virtual Private LAN Segment，VPLS)

虚拟专用 LAN 段(VPLS)是在 IP 骨干网络或者 Internet 上的 LAN 片仿真，VPLS 可以用来提供透明 LAN 业务(Transparent LAN Service，TLS)，以协议透明方式互联多个用户接入 CPE 节点，无论是网桥还是路由器。VPLS 在 IP 上仿真 LAN 片，就好像 LANE 在 ATM 上仿真 LAN。VPLS 主要的好处就是完全协议透明，这对于多协议传输很重要。

从拓扑结构和操作性来说，VPLS 很容易模型化，与 VPRN 本质上是相同的，只不过，每个 VPLS 边缘节点实现链路层桥接，而不是网络层转发。如图 8.10 所示 VPLS 例子。

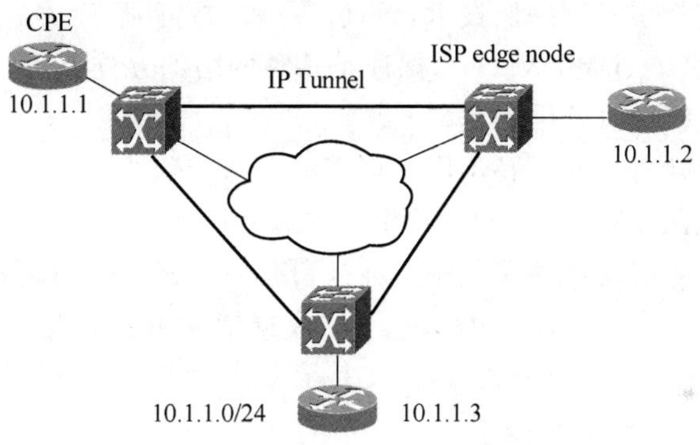

图 8.10　虚拟专用 LAN 段

在实现的业务形式上看，VPLS 也属于基于业务网络的 IP VPN 形式。在封装和隧道技术上是用第 3 层的网络层(IP)协议数据报来封装第 2 层数据链路层(以太帧)协议数据帧，对用户来说是第 2 层数据链路层的虚拟专用网络，就像自己的局域网。

在安全性方面，VPLS 可以采取在 IP 骨干网络上封装 IPSec 来实现安全性。另一个方面，由于用户面对的是第 2 层的数据链路，所以，用户可以自己在其上实现自己的安全策略和保障，比如用户通过以太网桥接入 ISP 网络，并利用 IPSec 隧道封装实现安全性。

2. 基于 MPLS 技术的 VPN

MPLS(MultiProtocol Label Switching)是多协议标签交换的简称。MPLS 技术是基于交换技术、隧道封装技术以及存储转发技术的一种新的通信技术，是快速交换技术(如 ATM)和存储转发技术(如 IP)的融合。当 MPLS 交换技术承载 IP 网络的时候，可以认为是基于第 2 层的通信技术。

MPLS 技术可适用于任何网络层协议，故称为多协议(MultiProtocol)，目前主要是致力于传输 IP 业务。同时，多协议也表明 MPLS 技术的应用并不局限于某一特定的链路层媒介，网络层的数据包可以基于多种链路层媒介进行传送，如 ATM、帧中继、PPP 等。在

MPLS网络中的关键元素是标签交换路由器(LSR),它具备了理解并参与IP路由和L2层交换的能力。LSR通过L3层的标准路由协议(如OSPF)进行寻径操作。从而获得整个网络的拓扑结构,由此获悉的路由信息将用来对特定IP报文分配相应的标签(Label)。从端到端的角度上来看,标签用于确定端点之间IP报文的传输路径,这种路径被称为标签交换路径(LSP)。LSP是通过MPLS的核心协议——标签分配协议(LDP)——在LSR对等体(Peer)之间建立的,其本质上与交换技术定义的VC连接十分相似。在传输IP报文时,MPLS标签边缘路由器(LER)通过特定判决机制对报文进行标签封装,随后将携带特定标签的报文转发到网络内部升级后的交换机(如ATM LSR),它们在接收到相应IP报文后通过内部的标签信息库(LIB)进行标签查询与交换并沿着LSP转发报文。

MPLS多协议标签交换技术是一种在开放的通信网上利用标签引导数据高速、高效传输的新技术。它的价值在于能够在一个无连接的网络中引入连接模式的特性。其主要优点如下。

① MPLS在网络中的分组转发是基于定长标签,由此简化了转发机制,使得可以通过升级现有网络设备很容易地构建高速交换的LSR。

② MPLS不但支持多种网络层技术,而且是一种与链路层无关的技术,同时支持X.25、帧中继、ATM、PPP、SDH、DWDM……,保证了多种网络的互连互通,使得各种不同的网络传输技术统一在同一个MPLS平台上。

③ MPLS的标签合并机制支持不同数据流的合并传输。

④ MPLS支持流量工程、QoS和大规模的虚拟专用网。

目前MPLS的技术实现还存在着一些难点和有待于解决的问题,如:标签合并问题、路由环路问题等。但是,MPLS作为Internet下一代宽带网络核心技术,有效地结合了L2层快速交换与L3层灵活路由的技术优势,又支持流量工程和QoS保证,所以,MPLS技术将是下一代最具竞争力的通信网络技术。

基于MPLS的VPN不依靠加密技术,而是依靠路由转发表和数据包的标签来创建一个安全的转发路径。一个基于MPLS的虚拟专用网络概念上应该包括一组客户边缘路由器(CE)、同其相连的MPLS核心网络中的供应商边缘路由器(PE)、构成MPLS核心网络的供应商(P)设备,还有属于该专用网的标签交换路径LSP。如图8.11所示,P和PE路由器都为标签交换路由器(LSR)。

基于MPLS的VPN工作过程可概括如下。

① 用户端的路由器(CE)首先通过静态路由或BGP将用户网络中的路由信息通知提供商路由器(PE),同时在PE之间采用BGP协议传送VPN-IP的信息以及相应的标记(VPN的标记,以下简称为内层标记),而在PE与P路由器之间则采用标签分发协议进行路由信息与标签的绑定。到此时,CE、PE以及P路由器中基本的网络拓扑以及路由信息已经形成。PE路由器拥有了骨干网络的路由信息以及每一个VPN的路由信息。

② 当属于某一VPN的CE用户数据进入网络时,在CE与PE连接的接口上可以识别出该CE属于哪一个VPN,进而到该VPN的路由表中去读取下一跳的地址信息,同时,在前传的数据包中打上VPN标记(内层标记)。这时得到的下一跳地址为与该PE作Peer的PE的地址,为了达到这个目的端的PE,此时在起始端PE中需读取骨干网络的路由信息,从而得到下一个P路由器的地址,同时采用LDP在用户前传数据包中打上骨干网络中

的标签。

③ 在骨干网络中，初始 PE 之后的 P 均只读取外层标签的信息来决定下一跳，因此骨干网络中只是简单的标签交换。

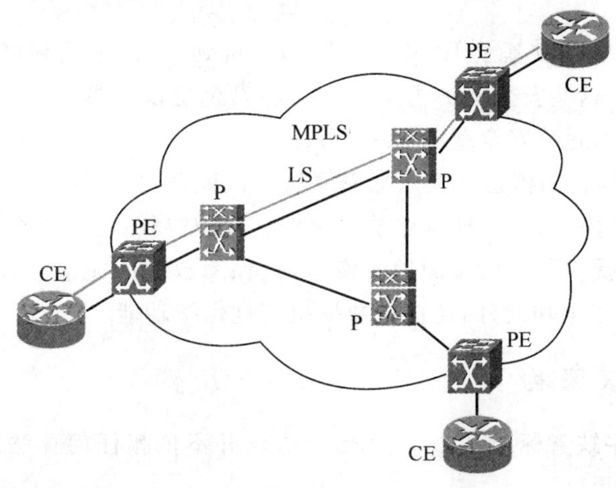

图 8.11　基于 MPLS 的虚拟专用网络

④ 在达到目的端 PE 之前的最后一个 P 路由器时，将外层标签去掉，读取内层标记，找到 VPN，并送到相关的接口，进而将数据传送到 VPN 的目的地址处。

从以上过程可见，基于 MPLS 的 VPN 通过流量分离来提供基本的安全性，因为数据是通过使用 LSP 来转发的。LSP 定义一条特定的转发路径，不可以被改变，以保证其安全性。这种基于标签的模式可与帧中继和 ATM 一样提供保密性。另外，MPLS VPN 丝毫不改变 CE 和 PE 原有的配置，一旦有新的 CE 加入到网络，只需在 PE 上作简单配置，其余的改动信息由 IGP/BGP 自动通知到 CE 和 PE。

3. 基于 IP 和 MPLS 的 VPN 比较

现在对基于 MPLS 技术和基于 IP 技术的 VPN 进行简单地比较和总结。

① MPLS VPN 提供数据报交换传输路径的安全性，而基于 IP 技术的 IPSec VPN 则提供了基于密码学的安全性。

② MPLS VPN 能够很好地解决 QoS 问题，而基于 IP 技术 VPN 只能靠其底层的通信协议提供 QoS 保证。

③ MPLS VPN 只能在 MPLS 网络范围内应用，而基于 IP 技术的 VPN 则不然。基于 MPLS 技术的 VPN 隧道从定义上就不能伸展到 MPLS 网络之外，而基于 IP 技术的 VPN 隧道可以伸展到任何 IP 可以达到的地方。

④ MPLS VPN 能够承载多种网络层协议，为不同的网络层协议提供了统一的基于标签交换的链路层接口，另外，MPLS 也能基于不同的链路层传输协议，使得上层网络层协议能够透明地在不同的链路层协议上传输，基于 IP 技术的 VPN 则必须要基于 IP 网络。

⑤ 两者可以结合应用来提供高的安全性和传输可靠性，即在 MPLS 之上承载 IP 网络并应用 IPSec 安全协议，此时 MPLS 协议对于 IP 层来说可以认为是一种链路层协议。

8.2 IPSec 协议

IPSec 协议族能够提供基于 IP 网络环境的主机到主机、主机到网关、网关到网关的数据通信的安全保护。这些安全保护主要由如下的安全协议和算法来实现:ESP(Encapsulating security payload,封装安全载荷)、AH(Authentication Header,认证报头)、IKE(Internet Key Exchange,因特网密钥交换)、加密算法和认证算法。

在 IPSec 协议套件中,有两种具体的安全封装处理协议:封装安全载荷(ESP)和认证报头(AH)。AH 可以提供数据的发源地身份验证、保障数据的完整性和防止 IP 数据包重播攻击;ESP 除了具备以上功能外,还提供数据机密性保护功能。

8.2.1 协议架构

虽然指定了一些缺省标准算法,但 IPSec 协议并不依赖任何算法。整个 IPSec 协议文件框架如图 8.12 所示。

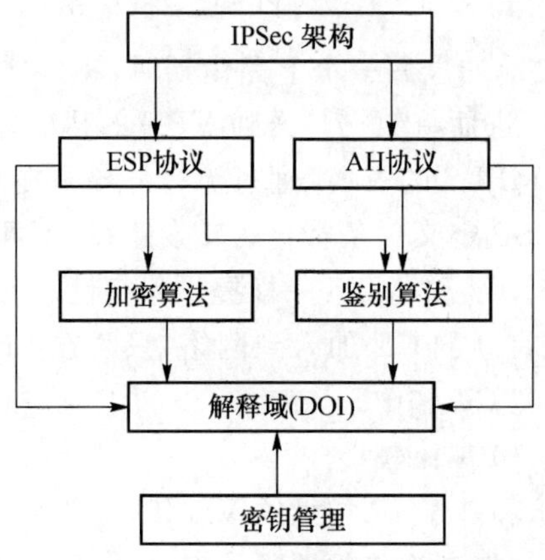

图 8.12　IPSec 协议文件框架

其中协议框架广泛覆盖了协议的通用概念、安全需求、定义以及 IPSec 的技术机制等各方面内容。ESP、AH 协议文件分别定义了各自数据包的格式和与协议相关的普遍性问题。密钥管理包含 IPSec 协议中与密钥管理相关的所有文档,IPSec 工作组推荐的密钥管理协议包括:ISAKMP、OAKLEY、IKE。解释域(Domain of Interpretation,DOI)为与 AH 和 ESP 协议相关的所有参数分配了唯一的标识符,是 IPSec 协议实现可直接参考的主数据库。加密算法文档集描述了各种加密算法如何在 ESP 协议中使用,鉴别算法文档集则描述了各种鉴别算法如何在 ESP 和 AH 中使用。

IPSec 协议的实现环境包括主机和安全网关。所谓安全网关是指实现 IPSec 协议的中间系统(如实现 IPSec 的一个防火墙或路由器)。IPSec 协议支持两种使用模式:传输模式和隧道模式。传输模式中安全协议提供的保护主要针对高层协议(如 TCP 或 UDP)。与之对照,隧道模式中安全协议作用于封装在隧道中的 IP 包。

1. 基本概念

IPSec 协议中一个基本概念是安全联盟(Security Association,SA)。根据定义,SA 是一个单向的连接,该连接为其运载的流量提供安全服务。根据与安全服务对应的安全协议不同,SA 可分为 AH SA 和 ESP SA。根据安全协议使用模式不同,SA 又分为传输模式 SA 和隧道模式 SA。多个 SA 联合使用构成 SA 束(SA bundle)。一个 SA 可以由安全参数索引(Security Parameter Index,SPI)、IP 目的地址、安全协议标识符(AH 或 ESP)构成的三元组唯一确定。一个 SA 包含的基本信息包括:序列号计数器、序列号溢出标志、防重传攻击窗口、AH 鉴别算法和密钥、ESP 鉴别算法和密钥、ESP 加密别算法与密钥(包括初始化矢量、矢量模式)、寿命、协议工作模式、路径最大传输单元(Path Maximum Transfer Unit,PMTU)。

出于互通性和 IPSec 大规模应用时所需的管理能力的考虑,IPSec 协议描述了一个具体实现可参照的通用模型。该模型使用了两个数据库:安全策略数据库(Security Policy Database,SPD)和安全联盟数据库(Security Association Database,SAD)。一条 SPD 记录-安全策略(Security Policy,SP)确定了对进、出本地的 IP 流量的处理规则。SAD 则包含了每个激活的 SA 的参数信息。安全策略数据库使用选择符(Selector)建立流量与安全策略的映射。换句话说,利用选择符 SPD 可以检索与某一流量匹配的安全联盟/安全联盟束。安全策略数据库既是安全策略的参考数据库,也充当与当前的安全联盟/安全联盟束的映射。

IPSec 协议规定了与协议兼容的实现必须支持的 4 种安全联盟合成形式:主机到主机(提供端到端的安全),网关到网关(支持简单 VPN),前两类的合成(增加了主机间端到端的安全),拨号主机到网关结合主机到主机类。归纳起来,在最复杂的第 3 类中,可能出现的安全联盟组合如表 8.2 所示。

表 8.2　安全联盟组合情况

形式	传输模式	隧道模式
两主机之间	AH SA	AH SA
	ESP SA	ESP SA
	AH SA+ESP SA	—
两网关之间	—	AH SA
	—	ESP SA

2. IPSec 协议的两种封装模式

IPSec 实现的两种模式(传输模式和隧道模式)的区别在于隧道模式保护整个 IP 数据包,传输模式只是保护 IP 包内的数据载荷而不保护 IP 协议头部。更重要的一点是,在网关上实施的 IPSec 隧道模式,不但能保护网络通信数据,而且能对外屏蔽内部子网的拓扑结构,使得外部网络看到的只是网关,从而增强了通信子网的保护。

(1) 传输模式

在提供端到端的安全保护时,采用 IPSec 的传输模式。IPSec 模块在 IP 包的 IP 头和数据载荷之间添加 AH 或 ESP 头,不会修改 IP 头中的信息。传输模式下对 IP 数据包的封装如图 8.13 所示。

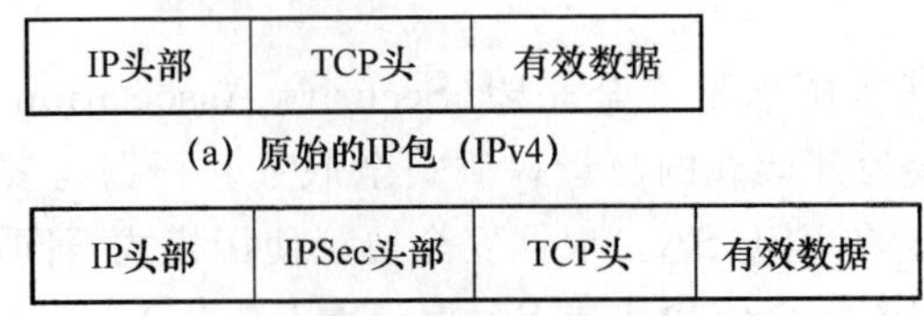

(b) 传输模式封装的IP包 (IPv4)

图 8.13 传输模式封装的 IP 包

(2) 隧道模式

当数据包的最终目的地和实施安全服务的终点(如网关)地址不一致时,采用隧道模式的 IPSec。IPSec 隧道模式的数据包具有两个 IP 头:内部 IP 头和外部 IP 头。内部 IP 头是数据包的源主机创建的,外部 IP 头是 IPSec 隧道网关添加的。在隧道化后的数据包看上去仍然是一个完整的 IP 包,将被根据外部 IP 头的信息路由并传输到隧道的终点——另一个 IPSec 网关,在那里会去掉该 IP 包的外部 IP 头和 IPSec 协议头,然后根据内部 IP 头的信息转发数据包到真正的目标主机。隧道模式对 IP 数据报的封装如图 8.14 所示。

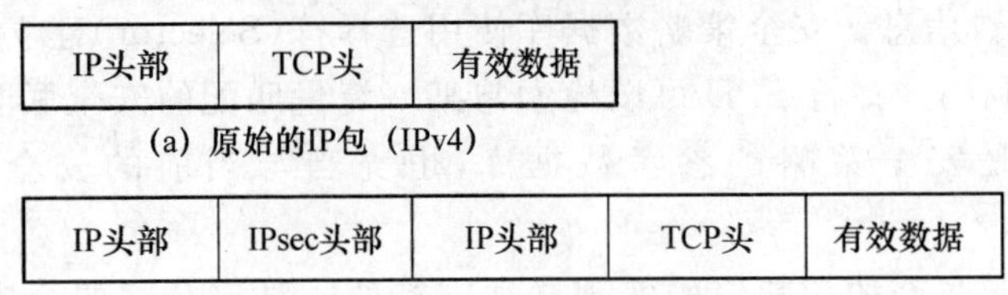

(b) 隧道模式封装的IP包 (IPv4)

图 8.14 隧道模式封装的 IP 包

3. 安全联盟数据库(SAD)和安全策略数据库(SPD)

IPSec 体系中的安全联盟和安全策略的集合称为 SAD 和 SPD。简单地说,安全策略描述了对什么通信数据流采取何种安全措施,安全联盟则携带了实施安全措施必需的参数。

(1) 安全联盟数据库

SA,即安全联盟,是两个网络通信实体之间经协商建立起来的一种安全协定,即用什么具体的方式保护通信数据的安全。主要的安全参数有:封装协议(ESP,AH)、加密算法和加密密钥、认证算法和认证密钥、数据报序列号起始值、抗重传攻击的窗口大小、SA 的生存周期、传输模式或者隧道模式等。实施 IPSec 的系统维护一个 SA 的数据库,就是 SAD。

SA 具有单向性。假如有两个 IPSec 通信实体要进行通信,针对某种通信数据流,两个实体都各要建立一对 SA,分别用来处理外出通信流和进入通信流。其中一个系统的外出/进入 SA 要与通信对端的进入/外出 SA 具有一定的对称性,比如使用相同的安全协议、算法和密钥等等。

一个 SA 可作为特定三元组(SPI、目的 IP、安全协议 ESP 或 AH)的唯一识别。该三元组用来从 SAD 中唯一的定位 SA 用于 IPSec 数据处理。当希望对一个传输方向上的 IP 通信进行多重通信保护时,可以使用多个 SA 对 IP 包进行多重的封装和处理,因为一个 SA 只能使用一次 ESP 或者 AH 封装,所以就出现了 SA 束的概念。SA 束中的各个 SA 可以有不同的终点,且 SA 束中各 SA 可以是传输模式或者隧道模式的重叠和嵌套的组合,但是应该先作 ESP 再作 AH 较合理。

通常，SA 包含若干重要参数的取值，下面简单介绍一下比较常用的字段。

① 加密算法和加密密钥。用于对网络数据加密保护。

② 认证算法和认证密钥。用于数据完整性和数据原认证。

③ 序列号。序列号是 32 位的字段，序列号字段是逐一递增的。序列号字段被填充到 IPSec 头中，可以用于 IPSec 实现数据报的传输顺序问题，在这里主要是利用此字段进行抗重播攻击。

④ 抗重播窗口。IPSec 接收方使用滑动窗口算法来进行对恶意主机重复发出的数据包进行检测。

⑤ 生存周期。规定了该 SA 的有效使用周期，为了增强网络传输的安全性，用于通信保护的 SA 是定期更新的。

⑥ 封装模式。即隧道模式还是传输模式。

⑦ IPSec 隧道目的地。

⑧ 安全参数索引(SPI)。在 IPSec 头中包含一个唯一的 SPI，接收方利用收到 IP 包头中的目的地址和协议字段，加上紧随 IP 头后的 IPSec 头内的 SPI 值，构成三元组，这样就能从 SADB 中唯一地检索到匹配的 SA 用于输入处理。

(2) 安全策略数据库(SPD)

IPSec 实现当中会有两种数据库：安全联盟数据库(SAD)和安全策略数据库(SPD)。二者一起完成了对 IP 数据报的 IPSec 处理所需 SA 的维护。SPD 是安全策略 SP 的集合，安全策略规定了对于网关来说进入和外出的 IP 数据报的处理方式：丢弃(Discard)、绕行(Bypass)或者应用 IPSec 封装(Apply)。而 SA 则规定了对 IP 数据报的具体处理参数。

在实现了 IPSec 的通信网关当中，所有外出和进入的 IP 数据报都必须经过 SP 的过滤，以确定如何处理，包括非应用 IPSec 的通信报文，所以，SP 的过滤就可以采用或者实现在包过滤防火墙方式。另外，在 IPSec 的实现上必须要有能够配置和管理 SP 的用户界面，以实现管理员能够对 IPSec 网关进行配置。

当对于一个 IP 数据报要检查其安全策略的时候，对 SPD 数据库进行搜索，这时候是通过一个叫做选择符的结构实现的。选择符用来区分各通信数据流。用作选择符的网络参数有：源 IP 地址、目的 IP 地址、传输层协议、传输层的源和目的端口号等。

4. IPSec 协议对 IP 数据报的处理

(1) 发送包处理

在操作系统的 IP 协议栈中，我们在数据报被从网络设备发送出去之前，截取到 IP 包，然后从中提取选择符信息，据此搜索 SPD，产生如下可能结果。

① SP 决定丢弃此包，于是直接丢弃，或者还可以向源主机发送 ICMP 信息。

② SP 决定通过此包，直接将数据包投放到网络设备的发送队列。

③ SP 决定应用 IPSec，此时 SP 要么指向一个 SA，可以根据它进行安全处理，要么需要的 SA 不存在，则触发 IKE 模块协商建立 SA，协商周期内数据包进入等待队列等待协商完成，若协商超时，也会丢弃该包。

(2) 进入处理

系统收到 IP 数据报后，从其 IP 及 TCP/UDP 头中提取选择符信息，搜索 SPD。如果该 IP 数据报不是 IPSec 包，则直接进行网络转发处理或者交给上层协议处理；如果是 IPSec

包,则:

① 从 IP 包中提取出三元组(SPI、目的 IP 地址、ESP 或者 AH),并查找 SAD,定位 SA。如果没有 SA,则丢弃该 IP 包并作日志,否则进行下一步;

② 由上一步获得的 SA 或者 SA 束进行 IPSec 处理;

③ 由 SA 指向的 SP 来确定对 IP 包的处理,决定是交给上层协议处理还是继续转发。

其中,第①、②步会循环处理,直到处理到上层协议 TCP/UDP,或者内部 IP 包为非本地目的地址,需要转发该 IP 包。

5. 以 IPSec 协议构建虚拟专用网

从本质上讲,VPN 以内网为基础,IPSec 协议作为一种在网络层实施的安全方案,自然支持基于子网的安全,因此适于构建 VPN。IPSec 是目前唯一一种能为任何形式的 Internet 通信提供安全保障的协议,还提供基于数据流或连接的安全,能够实现非常精致的安全控制。

因为在 IP 层提供安全保护,IPSec 协议与应用无关,所以协议的实现只需修改 TCP/IP 协议堆栈(Stack),实现宿主可以是任何网络互联设备(路由器、防火墙甚至主机)。在主机上实现 IPSec 协议可以提供基本的端到端安全,而具备 IPSec 处理能力的路由器则可用于构建 VPN。这两种解决方案结合在一起,还可保护一种特殊的应用——漫游接入(Road Warrior)的安全。

(1) IPSec VPN 基本模式

IPSec 协议保护的对象是 IP 数据报本身,因此 IPSec 安全保护可连续或嵌套使用,并且支持所谓的 Hub-and-Spoken 配置方式。

如图 8.15 所示,在 3 个安全网关 gw_a、gw_b、gw_c 上安装 IPSec 协议的某种实现,安全网关同时具备将内部网络接入公共网络(Internet)的功能。通过将位于不同安全网关之后的多个子网间的数据通信置于各自网关提供的 IPSec 保护之下,可以构建一个虚拟专用网。VPN 一般假设网关与公共网连接是不安全的,与内部网络/主机间的连接是安全的。图 8.15 中子网 2 和子网 3 之间的数据流到达各自网关设备后,通过隧道在公共网络中"安全"传输;在隧道终点——远方安全网关,控制数据被剥离,原始的数据通过网关后的内部网络抵达最终目的地。若安全网关确定为受保护的对象提供机密服务,则隧道中的数据是加密的,缺乏会话密钥的任何公共网络上的任何中间设备无法获知传输内容;若提供鉴别服务,则对 IP 数据报的任何篡改因为无法通过接收端对数据的完整性检查,而被接收端察觉。利用单调递增的序列号,还可以检测重播的数据包,在一定程度上抵御拒绝服务攻击(Denial of Service,DoS)。

隧道正常工作的前提是:内部子网在设置路由时将默认网关指向本地安全网关,在子网 2、3 中,默认网关分别被设为安全网关 gw_a、gw_c。

在图 8.15 的 VPN 例中,拨号主机 C 也可以安全远程接入安全网关 gw_b 后的服务器 S,即支持漫游接入。这里拨号主机必须是实现 IPSec 协议的主机,通过拨号等方式接入公共网络。若需要访问服务器 S 上的资源,拨号主机与安全网关 gw_b 先协商建立隧道,然后 C 对服务器 S 的访问在协商好的隧道 SA 的保护下进行。与一般的端到端的 IPSec 应用不同,安全网关 gw_b 代表 S 对来自拨号主机的数据报进行 SA 处理,而在拨号主机端,C 负责本地发送包和接收包的 IPSec 处理。

在 VPN 和漫游接入这两种应用中,一般需要创建隧道模式的 SA。根据需求不同,可使用安全协议 SA 的不同组合；若只需鉴别保护，则可使用 AH SA 或只提供鉴别服务的 ESP SA；若还需要机密保护，可应用只提供机密服务的 ESP SA 和 AH SA 的联合或提供机密和鉴别两种服务的 ESP SA。

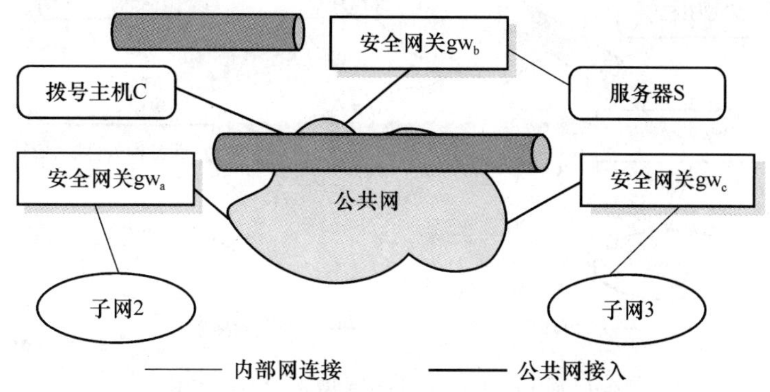

图 8.15　支持安全拨号接入的虚拟专用网实例

(2) 嵌套 VPN

在图 8.15 的示例中，IPSec 协议提供的安全保护范围只限于公共网络。在某些情况下，可能还需要对内部网络的保护，这样引发多级网络安全保护的概念。图 8.15 中，若拨号主机访问的服务器在内部网络中属于某些关键部门，则通过隧道终点——网关 gw_b 后，访问数据包以明文形式在内部网络中传输，也面临严重的安全威胁——机密信息泄露或内容被恶意篡改。

IPSec 协议提出的嵌套隧道(Iterated Tunneling)技术可很好地解决这个问题。嵌套隧道是指同时应用多级安全协议，这些协议通过 IP 隧道技术联系在一起而生效。根据两条隧道端点之间的关系，典型的嵌套隧道可分为 3 种：两条隧道的两个端点完全一致；两个隧道具有一个共同的端点；两个隧道的端点完全不同。每条隧道可使用不同的安全协议(AH 或 ESP)、不同的加密算法/鉴别算法。

应用嵌套隧道技术可以构建嵌套 VPN。以图 8.15 中的网络为例，如果在服务器 S 前放置一台安全网关 $gw_{b'}$，则可保证在内部网络中拨号主机对 S 的安全访问。拨号主机在访问 S 之前需要建立两条隧道：隧道 1 作用于 C 和 gw_b 之间的传输路径；隧道 2 跨过安全网关 gw_b，将对数据保护范围扩展到 $gw_{b'}$。拨号主机选用这两条隧道保护的先后顺序不能颠倒：隧道 2 在前，隧道 1 在后。与之类似，子网 2 和 3 中的主机间通信若需要端到端安全保护，也可利用嵌套隧道技术，在需要跨网通信的主机上安装 IPSec 模块。主机间通信之前，首先建立两个主机间的隧道，然后在各自安全网关上建立另一条隧道。这两条隧道联合作用，为主机间的数据流提供多级、灵活的安全保护。

(3) 链式 VPN

基于 IPSec 协议构建的 VPN 还可以采用 Hub-and-Spoken 模式。与链路级保护类似，这种模式下隧道的建立是在中心安全网关的控制下进行的，除中心安全网关之外，其他任意两个安全网关之间不能直接建立隧道，必须分别与中心网关单独建立一条隧道，再由这两条隧道搭建成目的隧道。

如图 8.16 所示，若安全网关 gw_a、gw_c 想为子网 2 和子网 3 之间建立隧道，必须采取如下步骤:安全网关 gw_a 和 gw_b(控制中心)建立隧道 1;gw_c 和 gw_b 建立隧道 2。在中心安全网关的控制下,隧道 1、2 被 gw_a、gw_c 用来保护子网 2、3 间的数据通信。

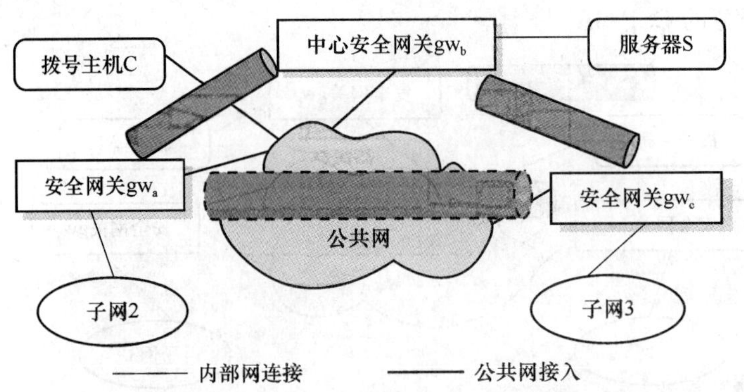

图 8.16　Hub-and-Spoken 模式 VPN 应用

如果子网 2 中某台主机想访问子网 3 中的服务器,则访问数据在经过安全网关 gw_a 时,被封装在隧道 1 中送往中心安全网关 gw_b;gw_b 解密、鉴别后将原始请求包从隧道中剥离,因为包的目的地位于安全网关 gw_c 后的子网 3 中,gw_b 利用隧道 2 将请求数据再一次封装送往 gw_c,在隧道 2 的终点,封装的数据被鉴别、解密,然后从隧道 2 剥离;原始的数据包最终被安全网关 gw_c 送往目的地。对访问请求的响应包的传输路径正好相反。

在 Hub-and-Spoken 模式,拨号主机对 VPN 内子网的访问也需通过中心安全网关进行。即拨号主机先与中心网关建立一条隧道,然后中心网关与访问目标处的安全网关建立第二条隧道,这样远程接入受到两条隧道的保护。

与一般 VPN 相比,这种模式系统性能欠佳,这是因为同一个数据报被多次加、解密,在繁忙的公网上延迟时间可能很长。其优点在于易于管理,便于大规模部署。中心安全网关是整个 VPN 系统的核心,可以为不同的连接定制灵活的安全策略并分发;新增加 IPSec 设备对其他安全网关影响很小,这台设备只需与中心网关建立隧道,即可形成其他所有安全网关间的隧道。

8.2.2　AH 协议

验证报头(Authentication Header,AH)为 IP 数据包提供数据完整性和数据源身份验证以及抗重播攻击服务,但不提供数据的机密性保护。AH 对 IP 数据报提供的认证保护是基于整个 IP 报文的。在 IPv4 和 IPv6 中,AH 使用约定的协议代号 51。

AH 封装协议可以单独使用,也可以和 ESP 封装联合使用于 IP 数据报,还可以像隧道模式一样嵌套应用。AH 认证协议可以为 IP 网络数据提供基于主机到主机、主机到网关和网关到网关的通信保护。ESP 封装协议也可以为 IP 数据网络提供一样的认证服务,并且可以提供网络数据的机密性保护。对于同样提供的认证保护,AH 和 ESP 重要的不同在于数据认证的范围:ESP 封装对 IP 数据报的认证不包括 IP 头部,除非应用 ESP 的隧道模式,而 AH 封装协议对 IP 数据报的认证包括了整个 IP 数据报。

1. AH 协议的数据结构

AH 认证头的结构很简单,如图 8.17 所示。

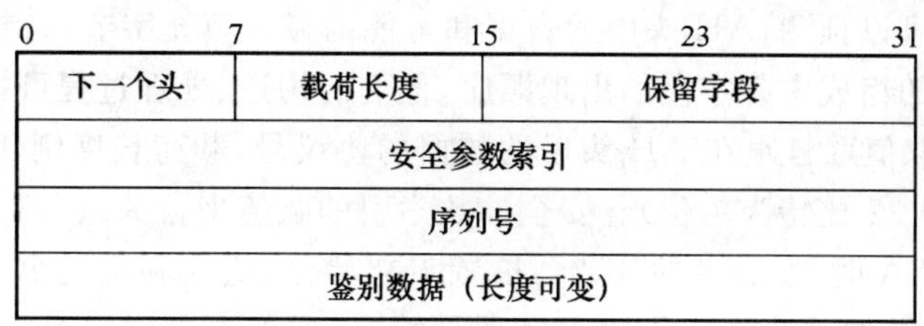

图 8.17　AH 认证头的结构

其中：

① 下一个头(Next Header)表示 AH 要保护的数据的协议类型，如 TCP 或 UDP 协议值；

② 载荷长度(Payload Len)表示按 32 bit 计算的载荷长度；

③ 保留字段(RESERVED)一般设置为 0；

④ 安全参数索引(SPI)，用于和目的 IP 地址、安全协议一起构成三元组，用来在 SAD 中定位 SA，其中 1～255 保留；

⑤ 序列号(Sequence Number)用于防重传攻击；

⑥ 验证数据(Authentication Data)是对待验证数据的密钥化散列结果。AH 有两个强制实施的身份验证器：HMAC-SHA-96 和 HMAC-MD5-96。

2. AH 协议的两种封装模式

AH 协议有两种应用模式：传输模式和隧道模式。传输模式只能提供基于主机到主机的安全通信，而隧道模式可以提供基于网关和主机的安全通信。在传输模式下，AH 头部紧跟在 IP 头部之后，上层协议头部(如 TCP)之前。在隧道模式下，AH 协议封装整个 IP 数据报，并在 AH 头外部再封装一个 IP 头。内部 IP 头的源和目的 IP 地址是最终的通信两端的 IP 地址，而外部 IP 头的源和目的 IP 地址是隧道的起止端点的 IP 地址。这时候，AH 对内部的整个 IP 数据报进行保护。

具体的 AH 协议对 IP 数据报的封装结构如图 8.18 所示(仅以 IPv4 为例)。

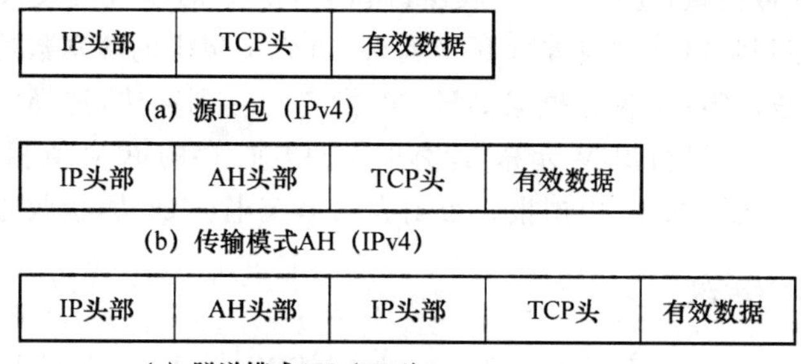

图 8.18　IP 数据报的封装结构

3. AH 的处理流程

(1) 发出包的处理

AH 的鉴别数据报产生一个完整性检验值(Integrity Check Value，ICV)。在接收方，通过重新计算 ICV 并与收到的发送方计算的 ICV 比较，判断 AH 提供保护的数据是否遭到篡改。AH ICV 的计算数据包括：IP 头中的值，这些值必须满足的条件是传输中不变或在 AH 处理前变化可以预测;AH 头中的数据和可能的显式填充字节;高层协议数据。

根据 AH 协议的组成中各字段的出现顺序,他们的构造、处理过程可描述如下。

下一个头字段取值取自跟在 AH 头后的数据的协议号,载荷长度则代表从序列号字段开始的 AH 长度(以 32 比特为单位)。安全参数索引的赋值来自 AH SA 中的 SPI。

创建一个外出 SA 时,发送者的计数器被置零初始化,每次利用这个 SA 构造一个 AH 之前,发送者将计数器加 1 并将新值填入序列号域,这样保证每个 AH 头中的序列号是独一无二、非零、单调递增的。根据是否提供防重传服务,发送方对序列号的溢出处理不同。若允许防重传功能(默认),则发送方在计数器溢出之前,创建新的 SA;若接收方禁止防重传功能,则发送方只需递增计数器,在序列号等于最大值($2^{32}-1$)后将计数器重新清零。

在进行 ICV 计算之前,AH 头中的鉴别数据域必须被全置为 0。因为与 ESP 相比,AH 将鉴别服务覆盖范围扩展到之前的 IP 头,因此将 IP 头中取值不定的字段清零也是必需的,这样在传输过程中,中间设备对这些字段的修改不会影响包中数据的完整性。

在某些情况下,可能需要填充。填充可分为隐式和显式两种。根据鉴别算法的需要,在 ICV 计算之前,隐式填充数据被添加到包的尾部。填充长度由算法决定,内容必须置零,并且不随包一起传输。与之对照,显式填充的长度取决于 ICV 的长度和 IP 协议的版本(IPv4 还是 IPv6);填充的内容可以任意选择;位于鉴别数据之后的这些填充包含在 ICV 计算中,并且随包一起传送。

计算好的 ICV 被复制到 AH 头中的鉴别数据域。至此 AH 处理已经结束,处理后的包可以继续进行下一步的处理。

(2) 进入包的处理

在 AH 处理之前,可能需要重组收到的 IP 包。对接收方 AH 而言,必须丢弃需要处理的 IP 包的分片。根据处理之前检索到的 AH SA,具体的处理过程可描述如下。

若接收方指定这个 SA 禁止防重传服务,则无需对序列号进行进入检查;反之,对接收到的每个包,处理必须首先验证包中的序列号,确保在该 SA 的作用时间内该序列号没有重复出现。检查重复的数据报,使用滑动接收窗口和位掩码。若检查失败,这个包被丢弃。

接下来对通过序列号检查的包进行 ICV 验证:首先将包中的鉴别数据域中的 ICV 值保存下来,然后将该字段清零;接收方根据 AH SA 指定的鉴别算法,选择与发送方一致的计算域(可能需要隐式填充)进行 ICV 计算,计算的结果与保存的 ICV 值相比较;若两者不一致,则接收方丢弃这个无效的 IP 数据报。否则表明 ICV 检查成功,接收方更新接收窗口。

8.2.3 ESP 协议

封装安全载荷(Encapsulating Security Payload,ESP)为 IP 数据报提供数据的机密性、数据完整性和数据源身份验证以及抗重播攻击服务。虽然机密性和鉴别服务均为可选项,但协议规定 ESP 必须选择其中一种服务。在 IPv4 和 IPv6 中,ESP 的协议代号为 50。与 AH 协议相比,ESP 提供单独的机密性服务,但其提供的鉴别服务覆盖范围比 AH 窄。

ESP 封装协议可以单独使用,也可以和 AH 封装联合使用于 IP 数据报,还可以像隧道模式一样嵌套应用。ESP 封装协议可以为 IP 网络数据提供基于主机到主机、主机到网关和网关到网关的通信保护。

1. ESP 协议的数据结构

ESP 协议的数据结构如图 8.19 所示。

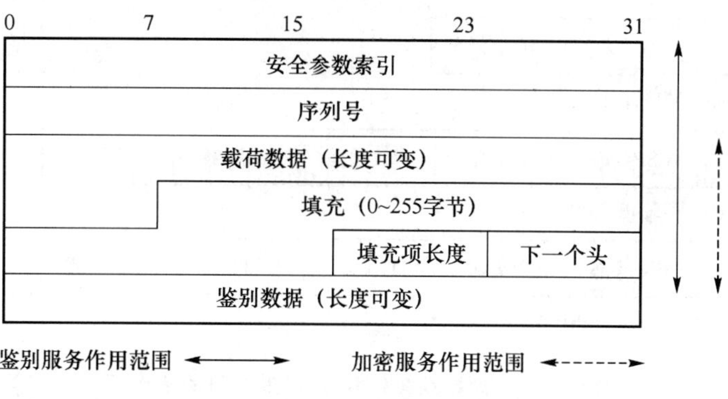

图 8.19　ESP 数据格式

其中：

① 下一个头表示 ESP 封装数据包的协议类型，如 TCP 或 UDP 协议值；

② 填充载荷长度(Pad Length)表示填充载荷的字节数，值为 0～255；

③ 初始化向量(IV)用于 CBC 对称加密算法，这类算法需要用到初始化向量，位于载荷数据的开始；

④ 安全参数索引，用于和目的 IP 地址、安全协议一起构成三元组，来在 SAD 中定位 SA，其 1～255 保留；

⑤ 序列号用于防重传攻击，由发送方填充，要保证唯一性和递增性；

⑥ 验证数据是对待验证数据的密钥化散列结果；

⑦ 载荷数据为 IP 包中 IP 头包括选项后的所有数据，可能是 TCP 数据或者是完整的 IP 数据报(隧道模式)。

分析 ESP 的数据报格式可知，ESP 通过将其中的载荷数据、填充数据、填充长度域、下一个头域加密而提供机密性服务；ESP 尾中的鉴别数据作用等同于 AH 中的 ICV。需要指出：ESP 若同时提供鉴别、机密性服务，则鉴别数据是针对加密后的数据计算的结果，即先加密后鉴别。

ESP 协议中填充主要用于 3 个目的：满足某些加密算法对明文长度的要求(如分组加密算法 DES 要求 64 字节的分组)；满足协议本身对齐的要求(如 IPv4 协议要求包的长度是 4 的整数倍)；隐藏载荷的实际长度，支持有限的流量保密。

2. ESP 协议的两种封装模式

像 AH 封装协议一样，ESP 也有两种应用模式：传输模式和隧道模式。传输模式下，ESP 封装只能用于基于主机到主机的 IP 网络安全通信，且此时只能保护 IP 网络层之上协议(如 TCP)数据，而不包括 IP 头部。传输模式下的 ESP 封装头部紧接在 IP 头部之后，上层协议头部(如 TCP)之前，或者在其他的 IPSec(ESP、AH)协议头部之前(协议嵌套模式下)。当 ESP 协议应用于网关时，必须使用 ESP 隧道模式。在 ESP 隧道模式下，ESP 协议封装整个 IP 数据报，并在 ESP 头外部再封装一个 IP 头。内部 IP 头的源和目的 IP 地址是最终的通信两端的 IP 地址，而外部 IP 头的源和目的 IP 地址是隧道的起止端点的 IP 地址，内部 IP 头和外部 IP 头中的 IP 地址可以是不同的。这时候，ESP 对内部的整个 IP 数据报进行保护。

具体的ESP协议对IP数据报的封装结构如图8.20所示(仅以IPv4为例)。

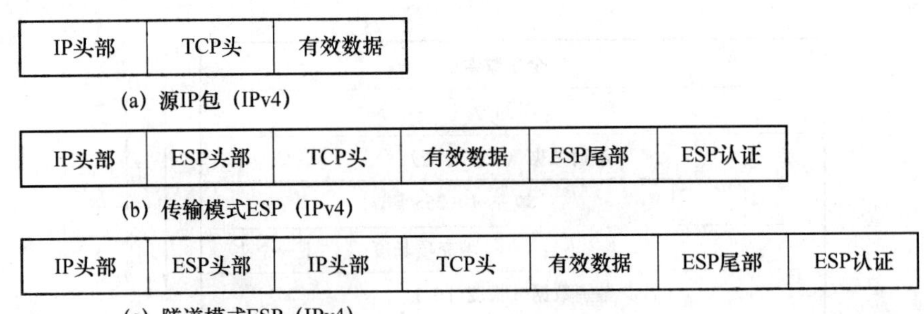

IP头部	TCP头	有效数据

(a) 源IP包 (IPv4)

IP头部	ESP头部	TCP头	有效数据	ESP尾部	ESP认证

(b) 传输模式ESP (IPv4)

IP头部	ESP头部	IP头部	TCP头	有效数据	ESP尾部	ESP认证

(c) 隧道模式ESP (IPv4)

图8.20 ESP协议对IP数据报的封装结构

3. ESP的处理流程

(1) 发出包的处理

发出ESP包的处理可以分为3部分:序列号生成、包加密和ICV计算。若ESP SA不提供加密服务,则可忽略加密处理。

对发出包中序列号的管理,ESP处理与AH处理完全相同。

加密处理前,发送方首先构造ESP包,其中将SA中的SPI复制到SPI域,ESP SA中计数器加1后的新值被填入序列号域。根据SA工作模式的不同,封装在ESP载荷数据域的数据也不同:传输模式下是原始的高层协议信息,下一个头字段取自IP头中的协议字段;隧道模式下则是整个原始的IP数据报、下一个头的可能取值为4(IPv4)或41(IPv6环境)。此外隧道模式下一个新的IP头插在ESP包的前面,新IP头中各字段的取值遵照本地的IP协议版本规定。对于IPv4头,源、目的地址依赖于ESP SA。若包被转发,封装前后TTL值需减1。

根据需要,可能要添加填充数据,填充内容各异,但填充长度字段必须赋值。

加密处理则利用ESP SA指定的加密密钥、加密算法、加密模式和可能的初始化矢量加密上述操作后的结果,包括载荷数据、填充、填充长度、下一个头。若ESP SA同时提供鉴别服务,则加密处理执行在前,鉴别处理在后,鉴别数据没有被加密。这样安排便于接收方及时发现、拒绝重传或伪造的包。

发送方对ESP包中去除鉴别数据后剩下部分进行ICV计算,因此安全参数索引、序列号和加密的载荷数据、可能出现的填充、填充长度、下一个头均包含在ICV的计算中。ICV被复制到ESP尾部的鉴别数据域中。

(2) 进入包的处理

在ESP处理之前可能需要对包的分片进行重组,对每个进入包的ESP处理大致可以分为3部分:序列号验证、ICV验证和包解密。

因为序列号在ICV提供的完整性保护下工作,因此对一个ESP SA而言,不提供鉴别服务却提供防重传服务没有任何意义。

若接收方禁止防重传服务,则无须对ESP包中的序列号进行进入检查。否则检查序列号是否重复,检查采用与AH协议对进入包的检查相同的方式。若ESP包中包含有效序列号，接下来进行 ICV 验证，若验证失败，接收方丢掉这个无效的 IP 数据报。

若 ESP SA 同时提供鉴别服务，则接收方利用 SA 指定的鉴别算法，对不包含鉴别数据的 ESP 包进行 ICV 计算，并将结果和 ESP 包中包含的鉴别数据相比较。若重新计算的 ICV 和接收到的 ICV 相同，则认为数据有效，可以接受；否则丢弃整个包。

直到此时，接收方才利用 SA 指定的密钥、加密算法、算法模式等解密载荷数据、填充、填充长度、下一个头，得到明文。然后处理加密算法规范可能使用的填充数据。最后是重构原始的 IP 数据报。传输模式下利用原始的 IP 头和 ESP 载荷数据域中的原始高层协议信息；隧道模式则利用 ESP 载荷数据域中的 IP 数据报和隧道外的 IP 头。

如果 SA 同时提供机密和鉴别服务，解密和验证操作可以并行执行，此时验证操作必须在解密包被送往下一步处理之前完成。在某些情况下，解密操作不一定会成功，则后续协议负责处理解密后的包，判断解密的结果是否正确。

8.2.4　IKE 协议

IPSec 协议提供的安全服务使用基于对称密码技术，因此依赖于一套单独的机制来管理密钥。IPSec 协议强制要求支持手工和自动两种方式的密钥分发。

与自动密钥分发相比，手工分发比较简单，只需对每个系统人工配置密钥材料和与 SA 相关的管理数据。手工密钥管理最适合对系统伸缩性无特殊要求的环境，如静态的、网络规模较小的场合，也用于系统开发测试等一些特殊情形。

适应面向会话分配密钥等按需创建 SA 的要求，自动密钥分发是一种基于 Internet 标准的、可伸缩的、自动的 SA 管理协议。IPSec 协议推荐了默认的基于公钥的方法——IKE，当然也可使用其他一些密钥管理技术，如 Kerberos、SKIP 等。

IKE 协议则是 IPSec 协议的密钥管理协议。IKE 是一种混合型协议，它沿用因特网安全联盟和密钥管理协议（Internet Security Association and Key Management Protocol，ISAKMP）的框架、Oakley 的模式，以及 SKEME 的共享和密钥更新技术，从而定义出自己的秘密材料（包括验证材料和加密材料）生成技术和密钥协商策略。作为混合协议，IKE 协议的功能是在保护方式下协商 SA，并为 SA 提供经鉴别的密钥材料。IKE 协议不仅可以用来协商 VPN，而且可被远程用户用于接入安全主机和网络。IKE 同样支持客户协商，在这种模式下，终端实体的身份信息是隐藏的。

IKE 利用 Diffie-Hellman 密钥交换算法和各种身份鉴别方法（如，数字签名）可以在一条不保密的、不受信任的通信信道上（如，Internet）为交换双方建立起一个安全的、共享秘密的会话，对密钥的管理是通过管理安全联盟来实现的。

IKE 使用了两个阶段的 ISAKMP 分别建立 IKE SA 和 IPSec SA。其中后者受前者的保护，前者为后者的交换服务。整个协商过程分为两个阶段。

在第一阶段，双方协商建立一个安全的、经过相互身份鉴别的数据通道，称之为 IKE SA。IKE SA 保存着双方继续协商 IPSec SA 所需的加密算法、密钥等安全参数。在第一阶段协商中可以采用两种模式：即主模式（Main Mode）和过激模式（Aggressive Mode）。它们的区别主要在于是否对用户的身份负载（ID Payload）进行认证，而且它们需要交换的数据报的数量也不同。密钥协商过程中一共可以采用 4 种身份鉴别方法，即数字签名、公钥加密算法、改进的公钥算法和预共享密钥。

在第二阶段,双方使用第一阶段产生的IKE SA,协商产生使用于上层应用的IPSec SA,由使用快速模式(Quick Mode)来实现。

1. 因特网安全联盟和密钥管理协议

ISAKMP协议定义了SA建立过程当中的协商、修改、删除的过程,以及通信的消息结构。ISAKMP为密钥的传输和数据的认证提供了一个统一的协议框架结构,而该框架独立于具体的密钥产生、加密算法和认证机制。

每个ISAKMP消息都由一个消息头和不同个数的消息载荷构成。当ISAKMP消息有多个消息载荷的时候,多个消息载荷由ISAKMP消息头部和载荷头部的下一个载荷指针串连成为一个载荷数据串。

ISAKMP消息有如下几种载荷类型。

① 安全关联SA载荷:与提案载荷和变换载荷联合使用,提供了安全关联协商的内容,比如算法、安全协议等。

② 提案载荷:用来描述安全联盟的属性。

③ 变换载荷:表示协商时供对方选择的一组安全联盟属性。

④ 密钥交换载荷:表示了实施密钥交换必需的信息。

⑤ 哈希载荷。

⑥ 证书载荷。

⑦ nonce载荷。

⑧ SA删除载荷。

⑨ 信息通告载荷。

ISAKMP消息头部格式如图8.21所示。

0	7	15	23	31
发起者				
响应者				
下一个载荷	主版本号	副版本号	交换类型	标志位
消息ID				
消息长度				

图8.21 ISAKMP消息头格式

其中:

① 发起者和相应者是由通信双方创建的唯一的随机串,将来可以用以协助衍生加密材料;

② 下一个载荷(Next Payload)表示紧随ISAKMP头的载荷类型;

③ 主副版本号(MjVer,MnVer)表示协议的版本信息;

④ 交换类型(Exchange Type)区分了正在进行中的不同的ISKMP交换类型,如身份保护类型;

⑤ 标志位(Flags)标识SKMP交换的不同选项;

⑥ 消息ID(Message ID)SKMP交换消息的标识;

⑦ 消息长度(Length)包括ISAKMP头长度在内的所有载荷长度之和。

ISAKMP消息安全联盟SA载荷如图8.22所示。

0　　　　　　7	15	23　　　　　　31
下一个载荷	保留	载荷长度
解释域		
状态		

图 8.22　ISAKMP 消息安全联盟 SA 载荷

ISAKMP 消息提案载荷如图 8.23 所示。

0	7	15	23　　　　　　31
下一个载荷		保留	载荷长度
协议号	协议ID	SPI尺度	传输号
SPI（可变）			

图 8.23　ISAKMP 消息提案载荷

2. IKE SA 的建立

IKE SA 的建立是通过第一阶段的 ISAKMP 交换来实现的。ISAKMP 第一阶段交换的目的是建立一个保密的和验证无误的通信信道（IKE SA），以及建立验证过的密钥，为双方的 IKE 通信提供机密性、消息的完整性以及消息源验证服务。IKE SA 用于保护 IKE 阶段的消息交换和第二阶段 IPSec SA 的建立。IKE SA 主要包括加密算法（如 DES、3DES 等）、哈希算法（如 MD5、SHA1 等）、认证方法（如预共享密钥、数字签名、公钥方式、改进的公钥方式）、SA 的生命周期等安全属性。IKE 第一阶段利用了两种模式：主模式和激进模式。

在主模式交换方式下，IKE SA 的建立需要在发起者和响应者之间交换 6 条消息，其中：

① 第 1、2 条消息用于协商安全关联特性，以明文方式传输，没有进行身份认证；

② 第 3、4 条消息用于交换随机数和 Diffie-Hellman 的公开值，它们也是以明文的方式传输；

③ 最后两条消息用于交换通信双方相互认证所需要的信息，其内容由前 4 条消息建立的密码算法和密钥来保护。

在主模式方式下，有 4 种不同的身份认证方法，下面简要描述在预共享密钥方式下，IKE SA 的产生过程如下。

① I → R：HDR1，SAi；

② R → I：HDR2，SAr；

③ I → R：HDR3，KEi，Ni；

④ R → I：HDR4，KEr，Nr；

⑤ I → R：HDR5 *，IDii，HASH_I；

⑥ R → I：HDR6 *，IDir，HASH_R。

其中：

① I 和 R 分别表示发起者和响应者；

② HDRj（j=1，2…）…表示每个 IKE 消息的 ISAKMP 头部，HDRj * 表示负载被加密；

③ SAi 和 SAr 分别表示发起者提供的安全关联负载和响应者选择的安全关联负载；

④ KEi 和 KEr 分别表示发起者和响应者 Diffie-Hellman 公开值的交换负载；

⑤ Ni 和 Nr 分别表示发起者和响应者的随机数负载；

⑥ IDii 和 IDir 分别表示发起者和响应者的身份标识负载；

⑦ HASH_I 和 HASH_R 分别表示发起者和响应者的认证哈希。

当第 4 步交换完成后，双方将产生最新的共享密钥 SKEYID，它是后续所有密钥的建立的基础。根据认证方式的不同，则有不同的 SKEYID。

(1) 数字签名方式

SKEYID=prf(Ni|Nr, g^{xy})；

(2) 公开密钥签名方式

SKEYID=prf(hash(Ni|Nr), CKY_I|CKY_R)；

(3) 预共享密钥方式

SKEYID=prf(预共享密钥, Ni|Nr)；

其中：

① g^{xy} 是 Diffie-Hellman 的共享秘密；

② CKY_I、CKY_R 分别是通信发起方和响应方的 cookie 值；

③ Prf 为随机函数，通常是协商好的哈希函数的 HMAC。

生成了 SKEYID 之后，可依次生成其余的密钥原料：

① SKEYID_d=prf(SKEYID, g^{xy}|CKY_I|CKY_R|0)；

② SKEYID_a=prf(SKEYID, SKEYID_d|g^{xy}|CKY_I|CKY_R|1)；

③ SKEYID_e=prf(SKEYID, SKEYID_a|g^{xy}|CKY_I|CKY_R|2)。

其中：

- SKEYID_d 用于产生 IPSec SA 并用于衍生出其他的加密材料；
- SKEYID_a 用于保障 IKE 消息数据的完整性以及对数据源的身份验证；
- SKEYID_e 用于对 IKE 消息进行加密。

IKE 的身份认证是由最后两条消息通过发送 HASH_I 和 HASH_R 实现的。这两个散列的表达式分别为：

① HASH_I=prf(SKEYID, g^{xi}|g^{xr}|CKY_I|CKY_R|SAi|IDii)；

② HASH_R=PRF(SKEYID, g^{xr}|g^{xi}|CKY_R|CKY_I|SAr|IDir)。

其中，g^{xi} 和 g^{xr} 是发起者和响应者各自的 Diffie-Hellman 公开值。

最后，经过上述 6 条消息的交换后发起者和响应者就分别建立了各自 IKE SA，并在各自的 IKE 安全关联数据库中增加一项 IKE SA，它由〈CKY_I, CKY_R〉来标识。

3. IPSec SA 的建立

IPSec SA 的建立阶段在已经建立的 IKE SA 保护下进行，通信双方协商拟定 IPSec 的各项特征，包括 IPSec 协议类型(如 AH、ESP)、加密算法(如 DES、3DES)、认证算法(如 MD5、SHA1)、加密模式、安全关联生存期限等，并为它们生成密钥。

IPSec SA 的建立阶段通过使用来自 IKE SA 的 SKEYID_a 作为认证密钥，对快速交换模式的整个消息进行验证，该验证除了提供数据完整性保护外，还提供数据源身份验证；通过使用来自 IKE SA 的 SKEYID_e 对交换的消息进行加密，保证消息的机密性。

IPSec SA 的建立共用了 3 条消息，其中前第一条消息用于发起者向响应者认证自己，选择一个 nonce，建议安全关联，执行 Diffie-Hellman 公开值交换；第二条消息用于响应者对第一条消息的响应，并计算必要的值；第三条消息用于发起者向响应者证明自己的活性。

下面为快速交换模式的 IPSec SA 建立过程。

① I → R：HDR1 * ，HASH(1)，SAi，Ni，[KEi]，[IDci，IDcr]

② R → I：HDR2 * ，HASH(2)，SAr，Nr，[KEr]，[IDci，IDcr]

③ I → R ：HDR3 * ，HASH(3)

其中：

- [IDci，IDcr]是双方实体的标识，为可选项；
- [KEi]和[KEr]分别表示发起者和响应者的 Diffie-Hellman 公开值的交换负载，也是可选项；
- HASH(1)、HASH(2)和 HASH(3)则是 IPSec 建立过程中的认证哈希，它们的表达式分别为：

$$HASH(1)=prf(SKEYID\_a, M\_ID|SA|Ni[|KE][|IDci|IDcr])$$

$$HASH(2)=prf(SKEYID\_a, M\_ID|Ni|SA|Nr[|KE][|IDci|IDcr])$$

$$HASH(3)=prf(SKEYID\_a, 0|M\_ID|Ni|Nr)$$

经过了快速交换模式的前两条消息交换后，通信的双方已经有了产生 IPSec SA 密钥的足够信息：nonce、Diffie-Hellman 公开值、SPI、protocol 以及 SKEYID_d。IPSec SA 的密钥由来自 IKE SA 的 SKEYID_d 和随每个 IPESec SA 头部的 SPI、nonce 等一同经过伪随机函数产生，这样就保证了不同的 SA 具有不同的密钥。为了实现完美向前保密(PFS)，需要执行一次额外的 Diffie-Hellman 交换，生成为在 IPSec 中生成密钥需要的共享秘密，由于 Diffie-Hellman 不能经过协商确定，所以它必须由发起者提供。快速模式交换最后，IPSec SA 的密钥材料如下。

(1) 非完美向前保密(PFS)

KEYMAT＝prf(SKEYID_d，protocol|SPI|Ni|Nr)

(2) 完美向前保密(PFS)

KEYMAT＝prf(SKEYID_d，$g(qm)^{xy}$|protocol|SPI|Ni|Nr)

至此，我们描述了整个 IPSec 协议体系内容，在概括描述协议框架基础上，重点分析了 IPSec 协议三大组成部分：ESP 协议、AH 协议、密钥管理协议(IKE 协议)。归纳起来可知：

AH 协议提供鉴别和可选的防重传保护两种安全服务。若要提供 AH 保护，需要在原始保护内容前添加额外的载荷——AH 头。AH 头的格式比较简单，较适合在机密服务受限的场合提供快速安全服务。

与 AH 协议相比，ESP 协议功能更为强大，提供的安全服务包括机密、鉴别、抗重传保护、有限的流量保密。与功能对应，按照 ESP 协议保护的数据需要添加更多的载荷，如 ESP 头、ESP 尾。

无论 AH 协议还是 ESP 协议，提供的安全服务依靠密钥管理协议(IKE)产生、更新会话密钥。基于公私钥密码系统，IKE 协议实际是 IPSec 协议中的信令协议，为协议提供了一种自动化的安全密钥协商手段。

IPSec 的作用机理实际体现在对包的处理。按照处理流程不同，IPSec 协议对包的处理分为：发出包的处理和进入包的处理。对外出的包采用 IPSec 处理目的是添加对包的保护，处理进入包则采用相反流程,去除包中的 IPSec 协议载荷。

由于 IPSec 协议实施在 IP 层,具有对应用完全透明的优点,很适合构建 IP VPN。基于 IPSec 协议组建 VPN 大致有 3 种模式,即基本模式、嵌套模式和链式模式。3 种模式各有千秋,基本模式是基础;嵌套模式提供多级安全保护;链式模式采用集中控制方式,强化对隧道的管理。IPSec VPN 还适用于在远程拨号接入环境下,对数据传输安全提供保护。

8.3 IPSec VPN的体系结构

IPSec 的实施可以在主机、网关/路由器或两者之间同时实施,至于在网络的什么地方实施和配置以及在网络协议堆栈的哪一层实施,则由用户根据实际情况而定。在需要确保端到端之间的通信安全时,应该在主机中实施 IPSec。在需要确保网络一部分的通信安全或网络与网络之间的通信安全时,应该在网关/路由器中实施 IPSec。

基于主机实施的 VPN:为了确保端到端之间的通信安全时,应该在主机中实施 IPSec,这里的主机应该理解为"数据报的始发设备"。在主机实施 VPN 有下列优点。

① 能够确保端到端的安全传输;

② 能够实施所有的 IPSec 安全模式;

③ 能够逐数据流提供安全保护;

④ 在建立 IPSec 的过程中,能够维持用户身份认证等信息。

基于主机的实施可以分为两类。

(1) 基于操作系统(OS)集成实施方案

由于 IPSec 是一个网络层安全协议,所以在主机实施方案中,IPSec 可以与操作系统集成在一起,将 IPSec 作为网络层的一部分来实现。IPSec 协议的实现需要 IP 层的服务来构造 IP 头信息,这与其他网络层协议(如,ICMP)的实施是相同的。

OS 集成实施方案具有如下优点。

① VPN 与操作系统的无缝集成,更有利于分段、包最大传输单元等网络服务的有效实施;

② 密钥管理、IPSec 基本协议与网络层的无缝集成,可以更容易地为每个数据流提供安全服务;

③ 可以支持所有的 IPSec 模式。

(2) 在协议堆栈的网络层与数据链路层之间实施,作为两个协议之间的一个"楔子"使用,我们称之为"协议堆栈中的肿块"实施方案(BITS 方案)

采用 OS 集成方案存在一个不容忽视的问题,这种方案只有在操作系统源代码开放的基础上才能实施。要解决这一限制,可以将 IPSec 作为一个"楔子"来实施,插在网络层与数据链路层之间。

BITS 方案和 OS 集成方案相比,虽然摆脱了对操作系统源代码的限制,可以提供适合用户实际需要的完整的网络安全解决方案,易于功能的升级,但是 BITS 方案中采用 IPSec 协议实现 VPN 时原有的数据包经过加密、认证和隧道封装后会变大,这要求重复实现一部分网络层的功能,如数据报的分片功能。

综合上述两种方案，可以在源代码开放的操作系统（如 BSD、Linux）中采用 OS 集成方案，而在非源代码开放的操作系统（如 Windows 操作系统）中采用 BITS 方案实现基于 IPSec 的 VPN 系统。

基于路由器实施的 VPN：对于需要为整个局域网或局域网部分主机提供安全通信时，可以在路由器中实施 VPN。在路由器中实施 VPN 具有以下优点。

① 能对通过公网在两个子网之间传输的信息提供安全保护；

② 能进行身份认证，并授权数据。

路由器实施方案有以下两种类型。

（1）路由器“原始实施”

原始实施方案等同于在主机上进行 OS 集成实施方案。在这种情况下，IPSec 是集成在路由器软件中实施的。通常情况下，路由器以尽可能快的速度转发数据报，在路由器上实施 IPSec 时，对路由器的性能（包转发能力）有着一定程度的影响。那些不要求进行安全处理的数据包几乎不会受到 IPSec 的影响，它们仍以正常速度进行转发，而对于那些需要经 IPSec 安全处理的数据报来说，因需要加密、解密、认证和封装等处理，对系统性能和时延等方面都有较大的影响。

（2）路由器“线缆中的块（BITW）”

在 BITW 方案中，IPSec 的实施在一个单独的设备中进行，该设备直接接入路由器的物理接口，一般不运行任何路由算法，而是只用来保障数据包的安全传输。但 BITW 不能作为一种长期的方案使用，因为不可能在路由器的每一个接口上都连接一个相应的设备。

8.3.1　基于主机 BITS 方案的 IPSec VPN

基于主机 BITS 方案的 IPSec VPN 的实现原理是在网络层与链路层之间插入一个 IPSec 模块，截获所有进出计算机的数据包，然后作出相应的处理。

通过对 IPSec 协议的分析讨论，我们知道 AH 协议和 ESP 协议既可以单独使用，也可以组合使用。每种协议都有两种工作模式，而且 AH 和 ESP 的 SA 的端点还可以不一致，存在多种组合方式。从理论上讲，IPSec 协议的组合使用有很多可能的方式，而实际上只有其中的一部分是真正实用的，在 AH 和 ESP 综合运用中主要依据以下原则。

① 在 IPSec 协议的组合使用中有一个实用的原则，就是在收到一个有两种协议头部的数据报时，IPSec 的处理顺序应当是先认证后解密。而对于来源不明的数据包，即没有通过认证的数据包就没有必要解密。

② 通常情况下，传输模式用在一个连接的两个端点之间，而使用隧道模式的两台机器之间至少有一个是网关或网关与网关之间。

根据以上原则，发送者对于他发送的数据应当先做 ESP 处理，再做 AH 处理。事实上，这个处理顺序也是传输模式下 IPSec 处理所明确要求的。

为了适合主机与主机之间、网络与网络之间、主机与网络之间的安全传输，可以在基于主机 BITS 的 IPSec VPN 的实现过程中采用隧道模式的 AH 来保护传输模式的 ESP 数据流。

基于主机 BITS 方案的 IPSec VPN 的实现：下面以屏蔽子网体系结构下的基于主机的 BITS 方案的 IPSec VPN 的综合实现为例，如图 8.24 所示，其中包括了 VPN 实现过程中的有关 SPD、SAD 的信息。

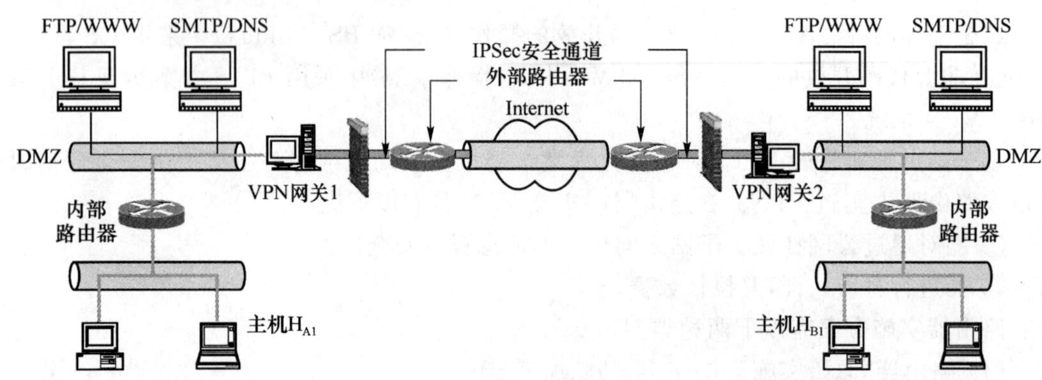

图 8.24 屏蔽子网体系结构下的 IPSec VPN 的综合实现

在图 8.24 中，主机 H_{A1}、H_{B1} 工作在 ESP 传输模式下，负责对本机 SPD 和 SAD 的管理维护，支持基于 IKE 的自动创建 SA 以及手工配置 SA。VPN 网关工作在 AH 隧道模式，负责本机 SPD、SADB 的管理，支持基于 IKE 的自动创建 SA 以及手工配置 SA。

当主机 H_{A1} 要向主机 H_{B1} 发送一个 IP 数据报时，如图 8.25 所示详细说明了 AH 隧道模式封装传输模式 ESP 过程的 SPD、SAD，如图 8.26 所示详细说明了隧道模式的 AH 来保护传输模式的 ESP 的数据封装格式，其具体操作过程如下。

H_{A1}的SPD

源地址	目的地址	协议	端口	策略
1.1.1.1	2.2.2.1	*	*	应用

H_{A1}的发送SADB

源地址	目的地址	协议	SPI	SA记录			
1.1.1.1	2.2.2.1	ESP传输	100	DES	Key	HMAC-MD5	Key

←→ $SA(H_{A1}H_{B1})_{Out}$

VPN网关A的SPD

源地址	目的地址	协议	端口	策略	通道目的
1.1.1/24	2.2.2.1/24	*	*	应用	202.112.108.1
本地IP	202.112.108.1/27	*	*	应用	202.112.108.1
1.1.1/24	其它IP	TCP	80	绕过	

$SA(G_AG_B)_{Out}$

VPN网关A的发送SADB

源地址	目的地址	协议	SPI	SA记录			
196.168.72.1	202.112.108.1	AH隧道	200	NULL	NULL	HMAC-SHA1	Key

VPN网关B的SPD

源地址	目的地址	协议	端口	策略
196.168.72.1	202.112.108.1	*	*	应用

$SA(G_BG_A)_{In}$

VPN网关B的SADB

源地址	目的地址	协议	SPI	SA记录			
196.168.72.1	202.112.108.1	AH隧道	200	NULL	NULL	HMAC-SHA1	Key

H_{B1}的SPD

源地址	目的地址	协议	端口	策略
1.1.1.1	2.2.2.1	ESP	*	应用

H_{A1}的发送SADB

源地址	目的地址	协议	SPI	SA记录			
1.1.1.1	2.2.2.1	ESP传输	100	DES	Key	HMAC-MD5	Key

←→ $SA(B_1A_1)_{In}$

图 8.25 AH 隧道模式封装传输模式 ESP 过程的 SPD、SAD

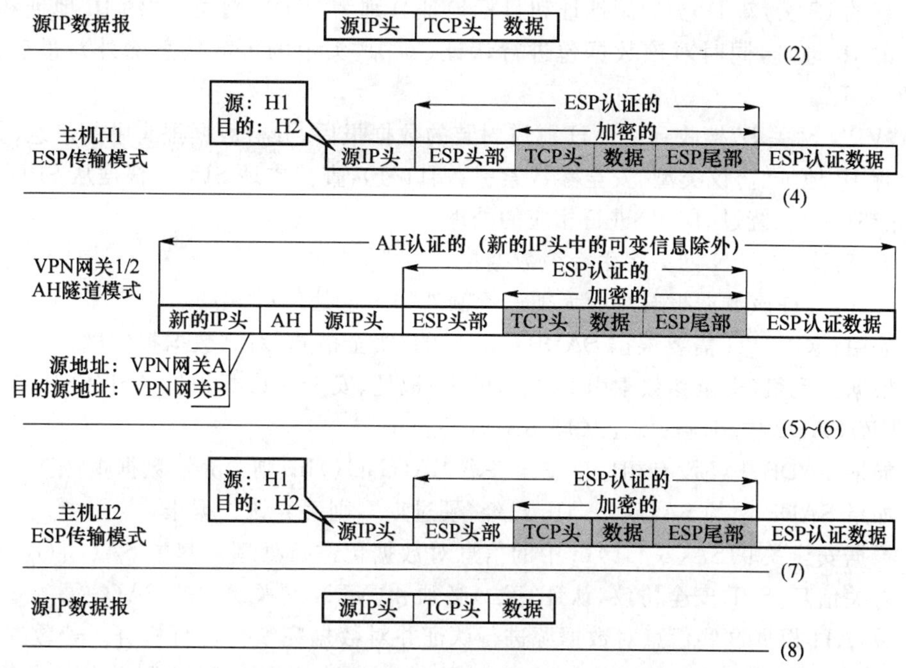

图 8.26　IPv4 隧道模式的 AH 来保护传输模式的 ESP 数据封装格式

① 主机 H_{A1} 将数据 M 发送给主机 H_{B1}。

② 当数据从传输层到网络层时，工作在主机 H_{A1} 网络层的 ESP 协议截获所有 IP 数据报，通过对 IP 数据报的分析，ESP 可以获取数据包的相关信息（如，源地址、目的地址、协议类型、源端口、目标端口），在本机查询 SPD 安全策略数据库，判断该数据包是否需要安全保护。

③ 根据从 SPD 中返回的安全策略（丢弃、绕过、应用）进行相应处理。

- 丢弃：这时 ESP 将丢弃该数据报；
- 绕过：允许该数据报通过而无需进行额外的安全保护处理，这时 ESP 对该数据报不进行任何安全处理；
- 应用：这时 ESP 需要对该数据报进行安全服务。

④ 根据有关信息查询安全关联数据库 SADB。

- 如果 SADB 中还没有相应的安全关联 $SA(A_1B_1)_{Out}$，则激活 IKE 在主机 H_{A1} 与主机 H_{B1} 之间建立安全关联 $SA(A_1B_1)_{Out}$，在安全关联创建成功之前不能对该数据报进行处理，如果超时，则丢弃该数据报。
- 通过对 SADB 的访问获得和该数据包相关的安全关联 $SA(A_1B_1)_{Out}$（也可以将 SA 指针隐藏在 SPD 的记录中）。HA1 发送数据和主机 HB1 接收数据时共享安全关联 $SA(A_1B_1)_{Out}$，ESP 协议首先对该数据报进行加密处理，然后按照 ESP 传输模式进行封装，最后将加密封装后的数据包往外传输，内部路由器接收到数据包后转发给“VPN 网关 A”。

⑤ “VPN 网关 A”接收到该数据包，分析数据包的头部信息，确定数据包应该发送到 VPN 网关 B，经过查找本地 IPSec 数据库（SPD 和 SAD），获取“VPN 网关 A”和“VPN 网关 B”之间的共享安全关联 $SA(G_AG_B)_{Out}$，VPN 网关 A 对接收到数据流做需要的 AH 隧道封

装,添加新的 IP 头,新 IP 头的源地址和目标地址分别为“VPN 网关 A”的 IP 地址和“VPN 网关 B”的 IP 地址,同时对该数据包进行认证(新 IP 头中的可变信息除外),最后发送给“VPN 网关 B”。

⑥“VPN 网关 B”接收到经 AH 隧道封装的数据报后,分析数据报头中的信息(如源 IP 地址、目标 IP 地址、协议类型、安全参数索引、端口号),查找本地 SPD。根据从 SPD 中返回的安全策略(丢弃、绕过、应用)进行相应的处理。

- 丢弃:这时 VPN 网关将丢弃该数据报;
- 绕过:允许该数据报通过而无须进行额外的安全处理;
- 应用:这时 AH 需要根据 SADB 中相应的“安全措施”对该数据报做进一步处理。

⑦ 根据三元组(安全参数索引 SPI、目的 IP 地址、安全协议标识符 AH/ESP)查询安全关联数据库 SADB 中相应的安全关联 $SA(G_B G_A)In$。

- 如果 SADB 中还没有相应的安全关联 $SA(G_B G_A)In$,则丢弃该数据报;
- 如果 SADB 中的 $SA(G_B G_A)In$ 已经“硬过期”,则丢弃该数据报;
- 根据安全关联 $SA(G_B G_A)In$ 中的信息对数据包进行处理。其中 $SA(G_B G_A)In$ 中的有关信息(SPI、安全协议,认证算法)必须和“VPN 网关 A” 的 $SA(G_A G_B)_{Out}$ 保持一致,AH 根据这些信息对数据源进行认证并对数据完整性进行检查。若数据完整性检查错误,则丢弃该数据报。若通过数据完整性检查,AH 将封装的头信息去掉。最后将数据包转发给目标主机 H_{B1}。

⑧ 目标主机 H_{B1} 收到主机 H_{A1} 发送的 IP 数据包,根据本地安全关联 $SA(B_1 A_1)_{In}$ 进行 ESP 相关操作(认证和解密),最后取出原始 IP 数据包。

⑨ 目标主机 H_{B1} 处理完毕后,根据本地安全关联 $SA(B_1 A_1)_{Out}$ 将结果返回给主机主机H_{A1}。

8.3.2 IPv4/IPv6 混合网络下的 IPSec VPN

随着 IPv6 技术的不断成熟,IPv6 网络在美国等发达国家得到了飞速发展。由于 IPv4 协议本身存在某些致命的缺陷,主要是 IP 地址的严重匮乏、路由信息表急剧膨胀以及网络的安全性、可管理性方面存在不足,使得 IPv6 替代 IPv4 成为必然。当前的网络设备绝大部分都是基于 IPv4 的,为了保护现有的网络设备投资,这就决定了 IPv4 向 IPv6 的过渡也不是一朝一夕就能实现的,而是一个 IPv4 向 IPv6 逐渐演变、平稳过渡的过程,因此在相当长的一段时间内必然是 IPv4 和 IPv6 共存。

利用 IPv4 网络与 IPv6 网络互联的关键技术(IPv4/IPv6 的双协议堆栈技术),在不改变原有的 IPv4 应用的情况下,在现有的 IPv4 网络的环境中,实现 IPv4 与 IPv6 网络的互联,实现 IPv4 向 IPv6 的过渡。再利用其他 VPN 关键技术,便可以实现基于 IPv4/IPv6 混合网络下 IPSec VPN。

利用 IPv4/IPv6 双协议堆栈技术实现 IPv4 向 IPv6 的过渡,该技术主要适合于形成 IPv4/IPv6 混合骨干网络。随着 IPv6 技术的应用,出现许多 IPv6 局域网,但是这些 IPv6 网络被 IPv4 协议骨干网隔离开来,成为孤立的网络。为了使这些孤立的 IPv6 网络和 IPv4 互联,在 IPv4/IPv6 混合骨干网络中,可以采用 IPv4/IPv6 双协议堆栈技术来实现 IPv4 与 IPv4、IPv6 与 IPv4、IPv4/IPv6 与 IPv4、IPv4/IPv6 与 IPv6、IPv4/IPv6 与 IPv4/IPv6 之间的通信。

双协议栈的体系结构如图 8.27 所示。IPv4/IPv6 双协议栈技术在 IPv4/IPv6 混合骨干网络中的应用如图 8.28 所示。当 IPv4/IPv6 双协议栈主机需要和目标主机通信时，首先需要通过 IPv4/IPv6 域名服务器查询与目标主机对应的 IP 地址（目标主机可能是 IPv4 主机，也可能是 IPv6 主机），然后 IPv4/IPv6 双协议栈主机根据目标主机的协议类型的不同而采用相应的协议类型。

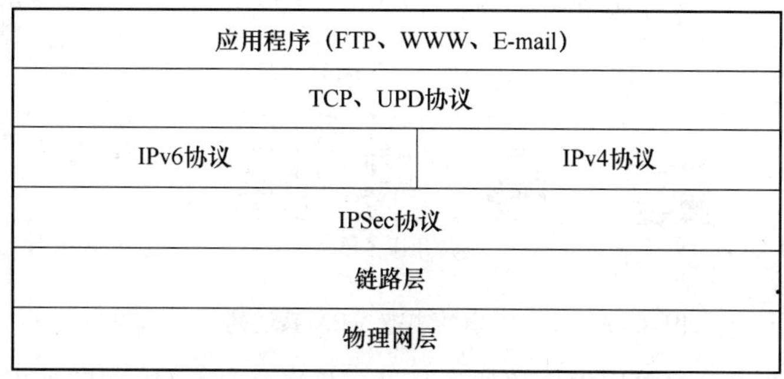

图 8.27　IPv4/IPv6 双协议栈的体系结构

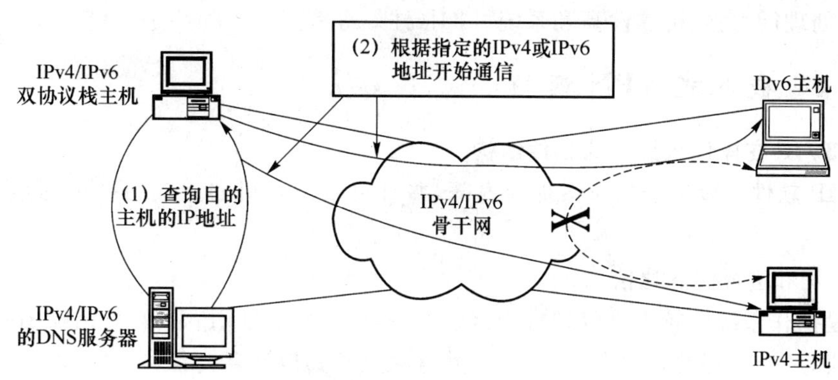

图 8.28　双协议堆栈技术在 IPv4/IPv6 骨干网中的应用

8.3.3　基于群集技术的高速 VPN

随着网络带宽的不断提高，人们对网络的要求提出了更高的要求，要求网络的传输速度、传输质量和处理速度越来越高，为了建立安全性高、性能好、易于扩展、可管理的网络以满足人们的要求，可以采用群集技术，利用多防火墙、负载均衡混合型 VPN 隧道方案来构建高速 VPN 系统。

基于群集技术的高速 VPN 系统及其体系结构如图 8.29 所示。基于群集技术的高速 VPN 体系结构可以充分利用各个 VPN 设备的处理能力，不但具有线速加速比，提高系统并行处理的能力，而且单个 VPN 设备失效时也不会影响到系统的整体性能，具有很高的可靠性。为了适应各种业务量，基于群集技术的高速 VPN 系统采用了多种业务均衡策略，当业务量较少时，只需要启动一部分 VPN 设备，均衡器根据低业务量均衡策略将业务分配到若干 VPN 设备上，当业务量很大时，需要启动全部 VPN 设备，根据高业务量均衡策略，将所有业务尽力分配到各个 VPN 设备上。

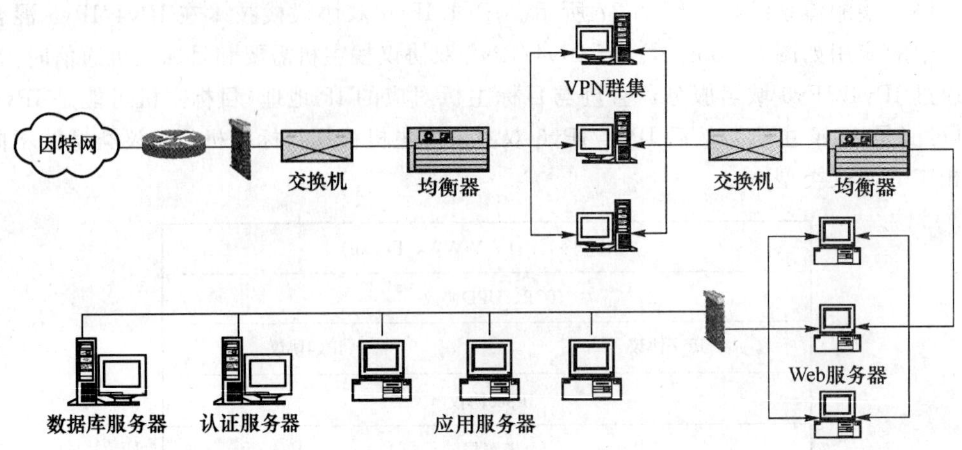

图 8.29　基于群集的高速 VPN 系统的体系结构

基于群集技术的高速实施方案的特点是设备投资小，它可以利用档次较低的设备通过协同工作的方式来提高系统的整体性能，而且基于群集技术的高速 VPN 系统还具有安全性高、并行处理能力强、可靠性高和系统可扩张性好等特点。

8.3.4　嵌入式 VPN 模型

1. TCP/IP 在操作系统中的软件结构

TCP/IP 软件一般位于操作系统的内部，并且可以被在机器上运行的所有应用程序所共享。

(1) 进程和进程间的通信

进程是操作系统中较为难以理解的概念之一，也是理解 TCP/IP 软件结构的必要准备。从概念上讲，一个进程就是一个计算过程，并且独立于其他计算过程。一个操作系统提供创建新进程和结束现有进程的机制。与常规的程序不同，进程并不局限于任何特定的代码段和数据。操作系统允许两个或更多的进程执行同一段代码。由于独立的进程之间执行速度的快慢不同，在特定的情况下进程可以被阻塞或挂起。操作系统为每个进程分配一个优先级，并通过优先级和 CPU 在进程间的切换协调所有进程的执行。

操作系统提供进程间通信的机制，具体通过计数信号量、端口和消息传递 3 种机制实现。TCP/IP 在操作系统中是通过多个并行的进程实现的。

(2) IP 进程和传输层进程

IP 进程是 TCP/IP 软件体系结构的中心环节。它接收来自网络接口软件的输入数据报，同时也接收由上层协议生成输出数据报。IP 进程在为数据报选择路由后，或者将它发送给一个网络接口，或者交给本机的上层协议。为保持 IP 软件实现的简单性和统一性，IP 层在软件实现时遵循以下几个设计思想。

① 统一的输入队列和统一的路由选择过程。

IP 进程对必须由它处理的所有数据报采用相同的队列形式，与这些数据报是来自于网络还是本地无关，IP 进程只是从队列中选取输入数据进行处理。

② 独立的IP进程。

IP软件作为一个单一的、自包含的进程执行，使得IP软件不依赖于硬件中断或被应用程序调用的那些过程。

③ 本地伪网接口机制。

为避免将发往本机的情况作为特例处理，在IP软件的实现过程中，为本地传送创建一个伪网络接口。

不同的传输层协议的工作机制相差很大，所以具体的软件实现都是以完全不同的功能模块出现的。每个模块的组成可能很简单，也可能极其复杂，TCP的软件实现是其中最主要的一块。TCP在TCP/IP协议族中是最为复杂的。它为两个任意处理速率的、使用不可靠IP连接机制的机器间的通信提供可靠的、端对端数据流服务。TCP在操作系统中是以3个进程的形式出现的：其中一个进程处理输入数据，另一个进程管理输出数据，第三个进程是管理诸如重发超时等延迟事件的定时器。各个进程之间关系密切，协调工作，并非完全独立。

(3) IP包的输入与输出接口

TCP/IP协议软件是操作系统中的一部分。它使用进程的概念使各个协议软件模块独立，以便理解、设计和修改，以协议堆栈的形式在系统内存中存在。每个协议软件模块独立执行，并提供明确的并行机制。TCP/IP软件在系统中包括：IP进程、TCP输入进程、TCP输出进程等。IP进程同时处理数据报的输入和输出，处理的结果即通常所说的IP包，这也是网络传输的最基本的数据单元。IP进程处理完输入数据后需要将IP包通过一个函数接口(这个接口一般是某个传输层协议进程的一个过程)提交给传输层相关的接口或队列，处理完输出数据后需要将IP包通过一个接口提交给网络设备接口或相关的队列。我们称前者为IP包的输入接口，后者为IP包的输出接口。

2. IPSec在IP层嵌入

IPSec与操作系统集成的实现方法本身就是IPSec在IP层的嵌入实现方法。但以下讨论的嵌入方法特指利用操作系统驱动程序机制截获TCP/IP软件IP协议栈的几个关键接口，嵌入IPSec的安全协议，从而在绕过操作系统TCP/IP软件实现细节的基础上在主机上实现IPSec安全功能的一种模型——嵌入式VPN模型。

(1) IPSec在IP层部分嵌入

操作系统驱动程序(网卡驱动程序即是一种)的设计机制可以实现对IP协议栈IP包接收和发送过程接口的截获。这相当于在IP进程处理完输入和输出数据报之后，在提交给其他相关协议进程处理之前，还可以在操作系统中嵌入适当的数据处理操作，这是IPSec在网络层嵌入实现的基础。将IPSec的加密和认证操作嵌入到IP协议栈的输出接口，IPSec的解密和验证操作嵌入到IPSec的输入接口，而通信双方主机的IP包接收接口所接收的IP包就是对方主机IP发送过程所发送的IP包，这样就可以使IPSec的安全协议在IP层部分接口嵌入，实现IPSec的安全策略。这就是IPSec在IP层的部分嵌入，如图8.30所示。

这种实现方式设计的背景是如何在非开放操作系统上实现IPSec机制，所以嵌入式VPN的直接应用领域就是主机终端用户。

(2) MTU(网络设备的最大传输单元)问题

从上面的分析来看，IPSec的部分嵌入是在IP进程处理数据报之后，提交给传输层或网络设备接口之前，这意味着所有IP层需要处理的过程都已经结束，比如：路由选择、数据包的分片和重组等过程。只有部分嵌入的过程不影响或者说不与这些IP层的操作过程冲突,才有可能保证整个IP包的输入输出过程不会被影响,这在实际实现时可能会有一些矛盾的情况出现,MTU问题就是一个典型。经过IP进程处理的输出数据报的长度必须小于网络接口设备所能接收的MTU,而IP数据的加密和认证必然带来数据的扩展,一旦新IP包长度超过MTU,网络接口层肯定不能将IP包发送出去(数据分片过程已在IP层处理过),甚至可能导致系统崩溃。这就是IPSec嵌入时的MTU问题,如图8.30所示。

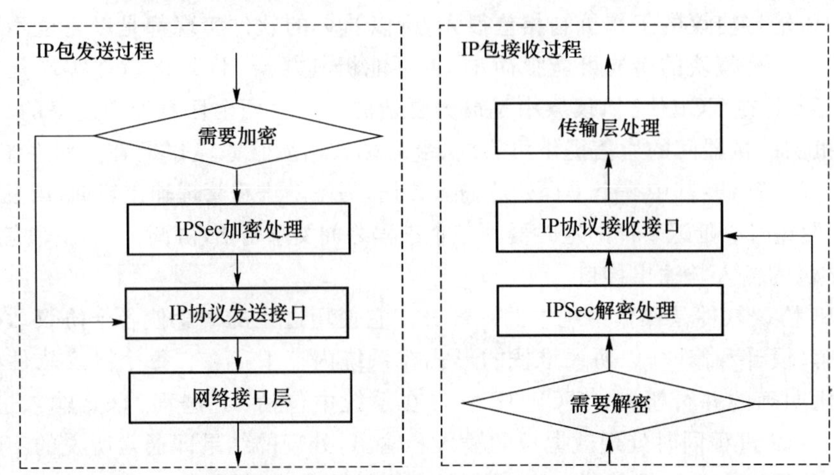

图8.30 IPSec在IP层部分嵌入

事实上,TCP/IP协议软件初始化的时候,操作系统会通知TCP/IP相关协议栈系统当前所连接各网络设备的MTU,为TCP/IP正常工作做准备。通过类似IP包接收和发送过程的截获手段,可以欺骗TCP/IP协议栈,将操作系统通知的MTU减少,使得即使加密扩展,也不影响IP的正常分片操作过程,从而解决MTU问题,进而实现IPSec在IP层的部分嵌入。

(3) 加解密操作的特性

不失嵌入式VPN应用的一般性,我们先假定实施IPSec的实体即为直接通信的双方。IPSec部分嵌入的加解密操作是以IP包为基本单元的,而且是经过了IP层的基本协议操作之后的数据报。因为假定IPSec实施的主体是通信双方的实体,所以加密输出时不存在分片问题,解密接收时已完成可能的数据包重组过程,这意味着加密输出的IP包就是接收时需要解密的IP数据报。加解密操作具有天然的对称性对系统实现效率有着直接的正面影响。

不难理解,如果实施IPSec的实体有一方不是通信的最终实体,但具有相同MTU的网络设备,则加解密操作仍然具有对称特性。当实施IPSec的实体不全是最终的通信实体,所相连的网络设备的MTU也不一样时,加解密等操作将不会具有很好的对称性能。具体实现时,加密操作仍然以单个IP包为单元,解密操作则将当前输入接口的需要解密的分片IP包复制到一个缓冲区,并将当前输入接口主动返回为挂起状态,等到所有分片到达后才去解密,然后将唤醒所有相关的输出接口,并从缓冲区复制解密后数据并提交给对应的网络设备接口和发送出去。因为这个过程需要交叉同时处理几个输出接口实例,所以实际实现时其技巧性很强,也很难描述。

(4) 与其他IPSec实施方式的无缝交互

上面的分析过程主要以加解密操作的实现为参照,认证和完整性操作与加解密类似,而密钥交换与管理的操作与 IP 包的安全处理完全独立，所以嵌入式 VPN 模型可以在不需要特别限制的情况下实现独立 IPSec 的全部安全特性。这也意味着整个模型可以和 IPSec 的实施方案进行无缝交互。

3. PC To PC VPN 的实现

因为 PC 上运行的操作系统主要是非开放式的商用操作系统，所以在 PC 上实施 IPSec，实现 VPN 的主要难点就是如何在一个源码不公开的操作系统环境下嵌入 IPSec 协议。嵌入式 VPN 模型正好可以满足这个需求，下面给出一个基于 Windows 系列操作系统的 PC To PC VPN 的实现设计方案。

(1) PC To PC VPN 的功能需求

因为 PC 用户的个性化特征，与一般基于网关的 VPN 相比较，PC To PC VPN 的功能需求更为复杂一些。PC To PC VPN 主要有以下一些具体的功能需求。

① 基本的信息通信保密。

② 保密通信对所有网络应用程序透明，独立于常用的桌面操作系统。

③ 保密通信透明于网路中所有的 ISP、网关和路由器等网络构件。

④ 支持移动方式下的通信。

⑤ 界面友好。

(2) Windows 下的 TCP/IP 结构、虚拟设备驱动程序技术和 IPSec 嵌入的实现

TCP/IP 在 Windows 系列操作系统中是以 NDIS 的机制形式实现的，虚拟设备驱动程序技术是 Windows 特有的一种直接访问操作系统内核级资源的程序方式。利用虚拟设备驱动程序机制，可以在操作系统启动时的恰当时机截获 NDIS 有关 IP、传输层和网络设备的少数关键接口。传输层的输入接口和对应网络接口卡的极小驱动程序(Miniport)的输出接口在这里就相当于前面讨论的 IP 包输入和输出接口，因此通过虚拟设备驱动程序机制可以实现 IPSec 嵌入的基础。

(3) 功能模块的详细设计

根据 PC To PC VPN 的功能需求和 IPSec 嵌入基础的实现，PC To PC VPN 实现的功能模块可设计如下。

① IP 包输入输出接口截获。

这个模块主要是利用 Windows 的虚拟设备驱动程序机制实现对 IP 包输入输出接口的截获。同时，还需要实现网络设备 MTU 欺骗的功能，这个功能可以通过截获某个 NDIS 请求应答过程来实现，也可通过修改注册表相关信息得以实现。

② 安全策略管理模块。

安全策略管理模块是直接同时与用户和 IP 包输入输出接口打交道，所以这个模块既要求提供一个友好的用户界面，又需要将安全策略按照规范格式封装并提交给 IP 数据包接口处理。

③ 加解密和认证。

这是安全性能得以保障的核心，主要需要通过软件的方法实现一些基本协议需求的加密和认证算法，如 3DES、RC5、IDEA、3IDEA、MD5、SHA 等。考虑 Win 32 应用程序与设备驱动程序的频繁通信可能影响整个系统的效率，所以所有算法的实现应与上面提到的设备驱动程序实现集成在一起，使得 IP 层有关接口可以直接访问这些算法的接口。

④ 密钥交换模块。

密钥交换是通信双方建立信任的基础。因为 PC To PC VPN 通信双方处于一个对等情况和结构单一的特点,系统首先需要实现基于预共享密钥基础上的固定 IP 地址间交换密钥的功能。其中的预共享密钥的产生方式应该给予最终使用者较为灵活的策略。移动方式下密钥交换的最大区别在于 IP 地址可能不固定。显然,基于账号和密码方式进行认证是一种可能的解决方案,通过账号方式确定身份后再进一步明确双方的当前 IP 和进行安全通信。值得一提的是,账号方式必须要求有一个已知可信的第三方作为验证账号用户合法性并通知对方当前 IP。

4. 嵌入式 VPN 模型的意义

目前众多的 VPN 产品都是基于一个完整的第三方硬件设备来实现,这样做的优点就是性能好且不影响原有的网络拓扑结构。但它的缺点也是明显的,那就是成本较高,特别是对中小企业或者个人用户,而且也不适合个人用户或移动方式的用户。嵌入式 VPN 的特点正好解决这个矛盾,弥补传统 VPN 实现方案的不足。嵌入式 VPN 在应用中有以下一些实际的意义。

(1) 可以实现 IPSec 的全部安全功能

嵌入式 VPN 模型虽然只是基于对 TCP/IP 在操作系统实现中的少数几个接口的拦截,但通过利用 MTU 欺骗技术可以使这个拦截过程很好地实现 IPSec 的核心处理(加解密和认证等操作),因而可以完整实现 IPSec 的全部功能,从而保证 IP 包的保密性、完整性和真实性。

(2) 对操作系统透明

嵌入式 IPSec 实现机制的关键技术在于通过操作系统标准的驱动程序开发机制,截获 TCP/IP 协议栈的 IP 包接收和发送接口,而驱动程序开发机制是商用操作系统基本的接口功能,比如 Windows 系列操作系统。这样 IPSec 的嵌入就可以完全避开操作系统网络实现的细节,对操作系统透明,几乎不依赖于操作系统开发商。

(3) 兼容于其他传统的 VPN 实施方案

因为嵌入式 VPN 模型的实施可以在不加任何限制条件的情况下实现 IPSec 所有的安全特性,所以可以和传统的两种 IPSec 实施方案相互兼容。应用嵌入式 VPN 模型的系统可以直接与应用肿块方式 VPN 系统进行有效的安全通信。这样可以进一步扩大嵌入式 VPN 的应用领域。

(4) 实现方式灵活,成本可降到最低

从嵌入式 IPSec 的实现过程可以看出,它的加解密部分既适合于一般的硬件方式,也可接收纯粹的软件方式。同时,这种方式特别适合于终端主机上实现,这样往往可以实现对已有 VPN 系统的扩充。当然,嵌入式 IPSec 也适合在网关上实现。用纯软件的方式嵌入实现可以将 VPN 的实现成本降到最低。

事实上,IPSec 已成为 VPN 的实现事实标准。怎样降低 IPSec 的实现成本,这对普及 VPN 的使用、提高网络的安全性始终具有相当的意义。嵌入式 IPSec 可以在保证 IPSec 实现全部安全功能的同时,又不依赖于操作系统的网络实现细节,显然可以大大降低成本和提高 IPSec 实现的灵活性。

8.4　基于 IPSec 协议的完整 VPN 系统

下面完整介绍北京邮电大学开发的一种实用 VPN 系统，称为“北邮 VPN”。该系统包含基于 IP 协议构建虚拟专用网所需的基本实体：支持 IPSec 协议的路由设备（安全网关）、IPSec 协议的主机实现（客户端）。安全网关运行在精简内核的 Linux 平台上，可以通过 Web 页面方式、集中安全网管平台两种方式对其进行配置和管理。“北邮 VPN”目前已经广泛使用。

“北邮 VPN”在 Red Hat 7.2 平台、微软视窗 2000 Server 平台下分别实现了基于最新的 IPSec 协议（1998 版）的安全网关和客户端。“北邮 VPN”将 IPSec 协议集成到原始的 IP 协议栈，这种方式需要访问 IP 源码，适用于主机和安全网关两种场合。“北邮 VPN”的安全网关框架如图 8.31 所示。“北邮 VPN”的客户端采用 BITS 方式。安全网关和客户端主要的功能区别在于：客户端是基于主机的 IPSec 实现，提供端到端的安全；安全网关则提供更为复杂的主机到网关、网关到网关的安全。使用客户端提供的安全拨号功能，远程用户可以拨号接入安全网关，实现对安全网关保护的内部网络的“安全”访问。

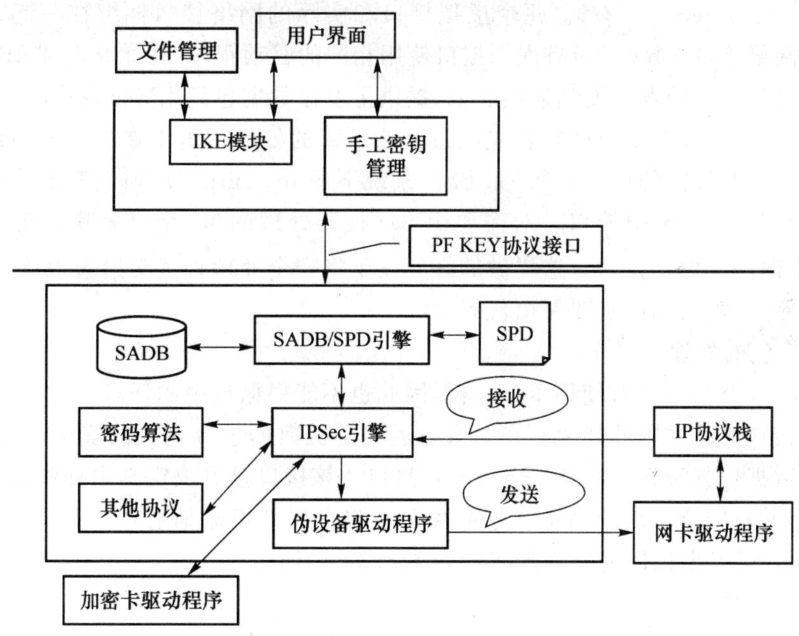

图 8.31　“北邮 VPN”的安全网关实现框架

8.4.1　安全网关的实现

安全网关是 IPSec 协议在路由器上的实现。“北邮 VPN”系统中，安全网关基于软件实现，但利用高速加密卡完成与密码相关的运算处理。出于性能、实现复杂度等多方面综合考虑，安全网关开发在开放源代码的 Linux 操作系统下进行，采用 IPSec 协议代码和 Linux 系统的 IP 协议代码相结合的方式，这有助于最大限度地利用现有 IP 协议栈的源码，便于开发和调试;缺点是对IP协议的依赖性很强。

1. IPSec协议的无缝嵌入

安全联盟是安全服务与它服务的载体之间的一个“连接”,安全联盟数据库(SADB)保存了与安全联盟有关的信息(会话密钥、重传计数器、SPI以及一些算法信息)。在“北邮VPN”安全网关的实现中,SADB实际是系统内核空间的一个哈希表,使用SPI、远端IP地址、安全协议号三者的联合可以唯一引用表中的元素。属于同一个安全联盟的条目互相指向对方,从而构成一个双向链表,这样既允许快速查找记录和处理包,还减少了路由表的查找次数。

安全策略是描述一组策略规则集合的被命名的对象,是所需求的高层规范与提供的低层配置之间的某种连接。在“北邮VPN”安全网关的实现中,采用Radix树模拟安全策略引擎(SPD),决定是否在外出的包上应用IPSec处理。Radix树代码在BSD内核中主要用于检索路由表,利用Radix树的主要优点包括重用现有成熟代码;适用于多条策略重叠情况下策略的确定。这意味着可以为一台特定主机的通信指定一条通用策略,同时依据源/目的IP地址,协议号和源/目的端口号为其中的特殊包定制策略。

在“北邮VPN”安全网关的实现中,我们还利用了IPSec虚拟接口的概念。实现支持4个虚拟接口——IPSec 0/1/2/3。每个虚拟接口和实际的网络接口捆绑在一起,如IPSec 0对应以太网网络接口eth 0。所有虚拟接口使用相同的驱动程序,初始化时将IPSec包的构造、发送与普通IP包的发送无缝连接起来,提供了发送数据包到IPSec模块的一种途径。

根据IPSec协议,发出包必须首先经过策略引擎的处理。由于在Linux系统下没有一个可以专用于控制外出的包的函数(如BSD系统下的ip_output),因此若要策略引擎正常工作,需要利用IPSec虚拟接口。对需要IPSec代码处理的包,专门为其创建一个路由条目,该条目指向一个虚拟接口。这样做的好处在于将安全处理直接交给虚拟接口的驱动-伪设备驱动程序,无需大幅度修改路由代码。

(1) 发出包的处理

由于Linux路由表没有使用Radix树,因此也不能根据包中的任意字段进行选路,而只能根据路由接口选路。因此如果存在一条与远程主机数据包流相关的安全联盟,那么到该主机的所有数据包都被送给一个IPSec虚拟接口。该接口接着决定其中哪些包应该继续进行安全处理,并且安全策略的判决依据取决于在包含详细策略信息的Radij树中查找的结果。“北邮VPN”发出包的完整处理流程如图8.32(a)所示。

(2) 进入包的处理

IPSec模块启动时,为AH、ESP、IP-IP协议注册了相同的处理函数——ip_recv(),接收到进入的IP包后,若头中的下一个协议域包含AH、ESP、IP-IP这些协议标识符,则IP协议栈将包送给ip_recv处理。ip_recv先在SADB中查找IP包中最外部的SPI(对应与对包的最后一次安全处理所用的安全联盟),如果根据该SPI、目的地址、安全协议标识这三元组找到一个SA条目,则包和相关条目一起被传递给子函数处理,若多个SPI一起应用到同一个包(递归隧道),则轮流调用各个子函数。如果子函数处理失败,包被最终丢弃,处理也被计入日志。“北邮VPN”进入包的完整处理流程如图8.32(b)所示。

2. PF_KEY接口

在“北邮VPN”安全网关系统中,工作在应用层的IKE进程必须通过一个接口才能将协商好的安全参数(安全联盟)添加到内核中的 SADB 中。IPSec 协议规定密钥管理进程与 IPSec 内核之间使用 PF_KEY 协议接口通信,实现密钥协商与 SA 管理(添加、删除、修改)的有机衔接。

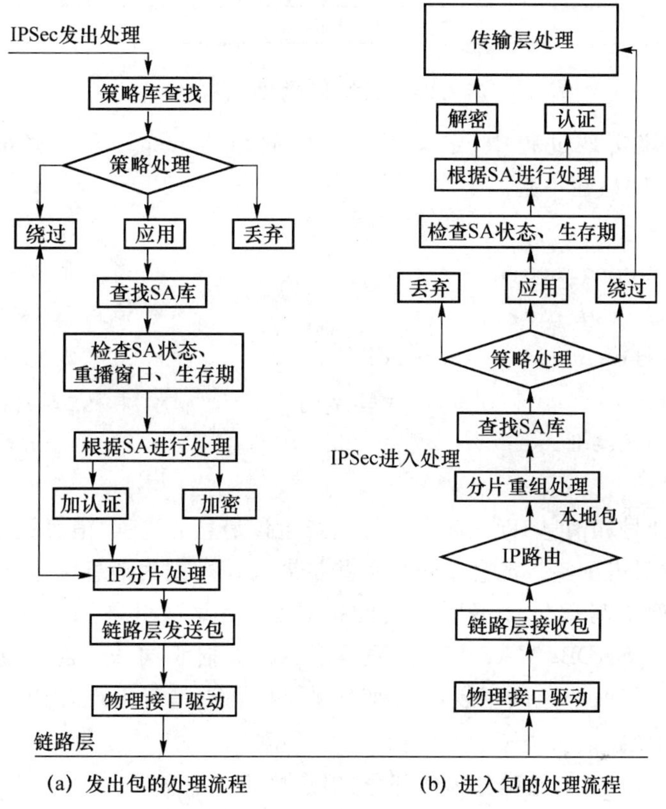

图 8.32　进入/发出包的处理流程

PF_KEY 协议是由 PF_ROUTE 协议衍生的一类新 Socket 协议。在 Socket 协议家族中,PF_KEY 的协议号为 15。如无特殊说明,我们的描述针对 PF_KEY 协议的第二个版本。与其他 Socket 协议不同,PF_KEY 协议不使用任何 Socket 地址,进程只需调用接口创建一个 Socket,即可利用该 Socket 来收发消息。与大多数 BSD Socket 不同,PF_KEY 协议不采用 bind()、connect()、listen()等函数而利用消息机制实现数据的收发;正常情况下,格式正确的消息发送给内核,内核将应答消息返回到 PF_KEY Socket 中。若内核检测到错误,错误标识会随应答消息一起回送。PF_KEY 基本消息类型包括:SADB_REGISTER、SADB_ ACQUIRE、SADB_ ADD、SADB_ UPDATE、SADB_ DELETE、SADB_GETSPI、SADB_FLUSH、SADB_FLUSH。

一条 PF_KEY 消息由一个基本头和扩展数据组成,扩展数据为可选项,根据消息类型不同可能包含一个或若干个扩展头。每个扩展头都包含扩展长度和扩展类型两个子段,常见的扩展类型有:安全联盟扩展、安全参数索引范围扩展、寿命扩展、地址扩展、密钥扩展等。这些扩展对应于 SADB 中相应的 SA 信息。如图 8.33 所示给出了安全联盟扩展头的格式。

下面分别从数据结构和处理流程两个方面描述一下 PF_KEY 协议的实现。

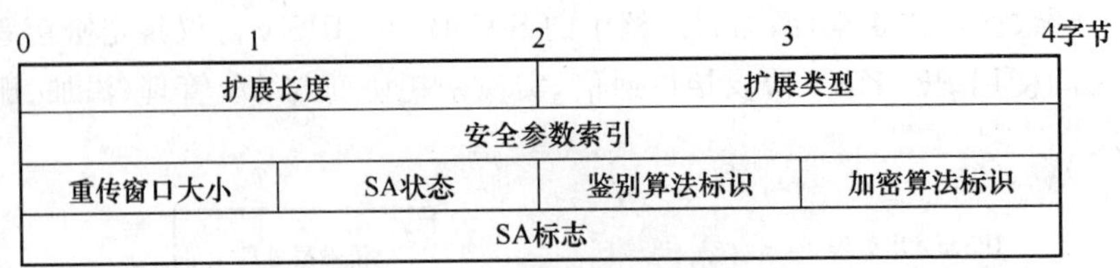

图 8.33　安全联盟扩展头格式

PF_KEY 协议实现过程中,定义了一个中间结构 msg_map,将 PF_KEY 消息与 SADB 条目“间接”映射在一起。

```
struct msg_map {
      int sadb_msg_seq;                          /* 消息序列号 */
      int sadb_msg_pid;                          /* 消息 ID */
      unsigned char sadb_msg_type;               /* 消息类型 */
      int sadb_ext_map[2][SADB_MAX + 1];         /* 消息位映射 */
      struct sa sadb_sa;                         /* SA */
};
```

这里消息序列号和消息 ID 一起唯一标识产生该消息的进程,消息类型表明传送的是何种消息;消息位映射表示整条消息中包含哪些扩展头;SA 则为消息中包含的有关 SA 信息。

由于不同类型的消息包含不同格式的扩展头,因此这里采用了一个位映射数组 int sadb_ext_map[2][SADB_MAX+1]。根据消息的方向不同——进入或发出(针对 IPSec 内核而言),分别采用两个标识位表示一种类型的扩展头是否出现在消息中。MSG_MAX 代表 PF_KEY 协议扩展头类型总数。

PF_KEY 处理的基本流程分为两部分:消息接收和消息发送。

系统内核从数据缓冲区收到 PF_KEY 消息后,处理流程可以概括为:从缓冲区接收消息的基本头;接收扩展数据,并进行位映射;检查消息中必需的扩展数据是否存在;调用 SADB 引擎,添加、删除、更新 SA;保存消息中的 SA 信息;发送应答消息。

内核发送 PF_KEY 消息则需组织消息并发送到缓冲区,具体过程包括根据消息类型从 SADB 中获得相应的信息;组建消息的基本头;根据位映射数组组建各个扩展头;将消息基本头写入缓冲区;依次将组建的扩展头写入缓冲区。

3. 实现中解决的问题

“北邮 VPN”的具体实现中需要解决许多实际问题,比如下面几点。

(1)分片和重组问题

数据通信的目标是可靠性和效率,因此最好尽可能少地发送很大的数据包。如果一个包在传输途中被分片(Fragment)并重组(Reassemble),那么传输中的包损失效果可能会累加。这是因为负责重传的更高层的协议不得不重新发送整个数据包,而不是仅仅丢失的分片包。

因此效率最高的包大小是无需分片处理而能发送的最大尺寸,即路径最大传输单元(Path Maximum Transmission Unit,PMTU)。PMTU 实际上属于网络层的流量控制机制,主机搜索 PMTU 经常采用的一种方法是发送 DF 标志位置位的大尺寸包,并观察包是否能正确发送。

与 PMTU 不同，微软的 TCP 客户端则猜测并设置他们的初始 MSS(Maximum Segment Size)为一个最大可能值，这种初始化猜测是在不知道实际的 PMTU 的基础上进行的。在会话早期，有可能发送超过沿路径上某个路由器的 MTU 的包。与 PMTU 不同，MSS 工作在 TCP 层。在封装引入的额外尺寸的条件下，假设大小为 X 的 MSS 对应大小为 $X+40$ 的 MTU 是无效的。

解决隧道引起的分片和 PMTU 问题的最佳途径是在隧道上设立一个虚拟的大尺寸 MTU。在某些情况下 DF 置位的包在到达起始安全网关之前需要先分片再封装在多个包，这些包到达隧道终点后，被重新组装起来恢复为未分片的完整包，然后被送往最终目的地。这样既保护了 DF 标志位的实质意义(确保源端 DF 置位的包完整到达目的地)，而且在抽象层上，虚拟大尺寸 MTU 与两个隧道端点之间只隔一跳的事实相符合，忽略了在 IP 层隧道内两者之间实际存在的跳数。

(2) 支持加密卡的问题

要完整实现 IPSec 协议的安全网关，也面临着与密码算法的有关的实现性能问题——密码算法涉及大量的运算，若完全采用软件实现，不可避免对整个安全网关的性能提出严峻挑战。

在"北邮 VPN"安全网关的开发过程中，针对协议实现的效率问题，我们采取了两方面措施：一方面从工程实现入手，尽可能减少代码冗余，提高执行速度；另一方面将大部分密码相关运算从安全网关系统中抽离，交由硬件设备——高速加密卡 SJW026 完成。加密卡利用高速处理芯片(DSP)，将密码算法完全固化在卡上的专用存储器中。与同一算法的软件实现相比，这些措施不仅使处理速度显著提高，而且通过将会话密钥在加密卡中密存，算法的安全性有物理保障。

"北邮 VPN"安全网关支持加密卡，需要解决的关键问题包括：驱动程序、私有算法接口。

分析 IPSec 协议的组成，可知 IKE 协议、AH 协议、ESP 协议均需要密码算法的支持；在协议规范中，IKE 协议和 IPSec 协议(AH/ESP)分别工作在操作系统的核心层和应用层。根据 Linux 编程规范，应用程序对核心内存的存取受到严格限制，这意味着加密卡需要提供两种驱动程序：内核驱动程序和应用层驱动程序。在实现中，我们采用一个驱动、两种接口的解决思路：整个加密卡的驱动程序作为模块(Module)动态加入操作系统的内核中，同处于核心层的 IPSec 处理模块直接调用加密卡上的原始算法接口，工作在应用层的 IKE 协议模块则以系统调用的形式间接调用算法接口，驱动程序的系统调用对原始算法接口进行了包装，强制转换应用对核心内存的访问操作。

SJW026 加密卡支持一种 128 比特的私有算法 SSP02A，该算法是一类 IPSec 协议中无明确定义的算法。添加对 SSP02A 算法的支持，在安全网关的 IPSec 实现框架中必须做如下改动。

① 定义算法标识，IPSec 协议为厂商私有 ESP 算法预留了 249～255 标识符空间。我们规定 SSP02A 算法标识为 250。

② 在 IKE 协议双方实体协商的安全联盟算法变换(Transform)选项中，添加与 SSP02A 算法相关的选项。

③ 在 PF_KEY 接口中，添加对包括 SSP02A 算法在内的私有算法的处理函数，实现对

SSP02A 算法相关参数的正确传递和解释。

④ 在 SADB 引擎中,定义一个 SSP02A 算法专用结构(包含密钥长度、使用模式、输入/输出长度、加脱密函数接口等参数),添加与这个算法有关的 SA 的处理代码。

⑤ IKE 模块、IPSec 模块分别通过加密卡驱动程序中的不同接口调用 SSP02A 算法。

8.4.2 客户端 IPSec 协议的实现

"北邮 VPN"客户端的 IPSec 协议实现采用了 BITS 方式。BITS 方式利用操作系统的驱动程序机制,通过截获 IP 协议栈的关键接口来嵌入 IPSec 协议,因此也被称为嵌入式实现。因为绕过操作系统的 TCP/IP 协议栈实现细节,嵌入式实现方案的直接优势在于对操作系统开放性要求很低,适合在主流商用操作系统上实现基于 IPSec 协议的安全机制,构建提供端到端安全功能的 VPN 系统。

1. IPSec 协议的 BITS 式实现

(1) 虚拟设备驱动技术

虚拟设备驱动(Virtual Device Driver,VxD)技术是微软视窗系列操作系统(Windows 9x/NT/2000)处理应用级共享设备的一种手段。在视窗系列操作系统中,各种进程通常被赋予不同的特权级别来控制对系统资源的访问;运行在系统的核心层(ring 0)的 VxD 具有最高特权级别,能够不受限制地访问一切系统资源。"北邮 VPN"客户端的 IPSec 协议实现就是利用 VxD 技术实现基于指令的拦截,进而实现对网络数据操作的功能函数的指令级的拦截,在此基础上实现对网络数据的安全保护。由于运行在操作系统的底层,所以安全机制对应用程序是透明的。

网络驱动程序接口规范(Network Driver Interface Specification,NDIS)是由 Microsoft 和 3Com 公司共同制定的接口标准。通过将硬件层和协议层抽象化,NDIS 简化了驱动程序的开发。NDIS API(应用程序接口)广泛存在于核心模式下的 TCP/IP 协议栈各个层次中,提供了一系列的标准接口和数据结构。操作系统通过 NDIS 接口将网络适配器封装成虚拟的网络设备——NIC(网络接口卡),将 IP 层和传输层协议栈以句柄的形式存放在内存里。根据注册表中网卡与不同协议的绑定关系,操作系统的初始化过程会整理协议栈之间的相互调用关系,如,IP 协议输出的数据包交给哪些虚拟网络设备进行处理,输入的数据包提交给传输层协议栈的哪个接口进行处理等。

"北邮 VPN"客户端 IPSec 实现在系统的协议栈位置如图 8.34 所示,此处假设采用 ESP 协议提供的加密、鉴别服务保护通过串口传输的 PPP 拨号帧。

(2) 实现框架

主机 IPSec 实现采用模块化设计,整个系统分为 IPSec 协议实现和算法实现两部分:协议实现模块为主进程,遵循标准的 IPSec 协议,以 VxD 的形式嵌入系统 IP 协议栈中;算法实现以动态链接库(Dynamic Link Library,DLL)的形式向协议实现提供算法接口。此外系统还包括配置和管理模块和 IKE 协议的实现,IKE 协议实现包含两个处理线程:一个处理与内核 SADB 模块的交互;另一个处理和远端对等实体的协商。整个系统的功能模块如图 8.35 所示。

在图 8.35 中的各模块之间的接口是这样实现的:

IKE 模块与 SADB 模块之间通信没有采用 PF_KEY Socket 技术,而是采用 Windows

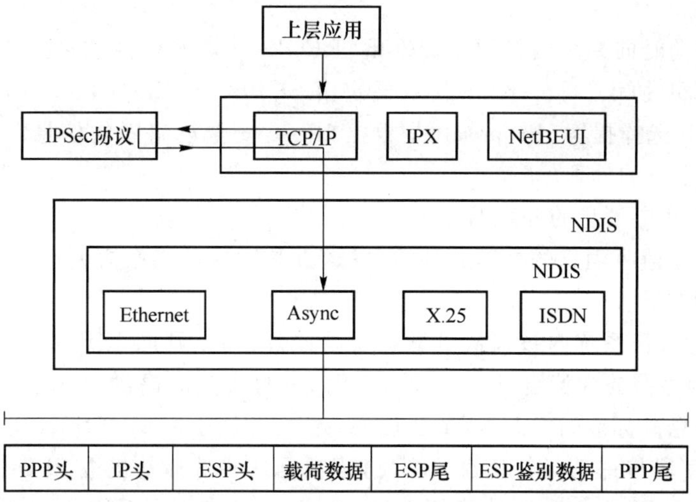

图 8.34　嵌入式 IPSec 实现的系统协议栈

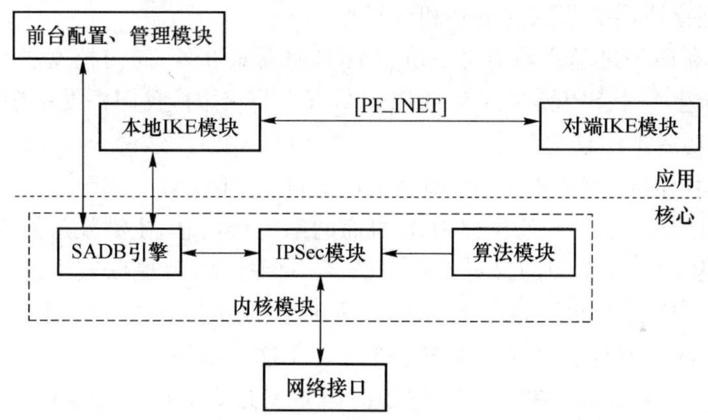

图 8.35　“北邮 VPN”客户端 IPSec 协议实现的功能模块

系统中应用层与内核的通信机制：DeviceIoControl、PostMessage 和信号灯技术。

由于前台配置、管理模块与 IKE 模块均处于操作系统应用层，这两个模块之间通信的接口采用 Windows 系统的进程间的通信机制——共享内存。

IKE 模块与远端对等实体（远程网关或远程主机上的 IKE 模块）之间协商安全联盟，采用标准的 IKE 协议——端口号为 500 的 UDP 通信。为保证 IKE 协商的顺利完成，IKE 模块采用重发机制控制网络异常；在远端对等实体的数据受外界干扰（如手工删除安全联盟、系统重启、网络中断等）而紊乱时，采取定时同步的方式相应调整本地的数据。

2. 实现细节

(1) PF_KEY 接口

与“北邮 VPN”安全网关的实现机制不同，出于简化设计考虑，“北邮 VPN”客户端 IPSec 实现中 IKE 模块和内核的交互没有完全照搬 PF_KEY 机制，而是在参考 PF_KEY 协议的基础上，采用简便方法。IKE 模块需要访问内核中的 SA 数据时，两者之间的交互过程可以描述如下。

① IKE 启动。

IKE 进程启动时向系统内核提出 SADB_REGISTER 操作请求,向 IPSec 协议实现模块注册 AH 和 ESP 协议。PF_KEY 协议规定由 SUPPORTED 字段来描述系统支持的算法,但实际上 IKE 选择提案(Proposal)是根据 IPSec 安全策略库的信息,因此我们忽略对 SUPPRORTED字段的处理。

② 建立监听底层消息的处理循环。

IKE 进程建立监听消息的处理循环后,发送方和远端的接收方两个实体为建立 SA 而采取的协商步骤如下。

(a) 在发起方,若系统内核监测到数据报要向外发送,则向 IKE 进程发出 SADB_ACQUIRE 消息。因为需要为特定对象(子网、应用等)的通信流提供 IPSec 保护,IKE 进程必须获取选择符信息。标准的 PF_KEY 协议中,此消息使用 ADDRESS、PROXY ADDRESS 和 IDENTITY 字段传递选择符信息,IKE 进程根据这些选择符提取 SPD 中的记录组织提案。我们的实现采用了另外一种简便办法:为每条策略记录添加一个唯一标识符——SPID,在 SADB_ACQUIRE 消息中使用一个自定义的结构,IKE 进程使用这个结构中的 SPID 字段向内核指明需要获取的策略和选择符。

(b) 发起方的 IKE 进程开始为第一阶段 IKE 协商做准备,向内核发出 SADB_GETSPI 消息,内核随机产生一个 SPI。与标准的 PF_KEY 协议不同,我们根据一些参考范例实现,决定每次协商成功后本地创建两个 SA(发出、进入各一个)。这两个 SA 的 SPI 取值不同,外出 SA 的 SPI 由对等实体产生,而本地负责产生进入 SPI。

(c) 发起方的 IKE 进程开始构建 IKE 协商的第一条消息,主动发起协商。

(d) 响应方从收到消息中的提案选项中选择一个提案,并提取其中的 SPI 作为未来产生的外出 SA 的 SPI,然后也生成一个 SPI,放入回送的应答消息中的相应字段。这样双方都得到两个 SPI,并且满足由对等实体产生外出 SPI 这一条件。

(e) 在发起方,如果协商完毕,IKE 进程向内核发送 SADB_UPDATE 消息,其中包含进入 SA 和进入 SPI,然后向内核发出包含外出 SA 和外出 SPI 的 SADB_ADD 消息。

(f) 与发起方类似,响应方的 IKE 进程同样向内核发出 SADB_UPDATE 和 SADB_ADD 消息。内核底层在正确添加 SA 后,发出应答。这样每一个协商方都拥有方向相反的两个 SA,合计共 4 个 SA。

③ SA 到期的处理。

SADB 中任一 SA 的软寿命到期后,内核向 IKE 进程发出 SADB_EXPIRE 消息,由 IKE 进程根据预设条件决定如何处理:重新发起协商还是删除用户进程空间的状态机。

④ 特别说明。

在实施联合保护集的协商时,如 AH+ESP,IKE 进程会向内核发送两次 SADB_GETSPI 消息以及 SADB_UPDATE 和 SADB_ADD 消息,系统内核应处理此类情况。当手工删除 SA 时,内核应上传 SADB_DELETE 消息,使 IKE 进程使用信息交换来通知对等实体保持数据同步。

(2) MTU 问题

IPSec 协议的嵌入实现仅仅拦截了网络层与传输层之间、网络层与链路层之间交互数据的少数接口,这意味着拦截处理时,所有 IP 层需要处理的操作(例如,路由选择、数据包的分片、重组等)都已结束。在实际协议实现时遇到这样一种情况:拦截处理过程与IP层的操作发生冲突,结果影响整个IP包的输入输出过程,即所谓的"MTU"问题。

通常情况下,经过IP协议栈处理的输出数据报的长度必须小于网络接口设备所能接收的MTU,输出的数据报才能完整发送出去,而IPSec协议对数据的加密和鉴别保护导致数据报尺寸的扩展,一旦新IP包长度超过MTU,数据链路层由于无法将IP包发送出去(数据分片应该在IP层处理),可能导致系统崩溃。

事实上,TCP/IP协议初始化的时候,操作系统会提前通知TCP/IP协议栈系统当前各网络设备的MTU,为TCP/IP正常工作做准备。通过类似IP包接收和发送的截获手段,减少操作系统通知的MTU,从而"欺骗"TCP/IP协议栈,使得即使IPSec处理添加额外的包头,也不影响IP层的正常分片操作。这样不仅解决MTU问题,而且实现IPSec协议在IP层的部分嵌入。

(3) 远程接入

"北邮VPN"客户端IPSec实现支持远程用户的接入,拨号用户通过客户端实现可以在外地安全远程访问内部网络。安全访问是通过在客户主机和保护内部网络的安全网关之间的隧道实现的。访问内部网络之前,用户需进行两次拨号:第一次拨号接入当地的ISP (Internet Service Provider),获取对公共网络的访问;第二次"拨号"接入安全网关,创建隧道。在隧道协商之前,远程用户采用EIAM协议向安全网关鉴别身份,获取主机的内部网络配置。

远程接入鉴别实现中,参与实体——客户端和安全网关——间采用消息机制交互;接入前,客户端向安全网关申请接入授权;断开与内部网络的连接,也需向安全网关提出撤销请求;无论接入还是撤销,客户端都需向安全网关表明自己的身份,以便安全网关只为合法用户分配/收回网络资源(如内部地址)。交互消息使用一个自定义结构AUTH_MESSAGE包装:

```
typedef struct_AUTH_MESSAGE
{
        char            Flag[8];
        char            Type;
        char            Result;
        char            PlainText[16];
        char            CryptText[16];
}AUTH_MESSAGE, * pAUTH_MESSAGE
```

完整的远程用户的接入过程涉及以下3条消息。

① Client → Gateway:请求鉴别。

② Gateway → Client:回应鉴别。

③ Client → Gateway:确认。

请求鉴别时,移动用户发送用户名和加密后的用户名,若网关没有回应,重发三次后放弃。

收到用户请求后,网关首先查找用户,若没有找到用户记录或用户被锁定,则拒绝用户接入;否则解密判断用户口令是否正确,不正确则终止协议。对拥有正确口令的用户,网关将为其分配一个IP地址,该地址加密后传送给用户。

用户收到网关响应后,首先判断请求是否被拒绝。若用户获知通过鉴别,则保存分配的接入IP,进一步发送建立隧道所需的其他参数(访问目标,掩码)到接入网关。直到此时接入网关才为该用户建立隧道,并等待用户发起隧道协商。

与接入不同,用户的注销只需如下两步。

① Client → Gateway:请求注销。

② Gateway → Client:回应注销。

需要注销时,移动用户连续3次发送注销请求,不管是否收到注销响应,移动用户都删除隧道并退出。对网关而言,收到注销请求后,首先判断用户是否接入,若没有接入则不予理睬;否则判断用户加密传送的内部IP地址是否与网关为其分配的地址一致,一致则删除为用户建立的隧道,并通知用户已完成注销,否则不做任何处理。

在具体实现中,为了将接入鉴别机制和IKE协议更好地衔接在一起,我们进行了一些特殊处理:

① 接入时,用户在发出确认包后,就认为鉴别过程结束,将使用得到的内部IP进行通信;但网关在收到确认包后,才认为鉴别过程结束,可以为用户加载策略、建立隧道。

② 安全网关为接入的远程用户分配特殊的IP地址,如果为接入用户分配与内部网络主机相同网络掩码的IP地址,用户的访问目标会以为该主机也位于当前网络内,就不通过安全网关转发响应数据报,而是通过ARP协议将IP地址解析为MAC地址,然后直接将包传给用户,导致双方之间的会话只能单向进行。使用特殊的私有地址,则很好解决了这个问题,因为远程用户使用一个特殊的地址,内部网络的主机只能通过默认的路由器——安全网关——转发包到远程用户。

③ 客户端与安全网关之间的IKE协商,第一阶段选用激进模式和数字签名鉴别,这样既加速IKE协商的速度,也避免了预共享密钥鉴别与用户身份捆绑问题;但要求客户端与安全网关都拥有同一个CA签发的数字证书。

④ 注销时,用户在发出注销请求后,就认为注销过程结束,将不再使用安全网关分配的IP地址。安全网关在发出注销回应消息后,才撤销为客户建立的隧道,并进行流量、使用时间的统计,同时收回为其分配的IP地址。

8.4.3 精简内核系统

在“北邮VPN”系统开发中,我们制作了一个需要30M硬盘存储空间的精简内核Linux系统(以下简称微内核系统)。该系统具有内核小、启动速度快、对频繁热启动适应性好等诸多特点。

1. 精简系统简介

(1) 精简流程

制作微内核系统分为两个阶段:第一阶段在主盘(具备完整的Linux操作系统的硬盘)上裁减系统,本阶段结束后,将按照目录结构组织得到的系统文件存放在主盘上的指定目录下;第二阶段将制作好的微内核系统安装到从盘——存储空间有限的DOM(Disk-on-Module)盘上;从盘和其他必备硬件组合在一起,就可以作为一个完整的系统平台正常启动。

微内核系统基于内核版本为2.4.7-10的Red Hat 7.2系统,下面重点介绍系统的制作流程。采用其他版本的Linux系统,精简流程也大同小异,不再重复说明。

第一阶段的裁减又可分为 3 部分，即重新编译系统内核、定制系统文件和裁减应用。

① 编译系统内核。

根据我们的目标，微内核系统应主要面向网络级应用，因此在编译系统时，着重选择与网络相关的选项，对其他选项尽量选择默认值。配置选项命令为 make menuconfig，配置完毕，生成名为.config 的内核配置文件。

配置好编译选项后，依次运行 make clean，make dep 命令来删除旧的内核模块和中间文件，创建根据新配置文件编译所需的依赖文件。

Linux 支持内核模块的加载和卸载，若配置内核选项时，设置某选项以模块形式编译，则编译产生内核之前，必须运行 make modules 命令来编译生成内核中的动态加载模块。在定制的微内核系统中，安全网关就被设置为一个独立于系统内核之外的一个子模块。

make bzIamge 命令则真正开始编译内核各部分，并把各块内核链接在一起，形成压缩的可执行的内核文件 bzIamge。不包含在该文件中的其他内核子模块以可执行文件的形式单独分布在内核模块目录下的各子目录中。

② 定制系统文件。

正常安装的 Linux 系统包含大量系统文件，其中只有很少一部分与系统引导过程有关。定制微内核系统的关键在于删除无关的系统文件，在保证系统正常启动前提下最大限度保持系统的“整洁”(Compact)。根据需要，我们重点对下列 3 个目录下的文件进行大规模的删减：

- 系统配置文件目录/etc。修改后该目录包含系统启动脚本、启动配置文件、用户登录配置文件等共 15 个文件。
- 共享函数库文件目录/lib。对共享函数库文件定制比较麻烦：如果缺少必需的函数库，系统启动过程将异常中止；但系统提示的错误、警告信息有助于最小共享函数库的定制。
- 系统应用程序目录/bin 和/sbin。应用程序也是精简的重点，微内核系统只保留与系统启动过程密切相关的命令，如 init、bash、login、getty 等。

Linux 系统通常还拥有一个设备目录/dev，存放按文件方式管理的各种系统设备。对该目录的精简操作比较麻烦，虽然删除设备文件、删除普通文件使用相同的命令 rm，但创建新设备文件必须使用 mknod 命令。制作精简的/dev 时，我们采用一种简便方法：使用带特殊选项 dpR 的 cp 命令完整复制母盘中的设备目录，然后依次删除不需要的设备。

③ 裁减应用服务。

Linux 系统应用服务进程众多，如果对每一项定制则意味着耗时且繁琐的工作。我们采用删除所有服务进程，然后根据需要依次添加少量服务，这样不仅减轻了工作强度，而且能够做到“有的放矢”。针对某些服务中存在的安全隐患，还添加“补丁”程序。微内核系统支持的服务包括：WWW 服务(Apache)、系统日志服务(Syslog)、定时服务(Cron)、IKE 服务(Pluto)、远程安全集中网管代理(SM_Agent)。

(2) 安装微内核系统

如果仅将微内核系统采用完整硬盘复制的办法，拥有完整文件的新盘仍然无法正常启动。安装微内核系统必须利用 LILO 程序，在新盘上安装引导分区，之后采用文件复制形式安装的微内核系统才能正常工作。假设微内核系统文件存放在源主机上(主盘)，微内核系统将安装在新盘——DOM 盘上，安装过程可简单描述如下。

① 在源主机上为DOM盘创建根文件系统,格式为ext2。

② 将DOM盘挂接(Mount)在主盘的子目录/mnt下。

③ 采用文件复制命令,将微内核系统文件完整安装到/mnt目录。

④ 在源主机上,根据DOM盘上的定制LILO配置文件lilo-hd.conf运行LILO命令,将微内核系统中的内核引导代码写入DOM盘的引导扇区。

⑤ 将DOM盘从主盘卸载。

安装有微内核系统的DOM盘对应的系统的启动过程如图8.36所示。

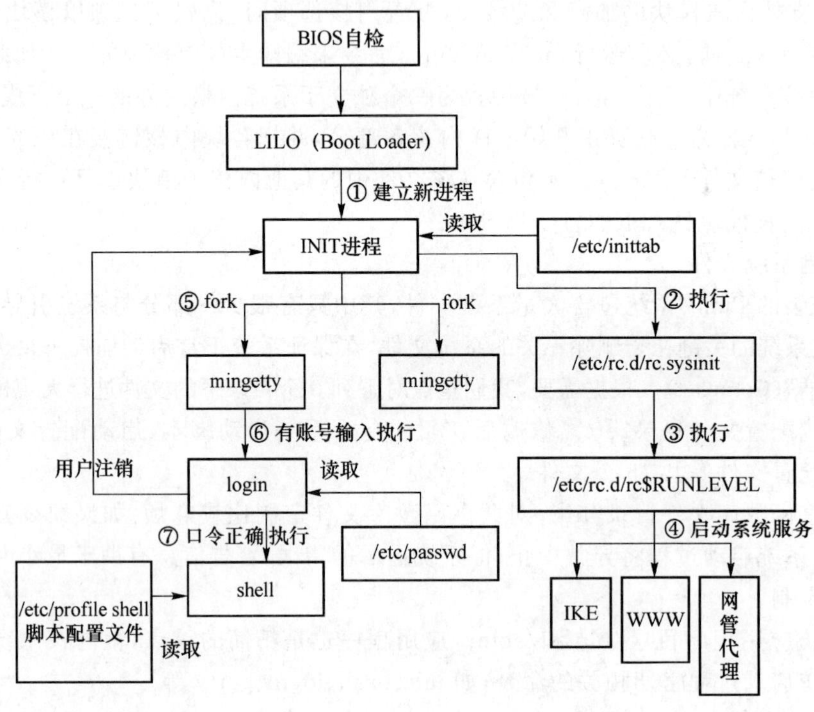

图8.36 微内核系统启动过程

作为最常用的Linux系统引导器(Bootstrap Loader),位于DOM盘引导扇区的LILO代码被用来引导内核的前一部分,并以此引导内核的剩余部分。在微内核系统的完整内核被装入内存后,内核开始初始化硬件和设备驱动程序。

内核接着启动/sbin/init,创建系统的第0号进程(核心进程)INIT,该进程负责在系统启动时运行一系列程序和脚本文件。INIT进程的每一步操作都取决于配置文件/etc/inittab的内容。图8.36中变量$RUNLEVEL指系统默认的运行级别,进入相应运行级别后,INIT进程依次启动各种系统服务(超级进程)。系统服务启动完毕,系统切换到多用户模式并启动mingetty,监听虚拟控制台和串口的输入,等待用户登录。

为提高系统安全性,微内核系统支持插入式鉴别模块(Pluggable Authentication Modules,PAM)。PAM库是一组共享库模块,将鉴别机制从系统应用中分离出来。系统管理员通过本地的PAM配置文件(/etc/pam.d/)来设置鉴别策略,PAM核心库(libpam.so.*)读取配置文件,将系统应用和鉴别方法联系起来。提供PAM API的PAM服务模块以动态可加载目标文件的形式保存在/lib/security目录中,应用程序通过对PAM API的调用实现鉴别。

2. 解决的关键问题

(1) 信号问题

根据集中网管的需要，在“北邮 VPN”系统中，我们开发了一个 VPN 设备网管代理程序，为实现网管代理的自启动，在微内核系统的启动过程中添加了一个服务 vpnman 来启动与网管代理相对应的超级进程。网管代理程序开发、调试运行正常后，作为系统服务启动却出现问题：微内核系统启动后，控制台界面显示 vpnman 正常启动，通过 ps-aux 命令显示系统当前运行的超级进程，却发现 vpnman 进程“失踪”了。经过认真分析 INIT 的启动过程，我们发现在每个系统服务启动时，INIT 进程发送一个“SIGHUP”信号，在 Linux 系统中，信号是一种是系统和进程间异步通信机制，进程通过信号获知系统中当前发生的事件。除非特别声明，内核将代替进程执行相关操作，对“SIGHUP”信号，内核的默认处理是关闭进程。我们的网管代理进程忽略对“SIGHUP”信号的处理，自然出现 vpnman 进程启动后被异常关闭的现象。发现问题后，解决问题就很简单：在网管代理程序的代码中添加一个处理各种信号(包括“SIGHUP”)的进程，其中对收到的“SIGHUP”信号不作任何处理。

(2) 串口连接

安装在 DOM 上的微内核系统最终装入一个 1U 的“黑盒子”，黑盒子没有键盘、鼠标、显示器这些基本输入输出外设。若系统出现故障，没有键盘、显示器调试起来很麻烦。若采用串口直连方式，将黑盒子和一台普通 PC 连接在一起，利用 PC 上的客户端软件(Windows 系统自带的超级终端或 CRT)则可以轻松实现对黑盒子中的微内核系统的完整控制。为支持串口管理，微内核系统定制时必须包含下列操作。

① 编译系统内核之前，选择支持串口的相关选项。

② 通过 LILO 安装微内核系统的引导分区时，在 LILO 的配置文件中设置串口通信参数：波特率、串口设备名称。

③ 创建指向串口的虚拟设备 ttyS0，在 INIT 配置文件中，添加通过 ttys0 连接终端的运行级别 S0，顺序位于标准的通过键盘控制虚拟终端的其他运行级别之前。

④ 修改 PAM 库配置，PAM 默认设置超级用户不能通过串口登录，而是先使用普通账户登录，再通过 su 命令切换为超级用户，修改 PAM 中的超级用户配置选项，取消对超级用户的登录限制。

上述配置完毕，在 PC 的客户端软件上也需配置串口通信参数，然后超级用户就可通过 PC 机调试黑盒子中的微内核系统。

8.4.4　设备管理

考虑到安全网关的各种可能应用模式，我们实现的“北邮 VPN”安全网关支持两种管理方式：单机版 Web 配置和集中分权网络管理。单机 Web 方式适合从局域网对单台安全网关进行初始化配置，而集中分权网管适用于管理在广域网大规模部署的安全网关设备。

1. 基于 APACHE 服务器的 Web 配置

Web 方式配置的最大优点是对客户端无特殊要求，只要是普通的浏览器(微软的 IE 或网景的 Navigator)即可，核心是后台的 WWW 服务器。这样既简化了用户的管理难度，又保证界面的统一和优化。

在我们的 Web 配置系统实现中，后台的 WWW 服务器是 Linux 操作系统下常用的 Apache，通过定制 Apache 服务器和编写脚本程序，将所有的安全网关配置界面以网页形式动态显示。整个系统的框架如图 8.37 所示。

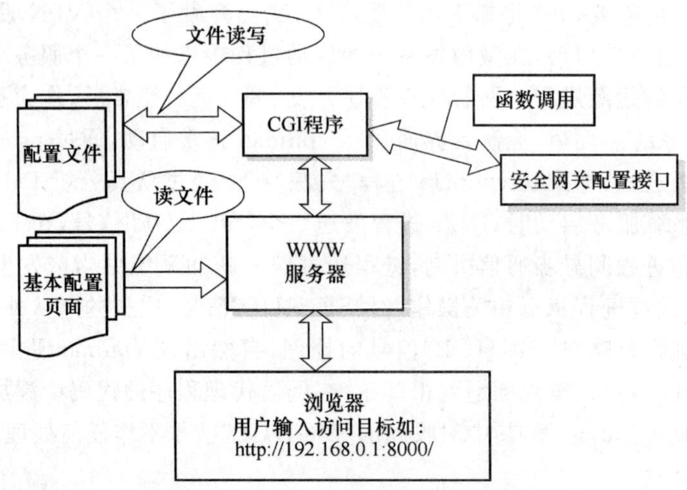

图 8.37　Web 配置系统实现框架

管理员浏览配置页面时，通过浏览器向 Apache 服务器提出配置请求，服务器将客户的请求以标准形式提交给通用网关接口(Common Gateway Interface，CGI)程序，CGI 解释用户的请求，进行一系列操作(读写文件、调用配置接口)，然后将结果传递给服务器，服务器再通过 HTTP 协议将信息传递给客户，最终请求结果以页面的形式在浏览器中显示。

内部网用户通过 Web 界面可以详细定制安全网关的配置。系统预先设定一个系统管理员账户，同时根据管理需要，可以添加多个管理账户。在配置之前，用户必须首先登录到管理界面进行身份验证，验证通过后，管理员的所有操作行为记入系统日志，以备查询。通过 Web 界面，管理员可以进行的操作包括以下几点。

① 系统基本参数配置，如网络接口设置、DHCP 地址池管理、路由管理等。

② 管理设置，包括管理员账户设置、管理 IP 设置。

③ 证书管理，如新证书申请、根证书、证书撤销列表的上传等。

④ 网关安全策略管理，包括包过滤规则设置、网络地址转换(NAT)设置。

⑤ VPN 隧道设置，包括手工隧道和自动隧道两类配置。

⑥ 对象设置，网络对象(地址簿)和服务对象。

⑦ 监控设置，如日志备份和清空、流量统计和分析、告警管理。

2. “北邮 VPN”设备的集中、分权管理

VPN 技术的大规模应用，对设备管理提出了特殊的要求，若需要同时管理分布在相距遥远的几百台，甚至上千台设备并保证相互之间的安全策略的一致性，简单采用单机模式管理是不可想象的。“北邮 VPN”系统中，设计实现了一套 VPN 系统集中网管系统(以下简称 VPN 网管)。VPN 网管系统的设计目标是实现与现有的网管模式相兼容的两级分权 VPN 设备管理，这样既保证设备的集中、统一管理，又保证管理权限清晰，分工明确。

(1) 系统架构

VPN 网管系统采用了两级分权管理体制：VPN 业务集中网管中心(SMC)、部门业务网管中心(SMDC)作为不同的管理实体,通过安全网关上的模块网管代理(SM_Agent)控制 VPN 设备(安全网关),实施对 VPN 设备的管理。

通过 SMC,系统管理员可以设置全局安全策略,也可为每台 VPN 设备定制特殊的安全策略和设备属性,如移动用户接入、网卡设置、路由设置等。SMC 基于数据库控制其管理域内的所有 VPN 设备,每台设备的配置数据、安全策略、日志数据、性能数据信息均存放在 SMC 的本地数据库中。

SMDC 是 SMC 在管理功能上的延伸,实际上 SMDC 是"精简版"的 SMC。与 SMC 相比,SMDC 的作用范围有限(某企业所拥有的设备),功能有限。在行使相应的管理功能之前,SMDC 必须从 SMC 获得授权;缺少授权,则 SMDC 只能浏览所"拥有"的设备,无法行使配置设备的功能。SMDC 对设备的管理是"虚拟"的,不论是对设备的浏览还是配置,都不直接与设备打交道,而是通过 SMC 间接进行。SMDC 的所有数据都从 SMC 得到,因此无须维护数据库。

SMC 对 VPN 设备的管理是通过网管代理 SM_Agent 进行的。通过 SM_Agent,SMC 可以配置设备的基本属性,分发安全策略,浏览设备的日志,实时查询设备的状态。根据 SMDC 请求命令的不同,SMC 的处理也不同:对设备非实时信息的浏览请求,SMC 返回的数据来自本地管理数据库;对设备实时信息的查询或配置请求,SMC 通过 SM_Agent 控制 VPN 网关,并返回 VPN 网关的执行结果。

(2) SPKM 协议

GSS-API 提供了与底层机制完全独立的安全服务,使接口的调用方能以通用模式将源码级应用移植到不同环境。GSS 机制的典型例子是简单公钥机制(Simple Public Key Mechanism,SPKM)。

为了建立安全通信,发起方——客户(Client)和目标——服务器(Server)之间需要协商建立一个 GSS 安全环境(Context)。安全环境的创建过程中,参加方鉴别对方实体的身份和授权,然后由服务器产生一个会话密钥,并传递给客户。在实际的通信中,会话密钥被用来保证信息的机密性和完整性。

SPKM 允许协商用于完整性的算法(I-Algs)、机密性的算法(C-Algs)、衍生子密钥的单向函数(O-Algs)、密钥建立算法(K-Algs)。SPKM 协议实际上包含两个版本:SPKM-1 和 SPKM-2。两者的主要区别在于 SPKM-1 协议在鉴别过程中使用随机数检测重传攻击,而 SPKM-2 使用时间戳。

客户和服务器在鉴别对方身份之前,必须拥有他们自己的证书(Credential),所谓的证书,对客户而言,是指加密私钥 SeC、签名私钥 SsC、相对应的公钥证书文件 $Cert_{PeC}$ 和 $Cert_{PsC}$;与之对应,服务器证书包括 Se_S、Ss_S、$Cert_{PeS}$、$Cert_{PsS}$。

典型的 SPKM 协议鉴别流程可以如下描述。

① 客户 C 产生随机数 R_C,将 R_C 与双方的身份信息 S、C 级联在一起形成消息 M;客户对 M 的摘要 $h(M)$ 使用自己的签名私钥 Ss_C 加密后得到签名 F。

② 客户向服务器 S 发送一条消息:M,F,$Cert_{PeC}$,$Cert_{PsC}$。

③ 服务器收到的消息后,首先验证消息中的两个证书文件是否有效,然后检查双方的身份 S 和 C,接着使用 $Cert_{PsC}$ 文件中包含的客户签名公钥 Ps_C 验证签名 F。

④ 服务器生成随机数 R_S 和一个随机的会话密钥 K_{CS},将客户的身份 C、两个随机数

R_S、R_C 以及 K_{CS}级联在一起形成消息 N;服务器对 N 和 N 的摘要 $h(N)$分别使用客户的加密公钥 PeC、自己的签名私钥 Ss_S 加密得到密文 G 和签名 H。

⑤ 服务器回送客户一条响应消息:G,H,$Cert_{PeS}$,$Cert_{PsS}$。

⑥ 收到服务器的响应消息后,客户也首先验证服务器的签名证书和加密证书,然后使用自己的加密私钥 SeC 解密 G,比较解密后获得的 C'和 R'_C与自己保存的 C 和 R_C 是否一致;一致则存储会话密钥 K_{CS}并使用服务器的签名公钥 Ps_S 来验证签名 H。客户最后利用服务器的加密公钥 PeS 对服务器产生的随机数 R_S 加密生成 I。

⑦ 客户向服务器发送一条确认消息 I。

⑧ 服务器使用自己的加密私钥 SeS 解密收到的消息分离出 R'_S,若 R'_S 等于 R_S,则服务器通过对客户的身份鉴别。

(3) 安全管理机制

VPN 网管系统中,SMC、SMDC 运行在 Windows 2000 Server 平台下,SM_Agent 则基于 Red Hat 7.2 平台,三者之间的控制与被控制采用消息机制实现。

"北邮 VPN"系统中 VPN 网管各实体安全交互的框架如图 8.38 所示,从该图中可以发现 SMC 实际上分为服务进程和管理界面两部分,无论是管理界面还是 SMDC,与服务进程之间均采用消息机制实现指令和结果的交互;SMC 的服务进程与 SM_Agent 同样通过消息交互来传递指令和执行结果。SM_Agent 是一个 Linux 下的超级服务进程,不停监听来自 SMC 服务进程的消息。

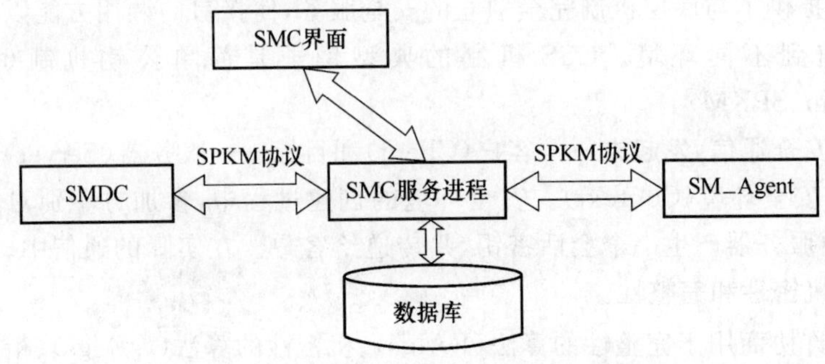

图 8.38 VPN 网管各实体安全交互框架

在 SMC 与 SMDC 之间、SMC 与 SM_Agent 之间均采用消息请求-响应机制实现控制信息的双向传输。所有请求、响应数据报的格式一致,由 IP 头、TCP 头、消息头、消息数据 4 部分组成。其中 IP 头、TCP 头由操作系统构造。消息数据包含与消息头中消息类型对应的具体信息。

显然,安全网关的安全性很大程度上取决于 VPN 网管的安全性,如果 SMC 传递的指令内容泄露或遭到篡改,将严重威胁安全网关的安全。在 VPN 网管系统,我们采用了 SPKM协议保护传递消息的安全性、机密性、真实性、有效性。

VPN 安全网管中,SMDC 与 SMC、SMC 与 SM_Agent 之间,均采用 SPKM 协议实现两个实体之间的双向鉴别、会话密钥协商和数据的加密。SPKM 安全环境建立后,所有交互消息受加密和数据完整性检查保护。

至此,我们比较完整地描述北京邮电大学开发的一个具体的 VPN 系统(称为"北邮

VPN”)，它包含了基于 IPSec 协议组建虚拟专用网所需的全部组件：安全网关、客户端、管理平台。

“北邮 VPN”安全网关的支撑平台为 Red Hat 7.2 Linux 系统，是基于硬件加密设备的 IPSec 协议的网关实现，提供 IPSec 协议规定的各种安全连接：网关到网关、主机到网关，同时支持远程拨号用户安全接入。客户端运行在微软 Windows 2000 Server 平台下，是 IPSec 协议在主机上的软件实现，支持与安全网关、各种与标准 IPSec 协议兼容的实现的互联互通。

“北邮 VPN”安全网关最终安装在一台“黑盒子”中，黑盒子采用专门定做的操作系统——精简内核的 Linux 系统。对安全网关的参数配置、管理可以采用两种方式：通过浏览器进行的单机 Web 方式配置或通过二级集中网管系统——CNMS——进行的远程安全配置。CNMS 系统采用 SPKM 协议保护控制指令和结果的安全传输。“北邮 VPN”整个系统已投入实际运行。

参考文献

[1] 杨义先,林须端. 编码密码学. 北京：人民邮电出版社，1992.

[2] 杨义先，最佳信号理论与技术. 北京：人民邮电出版社,1996.

[3] 温巧燕，钮心忻，杨义先. 现代密码学中的布尔函数. 北京：科学出版社，2000.

[4] 丁石孙. 线性移位寄存器序列. 上海：上海科技出版社,1982.

[5] Yang Yi Xian. Theory and Applications of Higher Dimensional Hadamard Matrices. Science Press and Kluwer Academic Publishers, Sep. 2001. Beijing, Boston, Dordrecht, London and New York.

[6] 杨义先,钮心忻,李名选. 网络信息安全与保密(修订版). 北京：北京邮电大学出版社,2002.

[7] 杨义先,孙伟,钮心忻. 现代密码新理论. 北京：科学出版社,2002.

[8] 杨义先,钮心忻. 网络安全理论与技术. 北京：人民邮电出版社,2003.

[9] 杨义先,李志江,钮心忻,等,译. 智能卡安全与应用. 北京：人民邮电出版社,2002.

[10] 杨义先,钮心忻,等. 信息安全新技术. 北京：北京邮电大学出版社,2002.

[11] 杨义先,许成谦,胡正名. 并元理论及其应用. 北京：人民邮电出版社,2002.

[12] 杨义先,孙伟. 现代密码新理论. 北京：科学出版社,2002.

[13] 杨义先,钮心忻. 网络安全理论与技术. 北京：人民邮电出版社,2003.

[14] 章照止. 现代密码学基础. 北京：北京邮电大学出版社,2004.

[15] 梅文华,杨义先. 跳频通信地址编码理论. 北京：国防工业出版社，1996.

[16] O. Goldreich. Foundations of Cryptography：Basic tools. Cambridge University Press,2001.

[17] Neal Koblitz. A Course in Number Theory and Cryptography. pringer-Verlag World Publishing Corp,1987.

[18] Stinson,D. R.. Cryptography：Theory and Practice. CRC Press,1995.

[19] (美)施莱尔(Schneier B.). 应用密码学——协议、算法与C源程序. 吴世忠,等,译. 北京：机械工业出版社,2000.

[20] 赖溪松,韩亮,张真诚. 计算机密码学及其应用. 北京：国防工业出版社，2001.

[21] Carlisle Adams, Steve Lloyd. 公开密钥基础设施——概念、标准和实施. 冯登国,等,译. 北京：人民邮电出版社出版,2001.

[22] John Daemen, Vincent Rijndael. 高级加密标准(AES)算法——Rijndael的设计. 谷大武,徐胜波,译. 北京：清华大学出版社,2003.

[23] 李子臣. 数字签名方案关键问题的研究(博士论文). 北京：北京邮电大学信息安全中心,1999.

[24] 李中献. 网络安全关键技术的研究与实现(博士论文). 北京:北京邮电大学信息安全中心,1999年.

[25] 曾志峰. 网络安全测防体系的研究与实现(博士论文). 北京:北京邮电大学信息安全中心,2001.

[26] 吴秋新. 信息伪装与数字签名(博士论文). 北京:北京邮电大学信息安全中心,2001.

[27] 钟鸣. 电子现金关键技术研究(博士论文). 北京:北京邮电大学信息安全中心,2001.

[28] 徐国爱. 个性化信息安全技术的研究与实现(博士论文). 北京:北京邮电大学信息安全中心,2001.

[29] 韩炜. 电子商务安全平台(硕士论文). 北京:北京邮电大学信息安全中心,2001.

[30] 张春起. 序列密码中若干基本问题的研究(博士论文). 北京:北京邮电大学信息安全中心,2002.

[31] 张振涛. 序列分析中若干关键技术研究(博士论文). 北京:北京邮电大学信息安全中心,2002.

[32] 冯运波. PKI技术及其安全协议研究(博士论文). 北京:北京邮电大学信息安全中心,2002.

[33] 李新. 编码与密码中的若干问题研究(博士论文). 北京:北京邮电大学信息安全中心,2002.

[34] 王尉. IPSec在Linux上的实现(硕士论文). 北京:北京邮电大学信息安全中心,2002.

[35] 吕卫忠. VPN网关实现技术研究(硕士论文). 北京:北京邮电大学信息安全中心,2003.

[36] 卢翔宇. 基于IPSec的VPN系统的研究与实现(硕士论文). 北京:北京邮电大学信息安全中心,2002.

[37] 李志兵. 虚拟专用网关键技术的研究(硕士论文). 北京:北京邮电大学信息安全中心,2002.

[38] 徐钊. 电子支付系统中的匿名技术(硕士论文). 北京:北京邮电大学信息安全中心,2002.

[39] 隋爱芬. 移动接入的安全性和可靠性研究(博士论文). 北京:北京邮电大学信息安全中心,2003.

[40] 秦小龙. 硬件密码组件设计与应用研究(博士论文). 北京:北京邮电大学信息安全中心,2003.

[41] 傅坚. 虚拟专用网的研究与实现(博士论文). 北京:北京邮电大学信息安全中心,2003.

[42] 秦小龙. 硬件密码组件设计与应用研究(博士论文). 北京:北京邮电大学信息安全中心,2003.

[43] 詹榜华. 密码应用技术研究与实践(博士论文). 北京:北京邮电大学信息安全中心,2004.

[44] 韩杰. 安全电子支付及网络监控相关技术(硕士论文). 北京：北京邮电大学信息安全中心,2003.

[45] 戴扬波. AAA平台中的身份认证机制研究(硕士论文). 北京：北京邮电大学信息安全中心,2004.

[46] 李小标. 权限管理与访问控制技术(硕士论文). 北京：北京邮电大学信息安全中心,2004.

[47] 戴扬波. AAA平台中的身份认证机制研究(硕士论文). 北京：北京邮电大学信息安全中心,2004.

[48] 邱志聪. GSM网上的身份认证技术研究(硕士论文). 北京：北京邮电大学信息安全中心,2004.

[49] 曹华平. 3G安全体系结构研究(硕士论文). 北京：北京邮电大学信息安全中心,2003.

[50] 赵义斌. 移动电子商务及其安全性研究(硕士论文). 北京：北京邮电大学信息安全中心,2003.

[51] 王飞. 高速数据加密卡关键技术的研究与实现(硕士论文). 北京：北京邮电大学信息安全中心,2004.

[52] 张中. 公钥算法加密硬件实现的研究(硕士论文). 北京：北京邮电大学信息安全中心,2004.

[53] 戴元军. 移动政务安全性的相关理论及技术的研究(博士论文). 北京：北京邮电大学信息安全中心,2004.

[54] National Standard of the People'S Republic of China. Guide for GB15629. 11-2003 and GB 15629. 1102-2003. 2004. 03(in Chinese).

[55] Office of State Commercial Cipher Administration. Block Cipher for WLANProducts-SMS4[EB/OL],(2006-02-21). [2006-12-23]. http://www. oscca. gov. cn/UpFile/200602101642319790.

[56] Patarin Jacques. Asymmetric cryptography with a hidden monomial. In Advances in Cryptology-CRYPTO 1996,vol. 1109,LNCS,Springer,1996,45-60.

[57] Patarin J, Goubin L, Courtois N. C and HM:variations around two schemes of T. Matsumoto and H. Imai. Advances in Cryptology-ASIACRYPT'98,LNCS, volume 1514,Springer,1998:35-50.

[58] Kipnis Aviad, Patarin Jacques, Goubin Louis. Unbalanced oil and vinegar signature schemes. In Advances in Cryptology-EUROCRYPT 1999, LNCS, Springer, 1996. vol. 1592, 206-222.

[59] Ding J. A new variant of the Matsumoto-Imai cryptosystem through perturbation. Public key Cryptography,(PKC'04),LNCS,volume 2947,Springer,2004:305-318.

[60] Patarin J, Courtois N, Goubin L. Flash a fast multivariate signature algorithm. Progress in Cryptology,CT-RSA 2001. LNCS,Springer,2001. vol. 2020, 298-307.

[61] Ding J, Schmidt Dieter. Rainbow a New Multivariable polynomial Signature scheme[M]. Third International Conference Applied Cryptography and Network

Security (ACNS 2005), LNCS 3531. Berlin:Springer-Verlag,2005:164-175.

[62] Ding J. A new variant of the Matsumoto-Imai cryptosystem through perturbation. Public key Cryptography, (PKC'04),LNCS,volume 2947,Springer,2004:305-318.

[63] Ding J, Schmidt D. Cryptanalysis of HFEV and the internal perturbation of HFE. Public key Cryptography-(PKC'05), LNCS, volume 3386,Springer,2005:288-301.

[64] Patarin J, Goubin L. Trapdoor one-way permutations and multivariate polynomials. In International Conference on Information Security and Cryptology 1997, LNCS,Berlin: Springer,1999,vol. 1334. 356-368.

[65] Wolf Christopher and Preneel Bart. Taxonomy of public key schemes based on the problem of multivariate quadratic equations. Cryptology ePrint Archive, Report 2005/077, http://eprint. iacr. org/2005/077/.

[66] Patarin Jacques. Hidden Field Equations (HFE)and Isomorphisms of Polynomials (IP):two new families of asymmetric algorithms. In Advances in Cryptology-EUROCRYPT 1996, LNCS,Springer,1996,vol. 1070,33-48.

[67] Matsumoto T, Imai H. Public quadratic polynomial-tuples for efficient signature verification and message encryption. Advances in cryptology-EURO-CRYPT'88, LNCS,volume 330,Springer,1988:419-453.

[68] Patarin J. Hidden field equations(HFE)and isomorphism of polynomials(IP): Two new families of asymmetric algorithms. Eurocrypt'96,LNCS,volume 1070,Springer, 1996:33-48.

[69] Patarin J. The oil and vinegar signature scheme. Dagstuhl Workshop on Cryptography, September 1997.

[70] Wolf Christopher, Bart Preneel. Asymmetric cryptography: Hidden field equations. In European Congress on Computational Methods in Applied Sciences and Engineering 2004, University, 2004. extended version: http://eprint. iacr. org/2004/072/.

[71] Wang L, Yang B, Hu Y. A. Medium-Field Multivariate Public key Encryption Scheme, CT-RSA2006,LNCS,volume 3860,Springer,2006:132-149.

[72] Kipnis Aviad, Patarin Jacques, Goubin Louis. Unbalanced oil and vinegar signature schemes. In Advances in Cryptology-EUROCRYPT 1999, LNCS, Springer, 1996. vol. 1592, 206-222.

[73] Kipnis A and Shamir A. Cryptanalysis of the HFE public key cryptosystem by relinearization. Advances in crytology-Crypto 99, LNCS, Springer, 1999, vol. 1666, 19-30.

[74] Coppersmith D, Stern J, and Vaudenay S. The security of the birational permutation signature schemes. J. Cryptology, 10(3):207-221,1997.

[75] J. Hoffstein, J. Pipher, J. H. Silverman. NTRU: A ring-based public key cryptosystem[C]. In: Algorithmic Number Theory (ANTS-III), LNCS 1423, Berlin: Springer-Verlag, June 1998: 267-288.

[76] EEE Draft Standard for Public-Key Cryptographic Techniques Based on Hard Problems over Lattices[S]. P1363. 1/D12, Oct 2008.

[77] Coppersmith D, Shamir A. Lattice attacks on NTRU. Advances in Cryptology-Eurocrypt'97. LNCS 1233, Berlin: Springer-Verlag, 1997: 52-61.

[78] Daniele Micciancio and Shafi Goldwasser. Complexity of lattice problems: a cryptographic perspective[M]. Kluwer Academic Publishers. March, 2002.

[79] D. Micciancio and O. Regev. Worst-case to average-case reductions based on Gaussian measurs. SIAM J. Comput. , 2007,37(1):267-302.

[80] D. Micciancio and S. Goldwasser. Complexity of Lattice Problems: a cryptographic perspective, volume 671. Kluwer Academic Publishers, Boston, Massachusetts, March 2002.

[81] P. Van Emde Boas. Another NP-Complete partition problem and the complexity of computing short vectors in a lattice. Tech. Report 81-04. University of Amsterdam, Department of Mathematics, Netherlands. 198.

[82] M. Ajtai. The shortest vector problem in L2 is NP-hard for randomized reductions (extended abstract). Proceedings of the Thirtieth Annual ACM Symposium on Theory of Computing, ACM Press, 1998: 10-19.

[83] Goldreich. O, Micciancio. D, Safra. S, and Seifert. J.-P. Approximating shortest lattice vectors is not harder than approximating closest lattice vectors. Information Processing Letters, 1999, 71(2):55-61.

[84] S. Khot. Hardness of approximating the shortest vector problem in lattice. The 45th annual IEEE Symp. on Foundations of computer science (FOCS). IEEE, 2004:126-135.

[85] Micciancio. The short vector problem is NP-hard to approximate to within some constant. SIAM Journal on Computing, 2007, 30(6): 2008-2035.

[86] S. Arora, L. Babai, J. Stern, and E. Z. Sweedyk. The hardness of approximate optima in lattices, codes, and system of linear equations. Journal of Computer and System Sciences, 2007, 54(2): 317-331.

[87] D. Aharonov, O. Regev. Lattice problem in NP intersect coNP. Journal of the ACM, 2005, 52(5): 749-765.

[88] Miklos Ajtai. Generating hard instances of lattice problems(extended abstract). In STOC, 1996, 99-108.

[89] O. Regev. On lattices, learning with errors, random linear codes, and cryptography. In STOC, 84-93,2005.

[90] D. Micciancio and O. Regev. Worst-case to average-case reductions based on Gaussian measurs. SIAM J. Comput. , 2007,37(1):267-302.

[91] C. Gentry, C. Peikert, and V. Vaikuntanathan. Trapdoors for hard lattices and new cryptographic constructions. In STOC, 197-206,2008.

[92] C Gentry. Key recovery and message attacks on NTRU-composite[C]. Advances in

Cryptology-Eurocrypt 2001, LNCS 2045, Springer-Verlag, 2001: 182-194.

[93] Nick Howgrave-Graham. A Hybrid Lattice-Reduction and Meet-in-the- Middle Attack against NTRU. Advances in Cryptology-Crypto 2007, LNCS 4622, Springer-Verlag, 2007: 150-169.

[94] Cetin Kaya Koc, High Speed RSA Implementation, RSA Laboratories, Version 2.0, 1994.

[95] Cetin Kaya Koc, RSA Hardware Implementation, RSA Laboratories, Version 1.0, 1995.

[96] PKCS #1 v2.1: RSA Cryptography Standard RSA Laboratories DRAFT 1-September 17, 1999.

[97] Dan Boneh. Twenty years of attacks on the RSA cryptosystem, Notices of the AMS, 46(2):203-213, 1999.

[98] Robert D. Silverman, Fast Generation Of Random, Strong RSA Primes,RSA Laboratories May 17,1997.

[99] P. L. Montgomery. Modular multiplycation without trial division. Mathematics of Computation,44(170):519-521,April 1985.

[100] J. J. Quisquater and C. Couvreur, "Fast Decipherment Algorithm for RSA Public-Key Cryptosystem," Electronic Letters, v. 18, 1982, 255-256.

[101] V. S. Miller. Use of Elliptic Curves in Cryptography. Advances in Cryptology Crypto 85, Lecture Notes in Computer Science. Springer-Verlag, 1985(128): 417-426.

[102] N. Koblitz. Elliptic Curve Cryptosystems. Mathematics of Computation, 1987, 48(177): 203-209.

[103] M Aydos, B Sunar, C. K. Koc. An Elliptic Curve Cryptography based Authentication and Key Agreement protocol for wireless communication. The Second International Workshop on Discrete Algorithm and Methods for Model Computation and Communication. Dallos, Taxas, 1998-10-30.

[104] Steven M. Bellovin, Michael Merritt. Encrypted Key Exchange: password-based protocols secure against dictionary attacks. Research in Security and Privacy, 1992. Proceedings, 1992 IEEE Computer Society Symposium on, 4-6 May 1992: 72-84.

[105] S. Bellovin, M. Merritt. Augmented Encrypted Key Exchange: a password-based protocol secure against dictionary attacks and password file compromise. Proceedings of the 1st Annual Conference on Computer and Communications Security, ACM (CCS'93), 1993:244-250.

[106] The Elliptic Curve Cryptosystem: remarks on the security of the Elliptic Curve Cryptosystem. Certicom ECC Whitepaper. July 2000. http://www.certicom.com.

[107] The Elliptic Curve Cryptosystem: current Public-Key Cryptographic systems.

Certicom ECC Whitepaper. July 2000. http://www.certicom.com.

[108] The Elliptic Curve Cryptosystem for Smart Cards. Certicom ECC Whitepaper. May 1998. http://www.certicom.com.

[109] A. Menezes, T. Okamoto, S. Vanstone. Reducing elliptic curve logarithms to logarithms in a finite field. Information Theory, IEEE Transactions on, Vol: 39 Issue: 5, Sept. 1993: 1639-1646.

[110] ZHENG Y L. Signcryption and its application in efficient public key solutions [A]. Proceedings of Information Security Workshop(ISW'97)[C]. Springer-Verlag, 1997.201-218.

[111] R. A. Rueppel, Stream Ciphers, Contemporary Cryptology: The Science of Information Integrity, G. J. Simmons, ed., IEEE Press, 1992, 124-131.

[112] R. A. Ruppel, Analysis and design of stream ciphers, Springer-Verlag, 1986.

[113] R. A Rueppel, Security Models and Notions for Stream Ciphers, Cryptography and Coding Ⅱ, C. Mitchell, ed., Oxford: Clarendon Press, 1992, 213-230.

[114] R. A Rueppel, Strem Ciphers, Contemporary Cryptography: The Science of Information Integrity, G. J. Simmons, ed., IEEE Press, 1992, 65-134.

[115] J. E Savage, Some Simple Self-synchronizing Digital Data Scramblers, Bell System Technical Journal, V. 46, n. 2, Feb 1967.

[116] B. Preneel, M. Nuttin, V. Rijmen, and J. Buelens, Cryptanalysis of the CFB mode of the DES with a Reduced Number of Rounds, Advances in Cryptology CRYPTO'93 Proceedings, Springer-Verlag, 1994, 212-223.

[117] D. W. Davies and G. I. P. Parkin, The Average Size of the Key Stream in Output Feedback Encipherment, Cryptography, Proceedings of the Workshop on Cryptography, Burg Feuerstein, Germany, March 29-April 2, 1982, Springer-Verlag, 1983, 263-279.

[118] D. W. Davies and G. I. P. Parkin, The Average Size of the Key Stream in Output Feedback Mode, Advances in Cryptology: Proceedings of Crypto 82, Plenum Press, 1983, 97-98.

[119] J. Gait, A New Nonlinear Pseudorandom Number Generator, IEEE Transactions on software Engineering, V. SE-3, n. 5, Sep1997, 359-363.

[120] R. R. Jueneman, Analysis of Certain Aspects of Output-Feedback Mode Advances in Cryptology: Proceedings of Crypto82, Plenum Press, 1983, 99-127.

[121] R. A Rueppel, Analysis and Design of Stream Ciphers, 1986.

[122] M. Goresky and A. Klapper, Feedback Registers Based on Ramified Extension of the 2-adic Numbers, Advances in Cryptology EUROCRYPT '94 Proceedings, Springer-Verlag, 1995.

[123] A. Klapper, Feedback with Carry Shift Registers over Finite Fields, g. U. Leuven Workshop on Cryptographic Algorithms, Springer-Verlag 1995.

[124] A. Klapper and M. Goresky, 2-adic Shift Registers, Fast Software Encryption,

Cambridge Security Workshop Proceed hags, Springer-Verlag, 1994, 174-178.

[125] E. L. Key, An Analysis of the Structure and Complexity of Nonlinear Binary Sequence Generators IEEE Transactions on Information Theory, v. IT-22, n. 6, Nov 1976, 732-736.

[126] K. C. Zeng, C. H. Yang, D. Y. Wei, and T. R. N. Rao, Pseudorandom Bit Genertors in Stream-Cipher Cryptography, IEEE Computer, v. 24, n. 2, Feb 1991, 8-17.

[127] R. J. Anderson, Solving a class of Stream Ciphers Cryptologia, v. 14. n. 3. Jul 1990, 256-288.

[128] W. meier, O. Staffelbach Corrlation Properites of Combiners with Memory in Stream Ciphers Journal of Cryptology v. 5. n. 1. 1992, 67-86..

[129] C. Ding G. Xiao W. Shan The Stability Theoy of Stream Ciphers Springer-Verlag, 1991.

[130] G. Z Xiao, J. L. Massey, A Spectral Characterztion of Correlation immune Combming funtion, IEEE Tras Infom Theory Vol IT-34 1988. 569-571.

[131] RIVEST R L, SHAMIR A, TAUMAN Y. How to leak a secret [A]. Proc ASIACRYPT'0l[C]. Springer-Verlag, 2001, 552-565.

[132] CHAUM D, HEYST V E. Group signatures [A]. Proc CROCRYPT'9l[C]. Springer-Verlag, 1991, 257-265.

[133] BRESSON E, STERN J, SZYDLO M. Threshold ring signatures and applications to ad-hoc groups[A]. Proc CRYPTO'02[C]. Springer-Verlag, 2002, 465-480.

[134] WONG D S, FUNG K, LIU J K, et al. On the RS-code construction of ring signature schemes and a threshold setting of RST[A]. ICICS 2003[C]. Springer-verlag, 2003, 34-46.

[135] LIU J K, WEI V K, WONG D S. A separable threshold ring signature scheme [A]. ICISC 2003[C]. Springer-Verlag, 2004, 12-26.

[136] CHOW S S M, HUI L C K, YIU S M. Identity based threshold ring signanlre [A]. ICISC 2004[C]. Springer-Verlag, 2005. 218-232.

[137] LIU J K, WONG D S. On the security models of (threshold) ring signature schemes[A]. ICISC 2004[C]. Springer-Verlag, 2005, 204-217.

[138] TSANG P P, WEI V K, CHAN T K, et al. Separable linkable threshold ring signatures[A]. Proc INDOCRYPT'04[C]. Springer-Verlag, 2004, 384-398.

[139] HERRANZ J, S'AEZ G. Distributed ring signatures for Identity-based scenarios [EB/oL]. http://eprint. iacr. org/2004/190/, 2004.

[140] WU Q H, WANG J L, WANG Y M. At-out of-n ring signature based on DLP [A]. Advance in ChinaCrypt'04[c]. Beijing, 2004, 209-214.

[141] ABE M, OHKUBO M, SUZUKI K. 1-out-of-n signatures from a Variety of keys [A]. Proc ASIACRYPT'02[C]. Springer-Verlag, 2002, 415-432.

[142] ISSHIKI T, TANAKA K. An(n-t)-out-of-n threshold ring signature scherne [A]. AclSP 2005[C]. Springer-Verlag, 2005, 406-416.

[143] AU M H, LIU J K, TSANG P P, et al. A suite of ID-based threshold ring signatures with different 1evels of anonymity[EB/OL]. http://eprint. iacr. org/2005/326/,2005.

[144] LIU J K, WEI V K, WONG D S. Linkable spotaneous anonymous group signature for ad hoc groups[A]. Proc ACISP,04[C]. Springer-Verlag, 2004,325-335.

[145] TSANG P P, WEI V K, CHAN T K, et al. Separable 1inlkable threshold ring signatures[A]. Proc INDOCRYPT'04[C]. Springer-Verlag, 2004,384-398.

[146] LIU J K, WONG D S. Linkable ring signatures security models and new schemes [A]. ICCSA 2005[C]. Springer-Verlag,2005, 614-623.

[147] TSANG P P, WEI V K. Short linkable ring signatures for E-cash and attestation [A]. ISPEC 2005[C]. Springer-Verlag 2005, 48-60.

[148] MH A U, CHOW S S M, SUSILO W. Short linkable ring signatures revisited [A]. EuroPKI 2006[C]. Springer-Verlag, 2006,101-115.

[149] LIU J K, SUSILO W, WONG D S. Ring signatures with designated linkability [A]. IWSEC 2006, Springer-Verlag, 2006,104-119.

[150] LV J Q, WANG X M. Verifiable ring signature[A]. DMS Proceedings[C]. USA, 2003,663-665.

[151] GAN Z, CHEN K F. A new Verifiable ring signature scheme[J]. Acta Sscientlarum Natufalium Universitis Sunyatsenii, 2004, 43(2):132-134.

[152] LEE K C, WEI H, HWANG T. Convertible ring signature[A]. IEEE Proc Commum 2005[C]. 2005, 411-414.

[153] KOMANO Y, OHTAK, SHIMBO A, et al. Toward the fair anonymous signatures deniable ring signatures [A]. CT-RSA 2006[C]. Springer-Verlag, 2006, 174-191.

[154] WANG C H, LIU C Y. A new ring signature scheme with signeradmission property[J]. Information Sciences, 2006, 177(3): 747-754.

[155] NAOR M. Deniable ring authentication [A]. Advances in Cryptology-Crypto'02 [C]. Springer-Verlag, 2002,481-498.

[156] SUSILO W, MU Y. Non-interactive deniable ring authentication[A. ICISC2003 [C]. Springer-Verlag,2004,386-401.

[157] BENALOH J, MARE M D. One-way accumulators: a decentralized alternative to digital signatures[A]. Advances in Cryptology-EUROCRYPT'93[C]. Springer-Verlag, 1993, 274-285.

[158] LEI Q, JIANG Z T, WANG Y M. Ring-based anonymous fingerprinting scheme [A]. CIS 2005[C]. Springer-Verlag, 2005,1080-1085.

[159] Abadi, M., Burrows, M., Kaufman, C. and Lampson, B., "Authentication and Delegation with smart-cards", Science of Computer Programming 21, 2, 1993, 93-113.

[160] Boyd, C., "Digital multi-signatures", Cryptography and Coding, Oxford Univer-

sity Press, 1989, 241-246.

[161] Diffie, W. and Hellman, M., "New directions in cryptography", IEEE Transactions on Information Theory, November 1976, Vol. IT-22, No. 6, 644-654.

[162] Diffie, W. and Hellman, M., "Privacy and Authentication: An introduction to cryptography", Proceedings of the IEEE, March 1979, Vol. 67, No. 3, 397-427.

[163] ElGamal, T. "A public key cryptosystem and a signature scheme based on discrete logarithms", IEEE Trans. Information Theory, July 1985, Vol. IT-31, No. 4, 469-472.

[164] Fan C. and Lei C., "Efficient blind signature scheme based on quadratic residues", ELECTRONICS LETTERS, 1996, Vol. 32, No. 9, 811-813.

[165] Harn, L., "Digital multisignature with distinguished signing authorities", ELECTRONICS LETTERS, 18th February 1999, Vol. 35, No. 4, 294-295

[166] Harn, L., "Group-oriented (t, n) threshold digital signature scheme and digital multisignature", IEE Proc. Comput. Digital Techniques, 1994, Vol. 141, No. 5, 307-313.

[167] Harn, L., "New digital signature scheme based on discrete logarithm", ELECTRONICS LETTERS, 1994, Vol. 30, No. 5, 396-398.

[168] Mambo, M. and Okamoto, E., "Proxy Cryptosystems: Delegation of the Power to Decrypt Ciphertexts", IEICE TRANS. FUNDAMENTALS, 1997, January, VOL. E80-A. NO. 1, 54-63.

[169] Mambo, M., Usuda, K. and Okamoto, E., "Proxy Signatures: Delegation of the Power to Sign Messages", IEICE TRANS. FUNDAMENTALS, 1996, September, VOL. E79-A. NO. 9, 1338-1354.

[170] Ohta, K. and Okamoto, T., "Multi-Signature schemes secure against active insider attacks", IEICE TRANS. FUNDAMENTALS, January 1999, Vol. E82-A, No. 1, 21-31.

[171] Okamoto, T., "A digital multi-signature scheme using bijective public-key cryptosystems", ACM Trans. on Computer Sciences, 1988, Vol. 6, No. 8, 432-441.

[172] Sun Hung-Min, An efficient non-repudiable threshold proxy signature scheme with known signers, Computer Communications, 1999, Vol. 22, 717-722.

[173] Sun, H., Lee, N., and Hwang, T., "Threshold proxy signatures", IEE Proc. Computer & Digital Techniques, Vol. 146, No. 5, 1999, 259-263.

[174] Varadharajan, V., Allen, P. and Black, S., "An analysis of the proxy problem in distributed systems", Proceedings of the 1991 IEEE Computer Society Symposium on Research in Security and Privacy, 1991, 255-275.

[175] ITU-T Recommendation X. 509, Information Technology - OpenSystems Interconnection - The Directory: Authentication Framework[S], 1997.

[176] Carlisle Adams, Steve Lloyd. Understanding Pubkic-KeyInfrastructure: Concepts, Standards and Deployment Considerations[M]. Macmillan Technical Pub-

lishing,1999.

[177] Russell Housley, Warwick Ford, Tim Polk, David Solo. Internet X. 509 Public Key Infrastructure Certificate and CRL Profile[S]. RFC2459. PKIX Working Group,1999.

[178] http://www. ietf. org/html. charters/pkix-charter. html.

[179] Michael Myers, Rich Ankney, Ambarish Malpani, et al. X. 509Internet Public Key Infrastructure Online Certificate Status Protocol - OCSP[S]. RFC2560. PKIX Working Group,1999.

[180] RSA Data Security. Understanding PKI[EB/OL]. http://www. rsa. com, 1999/2002-02.

[181] ITU-T Recommendation. 509[EB/OL]. http://www. itu. com,2000/2002-03.

[182] C Adams,S Farrell. Internet X. 509 Public Key Infrastructure C-ertificate Management Protocols[S]. RFC 2510, March 1999.

[183] M Myers,C Adams,et al. Internet X. 509 Certificate Request Message Format[S]. RFC 2511, March 1999.

[184] S Chokhani,W Ford. Internet X. 509 Public Key Infrastructure Certificate Policy and Certification Practices Framework[S]. RFC 2527, March 1999.

[185] R Housley, W Polk. Internet X. 509 Public Key Infrastructure: Representation of Key Exchange Algorithm (KEA) Keys in Internet X. 509 Public Key Infrastructure Certificates[S]. RFC 2528, March 1999.

[186] S Boeyen,et al,Internet X. 509 Public Key Infrastructure Opera-tional Protocols - LDAPv2[S]. RFC 2559, April 1999.

[187] M Myers,et al. X. 509 Internet Public Key Infrastructure Online Certificate Status Protocol-OCSP[S]. RFC 2560, June 1999.

[188] R Housley, P Hoffman. Internet X. 509 Public Key Infras-tructure Operational Protocols: FTP and HTTP[S]. RFC 2585,May 1999.

[189] M Myers, X Liu,J Schaad,et al. Certificate Management Mess-ages over CMS[S]. RFC2797, April 2000.

[190] C Adams,P Sylvester,M Zolotarev,et al. Internet X. 509 Public Key Infrastructure Data Validation and Certification Server Protocols[S]. RFC 3029, February 2001.

[191] S Santesson,et al. Internet X. 509 Public Key Infrastructure Qualified Certificates Profile[S]. RFC 3039, January 2001.

[192] C Adams,et al. Internet X. 509 Public Key Infrastructure Time-Stamp Protocol (TSP)[S]. RFC 3161, August 2001.

[193] A. Shimizu,T. Horioka. a password authentication method for contents communication on the internet. IEICE Trans. Commun. ,1998, E81-B(8).

[194] M Sandirigama,A Shimizu,M T Noda. Simple and secure password authentication protocol (SAS). IEICE Trans. Commun. ,2000 ,E83-B(6).

[195] A Shimizu. A dynamic password authentication method by one-way function. IE-

ICE Trans. , 1990, J73-D-I(7).

[196] N. M. Haller. The S/KEY one-time password system. RFC1760, Feb, 1995.

[197] C L Lin, H M Sun, T Hwang. Attacks and solutions on strong-password authentication [J]. IEICE Trans. Commun. ,2001, E84-B(9):2622-2627.

[198] Robert H. Deng, Li Gong, Aurel A. Lazar, Weiguo Wang, Practical Protocol for Certified Electronic Mail, Journal of Network and System Management, 4(3): 279-297, 1996.

[199] M. T. Rose, The Internet Message: Closing the Book with Electronic Mail, PTR PrenticeHall, Englewood Cliffs, New Jersey, 1993.

[200] S. Radicati, Electronic Mail: An Introduction to the X. 400 Message Handling Standards, McGraw-Hill, Inc. , New York, 1992.

[201] Jinn-Ke Jan, Chih-Chang Tai, A Secure Electronic Voting Protocol with IC Cards, The Journal of Systems and Software, vol. 39, no. 2, 93-101, 1997.

[202] S. Brands, Untraceable Off-line Cash in Wallets with Observers, In Advanced in Cryptology-Cryto'93, 302-318, 1993.

[203] R. Kailar, Reasoning about Accountability in Protocols for Electronic Commerce, Proceedings of 1995 IEEE Symposium on Security and Privacy, 236-250, Oakland, California, May 1995.

[204] Gwoboa Horng and C. S. Yang, Key authentication scheme for cryptosystems based on discrete logarithms, Computer Communications, 1996(19), 848-850.

[205] Li Gong, Mark A. Lomas, Roger M. Needham and Jerome H. Saltzer, Protecting poorly chosen secrets from guessing attacks, IEEE Journal on Selected Areas in Communications, vol. 11, no. 5, June 1993.

[206] M. Stadler. Public Verifiable Secret Sharing, In Advances in Cryptology-Proceedings of EUROCRYPT'96(LNCS 1070), Pages 190-199. Springer-Verlag, 1996.

[207] A. Shamir. How to Share a Secret, Communications of the ACM, 22(11):612-613,1979.

[208] B. Chor, S. Goldwasser, S. Micali, and B. Awerbuch. Verifiable Secret Sharing and Achieving simultaneity in the Presence of faults. In Poceeding of the 26th IEEESymposium on the Foundations of Computer Science (FOCS), 383-395,1985.

[209] S. Micali. Fair Public Key Cryptosystems. In Advances in Cryptology—Proceedings of CRYPTO'92(LNCS 740), 113-138. Springer-Verlag, 1993.

[210] J. Camenisch, J. -M. Piveteau, and M. Stadler. An Efficient Fair Payment System. In Proc. 3rd ACM Conference on Computer and Communications Security, 1996.

[211] N. Asokan, V. Shoup, and M. Waidner. Optimistic Fair Exchange of Digital Signatures. Research Report RZ 2976 (#93022), IBM Research, November 1997.

[212] T. ElGamal. A Public Key Cryptosystem and Signature Scheme based on Discrete Logarithms. IEEE Trans. Inform. Theory, 31:469-472,1985.

[213] D. Chaum, T. P. Pedersen. Wallet Databases with Observers, In Advances in Cryptology—Proceedings of CRYPTO'92 (LNCS 740), 89-105. Springer-Verlag, 1993.

[214] NIST. Escrowed Encryption Standard(EES). FIPS PUB(Federal Information Processing Standards Publication)185,U. S. Dept of Commerce,February 9,1994.

[215] Dawson E,He J. Another Aproach to Software Key Escrow Encryption. Information Security and Privacy. LNCS1172,Berlin:Springer-Verlag,1996,87-95.

[216] Desmedt Y. Securing tracablity of ciphertexts-towards a secure software key escrow system. In: Advances in Cryptology-EUROCRYPT'95, LNCS921, Berlin: Springer-Verlag.

[217] He J,Dawson E. A new key escrow cryptosystem. In:Cryptography:Policy and Algorithms ,LNCS 1029,Berlin:Springer-Verlag,1995,105-114.

[218] Bellare M,Goldwasser S. Verifiable partial key escrow. In:Proceeding of Fourth Annual Conference on Computer and Communications Security,New York:ACM, 1997,78-91.

[219] Micali S,Shamir R. Guaranteed partial key escrow. MIT Laboratory for Computer Science Technical Memo 537,September 1995.

[220] Stinson D R. Cryptography-Theory and Practice. London:CRC Press Inc, 1995.

[221] Kiliam J,Leighton T. Fair cryptosystems,revisited. In:Advances in Cryptology-CRYPTO'95,LNCS963,Berlin:Springer-Verlag,1995,208-221.

[222] Matthew K. Franklin and Michael K. Reiter. The design and implementation of a secure auction service_ IEEE Transactions on Software Engineering 22(1996), No. 5,302-312.

[223] W. Diffie,"The impact of a secret cryptographic standard on encryption, privacy, law enforcement and technology",Hearings before the Subcommittee on Telecommunications and Finance of the Committee on Energy and Commerce, House of Representative,One Hundred Third Congress, First Session, April 29 and June 9,1993,Serial No. 103-53, 111-116.

[224] Kent, S. and R. Atkinson, "Security Architecture for the Internet Protocol", RFC 2401, November 1998.

[225] Kent, S., and R. Atkinson, "IP Authentication Header", RFC2402, November 1998.

[226] Kent, S., and R. Atkinson, "IP Encapsulating Security Payload (ESP)", RFC 2406, November 1998.

[227] Shacham, A., Monsour, R., Pereira, R., and M. Thomas, "IP Payload Compression Protocol (IPComp)", RFC 2393, August 1998.

[228] Harkins, D., and D. Carrel, "The Internet Key Exchange(IKE)", RFC 2409, November 1998.

[229] Piper, D., "The Internet IP Security Domain of Interpretation for ISAKMP",

RFC 2407, November 1998.

[230] Thayer, R. , Doraswamy, N. , and R. Glenn, "IP Security Document Roadmap", RFC 2411, November 1998.

[231] Krawczyk, K. , Bellare, M. , and R. Canetti, "HMAC:Keyed-Hashing for Message Authentication", RFC 2104,February 1997.

[232] Periera, R. , and R. Adams, "The ESP CBC-Mode Cipher Algorithms", RFC 2451, November 1998.

[233] Perkins, C. , "IP Encapsulation within IP", RFC 2003, October 1996.

[234] Hanks, S. , Li, T. , Farinacci, D. and P. Traina, "Generic Routing Encapsulation (GRE)", RFC 1701, October 1994.

[235] Simpson, W. , Editor, "The Point-to-Point Protocol (PPP)", STD51, RFC 1661, July 1994.

[236] Hamzeh, K. , Pall, G. , Verthein, W. , Taarud, J. , Little, W. and G. Zorn, "Point-to-Point Tunneling Protocol (PPTP)", RFC 2637,July 1999.

[237] Mamakos, L. , Lidl, K. , Evarts, J. , Carrel, D. , Simone, D. and R. Wheeler, "A Method for Transmitting PPP Over Ethernet (PPPoE)",RFC 2516, February 1999.

[238] E. Rosen,A. Viswanathan,R. Callon,"Multiprotocol Label Switching Architecture",RFC 3031,January 2001.

[239] Townsley, W. , Valencia, A. , Rubens, A. , Pall, G. , Zorn, G. and B. Palter, "Layer Two Tunneling Protocol "L2TP, RFC 2661,August 1999.